总主编 江晓原

中国科学技术通史

V

旧命维新

内容提要

本书是第一部既有高度学术价值、又能雅俗共赏的中国科学技术通史。本书汇聚中国科技史研究领域全国一流学者，撰写各自领域研究最精深的专题，以百科全书“大条目”的形式串联起来，展示中国科学技术史的历史全貌。全书上自远古，下迄当代，按照大致时间顺序分为五卷:《源远流长》、《经天纬地》、《正午时分》、《技进于道》、《旧命维新》。每卷按照大致的时间顺序设置大小不等的专题，每个专题都是中国科技史研究领域中的最新研究成果和研究思想。全书共300多万字，包含天学、地学、农学、医学、物理学、化学、博物学等中国科技史所有学科，同时配备“名词简释”、“中西对照大事年表”，各卷末附全书总目录，方便检索使用。

图书在版编目(CIP)数据

中国科学技术通史.旧命维新/江晓原主编.—上海:
上海交通大学出版社，2015
ISBN 978-7-313-14273-3

Ⅰ.①中… Ⅱ.①江… Ⅲ.①科学技术—技术史—
中国 Ⅳ.①N092

中国版本图书馆CIP数据核字(2015)第301064号

中国科学技术通史·旧命维新

主　　编：江晓原
出版发行：上海交通大学出版社
地　　址：上海市番禺路951号
邮政编码：200030
电　　话：021-64071208
出 版 人：韩建民
印　　制：山东鸿君杰文化发展有限公司
经　　销：全国新华书店
开　　本：787mm×1092mm　1/16
印　　张：50.5
字　　数：601千字
版　　次：2015年12月第1版
印　　次：2015年12月第1次印刷
书　　号：ISBN 978-7-313-14273-3/N
定　　价：720.00元

《中国科学技术通史》总序

江晓原

关于中国科学技术史的通史类著作，在相当长的时期内曾缺乏合适读物。这种著作可以分为两大类型：一类是学术性的，编纂之初就没有打算提供给广大公众阅读，而是只供学术界使用的。另一类则面向较多读者，试图做到雅俗共赏。

第一类型中比较重要的，首先当数由李约瑟主持、英国剑桥大学出版社从1954年开始出版的《中国科学技术史》(*Science and Civilization in China*)，因写作计划不断扩充，达到七卷共数十分册，在李约瑟去世之后该计划虽仍继续，但完工之日遥遥无期。该书在20世纪70年代曾出版过若干中文选译本，至1990年起由科学出版社(最初和上海古籍出版社合作)出版完备的中译本，但进展更为缓慢。

进入21世纪，中国科学院自然科学史研究所主持了一个与上述李约瑟巨著类似的项目，书名也是《中国科学技术史》，由卢嘉锡总主编，科学出版社出版，凡3大类29卷，虽成于众手，但克竟全功。

第二类型中比较重要的，很长时间只有两卷本《中国科学技术史稿》，杜石然等六人编著，科学出版社1982年出版。此书虽不无少量讹误，且行文朴实平淡，但篇幅适中，提纲挈领，适合广大公众及初学中国科学技术史者阅读。

至2001年，始有上海人民出版社推出五卷本《中华科学文明史》，该

旧命维新

书系李约瑟生前委托科林·罗南(Colin A. Ronan)将 *Science and Civilization in China* 已出各卷及分册改编而成的简编本,意在提供给更多的读者阅读。在李氏和罗南俱归道山之后,上海人民出版社从剑桥大学出版社购得中译版权,笔者组织了以上海交通大学科学史系师生为主的队伍完成翻译。后来上海人民出版社又将五卷本合并为两卷本,于2010、2014年两次重印。但此书中译本只有130余万字,且受制于李氏原书之远未完成,内容难免有所失衡,故对于一般公众而言,仍非中国科学技术史的理想读物。

笔者受命主编此五卷本《中国科学技术通史》之初,与诸同仁反复商议,咸以为前贤上述各书珠玉在前,新作如能在两大类型之间寻求一折衷兼顾之法,既有学术价值,亦能雅俗共赏,则庶几近于理想矣。有鉴于此,我们在本书编撰中作了一些大胆尝试,力求接近上述理想。择要言之,有如下数端:

其一,在作者队伍上,力求"阵容豪华"——尽可能约请各相关研究领域的领军人物和著名专家撰写。此举目的是确保各章节的学术水准,为此不惜容忍写作风格有所差异。中国科学技术史研究领域的"国家队"中国科学院自然科学史研究所两位前任所长刘钝教授(国际科学史与科学哲学联合会现任主席)和廖育群教授(中国科学技术史学会前理事长),以身垂范,率先为本书撰写他们最擅长的研究内容,群作者见贤思齐,无不认真从事,完成各自的写作任务。

其二,在内容上,本书不再追求面面俱到。事实上,如果全面贯彻措施一,必然导致某些内容暂时找不到合适的作者。所以本书呈现的结构,是在历史的时间轴上,疏密不等地分布着大大小小的点,而这些点都是术业有专攻的名家之作。

其三，在结构上，借鉴百科全书的“大条目”方式。全书按照大致的时间顺序分为五卷：I《源远流长》，II《经天纬地》，III《正午时分》，IV《技进于道》，V《旧命维新》。每卷中也按照大致的时间顺序设置大小不等的专题。

其四，全书设置了“名词简释”和“中西对照大事年表”，凡未能列入专题而又为了解中国科学技术史所需的有关情况及事件，可在这两部分中得到了解。

本书虽不能称卷帙浩繁，但全书达300余万字，篇幅介于上述第一类型和第二类型之间。在功能和读者对象方面，也力求将上述两大类型同时兼顾。

或曰：既然公众阅读130余万字的《中华科学文明史》尚且有篇幅过大之感，本书篇幅近其三倍，公众如何承受？这就要谈到“大条目”方式的优点了，公众如欲了解中国科学技术史上的某个事件或概念，只需选择阅读本书相应专题即可，并不需要通读全书。而借助全书目录及“名词简释”和“大事年表”，在其中查找相应专题却较在篇幅仅为本书三分之一的《中华科学文明史》更为便捷。

同时，“大条目”方式还使本书在相当程度上成为“中国科学技术史百科全书”，由于条目皆出名家手笔，采纳了中国科学技术史各个领域最新的研究成果，本书的学术价值显而易见。即使是专业的中国科学技术史研究者，也可以从本书中了解到许多新的专业成果和思想观念——而这些并不是在网上“百度”一下就可轻易获得的。

对于中国科学技术史的初学者（比如科学技术史专业的研究生），本

旧命维新

书门径分明，而且直指堂奥，堪为常置案头之有用工具。即便是中国科学技术史的业余爱好者，仅仅出于兴趣爱好，对本书常加披阅，亦必趣味盎然，获益良多。

“一切历史都是当代史”，今世修史，自然有别于前代。吾人今日读史，所见所思，亦必与前代读者不同。读者读此书时，思往事，望来者，则作者编者俱幸甚矣。

2015年11月11日

于上海交通大学科学史与科学文化研究院

目录

旧命维新

刘钝

梅文鼎、王锡阐与薛凤祚：清初士人对待西方科学的不同态度

旧命维新

清代初年，由于顺治皇帝颁令行用以《西洋新法历书》为基础的《时宪历》，更由于康熙皇帝个人的兴趣，明末以来传入中国的西方科学知识在一定程度上获得中国学者的重视，其中最具代表性也是最有成就的3个人就是薛凤祚(1600～1680)、王锡阐(1628～1682)和梅文鼎(1633～1721)。此三人皆生于明末而成名于清初，薛年最长，王居中而梅最幼；然而论及对有清一代天文数学的影响，当以宣城梅文鼎为最，被人称为清代初年"历算第一名家"[1]。在梅文鼎之前研治天文历算之学而得大名的，则有"南王北薛"之说：南者吴江王锡阐，北者益都薛凤祚。

一、三人的简略生平

薛凤祚字仪甫，又字仪父、贻甫，号寄斋，山东益都(今淄博)人，生于明万历二十八年(1600)，卒于清康熙十九年(1680)。薛氏家世显赫，"青齐一带，号为名族"，其祖父薛冈曾中举，父亲薛近洙为万历丙辰(1616)进士，授中书舍人等职，后因不满阉党专权以病归隐。薛凤祚幼年随父入京，先后问学于孙奇逢(1584～1675)、鹿善继(1575～1636)等，二者皆为理学大师和王学传人。万历癸酉(1633)前后，薛凤祚还向布衣天文学家魏文魁(1557～1636)学习传统历算和星占，后者曾主持东局抗衡传教士主导的历法改革。以此为契机，他大概与汤若望(Johann Adam Schall von Bell, 1591～1666)等传教士有所接触。入清之后，薛凤祚想深入了解西法，先是在西安觅得部分《时宪历》，顺治九年(1652)在南京获交波兰籍耶稣会士穆尼阁(Nicolas Smoglenski, 1611～1656)，协助其编译完成旨在介绍西方天文、数学与星占的《天步真原》(1653)。书成当年穆尼阁奉召进京，之后就与薛凤祚人地两分[2]。薛凤祚又穷数年之力，完成旨在汇通中西天文、历法与数学的巨著《历学会通》[3]。除了天文、历法与数学之外，薛凤祚在星占、水利、地理、机械、医药和兵学方面都有一定的造诣与著述。[4][5]

王锡阐字寅旭，又字昭冥、肇敏，号晓庵，又号余不、天同一生，江苏吴江人，生于明崇祯元年(1628)，卒于清康熙二十一年(1682)。明亡后他曾先后投水、绝食以求殉国，求死不得后绝弃功名，专事天文历算研究。青年时代的王锡阐在家乡参加了惊隐诗社，其成员多为怀抱反清复明理想的江南文人，后来因庄廷鑨《明史》案株连被杀的潘柽章(1626～1663)、吴炎(？～1663)都是他的挚友[6]。与王锡阐交游的其他著名遗民还有张履祥(1611～1674)、顾炎武(1613～1682)、吕留良(1629～1683)等。他的自传体寓言《天同一生传》以"帝休氏"暗喻明崇祯帝已亡，而自称为"帝休氏之民"，其诗文中亦多流露出对故明的怀念。他还把自己的感情寄托在天文学著作里，《晓庵新法》(1663)以崇祯元年(1628)为"历元"、以南京为"里差之元"来表达黍离之恨[7]。这是一部尝试以中法来汇通西方天文学的书，在清代引起很多学者的注意。《四库全书总目提要》称："迨康熙中《御制数理精蕴》亦多采锡阐之说，盖其书虽疏密互见，而其合者不可废也"。他又撰有旨在讨论天体运行模型的《五星行度解》(1673年前)等。[8][9][10]

梅文鼎字定九，号勿庵，安徽宣城人，生于明崇祯六年(1633)，卒于清康熙六十年(1721)。宣城梅氏为江南望族，文鼎之父士昌虽无显赫功名，但少蓄经世之志，经史之外亦杂览坤舆、阴阳、律历、医药等书，文鼎塾师罗王宾亦略知星象。文鼎年轻时曾同两个弟弟一道问学于精通大统历法的明代遗民倪正，根据学习心得写成的《历学骈枝》是他的第一部天文学著作。康熙十一年(1672)梅文鼎完成了他的第一部数学著作《方程论》，对传统数学中的多元一次方程组问题进行了整理和研究。3年后梅文鼎开始接触《崇祯历书》等西方天文学与数学知识，曾计划编撰一部名为《中西算学通》的巨著。康熙二十八年(1689)梅文鼎来到北京，以布衣身份对《明史·历志》的编修工作提供建议，同时广泛结交京城名流。康熙三十四年(1705)，由李光地(1642～1718)引荐得到康熙皇帝召见，后者赐“绩学参微”四字予以褒奖。梅文鼎毕生致力阐发西学要旨，弘扬中学精华，又鼓噪“西学中源”说，以一种独特的方式实践会通中西的理想，对于有清一代天文算学的研究产生了不容忽视的影响[11][12]。梅文鼎自撰的《勿庵历算书目》共计 88 款，其中涉及天文历法的 62 款，涉及数学的 26 款。他生前手订《勿庵先生历算全书》29 种 74 卷，后来其孙梅瑴成(1681～1763)又编辑刊行《梅氏丛书辑要》25 种 62 卷①[13]。二者卷次编排不同，但基本上都涵盖了梅文鼎的主要科学著作。

二、三人间的联系

从目前所知材料来看，薛、王、梅三人未曾谋面，但有证据显示他们之间通过书信或间接渠道有所联系。

康熙七年农历八月上弦日(1668 年 9 月 12 日或 13 日)，王锡阐致书薛凤祚讨论天文历法问题，信中首先感慨自己“既少书器又无师授”，继叹“山川间之鱼雁为艰，何望亲承玄尘于函丈间”，眼见“岁月易蹉负笈无望”，于是投书问师。接着提出了 5 个史书所记与实际观察或西法所述不一的疑问，先后涉及定朔、五星聚、交食、月离以及月食当既不既等，最后还通报了自己对即将发生的“今冬十月望月食”和“来年四月朔日食”

① 最后 2 卷为梅瑴成自己的著作。

的预测，希望从薛凤祚那里得到更精准的数据[14]。王锡阐是通过顾炎武了解到薛凤祚的，信中提到了这一点并告对方如能赐教可通过顾转达。没有证据显示薛凤祚曾复信，也许他根本就没有收到此信①。

从目前掌握的材料来看，梅文鼎应是最早提出“南王北薛”这一说法的人。他在康熙三十年(1691)给潘耒(1646～1708)的信中写道：

> 治西法而仍尊中理者，北有薛南有王，著述并自成家，可以专行。然北海之书详于法而无快论以发其趣，刓阙又多草率，人不易读。王书用法精简而好立新名，与《历书》互异，亦难卒读。某尝拟于鄙著《历法通考》外，别为专本：于薛则订其误脱，于王则通其异同，皆附之以注，而为之论次。庶令学者得以措意，当亦两先生所许乎？[15]

康熙十四年(1675)，梅文鼎在南京通过回族学者马德称了解到薛凤祚曾问学于穆尼阁，后来又从友人家抄得《历学会通》，对薛的学识非常佩服。康熙十九年(1680)，不知是否获知薛凤祚病重或亡故的消息，梅文鼎写了一组寄怀诗，其中透露出当年的矛盾心理：本来想亲往山东拜师学习，但是担心找了个洋人弟子而落下数典忘祖的恶名；如果只学天算不奉天主，又怕人家说他心不诚；直到后来听说穆尼阁并不强人入教，薛凤祚本人也非教徒，才后悔自己没有作出决断前往问学②[16]。

梅文鼎亦曾为穆尼阁的《天步真原》订补作注，他在《天学会通订注

---

① 此时68岁的薛凤祚应已回到家乡。当年7月25日在其家乡不远的郯城发生8.5级地震，是迄今为止有史料可据的中国东部板块内最强烈的一次地震，整个山东及邻近省份都受到不同程度的破坏，信件无法转达到薛凤祚手里是可能的。

② 原诗后半段为：“我欲往从之，所学殊难同。讵忍弃儒先，翻然西学攻。或欲暂学历，论交患不忠。立身天地内，谁能异初终？晚始得君书，昭昭如发蒙。曾不事耶稣，而能彼事穷。乃知问郯者，不坠古人风。安得相追随，面命开其蒙。”

提要》中对薛凤祚以旧学出身问师穆尼阁的经历表示感慨：

> 穆先生久居白门，吾友六合汤圣弘镬与之善，言其喜与人言历而不强人入教，君子人也。仪甫初从魏玉山文魁主张旧法，后复折节穆公受新西法，尽传其术，亦未尝入耶稣会中。当其刻书南都，鼎方株守穷山，不相闻知。[17]

梅文鼎也曾致信薛凤祚请教问题，“投薛亦有书，深问徵十事”，而垂暮之年的薛凤祚收到了他的信并曾作复，“一槭疏所疑，聊质平生意”，此事记于他与潘耒唱和的一首诗中①[18]。

梅文鼎与方以智（1611～1671）的两个儿子中通（1633？～1698）、中履（1638～？）颇多交往。据石云里考证，方以智曾为穆、薛合撰的《天步真原》作序[19]，而方中通（字位伯，或位白）亦曾在薛凤祚甚至穆尼阁面前执弟子礼。梅文鼎的《寄方位白》诗五首中有一首提到了薛凤祚，诗末注道“青州薛仪甫先生著《天学会通》，发中西两家之覆。”②[20]

梅文鼎初闻王锡阐大名应在康熙二十五年（1686），其年潘耒过访宣城，经人介绍结识梅文鼎并为他的《方程论》作序，内称：

> 吾邑有隐君子曰王寅旭锡阐先生，深明历理，兼通中西之学，余

① 此诗作于康熙二十五年（1686），内中言“金岭有耆宿（薛仪甫先生居青州金岭驿），道远不可至。一槭疏所疑，聊质平生意。双鱼既已达，溘焉闻厌世。溯洄空欲从，兹意终安寄。”

② 此诗作于薛凤祚辞世的康熙十九年（1680），五首之五中写道：“天经写语各为工，今古诸家鲜会通。此事能兼推宿学，伊人难老在山东。数资图谱乘除省，法授新西思议穷。几欲遗书相讨论，凭君为我一参同。”同诗之三末注道：“穆先生尼阁，位白师，其新西法为《崇祯历书》所未及。”

少尝问历焉……今寅旭亡久矣，余遍行天下，求仿佛其人者而不可得，岁丙寅过宣城始得梅子勿庵。[21]

潘耒字次耕，号稼堂，江苏吴江人，与王锡阐同邑。潘、王两家为世交，王锡阐曾在潘家教馆多年，潘耒亦曾向王锡阐学习天文历算。同年梅文鼎有送别诗二首，其二除了提到曾与薛凤祚通信外，又慨叹"谁知盘涧宽，近在吴淞滏"，此句后面注道"吴江王寅旭先生颇精历算"，流露出恨不早知的惆怅感情[22]。

梅文鼎还曾订补过王锡阐遗作，其《勿庵历算书目》内有"王寅旭书补注"一款，从中可知他于康熙二十八年（1689）到达北京后，先从徐善（1634～1690）处获得《圜解》抄本，以后又从宣城友人阮尔询及其弟子张雍敬处见到多种王氏遗稿①。该款中提到的"测食"疑即《遗书》所收之《推步交朔》，"历法书"必是《晓庵新法》②，"所订大统法"即《大统历法启蒙》，"三辰仪晷"即《三辰晷志》，都是王锡阐的遗作[23]。

徐善字敬可，号藠谷，浙江秀水人，通历算之学，其兄徐发著《天元历理大全》时曾相与商榷，亦曾到北京参与《明史·历志》的编撰工作。梅文鼎在北京期间与徐善交往甚密，在送其南归的诗中注道："敬可有王寅旭先生历学诸书，约相寄订"[24]。

康熙二十九年（1690），梅文鼎为王锡阐的《圜解》作序，其文曰：

《圜解》十二章，吴江王寅旭先生锡阐作也。寅旭深於历算之学，此其一斑耳。余得此本於檇李徐善敬可。敬可与寅旭友，尝有所问，

---

① 阮尔询字于岳，宣城人，官拜左副都御史，曾出资助梅文鼎刻算书。张雍敬字简庵，浙江秀水人，所著《宣城游学记》记录了他问学于梅文鼎的经过，潘耒曾为作序。

② 潘耒《晓庵遗书序》称之为《历法》。

旧命维新

> 作此告之。仍有割圆图如扇面者一纸，行笥偶逸，惟存此本及所作《历说》六篇。余因叹古人著述，其胸中所有必多于笔舌所发，其逸而不传者又必多於其所传，在历学为尤甚，何也？习者既稀，真知者更旷世一见也。……至若《测量全义》，可谓精矣，而先后数相加减代乘除之法，亦但举其用而不祥其理。熟复于寅旭此书，可以得其门户。惜其书尚有未竟，而其中章次颇为钞录者所乱。因稍为更定，并订补其论之所遗及字句之讹凡十馀处，以质之敬可。敬可为予言寅旭有所撰历法书，即今《明志》所载，其原本远在姚江，未经邮到。然即六论以观，已能深入西法之堂奥而规其缺漏。[25]

这里又借徐善之口提到“历法书”，载入《明志》恐系讹传，因当时《明史·历志》尚未定稿；《晓庵遗书》有《历说》5 篇，加上《历策》1 篇当系上文之“《历说》六篇”或“六论”。由此序文可知，我们今日看到的《圜解》，实经梅文鼎之手订补校正。

一年以后，梅文鼎在天津课馆，有书致潘耒再谈王锡阐的《圜解》、《历论》等书：

> 王书自承惠寄所钞外，惟于亡友徐敬可行笈获见《圜解》一帙及《历论》八篇而已。《圜解》似是随手写成，业已稍微订补。《历论》颇有精语。敬可曰首一篇乃潘力田笔也。意着令兄先生仍他有著撰乎？已又于友人所见小帙，是约西法入授时，甚简而妙，然未著撰人之目，窃以鄙意断之，以为非王先生不能作也。其书大体纯拟《元史·历经》而实用西术，然亦微有差别，所立诸名多与西异，以此知之。然则当亦有自立诸表及测验改宪之说。伏承来谕，欲共为表章，某何敢自谓其人？然盛意则何敢忘也？惟未见全书，终为憾事。祈以藏本见借，俾得卒业幸甚。[26]

文中提到的力田即潘耒胞兄、因《明史》案株连遭杀害的潘柽章。从这封信中可以得知梅文鼎已对《圜解》作了初步研究。他还提到“《历论》八篇”和在友人处见到的佚名“小帙”，可能是后来收入《晓庵遗书》“杂著”的某件作品①。在信的末尾梅文鼎还写道：“家兄不次贵邑广文，倘虑道远原本邮寄为难，不妨属家兄录副，以寄书之有关系者，使天地间多存副本，当亦大君子所乐为也。”不次为梅文鼎族兄金斗，其时正欲外出游学。梅文鼎求书之渴切由此可见一斑。

十多年后，梅文鼎从门人张雍敬处见到徐善当年为《圜解》写的一篇序文，又勾起对往事的回忆，他在“康熙甲申重阳后五日”(1704 年 10 月 12 日)写道：

> 忆庚午人日钞得王寅旭先生《圜解》，中有错简而无今序。于是敬可方南归，拉予同行，多方劝驾，其意欲为寅旭《历书》补作图注，以发其深湛之思，且曰此事非先生不能为。盖即今序所称诸弧相推之故，皆举捷法，初未明言其所以然，人骤读之不能解者也。时余入都未久，欲稍需之，属有他务，遂不果。逮明年，得黄俞邰太史书，则敬可亦溘然逝矣，伤哉。按序敬可自题建子月，又言其年遇潘稼堂京邸，复得此书，则作序应在是时。岂敬可所藏原稿，反未入此序耶？……而稼堂尤拳拳欲余至吴江，共雠寅旭书以寿梨枣。驰书相要约，而余适去闽。比已卯冬，归舟相造请，则稼堂游屐远在罗浮，何相需之殷相遇之疏也？长公文虎出其家书，目有余所未见寅旭书数种。又知王有女弟甚贤淑，颇能收藏遗帙。倘天假之便，能及稼堂酬此夙诺，即敬可亦当愉快於九原。而余且老病，终未知后此何如耳？……敬可归

① 《杂著》包括《历策》1 篇、《历说》5 篇、《日月左右旋问答》1 篇、《五星行度解》1 篇、《步交会》1 篇、《测日小记序》1 篇，以及《附潘力田辛丑历辨》1 篇。

> 后，余既尝序此书。阅十有二年，乃于嘉禾友人张简庵处得今序，而今又数年矣。[27]

“庚午人日”为康熙二十九年正月初七（1690 年 2 月 15 日），这是他钞副《圜解》的准确日子，其时徐善已南归。从上文可知，徐善、潘耒先后邀请梅文鼎整理王氏遗稿，终因机缘不巧未果，而梅文鼎作此文时已是 71 岁的老人了。不管怎样，对于王锡阐遗作的关注，几乎贯穿了梅文鼎的全部学术生涯。[28]

虽然提出了“南王北薛”这一说法并对“耆宿”薛凤祚表达敬重，但在梅文鼎眼中，王锡阐却显得技高一筹。他的这一评价可在多种论著中找到，例如：

> 青州薛仪甫凤祚本之（指穆尼阁《天步真原》）为《天学会通》①，又新法中之新法矣。通律书之理而自辟门庭，则有吴江王寅旭锡阐，其立议有精到之处，可谓后来居上。[29]
>
> 近世历学以吴江为最，识解在青州之上。惜乎不能早知其人，与之极论此事。[30]
>
> 余尝谓历学至今日大著，而其能知西法复自成家者，独北海薛仪甫、嘉禾王寅旭二家为盛。薛书受于西师穆尼阁，王书则于《历书》悟入，得于精思似为胜。[31]

同是“能知西法复自成家者”，梅文鼎何以认为王锡阐的“识解在青州之上”，其“立议有精到之处”的表现又在哪里呢？说来简单，就是因为

---

① 即《历学会通》。

梅文鼎欣赏王锡阐的“通律书之理而自辟门庭”。

三、三人对待西方天文学的态度

关于薛、王、梅三人天文学工作的意义，美国科学史家席文（Nathan Sivin）有一个中肯的评价，他认为：

> 王锡阐、梅文鼎和薛凤祚是中国最早对新的精密科学做出反应并对后世产生影响的学者。简言之，他们与一场科学革命有关。他们从根本上修正了如何理解天体运动的观念，从应用数字程序显示连续方位转变到使用显示连续空间位置的几何模型。他们改变了至关重要的概念、工具、方法，使得几何学与三角学大量取代数字代数的地位，从而使行星转动的绝对意义以及它们与地球的相对距离首次变得重要起来。他们使中国天文学家相信数学模型也可以解释现象并且预报现象。①[32]

薛凤祚与穆尼阁共同相处的时间不过1年多，他们是怎样完成包括西方天文和星占（含气象）等庞杂内容的《天步真原》的，以及这部书的材料来源等，都是有待深入探讨的问题。比利时汉学家钟鸣旦（Nicolas Standaert）对其中的星占部分进行过研究，认为《人命部》等篇的内容来自意大利人卡尔达诺（Girolamo Cardano，1501～1576）为托勒密《星占四书》（*Tetrabiblos*）所写的评注。[33]

① 在这段话后面，席文也强调他所说的“革命”不能与稍早前发生在欧洲的科学革命同日而语。

不过《天步真原》中最引人注目的内容，应该是天文学部分的所谓“新西法”了，这在薛凤祚独撰的《历学会通》中有更清晰的描述。胡铁珠最早注意到《历学会通》中有一个关于行星运动的几何模型，推测其来自哥白尼的日心体系，但日地位置被人为地加以变动；她又指出在当时所知的各种宇宙学说中，穆尼阁是比较倾向于接受哥白尼日心地动理论的[34]。石云里经过认真研究，发现这一几何模型出自比利时天文学家兰斯玻治(Philip von Lansberge，1561～1632)的《永恒天体运行表》，而兰氏正是17世纪初欧洲著名的哥白尼派天文学家之一[35]。褚龙飞在其博士论文中对《永恒天体运行表》与哥白尼的《天体运行论》进行了比较，发现二者的日月五星运动模型差异不大。他又详细考证了《永恒天体运行表》与《天步真原》的关系，确认了包含理论、模型和算法在内的哥白尼学说经由薛、穆合作的《天步真原》传入中国的事实①。此外，他还将《天步真原》与《西洋新法历书》的精度作了比较，发现二者在历法计算方面的精度各有千秋[36]。

受到篇幅的限制，《天步真原》未能囊括薛凤祚通过穆尼阁学到的所有西方天文学知识，加上时间仓促，内容繁复艰涩，书中难免舛漏，编排也显得杂乱，于是他有了进一步阐释老师所传并独自撰写一部会通古今中西之书的念头，这就是后来出版的《历学会通》[37]。

《历学会通》包罗万象，洋洋大观，分为“正集”、“考验”和“致用”3编，

① 在此之前，只有关于哥白尼学说的零星知识传入中国，如《崇祯历书》介绍了《天体运行论》的若干技术内容和观测结果，汤若望在《西法历传》中给出了《天体运行论》的提要，但是都没有介绍日心地动说，方以智在《物理小识》中提到“穆(尼阁)公有地游之说”等。参阅杨小明：“哥白尼日心地动说在中国的最早介绍”。《中国科技史料》，1999年，第20卷，第1期，第67～73页。

凡60卷①。“正集”是全书最重要的部分，其中涉及天文历法的，有开篇的《古今历法中西历法参订条议》，作者参照明代邢云路《古今律历考》、李天经《西洋新法历书·奏疏》等文献，作“西法会通参订十一则”；“正集”中的《太阴太阳经纬法原》、《五星经纬法原》和《交食法原》，分别介绍日月五星的运动原理及计算方法；《中历》、《太阳太阴并四余》、《五星立成》、《交食立成》、《经星经纬性情》、《辨诸法异同》罗列各种参数和历表，属于历法方面的内容。“考验”部则详论当时流行的四种历法，按照薛凤祚的说法：“旧中法”即明代行用的《大统历》或其承续的元代《授时历》，“旧西法”是伊斯兰系统的《回回历》，“今西法”是清初官方颁行的《西洋新法历书》即《崇祯历书》的翻本；“新西法”就是穆尼阁所授有别于汤若望等人之传的西方天文学。薛凤祚在“新西法选要”中详细交代了他们对《崇祯历书》选择与调适的内容[38]；此外有时他还将自己的《历学会通》称为“新中法”②[39]。“致用”部显得非常特殊，内容庞杂，计有十个方面的内容，即三角算法、乐律、医药、占验、选择、命理、水法、火法、重学与师学，似乎是在呼应徐光启提出的“度数旁通十事”③。

王锡阐的天文学工作，主要集中在《晓庵新法》和《五星行度解》两部书中。按照席泽宗的说法，王锡阐“认为徐光启的道路是正确的”，但“又不愿与清廷合作……于是就自己一个人在家里来会通中西之术，著《晓

① 关于《历学会通》的卷数各家说法不一，详细考证参阅褚龙飞：文献36，第131～138页。

② 李亮等曾指出《历学会通》对诸法的称呼比较混乱，“新中法”有时又指魏文魁东局所用历法，参阅李亮、石云里：“薛凤祚西洋历学对黄宗羲的影响——兼论《四库全书》本《天学会通》”，同文献2，第221页。

③ 徐光启的“旁通十事”分别为治历、测量、乐律、军事、理财、营建、机械、舆地、医药、计时。见其崇祯二年(1629)七月二十六日“条陈历法修正岁差疏”，王重民辑校：《徐光启集》，台湾明文书局，1986年，第337～338页。

庵新法》6 卷。”该书第一卷介绍天文计算必备的数学，在此他将圆周分成 364 等份，每份为一爻；第二卷列出一系列天文基本数据，其中以崇祯元年为历元、以南明故都南京为精度起点[40]；第三卷结合中西法讨论日月五星位置及朔望节气时刻等问题；第四卷涉及昼夜长短、晨昏蒙影、月亮和金、水二星的相位与视径等；第五卷论述时差、视差对观测的影响，又提出独特的月体光魄定向算法；第六卷是全书的精华，专门讨论日月食的计算，包括作者自己对初亏、复圆方位角计算以及月亮次均改正数方面的创见[41]。由于刻意追求“归《大统》之型模”，多创专名又不采用图示，这部书显得异常艰涩。日本学者宫岛一彦等人连续三年集体研讨《晓庵新法》，才基本搞清其中使用的太阳系模型，可见此书之难读①[42]。后来薄树人也复原了《晓庵新法》中有关日月五星运动的几何模型与计算方法，认为王锡阐的五星模型在运用西法的同时力图加以改进，以求更加完整自洽[43]。

相比起来，《五星行度解》完全采用西方的小轮体系，又有图示六幅，全书明白易读②。在《五星行度解》中，王锡阐给出了一个完整的类第谷体系的宇宙图景，其中对行星顺、留、逆的解释，借助中国古代的“左旋”、“右旋”概念来区别内、外行星的运动规律，被认为是明末清初学者对西方宇宙体系做过的最完整、最系统的思考之一[44]。该书最有价值的地方在于提出了“磁引力”这样富有创见的概念，体现了中国学者对天体运动动力学机制的思考，王锡阐写道：

历周最高、卑之原，盖因宗动天（借西历名）总挈诸要为斡旋之

---

① 据宫岛称，参加讨论的有薮内清、矢野道雄、川原秀成、新井晋斯等。
② 这一区别是江晓原指出来的，参阅其“王锡阐的生平、思想和天文学活动”，同文献 83，第 28～29 页。

主，其气与七政相摄，如磁之于针。某星至某处则向之而升，离某处则违之而降。升降之法不为直动，而为环动(凡天行悉为环动)。[45]

正如席文所说：“王锡阐的力，尽管不同于牛顿的万有引力，但是却被王锡阐用于他所知道的所有行星。王锡阐让这种来自外围的弹性力，朝着每一轨道的某一点发出，作用到他的几何想象模型上。”[46]

王锡阐的其他天文历法著作，存世的还有《历说》、《历表》、《历策》、《日月左右旋问答》、《步交会》、《测日小记序》、《大统历法启蒙》等；现在仅知篇名而原稿无存的有《西历启蒙》、《丁未历稿》、《三辰晷志》等。值得注意的是，王锡阐对星占持反对态度，但是十分注重观测，甚至自制仪器观测天象并对理论数据进行校验。

相比于薛凤祚和王锡阐两位前辈，梅文鼎可以说生逢其时，由于政治空气的缓和与社会环境的变化，他可以认真地钻研西学著作，也可以理直气壮地为中学辩护。他写了《交食》、《七政》、《五星管见》、《揆日纪要》、《恒星纪要》等书，介绍第谷体系的西方天文学，也根据自己的思考提出了一些有见地的意见，例如他发现《崇祯历书》中有关行星运动的推算与解释颇多矛盾之处，于是在《五星管见》中提出了“围日圆象”说，认为五星运行于以本天为心的岁轮之上，其轨迹成围日之圆象[47]。他企图借此调和第谷和托勒密两种宇宙体系，建立一个整齐和谐的行星运行模型。这一理论为清代后来的历算家所接纳，并被收入钦定的《历象考成》之中，直到晚清牛顿引力理论传入中国后，仍有一些人以此说为正理[48]。

梅文鼎对各种星表十分感兴趣，在《恒星纪要》一书中将散见于《崇祯历书》和其他文献中的西方星表作了整理，所附“康熙戊辰(1688)各宿距星所入各宫度分”，系由南怀仁(Ferdinand Verbiest, 1623～1688)《灵台仪象志》(1672)中的数据依岁差推得。他于“测算之图与器，一见即得要领”，“西洋简平、浑盖、比例规尺诸仪器书不尽言，以意推广之，皆中规矩。”[49]简平仪和浑盖仪，是当时传入中国的两种星盘，梅文鼎对其制度原理十分关心。除著书详论外，又制成璇玑尺、揆日器、测望仪、仰观仪、月道仪和浑盖新式等名目繁多的天文仪器，从其《勿庵历算书目》所撰提要来看，它们大多与简平仪和浑天盖仪有关[50]。梅文鼎亦曾参加过一些地方分野志稿的撰写，不过总体来说他对星占学是持批评态度的，称“占书之说未免过于张皇，非其质也，愚不敢辄信占书。”[51]

论及梅文鼎对西方天文历法的态度，以王锡阐作参照更能说明问题[52]。由上节可知，从潘耒过访宣城开始，到晚年自撰《勿庵历算书目》为止，梅文鼎通过不同途径读到王锡阐的《圜解》、《晓庵新法》、《测食》(疑即《步交会》)、《大统历法启蒙》、《三辰晷志》)、《历说》等多种论著，这些作品对他的学术思想和天文学研究必然会产生影响。最明显的例子莫过于“西学中源”说了，这一经梅文鼎大力鼓吹复由康熙皇帝钦定为御制理论的许多论点和论据，可以在王锡阐的著作中找到端倪[53]。举例来说，为了论证《崇祯历书》中的西方水晶球宇宙模型源自中土，王锡阐搬出了屈原的《天问》，其《历说》之五开头就说：

> 《天问》曰:圜则九重，孰营度之？则七政异天之说古必有之，近代既亡其书，西说遂为创论。余审日月之视差，密五星之顺逆，见其实然，益知西说原本中学非臆撰也。[54]

而梅文鼎在《历学疑问·论七政高下》中写道：

> 问:传言日月星辰系焉，而今谓七政各有一天，何据？曰:屈子

> 《天问》，圜则九重，孰营度之？则古有其语矣。七政运行各一其法，此其说不始西人也。[55]

《历学疑问》撰于康熙三十年(1691)，正是后来使梅文鼎获得康熙青睐而扬名天下的晋身之作[56]。由前引梅文鼎为王锡阐《圜解》所作序文可知，在此前一年(1690)他就通过徐善得知王锡阐的《历说》，因此可以推测，梅文鼎在《历学疑问》中陈述的观点可能来自王锡阐；我们甚至可以进一步推测，梅文鼎广征博引古代文献并发挥想象，把众多西方天文学知识归源于中土的做法，也可能是受到王锡阐启发的。

王锡阐在《历策》中批评“学士大夫喜其(指西方天文学)瑰异，互相夸耀，以为古所未有”，因而指证西法五事“悉具旧法之中，而非彼所独得”：

> 一曰平气定气以步中节也，旧法不有分至以授人时、四正以定日躔乎？一曰最高最卑以步朓朒也，旧法不有盈缩迟疾乎？一曰真会视会以步交食也，旧法不有朔望加减食甚定时乎？一曰小轮岁轮以步五星也，旧法不有平合定合晨夕伏见迟疾留退乎？一曰南北地度以步北极之高下、东西地度以步加时之先后也，旧法不有里差之术乎？[57]

凡此种种，梅文鼎在《历学疑问·论中西二法之同》中都提到了[58]。

另一个明显的例子是对回回历或伊斯兰天文学的看法，王锡阐看出了回回历与西法间存在一定的相似性，故而其《历说》称“近代西洋新法，大抵与土盘算同源，而书器尤备，测侯加精”[59]。此中“土盘算”，与《明会典》所载“回回监……以本国土板历相兼推算”同义，源出印度，在明清两代则专指来自波斯和阿拉伯的历算知识[60]。正是由于不谙域外历史地理，王锡阐以为当时所谓“西法”直接来自伊斯兰世界，因此才出现了他在《五星行度解》中提出的古怪问题：

> 西洋算与土盘算似出一本，土盘算元为阿剌必(阿拉伯)年……则千年以前已知五星以日为心，何西人仅言彼国前代算家不知太阳为五星天心，至地谷始明此理，若地谷以前未有土盘算者耶?[61]

梅文鼎继承了这一思想，其《历学疑问》有数篇专论回回历①，得出回回历为西洋旧法、欧罗巴历为西洋新法的结论。他又进一步发挥，将所有域外天文历算知识归入“西学”之列，并师心自用地按其传入中土的先后或与之接触而加研究的顺序排出谱系。他在康熙二十六年(1687)写的一首诗中注道：

> 西学之入始于隋开皇己未，唐有九执历，元有回回历，明亦兼用，至徐文定公译历书，其说始畅。[62]

在《古今历法通考》中言及“西法”之流派，则说：

> 总而计之，约有九家：前五家(九执一、万年二、回历三、陈袁四、唐周五)皆西之旧法；后四家(利汤南共一、穆薛二、寅旭三、揭方四)皆西之新法，即欧罗巴历也。[63]

---

① 即“论回回历与西洋同异”、“论回回历元用截法与授时同”、“论天地人三元非回回本法”、“论回回历正朔之异”。

"九执"、"万年"指分别于唐、元两代传入中国的印度、伊斯兰历法，"陈"、"袁"、"唐"、"周"分指明代对回历有所研究的陈壤、袁黄、唐顺之、周述学等人；利玛窦、汤若望、南怀仁、穆尼阁、薛凤祚、王锡阐、揭宣、方中通等则归入研习"西之新法"的人士。经此一来，梅文鼎就为"中土历法得传入西国"虚拟了一个时空框架[64]，成为支撑西学中源说的一个重要支柱。溯本寻源，似乎可以联系到王锡阐"近代西洋新法，大抵与土盘算同源"的判断。①

至于梅文鼎在天文学著作中直接援引的王锡阐之研究成果，可以交食计算法为例说明。王锡阐在《晓庵新法》中首创对日、月食亏、复方位的算法，后为梅文鼎所引用，他在《交食》一书中写道：

> 从来言交食只有食甚分数，未及其边，唯王寅旭则以日月圆体分为三百六十度，而论其食甚时所亏之边凡几何度。今为推演其法，颇为真确。[65]

这一方法后来被《历象考成》所采纳，阮元（1764～1849）主编的《畴人传》（1799）在引用上文后指出："然则御定《考成》所采文鼎以上下左右算交食方向法，实本于锡阐矣。"[66]

四、三人对待西方数学的态度

谈到薛凤祚对中国数学的贡献，马上就会想到正是他和穆尼阁最早

① 薛凤祚将《回回历》视作"旧西法"的做法与此十分类似，对梅文鼎也会有所影响。

将对数介绍到中国来的[67][68][69]。郭世荣注意到薛凤祚谈到自己学算历经“四变”，对于了解他的治学经历、会通中西思想的来源，以及全面认识其数学成就是一个非常重要的材料[70]：

> 算法在予阅四变矣。癸酉之冬，予从玉山魏先生得开方之法。置从来上下廉、隅、从益诸方不用，而别为双、单、奇、偶等数，此因羲和相传之旧而特取其捷径者。继而于长安复于皇清顺治《时宪历》得八线，有正弦、余弦、切线、余切线、割线、余割线、矢线，亦即中法开方诸术，而以其方法易为圆法，亦加精加倍矣，然而苦其乘除之不易。壬辰春日予来白下，去癸酉且二十年，复得与弥阁穆先生求三角法，又求对数及对数四线表。对数者，苦乘除之烦，变为加减。用之作历，省易无讹者也。此算经三变，可称精详简易矣。今有较正《会通》之役，复患中法太脱略，而旧法又以六成十，不能相入，乃取而通之，自诸书以及八线皆取其六数通以十数，然后羲和旧新二法、《时宪》旧新二法，合而为一，或可备此道阶梯矣。[71]

这里依次交代了他研习数学的 4 个阶段与每一时期的主要内容：首先是魏氏所传开方捷法，然后是《时宪历》所载三角学，继而是穆氏所授对数与三角函数对数，最后是他自己悟得的六十进位制与百进位制间的换算关系。除了传统开方法外，其余 3 项都与传入不久的西方数学知识有关。

薛凤祚说“历数之原，本于算数”，不过刊本《天步真原》只存天文、星占两部分，有关数学内容多未付梓。可以断言，它们后来被薛凤祚收入《历学会通》中了，具体讲就是其“正集”部分的《正弦》、《对数四线表》和《比例对数表》三卷书，分别介绍三角函数造表法、三角函数对数表和常用对数表；此外还有“致用”部分的《三角算法》。

三角学于明末传入中国，在《崇祯历书》中被称为“测圆八线”或“割圆八线”，也就是薛凤祚所说的“圆法”。正弦是八线中的基础，邓玉函(Johann Schreck，1576～1630)《大测》中涉及正弦表的造法，然而过于简略也未提供必要的证明。《正弦》一书则给出了新的正弦造表法，利用半角公式、半差角公式等，重新算出间距为1分的正弦表和其他三角函数表[72]。关于这一方法的来源，有人认为主要来自荷兰数学家斯蒂文(Simon Setvin，1548～1620)，即其1608年出版的《数学记忆》(*Hypomnemata Mathematica*)第一卷中的“正弦表制作方法”[73]。穆、薛合撰的《三角算法》，则将三角形分为“正线”(平面三角)、“圆线”(球面三角)两种，较为系统地阐释了有关理论和算法，对《大测》、《测量全义》等明末传教士介绍的三角学知识作了补充和完善[74]。值得指出的是，《三角算法》与《正弦》二书，本来都应该是《天步真原》的一部分，今传本不知为何不见。前者被薛凤祚收入《历学会通》的“致用”部而不入“正集”，这也说明薛氏有意攀附“旁通十事”的猜测是有道理的，因为他需要抽出一部数学文稿来凑够“致用”的条目。

王锡阐的数学著作不多，据李俨引《国朝未刊遗书志略》等文献，似乎只有《圜解》、《筹算》两种[75]。后书今已不存，《圜解》则有一个抄本为李俨所得，据考出自梅文鼎订补本系统[76]，现藏于中国科学院自然科学史研究所图书馆。《圜解》的主要内容是证明平面三角学中的四个基本公式，即两角和与差的正弦和余弦展开式。由于当时缺乏一般角的概念，对应的函数皆由与圆有关的直角三角形上的线段表示，对上述三角学关系需要分门别类地讨论，然后通过勾股比例加以证明。将两角和与差的余弦公式相减，就可以得到三角学中的另一个基本公式，它可以将乘法化为加减法，在欧洲实乃对数发明的先声，《崇祯历书》也有所介绍并被广泛用于历法计算中[77]。

值得注意的是，王锡阐在书中提出了一些新的概念和术语，并以自己特殊的方式加以定义，例如圆的定义是

> 平圆者，如圆镜之平面。又如日月虽皆圆球，自下视之，皆如平圆。运规成圆，圆周距心远近皆均。[78]

比起《墨经》和《几何原本》有关圆的定义，实在是一种退步。如同将圆按364爻等分一样，刻意标新立异反而成了舍简就繁。他又自创"折线"、"尖折"、"斜折"、"矩折"、"等边斜方形"、"三不等斜方形"、"四不等形"等术语。故此梅文鼎批评道："好立新名，与《历书》互异，亦难卒读。"

与薛、王两人不同，梅文鼎在论及西方数学知识时更多考虑了读者的接受能力，例如他的《笔算》介绍《同文算指》引进的西方写算方法，但虑及"我之文字既直"，遂"易横为直以便中土"；《筹算》介绍明末传入的纳皮尔算筹的制度原理和用法，将直筹横读改为横筹直读，同样也是为了照顾当时学人的读写习惯。对于西方传入的计算方法和工具，梅文鼎无不细究，他还写了《度算》，专门介绍伽利略发明的比例规，又通过算例阐释罗雅谷(Jacques Rho，1593～1638)的《比例规解》并为之订误。他还写过介绍对数的《比例数解》，可惜未能刊行传世。

明末传入的西方古典天文学的数学基础是欧几里得几何学，而《几何原本》是第一部被译成中文的西方科学著作，故此明清之际的学者往往将"几何"与西学等量齐观，梅文鼎遂创"几何即勾股"论，借此实践其会通中西的理想。他在《方程论》中首先辨析传统数学中属于"量法"的内容，以证中国古代不乏"几何"之学，继而指出古"九数"中的"勾股"即为此中"最精之事"，这一观点在他后来撰写的几部书中有

更具体的阐述。《几何通解》称“其最难通者，以勾股释之则明”；《勾股举隅》称“三角即勾股之变通，八线乃勾股之立成也”；《平三角举要》言“西法用三角，犹古法之用勾股也”，“三角不能出勾股之外，而能尽勾股之用”；《堑堵测量》言“堑堵测量者，勾股法也，以西术言之则立三角法也”[79]。

当时《几何原本》只译出了前6卷，梅文鼎所撰《几何补编》，在《测量全义》、《大测》等书透露的线索下，尝试对此6卷之后的内容进行探索。书中详细讨论了5种正多面体以及球体的互容问题，订正了《测量全义》中正二十面体体积与边长关系的错误，所得到的其他多面体的数据精度也比《测量全义》和《比例规解》要高。他又从馆童戏耍的灯笼得到启示，论述了2种半正多面体的结构、比例以及它们与正多面体的关系。他还创造性地提出了球体内容等径小球问题，并意识到这一问题的解与正多面体有关，在当时可以说是一个新鲜的课题[80]。

对于中国历算家来说，当时传入的西学知识中最难接受的恐怕就是三角学了，因为中国古代“未有予立算数以尽勾股之变者”，而《崇祯历书》中介绍的三角学知识又过于零散。梅文鼎著《平三角举要》、《弧三角举要》二书，系统地阐述三角函数的定义、各种公式、定理及应用，它们是中国人自撰的最早的一套三角学教科书。在《堑堵测量》一书中，梅文鼎在中国数学史上第一次指出《授时历》中“黄赤相求之理”的三角学意义，认为“郭太史本法”与西方球面直角三角形的公式解法是一致的；他设计的“立三角仪”和“平方直仪”，清楚地显示球面直角三角形的边角关系，内中还蕴涵着一种巧妙的图解方法。关于利用投影原理来解球面三角形的更一般论述，则见于《环中黍尺》一书，他所提出的构图原理与今日若干球面三角学教科书介绍的图解法完全一致[81]。

五、三人的学术风格与不同的会通方式

薛、王、梅三人与中国历算之学均有一定的渊源，年轻时都曾研习过明代行用的《大统历》，对传统算学也有一定的了解，尽管他们都没有见过足本的古《九章算术》。总的来说，此三人接触、研习西方天文数学的途径不尽相同，学术风格也迥然有别。

薛凤祚接触西学的方式与徐光启、李之藻等人相似，就是直接向传教士学习并共同工作，不同的是他本人没有入教，也没有徐、李那样高的社会地位和调动资源的能力，不过他所涉猎的知识的广度和深度都是惊人的。尽管缺乏史料来还原他与穆尼阁在南京工作的情况，从《天步真原》和《历学会通》的庞大内容及两人合作的时间来看，他们工作的强度是非常大的，否则不可能在一年多的时间里完成包括西方天文、历法、星占、数学在内的大量译稿与数表。特别值得注意的是，作为哥白尼的同乡[①]，穆尼阁将主张日心地动的《永恒天体运行表》介绍进来，通过与薛凤祚的合作传播了哥白尼学说。此外，对数与三角函数对数的引进，也是明末以来传入中国的最重要西方数学知识之一。仅此二端，就可确立薛凤祚在整个西学东渐潮流中的地位。

薛凤祚也是三人中出身和学历最高的一位。他因父亲的人脉关系得以结交两都和旧京西安的名流，年轻时得理学大师孙奇逢、鹿善继亲炙，拜师穆尼阁之前又从魏文魁学习旧法，晚年还获交顾炎武、方以智等名盛一时的大儒，他的知识储备和治学兴趣异常广博。除了《历学会通》之外，薛凤祚还有多种著作，包括阐发阳明心学的《圣学心传》、论述黄淮

① 穆尼阁 1610 年生于波兰历史名城克拉科夫，哥白尼年轻时就在克拉科夫大学学习。

漕运修守事宜的《两河清汇》、综合介绍中西星占学的《气化迁流》，考辨器物制度的《车书图考》等。他还曾受山东布政使之邀，与顾炎武等人一道参与编修《山东通志》，负责其中的星野部分。

王锡阐生性狷介，终生贫病相伴，对故明的怀念至死不移，他所交往的人士，都是活跃于江南的遗民或与这个圈子保持特殊联系的知识分子，其活动范围也只限于家乡吴江一带。王锡阐对西方科学知识的了解，应该是通过研读《崇祯历书》等书籍获得的。与他关系密切的一些知识分子如朱彝尊（1629～1709）、万斯大（1633～1683）、徐善、潘耒等，后来全都出仕清廷。正是由于他们的表赞，世人才得知王的工作，不过以上人士都是传统的人文学者，对天文数学的判断能力毕竟有限。

王锡阐自己则绝意仕途，把全部精力投入到天文数学研究中，强烈的民族感情使他在研习西学时抱着一种挑剔的态度。席泽宗提到“王锡阐在肯定西洋方法的同时，又指出它的缺点”，随后援引王锡阐《历说》等书中揭示的8个问题，说明王对《崇祯历书》的批评多数是合理的[82]。江晓原认为“王锡阐在批评西法时，明显流露出对西法的厌恶之感”，其原因“可追溯到亡明遗民的亡国之痛上去。因为西法是异族之法，而且是被另一个灭亡了中国的异族引入来取代汉族传统方法的，从感情上来说，王锡阐不可能喜欢西法。”随后他提到王指证西法五事，即平气定气、最高最卑、真会视会、小轮岁轮、南北东西地度，“悉具旧法之中，而非彼所独得”，由此证明西法原本中法，故而在《晓庵新法》中对此五端均弃而不用。对于“七政异天”的宇宙模型，王锡阐也以屈原《天问》中的“圜则九重”来论证“古必有之”[83]。

明末倡导西学的先驱们就已打出了“会通”的旗号，但由于他们本人对传统天算之学大都缺乏足够的了解，加上当时中、西之争已超出了学术的范畴，所以并未得出多少中肯有益的结论。徐光启“镕彼方之材质，入大统之型模”的提法，其实多是出于政治考虑的一种策略。真正认真会通中西之学，还是从清初薛、王、梅等人开始的，三人中又以梅文鼎的工作最为突出。

梅文鼎生于皖南乡间，虽承先祖荫庇，其父只是个邑痒生。文鼎中年屡赴乡试不举，直到将近40岁时才完成了自己的第一部数学著作《方程论》。不过此一凤雏初啼不同凡响，书中阐发了两个重要的观点：其一是把传统数学的“九数”分为“算术”和“量法”两大类，前者包括“粟米”、“衰分”、“均输”“盈朒”而极于“方程”；后者包括“方田”、“少广”、“商功”而极于“勾股”。其二是借助当时传入中国的西方数学知识中所没有的多元一次方程组来彰扬古算①。梅文鼎在后来的生活中遇到两个“贵人”：第一个是时任翰林院侍讲的宣城老乡施闰章(1619～1683)，曾屡次信邀他北上参与《明史・历志》的纂修；第二个是累官至文渊阁大学士兼吏部尚书的李光地(1642～1718)，正是后者的引荐他才获得康熙皇帝的召见与青睐。梅文鼎是民间知识分子学习西方科技知识的代表，康熙皇帝则以天朝大国之君的身份亲躬西学，这两个杰出人物的交流，标志着清代天文、数学研究的一个高潮，并成为乾嘉学派在历算领域复兴传统学术的前奏。

从《勿庵历算书目》可以得知，梅文鼎曾想效法明末邢云路《古今律历考》，将他所了解的古今中外各家历法逐一考察，这就是《古今历法通考》的写作计划[84]。他认为“数学者所以合理也，历者所以顺天也。法有可采何论东西？理所当明何分新旧？”故而强调“义取适用，原无中外之殊；算不违天，自有源流之合。”[85]秉持这样的信念，他能够“既贯通旧法，而兼精乎西学”，“会两家之异同，而一一究其指归”，“其有功于历学甚大。”[86]

---

① 书成后他曾寄示方中通，盖因“方子精西学，愚病西儒排古算数，著《方程论》，谓虽利氏(指利玛窦)无以难，故欲质之方子。”参见梅文鼎：“复柬方位伯”，同文献16，卷一。

梅文鼎生前曾计划将自己的所有数学著作汇编成集，总名就叫《中西算学通》，其序言中写道：

> 天下之不可不通，而又不易通者，算数之学是也。人之所通而亦通焉，未敢以为通也。学至算数，则不可以强通。唯其不可以强通也，而通焉者必自然之理。故道器可使为一体，天人可使为一贯，古今可使为一日，中外可使为一人。……数学者，征之于实。实则不易，不易则庸，庸则中，中则放置四海九州而准。器即为道，人即为天，又何古今中外之不可一视乎？……万历中，利氏入中国，始倡几何之学，以点线面体为测量之资，制器作图颇为精密。然其书率资翻译，篇目既多，而取径迂回，波澜阔远，枝叶扶疏，读者每难卒业。又奉耶稣为教，与士大夫闻见龃龉。学其学者，又张惶过甚，无暇深考乎中算源流，辄以世传浅术，谓古《九章》尽此。于是薄古法为不足观，而或者株守旧闻，遽斥西人为异学。两家之说，遂成隔碍，此亦学者之过也。余则以学问之道，求其通而已。[87]

在清代学术思想史上，贯穿着一个旨在论说西方文明发源于中土的“西学中源”说，梅文鼎乃是此说的集大成者，《历学疑问》和其后续成的《历学疑问补》则是这一思想在天文学领域的代表作，概括起来有以下六论：

首论中、西二法之同异，提出可资比较的对象①。

---

① 如中法的“盈缩招差”与西法的“最高加减”，中法的“定气”和西法的“日躔过宫”，中法的“岁差”和西法的“恒星东行”，中法的“里差”和西法的“各省节气不同”，中法的“五星迟留逆伏”和西法的“本轮均轮说”；以及中法不讲五星纬度西法言之，中法以夏正为岁首西法以日会恒星为岁首，中法月离始于朔西法始于望，中法论日始子半西法始午中，中法闰月西法闰日，中法有二十八宿西法有十二宫，中法用干支纪日纪岁西法用七曜纪日总积纪年，中法节气起于冬至西法起于春分等。

次论"历学古疏今密",说明天文学在世界各地都是由低级向高级发展的,弦外之音是当今西法胜于中法不过说明青出于蓝。

三论"《周髀》所传之说必在唐虞以前",从而把"盖天说"形成的上限提前了数千年。

四论西方天文学中的许多论断均见于中华典籍,这是整个"西学中源"说的中坚部分。梅文鼎凭借自己熟悉古代文献的长处和丰富的想象力,把许多西方天文学知识逐一贴上"中国造"的标签①。

五论回回历为西洋旧法、《崇祯历书》为西洋新法,从而确认中土之学得以西传的媒介②。

最后论"中土历法得传入西国之由",为此梅文鼎借《尚书·尧典》虚构了一个故事,说尧命羲、和仲叔四人"钦若昊天"、"敬授人时";至周末"畴人子弟分散",东、南两面有大海相阻,北面有严寒之畏,只好挟书器而西征,西域、天方诸国接壤于西陲,所以"势固便也"地成就了被称为西洋旧法的"回回历";而欧罗巴更在回回之西,"其风俗相类而好奇喜新竞胜之习过之,固其历法与回回同源而世世增修",遂成为西洋新法,溯其源流皆出于中土③。

康熙本人就是"西学中源"说的又一标本——"阿尔热八达即东来

---

① 例如他说"地球有寒暖五带之说"即《周髀算经》中的"七衡六间说","地圆说"即《黄帝内经·素问》中的"地之为下说","本轮均轮说"即《楚辞·问天》中的"圜则九重说","浑盖通宪(指浑盖仪的原理)即古盖天法","简平仪亦盖天器而八线割圆(指三角学)亦古所有"等等。

② 在这一点上梅文鼎是否受到薛凤祚的影响还不清楚,梅曾从金陵顾昭家抄得《历学会通》。参见李俨:"梅文鼎年谱",文献 12,第 551 页。

③ 以上六论内容,均见于梅文鼎:《历学疑问》、《历学疑问补》,文献 13,卷四十六~卷五十。最后一论并被采入《明史·历志》,成为清代钦定的观点,参见《明史》卷三十一。

法”的制造者①。他又有《三角形论》一文，梅文鼎读后赞曰：“御制《三角形论》言西学实源中法，大哉王言！”[88]“伏读圣制《三角形论》，谓古人历法流传西土，彼土之人习而加精焉尔，天语煌煌，可息诸家聚讼。”[89]其实康熙《三角形论》所表达的思想，与梅文鼎反复阐说的“几何即勾股”论完全一致。就这样君臣唱合，把“西学中源”说捧上了天，终于成为有清一代“钦定”的理论[90]。

梅文鼎倡“西学中源”说，主观上有光扬中华文化、振奋民族精神的愿望，其中也不乏一些机智的辩辞，但其论证方法和总的结论是错误的。然而从当时的与境考虑，“西学中源”说确能折衷聚讼百年之久的中西之争，因为它既能迎合士大夫维护中华文化正统的主观愿望，又在暗中接受了西法胜于中法这一不得不承认的事实。

作为一国之君的康熙皇帝，要想在不失帝王之尊的情况下接受中法不如西法的事实，并堂而皇之地向传教士学习西方科学知识，他看中了梅文鼎所鼓吹的“西学中源”说。及至清代中叶，乾嘉学派以考据为宗旨，“西学中源”说经戴震(1724～1777)、阮元等人继承和发挥，成了复古主义者们的一个重要思想武器。从长远来看，这一狭隘民族主义的精神产物助长了国人故步自封的情绪，对于近代科学在中国的传播产生了一定的消极影响[91]。

六、代结语：从三人的不同境遇看清初社会变迁

薛凤祚、王锡阐、梅文鼎三人皆生于明末而成名于清初，学术兴趣与

① “阿尔热八达”、又作“阿尔朱巴尔”、“阿尔热巴拉”，皆系 Algebra (代数学)一词的音译，康熙疏为“传自东方之谓也”。语见王先谦：《东华录》，“康熙八九”；互见梅珏成：《赤水遗珍》，文献 13，卷六十一。

价值观有不少相似之处,他们个人及家庭与明代遗民集团有着不同程度的联系,王锡阐本人就是一位遗民。单从年龄上讲,薛比王大 28 岁,王又长梅 5 岁;但从他们从事学术活动的时间来看,三人之间甚至有累叠交叉之时,比如说,梅文鼎的第一部书《历学骈枝》写成于康熙元年(1662),王锡阐的《晓庵新法》写成于康熙二年(1663),而薛凤祚《历学会通》的初刊时间,一般认为是康熙三年(1664)。不过谈到他们三人的生前境遇与后人的评价,则有很大的不同。

先说薛凤祚。他是三人中出身最显贵、阅历最丰富的人,也是唯一既从师旧学名家又亲承传教士指授的人,而其西洋老师穆尼阁的学问绝不比在京城参与修历的那些同道们差。同样,若论明清之际对西方知识涉猎的广度,薛凤祚大约仅在徐光启、李之藻之下而远高于李天经、王征等人。从另一方面说,穆尼阁与利玛窦、汤若望等人虽然同属耶稣会,但是他一不像多数传教士那样扎堆在京城①,二不传授被来华耶稣会士普遍接受的第谷天文学体系,而是另辟蹊径把哥白尼体系的天文学介绍到中国来。也许正因为此,穆、薛的工作被主持历局的传教士们排斥于正统之外。加上《天步真原》、《历学会通》等书校刻欠精、流传不广,薛凤祚的声名显得隐而不彰。

近年来有材料说康熙皇帝曾于 1663 年亲自表赞薛凤祚,御赐"文献名家"匾藏于金岭镇薛氏乡贤祠[92]。此说甚为可疑,按当年康熙还是一个九岁的孩子,登基不过两年,杨光先上书引起的"历狱"也尚未发生。及至康熙四十六年(1707),益都地区的地方官与文人纷纷奏请将薛凤祚入祀乡贤祠,内中一份奏文还提到他"生未膺崇锡于彤廷……殁应得荐

① 穆尼阁仅在完成了《天步真原》之后的 1653 年应召赴京,但不久就自请到南方传教,在获得顺治皇帝的诏书之后前往云南、广东等地,1656 年病逝于肇庆。穆尼阁与汤若望等人的关系则需要进一步研究。参阅文献 2,第 137 页。

馨于庑序”[93]，该文作者显然未曾闻听朝廷表彰一事。

此外还应指出，今人对薛凤祚思想的评价偏低，很大程度上受到他介绍和研习占星术这一事实的影响，这种简单的“科学—迷信”二分思维是缺乏历史与境认知的。实际上，汤若望、穆尼阁等人都把大量时间和精力用在介绍西方占星术上，因为这既是钦天监工作的需要，也是古今中外“谈天”者必须做好的一门功课。梅文鼎就说过：“言天道者原有二家，其一为历家，立于测算……其一为天文家，立于占验吉凶福祸。”[94]按照这一分类，他自己只是一个“历家”而已，薛凤祚的知识底蕴则更接近古代的“言天道者”。

总的来说，清初学者对薛凤祚工作的反应较为冷漠①，他之引起后人的重视，与梅文鼎提出“南王北薛”一说有关。不过我们也要注意，梅文鼎在学界走红时正逢康熙朝盛期，他又是个与时俱进的人物，在评价前贤时带着很强的意识形态色彩；另一方面，王锡阐对西学批判性学习的立场颇能迎合当时的思想潮流，因此梅说“(吴江)识解在青州之上”就不足为奇了。由于对梅文鼎学术地位的尊崇，此语几乎成为王、薛水平高下的定评，包括笔者在内的许多当代学人也曾一再因袭此说。今日著文至此，反复权衡掂量，私下以为如果将梅说颠倒过来，也就是“青州识解在吴江之上”，可能更符合实际一些②。

研治清代天文历算的人，多以王、梅并称先驱。例如乾嘉时代学者焦循(1763～1820)作《读书三十二赞》，内《历算全书、赤水遗珍》赞道：

---

① 除了方以智之外，黄宗羲也有可能了解薛凤祚的工作，参阅李亮、石云里“薛凤祚西洋历学对黄宗羲的影响——兼论《四库全书》本《天学会通》”，出处同文献2，第218～230页。不过要注意天文历法并非黄氏学术关注的重点。

② 有人已对梅文鼎、阮元等人有关薛不及王的论断提出质疑，参见马佰莲、孙世明“融各方之材质，入吾学之型范——薛凤祚的科学观初探”，同文献2，第39页。

“本朝历学，推梅与王；王核而精，梅博而详”[95]。阮元主编之《畴人传》也称：“持平而论，王氏精而核，梅氏博而大，各造其极，难可轩轾也”。[96]梁启超《中国近三百年学术史》专辟一章名“科学的曙光”，谈的就是王锡阐和梅文鼎。内称“研习其法而唤起一种自觉心，求中国历算学之独立者，则自王寅旭、梅定九始”，“所以清代治此学者必曰王梅。”[97]

明清鼎革对少年王锡阐和梅文鼎的未来都产生了深刻影响，不过也许是更接近成年的缘故吧，明亡带来的伤痛对于王锡阐来说更为铭心刻骨，可以说他是一个彻头彻尾的前朝遗民，梅文鼎则是一位出身于遗民家庭的读书人。他们在时代巨变中的人生态度及个人经历截然不同，但在心灵深处还是很容易沟通的。与王、梅二氏相比，薛凤祚倒是更像一个“为学术而学术”的纯然学者。

尽管王、梅二人的家庭背景、学术传统和研究取向上有许多相似之处，由于对政治现实采取的生活态度不同，他们生前的境遇也大相径庭。王锡阐终身为贫病所累，死后遗稿大半散失，全赖少数知音搜集整理才有后来的《遗书》和《诗集》、《文集》传世。梅文鼎中年即已闻名于江南的学术圈，到北京后更广交名流，后来又因荣蒙康熙皇帝的褒奖，一时“公卿大夫群士皆延跂愿交”[98]，刊刻梅书和讲求“梅学”竟成一时风气。故《畴人传》有言：

> 方今梅氏之学盛行而王氏之学尚微，盖锡阐无子，传其业者无人，又其遗书皆写本，得之甚难，故知之者少。[99]

前面的话道出了当时的真实情况，后面的话却没说到点子上。王名声不如梅显赫，根本原因不在无人传习其业，而是他悲壮的政治选择决定了势必要在孤寂中度过余生。“何必残形仍苟活，但伤绝学已无传；存亡不用占天意，矢志安贫久更坚。”[100]这首《绝粮》诗很好地概括出了他的人生观和价值观。其学术著作无人问津也是不奇怪的，试想在清人入关立足未稳的年头，谁敢冒着掉头和灭族的风险为这位倔强不屈的遗民刻书呢？

梅文鼎虽然只比王锡阐年幼5岁，但因出道较晚①，及至他从皖南乡间到南京、北京闯荡时，中国已是一派天下底定、河清海晏的景象了。他的学术高潮期可谓际逢其时，面对中国社会格局和学术氛围的巨变，如同当时的多数知识分子一样，他没有死抱着遗民情结不放，而是企图通过科举入仕和参与《明史·历志》的编纂来实现自己的人生价值②，这与王锡阐的强硬态度有着天壤之别。正是这一历史上的“时间差”与王、梅各自面对现实的生活态度，使得俩人有着完全不同的社会境遇。

明清鼎革给中国社会造成巨大的震荡，同时也带来旧除布新的生机。一面有血腥的屠城和惨烈的刑狱，一面也有开拓边疆和奖掖生产的开明举措。少数怀念旧朝的大学者，在投身武装抗清失败后转而隐居著书，或借传统文化的力量鼓吹民族大义，或痛斥晚明学风的空疏而力行实学；前者导致了民族思潮的泛起，后者则成为清代朴学兴盛的先声。另一方面，当大规模的军事反抗被镇压下去后，满清统治者开始采取一系列拉拢汉族知识分子的政策：任用汉人官吏，礼遇明代遗民，开博学鸿词科，设馆修《明史》等，意在缓和民族矛盾，显示自己对华夏文化的认同及承继道统的合法合理。到了康熙皇帝成年掌政时，汉族知识分子中那种抵死也要辨清“夷夏”的强硬情结已逐渐软化了，黄宗羲令子百家进史

---

① 梅文鼎的第一部学术著作《历学骈枝》写于他30岁左右，但当时没有出版；从30岁以后，他主要活动于皖、苏、浙一带，直到56岁那年方至北京。

② 梅文鼎曾屡应金陵府的乡试和会试，尽管他后来对科举制度提出过激烈的批评。参阅文献50，第54～55页。

局并通过其对编修《明史》贡献意见，顾炎武的三个外甥"昆山三徐"乾学、元文、秉义在朝廷和学界都是炙手可热的人物。誓不仕清的大儒们在严酷的现实前尚且表现出一定的灵活性，一般读书人重温科举仕进之梦的心理障碍也就不复存在了。

然而，"内诸夏而外夷狄"的春秋大义是不容置疑的，"夷夏大防"的边界倒是可以因时代而迁移。为了适应统治者转移民族矛盾和显示其合乎道统的需要，民族主义遂被时代赋予了新的内涵。远道来的洋人才是真正的"夷狄"，对其思想学术进行批评正是合乎"夷夏之辨"训条的。而这一发生在思想领域的微妙而重要的变化，刚好出现在康熙朝的早中期。

概言之，发轫于明末清初的民族思潮，在康熙年间发生了嬗变[101]。王锡阐和梅文鼎，恰是这一思潮演变期间的两位代表人物。正是在这种特殊的政治气候下，梅文鼎被奉为"历算第一名家"，而王锡阐的学术著作最终也被统治者所接受[102]。

（张善涛）

参考文献

[1] 江永："翼梅序"，《翼梅》(卷首)，海山仙馆从书本，道光二十七年(1847)。
[2] 刘晶晶："薛凤祚之师穆尼阁"。马来平主编：《中西文化汇通的先驱——全国首届薛凤祚学术思想研讨会论文集》，齐鲁书社，2011年，第133～143页。
[3] 薛凤祚：《历学会通》。韩寓群主编：《山东文献集成》(第二辑，第23册)，山东大学出版社，2008年。
[4] 袁兆桐："清初山东科学家薛凤祚"。《中国科技史料》，1984年，第5卷，第2期，第88～92页。
[5] 胡铁珠："薛凤祚"。杜石然主编：《中国古代科学家传记》(下集)，科学出版社，1993年，第969～978页。
[6] 宁晓玉："王锡阐与惊隐诗社"。《科学文化评论》，2008年，第5卷，第4期，第97～

108 页。
[7] 王锡阐:《晓庵新法》,《晓庵遗书》(卷一),木犀轩从书本,光绪年间。
[8] 王锡阐:《五星行度解》,《晓庵遗书》(卷四),木犀轩从书本,光绪年间。
[9] 江晓原:“王锡阐”。杜石然主编:《中国古代科学家传记》(下册),科学出版社,1993 年,第 1005～1015 页。
[10] 薛斌:“王锡阐年谱”。《中国科技史料》,1997 年,第 18 卷,第 4 期,第 28～36 页。
[11] 刘钝:“梅文鼎”。杜石然主编:《中国古代科学家传记》(下集),科学出版社,1993 年,第 1030～1040 页。
[12] 李俨:“梅文鼎年谱”。《中算史论丛》(第三集),科学出版社,1955 年,第 544～576 页。
[13] 梅文鼎:《梅氏丛书辑要》,乾隆二十六年(1761)刊本。
[14] 王锡阐:“贻薛仪父书”,《晓庵先生文集》(卷二),道光元年(1821)刻本。
[15] 梅文鼎:“与潘稼堂书”,《绩学堂文钞》(卷一),乾隆二十二年(1757)刊本。
[16] 梅文鼎:“寄怀青洲薛仪甫先生(四首之二)”,《绩学堂诗钞》(卷二),乾隆二十二年(1757)刊本。
[17] 梅文鼎:“天学会通订注提要”,《勿庵历算书目》,知不足斋丛书本,嘉庆己卯(1819)重刊。
[18] 梅文鼎:“奉答潘稼堂检讨兼送归吴江(二首之二)”,《绩学堂诗钞》(卷三),乾隆二十二年(1757)刊本。
[19] 石云里:“天步真原的神秘序文”。《广西民族大学学报》(自然科学版),2006 年,第 12 卷,第 1 期,第 23～26 页。
[20] 梅文鼎:“寄方位白(五首之五)”,《绩学堂诗钞》(卷二),乾隆二十二年(1757)刊本。
[21] 潘耒:“方程论序”。梅文鼎:《方程论》(卷首),《梅氏丛书辑要》(卷十一),乾隆二十六年(1761)刊本。
[22] 梅文鼎:“奉答潘稼堂检讨兼送归吴江(二首之二)”,《绩学堂诗钞》(卷三),乾隆二十二年(1757)刊本。
[23] 梅文鼎:“王寅旭书补注提要”,《勿庵历算书目》,知不足斋丛书本,嘉庆己卯(1819)重刊。
[24] 梅文鼎:“为徐敬可先生题扇即送归南(四首之二)”,《绩学堂诗钞》(卷三),乾隆二十二年(1757)刊本。
[25] 梅文鼎:“圜解序”,《绩学堂文钞》(卷二),乾隆二十二年(1757)刊本。
[26] 梅文鼎:“与潘稼堂书”,《绩学堂文钞》(卷一),乾隆二十二年(1757)刊本。
[27] 梅文鼎:“书徐敬可圜解序后”,《绩学堂文钞》(卷五),乾隆二十二年(1757)刊本。
[28] 刘钝:“梅文鼎与王锡阐”。陈美东等主编:《王锡阐研究文集》,河北科技出版社,2000 年,第 110～133 页。
[29] 梅文鼎:“古今历法通考提要”,《勿庵历算书目》,知不足斋丛书本,嘉庆己卯(1819)重刊。
[30] 梅文鼎:“王寅旭书补注提要”,《勿庵历算书目》,知不足斋丛书本,嘉庆己卯(1819)

重刊。

[31] 梅文鼎:"锡山友人历算书跋",《绩学堂文钞》(卷五),乾隆二十二年(1757)刊本。

[32] Sivin, N. Wang His-shan. Gillisper, C. ed. *Dictionary of Scientific Biography*. Vol. 14. New York: Charles Scribener's Son. 1976. 160.

[33] 钟鸣旦,吕晓钰译:"清初中国的欧洲星占学:薛凤祚与穆尼阁对卡尔达诺《托勒密〈四书〉评注》的汉译"。马来平主编:《中西文化汇通的先驱——全国首届薛凤祚学术思想研讨会论文集》,齐鲁书社,2011年,第462~499页。

[34] 胡铁珠:"《历学会通》中的宇宙模式"。《自然科学史研究》,1992年,第11卷,第3期,第224~232页。

[35] 石云里:"《天步真原》与哥白尼天文学在中国的早期传播"。《中国科技史料》,2000年,第21卷,第1期,第83~91页。

[36] 褚龙飞:"薛凤祚历法研究",中国科学技术大学博士学位论文,2014年,第20~124页。

[37] 薛凤祚:《历学会通》。韩寓群主编:《山东文献集成》(第二辑,第23册),山东大学出版社,2008年。

[38] 王刚:"薛凤祚对《崇祯历书》的选要和重构"。马来平主编:《中西文化汇通的先驱——全国首届薛凤祚学术思想研讨会论文集》,齐鲁书社,2011年,第329~348页。

[39] 褚龙飞:"薛凤祚历法研究",中国科学技术大学博士学位论文,2014年,第163页。

[40] 宁晓玉:"《晓庵新法》中的常数系统"。《自然科学史研究》,2001年,第20卷,第1期,第53~62页。

[41] 席泽宗:"试论王锡阐的天文工作"。《科学史集刊》,1963年,第6期,第53~65页。

[42] 宫岛一彦:"王锡阐《晓庵新法》的太阳系模型"。陈美东等主编:《王锡阐研究文集》,河北科学教育出版社,2000年,第64~84页。

[43] 薄树人:"清代天文学家王锡阐",《薄树人文集》,中国科学技术大学出版社,2003年,第579~588页。

[44] 宁晓玉:"试论王锡阐宇宙模型的特征"。《中国科技史杂志》,2007年,第28卷,第2期,第123~131页。

[45] 王锡阐:《五星行度解》,《晓庵遗书》(卷四),木犀轩从书本,光绪年间。

[46] 席文著,韩晋芳译:"王锡阐"。陈美东等主编:《王锡阐研究文集》,河北科学教育出版社,2000年,第56页。

[47] 梅文鼎:《五星管见》,《梅氏丛书辑要》(卷五十六),乾隆二十六年(1761)刊本。

[48] 王广超、孙小淳:"试论梅文鼎的围日圆象说"。《自然科学史研究》,2010年第29卷,第2期,第142~157页。

[49] 毛际可:"梅先生传",《勿庵历算书目》(卷末),知不足斋丛书本,嘉庆己卯(1819)重刊。

[50] 刘钝:"清初历算大师梅文鼎"。《自然辩证法通讯》,1986年,第8卷,第1期,第52~64页。

[51] 梅文鼎："答沧州刘介锡茂才"，《历学答问》，《梅氏丛书辑要》（卷五十九），乾隆二十六年（1761）刊本。
[52] 刘钝："梅文鼎与王锡阐"。陈美东等主编：《王锡阐研究文集》，河北科技出版社，2000 年，第 110～133 页。
[53] 江晓原："试论清代西学中源说"。《自然科学史研究》，1988 年，第 7 卷，第 2 期，第 101～108 页。
[54] 王锡阐：《历说》，《晓庵遗书》（卷四），雍正元年（1723）刊本。
[55] 梅文鼎："论七政高下"，《历学疑问》，《梅氏丛书辑要》（卷四十七），乾隆二十六年（1761）刊本。
[56] 刘钝："清初历算大师梅文鼎"。《自然辩证法通讯》，1986 年，第 8 卷，第 1 期，第 57～59 页。
[57] 王锡阐：《历策》，《晓庵遗书》（卷四），木犀轩从书本，光绪年间。
[58] 刘钝："清初历算大师梅文鼎"《自然辩证法通讯》，1986 年，第 8 卷，第 1 期，第 60 页。
[59] 王锡阐：《历说》，《晓庵遗书》（卷四），木犀轩从书本，光绪年间。
[60] 李俨："伊斯兰教和中国历算的关系"。《中算史论丛》（第五集），科学出版社，1955 年，第 57～75 页。
[61] 王锡阐：《五星行度解》，《晓庵遗书》（卷四），木犀轩从书本，光绪年间。
[62] 梅文鼎："吴绮园……即席沾韵诗前注"，《绩学堂诗钞》（卷三），乾隆二十二年（1757）刊本。
[63] 梅文鼎："古今历法通考提要"，《勿庵历算书目》，知不足斋丛书本，嘉庆己卯（1819）重刊。
[64] 梅文鼎："论中土历法得传入西国之由"，《历学疑问补》，《梅氏丛书辑要》（卷四十九）。乾隆二十六年（1761）刊本。
[65] 梅文鼎：《交食》，《梅氏丛书辑要》（卷五十四），乾隆二十六年（1761）刊本。
[66] 阮元："王锡阐传下"，《畴人传》（卷三十五），扬州琅环仙馆刊本，嘉庆年间。
[67] 李俨："对数的发明和东来"。《中算史论丛》（第三集），科学出版社，1955 年，第 69～190 页。
[68] 李俨："三角术和三角函数表的东来"。《中算史论丛》（第三集），科学出版社，1955 年，第 191～253 页。
[69] 钱宝琮：《中国数学史》，科学出版社，1964 年，第 245～250 页。
[70] 郭世荣："薛凤祚的数学成就新探"。马来平主编：《中西文化汇通的先驱——全国首届薛凤祚学术思想研讨会论文集》，齐鲁书社，2011 年，第 349～373 页。
[71] 薛凤祚："中法四线引"，《历学会通》。韩寓群主编：《山东文献集成》（第二辑，第 23 册）。山东大学出版社，2008 年。
[72] 董杰、郭世荣："《历学会通》中三角函数造表法研究"。万辅彬编：《究天人之际通古今之变——第 11 届中国科学技术史国际研讨会论文集》，广西民族出版社，2009 年，第 100～105 页。

[73] 杨泽忠:“薛凤祚《正弦》一书研究”。《山东社会科学》,2011 年,第 6 期,第 44～50 期。

[74] 董杰:“薛凤祚球面三角形解法探析”。马来平主编:《中西文化汇通的先驱——全国首届薛凤祚学术思想研讨会论文集》,齐鲁书社,2011 年,第 398～409 页。

[75] 李俨:“近代中算著述记”,《中算史论丛》(第二集),科学出版社,1954 年,第 129 页。

[76] 李迪:“对《圜解》的一些探讨”。陈美东等主编:《王锡阐研究文集》,河北科技出版社,2000 年,第 149～159 页。

[77] 梅荣照:“王锡阐的数学著作《圜解》”。梅荣照主编:《明清数学史论文集》,江苏教育出版社,1990 年,第 97～113 页。

[78] 王锡阐:《圜解》。郭书春主编:《中国科学技术典籍通汇》(数学卷四),河南教育出版社,1993 年,第 305 页。

[79] 刘钝:“梅文鼎——积学参微的历算名家”。李醒民主编:《科学巨星——世界著名科学家评传》(之六),陕西人民教育出版社,1995 年,第 110～163 页。

[80] 刘钝:“梅文鼎在几何学领域中的若干贡献”。梅荣照主编:《明清数学史论文集》,江苏教育出版社,1990 年,第 182～218 页。

[81] 刘钝:“托勒密的曷捺楞马和梅文鼎的三极通机”。《自然科学史研究》,1986 年,第 5 卷,第 1 期,第 68～75 页。

[82] 席泽宗:“试论王锡阐的天文工作”。陈美东等主编:《王锡阐研究文集》,河北科技出版社,2000 年,第 4～7 页。

[83] 江晓原:“王锡阐的生平、思想和天文学活动”。陈美东等主编:《王锡阐研究文集》,河北科技出版社,2000 年,第 26～27、30 页。

[84] 梅文鼎:“古今历法通考提要”,《勿庵历算书目》,知不足斋丛书本,嘉庆己卯(1819)重刊。

[85] 梅文鼎:“堑堵测量二”,《梅氏丛书辑要》(卷四十),乾隆二十六年(1761)刊本。

[86] 万斯同:“送梅定九南还序”,《石园文集》(卷七),四明丛书本,1935 年。

[87] 梅文鼎:“中西算学通自序”,《绩学堂文钞》(卷二),乾隆二十二年(1757)刊本。

[88] 梅文鼎:“雨坐山窗”,《绩学堂诗钞》(卷四),乾隆二十二年(1757)刊本。

[89] 梅文鼎:“上孝感相国(四首之三)”,《绩学堂诗钞》(卷四),乾隆二十二年(1757)刊本。

[90] 刘钝:“从徐光启到李善兰——以《几何原本》之完璧透视明清文化”。《自然辩证法通讯》,1989 年,第 11 卷,第 3 卷,第 55～63 页。

[91] 刘钝:“清初历算大师梅文鼎”。《自然辩证法通讯》,1986 年,第 8 卷,第 1 期,第 57～59。

[92] “金岭镇薛氏乡贤匾额”。张士友等主编:《薛凤祚研究》,戏剧出版社,2009 年,第 277 页。

[93] 褚龙飞:“薛凤祚历法研究”,中国科学技术大学博士学位论文,2014 年,第 26 页。

[94] 梅文鼎:“答嘉兴高念族先生”,《历学答问》,《梅氏丛书辑要》(卷五十九),乾隆二十六年(1761)刊本。

[95] 焦循："读书三十二赞"，《雕菰楼集》（卷六），道光四年（1824）刊本。
[96] 阮元："王锡阐传下"，《畴人传》（卷三十五），扬州琅环仙馆刊本，嘉庆年间。
[97] 梁启超：《中国近三百年学术史》，东方出版社，1996，第173页。
[98] 方苞："梅征君墓表"，《方望溪先生全集》（卷十二），咸丰年间刻本。
[99] 阮元："王锡阐传下"，《畴人传》（卷三十五），扬州琅环仙馆刊本，嘉庆年间。
[100] 王锡阐："绝粮（五首之三）"，《晓庵先生诗集》（卷二），光绪九年（1883）刊本。
[101] 刘钝："清初民族思潮的嬗变及其对清代天文数学的影响"。《自然辩证法通讯》，1991年，第13卷，第3期，第42～52页。
[102] 刘钝："梅文鼎与王锡阐"。陈美东等主编：《王锡阐研究文集》，河北科技出版社，2000年，第110～133页。

纪志刚

《几何原本》的翻译与明清数学思想的嬗变

一、1600:徐光启时代的中国与世界

二、《几何原本》对中国传统数学的意义

三、《几何原本》卷一"界说"的翻译分析

四、"金针"与"鸳鸯"

五、从"翻译"、"会通"到"超胜"

六、《几何原本》与明末清初数学思想的嬗变

七、《几何原本》的完璧及反思

《几何原本》的翻译与
明清数学思想的嬗变

一、1600:徐光启时代的中国与世界

1600年是西方思想史上的一个“节点”。

向前约50年,1543年哥白尼《天体运行论》问世,就此拉开了西方科学革命的伟大序幕。同年,维萨留斯《人体结构》的出版,宣告人体不再是“灵魂之宫”的禁区,从而为血液循环的发现奠定了重要的基础。

1600年,罗马百花广场的烛天火焰吞噬了意大利哲学家布鲁诺的血肉身躯。但是,火光驱散了蒙罩中世纪后期的最后一丝黑暗,从而开启欧洲近代科学的新纪元。

翻开16、17世纪的西方科学史,就会看到:开普勒著有《宇宙的神秘》(1596)、《新天文学》(1609)、《宇宙的和谐》(1619);吉尔伯特著《论磁》(1600);伽利略著有《星际使者》(1610)、《关于托勒密与哥白尼两大世界体系的对话》(1632)、《关于两种新科学的数学推理与证明》(1638);哈维著《心血运行论》(1628);笛卡尔著有《论宇宙》(1633年写成,未出版)、《方法谈》(1637)、《哲学原理》(1644);最后是牛顿,他的巨著《自然哲学的数学原理》(1678)是“科学革命”达到高潮的标志。

1605年,F.培根发表《学术的进展》,他敏锐地意识到科学技术将成为一种最重要的历史力量,认为在所能给予人类的一切利益中,最伟大的莫过于发现新的技术、新的才能和以改善人类生活为目的的物品,从而喊出了“知识就是力量”的伟大口号。

诗人约翰·多恩(John Donne)在1611年感叹道:

新哲学将一切置入怀疑,

元素“火”已经完全熄灭。

旧命维新

太阳失位，地球履随，人的一切智慧
都不能很好地指引他到何处寻回。
人类坦然承认这个世界已经过时，
因为在行星之际，苍穹浩淼
他们寻得众多新发现，然后目睹
这个世界倾颓崩溃，复归尘土。
一切都破碎不堪，一切都失调紊乱；
一切只是弥补，一切都相互关联。①

"哥白尼革命"摧毁了陈旧的宇宙体系，在怀疑和迷惑之中，一个新的世界观在欧洲逐渐兴起。

现在，让我们把目光投向1600年前后的中国科学。我们可以看到，在这一时期有：李时珍《本草纲目》(1578年完稿，1596年刊刻)；潘季驯《河防一览》(1590)；程大位《算法统宗》(1592)；朱载堉《律学新说》(1584)；宋应星《天工开物》(1637)；徐霞客《游记》(1640)。但是，这些工作与同时期的欧洲相比，无论从知识总量还是学术创新，已经开始出现差距。所以，中国的科学正是从16、17世纪开始落后于西方。也正是在这一社会与学术背景下，更突显出《几何原本》翻译的伟大意义。

1600年，明万历二十八年，意大利传教士利玛窦(Matteo Ricci，1552～1610)来华已经18年。经过他的苦心经营，1601年"学术传教"的方略终于取得成功：利玛窦进京朝觐，获准留居京师。

1600年，徐光启38岁，是年，徐光启在南京结识利玛窦。这时，利玛

① John Donne：*The Anatomy of the World*。转引自史蒂文·夏平著，徐国强、袁江洋、孙小淳译：《科学革命：批判性的综合》，上海科技教育出版社，2004年，第27页。

窦在南京宣传天主教，并用他的科学知识和科学仪器吸引士大夫。“士大夫视与利玛窦订交为荣。所谈者天文、历算、地理等等，凡百问题悉加讨论。”[①]1603年，徐光启在南京从罗如望(Jean de Roeha，1566～1623)领洗入教。1604年，徐光启赴北京会试中了进士，被选为翰林院庶吉士。经历了近23年(1581～1604)的科场历练，徐光启的学识已经到达了一个相当完备、相当充实的程度。从八股应试的束缚中解放出来后，徐光启把主要精力投入到科学研究中去，“习天文、兵法、囤盐、水利诸策，旁及工艺数事，学务可施于用者”。[②] 从此开启了他在科学研究上最富有创造性的时期。从1604到1633年徐光启逝世，这29年之间，徐光启在西学翻译、历法改革、农田水利、练兵制器等科学领域做出了杰出的贡献。更重要的是徐光启在西方数学著作翻译和统领历法改革工作中，提出了从“翻译”到“会通”，再从“会通”到“超胜”的科学思想，这一科学思想的不仅具有重要的历史价值，即便在今天仍具有积极的现实意义。而他与利玛窦合译的《几何原本》则是中西文化交流的里程碑。

二、《几何原本》对中国传统数学的意义

数学在中国有着悠久的历史，“算在六艺，古者以宾兴贤能，教习国子”。[③] 中国古代数学的特点是偏重以计算解决实际问题，因而被称为“算学”。大约在公元前300年左右，古希腊数学家欧几里得编纂的《原本》(*Elements*)，则是以定义命题为基础，以推理演绎为主旨，构成了一

① 费赖之著，冯承钧译：《入华耶稣会士列传》，商务印书馆，1937年，第46页。
② 王重民：“序言”。王重民辑校：《徐光启集》，上海古籍出版社，1984年，第7页。
③ 刘徽：“九章算术注序”。钱宝琮点校：《算经十书》(上)，中华书局，1963年，第91页。

个严谨的公理化体系。《原本》在西方数学史上一直被奉为圭臬，称誉为“盖世钜典”。从希腊文到阿拉伯文，从阿拉伯文到拉丁文，又从拉丁文到欧洲各种文字。两千多年以来在西方研习者不绝如缕，产生了重要的影响。如牛顿曾说过：“从那么少的几条外来的原理，就能获得那么多的成果，这是几何学的荣耀！”爱因斯坦也认为，正是这种“逻辑体系的奇迹，推理的这种可赞叹的胜利，使人们的心智获得了为取得以后的成就所必需的信心。”

《几何原本》对中国数学的意义如何呢？对于这样一部西方经典，能否引起中国士大夫们的兴趣呢？

透过利玛窦的《译几何原本引》，我们可以看到利氏着实有过一番思量：

> 夫儒者之学，亟致其知。致其知，当由明达物理耳。物理渺隐，人才顽昏，不因既明，累推其未明，吾知奚至哉！吾西陬国虽褊小，而其庠校所业格物穷理之法，视诸列邦为独备焉。故审究物理之书极繁富也。彼士立论宗旨，惟尚理之所据，弗取人之所意。盖曰理之审，乃令我知，若夫人之意，又令我意耳。知之谓，谓无疑焉，而意犹兼疑也。然虚理隐理之论，虽据有真指，而释疑不尽者，尚可以他理驳焉。能引人以是之，而不能使人信其无或非也。独实理者、明理者，剖散心疑，能强人不得不是之，不复有理以疵之，其所致之知且深且固，则无有若几何一家者矣。……①

这里，利玛窦首先从“儒者之学，亟致其知”来拨动儒生们的心弦，然后引

① 利玛窦：“译几何原本引”。朱维铮主编：《利玛窦中文著译集》，复旦大学出版社，2001年，第298页。下文所引利玛窦之论出处同此，只注页码。

出逻辑推理的重要意义在于"理之审"方可"乃令我知"。而在利玛窦看来,使人"剖散心疑"学问,"无有若几何一家者矣"。可见利玛窦切准了中国古算的实用性的"玄脉"。其实,利玛窦自踏入中土起,就已经注意到中西数学的差别:

> 窦自入中国,窃见为几何之学者其人与书,信自不乏,独未睹有原本之论。既阙根基,遂难创造,即有斐然述作者,亦不能推明所以然之故。其是者,已亦无从别白;有谬者,人亦无从辨正。当此之时,遽有志翻译此书,质之当世贤人君子,用酬其嘉信旅人之意也。①

1604年,利玛窦与徐光启同在北京。馆课之余,徐光启常去利氏寓所讨论天主大道,请益西学。徐光启曾向利玛窦进言:"先生所携经书中,微言妙义,海涵地负,诚得同志数辈,相共传译,使人人饫闻至论,获厥原本,且得窃其绪馀,以禆民用,斯千古大快也,岂有意乎?"②在《利玛窦中国札记》中也明确记载"徐保禄(即徐光启的教名)博士有这样一种想法,既然已经印刷了有关信仰和道德的书籍,现在他们就应该印行一些有关欧洲科学的书籍,引导人们做进一步的研究,内容则要新奇而有证明。"③

利徐二人一拍即合,开始合作翻译《几何原本》,从而共同完成中国数学史,乃至中外文化交流史的一次盛举。

当初徐光启翻译《几何原本》的动机或许是东方儒生对西方新知的

---

① 利玛窦:"译几何原本引",同前书,第301页。

② 徐光启:"跋二十五言"。王重民辑校:《徐光启集》,上海古籍出版社,1984年,第87页。下文所引徐光启之论出处同此,只注页码。

③ 利玛窦、金尼阁著,何高济、王遵仲、李申译,何兆武校:《利玛窦中国札记》,中华书局,1983年,第516～517页。

渴望，他对曾利玛窦说："吾先正有言，一物不知，儒者之耻。今此一家已失传，为其学者皆闇中摸索耳。既遇此书，又遇子不骄不吝，欲相指授，岂可畏劳玩日，当吾世而失之？呜呼！吾避难，难自长大；吾迎难，难自消微。必成之！"①

翻译完成之后，徐光启对西方数学的认识发生了重大变化。他称赞《几何原本》是"度数之宗，所以穷方圆平直之情，尽规矩准绳之用也。……由显入微，从疑得信，盖不用为用，众用所基，真可谓万象之形囿，百家之学海。"②

这就第一次向中国讲明了几何学的本质。

作为一种西来学术，欧氏几何如何能帮助人们归于至善？又如何能帮助人们摆脱蒙昧？徐光启特地撰写了一篇《几何原本杂议》，在此文中，他特别强调无论是对个人还是对社会，思想明晰而有条理都具有重要意义，而几何学的基本要义正在于斯：

> 下学功夫，有事有理，此书为益。能令学理者怯其浮气，练其精心；学事者资其定法，发其巧思，故举世无一人不当学。……能精此书者，无一事不可精，好学此书者，无一事不可学。
>
> ……
>
> 此书有四不必：不必疑，不必揣，不必试，不必改。有四不可得：欲脱之不可得，欲驳之不可得，欲减之不可得，欲前后更置之不可得。有三至、三能：似至晦，实至明，故能以其明，明他物之至晦；似至繁，实至简，故能以其简，简他物之至繁；似至难，实至易，故能以其易易

---

① 利玛窦："译几何原本引"，同前书，第302页。
② 徐光启："刻几何原本序"，同前书，第75页。

他物之至难。易生于简,简生于明,综其妙,在明而已。①

这些论述表露出徐光启对西方几何学精确而严密逻辑推理方式的深刻理解。

尽管由于历史背景和文化差异,使得《几何原本》在当时并没有得到封建士大夫的理解,“而习者盖寡”,但徐光启坚信“窃意百年之后必人人习之。”②200多年之后,当近代中国向西方寻求科学技术时,清代的同文馆中算学课程就把《几何原本》列为必读之书。但是,人们接受几何知识并不是一件容易的事情。曾有过这样的歌谣:

人生有几何?
何必学几何。
学了几何几何用?
不学几何又几何!③

这首打油诗欲借“几何”一词的多义,来调侃学习几何的艰辛,却也道出个中真谛。其实,当年托勒密王向欧几里得学习几何的时候,也欲讨教一个捷径,欧几里得的回答是:“陛下,几何中无王者之路!”(*There is no royal way to geometry*!)。大凡念过中学几何的人都有同样的感受,一道几何题会像施展了魔法一样,紧紧抓住我们的心魄,当我们浸润其中,获得不仅是“智力的体操”,而更是“心智的陶冶”。

---

① 徐光启:“几何原本杂议”,同前书,第76～77页。
② 徐光启:“几何原本杂议”,同前书,第76～77页。
③ 梁宗巨:“世界数学通史”,辽宁教育出版社,第303页。

三、《几何原本》卷一“界说”的翻译分析

明末以降的“西学东渐”构成中国近现代学术史的重要篇章，梁启超(1873～1929)曾指出“明末有一场大公案，为中国学术史上应该大笔特书者，曰欧洲历算学之输入”，并特别称赞《几何原本》：“字字精金美玉，为千古不朽之作。”①

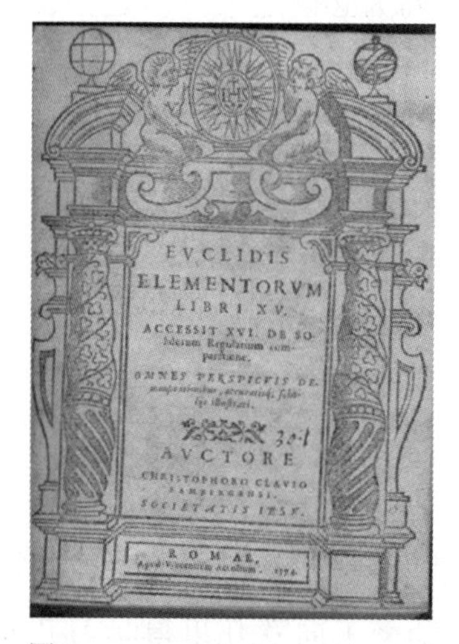
EVCLIDIS
ELEMENTORVM
LIBRI XV.
ACCESSIT XVI. DE SOlidorum Regularium comparatione.
OMNES PERSPICVIS DEmonstrationibus, accuratisq; scholiis illustrati.
AVCTORE
CHRISTOPHORO CLAVIO BAMBERGENSI.
SOCIETATIS IESV.
ROMAE,
Apud Vincentium Accoltum. 1574.

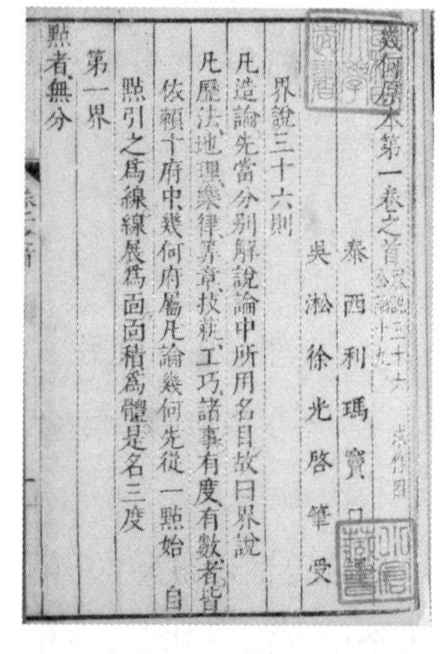
幾何原本第一卷之首
泰西利瑪竇口
吳淞徐光啓筆受
界說三十六則
凡造論先當分別解說論中所用名目故曰界說
凡歷法地理樂律筭章技藝工巧諸事有度有數者皆
依賴十府中幾何府屬凡論幾何先從一點始自
點引之爲線線展爲面面積爲體是名三度
第一界
點者無分

图1

右图：《几何原本》(日本早稻田大学藏本)；左图：Clavius 编订的 *Euclidis Elementorum Libri* XV(1574 年版)，即利玛窦与徐光启所译《几何原本》的底本。

事实上，《几何原本》的翻译是一项尽极艰苦的文化创造。正如利玛窦所言“嗣是以来，屡逢志士，左提右挈，而每患作辍，三进三止。呜呼！此游艺之学，言象之粗，而龃龉若是。允哉，始事之难也”②。古代汉语和

① 梁启超：《中国近三百年学术史》，东方出版社，2003 年，第 9 页。
② 利玛窦：“译几何原本引”，同前书，第 301～302 页。

拉丁语在语法结构、文体形式、词语语义等方面有着巨大差异，利玛窦虽苦习中文，但“东西文理，又自绝殊，字义相求，仍多阙略，了然于口，尚可勉图，肆笔为文，便成艰涩矣。”[①]此外，以抽象证明、逻辑演绎为主旨的欧几里得几何学体系与崇尚实用、偏重计算的中国传统数学更是旨趣迥异，即便是刚入中国的利玛窦也意识到“为几何之学者，其人与书，信自不乏，独未睹有原本之论。”[②]种种原因使得《原本》的翻译经历过“每患作辍，三进三止”的波折。[③]

因此，一部西方科学巨著如何跨越语言屏障得以翻译？古汉语能否准确表达西方数学的逻辑推理？《几何原本》又如何在东方传统数学文化中得以进一步传播？要回答这些问题，需要深入《几何原本》的文本内部进行研究，特别是要依据拉丁语底本比堪利、徐译文，在术语厘定、语法解构、句意分析等方面进行全面释读。

1572 年至 1577 年，利玛窦在罗马学院（*Collegio Romano*）就学，数学老师为克利斯多弗·克拉维斯（Chirstopher Clavius，1538～1612），亦称“丁先生”。利玛窦对其恩师尊崇有加。“窦昔游西海，所过名邦，每遇专门名家，辄言后世不可知，若今世以前，则丁先生之于几何无两也”。[④]利玛窦所习几何之书，即克拉维斯编订的 *Euclidis Elementorum Libri* XV（1574 年版），这也是利玛窦与徐光启所译《几何原本》的底本。在欧几里得《原本》复杂的版本链中，克拉维斯的《原本》具有独特的意义。从严格的意义上讲，克拉维斯的拉丁语版《原本》并不是 Euclid《原本》的翻译之作，而是克拉维斯的“改写本”。正如希斯（Heath）所说：“克拉维斯

① 利玛窦：“译几何原本引”，同前书，第 301 页。
② 利玛窦：“译几何原本引”，同前书，第 301 页。
③ 利玛窦：“译几何原本引”，同前书，第 301 页。
④ 利玛窦：“译几何原本引”，同前书，第 301 页。

并未给出《原本》的翻译，而是改写了证明；在他认为需要之处，通过压缩或增添，使证明变得明白晓畅。”①因此，汉译《几何原本》不可避免的打上了克拉维斯的烙印：比如定义的个数、公理的选取、命题的表述与其他各本有显著的不同。

汉译《几何原本》与拉丁文底本的比对研究，是一项极有意义而十分艰巨的工作，这里仅就第一卷部分“界说”的比对分析做简要介绍。

1. “界说”术语的厘定

《几何原本》第一卷开篇所言“凡造论，先当分别解说论中所用名目，故曰界说”。“界说”，即今西文语境中之 *definition*。译自拉丁语“definitio”。依词源而论，该词由词头 de（*about*, *of*）和词根 finitio（*boundary*, *border*）组成，“definitio”的字面意义是“分界之说”，利、徐因而译为“界说”。“名目”即定义中的数学术语。对卷一 36 条“界说”逐条分解，得到术语如下：

> 点、分、线、长、广、线之界、直线、端、面、界、平面、平角、角、直线角、下垂、直角、横直线（横线）、垂线、钝角、锐角、始终、形、圜、中心、中处、圜心、圜径、径（径线）、圜之界、半圜之界、半圜、直线界、直线形、三边形、四边形、多边形、边线、平边三角形、两边等三角形、三不等三角形、三边直角形、三边钝角形、三边各锐角形、底、腰、直角方形、直角形、斜方形、长斜方形、方形、有法四边形、无法四边形、平行线、平行线方形、对角、对角线、角线方形、余方形

---

① Thomas L. Heath. *The Thirteen Books of Euclid's Elements*, Vol. I. Dover Publications, INC. New York, 1956:105.

在中国传统数学中，自《九章算术》开始就有对几何图形的系统命名。如《九章算术》"方田章"中有：方田（长方形）、圭田（三角形）、邪田（梯形）、箕田（等腰梯形）、圆田（圆形）、宛田（球冠形）、弧田（弧形）、环田（圆环形）；广、纵、正纵、舌广、踵广、周、径、半周、半径、弦、矢。这些几何图形和术语的名称，至明代算书仍广为沿用。而利玛窦和徐光启并未受囿于传统的几何名词，而是依据拉丁语名词，创用新的术语系统。为中国传统数学注入了新的语汇，其中一些名词甚至沿用至今。

2. "界说"的语法结构

Euclid 试图对所有几何概念给出定义，导致《原本》卷一中概念繁多，定义形式多样。克拉维斯承袭这一传统，如对点、线、面采用描述性定义，其他几何概念则多用"属＋种差"定义方法。兹举数例分析如下：

[1] Punctum est，cuius pars nulla est. ①

译文：点者，无分。

原文中被定义项"Punctum"即"点"（point），定义项采用复合句式，从句 cuius pars nulla est（*which is no part*）用于描述"点"本质属性，联系动词 est（*is*）是定义联项。译文用"者"对译原文的"est"，用"无分"对应"cuius pars nulla est"，从形式到语义较好地转述了原定义。

[2] Linea vero，longitudo latitudinis expers.

译文：线，有长无广。

作为定义 1 的平行句式，拉丁语原文省略了联系动词而代以副词

① Chiritopher Clavius. *Euclidis Elementorum Libri* XV. Romae，Apud Vincentium Accltum，1574，以下拉丁语引文皆出自此书。

vero (*in truth*, *certainly*)表示强调,与之对应,汉译也将“者”字省却,以求形式上的一致。longitudo 即 *length*, latitudinis expers 为形容词短语 *without of width/breadth*。拉丁语介词 expers 后接夺格名词,latitudinis 即 latitudo 的单数夺格。译文以“无广”对译“latitudinis expers”,增加“有”来限定“长”,突出了直线的本性。

还要注意汉译定义中“凡”字的使用。由于拉丁语没有冠词,克拉维斯的拉丁语底本中几乎没有限定一般性陈述的专门词汇。而“凡”字在古汉语中多用于全称列举。如《广雅》:“凡,皆也。”《三苍》:“凡,数之总名也。”《春秋繁露》:“深察名号,凡者,独举其大事也。号凡而略,名目而详。”利、徐在“界说”中则适当补上“凡”字,以说明此概念是全称列举。如下例:

[11] Obtusus angulus est, qui recto maior est.

译文:凡角大于直角,为钝角。

[12] Acutus vero, qui minor est recto.

译文:凡角小于直角,为锐角。

以上分析表明古代汉语在表述异域文化中有着自身的活力和适应性。

3. “界说”的翻译分析

一个概念的外延被另一个概念的外延全部包含,这两个概念之间的关系称为“属种关系”,外延较大的概念叫做属概念,外延较小的概念叫做种概念。“种差”就是一个属概念下最邻近种概念彼此之间的差别。“属加种差”是西方形式逻辑体系中概念定义的基本形式。这种定义形式在《几何原本》中是怎样表述的呢?请看下例:

［23］ Trilaterarum autem figurarum，Aequilaterum est triangulum，quod tria latera habet aequalia.

原文中被定义项是“aequilaterum triangulum”(等边三角形)，定义项是“trilaterarum figurarum”(三边形)，“种差”是“tria latera aequalia”(三边相等)。利、徐的翻译是：

三边形，三边线等，为平边三角形。

利、徐以“三边形”作为一般属概念开始，把“三边线等”作为种差置于句中，前后断开，最后是被定义项“平边三角形”。这种定义在句式上符合“种加属差”定义的格式，突出“三边相等”是“平边三角形”的“种差”性质。

然而，由于几何概念的复杂性，加之拉丁语与汉语在表述形式上的本性差异，并不是所有的定义都能“顺句直译”。在这种情形下，必须要对原定义做适当增补、删改，甚至转译。

例如关于“圆”的定义：

［15］ Circulus，est figura plana sub una linea comprehensa，quae peripheria appellatur，ad quam ab uno puncto，eorum quae intra figuram sunt posita，cadentes omnes rectae lineae inter se sunt aequales.

这一定义比较复杂，先将原定义简述如下：

圆(circulus)是平面图形(figura plana)，介于一条边界内(sub una linea comprehensa)，这一边界称作 peripheria (即 circumference，圆周)；从一点(ab uno puncto)到边界(ad quam)上在形内(intra figuram)作出的所有直线(omnes rectae lineae)均相等(sunt aequales)。

利、徐的翻译十分简洁：

译文：圆者，一形于平地，居一界之间，自界至中心作直线，俱等。

利、徐把 sub una linea comprehens 译为“居一界之间”，省略了对“边界”

的说明。如若不省就要把 quae peripheria appellatur 译为“此界谓之圆周”,而此时圆的定义尚未给出,“圆周”何以先出?可见这个省略是有所考虑的。此外,也许利、徐认为,既然限定“一形于平地”(即平面图形),就无需再次强调“这些点位于此形之内”(quam... eorum quae intra figuram sunt posita),故而省略,使得定义简洁明了。但利、徐的翻译中也有一处不妥,即把那“一点”(uno puncto) 称为“中心”,实际上拉丁语的定义中只是说“从一点”(ab uno puncto,故 unum punctum 用夺格),并未明言“该点”是“中心”,而“圆心”(或“中心”)的定义是下一条“界说”,即定义 16:

[16] Hoc vero punctum, centrum circuli appellatur.

译文:圆之中处为圆心。

这样,利、徐所谓“中处”为“圆心”就有同义语反复之嫌。

需要说明,上述“圆”的定义始自欧几里得《原本》,希思英文版给出欧几里得的“圆”的定义是:

A circle is a plane figure contained by one line such that all the straight lines falling upon it from one point among those lying within the figure are equal to one another. (圆是由一条线包围的平面图形,其内一点与这条在线的点连接而成的所有线段都相等。)

注意,定义中对“一条线”未给予专门名称,反而在定义 17 中径直称其为“圆周”,这是欧几里得《原本》的疏漏。因此,克拉维斯补充说明“quae peripheria appellatur”(*which is named circumference*)是经过认真考虑的,只是其在定义中的位置稍前,但并未构成“循环定义”。利、徐对 peripheria 避而不译,称其为“界”,以至于定义 17 中以“圆之界”称“circuli peripheriam”、定义 18 中自称“半圆之界”,从而失去了“周”、“圆周”、“半圆周”这些重要术语。

利、徐的翻译也有失之审慎之处。如“平行线方形”(平行四边形)的定义,克拉维斯的定义是:

[35] Parallelogrammum est figura quadrilatera, cuius bina opposita latera sunt parallela, seu aequidistantia.

利、徐翻译为:

一形,每两边有平行线,为平行线方形。

译文对“一形”未作限制,而原定义 figura quadrilatera 为“四边形”;译文“每两边”指代不明,原定义指明为 bina opposita latera,即“两对边”;原定义中:sunt parallela, seu aequidistantia 意为:*be either parallel or equidistance*,即“平行且等长”, 译文只说“有平行线”,而 aequidistantia(“等长”) 未能译出。故而此定义当修改为:“四边形,每两对边等而平行,为平行线方形。”

以上从拉丁语底本比勘利、徐译文,在术语厘定、语法解构、句意分析等方面对卷一的“界说”进行初步释读,更深入的工作有待对全书开展翻译研究。这些研究表明,在利玛窦和徐光启的努力下,汉译《几何原本》基本上做到了无论是语义还是文体,译文用切近而自然的古代汉语再现了拉丁语原文的基本信息。汉译《几何原本》用古汉语重构了古典西方数学的逻辑推理和公理化体系,在中西文化交流史上具有重要的里程碑意义。

四、“金针”与“鸳鸯”

在“几何原本杂议”一文的最后,徐光启写下颇有深意的一段话:

> 昔人云:“鸳鸯绣出从君看,不把金针度与人”。吾辈言几何之学,政与此异。因反其语曰:“金针度去从君用,未把鸳鸯绣与人”,若此书者,又非止金针度与而已,直教人开草冶铁,抽线造针,又是教人植桑饲蚕,冻丝染缕。有能此者,其绣出鸳鸯,直是等闲细事。然则何故不与绣出鸳鸯?曰:能造金针者能绣鸳鸯,方便得鸳鸯者谁肯造金针?又恐不解造金针者,菟丝棘刺,聊且作鸳鸯也!其要欲使人人真能自绣鸳鸯而已。①

这段话形象地说明了学习方法(金针)与具体知识(鸳鸯)的辩证关系。

在徐光启的科学思想中,数学无疑是一颗“金针”,“盖凡物有形有质,莫不资与度数故耳”。② 他主张以数学为基础(“众用所基”),然后应用到关系到日用民生的各种技术上去。这一点突出的表现在他在《条议历法修正岁差疏》所列的“度数旁通十事”中。这“十事”是:治历、测量、音律、军事、理财、营建、机械、舆地、医药、计时。其详如下:

其一:历象既正,除天文一家言灾祥祸福、律例所禁外,若考求七政行度情性,下合地宜,则一切晴雨水旱,可以约略预知,修救修备,于民生财计大有利益。

其二:度数既明,可以测量水地,一切疏浚河渠,筑治堤岸、灌溉田亩,动无失策,有益民事。

其三:度数与乐律相通,明于度数即能考正音律,制造器具,于修定雅乐可以相资。

其四:兵家营阵器械及筑治城台池隍等,皆须度数为用,精于其法,

---

① 徐光启:“几何原本杂议”,同前书,第 78 页。
② 徐光启:“条议历法修正岁差疏”,同前书,第 338 页。

有裨边计。

其五:算学久废,官司计会多委任胥吏,钱谷之司关系尤大。度数既明,凡九章诸术,皆有简当捷要之法,习业甚易,理财之臣尤所亟须。

其六:营建屋宇桥梁,明于度数者力省功倍,且经度坚固,千万年不圮不坏。

其七:精于度数者能造作机器,力小任重,及风水轮盘诸事以治水用水,凡一切器具,皆有利便之法,以前民用,以利民生。

其八:天下舆地,其南北东西纵横相距,纡直广袤,及山海原隰,高深广远,皆可用法测量,道里尺寸,悉无谬误。

其九:医药之家,宜审运气;历数既明,可以察知日月五星躔次,与病体相视乖和逆顺,因而药石针砭,不致差误,大为生民利益。

其十:造作钟漏以知时刻分秒,若日月星晷、不论公私处所、南北东西、欹斜坳突,皆可安置施用,使人人能分更分漏,以率作兴事,屡省考成。①

"度数旁通十事"突出表现出徐光启对基础科学理论重视和对基础科学与其他学科之间关系的认识,极"富有近代科学倾向,这使他的科学思想在我国科学发展史上构成了及其重要的一章"。②

五、从"翻译"、"会通"到"超胜"

1629年6月21日北京发生日食,钦天监预报不准,崇祯皇帝震怒。

① 徐光启:"条议历法修正岁差疏",同前书,第337~338页。
② 王重民:《徐光启》,上海人民出版社,1981年,第149页。

明王朝决定修改历法，并由徐光启督领历局负责这项工作。这是徐光启已是70岁的老人了，但他“老而弥坚，孜孜不倦”。正是在1631年上呈《历书总目表》中，徐光启提出了“欲求超胜，必须会通；会通之前，先须翻译”。[①] 这一思想，是徐光启科学思想的总结与升华，它的意义远远超过徐光启的时代，直到今天，仍然具有重要的历史价值和积极的现实意义。

1. “翻译”

在徐光启的科学思想中，“翻译”是基础，是向西方先进科学文化学习的必由之路。需要特别注意的是，作为皈依天主教的基督徒，徐光启没有选择宗教典籍，而首先选择翻译《几何原本》，显然是作了一番深思熟虑的。正如他在《刻几何原本序》所说：

> 顾惟先生之学，略有三种：大者修身事天；小者格物穷理；物理之一端别为象数，一一皆精实典要，洞无可疑，其分解擘析，亦能使人无疑。而余乃亟传其小者，趋欲先其易信，使人绎其文，想见其意理，而知先生之学，可信不疑，大概如是，则是书之为用更大矣。[②]

徐光启认为宗教学说是“大者”，其功用在于“修身事天”；“格物穷理”的科技书籍虽是“小者”，但是这个“小”却不是一般“意义”上的“小”，反而是“一一皆精实典要，洞无可疑”，“是书之为用更大矣”。所以徐光启称“余乃亟传其小者”。然后“尽译其书，用备典章”[③]，这样，翻译就成为介

① 徐光启：“历书总目表”，同前书，第374页。
② 徐光启：“刻几何原本序”，同前书，第75页。
③ 徐光启：“简平仪说序”，同前书，第73页。

绍西方近代科学的第一步。

2."会通"

这里"会通"的涵义是颇为意味深长的。它即指对翻译之作的"领会"与"贯通",也指将西方科学技术与中国学术传统的"融合"与"并蓄"。徐光启当时主要是针对历法修订,他认为"天行有恒数而无齐数,"①历法年久出现误差当为必然之事,关键在于"每遇一差,必寻其所以差之故;每用一法,必论其所以不差之故。"虽然是督领改历,徐光启却更有远大抱负:"臣颇有不安旧学,志求改正者"。他认为:"《大统》既不能自异于前,西法又未能必为我用",怎么办呢?接着徐光启道出了自己的心声:"臣等愚心,以为欲求超胜,必须会通;会通之前,先须翻译。……翻译既有端绪,然后令甄明《大统》,深知法意者,参详考定,镕彼方之材质,入《大统》之型模。"②

3."超胜"

如果说"翻译"是起点,"会通"是实践,那么"超胜"才是徐光启的最高追求。继承传统,而"不安旧学";翻译西法,但又"志求改正",这样才能超越前人,超越西人,这正是徐光启的伟大抱负。1611 年在为《简平仪说》撰写的序言中,徐光启就表露出"历理大明,历法至当,自今伊始,复越前古,亦其快也。"1629 年,徐光启承担起"督领"修正历法的重任,

---

① 徐光启:"条议历法修正岁差疏",同前书,第 333 页。
② 徐光启:"历书总目表",同前书,第 374 页。

对这样一项重大工程，徐光启深谋远虑，在崇祯二年五月至九月间先后呈上四道奏疏，在《条议历法修正岁差疏》（崇祯二年七月二十六日）详细列出“历法修正十事”、“修历用人三事”、“急用仪象十事”、“度数旁通十事”。至崇祯四年正月二十八日徐光启上奏《历书总目表》提出了“节次六目”、“基本五目”，并明确指出“一义一法，必深言所以然之故，从流溯源，因枝达杆，不止集星历之大成，兼能为万务之根本”。“循序渐作，以前开后，以后承前，不能兼并，亦难凌越。”更值得钦佩的是，徐光启的目光看得更远，他指出：“……故可为二三百年不易之法，又可为二三百年后测审差数因而更改之法。又可令后人循习晓畅，因而求进，当复更胜于今也。”①

所以，清代学术大师阮元对徐光启有如下的评价：“自利氏东来，得其天文数学之传者，光启为最深。……迄今言甄明西学者，必称光启。”②

六、《几何原本》与明末清初数学思想的嬗变

《几何原本》的翻译揭启了中西数学交流的开篇大幕，嗣后一批与西方几何学相关的数学译著陆续问世，如《圜容较义》、《测量法义》、《测量全义》、《大测》、《比例规解》等。这些西方著作给中国数学的发展输入了新鲜血液，引发了中国学者对几何学的探索，其人与书代代不乏，徐光启因其推阐古勾股法未有之义而作《勾股义》(1609)，门生孙元化有《几何用法》(1608)，其后李笃培《中西数学图说》(1631)、陈荩谟《度算解》

① 徐光启：“历书总目表”，同前书，第373～378页。
② 阮元：《畴人传》(卷三十二)。林文照主编：《中国古代科技典籍通汇·综合卷》，河南教育出版社，1993年，第7～409页。

(1640)等皆是。入清后又继有方中通《数度衍》(1661)、李子金《几何易简集》(1679)、杜知耕《数学钥》(1681)、《几何论约》(1700)、王锡阐《圜解》、梅文鼎《几何通解》、《几何补编》(1692)、庄亨阳《几何原本举要》等。这些著作表明中国古典数学注重实用的传统发生了重大的转向。当然，这种转变经历了近1个世纪的酝酿。

方中通(1633～1698)是明清之际传播《几何原本》的一个重要纽带。方中通出身书香门第,其父方以智(1611～1671)通晓西学,曾让年少的方中通跟随传教士穆尼阁(Jean-Nicolas Smoguelecki, 1611～1656)学习西算。方中通的主要著作是《数度衍》(24卷,附1卷),这是他近10年间努力的结果。顺治十八年(1661)《数度衍》书成,方中通赋诗一首,诗中说:“自笑十年忘寝食,宁夸两手画方圆”。是书篇首卷三为《几何约》,《数度衍》收入《四库全书》后,《几何约》则被置于书末第24卷,作为附录独立成篇。

在《几何约》的附记中方中通写道:

> 西学莫精于象数,象数莫精于几何。余初读,三过不解。忽秉烛玩之,竟夜而悟。明日质诸穆师,极蒙许可。凡制器、尚象、开物、成务,以前民用,以利出入,尽乎此矣。故约而记之于此。①

方中通的“竟夜而悟”,就是把《几何原本》“定义”和“命题”相对集中,重新编排,并加以删减和改易。比如,把《几何原本》的所有定义归为六类“名目”,把“求作”、“公论”和与“量”相关的命题按“度说”、“线说”、

---

① 方中通:《数度衍·几何约》,影印文渊阁《四库全书》,台湾商务印书馆,1986年,第802～592页。

"角说"和"比例说"分类，然后是"论三角形"(48 题)、"论线"(13 题)、"论圆"(37 题)、"论圆内外形"(16 题)、"论比例"(33 题)，最后是 13 道增题。

《几何原本》竟然令方中通这样的学者"三过不解"，其阅读之难度可想而知。面对这样一部浩繁巨著，普通学者多半望而却步。李子金(1622～1701)对《几何原本》也颇有微辞：

> 惟恐一人不能知不能行。故于至深之难解者解之，于至浅之不必解者亦解之。论说不厌其详，图画不厌其多。遂致初学之士，有望洋之叹，而不得不以《要法》为捷径。①

引文中所说《要法》，则是传教士艾儒略编写的《几何要法》(1631)。在李子金看来，《几何要法》要比《几何原本》更加易读，是学习西方数学的"入门读物"：

> ……西国之儒，犹恐初学之士苦其浩蕃，又《几何要法》一书，文约而法简，盖示人以易从之路也。

李子金认为时人"不舍《原本》而趋《要法》几稀矣"，因此，"是《几何要发》既行，而《几何原本》或几乎废矣。"当然，李子金还是认为《几何原本》的重要性：

> ……若止读《要法》而不读《原本》，是徒知其法而不知其理，天下后世将有习矣而不察者。夫《原本》一书，乃合上智下愚悉纳于教诲

---

① 李子金：《几何易简集》(序)。见《隐山鄙事》，载《北京图书馆藏珍本丛刊》(84)，书目文献出版社，1988 年，第 49～50 页。以下李子金"序言"的引文出处同此。

之中。

李子金要做的就是整合《几何原本》与《几何要法》，删简约繁，使其明白晓畅：

> 予故于其至浅而以为不足道者，尽去之。于其至深而以为不能至者，从旁通之，发明之，使《原本》之微机妙义灿若指掌，而《要法》所载，皆无一不可解者。

就此写成《几何易简集》(1679)。

《几何易简集》4 卷，首卷主要讨论《几何要法》(名为“几何要法删注”)。第二卷讨论《几何原本》。李子金从《原本》第一卷中挑选出几个基本定理，详加讨论。卷三、卷四着重讨论“几何作图”。特别指特注意的是李子金对“神分线”(即黄金分割线)的关注：

> ……苟明于此一线之理，而于一线分身连比例之法，思过半矣！西儒谓此一线为神分线，信不误。

从某种意义上来说，李子金的《几何易简集》比方中通的几何著作更有意思。方的见解散在零星的插话与评注中，而李子金的著作却很能彰显个性，对欧几里得的独到诠释跃然纸上，同时也表现出理解试图《几何原本》结构的努力。[①]

1700 年，《几何原本》问世几近百年，杜知耕刊刻《几何论约》，他在

---

① 安国风著，纪志刚等译：《欧几里得在中国：汉译〈几何原本〉的源流与影响》，江苏人民出版社，2009 年，第 423 页。

序言中吐露的心声，很是值得思考的：

> 《几何原本》者，西洋欧吉里斯之书。自利氏西来，始传其学。元扈徐先生译以华文，历五载三易其稿，而后成其书，题题相因，由浅入深，似晦而实显，似难而实易，为人人不可不读之书，亦人人能读之书。故徐公尝言曰：百年之后必人人习之，即又以为习之晚也。书成于万历丁未，至今九十余年，而习者尚寥寥无几，其故何与？盖以每题必先标大纲，继之以解，又继之以论，多者千言少者亦不下百余言；一题必绘数图，一图必有数线，读者须凝精聚神，手志目顾，方明其义，精神少懈，一题未竟已不知所言为何事。习者之寡不尽由此，而未必不由此也。……①

这里，杜知耕把《几何原本》"习者寥寥"的原因归咎于《原本》本身复杂结构，由此而给出一种"简明读本"。其实，以"实用"的主旨来删减《几何原本》，似乎是这一时期的风尚。如孙元化的《几何用法》(1608)、方中通的《几何约》(1661)、李子金的《几何易简集》(1679)。这种以阐述《几何原本》的思想和方法的努力，标志中国古典数学注重实用的传统的转向。数学不再是一种专门解决实用问题的工具，而应该从理性的高度加以深刻地探讨。这一观点杜知耕的好友吴学颢为其书撰写的序言"几何论约序"中有着充分的表露：

吴学颢在序言中说：

> 凡物之生，有理、有形、有数。三者妙于自然，不可言合，何有于

① 杜知耕："几何论约"原序。影印文渊阁《四库全书》，台湾商务印书馆，1986年，第802-4-5页。

> 分。顾从来语格物者，每详求理，而略形与数。其于数，虽有九章之术求其精确，已苦无传书。至论物之形，则绝无及者。孟子曰：继之以规矩準绳，以为方圆平直，不可胜用。意古者公输、墨翟之流，未尝不究心于此，而特未及勒为一家之言与。然不可考矣。
>
> 尝窃论之，理为物原，数为物纪，而形为物质。形也者，理数之相附以立者也。得形之所以然，则理与数皆在其中；不得其形，则数有穷时，而理亦杳而不安。非理之不足恃，盖离形求理，则意与象暌，而理为无用；即形求理，则道与器合，而理为有本也。①

吴学颢把理、形、数三者并论为“自然之妙”，深刻分析了三者之间的密切关系（“理为物原，数为物纪，而形为物质”），这在数学思想史上是值得引起重视的。吴学颢不通数学，但对数学意义的认识，却表现出一种卓然的哲学高度，他最后写道：

> 若舍去一切傅会揣合之说，而以几何之学求之，则数以象明，理因数显，涣然冰释，无往不合。即推而广之，凡量高、测远、授土工、治河渠，以及百工技艺之巧，日用居室之微，无一之可离者。然则此书诚格致之要论，艺学之津梁也。②

与方中通打破《几何原本》的逻辑结构，重新编排不同，杜知耕则是“就其原文，因其次第，论可约者约之，别有可法者，以己意附之，解已尽者，节其论，题自明者，并节其解，务简省文句，期合题意而止。又推义比

① 吴学颢：“几何论约序”。影印文渊阁《四库全书》，台湾商务印书馆，1986 年，第 802 - 2 - 4 页。

② 吴学颢：“几何论约序”。影印文渊阁《四库全书》，台湾商务印书馆，1986 年，第 802 - 2 - 4 页。

类，复缀数条于末，以广其余意。"[①]因此，《几何论约》整体结构与《几何原本》几相一致，而只是在定义的表述和命题的证明有所删减。

杜知耕的另一著作《数学钥》，书中"列古方田、粟米、衰分、少广、商功、均输、盈朒、方程、勾股九章，仍取今线、面、体三部之法隶之，载其图解，并摘其要语以为之注，与方中通所撰《数度衍》用今法以合《九章》者体例相同。而每章设例，必标其凡於章首。每问答有所旁通者，必附其术於条下。所引证之文，必著其所出，蒐辑尤详。"[②]

杜知耕这一做法，受到梅文鼎的称赞："近代作者如李长茂之《算海详说》，亦有发明，然不能具《九章》。惟方位伯《数度衍》，于《九章》之外蒐罗甚富。杜端伯《数学钥》，图注《九章》，颇中肯綮，可为算家程式。"[③]杜知耕的《数学钥》成为模仿《几何原本》改造中国传统数学的积极尝试。

梅文鼎(1633～1721)被誉为"国朝算学第一"[④]，他于《几何原本》素有究心，在几何学方面具有代表性的工作如下：[⑤]

(1) 介绍《几何原本》

梅文鼎曾拟撰写《几何摘要》，主要是为学习者较快地理解和掌握基本的几何命题，但《几何摘要》没有刊刻，《勿庵历算书目》记载其要目如下：

---

① 杜知耕："几何论约"原序。影印文渊阁《四库全书》，台湾商务印书馆，1986 年，第 802 - 4 - 5 页。

② 《四库全书总目提要》。

③ 梅文鼎：《勿庵历算书目》("九数存古"条)。《丛书集成初编》本，第 32 页。

④ 阮元：《畴人传》(卷三十八)引钱大昕语。林文照主编：《中国古代科技典籍通汇 · 综合卷》，河南教育出版社，1993 年，第 7～458 页。

⑤ 梅荣照、王瑜生、刘钝："欧几里得《原本》的传入和对我国明清数学的影响"。梅荣照主编：《明清数学史论文集》，江苏人民出版社，1990 年，第 53～83 页。

> 《几何原本》为西算之根本，其法以点线面体，疏三角测量之理；以比例、大小、分合，疏算法异乘同除之理。由浅入深，善于晓譬。但取径萦纡，行文古奥而峭险。学者畏之，多不能终卷。方位伯《几何约》又苦太略。今遵新译之意，稍微顺其文句，以芟繁补遗，而为是书。①

(2) 会通中西数学

梅文鼎精通中国传统数学，又深谙《几何原本》的推理结构，故能从中西数学各自的本质上去把握双方的特点。他在《方程论》(1672)“发凡”中指出：

> 夫数学一也，分之则有度有数。度者量法，数者算术，是两者皆由浅入深。是故量法最浅者方田，稍进为少广，为商功，而极于勾股；算术最浅者粟布，稍进为衰分，为均输，为盈朒，而极于方程。方程于算术，犹勾股之于量法，皆最精之事，不易明也。②

梅文鼎试图“用句股解《几何原本》之根”，并指明“几何不言句股，而其理莫能外。故其最难通者，以句股释之则明。”③

(3) 发掘与创造

方中通、杜知耕仅限于对《几何原本》删减和改易，但梅文鼎却表现出卓越的创造能力。梅文鼎只看到《几何原本》前 6 卷，但发现“历书中

---

① 梅文鼎:《勿庵历算书目》(“几何摘要”条)。《丛书集成初编》本，第 30 页。

② 梅文鼎:《方程论》。郭书春主编:《中国古代科技典籍通汇 · 数学卷》，河南教育出版社，1993 年，第 4～324 页。

③ 梅文鼎:《几何通解》。郭书春主编:《中国古代科技典籍通汇 · 数学卷》，河南教育出版社，1993 年，第 4～451 页。

往往有杂引之处，读者未之详也。”又曾“偶见馆童屈篾为灯，诧其为有法之形。”[①]梅文鼎考察了《测量全义》、《比例规解》中的有关知识，开始独立思考，写成《几何补编》。在该书中梅文鼎研究了5种正多面体的体积，特别是他探讨了“方灯”、“圆灯”两种半正多面体，专门讨论了5种正多面体、2种半正多面体和球体的互容关系。这些都是独立于西方学者而开展的，表现出梅文鼎工作的独创性。[②]

对中国传统数学而言，《几何原本》的影响和意义并不仅仅在于具体的数学知识和数学方法，而是一种与中国传统数学旨趣迥异的数学体系和数学观念。这些影响可以归纳为“逻辑推理思想的加强”、“新数学概念的接受”、“对数学性质的重视”、“数学符号的使用”等等方面。[③] 这种影响甚至波及到清代中叶的乾嘉学派。时人并称“谈天三友”的焦循（1763～1820）、汪莱（1768～1813）和李锐（1773～1817）的数学工作，就已经突破传统数学的框架，取得了重要成果。正如李锐在《畴人传》中“欧几里得传”的评价：“《天学初函》诸书，当以《几何原本》为最，以其不言数而颇能言数之理也。如云‘自有而分，不免为有，两无不能并为一有’，非熟精度数之理，不能作此造微之论。”这样精辟的评价，若非熟精《几何原本》和深谙西方数学原理者不可为之。[④]

---

① 梅文鼎：《几何补编·自序》。郭书春主编：《中国古代科技典籍通汇·数学卷》，河南教育出版社，1993年，第4～521页。

② 刘钝：“梅文鼎在几何学领域中的若干贡献”。梅荣照主编：《明清数学史论文集》，江苏人民出版社，1990年，第182～218页。

③ 郭世荣：“论《几何原本》对明清数学的影响”。徐汇区文化局编：《徐光启与〈几何原本〉》、《徐光启与〈几何原本〉》，上海交通大学出版社，2011年，第152～163页。

④ 梅荣照、王瑜生、刘钝：“欧几里得《原本》的传入和对我国明清数学的影响”。梅荣照主编：《明清数学史论文集》，江苏人民出版社，1990年，第53～83页。

七、《几何原本》的完璧及反思

1607 年,《几何原本》前 6 卷翻译完毕,徐光启兴味盎然,希望趁势完成全部 15 卷的翻译。“太史(徐光启)意方锐,欲竟之。”但利玛窦却说:“止,请先传此,请同志者习之,果以为用也,而后计其余”。① 但此后陡生变故,先是徐光启回沪丁忧,而后利玛窦病逝,1611 年徐光启再刊《几何原本》,手扶遗书,顿生感慨:“追惟篝灯函丈时,不胜人琴之感。”慨叹道:“续成大业,未知何日,未知何人,书以俟焉。”②

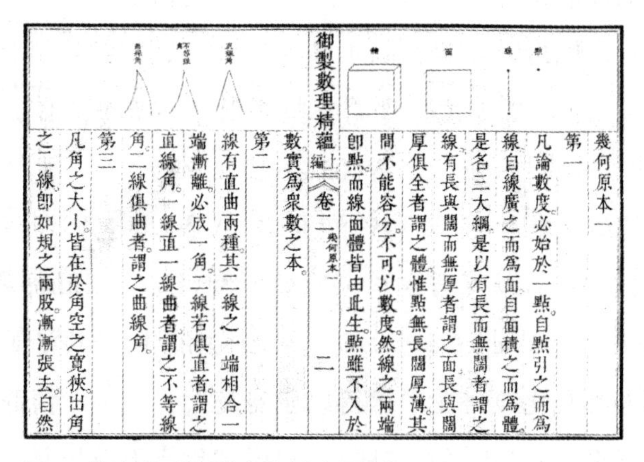
幾何原本一
第一
凡論數度必始於一點。自點引之而爲線。自線廣之而爲面。自面積之而爲體。是名三大綱。是以有長而無闊者謂之線。有長與闊而無厚者謂之面。長與闊厚俱全者謂之體。惟點無長闊厚薄。其間不能容分。不可以數度。然線之兩端即點。而線面體皆由此生。點雖不入於數實爲衆數之本。

御製數理精蘊上編 卷二 幾何原本一 二

第二
線有直曲兩種。其二線之一端相合一端漸離。必成一角。二線若俱直者。謂之直線角。一線直一線曲者。謂之不等線角。二線俱曲者。謂之曲線角。
第三
凡角之大小。皆在於角空之寬狹。出角之二線。即如規之兩股。漸漸張去。自然

图 2 《御制数理精蕴》中的《几何原本》

《几何原本》的翻译戛然而止,令许多学者心生遗憾。梅文鼎就曾疑问:“言西学者以几何为第一义,而传只六卷,其有所秘耶?抑为义理渊

① 利玛窦:“译几何原本引”。朱维铮主编:《利玛窦中文著译集》,复旦大学出版社,2001 年,第301 页。

② 徐光启:“题《几何原本》再校本”。朱维铮主编:《利玛窦中文著译集》,复旦大学出版社,2001 年,第 307 页。

深，翻译不易，而姑有所待耶？”①

虽然利玛窦和徐光启未能完成《几何原本》的全部翻译，但在紫禁城内，传教士们却完成了另一种《几何原本》的翻译。1669年，“汤若望历狱”令康熙皇帝深受震动，他下决心要学习西算，让传教士南怀仁（F. Verbiest，1623～1688）讲解利玛窦和徐光启合译的《几何原本》，南怀仁去世后，法国传教士张诚（F. Gerbllon，1654～1707）、白晋（J. Bouvet，1656～1730）等继续向康熙讲授西方科学知识，但《几何原本》换为法国数学家巴蒂（P. Pardies，1636～1673）的《实用和理论几何学》。两位传教士隔日进讲，随讲随译，康熙亲自润色修改。事实上，这个译本根本不属于欧几里得《原本》的版本序列，但仍然题名《几何原本》，并收入《数理精蕴》。这个法语本包含了一些新的几何知识，由于冠以《御制数理精蕴》的皇家旗号，在整个清代产生较大影响。

清咸丰八年（1857），伟烈亚力（A. Wylie，1815～1887）与李善兰接续利、徐遗志，以英国数学家比林斯利（Henry Bilingsley）的《几何原本》（*The Elements of Geometrie*，1570）为底本，②共译其后九卷，方使这样一部人类文化典籍在中国得以全身完璧。

李善兰在《几何原本序》中曾说：“年十五读旧译六卷，通其义。窃思后九卷必更深微，欲见不可得，辄恨徐、利二公不尽译全书也。又妄冀好

---

① 梅文鼎：《几何通解》。郭书春主编：《中国古代科技典籍通汇・数学卷》，河南教育出版社，1993年，第4～451页。

② 钱宝琮曾认为后九卷的底本似是英人柏洛（Issac Barrow，1630～1677，今译巴罗，即牛顿的数学老师）的英译本（见钱宝琮：《中国数学史》，第324页。但徐义保考证非是，见 Xuyibao The First Chinese Translation of the Last Nine Books of Euclid's Elements and Its Source. *Historia Mathematica*，2005.

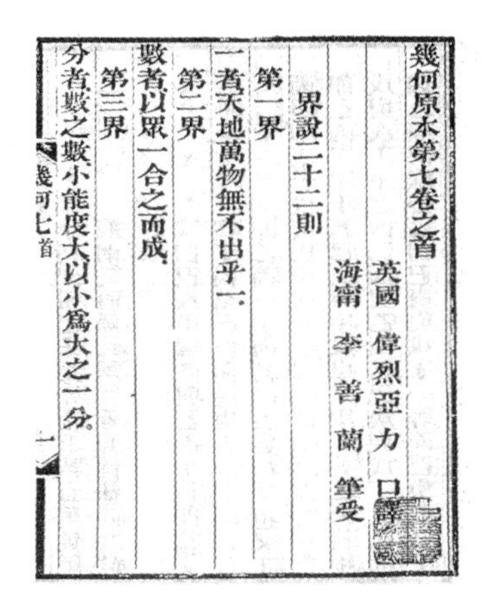

幾何原本第七卷之首
英國 偉烈亞力 口譯
海甯 李善蘭 筆受
界說二十二則
第一界
一者天地萬物無不出乎一
第二界
數者以眾一合之而成
第三界
分者數之數小能度大以小爲大之一分
幾何七首

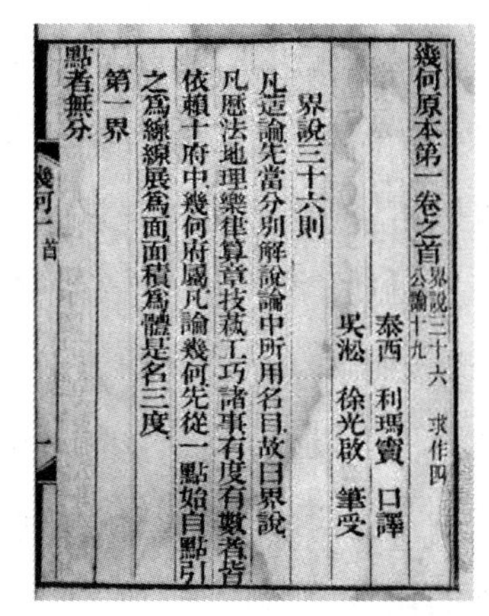

幾何原本第一卷之首 界說三十六 求作四 公論十九
泰西 利瑪竇 口譯
吳淞 徐光啟 筆受
界說三十六則
凡造論先當分別解說論中所用名目故曰界說
凡歷法地理樂律算章技藝工巧諸事有度有數者皆依賴十府中幾何府屬凡論幾何先從一點始自點引之爲線線展爲面面積爲體是名三度
第一界
點者無分
幾何一首

图 3 《几何原本》15 卷本
(左图,从第七卷起下题“英国伟烈亚力口译,海宁李善兰笔受)

事者或航海译归,庶几异日得见之。”①李善兰欲见《几何原本》后九卷的急切心情溢于言表。伟烈亚力在《几何原本序》中又说:“旧版校勘未精,语讹字误,毫厘千里,所失匪轻。……(李善兰)君固精于算学,于几何之术,心领神会,能言其故。于是相于翻译”。②

加之前述清康熙御制、雍正元年(1723)印行《数理精蕴》7 卷本,欧几里得的《原本》经由拉、法、英三书辗转译得全篇。陈寅恪曾就前两者感叹:

> 欧几里得前六卷之书,赤县神州自万历至康熙百年之间,已一译再译,则其事之关系于我国近世学术史,及中西交通史者至大。③

① 李善兰:“续译《几何原本》序”。郭书春主编:《中国古代科技典籍通汇 · 数学卷》,河南教育出版社,1993 年,第 5～1155 页。

② 伟烈亚力:“续译《几何原本》序”。郭书春主编:《中国古代科技典籍通汇 · 数学卷》,河南教育出版社,1993 年,第 5～1155～1156 页。

③ 陈寅恪:“几何原本满文本跋”。《国立历史语言研究所集刊》,1931 年,第 2 本第 3 分,第 281～282 页。

由此言之,3个版本系统不同、语言表述相异的《原本》于250年间再三汉译,实为中西文化交流史之绝响,亦为世界范围内的《原本》演变历史所稀见。

《几何原本》在中国的翻译和传播,是中西文化交流史上的重大事件。遗憾的是,后来"西学中源"说的泛起,把中西数学交流的主旨引领的另一个极端。虽然,梅文鼎对于"西学中源说"多少有些干系,但他下面的一段话,对于揭示《几何原本》在中西数学的碰撞和是很有启发意义的:

> 万历中利氏入中国,始倡几何之学。以点线面体为测量之质,制器作图,颇为精密。然其书率资翻译,篇目既多,而取径迂回,波澜阔远,枝叶扶疏,读者每难卒业。又奉耶稣为教,与士大夫闻见龃龉。学其者又张皇过甚,无暇深考乎中算之源流,辄以世传浅术,谓古九章尽此,于是薄古法为不足观;而或者株守旧闻,遽斥西人为异学,两家之说,遂成隔碍,此亦学者之过也。余则以学问之道,求其通而已,吾之所不能通,而人则通之,又何闻乎今古?何别乎中西?①

最后引述安国风《欧几里得在中国》中的一段话,或许有助于我们从另一个文化角度认识这个问题:

> 李约瑟(J. Needham)高度评价了耶稣会士引入西方科学的重要性。在其丰碑式的《中国科学技术史》(*SCC*)的第三卷中,他谈到西方科学的传入直接导致中国"本土科学"的终结。西学东渐被称为

① 梅文鼎:"中西算学自序"。《绩学堂文抄》(卷二)。

《几何原本》的翻译与明清数学思想的嬗变

"学术史上力图联系科学与社会的最伟大的尝试",李约瑟本人主要关心的是科学在中国的"自主发展"。利玛窦被李约瑟誉为"伟大的科学家",用李约瑟的话来说,当利玛窦进入中国后,中国科学与西方科学不久就完全地"融合"为"世界科学"了。另一方面,谢和耐(J. Gernet)的《中国与基督教》一书指出:"思维模式"的差异阻碍了相互理解,这正是基督教最终失败原因之一。根据这种观点,诸如"永恒真理领域与现象世界互相分离"这种西方概念,与中国人的思维模式相抵触。对西方科学而言,无论恰当与否,欧几里得《原本》常常与"永恒真理领域"联系在一起。的确,马若安(J. C. Martzloff)早已揭示出中国人对欧几里得的反应远比李约瑟所确信的更为复杂。在关于欧氏几何"中国式理解"的研究中,马若安指出,中国数学家采用高度选择性的方式融会了欧氏几何,从某种意义上说,将其转变成了别的东西。席文(N. Sivin)和艾尔曼(B. Elman)同意西方数学对中国的学术产生了深远的影响,同时强调这种影响的方式与一般的预期大有不同。①

中国古代数学自肇始起就表现出鲜明的"社会性"和"实用性"特点。因此,对"数量"观念的认识也局限在"经世致用"的框架之内。1607 年,汉译《几何原本》的问世,标志着"本土数学"的终结,开启了中国数学发展的新时代。《几何原本》带来了崭新的数学思维方式,引发种种数学观念的变化,由此折射出两种异质文化交流与碰撞的历史进程,在中国数学思想史上具有重要意义。

(张善涛)

① 安国风著,纪志刚等译:《欧几里得在中国》,江苏人民出版社,2008 年。

邓可卉

南怀仁与《新制灵台仪象志》

一、中国古代的天文仪器及其制造技术

二、耶稣会士南怀仁及其《新制灵台仪象志》

三、新制仪器的主要改进工艺

四、新制六仪的安装和使用

五、《新制灵台仪象志》中的新物理学知识

一、中国古代的天文仪器及其制造技术

中国古代十分重视天文观测和历法制定，中国古代的天文仪器多数为官方组织制造，天文仪器的出现是天文学走向定量化的必然结果，只有借助于天文仪器才能精确地测定各种天文数据。中国古代的天文仪器具有独特的中国古制系统。古代文献中对于天体坐标和天文仪器的刻度分划采用“度”，但是这不同于现代的度，而是中国古度，它不是角度，而是长度[①]。《周髀算经》里记载了划分圆周的方法，一度就相当于长度单位一尺，这样的划分不利于做进位制的换算，实际操作比较复杂；在这个系统里，取圆周率为3，误差的产生是必然的，直到元代，这种传统的圆周率制度仍用于天文测量和计算。

中国古代的天文观测仪器由圭表、浑仪、浑象和计时器组成。它们在一定的条件下各自独立测量，实现其基本的历法功能。

圭表是最简单、最古老的测天仪器，它是早期测定方向、时间、节气和回归年长度等的主要依据。据统计，在《周髀算经》中利用圭表测影，实现了测量太阳远近和天之高下；测量北极远近；测二十八宿；测回归年长度；测定东西南北方向；测“璇玑四游”等功能[②]。圭表在早期的主要功能是定方向。《诗·大雅·公刘》篇中有“既景乃冈，相其阴阳”。就是说，在公元前15世纪末周人已能立表定向。立表确定方向进一步发展，出现了一些具体的操作。在《考工记·匠人篇》中记道：“匠人建国，水地以悬。置槷以悬，眂以景。为规，识日出之景与日入之景。昼参诸日中

---

① 关增建：“传统365¼分度不是角度”。《自然辩证法通讯》，1989年，第63卷，第5期，第77～79页。

② 江晓原：《谢筠译注〈周髀算经〉》，辽宁教育出版社，1996年。

之景,夜考之极星,以正朝夕。”这里有几个技术细节是,“水地”即把地整平,用的方法是“以悬置槷”即用绳悬挂一重物;“为规”是在地面画圆,圆心立一表,然后测量日出、日没时的表影,记录它们与圆的交点,连接两点即得到正东西方向。

祖冲之关于利用圭表测量冬至时刻方法有重大改进,载于他的著名的“驳议”中。在《宋书·律历志》中有:“十月十日影一丈七寸七分半,十一月二十五日一丈八寸一分太,二十六日一丈七寸五分强,折取其中,则中天冬至应在十一月三日。求其早晚,令后二日影相减,则一日差率也。倍之为法,前二日减,以百刻乘之为实,以法除实,得冬至加时在夜半后三十一刻。”祖冲之的方法具有比较严格的数学意义。

回归年长度的测定是和冬至时刻测定紧密相关的。通过测量相邻两年的冬至时刻,确定一个回归年的长度。一般的,回归年长度是实测数据,当然不排除后来有人用计算导出。四分历的回归年长度是 $365\frac{1}{4}$ 日,并且古人已经明白要想准确定出回归年长度,可以连续几年进行日影观测,再取平均值。《后汉书·律历志》上说:“日发其端,周而为岁,然其景不复。四周,千四百六十一日而景复初,是则日行之终。以周除日,得三百六十五四分日之一,为岁之日数。”可以认为,这种方法在古六历时代就已经有了。但是这对天气的要求非常苛刻,必须是连续几年的冬至前后都是晴天。

东汉以后圭表和刻漏配合使用,共同完成晷漏测量,为后世历法中的“步晷漏”术奠定了理论和技术基础。

浑仪,是测定天体球面坐标——天体位置的仪器,与中国早期的恒星观测、二十八宿距星及其体系的确定有着密切的联系。历代关于浑仪制作各不相同,但它基本上是由许多同心圆环组成,中有窥管。浑仪大约是西汉落下闳首先设计制造的[1]，浑仪分为赤道仪和黄道仪，赤道仪是中国传统的赤道二十八宿体制下的产物，而黄道仪产生于东汉，傅安、贾逵等人曾经用黄道度日月，从东汉四分历开始，日月五星运动位置的测量改用黄道度[2]，这是古人对于日月五星运行轨道认识更加精准的反映。东汉贾逵、张衡，东晋孔挺，唐代李淳风、一行，北宋沈括、苏颂等均对浑仪作过不同程度的改进，使它有利于实际观测。而元代郭守敬的简仪则是对浑仪革新的产物。

浑象，是演示天体在天球上视运动现象的装置，耿寿昌曾制“古旧浑象”，但其形制尚无定论，最早的浑象是由东汉张衡制造的，他利用水运传动装置使得浑象偕天象转动起来，具有了初步的计时原理和功效。天文计时器在本书有专门介绍，这里就不展开了。

中国古代天文学在宋元时期发展到了一个前所未有的高峰。就天文仪器而言，宋代至少有 4 次大规模的天文仪器制造，以浑仪为例，分别是至道年间(995～997)韩显符主持制造的至道浑仪、皇祐年间(1049～1053)舒易简主持制造的皇祐浑仪、熙宁年间(1068～1077)沈括主持制造的熙宁浑仪和元祐年间(1086～1093)苏颂主持制造的元祐浑仪。这些浑仪结构都已十分复杂和精密，并有不少创造。浑象方面，在张思训以水银代替水为动力的改革基础上，苏颂根据小官僚韩公廉等人的设计又制成了举世闻名的“水运仪象台”。

以北宋韩显府的至道浑仪为例，他在当时的司天台任司天冬官正，大约公元 980 年左右，主要研究“浑天之学”，经过长期试验、研究，终于在淳化初(990～994)完成了浑仪的设计，得到批准后于至道元年(995)

---

① 《史记索隐》引《益部耆旧说》。

② 中国天文学史整理研究小组:《中国天文学史》，科学出版社，1981 年。

制成浑仪，并写了一份仪器使用说明书《法要》10卷，其序和主要内容保存下来，被载于《宋史》、《玉海》和《职官分纪》中，而全书已佚。根据韩显府的原文，可以进一步探讨他的浑仪结构和性能，以及它的一些创造性工作。韩显府不仅使用水臬以定平准，而且在地平圈上设置了“地盘平准轮”调节仪器各部分的水平，这个发现纠正了学术界以前认为的在地平环上开水平沟始于皇祐浑仪的说法①，韩显府明确地把定天极高度作为一个理论和技术性很强的事情，直到元代郭守敬在简仪上设置了定极环；韩显府通过“上规”、“中规”和“下规”区分了“四时常见”星和“四时常隐”星，大胆取消了白道，简化了浑仪；设计了二直矩用以夹“窥管”，保证仪器运转的稳定性等等。韩显符对铜浑仪所给出的各环的直径和圆周尺寸，符合 $\pi=3$ 的规律，另外，对每个环、矩的阔、厚都有相应的尺寸，在子午环、游规等上均刻365刻分。我国古代一直采用圆周为365¼度制，可见这里他忽略了分数部分。术文中各种角度的计算偏于粗疏，大概是浑仪之制考虑了各环槽的宽、厚，而作者未将其误差除去，也可能是古代1度的概念比今小的缘故。除了一些必要的尺寸外，“浑仪九事”对浑仪使用原理、可行性都有叙述，这在历代有关浑仪记录中是独特的。

可惜宋制仪器到元朝时已经无法保持原来的设计功能。元代随着阿拉伯天文学的传入，也出现了天文仪器制造的高峰，杰出天文学家郭守敬为了适应制定新历的需要，从至元十三年(1276)起在元大都设计制造了一系列天文仪器。据《元史》记载，郭守敬制造了约17件天文仪器，分别是玲珑仪、简仪、浑天象、仰仪、高表、立运仪、证理仪、景符、闚几、日月食仪、星晷、定时仪、正方案、候极仪、九表悬、正仪、座正仪等②，其中，

① 中国天文学史整理研究小组:《中国天文学史》，科学出版社，1981年，第190页。
②《元史》(卷四十八)。

对传统圭表大型化、精确化方面以及浑仪的各圈环分别安装、减少相互遮挡和提高观测的针对性方面进行了大力改革,取得了许多划时代的精确观测数据。这些仪器保留了中国传统天文仪器系统的主要特点。

遗憾的是上述仪器多数今人无法考证,部分仪器虽有文献记载为证,但没有实物遗存。有几件不仅有实物,而且其下落也是明确的,它们是浑天仪、巨型浑仪、圭表和简仪,直到 1600 年耶稣会士入华时,利玛窦也曾经提到过它们[①]。他对于第四件简仪不能确定,认为是最大的一具,由大星盘三、四具拼合而成,他指出,诸仪镌有二十八宿,与西方十二宫对应,但是有一个明显错误是,北极出地均为 36 度,而南京的地理纬度实为 32¼度。可以据此判断,这些仪器在元大都制成,而后又运送到了南京。

明初洪武十八年(1385),郭守敬所制造的天文仪器全部运送到南京,安装在鸡鸣山及山侧的钦天监内。许多文献记录表明,在南京鸡鸣山顶上,安装有浑仪、简仪、天体仪与圭表 4 件仪器。目前,只有明仿制浑仪和简仪 2 件仪器收藏于紫金山天文台。

弘治二年(1489)也有人提起元大都的天文仪器,这一年新上任的钦天监监正吴昊上疏建议重造天文仪器,指出了观象台旧制浑仪的黄赤二道的交点已经发生移动,与实际天象不符。根据文献记载,虽然明代曾经制造浑仪,但是基本上仍然保留了旧制的特点,并且吴昊认为,北京"所用简仪则郭守敬之旧制",说明对简仪也没有革新。

旧制几件仪器都存而不能用,主要原因是,在元大都制造的仪器,运到南京,其地理纬度发生变化,另外,仪器自身的二分点位置已经移动等

① 李约瑟:《中国科学技术史》(第四卷,第二分册,《天学》),科学出版社,1975 年,第 460～464 页。

等。明代对于天文仪器的改革一直到徐光启领导历法改革才开始。

现在的北京观象台保存有部分元明仪器，主要有浑仪、圭表和简仪，是康熙八年把南京的元明诸仪都运送到北京，并且安置于观象台上。

二、耶稣会士南怀仁及其《新制灵台仪象志》

众所周知，欧洲文艺复兴伴随着地理大发现、宗教改革和资产阶级革命，是16、17世纪最重要的事情，天文学革命以16世纪波兰天文学家哥白尼的不朽著作《天体运行论》为标志，从此，自然科学进入了近代阶段。16世纪是也基督教发展史上的一个重要时期，掀起著名的宗教改革运动，为了维持其地位，当时的旧教——天主教教会内部在南欧国家进行了“革新”，革新依靠的主要力量之一是耶稣会。耶稣会于1534年创立，其宗旨是重振罗马教会。耶稣会一方面打入宫廷和上层社会，一方面通过办学校和学院，利用知识扩大其影响。宗教改革之后，罗马教皇统治地盘缩小，于是积极派遣布道团四处活动，其中以耶稣会士最为活跃。这就是耶稣会士来华的历史背景。为了实现传教目的，以利玛窦为主的耶稣会士采取了“调适”政策，实行“科学传教”的方略。

南怀仁(Ferdinand Verbiest, 1623～1688)，字勋卿，又字敦伯，比利时传教士。南怀仁于1623年10月生于比利时布鲁日(Bruges)的皮特姆镇(Pittem)。1640年10月入鲁文(Louvain)大学艺术系学习，在这里他主要学习了哲学、自然科学和数学。当时多数鲁文大学的教授把托勒玫、哥白尼和第谷的体系当作假说。1641年9月他离开这所大学，加入耶稣会。2年后他回到鲁文的耶稣会学院，1645年获得哲学学位。在耶稣会学院的科学训练对南怀仁来说非常重要。1652～1653年南怀仁在罗马学习了1年多的神学。1655年南怀仁受到卫匡国(Martin Martini，1614～1661)的影响，在塞维利亚(Sevilla)获神学博士学位后，他要求去中国传教，因而获准。在离开欧洲之前，南怀仁在葡萄牙教数学。1657年4月，他随卫匡国一行扬帆启程，1658年7月抵达澳门。

西方天文学传入中国后，由于历法改革的需要，崇祯二年(1635)徐光启请造若干天文仪器，这些仪器主要有，纪限大仪、平悬浑仪、平面日晷、转盘星晷、候时钟、望远镜3台；交食仪、列宿经纬天球和万国经纬地球等，仪器由传教士罗雅谷(Jacques Rho，1590～1638)、汤若望(Johann Adam Schall von Bell，1592～1666)辅助制成，但是这些仪器没有见诸实物，是否已经造成，或已遗失，目前没有确切的定论。根据历史记载，徐光启、汤若望和罗雅谷制造的装置多为木样，或者是小型仪器，便于搬运、安置和调节。关于崇祯年间制造的天文仪器，主要记录在《崇祯历书》(1635)的《测量全义》(1631)与《恒星历指》(1631)中，而这时期的著作对所造仪器的结构描述不够详细，对于制造工艺更是讨论很少，或者干脆不提。

南怀仁在编写《新制灵台仪象志》时，参考了罗雅谷与汤若望在《崇祯历书》中关于仪器的内容，有些是完全沿袭。南怀仁对于汤若望时期留下的仪器的名称有所改动，如黄道春秋分浑仪被改为“黄道经纬仪”，赤道浑仪改称“赤道经纬仪”，天球仪改为“天体仪”，而“表”则是中国传统的圭表。

1669～1674年，耶稣会士南怀仁为北京观象台设计制造了六架欧洲式天文仪器，其观测精度达到了空前的水平。为了解释仪器的构造原理，以及制造、安装和使用方法，南怀仁于康熙十三年正月二十九日完成了《新制灵台仪象志》，呈献给康熙皇帝。前14卷是《仪象志》，后2卷是《仪象图》。书中明确指出，将它们“公诸天下，而垂永久之意”，“要使肄业之官生服习心喻，不致扞格而难操，传之后世亦得凭是而有所考究焉”。康熙十三年(1674)三月，皇帝加封南怀仁为太常寺卿职衔。1678年，南怀仁将32卷《康熙永年表》呈现给皇帝，得通政使职衔。1682年又加工部右侍郎衔。

南怀仁是一位博学的传教士，不仅通晓天文学和数学，而且也了解1657年他离开欧洲之前的欧洲仪器制造技术，熟悉有关著作。他设计、制造完成六件新制天文仪器，说明他消化了西方的技术，把书本描述变为切实可行的设计，而且将中国传统的铸造工艺与西方的冷加工工艺结合起来，进行实践与再创造①。南怀仁在机械学方面的造诣是很深的。

《新制灵台仪象志》刊刻之后发挥了重要作用。至1744年，它仍是钦天监天文科推测星象的常用书籍。1714年，该书在朝鲜再版②。

在《新制灵台仪象志》的前4卷中，南怀仁描述了他新制仪器的结构，涉及许多欧洲当时最先进的力学知识与制造工艺。卷一及卷二的开头部分详述了六仪的结构、用途、优点与使用方法以及所用刻度游标在提高读数精度方面的作用。据考，南怀仁的新制仪器主要利用了第谷(Tycho Brahe，1546～1601)的著作《新天文学仪器》(*Astronomiae Institutae Mechanica*，1658年)③。南怀仁对第谷的设计做了适当的简化和改进，吸收了中国的座驾造型工艺，选择了金属结构。第五至第十四卷是各种换算表，即“数表”，包括天体仪恒星出入表和地平仪的观测

① 张柏春:“南怀仁所造天文仪器的技术及其历史地位”。《自然科学史研究》，1999年，第18卷，第4期，第337～352页。

② NhaⅡ-Seong, Kim Yonggi. Jesuit Astronomers Contribution to the 17～18th Century Korean Astronomy, Edited by Kwan Yu Chen and Sun Xiaochun. *Frontiers of Oriental Astronomy*, Beijing: China Science and Technology Press, 2006.

③ H. Bosmans, Ferdinand Verbiest. Drecteur de L'Observatoire de Peking. *Revue des Questions Scientifiques*. 1912. 21:195 - 273.

表。《仪象图》由 105 版，总共 117 幅附图构成，主要是仪器构造、制造技术与工艺和各种说明图。仪象图是在仪器制造之前就画出了，但在实际制造时没有完全按照图纸施工，所以文字描述与仪器的实际设计与构造存在一定的差别。下面按照文献记载，我们对这 6 件仪器的结构和使用等进行详细分析。

1. 黄道经纬仪

黄道经纬仪是由 1 个外圈和 3 个内圈组成的一个简化结构的仪器，而不是像传统的 5 到 6 个圈。各圈之四面分 360 度，每一度细分 60 分。为什么要制造简化结构的模型，南怀仁在书中讲的很清楚，“然圈少则不杂而仪清。其象更为昭显而仪之用为愈便焉。”原文如下：

> ……黄道经纬全仪之圈有四，各圈之四面分三百六十度，每一度细分六十分。其外大圈恒定而不移者，名天元子午圈，其外径六尺(一寸)，其规面厚一寸三分，其侧面宽二寸五分。此圈之内包括诸圈。其冲天顶之下半，加宽一寸五分，而夹入于云座仰载之半圈，欲其不薄弱而失圆形故耳。其圈之侧面，从天顶起算，南北各去顶一象限，即为地平线。从地平线起算，上下安定京师南北两极之高度分。于两极各安钢轴，而各轴之心与圈侧面为一点，侧面为下半圆而合之，加伏兔上之半圆以收之。盖因度分之界，指线所切，窥表所及，皆在侧面故也。南北两轴相向，左右上下，丝毫不谬。子午圈内，次有过极至圈。南北赤道两极，各以钢轴相贯之。两极在规面之中心，而中心内外有钢孔(枢)，钢轴入钢枢，免致铜枢磨宽。其北钢枢则安于内规面，用小铁条以贯之，而过极圈不致垂下而失圆形矣。其南钢枢

旧命维新

则安于外面,不令铜面转磨而离于仪之中心焉。

又从南北赤极起算,各去二十三度三十一分零三十秒,定黄道极。去极九十度,横置次三圈,名黄道圈,与过极圈相交(过极圈亦名带黄道圈)。两交处,各陷其中以相入,令两圈为一体,旋转相从。黄道交,一在冬至,一在夏至。黄道圈内,安次四圈,名黄道纬圈,结于黄道南北之两极,其钢轴钢枢安法皆与带黄道圈无异。夫子午圈内共三圈,各规面之宽约二寸五分,便于刻度分秒,其厚约一寸三分。纬圈南北两极,各有兽面以衔圆轴,其圆径约一寸以为径表。轴之两端有螺柱定之。若欲不用圆轴,即开螺柱而安径线以代表,任意用之。其轴之中心,立圆柱作纬表,表之纵径与黄道中线正对,下与纬圈侧面恒定为直角。而黄道经圈纬圈各有游表数具,于各弧之上游移用之。又当天顶设极细铜丝为垂线,下置垂球,至下圆孔之内(即座架中央)。全仪下有双龙,于南北两边而承之。龙之后足安置于两交梁。两梁则以斜交相交而收敛之,令其地宽裕而便于测验。两交梁之四角有四狮以项承之,而上则有螺柱定之(螺柱外面有铜帽)。

黄道圈,其一侧面分刻十二宫,每宫三十度;其一侧面分刻二十四节气,每节十五度。内外规面宫度、节气分相应之,但规面比侧面宽大,便于刻度分秒。其每度之所容者,以纵横线界之而成长方形。每一方又分六小长方,即一度分六分也。方上下横线短小,难容细分,因用其对角长线而十分之。盖规面上平行十圈线,与对角线纵横相交。每小方分十格,六方六十格。因以六对角线十分之比例,每度分六十分矣。诸圈内外规面之度分皆如此。今游表之指线平分十分,与对角线之分各有相当之比例。每一分又四细分,而每一细分当度分之十五秒,因而一分分六十秒,一度共有二百四十细分云。

过极至圈,内外规面从赤道起算,向南北之两极,则赤道线为初度所从起,而两极各为九十度。其两侧面之度数,则以两极各为初度所从起,而赤道线为九十度焉。纬圈之度数亦然,内外规面以黄道中线为初度所从起,而南北两黄极则为九十度焉,其两侧面之度数则与过至圈两侧面所起之度数同也。①

南怀仁在制造这架仪器时最重要的改进是,对于第谷原来的黄道经纬仪的 3 个木圈,改制成青铜圈,大大增加了仪器的稳定性能(如图 1)。

图 1　黄道经纬仪

第一个圈,恒定子午圈或外圈。它的外径经实测为 1. 956 米,南怀仁书中给出是 6 尺;高度为 5. 2 厘米,南怀仁给出是 1. 3 寸;宽度为 7. 5 厘米,南怀仁给出为 2.5 寸。这里 1 寸相当于 3～4 厘米。南怀仁解释了如何固定对应北京的两极。他取用系在天顶的铜丝垂线和保护在下一个圆孔内的垂球联合起来校验正确的两极位置。天顶到北极的角度必须等于天底到南极的角度。南怀仁增加了“云座仰载之半圈”也是对第谷仪器的一个明显的改进,他说,这样能够“不薄弱而失圆形”。

第二个圈,为过极至圈,它通过两极和二至点。南怀仁对两极和此两圈“各以钢轴相贯,钢轴如钢枢免致铜枢磨宽”,另外,也避免了其中心的偏离。

---

① 以下原文均出自:南怀仁:《新制灵台仪象志》,1674 年。《中国科学技术典籍通汇》[天文卷(七)],大象出版社,1998 年。

第三个圈，黄道圈，固连于过极至圈，在距黄极各九十度处。两圈互相插入的两处是(二至点)直径的两端，使得此两圈连成一体而共同转动。南怀仁对于“楔形榫”的文字描述是，“各陷其中以相入”。黄道圈，其一侧面分刻 12 宫，每宫 30 度，每度分 6 分，每分分 60 秒；其一侧面分刻二十四节气，每节 15 度，每度分 60 分，每分又四细分，每一细分是 60 秒。由于仪器规面长度有限，采用了第谷发明的斜刻分划制度。

第四个圈，是黄纬圈，它系于两黄极。黄极到黄纬圈的距离都是九十度。

南怀仁对黄道经纬仪的观测和使用方法也有描述。在各圈上安装了一系列表，具体是，有一圆轴安装在纬圈的两极之间，它附有一小圆轴，垂直固定于轴上用作为表。此轴不用时可拆除。南怀仁没有指出它所用表的数目，但是由第谷仪器推断，黄道圈上应该有 4 个表，纬圈上有 4 个表，在各弧上游移用之。

整个仪器由位于南北方向的两根龙形柱托起，龙的后腿倚靠在两根相互交叉嵌入的梁上，这两根梁以斜角相交而连在一起。交叉梁的四端由 4 个狮形脚支撑，每个脚都有螺柱和螺栓，用来调整仪器的水平，并且可以同时升降，使得所有圈的平面与它们所代表的天球圈准确地相合。另外还设计了铅垂线装置用来调节仪器的水平。

在《崇祯历书》的《测量全义》中已有对于黄道经纬仪的描述，但是南怀仁的描述更加详细。另外，第谷把黄道圈固定在黄纬圈上，而南怀仁却把黄道圈与过极至圈连在一起[①]。在具体观测时，后者更便于操作。

---

① 张柏春:《明清测天仪器之欧化》，辽宁教育出版社，2000 年。

2. 赤道经纬仪

第谷制造的赤道经纬仪在《崇祯历书》的《测量全义》和《恒星历指》中都已经有所介绍,《恒星历指》中介绍的第谷式赤道经纬仪在崇祯年间的恒星测量中起着很重要的作用。据研究,这次恒星测量能精确到1分,与这两件测量仪器的读数精度可达1分甚至30秒有着一定的关系[①]。在罗雅谷所著《测量全义》中认为赤道经纬仪有二式,一式曰赤道经纬简仪,二式曰赤道经纬全仪。南怀仁选择了赤道经纬全仪进行描述和制造,但是他没有用四圈型的结构,而是选择了三圈型的结构,因为这个模型具有恒定的赤道圈。原文如下:

> 赤道仪之有三圈。外大圈者,天元子午圈也。其径线,其四面宽厚,其分划度分之法,并坚固其下周之小半而夹入于云座半圈之内,皆与黄道仪之外圈同。
>
> 又从圈之侧面南北极定度起算,各去九十度,定为赤道经圈(赤道圈)。与子午圈相交之处,两处各以十字直角相交,其圈之内面与外面各陷其中以相入,令纵横于两内规面皆平面,则两圈皆为一体而恒定不移也。
>
> 次两圈内之赤道纬圈管于赤道两极,而东西游转横相切于赤道之经圈也。经纬两圈之规面,其宽各二寸五分,侧面厚一寸三分。而南北两极安定纬圈,其内外之规面上下安以钢轴、钢枢诸项,皆与黄道同法焉。

---

① 杜昇云、崔振华、苗永宽、肖耐圆主编:《中国古代天文学的转轨与近代天文学》,中国科学技术出版社,2008年。

又南北两极,各有兽面安定于纬圈内规面之中,而兽吻衔其圆轴以代赤道经表。轴之中心立有圆柱以代纬表。又轴及柱之径各一寸一分。若欲以两极之径线而代为经表用之,亦无不可者。纬表纵横有两径线,其纵径与赤道圈之中线正对,其横径与纬圈之侧面恒平行。又赤道内之规面并上侧面刻有二十四小时,以初、正两字别之。每小时均分四刻,二十四小时共九十六刻。规面每一刻平分三长方形,每一方平分五分。一刻共十五分。每一分以对角线之比例,又分十二细分,则一刻共一百八十细分,每一分则当五秒。今游表之指线亦平分,而每分与对角线之十二分各有相当之比例,又各细分五秒[借游表,可读到五秒]。……

又子午圈向东之正面为子午线所从起,而南与北两轴之中心正与此面相对,以为分界。至若轴枢之半在于此面,而半在于伏兔,则两合螺柱以定之,而并如一体焉。又赤道之上侧面,于子午圈之正南交,划有午正初刻;其内规面划有子正初刻。而于正北交,则侧面划有子正初刻,其内规面划有午正初刻。其余时刻皆从之而定焉。且上则用纬圈,下则用景表,随便可以测定时刻也。若夫赤道圈之外规面,分三百六十经度,……一度共六十分。

今游表之指线,亦分十空之界线,而每一空内开为四格小空,每一格当十五秒也。其赤道之下侧面,分象限而四之,而子、午、卯、酉为各象限之初度。至于纬圈四面列度分秒之法,与赤道经圈无异。盖各面四分象限,而内与外规面之象限各度数则从赤道线起算,向南北两极而止焉:其上下侧面之度数则从两极起算,向赤道中线而止焉。

又经纬圈,各有游表者四,与黄道仪正同。而全仪则下有一龙以为座,向正南而负之,其前后两爪安于两交梁。而交梁又以斜角相交,其四角则有四狮以相负,而又各有螺柱以定之。诸类皆详于黄道仪解内,兹不复赘。其安对之法,则以天顶之垂线为定也。

赤道经纬仪总共由3个圈构成(如图2),其结构如下:

图2 赤道经纬仪

第一圈,为外大圈,为恒定子午圈。它的分度法、下半弧的三分之一加固以及其滑入云饰半圈内侧的方法与黄道经纬仪的外圈完全相同。

第二圈,为赤道内圈,它离两极90度,在赤道圈和子午圈相交处,它们相互垂直地切入。在其圆柱形内表面和上侧面刻有24小时,每小时分为4刻,总计96刻。赤道圈外面刻有360度,1度分60分。

第三圈,为赤道纬圈内圈,它在上述两圈之内,固定于两赤极。纬圈四面列度、分、秒的方法,与赤经圈无异。南怀仁指出了赤道纬圈与子午圈相重合的位置,这种可能性第谷已经指出。

在两极处有连接于赤道纬圈的圆柱形内表面,有2个张开的兽嘴支持着作赤纬测量用的圆柱形轴,这和黄道经纬仪是一样的。此轴的中央附有垂直固定于它的小圆柱,它作纬表之用。轴和横轴的直径都是1.1寸,实测值为3.5厘米。两极间的径向轴可以无限制地转动,它用作经表。

南怀仁使用一个半圆形支撑圈,安装在二分点,原因是当观测和测量二分点附近的星象时,不会遮挡视线。而在第谷赤道经纬全仪中也使用了一个支撑圈。南怀仁设计的赤道圈和赤纬圈,分别设计了4个游

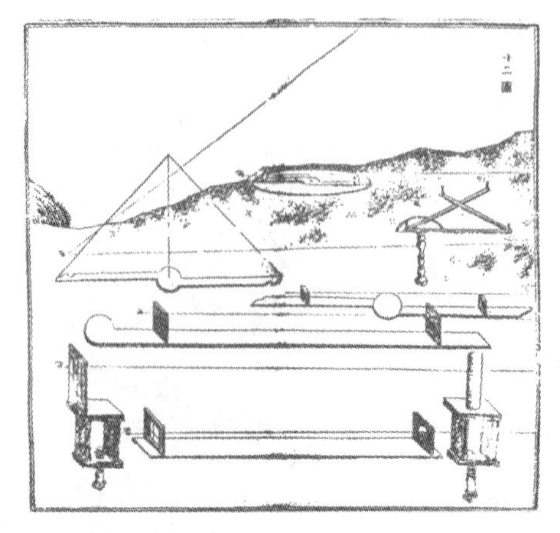
图 3　窥衡、游表与指线

表，这一点和黄道经纬仪完全一样。赤道经纬仪的底座的设计与黄道经纬仪的相同。在游表和窥衡上设置了细分最小刻度的指线，起到了游标尺的作用（如图 3）。南怀仁在第一卷介绍了赤道经纬仪的用法，它主要用于测量时间、赤经和赤纬。

3. 地平经仪

在《测量全义》中按照仪器的功能对于新法仪器进行了分类，其中的"新法地平经纬仪"就是既能够测量天体的地平经度，又能够测量地平纬度的仪器，这个仪器在《测量全义》中有附图，这是由第谷设计的欧洲传统的天文仪器，它也是在第谷的《新天文学仪器》中唯一没有原型的仪器；郭守敬设计的简仪中的立运仪也具有这两个功能，但是，南怀仁进一步简化，把地平经纬仪分别设计为 2 架独立的仪器，即观测地平经度的地平经仪，和测量地平纬度的象限仪。

地平经仪以窥衡（横表）和两根斜线构成照准面，它的地平环与第谷的地平经纬仪的地平环和郭守敬的立运仪的地平环没有区别，地平经仪的支架运用了中国风格的造型。

原文关于地平经仪的结构如下：

> 历家欲测天象之地平经纬度，则必分地平之经仪与纬仪而两测之。如使并测与一仪，恐未可以为准也。

地平经圈之全径长六尺(二寸);而周弧之平面则宽二寸五分[四分],厚一寸二分。东西南北划象限而四分之,每一象限则为九十度。每一度依前法六十分。度数之字,以南北界线各左右起算为初度之界,以东西界线为九十度之界。从东西向南起算,北反是。夫地平圈之四面,各有一龙以项承之。而四龙安于十字交梁之四角,而每角加螺旋转一具,可以准仪而取平。又十字交梁中有立柱,与地平圈等高。其中心为地平圈之中心。从圈之东西二方地平之圈上,又各另加一立柱,高约四尺。柱之周围各有一龙。蜿蜒于其上,乃从柱之上端中各出其前一爪而互捧火珠。盖火珠之心为天顶,而正对地平圈之中心。则从地平之心至天顶有立轴(高四尺四寸),而立轴之中开有长方孔,其中从上至下有一直线,为立轴之长径线,并为天顶之垂线,过地平之中心。加有平方尺表,如窥衡然。自横表之两端各出一线,而过天顶与立轴之长径左右各作一三角形,三线互相参直,其在过天顶圈之平面上,而与窥衡之指线准合。夫立轴左右旋转,则人窥测之目及某星并过天顶三角形线参直,而窥衡之指线指定地平之经度矣。

此仪之细微,不止于地平之分法,而更在乎地平中心所出立轴之径线准合于天顶之垂线,毫末不离也。……又仪之轻巧,在于四方螺旋之用法,又在于地平方尺之横表。盖此横表,须厚一寸而宽一寸五分,以免致于垂下而不合乎仪之本径也。但既厚且宽,则必过重而难以转动,又转动时则沉重而压磨于地平上所划度数之细分,故特用螺柱管其中心与地平之中心,少起横表之两端,使其空悬于中而不令其磨损地平之面云。

南怀仁地平经仪的地平圈外径是 6 尺,实测得外径是 2.005 米。圆弧地平面的宽度是 2.5 寸,相当于7.8厘米;厚度 1.2 寸,相当于 4 厘米

图 4　地平经纬仪

(如图 4)。

仪器上四龙安于十字交梁之四角,并且立柱的周围各有一龙,蜿蜒于其上。根据南怀仁的记述,他选择龙只是为了尊重中国的传统,而且他的装饰不会妨碍任何观测。

4 条龙形柱固连在梁的 4 个端点,在每个支点装置一个螺旋脚钉,用以取准。在地平圈的东西向两端添加高近 4 尺的立柱。每根立柱各有一条龙盘旋而上。发光珍珠的中心是天顶,正好与地平圈的中心上下相对。从地平圈的中心到天顶设计了一立轴,立轴的中央开一长方孔,孔内从底到顶悬一根直线构成铅垂线,又称长径。

地平经圈内装有横表,又称窥衡,横表两端各引出一线通过天顶,并且与立轴之长径在左右各组成一个三角形,三线互相参直,其在过天顶圈之平面上,而与窥衡之指线准合。如果立轴左右旋转,那么人窥测之目及某星和过天顶三角形线参相直,而窥衡之指线指示了地平经度。

李约瑟对于地平经仪和郭守敬的立运仪进行研究后认为,郭守敬的简仪中已经单独使用地平经仪这个部件,并且郭守敬使用了斜视线瞄准系统。进一步认为朝鲜的日星定时仪和线晷针赤道日晷与郭守敬的立运仪有关①。学术界进一步发展了李约瑟等人的观点,认为南怀仁的地

① J Needham, Lu Gwei-Djen. *The Hall of Heavenly Records, Korean Astronomical Instruments and Clocks 1380～1780*. Cambridge University Press, 1986.

平经仪的构思和制造，以及所应用的刻度是从郭守敬的仪器中吸收过来的，窥衡与两条细线组成照准面的做法可能是参考了郭守敬简仪上的设计①。根据我们的研究，郭守敬的立运仪虽然已经简化了圈环相叠的传统浑仪，只具有测量地平经度和地平纬度两个功能，而南怀仁在其《新制灵台仪象志》中的地平经仪是最简化的一种仪器构造。地平经圈内的横表两端各引出一线通过天顶，与立轴之长径在左右各组成一个三角形，此三角形法与阿拉伯天文学家纳速尔丁的测量正弦和地平经度的仪器有关。

4. 象限仪

在《测量全义》中的新法测高仪有 6 种形式，一式曰象限悬仪，二式曰平面悬仪，三式曰象限立运仪，四式曰象限座正仪，五式曰象限大仪，六式曰三直大仪。南怀仁发展了《测量全义》中的象限立运仪，设计了可绕立轴转动的象限仪。它的功能和郭守敬立运仪的立运环相当，但是象限仪只取立运环的四分之一。原文如下：

> 象限仪者，盖用之以测高度者也，亦名地平纬仪。然式虽不一，惟取其有适于用焉斯得矣。夫象限仪为立运之仪。其制法，直角为心，六尺为半径，用规器划圈四分之一分则为九十度。每一度为长方形，每一方又分十二小方形。而各小方之底，以对角线之比例上下五分，则一度共六十分。又对角线之五分，每以窥表指线之细分十分之，则一度共六百分，而每一分当六秒也。夫所划之度数之字，其从

---

① 何思伯(N. Halsberghe)，孙小淳：《〈灵台仪象志〉提要》。《中国科学技术典籍通汇》[天文卷(七)]，大象出版社，1998 年。

上起算以至下，而镌于弧之内边上者，即指星之在地平上若干度分也。其从下起算至上，而镌于弧之外边上者，即指星之离天顶若干度分也。……弧以内象限空余之地为匾龙，以充其内，而左右上下皆固已。

然全仪须立轴以运之。其安立轴之法，其要有二：其一，仪形必依权衡之理分之，即轴之周围轻重相等，而取其运动之便，盖仪形之心与其重心不同故也。其一，须立轴之中线与仪之立边平行，以免致离于天顶之垂线也。又于仪之纵横两边相遇之处，即过天顶圈之中心，定有圆柱为表，加窥衡。而衡之下端依法另加长方孔之表，与上表相等相对；其指线于弧之正面指定所测之度分，任意上下进退之，而于孤之背面用螺柱以定之。若用象限全圈之径以为衡，而衡之两端立圆柱以为表，则可得负圈之角，而倍加度数之细分也。盖此二度相并归于一度，而此一度共有一千二百分焉。

立运仪左右有两立柱，两柱之上有云弧。下横一梁相连，如楼阁然。又立轴之两边有双龙扶拱以为座架。立轴之两端加以钢枢，上下各以钢孔受之，其在下横梁中有铜环以承立轴。枢环之径，四倍于枢之径。环之三面各加螺柱，横入于环，出入展缩，以进退枢，令(立轴)就合于垂线也。座架四傍上下无所隔碍，窥测者从立轴以左右旋转，甚便周视也。

南怀仁所制用于测高度的新象限仪对应于第谷的旋转地平象限仪(Quadrans volubilis azimuthalis)。在第谷所著《新天文学仪器》里，含有七种安装在地平经圈或子午面的象限仪①。第谷制作了多种象限仪并

---

① Tycho Brahe. *Astronomiae Institutae Mechanica*. Translated and Edited by Hans Baeder, Elis Stromgren and Bengt Stromgren, Kobenhavn, 1946.

且他经常系统地使用它们，由此可见象限仪的重要性。

南怀仁的象限仪是一种测量天体高度的仪器，象限仪的中心处是个直角，半径等于 6 尺，而从实测得知半径是 1.98 米。象限仪安装使得该仪器能垂直转动。在过天顶圈的中心，安装了竖立的小圆柱作为“表头”，其上装配一窥衡。按所用方法，窥衡之端头有一带长方孔的“表头”安放得恰好与小圆柱形表头上端两相对应。由象限环上量出的数从窥衡中读取，窥衡可任意向上或向下转动（如图 5）。

图 5　象限仪

象限仪对中国人来说是全新的，直到耶稣会传教士来到中国之前，中国人一直使用表杆定高度。中国人对南怀仁所制的象限仪印象深刻，而南怀仁为了显示西方天文学的特点，在此仪器上刻了自己的签名和注明日期。另外，在天体仪上也有他的签名。

通过上述原文发现，每度划分为 10 个区间和 6 个横向间隔。南怀仁在其纪限仪的描述中提到象限仪的刻度划分法，即 10 个区间和 6 个横向间隔。这说明此仪器的精度是十分之一分或六秒，这与第谷的钢制大象限仪是一致的。

因为仪器的某些部件是插入的，要检验描述安装立轴之法与仪器本身是否一致并非易事。就仪器的可见部件而言，南怀仁的《仪象图》与制作实物有不一致的地方。

5. 纪限仪

有关纪限仪的原文如下：

纪限仪之全圈则六分之一，即六十度之弧也，亦名距度仪。全仪分之为二，一杆，一弧。杆之长，与弧之半径及弧之通弦皆相等，即皆六尺也。弧之宽二寸五分。此仪之难制在于其杆。何也？盖用仪之时，其杆大概离天顶而左右上下移动之，衡斜向地平，故杆愈长愈软而愈垂下，不合于仪之半径。欲令坚固，恐铜加厚而仪不便于用，故用在三棱角形之法，而左右上下之，既坚固亦复轻巧，则用以合天，使之彼此不相反也。杆之上端有小衡，以十字直角相交于弧之半径线，下端入弧之中。夫杆及弧，并小衡之上面，皆在一平面，令仪合于本圈而便测验故耳。又左右皆有细云，彼此相连，盖藉之以坚固全仪者也。若夫仪之中心及小衡左右之两端各有一表，皆圆柱，左右各表之径线相距中杆之径线本弧之十度。弧之度分从其中线起算，左右各三十度，每度则六十分，(凭借指线)每一分又十细分，则一度共六百细分，而每细分则当六秒，盖与象限仪之分法无殊也。其弧上有游表者三。其表之平面有三界线长孔，孔内之方形本法与圆柱表相等焉。

夫仪之全体，则用权衡之理以定之，盖取其重心以为仪心耳。至如仪之座架有两端，一为三运之枢轴，一为承仪之台。夫三运之器，加于仪之背面，定于仪之重心，以左之、右之、高之、下之、平之、侧之，无所施而不可，故又名百游之纪限仪焉。其三运之器，所以成之者有三：其一圆管，内有圆轴横入之，便于高下运用也；其一半周圈，其中心与横轴正同，便于平侧运用也；其一立轴，则便于左右运用焉。以圆管定于仪之重心，而半周圈与横轴之心并立轴之上端有小圆柱，以为平侧运之轴。而立轴所容半周之处，则内有山口以容之，外有螺柱以定之，此轻小之仪之最便法也。

今制纪限仪甚重大，侧运之则必下垂，而螺柱恐难以定，故于半周弧外规加齿。而立轴旁则加小齿，其径约二寸，其圆面棱齿与半周齿相入。又小轮同轴而另加全轮，其全径与小轮之径如五与一，与半周之径如一与二，盖依举重学之理转运之，而轻五倍也。用此法，则全仪不劳力而可侧运矣。定之则于立轴下端，深入台上端之圆孔，因仪左右旋转，而窥测之目可无所不至矣。台约高四尺，其座约宽三尺，从下至上有游龙蜿蜒以绕之，而纪限仪之制于斯全焉。

南怀仁的纪限仪与汤若望著、罗雅谷校订的《恒星历指》第一章中“测恒星相距器”的“测距用三角天文纪限仪”的插图有关。南怀仁在制作工艺方面做出的改进是，为了使仪器稳定，用一三角形状的架子进行加固；为了控制纪限仪的运转，他制作了一套齿轮传动装置(如图 6)。

图 6　齿轮与动力传递

对北京古观象台的纪限仪进行实测发现，它的榦长，弧的半径和弧的通弦都是 2.1 米，而弧的宽是 6 厘米。据赫维留(Johannes Hevelius, 1611～1687)记载，象限仪和纪限仪的平稳是第谷一直考虑的问题，南怀仁“用在三棱角形之法，而左右上下之，既坚固亦复轻巧，则用以合天，使之彼此不相反也”的方法，使杆的运转灵活，仪器安置稳定而坚固。但

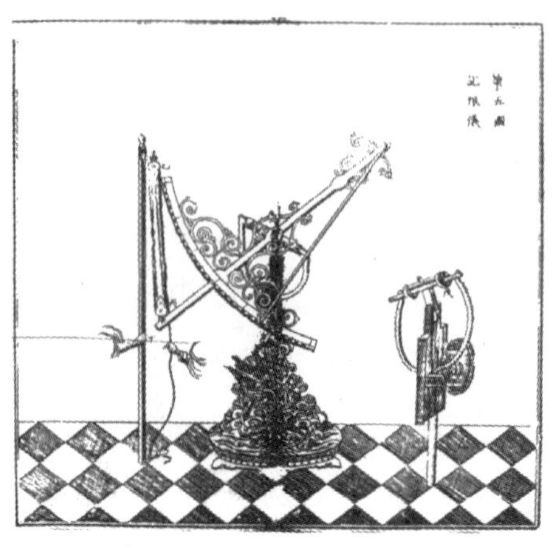

图 7　纪限仪

是，南怀仁的菱形坚固法，只知其原理，而方法并不很清楚。在他所绘第六十二图显示有一个三棱角形，不知是否与此法有联系。另外，南怀仁在斡背添加了一撑柱，此撑柱由金属块组成，用作支撑仪器的中央轴以保持它的平衡，且不使它的地平经圈的安装发生偏离（如图 7）。

仪器的中心点是个枢轴，它使窥衡作恰当的转动，且在窥衡的左右两侧系装着“耳表”（具有小圆柱状的标），中间是“柱表”，它们可使两人同时观测。第谷在他的“两分弧”里也使用这种系统，他的仪器里窥衡的横轴带两个“柱表”，它们从横轴和窥衡的联结点起等距离排列。长孔是瞄准器的切口，尺寸与小圆柱一致。南怀仁所绘第五图，在轴上添加一环主要为了安装权衡。

纪限仪的座架由两部分组成，一是可沿三个方向旋转的枢轴，另一个是支承仪器的台座。

南怀仁在安置纪限仪时考虑了仪器的“重心”，也即他说的“仪心”，他用“权衡之理”（平衡原理）确定它们（如图 8）；南怀仁又依“举重学之理”（力学），解释纪限仪的“齿轮传动装置”，他试图对一种机械方法探寻其理论解释，比传统的经验描述先进得多。

图 8　权衡之理

6. 天体仪

南怀仁制作了重达4 000斤的青铜天体仪，安放在观象台的主要位置。原文如下：

> 盖天体仪，乃浑天之全象，而其为用则又诸仪之用之所统宗也。……其取圆，则以子午圈或地平圈为准。先应分子午圈，划为四象限。次定两相对之界，以为南北二极。每一象限则分为九十度，而两极各为九十度之界。子午圈则以两面度及字彼此对准。每一度以对角线之比例而另以六十细分，又每一分更细而四分之，而四分之一则当十五秒也。则以游表识之焉。
>
> 又子午立圈，以向东之规面为正面，而仪之中心乃正对于斯。其南北两极各作圆半孔以受仪之半轴，其他半以伏兔圆半孔受之，两半圆相合以螺旋转定之，而两极上下以圆钢枢而受仪之全轴焉。……安仪于子午圈之中，行令其轻，而形令其圆，其象天也如此。此制器尚象之为第一义也。次令其准合于地平圈。
>
> 地平圈，其座架约高四尺七寸，而座之上下有两圈。上圈为地平之面，宽八寸。于子午正对处各阙其口，深与子午圈侧面、宽与其规面相等，总以恰容子午圈，不宽亦不隘，为当其可焉。至两圈内规面平合，而左右上下环抱乎仪。周围则须留五分之缝，为便于安高弧，而进退游表，随用规器。于地平上面，多作平行圈线，以别度与字之间处，必于划度处展之，于划字处缩之，便以长方对角之线细分宫度。地平之上面，共分内外中三层。内层划有地平经度，分四象限，而各为九十度。其经度之上下则划有度数字，平距圈线内外界之。上所刻字，以正南正北各为初度，以正东正西各为九十度界。下所刻字反

是,以为测验时便于用故耳。内层则以周渠为限界,渠之深宽相等,即五分内,堪容高弧之足,即地平经度表也。自周渠以外,则地平中层矣。其上下平距圈线者,即限界京师地平日晷时刻也。每一时分八刻,而每一刻则十五分。午正初刻即自子午圈正面南边交地平而起,子正初刻相对于两圈北边相交处。日晷源表者,即天体过南北之轴也。但本轴在仪体之中不见,故仪面上过南北两极,不拘何圈俱可以代表也。地平面上,其外层圈线者,即分定三十二方之线也。此外圈亦分四象限,各有八方之线,亦名风线。盖地平周围从三十二方风之有名者而起。凡定方向及细心观候天象者,必应分别之。

夫地平及子午两圈,因在天体面之外系外圈。此两圈全备如此,则仪面上之诸圈可定以为内圈。前南北两极当其中而划赤道圈,以四象限分之,令各象界线与子、午、卯、酉四正正对。次则另用规器,而以各象限初度为心,以末度为界,划四半圈正对各两半,相遇于南北两极而成两全圈,其一定春秋二分名为过极分圈,一定冬夏二至名为过极至圈。二分在黄赤二道相交之界;二至为黄道纬南纬北至远二界,即二十三度三十一分三十秒也。故过极至圈上自赤道纬北之二十三度三十一分三十秒为界,而以一象限末度为心(即黄道极),用规器作圈而定黄道。以二分二至四象限分之,每象限则三宫,每宫则三十度。而每度依对角线之比例,分六十分,此为黄道之经度也。至于赤道则自西而东,分三百六十度,以春分界为初度,此赤道经度也。两道纬度,依过分过至两圈而定焉。次又以赤道南北二极为心,相距三十九度五十五分为界,而用规器作京师恒见界圈。又以黄道南北二极为心,而黄道南北各作两圈,两圈互相距三十度,各圈所分之宫度数与黄道圈之宫度数相对。次于黄赤二极及于天顶即地平之极,加匾圈四分之一,以定黄赤及地平各圈之纬度,总命之曰纬弧。以九十度分之,每一度依对角线之比例以六十细分之,故纬弧之宽以对角线之长方形及所刻度数字为定则。其划度分,从下而上,即从黄赤地平各圈之经度界定初度而起。纬弧各有横表,上下任意转移之以定纬度之分。黄赤二道之纬弧上端有圆孔以安之于本极,下端有一匾孤以十字直角形横交之,以密合于本道之经度线焉。盖纬弧必以直角交本道之经圈,横条之长约纬孤之二十度,其宽于纬弧等。若地平之纬弧(亦名高弧),另有制法。盖高弧及天顶悉依北极出地度安置,故子午圈上,抱合天顶。另有游表,中开长方口以入子午圈,下出小螺柱安贯高弧上端不脱。表正面另有螺旋转,可以任游移而定之于天顶。高弧下端则另有表,如平足与地平上面平行。足底有如突起之形,入地平上周渠如坳入之形,而以直角交地平经圈,以定其度分也。其黄、赤二道经纬之度全备如此,则二十八宿星座等天象有定位矣,有次第矣。

夫星宿依黄赤等各道之经纬度,布刻仪面上,以本象线联之,以大小六等印记别识之。以黄道十二宫次界线,各于本宫次总归之。盖黄道每一宫界为心,相去三宫为界,用规器作过黄极各大圈。凡天上诸星诸点在一宫两界线中者,即命其在某宫之度分也。从来历家造星球、星图、星表,必以测验为据而定其经纬,测验愈久愈密。……仁照现在之星表、星图,新仪面上普列一天之星。过此以往,以六仪互用而考测之,则于数年考测之后,而更加精详矣。……

又子午圈外规面上,安有时圈,其全径二尺,以北极为心。其上侧面分二十四小时,每时四刻,共九十六刻。每刻十五分,每分以对角线之比例又以六分之,则每一分当十秒也。其指时刻之表,以螺柱定于北极枢,因能随天体而转,又能随本螺柱左右自转,以便对于各时刻分。……

盖子午圈下,制有钢象限弧[齿弧],其宽二寸五分,厚一寸,钉于子午圈之西侧面,其外规面有齿,规齿底之下另有长齿之小轮[齿

> 轮],下齿与上齿相入。小轮之同轴,另有大轮[大齿轮],其外规面之齿与柄轴上小轮[小齿轮]之齿相入。而大轮与柄轴小轮之比例为四分之一焉,故两轮互相为用,一人左右转柄轴,则天体随之进退,其北极任上下于地平圈,而依各省之本度也。夫地平圈切用之处,在于平分天体之两半。而天体左右,不拘何以旋转。而其周面上所划在黄赤等大圈者,半必在地平之上,半必在地平之下,而分秒无差。故其承仪之座架,南北二方有二螺旋转以便用。任天体上下于地平若干之度分,无不可以对照焉。

天体仪的设计与传统浑象相比有许多优点。通过分析上述原文最后一段发现,它安装了一套齿轮用来调整其北极高度,即“大轮与柄轴小轮之比例为四分之一焉,故两轮互相为用,一人左右转柄轴,则天体随之进退,其北极任上下于地平圈,而依各省之本度也”。在子午圈外规面上,安有时圈也是其革新。其直径 2 尺,以北极为心。其上分 24 小时,每时 4 刻,共 96 刻。每刻 15 分,每分又六分之,则每一份为 10 秒。其指示时刻之表针,用螺柱固定于北极枢,且能随天体而转。另外,天体仪上标有南极星座,把天体的亮度分为六等都是沿袭了西方的传统(如图 9)。

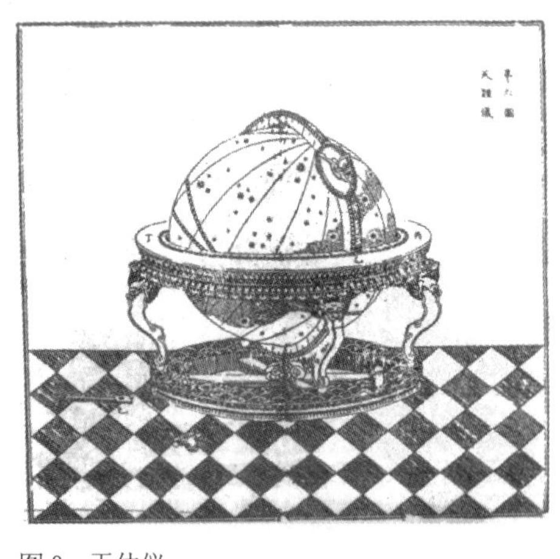

图 9　天体仪

据考,天体仪的文字说明与第谷的相差很大,但与 R. Hues 的说明更接近。在实际安装中,南怀仁考虑到了其稳定性与坚固性,即“安仪于子午圈之中,行令其轻,而形令其圆”,所使用的方法主要是“以伏兔圆半孔受之”,“以螺旋转定之”,“以圆钢枢而受仪之全轴”等等。另外,子午圈上的游表,安装在所谓“高弧”上,实际上就是“纬弧”。

三、新制仪器的主要改进工艺

1. 刻度划分与扩大刻度的负圈表

南怀仁仔细描述和解释了他的横截线刻度:

> 夫此细分度之法原从三角形内平行线之比例而生。盖三角形每对角之线任为若干分,从各分作线与腰线平行,必分底,而底之分与弦之比例适相等。……若以一度为短边作方形,则此形又平分或六或十二小方形(以长线为界,以短线为底),而每方形内作对角之线为弦,每弦十分之,则六弦共六十分。盖窥表之指线恒交每弦之线,又与方形之界线恒平行。……夫对角之弦平分若干分,则窥表之指线平分若干。然指线十分之,每一分又平分或四或六或十等细分,故每一度或有二百四十或三百六十或六百等细分,而每细分当算度分之几秒焉。此言细分度之法也。……今之新仪分昼夜以九十六刻,每时八刻,并无奇零。又每一刻十五分,每一分以对角线之比例为十二分而细分之,则每一分当十秒。

在《新制灵台仪象志》卷二的“新仪分法之细微”中详细解释了细分刻度(如图10),这些方法来源于第谷的仪器发明。关于第谷在天文学史

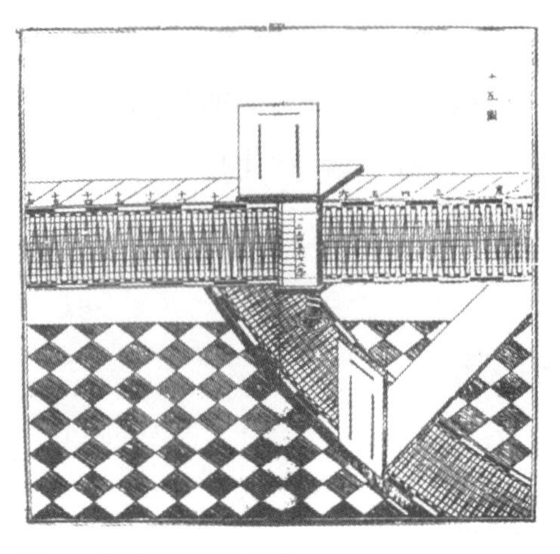
图 10　横截线刻度与指线

上的主要贡献，Jacobsen 认为："他提高了观测精度，按照重要性排列为，第一，他创制了大而稳定性好的象限仪、六分仪和地平经纬仪；在他的仪器弧上使用了斜线分划（横截线）系统；为了观测到天体，在照准仪上发明了孔式照准器和端夹，因此精度从 2 分提高到 15～30 秒"①。

2. 新仪坚固之理

南怀仁认为仪器太重，会导致仪器本身变形，从而使得测量不准确，因此仪器的大小需要与其重量相称，南怀仁所谓的"坚固之力"和"所承之力"相当于现代材料力学中的"刚度"和"强度"的概念。另外他认为物体有纵径和横径，需要分别讨论。《灵台仪象志》卷二"新仪坚固之理"中有：

> 仪径长短之尺寸，与仪体轻重之铢两，相称而适均，乃为得耳。盖仪之径愈长则仪愈难承负。仪体既重，若又加铜以图坚固，则径反弱而自下垂。……而用权衡之理，依据于中心之一点，若过加铢两，则两端必下垂而不合于本圈之径线。造仪之难正在于此，而仪之准与否亦即在于此。今更取五金所以坚固之理以明之。夫五金等材坚

① Theodor S. Jacobsen. *Planetary System from the Ancient Greeks to Kepler*. Washington University Press.

固之力，必从人之所推移而见，又必从压之以重物而始见之。姑借方圆柱所承之力以类推焉。凡形之长者，必有纵径[纵向长度]有横径[横截面尺寸]，其纵径之力与横径不同。

他仿照伽利略的方法，在金银铜铁等各种金属线上吊以重物，至其断裂为止，由此可测得相同直径的不同金属线所能承受的重量。由此推论，随着直径的增加，金属的承受力会同比例增加。由实验可得知，相同材料的球形物体，其重量与其直径的三次方成正比。同体积的物体，不同材料其重量不同①。南怀仁绘图说明了有关认识，但是南怀仁的方法经验色彩较浓。

3. 照准仪和照准器

南怀仁采用了欧洲的照准仪、照准器以及观测方法，这里的照准仪，相当于中国古代的“窥衡”，“照准器”相当于中国古代的“窥表”或“立耳”。南怀仁的照准器狭缝不可调节，不像第谷的那样复杂。在“窥表”一节里有：

仪之所为合天者，端在于分之法与窥之法也。盖分之务极于细，又务极于均。窥之务极于密，又务极于确。此二者，造仪之大要也。……盖窥法所用之具，则不离乎窥衡与窥表而已。夫窥衡，即古之窥管、窥箫之类是也，有指线，有度指。指线者何？衡中指仪之经线也。度指者何？衡之杪，而即指仪之弧上之线，以指定度分者也。……窥

① 伽利略著，武际可译：《关于两门新科学的对话》，北京大学出版社，2006年。

图11　窥衡与照准器

表者，窥衡两端直立之表也，有上有下。下表于窥目近，而上表则于窥目远也。凡过仪之中心圆柱，或两极相连之圆轴，或仪之经线，皆可代上表。下表有方形，有圆形，有恒定表，有转表，有游表。凡两表须相等相向，而其上下左右之窥线须与仪之指线互相平行(如图11)。

4. 设计特点

南怀仁考虑到仪器必须克服遮蔽，另外关于环的同心度、形心、重心与座架以及仪器的座架的设计，既继承了《测量全义》的内容，但也有新的考虑(如图12)。

图12　环的同心度

南怀仁认为，元明简仪和浑仪的座架多有铜柱、铜梁纵横相交，立运仪位于简仪下，造成对观测角度的遮蔽，以至于一些星不便观测。另外，两仪重滞，运转、调准较困难。他解释了自己的设计原则：

仁之创制夫仪也，惟务密合乎天行，密合乎本历之法，为第一仪

[义],而便用次之,缀饰又次之。……今六仪之为制也,上下左右极其透明,而东西南北浑天之星无不明显,而可以对照焉。……其架座又细又巧而不蔽于仪。……形制虽较旧仪加大,而运旋则甚灵敏也。……盖新仪各依举重学之法,有螺旋转左右上下,皆可推移而安对之。虽一分秒之细微亦不淆也。

在他的设计中,赤道浑仪上用半环支撑赤道环,地平经仪上省去了不必要的装饰。

南怀仁重视仪器的结构设计、安装、使用与观测效果的关系,认为“圈少则不杂而仪清,其象更为昭显,而仪之用为愈便焉。”他在《新制灵台仪象志》中讨论了仪器尺寸与强度、刻度划分的关系,以及仪器各环同心度与仪器安置对误差的影响。

黄赤二道、地平、天顶、子午、过极过至过分诸圈彼此相交于一点,细微之内而各道各圈之中心又必同归于一天体之中心,而不使其毫发之或缪斯也。但仪为小天之形未免构限,要能合符天象无所过差,此其作仪之难者一也。今诸仪已成,界限布星固称详密矣。然又使安置无法,则窥测不灵而仪亦归于无用矣,此其安仪之难者二也。

南怀仁在“新仪之重心向地之中心”中讨论了将仪器与天地相对应,仪器的中心与天地之中心即地心相对应。因此,用仪器可以观测天地,星体等(如图 13)。

罗雅谷在《测量全义》卷十的“新法测高仪”里已经提到了机轴位于仪器重心时,仪器才“易转”。但是南怀仁的解释更为全面。在他看来,仪器的形心当处于天球之心,仪器的支点应过其重心,以便保持平衡。

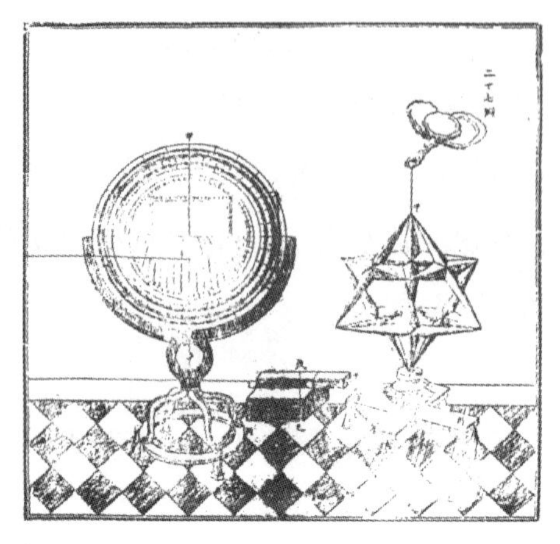

图 13　仪器的重心

由于地球半径与天球半径相比过于渺小，因此，其长度在计算中可忽略不计，由此仪器的中心可视为天地的中心。

在设计座架的结构时，南怀仁寻求一种牢固的贴地方法，以尽量减少仪器的震动。为了说明稳定性与座架结构，南怀仁引入了“重径线”的概念，他认为：

> 垂线于座架为直角者，即直座也；为抖角者，即抖座也。凡座架以重径线为平稳之则。夫重径者，径过重心之垂线也，其周围抹两轻重相均。凡物之重径，在其直座架内，则其物必托载平稳而无倾仆也。

后面他分两题来讨论：第一，只要物体的重心在其座架之内，则该物体必然托载平稳不会倾倒。第二，在物体左右加减重量，或者改变其重量，则其重心必然会移动，重心一旦移动，则其重径也会随之而移动。

5. 仪器的调节

南怀仁考虑用齿轮机构来调节重型仪器的位置，如天体仪和纪限仪。他设计的螺旋主要用于调节件和联接件，这些螺旋零件包括螺钉、螺栓、螺杆等，在仪器底座上的螺柱，用于摆正仪器。每架仪器上都设计一些大螺钉或螺栓，用作联接件，以便于拆装零部件。他在图中画出了一些利用螺旋制作的联接件、夹紧调节件、张紧调节件、剪刀调整件等，有的夹紧调节件内还含有弹簧。另外，在《远西奇器图说录最》和《测量全义》中都描述过螺旋，后者还多次提到螺旋用作联接件和调节件。

以上两种仪器部件既便捷又省力，《新制灵台仪象志》中"新仪用螺旋转以便起动"一节称赞了螺旋的原理："诸仪中最有力者，螺旋转也。其作法之巧妙，与用法之广大，及其运动省力之理甚微，故新造之诸仪俱用之。螺旋转上端，用绞柄开之、旋之、紧松之。"

进一步分析了其省力的数学原理："其绞柄之尺寸比螺旋转之半径若干，则其省力亦若干。如新仪并座架共有四五千斤之重，今用一寸径之螺旋转，又加一尺之绞柄，则一孺子用数斤之力而即能起动之。若照此比例相连之法，用螺旋转彼此相拨之法，则用一斤之力者而可以起数万斤之重也。盖此相拨之器具一动而有无所不动之势，故其力为甚大也。其螺旋所以省力之故，则在勾股形之弦与股一定之比例。"（如图14）

图14　螺旋的省力原理

这里，"螺旋转"包括螺柱（螺杆）、螺钉、螺丝、蜗轮蜗杆。"绞柄"当属扳手。今人认为，南怀仁对螺旋的说明是依据伽利略的《力学》（Le Mechaniche，约1600年）一书[①]。

南怀仁在《新制灵台仪象志》卷二的"新仪运用莫便于滑车"一节中说明了滑车的省力原理，以及如何用它们调整仪器：

---

① 何思伯（N. Halsberghe），孙小淳：《〈灵台仪象志〉提要》。《中国科学技术典籍通汇》[天文卷（七）]，大象出版社，1998年。

图15　滑车及其省力原理

用滑车之法而运动仪器，其便有二，省人力一也，仪器不至于损伤二也。……其仪器不至于损伤者何？夫仪器愈广大，则用以测天愈精微。但其广大若干，而其重之斤两亦若干。……故纪限仪之大弧、象限仪之长大表等运动之，皆用滑车之法(如图15)。

6. 仪器制造工艺

南怀仁的仪器是由金属制成，首先采用铸造或锻造工艺制造仪器的零部件。南怀仁大概采用了两种方法，一是对于座架及各形之柱、表、梁做成蜡样，然后利用“比重表”推算出相同体积金属的重量，再用蜡制作模具。例如，南怀仁给出的铜与蜡的重量比是9。中国古代《天工开物》中记载了相应的方法指出：“凡油蜡一斤虚位，填铜十斤”。

> 凡铜铸仪，其座架并方圆各形之柱、表、梁等，先无不用蜡而作大小各式样，因可推其应作铜铁元柱、表、梁等各轻重之斤两矣。

《新制灵台仪象志》中的“比重表”全称为“异色之体轻重比例表”，此表有两种用法，其一，求体积相同的两种物质的轻重差，其二，求重量相同的两种物质的体积差。

二是先制造1∶1大小的木质模型，然后再锻造成金属部件，实际制作时多数零部件采用第二种方法。

南怀仁在《新制灵台仪象志》卷二"制仪之器与法"中专门描述了铸造之后的找平衡以求形心、切削工艺、校正工艺和组装等工艺。

毛坯需要进一步精加工。对于环形或球形零件，还要找准形心和平衡。南怀仁将环或球安置在架上，通过旋转或挪动心轴来调准平衡。刮削青铜铸件环面用到"刮刀轮"，它是一种畜力铣床，第谷曾讲到这种装置。另外还用到"平磨轮"，它由径杆、磨石、压石和自漏水筒等构成，相当于磨床，但磨石不作旋转运动。南怀仁用到的"磨刀轮"，即砂轮，上边安置了水箱，用于磨锐刮刀。南怀仁还用水作磨削液，它起吸热和润滑作用。锉平工件的工具还有锤子、钢锉、锯、凿子、磨石、矩尺等工具(如图 16)。

图 16　球面的车削、磨削

南怀仁用一组细线巧妙地检验环面的几何形状：给环安上销轴，放到架子上做平衡试验。三根平行的细线与另一根线直角相交，置于环面上，每根线两端均坠配重。三根平行细线同时与第四根线相接触，如果拉第四根线，其余三根同时跟着动。变换细线组的安放角度，情况仍然如此，说明环面为平面(如图 17)。

图 17　环形的检验

划刻度线、定位、度量或校正

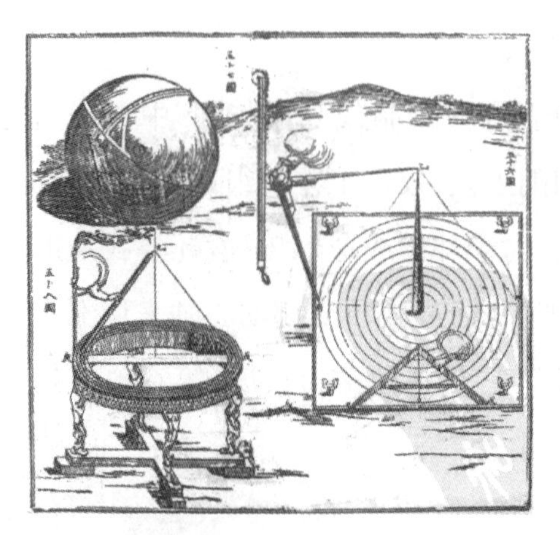
图 18　两脚规的用法

时，要用到专门的工具，如䟿脚规、长臂规、三脚规、比例规、弹簧规、尺和其他（如图 18）。

南怀仁认为，天体仪最难制造，理由是，“难于周围均轻而无偏垂”。仪体的“均轻”，实际上就是“轻重学”（即力学）中的“权衡之理”（平衡原理），要求将球体重心调整到其形心，直到“任意旋转，手离则仪不动”。

以上力学知识和多数工艺都是欧洲当时最先进的，南怀仁熟悉 1657 年他来中国之前的欧洲车床和金属切削加工工艺，并且把它们用于新天文仪器的制造。

四、新制六仪的安装和使用

1. 定方向与北极高度

《灵台仪象志》卷三说明了其重要性：

> 夫安仪之法，一以四方向，一以北极高度。此为两大端，苟有纤毫之差，则仪不合于天矣。测定本极之高度，详载《日躔历指》二卷诸法中。

据考，在《日躔历指》中定北极的方法主要源自第谷 1602 年的《新编天文学初阶》中的内容。南怀仁特别强调,“若定安仪之方向,断乎不可以罗经为主。盖罗经,或偏东或偏西,天下各省多寡不同,向正南正北者绝少。”这里,罗经即是罗盘,因为它的指向受到磁偏角的影响而不可用,南怀仁已经明确了这一物理现象。

安装黄道经纬仪、赤道经纬仪、地平经仪、象限仪、天体仪与纪限仪时,必须充分利用铅垂线、调节螺柱等零件和工具,保证其正南北方向与北极高度的准确无误,因此,子午圈务使其两面正合过天顶圈,即垂直于地平;地平圈务必合于天元地平线,而从本圈之中心所离之直线必合于天元顶线。南怀仁针对 6 架仪器定方向的方法有:

> 故仪之顶线置窥筒内,筒之外有垂线,见九十五图。次四面之螺旋转柱,上下进退使垂线不倚窥筒,而四面正合筒底所刻为准之记。其一,地平圈上南北之线必须合于天元地平上南北之线。其法与向所论真正南北向之线诸法无异。又可用赤道之仪,以考测其差与否。盖冬夏二至相近日,太阳在已位时,测其离正午往东若干,或度数分或刻数分,而于其时又以地平图表对之,并本圈上与其所对之度分记识之。又太阳在未位时,测其离正午往西,与其在午前相同之度数分或刻数分,而彼时又即以地平表对之,又记识之。次从午前所对设至午后两所测相距之度数,以本地平之表平分之,此表平分之线为本地平圈上正南北之线。若依恒星为据,则不拘何夜候测各星,在已申两位之时与候测太阳同法同理也。(如图 19)

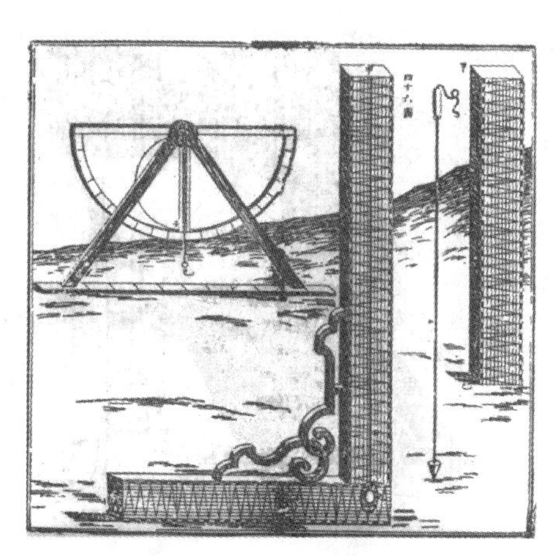

图 19　垂线的用法

南怀仁还使用了日晷诸仪以测诸星、诸天象和正方向，具体方法有待进一步考证。

2．用法

南怀仁说，他“建造了这些仪器，亲手操作它们做了许多观星工作”，南怀仁记载下了操作用以观星的主要步骤和方法。关于仪器的应用，南怀仁要求读者参考《新法历书》书，实际上这里许多用法也参考了这本书中的《测量全义》、《浑天仪说》(1645)、《恒星历指》等等。

黄道经纬仪

黄道经纬仪主要用于测黄道经纬度和测节气：

> 欲求某星之黄道经纬度，须一人于黄道圈上查先所得某星之黄道经纬度分，其上加游表，而过南北极轴中柱表，对星定仪。又一人用游表于纬圈上，过柱表对所测之星，游移取直，则纬圈上游表之指线定某星之纬度。又定仪，查黄道圈两表相距之度分，即某星之经度差。若本星在黄道密近，难以轴中心表对之，则用负圈角表而测其纬度，其法与测赤道纬法同，若夫天体仪之用法，详见《新法历书·浑天仪说》中。

除了关于负圈表和天体仪的两句，其余文字是在转述罗雅谷在《测量全义》卷十关于黄道经纬仪用法的叙述。目前观象台上的负圈表已经遗失。

赤道经纬仪

南怀仁指出了赤道经纬仪的 14 种用途。实际上，它主要用于测赤道经纬度和真太阳时：

用赤道仪可以测时刻,亦可以测经纬度分。若测时刻,则赤道经圈上用时刻游表,即通光耳,而对之于南北轴表。盖经圈内游表所指,即本时刻分秒也。若经度,用两通光耳,即两经表,在赤道经圈上一定一游。一人从定耳窥南北轴表,与第一星相参测之(第一星者,即先所得之某星经纬度也……);一人以游耳转移迁就,而窥本轴表,与第二星相参直,如两耳间于经圈外之度分即两星之经度差也,用加减法即得某星之经度矣。纬度,亦以通光耳,于纬圈上转移而迁就焉。若测向北之纬度,即设耳于赤道之南;测向南之纬度,即设耳于赤道之北。务欲其准与夫在本轴中心小表令目与表与所测之星相参直,次视本耳下纬圈之度分在赤道之或南或北若干度分,即本星之距赤道南北之度分也。若本星在赤道密近难以轴中心表对之,则用负圈角表定于纬圈之第十度上在赤道或南或北,次以通光游表对之。盖游表距相对之十度若干度分之数,则减其半,即为某星之纬度分也。

测经纬度的用法没有更多新的内容,而测时刻和使用负圈角表的内容是南怀仁加上的。《大清会典》中没有提负圈表,由此推测,负圈表在修会典之前已经遗失了。

地平经仪

用地平经仪可测得地平经度,即地平方位：

测日或测星,须于地平圈内旋转中心表[窥衡],向于本点(凡谓点者,测日月之中心、众星之所在也),而令横表[窥衡]上所立勾股形之两线正对之。盖勾股两线,如股与弦或勾与弦,并入目、本星,四者

> 相参直，则横表之度指所在，即地平之经度分也。或从东西或从南北起而数之皆可。若当日光照灼，难用目视，则于白纸上以勾股形两线相参直之影为准。若日色淡时，则可用目视之。然人之目与太阳正对，亦必射目，须用五彩玻璃镜以窥之(其余仪器，测太阳皆用之)。若夜间测星，不拘何器，必以两笼炬[灯笼]之光照近远两线两表。所谓近远者，即于测星之目为近远也。其炬光须对照表，而不可以对照测星之目。试将笼炬糊其半，而不使之透明于其后，则人在笼炬之后。于隐暗之地，而目所见凡光照之物，更为明显也。

该仪器是南怀仁自己设计的，用法说明也是他自己写的。观测时，移动横表，使两弦线所定平面与观测目标相参直，读"度指"所指的度分值。必要时，还须用白纸，或五彩玻璃镜，或灯笼。灯笼是罗雅谷、汤若望的书中没有提到的。"五彩玻璃镜"在功能上相当于汤若望在《远镜说》(1628)里讲的青绿镜，都是为了观测太阳时保护眼睛不受太阳光灼伤。

象限仪

从前文我们知道象限仪用于测地平纬度或天顶距。但是，南怀仁这里主要描述了地平经纬仪分作 2 架仪器，以便二人同时观测的好处，由此说明了象限仪的用法。

> 凡测日或星，转仪向天，低昂窥衡，以取参直，即得地平之高纬度。凡转动仪时，若其背面之垂线或有不对于原定之处，则其偏内或偏外之若干分秒，必须与其所测得之纬度或加或减分秒若干。盖仪偏于内则用减，偏于外则用加也。夫地平而分为经纬两仪者，以便于用而窥测为准故也。其便于用者，盖谓两人同时分测，乃并向于一

点,以转动而互用之,则赤道经纬度可推也。并夫日、月、五星之视差,地半径差,清蒙气差等,无不可推也。

南怀仁图示的象限仪是在大象限弧的对面设了一个小象限仪,两者共用一个照准仪。小象限弧一侧的照准仪杆上吊着小重物,它们大概起着平衡照准仪重量的作用(如图20)。

图20　象限仪安置与省力原理

在天文观测中,南怀仁考虑了地半径差、清蒙气差对观测精度的影响,这些在中国传统天文观测和仪器使用中未尝考虑到。

纪限仪

纪限仪主要用于准确测量任意两星之间的角距离:

纪限仪者,原以测星相距之器也。其测法,先定所测之二星为何星,乃顺其正斜之势以仪面对之,而扶之以滑车。一人从衡端之耳表,窥中心柱表及第一星,务令目与表与星相参直。又一人从游耳表,向中心柱表窥第二星,法亦如之。次视两耳表间弧上之距度分,即两星之距度分也。”“若两星相距太近,难容两人并测,则另加定耳表于中线,或左或右之十度,一人从所定表向同边之柱表窥第一星,又一人从游表向中心表窥第二星,其定表至游表之指线度分若干,即两星相距度分若干也。

这段话与《恒星历指》"测法"中最大的不同是，南怀仁用滑车取代了第谷和汤若望所描绘的支撑杆。1995 年，修复者发现纪限仪的残损较多，说明它的实际使用时间较长。

天体仪

关于天体仪的用法，南怀仁在《灵台仪象志》里列举了《浑天仪说》卷二至卷四里的 60 种用法，而省去了每种用法的解说文字。说到底，天体仪的最主要用法是对于不同坐标值的换算和求时刻。用几种功能单一的仪器，可测得不同坐标系的坐标值，如地平坐标、赤道坐标和黄道坐标等，已知一种坐标就可以通过天体仪求得另外一种或两种数值。

1995 年修复天体仪时发现，南北极轴磨损严重，北极轴孔磨损为 4 毫米，南极磨损 2.5 毫米，以至球体与子午圈的间隙在天顶处达 18 毫米，在底部减为 7 毫米；齿轮箱内的传动机构已经被卡死而不能运转。

南怀仁强调多仪并用：

> 制有三规，一日黄道经纬仪，一日赤道经纬仪，一日地平经纬仪(地平仪又分为二，一日经仪，一日纬仪即象限仪，使用故也)。……四仪之外，又有百游之纪限仪，旋转尽变，以对乎天。……制云尺径之天体仪，以为诸仪之统。且此六仪相须并用，则凡碍之于彼者而有此以通之。则亦何求不得哉？故欲密测以求分秒无差，则必六仪用相参。要以制器精良，安置如式，测验得法，而无不合者矣。其有不合者，则即推其所不合之端何在，而更为厘正之。使厘正之后，测复参差，则于诸仪中择其所测之同者而用之。如此而不密合天行者，未之有也。使止据一仪以求尽乎天，如旧法之简仪，是何可信其为必然也哉？

从上面关于仪器用法的描述不难发现，南怀仁为了使观测准确，主要用相关仪器对原有观测值进行校核，并且他还用不同仪器分别观测后，再互相校核数据。正如文中所说，多仪并用，不仅可以印证用不同仪器得到的观测数据，而且还有助于发现某个仪器的偏差。南怀仁有理由相信，“旧法简仪止据一仪以求尽乎天”，是不可能“定诸星经纬之细微”的。

南怀仁的新制天文仪器主要应用于天文测量，其重要结果就是《新制灵台仪象志》中的各种数表。数表主要有：“恒星出入表”（天体仪测得，列出 499 颗恒星的赤经度）、“时刻之分及赤道并地平分相应表”（即时角与地平经度的换算表）、“赤道变时表”（时间与角度的换算表）、“太阳及诸曜出入地平广度表”（不同地区太阳等天体的出入方位表）、“地平仪表”（赤道坐标与地平坐标的换算表）、“黄赤二仪互相推测度分表”（黄赤坐标换算表）、“黄道经纬仪表”（1 367 颗恒星的黄道坐标）、“诸名星赤道经纬度加减表”（各星的岁差变值）、“增定附各曜之小星赤道经纬度表和黄道经纬度表”（前表含 508 颗小星，后表含 509 颗小星）、“黄道度天汉表及赤道度天汉表”（在黄、赤坐标系内的银河天体）。

1674 年新制六仪被安装在观象台上（如图 21、22），天体仪被安置在

图 21　北京观象台

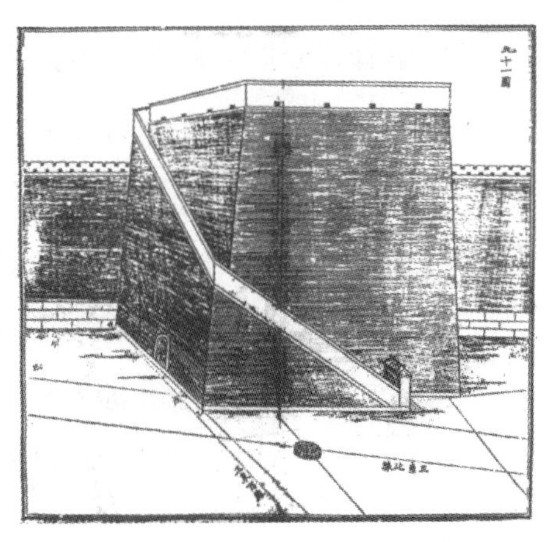

图 22　观象台的方向

南侧的中间，从东南角向西、向北、向东依次为赤道经纬仪、天体仪、黄道经纬仪、地平经仪、象限仪、纪限仪、风向器，东侧中部台基上有一座方塔，用于观测天象和大气现象。台下的建筑里安装着漏刻，院内有青铜圭表，原有的其他中国式仪器，如简仪、浑仪等也被移到台下。

关于时间测量，明末徐光启曾强调用漏刻测星定时，须再辅以星晷测量，以及用恒星推算时刻。到了清代，漏刻是钦天监必备的计时工具。清代中期以后，测时大都用测中星法或测中天附近恒星的时角法。值得强调的是，当时的欧洲一般机械钟表没有普遍使用，因其精度达不到天文计时的要求。

五、《新制灵台仪象志》中的新物理学知识

卷二涉及的物理学知识包括，材料断裂、物质比重、物体重心等与杠杆、滑轮及螺旋等简单机械的作用原理，在上文已经针对实际应用进行了说明和解释。

卷三主要是测地学知识，包括北极高度及南北方向的确定、磁偏角的解释、地球半径测量、地面上高低、远近测量、地理纬度与方向表、某一地理纬圈上的一度弧长与赤道上一度弧长之比等内容。

卷四讨论了蒙气差，温度、湿度的测量，以及温度计、湿度计的结构与用途。温度计及湿度计在热学与气象学的定量研究中有着至关重要的作用，然而当时中国人对它们的意义几乎无所认识。南怀仁于1671年发表了《验气图说》涉及温度计，其中抄录了“折射表”。讨论了光谱(即彩虹)、光晕等现象，针对中国的“侯气说”进行批驳，这些知识也出自西方著作。

还有测量云层高度、测量水平的方法。其次为地球曲率对长距离水平测量的影响等知识。其三是三棱镜色散、光的折射以及光线通过不同物质介面的入射角与折射角。

最后是运动学知识，介绍了单摆（称作"垂线球仪"）运动的等时性、单摆周期与摆幅无关而同摆长的平方根成反比等事实。据考，上述卷三、卷四的内容大部分取自 J. B. Riccioli 的《新至大论》[①]。

据考证，《新制灵台仪象志》中关于材料力学及单摆及落体、抛体的知识均译自伽利略《关于两门新科学的谈话及数学证明》。而关于物体的重心及杠杆、滑轮等简单机械则译自伽利略的《力学》一书，同时也参考了其他西方人的著作，反映了 17 世纪上半叶欧洲力学的一些最新研究成果。

南怀仁编制了历元为康熙壬子年（1672）的星表，这是把《崇祯历书》的恒星表按照岁差归算而得到的，但是南怀仁又增加了 500 个小星的坐标收在卷十四中，误差可达 5～6 分。其中的恒星系统亦全取自《崇祯历书》星表，对清中后期恒星命名系统的影响不大。《新制灵台仪象志》是关于明清时期西方天文学及物理学传入中国的一部极为重要的著作，其中所介绍的新知识十分广泛。南怀仁制作的六架仪器均属欧洲古典风格，其结构比中国古典仪器都要简洁，也便于使用。

南怀仁还用拉丁文把他们的活动介绍给欧洲的教士们，主要体现在两本书，《仪器之书》（*Liber Organicus*，1668～1674）和《欧洲天文学》（*Astronomia Europeae*，1678～1680）。1683 年，书稿随柏应理（Ph.

---

① 何思伯（N. Halsberghe），孙小淳：《〈灵台仪象志〉提要》。《中国科学技术典籍通汇》［天文卷（七）］，大象出版社，1998 年。

Couplet，1624～1692)到达欧洲，1687 年在德国迪林根(Dillingen)出版。书中记述了 1668 年 12 月至 1669 年 4 月欧洲天文学在中国的恢复，以及此后耶稣会士在天文仪器、日晷、机械学、数学、弹道学、水力学、静力学、光学、透视画法、蒸气动力、计时技术、气象学和音乐学等 14 个领域的活动与成就。南怀仁在其所著的《欧洲天文学》里，也曾简短描述了这些仪器，主要强调了它们底座装饰的精致，而关于技术细节仅仅限于几行字。南怀仁介绍这些科技成就的目的是，第一，他想让每位读者都清楚，耶稣会士为了打开传教的通道、获得皇帝和王爷们的赏识付出了巨大的努力；第二，鼓励未来可能继承中国教区的人以极大的细心、尊敬和爱来拥护最美的数学之神，从而保护宗教事业；第三，他在 *Liber Organicus* 中也描绘了有关的天文仪器。

欧洲古典仪器的最后代表人物在中国和欧洲各有一位，在中国是南怀仁，在欧洲是赫维留，他们都模仿了第谷的设计，但是都采用金属结构。与欧洲同时期的技术比较，南怀仁的技术是较落伍的。主要原因是 1657 年南怀仁踏上了到中国的路，而在他离开的一段时间里，欧洲天文学和仪器技术又有了明显的进步。

为了使中国人比较容易自然地接受仪器的形象，南怀仁没有完全教条地遵循欧洲技术，而是吸收了中国的造型艺术和铸造工艺，并且在几年内制造出 6 件实用的仪器。南怀仁在仪器中使用了许多新的概念，但也结合了中国的天文学概念和术语，使得欧洲仪器制造技术中国化。

为什么望远镜的观察及制造技术已经传入中国，然而，南怀仁却未在其新制仪器中设置望远镜？席泽宗认为，南怀仁没有制造望远镜的原因不是传教士抱宗教偏见而想对中国人有所隐瞒，也不是中国缺乏物质条件和技术条件，而是当时望远镜因球面像差和色差而不能胜任精确的方位天文观测[①]。在南怀仁时代，Hevelius 和 Halley 的比赛证明，装有裸眼照准仪的传统仪器在天体方位测量方面并未输给带望远镜的仪器[②]。另外，当时望远镜在中国的用途多数是观察日食和月食。

虽然近代科学是伴随着与宗教的分离和合流而发展起来，而且历史上不乏宗教教徒就是很出色的科学家的例子，然而，信奉宗教的科学家和有科学修养的虔诚教徒存在本质的区别，来华传教士就属于后者。他们不远万里来到东方，是为了献身于传教事业。他们从事的科学传播主要是为了取得中国人，特别是官方的信任。推算历法和制造仪器只是传教的一种手段。当皇帝对历法满意时，传教士就没有必要追求更新的科学知识和更先进的技术，何况他们不易了解欧洲科技的新突破。显然，传教士这种敲门砖性、使节性的科技工作不足以将中国科技引向欧洲那种探索性的研究[③]。除了为法国皇家科学院做天文观测的传教士以外，钦天监的传教士和他的中国伙伴几乎没有在观象台做出对近代科学有意义的发现。

（吴　慧）

---

① 席泽宗："南怀仁为什么没有制造望远镜"。《中国科技史文集》，(台北)联经出版事业公司，1995 年。

② Joh. A. Repsold. *Zur Geschichte der Astronomischen Messwerkzeuge von Purbach bis Reichenbach*. Leipzig, 1908. 39.

③ 张柏春："影响欧洲天文仪器技术东渐效果的若干因素"。《自然辩证法通讯》，1999 年，第 21 卷，第 5 期。

石云里

从"西洋新法"到"御制之法":明清两朝对西方天文学的官方吸收

一、历法危机:"中法"的困境与"西法"的希望

二、材质与型模:《崇祯历书》的编纂

三、中西之辩:清朝对西法的采纳及遭遇的反弹

四、乾纲独运:康熙皇帝对西方天文学的"袭用"

五、再起波澜:后康熙时代的西方天文学吸收

从“西洋新法”到“御制之法”：
明清两朝对西方天文学的官方吸收

明朝末期，官方历法体系在准确性上出现问题。恰在此时，欧洲耶稣会士来到中国，并且把包括天文学在内的欧洲科学知识作为辅助他们立足中国、进行传教的辅助手段。在这种情况下，明清政府在吸收“西法”方面都做出了很大的努力。他们借助西方天文学编订出了一套历法系统，该系统先是变成了清朝的官方历法，后来则被康熙皇帝纳入其“御制科学”的体系，得以平稳保持其在清朝官方天文学中的统治地位。这一过程尽管在中国引发了激烈争论，甚至导致了传教士与中国天文学家之间的直接较量和冲突，但同时也将中国官方天文学的精度水平提到了一个前所未有的高度。然而，由于明清两朝统治者所实际关心并最终做到的，只是用西方天文学提高本国天文机构在历书编算和日月食预报等方面的准确程度，所以，对于西方天文学的吸收并未最终改变中国官方天文学的价值目标和组织形式，没能实现中国天文学的真正“近代化”。

一、历法危机：“中法”的困境与“西法”的希望

在中国古代，编历和颁历被视为皇家的责任与特权。同时，为了提前规避日月食之类的凶险天象所预示的社会动荡和自然灾害，对这些天象进行准确预报也被认为是关乎国计民生的关键事务。因此，历代统治者开国后的第一件事，就是要采纳一套历法天文学系统，并在朝廷中建立特别的机构，让它负责相关事务。作为官方历法天文学系统的保持者，该机构的责任一方面是利用该系统编算每年的各类历书，另一方面则是用它对日月食等灾异性天象进行预报。这种历法天文学系统一般都带有文雅的名称，如“太初”、“钦天”、“授时”和“大统”等，往往成为一个朝代的重要象征。每当一套历法系统在授时和天象预报等方面出现

显著的偏差,或者当统治者在"通天"方面出现了新的社会与政治需求时,朝廷往往就会开展所谓的改历活动,以便对不合时宜的历法天文学系统进行修改。在明朝晚期,这样的问题便再次出现。

明朝的《大统历》系统的标准版本是元统等人在1384年前后编定的《大统历法通轨》,给出了太阳、月亮、日月食、五大行星动态、历书以及4颗假想天体(紫气、月孛、罗睺、计都)的计算方法。这套历法的内容本质上还是元代郭守敬等人编定的《授时历》,只不过根据明初的需要和天象情况改变了历元、日月五星时空位置的初始值("四应")以及一些算法(如不再考虑岁实消长,也就是回归年长度的长期变化,等等)①。同时,明朝政府还让穆斯林天文学家进入官方天文机构,并译编了阿拉伯天文学著作《回回历法》,将它作为辅助系统,在历书编算和日月食预报等方面与大统历法"参照使用"②。

然而,自1450年之后,钦天监在日月食预报中屡次出错,致使朝野改历呼声不断。到1594年,明朝皇帝颁诏纂修国史,结果在围绕"历志"的编写上,把改历问题再次尖锐地提到了议事日程上:

> 万历二十二年(1594)间奉旨纂修正史,彼时以《历志》派与编修黄辉,辉曰:"做得成,是几卷《元史》。"则史官难于措手又可知……我国家治超千古,独历法仍胡元。夫使事不大坏,虽胡元仍之何害?但察今之众言,证之测验,实实气候已差至十一二刻,交食已差至四五刻,五星躔度已差至数日不等,而不之觉,则焉得执踻踳未窥之见,谓

① 李亮、吕凌峰、石云里:"从交食算法的差异看《大统历》的编成与使用"。《中国科技史杂志》,2010年,第31卷,第4期,第414～431页。

② 石云里、李亮、李辉芳:"从《宣德十年月五星凌犯》看回回历法在明朝的使用"。《回族研究》,2013年,第32卷,第2期,第156～164页。

修历是荒唐不经之谈，竟令万世后称大明国史独无《历志》，岂非缺典之最大者乎？[①]

可见，这个问题包括两个方面：首先，按照儒家统治思想，一朝当有一朝的"正朔"；但是明代的《大统历》沿用的是元朝的《授时历》，从理论上来说是在奉一个"胡"国的正朔（"胡元"）；再把这"胡元"写进本朝正史，这就更加难以令人接受。其次，写入正史的历法是要垂诸万世的，因此，是否准确也很重要，其重要性甚至超过是否是"胡元"的问题。而此时的天文学家已经发现，《大统历》在许多方面已经出现了重大误差。在这种情况下，如果还坚持把原有的《大统历》法编入"历志"，那将是一大缺欠。

面对这种局面，朱载堉在1595年借为皇帝祝寿之际，上疏提出改历建议，并向朝廷提交了自己所著的《历学新说》3种，可惜没有得到朝廷的正面回应。次年，邢云路（约1549～约1621）也上书请求改历，并指出了《大统历》的各种错误[②]。他的观点和建议尽管受到一些官员的赞同，但却遭到钦天监监正的否定。从此，邢云路并开始把自己的主要精力投入这方面，并先后写成《古今律历考》（1600）和《戊申立春考》（1608）两部著作，为历法改革进行理论准备。

恰在此时，以意大利传教士利玛窦（Matteo Ricci，1552～1610）为首的耶稣会士由广东进入中国内地传教，并为立足中国、传教中国而采取了文化调适、上层路线和"挟学术以传教"等策略。作为"学术传教"的组成部分，他们抓住了中国儒士对欧洲科学技术知识，尤其是天文与数学知识的兴趣，也抓住明朝需要改历的心态，通过展示仪器、开门授徒和出

---

① 王应遴："修历书"，《王应遴杂集》（第一册），日本国立公文图书馆藏本。

② 王淼："邢云路与明末传统历法改革"。《自然辩证法通讯》，2004年，第26卷，第4期，第79～85页。

版书籍等手段大力宣传欧洲天文学的发达，结果不仅借此吸引了不少儒士追随者，而且1592年还出现了礼部尚书王弘海答应“将把利玛窦带到京城去校正中国历法的错误”[①]的事。这就使传教士进一步确立了一种“两手抓”的策略：“右手抓与上帝有关之事，左手抓这些事（指天文历法之学），二者不可或缺。”[②]

1600年，利玛窦首次获准进京面圣。他抓住这一机会向皇帝做了一番宣传，说自己“天地图及度数，深测其密，制器观象，考验日晷并与中国古法吻合”。提出“尚蒙皇上不弃疏微，令臣得尽其愚，披露于至尊之前，斯又区区之大愿。然不敢必也，臣不胜感激待命之至”。[③] 与此同时，他也在李之藻（1565～1630）等人的帮助下，开始写作和出版有关西方天文学的著作，包括附加在《坤舆万国全图》四周有关天文学的文字和《乾坤体义》（主要介绍西方的同心天球体系、地圆说、日月食原理以及对日常天文现象的解释），以及《浑盖通宪图说》（介绍西方星盘的结构与功能）。

这些措施收到了很好的效果，使得更多的中国人知道，耶稣会士们在天文学上具有较高的水平，能够帮助朝廷解决所面临的历法危机。而一些受耶稣会士影响很深、甚至已经加入天主教的儒士也正在或者已经步入仕途，且地位日高。最突出的是徐光启（1562～1633）和李之藻二人，他们在仕途上的进步为推动明朝政府采用西方天文学进行历法改革提供了政治条件。

1610年12月15日日食，钦天监推算再次出现全面差错，职方郎范

---

① 何高济等译：《利玛窦中国札记》，中华书局，1983年，第272页。

② D'Elia, M. *Galileo in China*. Harvard University Press, 1960:21.

③ 黄伯禄：《正教奉褒》，上海慈母堂，光绪三十年，第5页。

守已通过自己的观测结果“疏驳其误”①。而就在这次日食前的五个月，利玛窦在北京去世，在京耶稣会士留居北京的问题再次出现悬疑。因此，耶稣会士庞迪我(Diego de Pantoja，1571～1618)对这次日食进行了预报，而且据说预报同观测结果“合若符节”。而此时已经成为翰林院学士的徐光启则决定以此为契机，推动历法改革，以此作为巩固耶稣会士在华地位的手段。于是，他也敦促礼部提请改历②。

在这种情况下，礼部正式上疏提出：“今当博求通知历学者，令与该监集议。”③到次年五月(1611 年 6 月)，范守己再次上疏，指出历法已经不得不改，而自己和邢云路可以承担其事④。同时，钦天监五官正周子愚也上书，第一次提出参照明初译编《回回历法》的先例，翻译耶稣会士所携带来的西方天文历法著作，并访求天下专门之才，一起进行改历：

> 大西洋归化庞迪我、熊三拔等携有彼国历法，参互考证，固有典籍所已载者，亦有典籍所未备者，当悉译以资采用。乞照洪武十五年命翰林李翀、吴伯宗及本监灵台郎海达尔、兀丁，回回大师马黑亦沙、马哈麻等译修西域历法例，取知历儒臣，率同监官将诸书尽译，以补典籍之缺。天下之大，岂无一二知历之人伏在岩穴。容臣等行文采访，果有专门之学，不妨取来共相考订。⑤

① 中华书局编辑部：《历代天文律历等志汇编》(十)，中华书局，1975 年，第 3538 页；何丙郁、赵令扬：《明实录中之天文资料》(下册)，香港大学中文系，1986 年，第 640～641 页。

② 李杕：“徐文定公行实”。宋浩杰主编：《中西文化会通第一人——徐光启学术研讨会论文集》，上海古籍出版社，2006 年，第 235 页。

③ 何丙郁、赵令扬：《明实录中之天文资料》，第 641 页。

④ 何丙郁、赵令扬：《明实录中之天文资料》，第 641 页。

⑤ 何丙郁、赵令扬：《明实录中之天文资料》，第 641 页。

同年十二月(1612年1月),礼部综合范守己和周子愚的建议再次疏请改历,并提出另外两个改历人选,即徐光启和李之藻:

> 采访历学精通之人,如原任按察司邢云路、兵部郎中范守己,一时共推……所当酌量注改京堂衔,共理历事。又访得翰林院检讨徐光启及原任南京工部员外郎李之藻,皆精心历理。若大西洋归化之臣庞迪峨、熊三拔等携有彼国历法诸书,测验推步,讲求原委,足备采用。照洪武十五年命翰林李翀、吴伯宗及本监灵台郎海达尔等译修西域历法事例,将大西洋历法及度数诸书同徐光启对译,与云路等参订修改。①

这里其实提出了以西法为辅,以传统历法为主的改历思路。

然而,这些奏疏均未见回音,据说是由于万历皇帝"晚年静摄,疏多留中"②。而根据耶稣会士们的记载,皇帝之所以没有同意这些奏疏,是因为邢云路和范守己二人五六年以来一直都想进入钦天监为官,而皇上却不愿意答应③。徐光启在家书里提到这件事时也提道:"此事于我没要紧,邢泽宇[即云路]有加京官一节,想主上所吝在此。邢今甚急,在此求催,不知究竟如何。"④

---

① 何丙郁、赵令扬:《明实录中之天文资料》,第641~642页。

② 王应遴:《修历书》。《明史·历志》称:"未几云路、之藻皆召至京,参与历事,云路据其所学,之藻则以西法为宗。"此说不确,因为李之藻于万历三十九年初已回籍丁父优,三年后才辞墓赴京,而万历四十六年,钦天监监正周子愚还在疏请让邢云路"前来统理历法",如邢云路已在京中改历,则不应有此说法。而徐光启也指出,这次礼部建议"未奉皇祖俞旨"(徐光启撰、王重民辑校:《徐光启集》(下册)。上海古籍出版社,1984年,第321~322页)。

③ D'Elia, M. *Galileo in China*: 68-69.

④ 王重民辑校:《徐光启集》(下册),第486页。

1612年5月15日月食，钦天监预报再次出现错误，这件事引起了皇帝的注意，促使他下旨：“历法要紧，尔部还酌议修改来说。”礼部随后也经都察院核准，向全国发了广泛征聘天文历法人才的公文，“奉钦依访天下谙晓历法，不拘山林隐逸，官吏生儒人等，征聘来京。”[①]这为改历提供了新的希望。次年，李之藻乘皇帝万寿节之机上书“奏上西洋历法”。

在这篇奏疏中，李之藻指出，西士的天文学不仅在交食推算方面具有超出中国各家历法的精度，而且还有中国“前此天文历志诸书皆未论及，或有依稀揣度，颇与相近，但亦初无一定之见”的丰富内容。他具体把它们总结为14个方面，并再次力荐庞迪我、熊三拔、龙华民和阳玛诺等四名教士，促神宗“敕下礼部，亟开馆局，征召原题明经通算之臣如某人等，首将陪臣庞迪我等所有历法，照依原文，译出成书”[②]。可惜，这一请求也无果而终。两年后，礼科给事中姚永济上书，再次建议依照明初翻译回回天文学著作、设立回回天文机构的先例，采纳西方天文学，“采众论以广益，验食分以取信”，进行历法改革，结果疏上不报[③]。

与此同时，耶稣会士自己也开始为进入中国官方天文机构而进一步努力。万历四十年(1612)，庞迪我、熊三拔(Sabatino de Ursis，1575～1620)二位耶稣会士在向神宗进献奉命译绘的世界地图时，又附上了两具时晷，并称：“臣等学道余闲，颇习历法，二物系臣等制造，谨附进御前。”[④]而在内部，他们也开始为帮助中国改革历法做准备。利玛窦去世前就写信给本会首脑，向他们解释天算工作在中国传教中的特殊重要性，敦促他们向中国遣送天算家或本会天算造诣较深的成员，并在欧洲

① 王应遴：《修历书》。
② 李之藻：“请译西洋历法诸书疏”。孙承宗：《春明梦余录》(卷五十八)，光绪七年刻本。
③ 何丙郁、赵令扬：《明实录中之天文资料》，第645页。
④ 韩琦、吴旻校注：《熙朝崇正集》(卷二)。

筹集必要的天算书籍。龙华民(Nicolas Longobardi, 1559～1654)甚至还建议:“今后凡将入华之神父,必先修习天算课程。”实际上,熊三拔就是利玛窦去世前三年被召入京,专门从事天算工作的。①

在华教士的反复呼吁引起了耶稣会总会的重视。1612年8月,耶稣会日本及中国教区视察员帕西欧(Francis Pasio)致函熊三拔,询问了有关中国改历的问题,而熊氏则应他的要求,就中国历法中所存在的问题及中国人改历的目的提交了一份报告②。而在中国内地,耶稣会士们也在一些中国追随者的帮助下再次推出了几本介绍欧洲天文历算知识的中文著作,其中包括阳玛诺(Emmanuel Diaz, 1574～1659)的《天问略》(1610)、熊三拔等人的《表度说》(1614)与《简平仪说》等。其中,《表度说》的中国合作者主要是在钦天监任职的周子愚,说明耶稣会士早已经开始了同钦天监官员的接触和合作。

不幸的是,1616年“南京教案”爆发,庞迪我、熊三拔等教士被尽数押至澳门,等候遣送出境。两年后,已任钦天监监副的周子愚曾经借邢云路完成《历元》一书之机,奏请让“年已七十”的邢云路“前来统理历法,并与本部前疏所举通晓(历法)数员,一同考察改正,以定一代巨典”③。其中“前疏所举”之人必定是暗指徐光启、李之藻、庞迪我及熊三拔等人。但当时仇教言论正炽,故他的请求未获批准,庞、熊等人最终只能老死澳门。

1620年神宗晏驾,教案余波亦渐趋平息。吏部听选监生王应遴因交食预报多舛,疏请修改历,“言历理当明二十事,修历之法当饬四事”④。而

① D'Elia, M. *Galileo in China*: 5-7,20-23.
② D'Elia, M. *Galileo in China*: 61-82.
③ 何丙郁、赵令扬:《明实录中之天文资料》,第651页。
④ 何丙郁、赵令扬:《明实录中之天文资料》,第658页。关于这份疏稿的详细内容,见王应遴:“议修历疏”。《王应遴杂集》(第二册)。

就在此时，当初被大家寄以厚望的邢云路在历法改革上也收效甚微①。实际上，自 1611 年礼部上书建议让邢云路等人领导历法修改之后，邢云路就开始了自己的改革努力②，先后完成并向皇帝进呈了《七政真数》(1616)、《历元》(1618)和《测止历数》(1620)3 部著作。

1621 年 5 月 21 日的日食，邢云路依据他自称"至密"的"新法"做出了预报，但"至期考验，皆与天不合"③。尽管 73 岁的邢云路在当年十一月再次上疏，对自己预报的错误进行辩解，说错误的原因在于沿用了郭守敬的一些过时的数据，提出修改这些数据后则可保至密，继续笃请改历④；然而，他不久就离开了人世，临终前情景也比较凄惨——"四壁徒书而已……殁之日以遗编授其子曰：'此其为茂陵遗书乎？'犹手披图书，笑而却诸子汤药，无何卒。"⑤

邢云路日食推算失败后，钦天监监正周子愚再次上疏改历，并重提翻译西洋历法之事："西洋人最习历理，深心推测，久而愈精，故其所著书籍甚多，所制测验仪器甚巧。近见阳玛诺等，因昔年礼部有修历之请，遂悉取彼中历书历器，以备于此。既然有其人、有其书，职等当面而失之，殊为可惜。乞择精西洋历学之人与阳玛诺等翻译其书，垂之永久。"⑥然而，此时明朝外有辽东燃眉之边患，内有朝野日炽之党争，故周氏之疏虽很快由皇帝批转礼部，但却一直无暇实施。

---

① 王淼："邢云路与明末传统历法改革"。

② 邢云路在天启元年的疏文中说："臣自万历三十九年奉有谕旨，命臣治历，至去岁泰昌元年九月内治完恭进。"(何丙郁、赵令扬：《明实录中之天文资料》，第 654 页。)

③ 中华书局编辑部：《历代天文律历等志汇编》(十)，第 3539 页。

④ 何丙郁、赵令扬：《明实录中之天文资料》，第 654 页。

⑤ 孙承宗：《陕西按察使邢公墓志》。唐执玉督修：《畿辅通志》(卷 109)，文渊阁四库全书影印本，商务印书馆，1986 年，第 26～27 页。

⑥ 王重民辑校：《徐光启集》(上册)，上海人民出版社，1981 年，第 103 页。

不过，耶稣会士内部的准备工作却一直没有停止。当1612年底奉命从中国回罗马的金尼阁(Nicolas Trigault，1577～1629)于1618年动身返华时，耶稣会总会和教皇让他带来了从欧洲各地募集而来的7 000余部书籍和一些天文仪器。更重要的是，三名精通天算之学的会士汤若望(Johann Adam Schall von Bell，1592～1666)、邓玉函(Johann Schreck，1576～1630)及罗雅谷(Giacomo Rho，1593～1638)也奉命随行。这批书器与人员的来华对耶稣会在华的天文历法工作意义重大，从人才和资料两方面为他们参与改历提供了基础。中国出现的第一架望远镜也是这次由汤若望、邓玉函等人随身带来的。

万历皇帝去世后，耶稣会士已经恢复了在中国内地的活动，"奉修历之命而来的邓玉函、汤若望等人已于天启初年潜入北京，继续为实现参与改历的计划而努力。在学习华语的同时，汤若望先后预报了天启三年、四年(1623、1624)年等年的月食，并写了一部论述交食的小书，由此在京城赢得了极高的声誉"。[①] 就这样，他们在耐心待着时机到来[②]。

二、材质与型模:《崇祯历书》的编纂

1628年崇祯皇帝即位后，明朝的政治局面大有改观。因忤逆魏忠贤而丢官的徐光启不仅恢复了礼部右侍郎的职务，并且很快升任礼部左侍郎，钦天监就在其管辖之下。1629年6月21日将有一次日食。日食之前，礼部向崇祯皇帝提交了一份预报，其中列出了《大统历》、《回回历

① Väth著、杨丙辰译:《汤若望传》，上海商务印书馆，1949年，第100页。

② 王征《远西奇器图说录最》称:"丙寅(天启六年)冬，余补铨如部，会龙精华(华民)、邓函璞(玉函)、汤道未(若望)三先生以候旨修历，寓旧邸中。"

法》和"新法"3组预报数据[①]。这里的"新法"就是用欧洲天文学，其推算结果其实是由徐光启做出的，这是明朝政府在日月食预报中第一次正式采用根据西法做出的预报。这说明，西法已经开始进入明朝的官方天文工作之中。之所以会如此，显然与徐光启政治地位的恢复和上升有关。

经过对日食的观测，发现钦天监的本次预报仍然存在差误，而徐光启的推算独验。崇祯皇帝因此明谕礼部：

> 钦天监推算日食前后刻数俱不对，天文重事这等错误，卿等传与他姑恕一次，以后还要细心推算，如再错误，重治不饶。[②]

礼部因此正式上疏请求修改历法，并荐徐光启主持其事，得到批准。两个多月后，徐光启正式领取了修改历法的敕书关防，在北京宣武门内的首善书院设立历局，并召李之藻以及龙华民、邓玉函两位教士入局。次年四月及九月，邓、李相继去世，徐光启又先后将罗雅谷、汤若望罗致入局。至此，参用西法以改历的计划终于得到了实施。

从表面上来看，1629年的这次日食似乎是促进崇祯皇帝下决心采用西法改革历法的关键因素。但是，如果仔细分析一下有关这次日食的预报和观测数据，则会发现事情背后大有蹊跷。因为，同当时留下的观测结果相比，西法的预报实际要比《大统历》的精度差很多：初亏、食甚和复圆3个时刻《大统历》预报依次晚了31.20、31.20和0.00分钟，西法则依次晚了30.90、44.76和45.48分钟；在西法尤其擅长的食分推算上，《大统历》的误差只有2.4%，西法的误差则达到10%。而同根据现

① 徐光启、李天经督修：《西洋新法历书·治历缘起》，第3页。薄树人主编：《中国科学技术典籍同辉·天文卷》（八），河南教育出版社，1995年，第651～856页。

② 徐光启、李天经督修：《西洋新法历书·治历缘起》，第3页。

代天文年历反推的结果相比，西法预报的精度确实一点也不比《大统历》的更高[①]。也就是说，在这次日食预报中，《大统历》的计算确实不准确，但是西法的计算则存在着更大的偏差！

然而，有趣的是，吏部向皇帝提交的第一份观测报告却写道：

> 臣等是日赴礼部，与尚书何如宠、侍郎徐光启候期救护，据徐光启推算，本日食止二分有余，不及五刻，已验之果合，亦以监推为有误，乃蒙早已鉴及，仰见我皇上克谨天戒，无一时一刻稍敢怠遑。[②]

报告明显在偏袒徐光启。几天后，在礼部奏请改历的奏疏中，《大统历》的错误被单独列出，而对西法的误差则只字未提[③]。更令人奇怪的是，在上面所引的第一份观测报告中，居然提到崇祯皇帝对西法的精确和《大统历》的错误"早已鉴及"。崇祯皇帝事先是怎样得出这种结论的？其合理的解释只能是：在这次日食发生前，他早已形成了中法疏而西法密的判断，已经被说服应该用西洋天文学知识来修改历法。也正因为如此，他才有可能让徐光启根据西法正式做出预报。换句话说，徐光启的政治地位早已决定了这场历法改革的实施及其基本路线。

历局工作开始后，一开始基本上是沿着徐光启设计的路线朝前推进，其中最重要的一条就是要采用西方天文学。徐光启指出，这次改历过程中除了要详加实测，求合于天外，更重要的是还要做到"每遇一差，

---

① 详细分析参阅石云里、吕凌峰："中'道'与西'器'——以明清对西方交食推算术的吸收为例"。李雪涛等编：《跨越东西方的思考：世界语境下的中国文化研究》，外语教学与研究出版社，2010年，第112～126页。
② 徐光启、李天经督修：《西洋新法历书·治历缘起》，第3页。
③ 徐光启、李天经督修：《西洋新法历书·治历缘起》，第6～10页。

必须寻其所以差之故；每用一法，必论其所以不差之故。……又须究原极本，著为明易之说，便一览了然。百年之后，人人可以从事，遇有少差，因可随时随事，依法修改"。他认为，要达到这个目标，就必须"参用"西法；因为在他眼里，只有西法才能对天文问题"一一从其所以然处，指示确然不易之理"①。

至于西法究竟如何"参用"，徐光启提出了"欲求超胜，必须会通"的主张，也就是要通过"会通"来求得"超胜"。而对"会通"过程中的中、西二法所充当的角色，他也做出了具体规定，即"熔彼方之材质，入大统之型模"。所谓"彼方之材质"即指西方的基本理论与方法，而"大统之型模"则指《大统历》所代表的中国传统历法在结构形式、基本制度等方面的特征。用徐氏自己的话来说，就是"以彼条款，就我名义"，"譬如作室者，规范尺寸一一如前，而木石瓦甓悉皆精好"②。

徐氏提出上述方针的目的十分清楚：首先，按此方针既可使明显优于中法的西法得到采纳，又可以保持中国历法的某些形式特征，满足历书在中国所固有的社会和文化功能；其次，通过这样的会通，西法在名义上已成为"新法"的组成部分。这样，可使西法免蹈《回回历》长期只能与《大统历》"分曹而治"不能成为官方正式历法的覆辙。所以，徐氏曾特别指出："万历四十(1612)等年有修历译书，分曹治事之议。夫使分曹各治，事毕而止。大统既不能自异于前，西法又未能必为我用，亦犹二百年来[回回、大统]分科推步而已。"③徐光启在治历过程中大多称历局所编历法为"新法"，而非称之为西法，其用心看来就在于此。

根据这样的指导思想，徐光启还对新编历法著作的总体框架进行了

① 王重民辑校：《徐光启集》(下册)，第333、334页。
② 王重民辑校：《徐光启集》(下册)，第333、334页。
③ 王重民辑校：《徐光启集》(下册)，第333、334页。

设计，将其内容划分为“基本五目”和“节次六目”[1]两个经纬相错的方面。其中，“基本五目”是指整体的层次而言，包括“法原”（基本天文学原理和理论）、“法数”（用于天文计算的各种天文表与数表）、“法算”（天文计算所需的数学理论与方法）、“法器”（天文与数学仪器）和“会通”（中西天文与数学单位的换算）；而“节次六目”则是指其中所涵盖的具体天文学内容，分为日躔历（研究太阳的运动及其计算）、恒星历（研究恒星的位置及其测量）、月离历（研究月亮的运动及其计算）、日月交会历（研究日月食及其预报）、五纬星历（研究五大行星的运动与计算）以及五星交会历（研究五大行星的会合及其计算），等等。由于徐氏认为，中国传统历法的缺陷即在于不言其所以然之理，而要想求得历法的事事密合、差即能改，又必须深言立法之原；所以，他十分强调法原部分的必不可少，并决定在历书中将较多的篇幅用于这个方面。

值得注意的是，徐光启不仅重视历法改革本身，而且还想以此为契机，从根本上提高中国天文学乃至整个科学技术的一般水平。因此他提出，在“事竣历成，要求大备”之后，不能就此止步，而必须进一步做到“一义一法，必深言其所以然之故，从流溯源，因枝达干”，以期达到“不止集星历之大成，兼能为万务之根本”的目的。其中所谓“兼能为万务之根本”就是要将改历的成果加以推广，其具体目标就是徐光启提出的“度数旁通十事”——把改历中所取得的天文及数学方面的成果应用到气象预报、兴修水利、考证乐律、兵械城防、财务管理、建筑设计、地理测绘、医疗诊断以及时间计量等 10 个方面[2]，以利国计民生。

尽管“度数旁通”的宏伟计划最后未能得到实施，但是，经过五六年

① 王重民辑校:《徐光启集》(下册)，第 375～377 页。
② 王重民辑校:《徐光启集》(下册)，第 337～338 页。

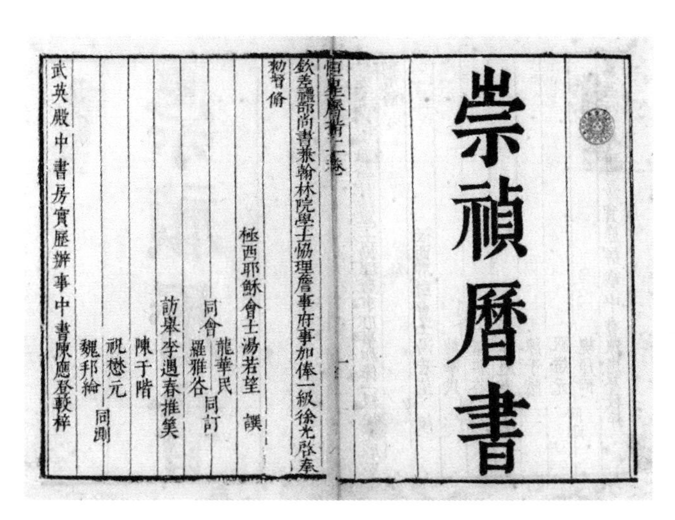
崇禎曆書

恒星曆指二卷
欽差禮部尚書兼翰林院學士協理曆事府事加俸一級徐光啓奉
勑督修
極西耶穌會士湯若望 譔
同會 龍華民 羅雅谷 同訂
訪舉李遇春推算
陳于階
祝懋元 同測
魏邦綸
武英殿中書房實歷辦事中書陳應登較梓

图 1 《崇祯历书》名刊本书影

的时间，徐光启计划中的历书却得以完成，先后分五次进呈给崇祯皇帝，共计成书并以《崇祯历书》为名印出了样本(图 1)。全书在内容的排列上基本遵从了“基本五目”和“节次六目”的安排。例如，在《日躔历指》的标题也上，就明确注明了“崇祯历书　法原部　属日躔”，表明该书属于《崇祯历书》“基本五目”中的法原部，“节次六目”中的日躔历。经过对历次进呈书目和现存残本的统计，可以大体重构出一份《崇祯历书》的内容目录：

法原部

《历引》2 卷

《测天约说》2 卷

《测量全义》10 卷

《大测》1 卷

《日躔历指》1 卷

《恒星历指》3 卷

《月离历指》4 卷

《交食历指》7 卷(附:《古今交食考》1 卷)

《五纬历指》9 卷

法数部

《割圆八线表》1 卷

《正球升度表》1 卷

《黄赤道距度表》1 卷

《日躔表》2 卷

《恒星经纬图说》1 卷

《恒星经纬表》2 卷

《恒星出没表》2 卷

《月离表》4 卷

《交食表》9 卷

《五纬表》10 卷

法算部

《筹算》1 卷

法器部

《比例规解》1 卷

《浑天仪说》5 卷

值得注意的是,尽管徐光启提出了“欲求超胜,必须会通,会通之前,必须翻译”的指导思想;但是,翻译并不是历局工作的全部,成书后的《崇祯历书》也不是一部单纯的译作,而是针对中国历法天文学的需求以及改历的需要,经过再创造的一套科学作品。作为全书的主体,其中的日躔历、恒星历、月离历、交会历和五纬历等部分(包括有关“法原”的“历指”和有关“法数”的“表”)主要参照了第谷(Tycho Brahe, 1546～1601)

的《新编天文学初阶》（*Astronomiae Instauratae Progymnasmata*）、隆格蒙塔努斯（*Christen Sørensen Longomontanus*，1562～1647）的《丹麦天文学》（*Astronomia Danica*）、哥白尼（Nicolaus Copernicus，1473～1543）的《天体运行论》（*De Revolutionibus Orbium Coelestium*）、托勒密（Claudius Ptolemy，约 90～168）的《至大论》（*Almagest*）以及开普勒（Johannes Kepler，1571～1630）的《天文学的光学须知》（*Astronomiae Pars Optica*），但同时也参考了其他欧洲天文名家的著作，包括马基尼（Giovanni Antonio Magini，1555～1617）的《与观测一致的哥白尼新天球论》（*Novae Coelestium Orbium Theoricae Congruentes-cum Observationibus N. Copernici*）以及伽利略（Galileo Galilei，1564～1642）的《星际使者》（*Sidereus Nuncius*），等等。

尽管《崇祯历书》用到了哥白尼和开普勒的著作，还介绍了伽利略的望远镜天文新发现，但在总体上却没有使用以日心地动宇宙模型为基础的哥白尼和开普勒天文理论体系，而采用了以“地心-日心”模型为基础的第谷天文学理论体系。全书堪称是一部欧洲天文学的大百科全书，涵盖了理论、计算、仪器、观测以及相关数学知识等方方面面，以欧洲的几何天文学取代了中国传统的代数天文学，以欧洲的黄道坐标系和周天360度制取代了中国传统的赤道坐标系和周天365.25度的仪器与观测制度，以欧洲的平面几何学和三角学取代了中国传统的内插法和函数等数学工具，第一次将中国官方天文学从理论和技术上纳入了西方的轨道，对此后的中国天文学发展产生了广泛、深刻而持久的影响。

围绕着改历、编历这个中心，历局在制器观象方面也做了大量的工作。先后制造了近10余种仪器，其中绝大多数为西式仪器，包括象限大仪（大型四分仪）、纪限大仪（大型六分仪）、铜弧矢仪、星晷（星盘之类）、浑天仪、地球仪、天球仪以及望远镜。可惜，除望远镜外，这些仪器大多为木质结构，仅包有金属边框，故至清初已毁坏殆尽。除前后几十次的交食观测之外，历局还对周天星官的位置进行了验证性测量，在此基础上编成了历书中的《恒星表》。

除了制器观象，历局还承担了新法的人才培训工作。不仅该局的10多位一般工作人员均自称是罗雅谷、汤若望的“门人”[①]，在新法上达到了“俱娴推算”的水平；而且，钦天监戈承科、周胤等近10位官员也奉命长期在局学习。另外，1638年，汤若望还曾奉旨为钦天监堂属各官讲授“新法交食、七政推测法数”，为期半年[②]。

当然，《崇祯历书》的编纂过程并非一帆风顺。这一方面是由于明朝政府正处于对内(农民起义军)和对外(满清)的战争状态，历局工作有时不得不因战事吃紧而中断；另一方面，历局的工作也时常受到坚持传统历法的中国天文学家的挑战，其中最著名的崇祯三年四川资县诸生冷守中和次年河北满城县布衣天文学家魏文魁的两次发难[③]。尽管从表面上来看，这两次发难是经过实际天文观测和辩论而被击退的；但是很明显，历局的工作之所以没有因此受到大的影响，主要还是因为有徐光启在。

可惜，徐光启因积劳成疾，在1635过早离世，历局一时变得群龙无首，而魏文魁却借机卷土重来，获得了参与日月食预报的机会。而不幸的是，在改历中十分要紧的日月食预报上，此时的历局其实还一直缺乏真正的自信。徐光启在提交日月食预报时多次等到“臣等法虽未定，约

---

① 今存残本历书上可以见到这样的题款。见徐宗泽:《明清耶稣会士著述提要》，中华书局，1989年，第249页。

② 徐光启、李天经督修:《西洋新法历书・治历缘起》，第330页。

③ 石云里:“崇祯改历中的中西之争”。《传统文化与现代化》，1996年，第26卷，第62～70页。

略推步";"臣等新法虽未全备,谨斟酌推步",等等;直至 1633 年 10 月,他才上书称:"臣等新局诸臣所修《交食历》稿,业已就绪。"[①]可是,在他去世后北京可见的第一次大食分日食,也就是 1634 年 3 月 29 日的日食中,历局在食分和食甚时刻预报上却偏偏不如魏文魁,在初亏、复原时刻的推算上的精度也不及《大统历》[②]。面对这样的局面,崇祯皇帝只能相信《大统历》和魏文魁历法或许有可取之处,于是传旨:

> 日食初亏、复圆时刻方向皆与《大统》历合,其食甚时刻及分数,魏文魁所推为合。既互有合处,端绪可寻,速着催李天经到京,会同悉心讲究,仍临期详加测验,务求画一,以裨历法。魏文魁即着详叩具奏,钦此。[③]

于是,魏文魁奉命组成了"东局",正式参与到官方组织的历法改革之中。

受徐光启推荐主持历局后续工作的山东参政李天经(约 16 世纪末叶～17 世纪中叶)无论在天文学水平上,还是在政治地位和影响力上均不及徐光启,因此除了带领历局继续完成徐光启生前已经规划好的那些编书计划外,基本上无法有效地抵抗反对派的围攻。从此,历局就卷入了同"东局"、钦天监和其他反对西方天文学和耶稣会士的官员的车轮战

---

① 王重民辑校:《徐光启集》(下册),第 381、387、424 页。

② 这次日食观测后,历局专门对自己出现失误的原因做出了解释,提出是因为在计算中误用了历局所编老版交食表中的数据。入清之后,这部分解释文字被从《西洋新法历书》中删除。有关这一问题的详细讨论,参见李亮、吕凌峰、石云里:"被'遗漏'的日食——传教士对崇祯改历过程中交食记录的选择性删除"。《中国科技史杂志》,2014 年,第 34 卷,第 3 期,第 303～315 页。

③ 徐光启、李天经督修:《西洋新法历书·治历缘起》,第 112 页。

中①。最后，尽管崇祯十一年正月十九日，崇祯皇帝下令，撤销在交食测验中屡测屡败的东局，并着照回回科例，将新法存监学习②；尽管崇祯十四年又批准，在钦天监另设新法一科，将新法附于“大统历”之后参照使用；尽管崇祯十六年八月间还下令，“朔望日月食，如新法得再密合，着即改为大统历通行天下”③；然而，“得再密合”尚未见到，明朝政权便告覆灭，历局上下苦心编竣的新历也只好让清人坐享其成了。

三、中西之辩：清朝对西法的采纳及遭遇的反弹

1644 年，清军攻入北京，明朝钦天监转而成为新建的清朝的官方天文机构。汤若望凭借自己对时局的判断，抓住了中国改朝换代必然要采用新历法系统的惯例，向摄政王多尔衮上书，一方面请求保护，另一方面则汇报了历局多年编纂的“新法”天文著作及其精确性，并表示“大清一代之兴，必有一代万年之历”，自己愿率历局人员为朝廷效力④。接着，他又上疏对 1644 年 9 月 1 日的日食进行了详细预报，还在疏稿中第一次使用“西洋新法”的字眼，并成功地让多尔衮得到这样的印象：“旧历岁久差讹，西洋新法屡屡密合。”⑤

不久，钦天监依《大统历》推出次年历书样本进呈，但多尔衮鉴于“历局所测新法屡测为近”，决定采用新法推算历书，并将新历书定名为《时

① 石云里：“崇祯改历中的中西之争”。
② 徐光启、李天经督修：《西洋新法历书·治历缘起》，第 312 页。
③ 徐光启、李天经督修：《西洋新法历书·治历缘起》，第 413 页。
④ 汤若望：《汤若望奏疏》，第 1～5 页。薄树人主编：《中国科学技术典籍通汇·天文卷》(八)，河南教育出版社，1995 年，第 857～964 页。
⑤ 汤若望：《汤若望奏疏》，第 6～9 页。

宪历》,同时令钦天监和历局"共同证订新法注历"[①]。汤若望一方面向多尔衮进献了"浑天银星球"、"镀金地平日晷"、"窥远镜"和"舆地屏图"等天文与地理仪器[②],另一方面也推出了次年的《时宪历》样本[③]。由于多尔衮下令"仍取钦天监前进历样来看",汤若望立即上书,对《大统历》的"自相矛盾"进行了列举和批驳[④]。但事实表明,他的这一举动似乎有点多余,因为就在他上疏的同一天,钦天监也上疏,表示对多尔衮的决定没有异议[⑤]。

对 1644 年 9 月 1 日日食的观测结果表明,"《大统历》差有一半,《回回历》差有一个时辰,唯西洋新法分秒时刻,纤忽不差"[⑥]。多尔衮在接到内院大学士冯铨的奏报后传令：

> 览卿本,知汤若望所用西洋新法测验日食时刻、分秒、方位,一一精确密合天行,尽善尽美。见今造时宪新历颁行天下,宜悉依此法为准,以钦崇天道,敬授人时。该监旧法,岁久自差,非由各官推步之误。以后都着精习新法,不得怠玩。[⑦]

又针对汤若望的奏报下令：

> 汤若望即著率监局官生用心精造新法,以传永久。[⑧]

---

① 汤若望:《汤若望奏疏》,第 10～11 页。
② 汤若望:《汤若望奏疏》,第 13～14 页。
③ 汤若望:《汤若望奏疏》,第 15～18 页。
④ 汤若望:《汤若望奏疏》,第 19～22 页。
⑤ 汤若望:《汤若望奏疏》,第 23 页。
⑥ 汤若望:《汤若望奏疏》,第 27 页。
⑦ 汤若望:《汤若望奏疏》,第 30 页。
⑧ 汤若望:《汤若望奏疏》,第 32～33 页。

不久又传令礼部,要求对钦天监进行整顿,"通晓新法的照旧留用,怠惰冒滥的应行裁。着礼部同礼科官详加考试,分别具启"①,礼部遵照执行。当然,这次考试淘汰也不是一刀切。对一部分有潜力的监官,礼部也对他们宽限时日,令其好好学习后再行考试②。

到当年年底新历书编成后,汤若望和历局上下得到嘉奖。而在编修新历书的同时,汤若望又建议皇帝下令对《崇祯历书》原有内容进行整理,并用官样大字重新刊刻③。这一建议虽然未见实行,但汤若望还是对《崇祯历书》原有书版进行了挖补、修改和大幅度增加,将之改名为《西洋新法历书》,共计100卷,于1646年1月5日印出后正式进呈,顺治皇帝下旨称:

> 新历密合天行,已经颁用。这所进历书考据精详,理明数著。着该监官生用心肄习,永远遵守。仍宣付史馆,以彰大典。④

不久又有圣旨:

> 钦天监印信着汤若望掌管,凡该监官员,俱为若望所属。一切进历、占候、选择等事项,悉听掌印官举行,不许紊越。⑤

至此,汤若望真正掌握了钦天监的治理权。但他并未停止对于西洋新法的介绍。1656年9月,汤若望又向顺治皇帝进呈了3部著作,即《新法表

---

① 汤若望:《汤若望奏疏》,第36页。
② 汤若望:《汤若望奏疏》,第37~41页。
③ 汤若望:《汤若望奏疏》,第49页。
④ 汤若望:《汤若望奏疏》,第3~4页。
⑤ 汤若望:《汤若望奏疏》,第69页。

异》、《历法西传》和《新法历引》，总称之为“简要历书”，简要介绍了新法的特点、西法的历史和新法的内容梗概，并经皇帝同意将该书与《西洋新法历书》一齐“宣付史馆，庶历典弥光矣”①。

西法在清初能如此顺利地获得官方采纳，最主要的原因可能是两方面的。首先，多尔衮已经知道“旧历岁久差讹，西洋新法屡屡密合”这一事实。其次，作为刚刚取代汉族人入主中原的外族人，清朝统治者相对来说可能会少一些对“正朔”旁落异族手中的担心；相反，如果继续采用明朝“正朔”，则在政治上的寓意恐怕会更加暧昧；相比之下，当然不如彻底“维新”。第三，作为汉族人的征服者，多尔衮对身为西洋人的汤若望的信任恐怕要比对汉族人的多一些。

确实，多尔衮以及顺治皇帝对汤若望所表现出的信任和倚重确实异乎寻常，不仅没有太多疑虑地采用了他的历法系统，而且通过考试等手段为他入主钦天监扫清了道路，还先后授他以太仆寺卿、太常寺卿、通政使等头衔，最后甚至加一品封典，并追封三代，顺治皇帝还称之为“玛法”（师傅），并赐“通玄教师”匾额，可谓恩荣至极。②

所以，西方天文学在清初之所以能够成功地走入中国官方天文学系统、实现正统化，汤若望个人的技术性努力（展示精度、进献仪器、挑《大统历》的毛病等）③固然重要；但是，还有一个更加重要的因素，那就是清朝统治者对他和西方天文学的主动选择——是他们主动为汤若望和西方天文学打开了最后一道大门！

---

① 汤若望：《汤若望奏疏》，第 23 页。

② 黄一农：“耶稣会士汤若望在华恩荣考”。《历史与宗教——纪念汤若望四百周年诞辰暨天主教传华史学国际研讨会论文集》，辅仁大学出版社，1992 年，第 42～60 页。

③ 关于汤若望推进西法被清朝采用的努力，也可参见黄一农：“汤若望与清初西历之正统化”。吴嘉丽、叶鸿洒主编：《新编中国科技史》（下册），银禾文化事业公司，1990 年，第 465～490 页。

可是，对于自认为中原主人的汉族人来说，在事关“正朔”的事情上采用“西法”却没那么简单。在中国古代，颁历被视为君临天下的标志，奉王“正朔”则被当做服膺称臣的象征。因此，引进一种被视为夷狄之类的异族的天文历法势必会引起所谓“用夷变夏”的担心。这实际上包括两方面的问题：首先，对中国皇朝来说，这意味着要奉夷邦之正朔，有辱天朝大国的威仪；其次，在某些人看来，传教士如此费尽心机地从事天文历法工作，并试图参加中国改历活动，其中间大有觊觎神器之意。

早在1615的“南京教案”中，这两方面的问题实际已经被反教者提出，当时的“捉拿邪党后告示”中就有“今圣明正御，三光顺度，晦朔弦望不愆于月，分至启闭不愆于时，亦何故须更历法，而故以为狡夷地耶”[①]的说法。还有人提出，“此辈擅入我大明，即欲改历法”，这本身就是想“变乱治统，觊图神器”[②]。正是为了防止这些“用夷变夏”的潜在危险，有人公开提出了“但患人之不华，华之为夷，不患历之不修，修之无人”[③]的口号，坚决抵制用参照西法改历的做法。

除了“正朔”问题外，反对天主教也是中国人抵制西方天文学的原因之一。因为，在实行挟学术以传教的策略过程中，耶稣会士极力把天文学等西方科学与天主教联系起来，把它们说成是天主教神学的基础，结果必然使它们在反教浪潮中受到池鱼之殃。因为，传教士们越是把天文历法作为自己在中国的“护身符”，反教人士就越会把攻击的焦点指向这一方面。例如，在“南京教案”中，沈漼等人就曾指控传教士的天文活动是公然违背私习天文的禁令，指责其所宣传的天文学知识中多有“诞妄不经”之论，认为“彼之妖妄怪诞、所当深恶痛绝者正在此也”。此外，他

---

① 夏瑰琦编:《圣朝破邪集》,建道神学院,1996年,第117页。
② 夏瑰琦编:《圣朝破邪集》,第285页。
③ 夏瑰琦编:《圣朝破邪集》,第179页。

们还声称，西法不仅"立法不同，推步未必相合"，而且，"即所私创浑天仪、自鸣钟之类，俱怪诞不准于绳，迂阔无当于用"，根本不能"据以纷更祖宗钦定、圣贤世守之大统历法"①。

当然，在明清之际这场空前的中西天文之争中，西方在宇宙论及其文化解读上的差异也成为问题的焦点。例如，在"南京教案"中，沈漼对西方天文学的批判也集中在这个问题上。他指出：

> 从来治历，必本于言天，言天者必有定体。《尧典》"敬授人时"，始于寅宾寅饯，以日为记。……盖日者天之经也，而日月五星同在一天之中……《舜典》"在璇玑玉衡，以齐七政"，解之者以天体之运有恒，而七政运行于天，有迟有速，有顺有逆，犹人君之有政事也。未闻有七政而可各自为一天者。今彼夷立说，乃曰七政行度不同，各自为一重天，又曰七政诸天之中心各与地心不同处所，其为诞妄不经，惑世诬民甚矣。《传》曰："日者阳之宗，人君之表。"是故天无二日，亦象天下之奉一君也。惟月配日则象于后；垣宿经纬，以象百官；九野众星，以象八方民庶。今特为之说，曰：日月五星各居一天，是举尧舜以来中国相传纲纪之最大者而欲变乱之。此为奉若天道乎？抑亦妄干天道乎？以此名日慕义而来，此为归顺王化手？抑亦暗伤王化乎？②

同样受到怀疑和批判的欧洲宇宙学观念还有"地圆说"，例如，宋应星就指出："西人以地形为圆球，虚悬于中，凡物四面蚁附，且以玛八达作之人与中华足行相抵。天体受诬，又酷于宣夜与周髀矣。"③

---

① 夏瑰琦编：《圣朝破邪集》，第60～61、80～81页。
② 夏瑰琦编：《圣朝破邪集》，第60～61页。
③ 宋应星：《野议·论气·谈天·思怜诗》，上海人民出版社，1976年，第101页。

入清之后,"西法新法"在明朝覆灭这样的背景下实现了在中国的正统化,再加上汤若望因皇帝的信任而介入了清朝的政治圈,所以,此前围绕天文历法的中西之争不但没有平息,反倒有愈演愈烈之势。其高潮就是杨光先(1597～1669)掀起的"康熙历狱"。

早在1658年,杨光先就编写了《摘谬十论》,指出了汤若望历法工作中的十大"谬误",除了节气安排等纯技术性的问题外,他抓住了与星占相关的一些问题,如汤若望在历书中废除"紫气"之类的历注等;尤其还抓住《西洋新法历书》中天体平行表只算到200年的事情,说"皇家享无疆之历祚,而若望进二百年之历,其罪曷可胜诛!"[①]1年后,他又撰写了《辟邪论》3篇,专门批驳天主教义,其中也提及汤若望担任钦天监监正、官至二品,并且在《时宪历》上中使用"依西洋新法"字样的事情[②]。又过了1年多,他向礼部上了《正国体呈》,指责汤若望使用"依西洋新法"字样是"暗窃正朔之权以与西洋",改变闰法是"俶扰天纪",推行西法是为了行其邪教[③]。但是,当时汤若望受宠正隆,礼科未准此呈。

1661年顺治皇帝去世后,新登基的康熙皇帝年幼,朝中一切由4位辅政大臣执掌,而其中权势最大的鳌拜却因为立储等问题同汤若望素有矛盾,清朝政局大有改观。在这种情况下,杨光先在1664年夏天向礼部上了《请诛邪教状》,指控汤若望等"职官谋叛本国,造传妖书惑众,邪教布党京省,邀结天下人心",窥伺机密,内勾外联,图谋不轨;又"窃正朔之权以尊西洋","毁灭我国圣教"。礼部受理了控状,并于次月会审汤若望和新近来华从事天文历法工作的南怀仁(Ferdinand Verbiest, 1623～1688)等在京传教会士。次年,汤若望被判凌迟,钦天监与传教士交往密

① 杨光先、陈占山点校:《不得已》,黄山书社,2000年,第43～47页。
② 杨光先:《不得已》,第29页。
③ 杨光先:《不得已》,第35～38页。

切的官员 7 名被判凌迟,5 人被判斩首。清廷下令禁止天主教,并判在京传教士充军,又令将各省传教士押往广东,驱逐出境。只是由于北京连续 5 次地震,清廷免除了汤若望死罪,钦天监官员中也只杀了李祖白等 5 名。不过,汤若望已年老体弱,很快病逝。

之后,清政府命杨光先担任钦天监监正。尽管不懂天文历法的杨光先以“但知推步之理,不知推步之数”①为借口 5 次请辞,但均未获准。杨光先不得已就任,废除《时宪历》,恢复《大统历》。杨光先命先前被淘汰出局的回回历官吴明煊为钦天监监副,并在天体计算中改用《回回历》,结果在日月食预报中连连出错。康熙皇帝亲政后,南怀仁于 1668 年底上疏,控告杨光先所颁历书不合天象。传旨诸大臣会同杨光先、南怀仁通过日影观测检验历法疏密,结果西法获胜,《回回历》落败。杨光先因此被革职,南怀仁受命“治理历法”,执掌钦天监历法事务,《时宪历》和西方天文学的正统地位得到恢复。

次年,鳌拜伏诛。南怀仁乘机控告杨光先“依附鳌拜,捏词毁人”,使得历狱彻底翻案。杨光先本来拟斩,但念其年老着令遣送回乡,最后死于回乡途中。

有趣的是,这场闹得轰轰烈烈的“历狱”最后不但没有动摇西法在清朝的正统地位,反倒使它得到进一步的巩固。因为,通过这一场诉讼与反诉,年幼的康熙皇帝不仅认识到西法的优长和传教士的天文学水平,而且感觉到,具有这一重要领域中的相关知识对一位君主来说有何等重要性。于是,他不仅继续重用南怀仁,而且还变成了他和其他耶稣会士的学生,开始了对西方天文学和数学知识的系统学习。此外,他还命国子监中的满族子弟学习天文学和算学,以培养本民族的专业人才。而南

① 杨光先:《不得已》,第 82 页。

怀仁也抓住一切机会向这位年轻的中国君主灌输各种欧洲科学知识，除了编出了带有浓重政治色彩的《康熙永年历法》32卷[①]外，还在天文学上实施了一项大型工程。

1669年，南怀仁受命建造新型天文仪器，经过4年左右的努力，最后制成了赤道经纬仪、黄道经纬仪、地平经仪、地平纬仪、纪限仪和天球仪等六件大型仪器[②]。为了对这些仪器的结构、功能、制造和使用方法进行介绍，南怀仁还专门写成《灵台仪象志》14卷并《仪象图》2卷，编入了新推的各种星表。由于明末历局所制的西式仪器均为铜木结构，并全数毁于李自成农民军的屠城之火；所以，南怀仁仪器的制成完成了中国天文机构在天文台仪器设施上的改造。这些仪器基本属于第谷的设计，是望远镜普遍用于天文测量之前最为先进的天文测量仪器。当然，南怀仁尚没有能力跟上同时代欧洲一流天文学家的脚步，把望远镜同这些古典仪器结合起来。

当然，南怀仁还做了一件事，就是对汤若望编定的《西洋新法历书》进行了重订，删除了书名中的敏感的“西洋”二字，并将它同《康熙永年历表》一起付印，汤若望口中的“西洋新法”又变回到徐光启原来所说的“新法”。后来，为了避乾隆皇帝弘历之讳，该书在收入《四库全书》时又被改成《新法算书》。

由于康熙皇帝的兴趣和推进，西方天文学在清朝的发展盛极一时，同时也极大地推动了天主教在中国的传教活动。鉴于这种情况，南怀仁不断写信回欧洲，要求耶稣会派遣更多精通天文学和各种科学的会士来

① 该书实际是天体运动的各种平运动表，使用地点是清朝的龙兴之地沈阳。至于书名中的“永年”二字，则明显是针对杨光先“若望进二百年之历”的指控而设的。

② 张柏春：《明清测天仪器之欧化——十七、十八世纪传入中国的天文仪器技术及其历史地位》，辽宁教育出版社，2000年。

华，以适应这里的需要。所以，从此之后，在康熙朝相当长的一段时间里，天文学和数学等方面的耶稣会专家源源不断地来到中国。他们或充当钦天监官员，或在宫廷里传授科学知识，或帮助清朝测绘全国地图，将清朝的科学活动推向了高潮。

四、乾纲独运：康熙皇帝对西方天文学的“袭用”

随着天文学水平的提高以及对中西天文学纷争认识的加深，康熙皇帝显然意识到，要使西方天文学被中国人真正接受，还必须采取一些措施。他找到的第一个切入点是明末清初一些汉族学者提出的“西学中源”说[①]。康熙皇帝看到了这一思想在化解中西对立方面的潜力，于是写了《御制三角形论》，提出：“历原出自中国，传及于极西，西人守之不失，测量不已，岁岁增修，所以得其差分之疏密，非有他术也。其名色条目虽有不同，实无关于历原。”[②]此说虽非康熙皇帝首创，但经过他如此推行，则产生了更大的影响。清初大数学家梅文鼎(1633～1721)在读过该书后，不仅完全接受了这一观点，而且还写成《历学会通补》2卷，对它进一步阐发[③]。这一观点在今天看来虽然完全不正确，但在当时却在客观上起到了平抑纷争的作用。

康熙皇帝选择的第二个切入点是对西方天文学、数学知识的直接

① 江晓原：“试论清代的‘西学中源’说”。《自然科学史研究》，1988年，第7卷，第2期，第101～108页。

② 王扬宗：“康熙《三角形推算法论》简论”。《或问》，2006年，第12卷，第113～127页。

③ 王扬宗：“康熙、梅文鼎和‘西学中源’说”。《传统文化与现代化》，1995年，第3期，第77～84页。

"袭用"(appropriation),也就是以皇帝的名义建立一套"御制"科学系统,将这些传自西方的知识全部囊括在内,直接为我所用。为此,他在1713年下令在蒙养斋设立"算学馆",用多年时间完成了《御制律历渊源》的编纂。这套大书由《御制历象考成》(历法,原名《御制钦若历书》)、《御制数理精蕴》(数学)和《御制律吕正义》(乐律)3部著作组成。其中,《御制历象考成》编成后于1724年得到正式刊行。

有清一代以皇帝之名编纂的书籍并不少,但大多只被冠以"御定"、"钦定"或者"御纂"之名,"御制"之名一般只用来表示皇帝亲手编定的著作。因此,这两个字的使用就将《御制律历渊源》整套著作同其他以皇帝之名编订的书籍区别开来。更重要的是,这两个字也不是在康熙皇帝去世之后才"追认"的,而是他在世时亲自规定的。在关于组建"算学馆"的旨意中,他明确使用了"朕所制律吕算法之书"①和"朕御制历法、律吕算法诸书"②等说法。而在为《御制律历渊源》所制的序文中,雍正皇帝不仅强调了该书为康熙皇帝亲作的事实,而且把它同这位君主的荣耀联系起来:

> 我皇考圣祖仁皇帝生知好学,天纵多能。万机之暇,留心律历算法,积数十年,博考繁赜,搜抉奥微,参伍错综,一以贯之,爰指授庄亲王等率同词臣,于大内蒙养斋编纂,每日进呈,亲加改正,汇辑成书,总一百卷,名为《律历渊源》……惟我国家声灵远届,文轨大同。自极西欧罗巴诸国专精世业,各献其技于阊阖之下,典籍图表灿然毕具,我皇考兼综而裁定之。故凡古法之岁久失传、择焉不精,与夫西洋侏

---

① 《圣祖实录》(卷二百二十五),五十二年六月丁丑。

② 王兰生:《交河集》。《北京图书馆藏珍本年谱丛刊》(第91册),北京图书馆出版社,199年,第414~415页。

> 离诘屈、语焉不详者，咸皆条理分明，本末昭析，其精当详悉，虽专门名家莫能窥其万一。所谓圣者能之，岂不信欤？……盖是书也，岂惟皇考手泽之存，实稽古准今，集其大成，高出前代，垂千万世不易之法。将欲协时正日，同度量衡，求之是书，则可以建天地而不悖，俟圣人而不惑矣。①

1724年《御制历象考成》正式刊行之后，清政府也采取了一系列的措施来显示该书作为御制科学的特殊地位。首先，它在钦天监的历书与天文计算中得到了正式采用：“雍正元年颁《历象考成》于钦天监，是为康熙甲子元法。自雍正四年为始，造《时宪书》一遵《历象考成》。”②

其次，1668年康熙“历狱”翻案成功后，有旨命南怀仁任钦天监监正。但南怀仁以自己是传教士，不便承担世俗权力为缘由谢绝了这一任命，而只愿意以专家身份“治理历法”。从此，“治理历法”就变成实际占据钦天监监正职位的传教士的头衔。《御制历象考成》受到正式采纳后，耶稣会士“治理历法”的头衔也被着令改成监正：“又议准其御制之书无庸钦天监治理，其‘治理历法’之西洋人授为监正。”③

第三，皇帝同时下旨，命令将每年颁行的民用历书封面上的“钦天监奏准印造《时宪历》颁行天下”改成“钦天监钦遵《御制历象考成》印造《时宪历》颁行天下”④；而且，在每次日月食前正式发布全国的预报前面也

---

① 允祉等编：《御制历象考成》(书前)。薄树人主编：《中国科学技术典籍同辉·天文卷》(七)，第463～466页。

② 《清史稿》，第1669页。

③ 《清史稿》，第1669页。

④ 允祹：《钦定大清会典则例》(卷一百五十八)，第9～11页。《钦定文渊阁四库全书》，台湾商务印书馆，1986年。有趣的是，到1736年，这一段文字又奉命被改成“钦天监钦遵《御制数理精蕴》印造时宪历颁行天下”，尽管《御制数理精蕴》是一部数学著作而非天文学著作。

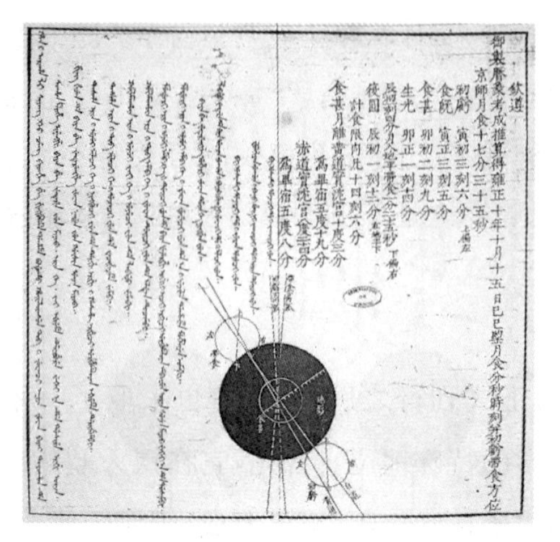

图 2　钦天监颁布的 1732 年 12 月 2 日月食预报

要加上“钦遵《御制历象考成》推算”的字样(图 2)。

明清时期,“钦遵”二字一般只用于表示遵照皇帝的旨意和律法等办事。它们在上述这些文件上的使用表明,《御制历象考成》一书已经具有了皇帝法令的效力,轻易不容挑战和改变。在京的耶稣会士也都明显地感受到了这一点,例如,法国耶稣会士巴多明(Jesuit Dominique Parrenin, 1665～1741)在 1730 年的一封书信中就这样写道:

> 已故的康熙皇帝自己[在天文学上的]作为远超前代君主:他的这一良好开端本应得到继续,但人们却认为不再有什么需要去做什么,已有的一切已臻完美。在其继任者雍正皇帝的安排下,这位明主下令编纂的那部伟大的天文学纲要[也就是《御制历象考成》]已经成书。该书已经得到印刷和颁行,因此也就变成了不容改变的律条:如果将来星辰们不与它保持一致,那将是它们自己的错,而不是计算者们的问题。至少不会有人会按照[天上的]现象来触动它,除非在季节[的安排]上出现了明显的错乱。①

① Parrenin, Dominique. Lettre du Père Pareenin à M. de Mairan, de l'Academie des Sciences, in *Lettres Edifiantes et Curieuses* 19. Toulouse: Noel-Etienne Sens [ect.], 1810～1811: 373～378.

乾隆年间编写的《四库全书总目提要》中指出，康熙皇帝编纂《御制历象考成》的原因有2点：一是由于清朝以来传入的西方天文学知识与《西洋新法历书》（即《崇祯历书》）“图表不合”；二是该书编纂时，“欧罗巴人自秘其学，立说复深隐不可解”①。事实确实如此，因为《崇祯历书》编纂时间紧迫，后来汤若望又进行过修改，所以其内容确实存在很多问题，甚至有很强的拼凑感。

例如，关于太阳运动，《西洋新法算书》的《日躔历指》和《日躔表》两部分所给出的竟然是两个完全不同的模型，而其中心差表实际又是根据另外一种不同的模型计算的②。还有，书中《月离表》部分所用的月亮表以及计算月亮位置的方法显然是以第谷月亮理论的完整版本为基础的；然而，其《月离历指》中关于第谷月亮理论的图文描述又是不完整的，不仅全然略去了对第谷发现的月亮二均差的明确描述，而且竟然还错误地以哥白尼月亮模型来解释月离表的计算方法③。在一位高水平的耶稣会士或者本土天文学家眼里，这些当然就是典型的“图表不合”；而在一般中国读者眼中，这样的混乱的理论当然显得“深隐不可解”。

相比之下，《御制历象考成》则扫除了这些问题。另外，其作者还对《西洋新法历书》的内容进行了大幅度的精简，只留下其中有关太阳、月亮、五星和恒星的内容，并省略了其中那些繁琐的论说，从而编成了一套由理论（书中叫“历理”）、算法（书中叫“历法”）和天文表3个部分组成的体系：

① 《四库全书总目提要》。

② 褚龙飞、石云里：“《崇祯历书》系列历法中的太阳运动理论”。《自然科学史研究》，2012年，第31卷，第4期，第412～429页。

③ 褚龙飞、石云里：“第谷月亮理论在中国的传播”。《中国科技史杂志》，2013年，第32卷，第3期，第330～346页。

旧命维新

上编:揆天察纪(历理)——

卷 1,历理总论;

卷 2～3,弧三角形

卷 4,日躔历理;

卷 5,月离历理;

卷 6～8,交食历理;

卷 9～15,五星历理;

卷 16,恒星历理。

下编:明时正度(历法)——

卷 1,日躔历法;

卷 2,月离历法;

卷 3～4,月食历法;

卷 5～9,土、木、火、金、水星历法;

卷 10,恒星历法。

表——

卷 1,日躔表;

卷 2～4,月离表;

卷 5～8,交食表;

卷 9～13,土、木、火、金、水星表;

卷 14,恒星表;

卷 15～16,黄赤经纬互推表

全书简单直接,条理分明,前后自洽,在易学易用、准确明晰等方面远远超过了《西洋新法历书》。

然而,康熙皇帝之所以发动《御制历象考成》等著作的编写,肯定不单单是为了解决上面的这些技术层面上的问题,而有着更多的考虑。首先，建立这样一个“御制”的科学系统无疑可以显示他作为一位伟大君主的文治武功，因为在中国历史上还没有哪一位统治者在科学上有过这样的作为。不过，于此同时，他也想凭借皇帝的权威来进一步平抑当时的天文学上的中西之争。所以，雍正皇帝在《御制律历渊源》序中不仅强调了套书乃“皇考手泽之存”，而且也强调，书中内容是集中法与西法之大成的，因此不能再简单地视作是西洋的内容。实际上，这番话正好说出了康熙皇帝编纂该书的另一个目的，即彻底泯除天文学和数学等领域里的中西畛域，使之彻底统一在“御制”科学的大旗之下。

此外，这样一套系统的建立还可以打破耶稣会士对包括清朝官方天文学的垄断，而这一点在当时也显得越来越必要。尽管最初康熙皇帝对耶稣会士非常信任，但是随着时间推移，这种信任在逐渐消退。尤其是通过耶稣会士和罗马教皇在“礼仪之争”中的表现，他看到了他们所代表的一股强大的政治势力，由此逐渐失去了对欧洲人的信任。这使他觉得，更有必要打破耶稣会士的对清朝官方天文学机构的垄断[①]。

实际上，为了实现这套著作的“自主性”，康熙皇帝确实费了一番脑子。例如，整个编纂计划的实施在名义上全部是由本土学者承担的，在机构上也完全独立于技术上被耶稣会士实际掌控的钦天监。而为了做到这一点，他从很早就开始在全国征访天文学和数学方面的专业人才。如1705年，他在南巡图中召见了梅文鼎(1633～1721)，次年即将梅文鼎之孙梅瑴成(1681～1764)招入内廷。1708年到1709年，他又数次召见了数学家陈厚耀，当面“试以算法”，最后也将他招入内廷[②]。他甚至还

① 韩琦：“自立精神与历算活动——康乾之际文人对西学态度之改变及其背景”。《自然科学史研究》，2002年，第3期，第210～221页。

② 韩琦：“陈厚耀《召对纪言》释证”。《文史新澜》，浙江古籍出版社，2003年，第458～475页。

对皇子们进行天文学和数学训练，而到1713年建立“算学馆”时，他则命皇三子胤祉亲理其事，并在其中安插了他“征访”来的何国宗、梅瑴成、魏廷珍、王兰生、方苞等人[①]。同时他还谕令胤祉等人：“举人照海等四十五人，系学算法之人，尔等再加考试，其学习优者，令其于修书处行走”[②]。

尽管《御制律历渊源》全部是以耶稣会士引入的欧洲科学知识为基础，并且在编纂过程中他们也经常被叫过去出谋划策[③]，但是，在书前开列的编纂者名单中，竟然没有出现任何耶稣会士的名字。而且，连钦天监的本土天文学家也只有4位出现在这份名单上。这是做法显然也是出于显示“自主性”的目的。

值得指出的是，《御制历象考成后编》也最大限度地吸收了清初中国天文学家对于西方天文学的研究成果。例如，在《四库全书总目提要》中，列举了该书最重要的6条技术改进。除了其中第一条所提到的黄赤道交角数值可能来自编纂者们的实测外，其余5条则应该是取自梅文鼎的《日差原理》、《交食蒙求补订》、《交食管见》、《五星纪要》和《弧三角举要》等书[④]。另外，书中的太阳和月亮运动模型则完全改变了《西洋新法历书》模型中所存在的混乱和矛盾，而这些工作似乎也不完全是耶稣会士帮助完成的。例如，清初天文学家杨作枚早已注意到《西洋新法历书》月亮理论中存在的那些问题，并且提出了与《御制历象考成》相同的模型，并将结果告诉了梅文鼎；所以，《御制历象考成》中的新月亮模型极有可能就是源自杨作枚，并通过梅文鼎和梅瑴成这条途径被采纳进来的[⑤]。

---

① 王兰生：《交河集》，第414～415页。
② 《圣祖实录》(卷225)，五十二年九月甲子。
③ 韩琦：“《格物穷理院》与蒙养斋——十七、十八世纪之中法科学交流”。
④ 石云里：“《历象考成》提要”。薄树人主编：《中国科学技术典籍通汇·天文卷》(七)，第459～462页。
⑤ 褚龙飞、石云里：“第谷月亮理论在中国的传播”。

另外，梅文鼎自己在《历学疑问》卷三中也已经提出了与《御制历象考成》中完全一样的太阳运动模型，因此极有可能是后者的实际模型。

所以，康熙皇帝追求的天文学上的“独立自主”并非只是停留在形式上，而确实具有一些坚实的“自主”工作的基础。而且，这些自主工作的做出必定也使清初的中国天文学家对“自主”具有了更多的自信心。

五、再起波澜：后康熙时代的西方天文学吸收

康熙皇帝在天文学上“乾纲独运”的结果虽然极大地消除了中国人接受西方天文学的障碍，但丝毫也没有消除中西天文学家之间的对立。相反，其中所传递出的要“独立自主”的信息，以及中国天文学家通过编纂该书而得到的自信却使得这种对立的情绪大大加剧。

事实上，到了《御制历象考成》完成之后，算学馆的骨干，尤其是梅瑴成（1681～1763）和何国宗，马上就站出来对耶稣会在钦天监的任职提出了挑战，这给北京的耶稣会士带来了很大的压力。在1732年写给总会长的一封信中，当时担任钦天监监副的葡萄牙耶稣会士徐懋德（André Pereira，1689～1743）这样写道：

> 自他[即康熙皇帝]死后，此前曾顽固地拒绝将他们的著作交付欧洲人修改审定的院士们[即算学馆成员们]立刻转向他的儿子，向这位继任者提出请求，试图使新的天文学改革[即《御制历象考成》的编纂]结果能够出版，他们为此已经工作了太长的时间。一开始，这位新皇帝没有满足他们的要求，而是命令把该书发还，徒劳地希望他们做进一步的打磨和核实。可是最后，在他即位后的第三年，雍正皇

> 帝终于被说服，并发下一道旨意，那原来被遮遮掩掩的东西终于被摆到了明处[指原来算学馆的中国官员不愿意将《御制历象考成》书稿交付耶稣会士审定，而现在终于使该书得到刊刻]，并从此变成了固定的律条。钦天监在历书的计算和编写过程中被迫以此为准，不容有丝毫的偏离。而那些中国学者完全陶醉于自己的愿望，似乎他们已经摆脱了他们老师[也就是康熙皇帝]的老师们[也就是耶稣会士]。
>
> 那个时候，我们对形势充满恐惧。中国人已经在散播谣言，企图使欧洲人不再占据数学家席位[也就是不再担任钦天监监正]，从而使在这个国家里传播我主信仰的唯一根基——正如我们所知，也就是对欧洲数学的依赖——能够被彻底拔除。这在当时并非是无端的恐惧。在得到这个机会后，来自同一学院[即算学馆]的另一位何姓官员[即何国宗]给新皇帝上了一道奏折。此人是基督之名的敌人，是那位曾经煽动起对汤若望神父疯狂指控的同姓人士的后代。除了其他指控外，他提出，既然天文学改革结果已经由中国院士们发布出来，钦天监及其行星观测与交食历书编算都不应该继续按照欧洲人的工作来指导，而应该让来自同一学院的一位梅姓官员[即梅瑴成]来承担这一职责。他建议让梅来取代欧洲人。①

虽说雍正皇帝没有采纳这项建议，但对耶稣会士们来说，这绝对是一个十分危险的信号。

此外，康熙皇帝死后，情况变得对在华耶稣会士越来越不利。1724年1月，雍正皇帝签署了一道指令，下令将所有传教士从国内驱除出境，只有在朝供职的天文学家、画家和技师例外。

---

① Rodriges, Fransisco. *Jesuitas Portugueses Astrónomos na China*. Porto: Tipografia Porto Medico, 1925:88 - 89.

在这种环境下，耶稣会天文学家们就需要证明，尽管《御制历象考成》已经完成，但是，对在中国维持一个稳定的历法系统来说，耶稣会士在钦天监的服务仍然是必不可少的。不过，长期令他们感到不安的还有另外一件事情，就是第谷天文学系统内在的误差问题。

尽管耶稣会士及其中国支持者一直让清朝君主们相信，西法在日月食预报等方面已经达到了"密合天行，尽善尽美"的程度，但实际情况远非如此。由于理论本身的局限，以《西洋新法历书》和《御制历象考成》系统所作的日月食时刻预报的标准误差在15分钟左右。在许多情况下，该误差甚至达到30分钟[①]。

事实上，从明末历法改革开始的时候，在华耶稣会士就相当清楚，第谷体系在实际天象计算中还远非完美。1621年，邓玉函在其欧洲通信中就提到，"第谷体系虽好，但有时它的误差也有一刻钟之多"[②]。到1669与1670年，另外两位在华耶稣会士聂仲迁(Adrien Grelon，1618～1696)和恩理格(Christian W. Herdtrich，1625～1684)也表达了同样的焦虑[③]。南怀仁公开欧洲读者们抱怨，中国官员"希望我们的计算与天密合"，而实际上，即便是欧洲最有名的天文学家在他们的天象预报中"彼此也会相差半个小时甚至更多"[④]。然而，在《御制历象考成》编纂之前，这些耶稣会士没有人向中国官方透露这个秘密，中国官员也无人知道"西法"在天象预报中的实际误差。对此，南怀仁曾怀着满意的心情与

---

① 石云里、吕凌峰："礼制、传教与交食测验"。《自然辩证法通讯》，2002年，第24卷，第6期，第44～50页；石云里、吕凌峰："中'道'与西'器'"。

② D'Elia, M.. *Galileo in China*: 30

③ Golvers, Noel. *The Astronomia Europaea of Ferdiand Verbiest, S. J. (Dillingen, 1687): Text, Translation, Notes and Commentaries*. Nettetal: Steyler Verlag, 1993:221、245-246.

④ Golvers, Noel. *The Astronomia Europaea of Ferdiand Verbiest*: 81.

宗教自信这样描述：

> 即便是欧洲最著名的天文学家的表格和计算常常都会出现与实际观测到的天象之间的巨大差异。每当细细思量此事，我并不怀疑，正是由于上帝格外的恩惠，在中国人把我们的天文学和计算同天体运动进行比较的这么多年中，竟然没有发现有丝毫的差池！我坚持认为，这是因为神的仁慈掩盖了任何可能的误差：通过观测者的粗心、阴云，或者上天对我们某种类似的骄纵，因为它要让一些朝有利于我们宗教的方向扭转。①

事实上，至少从康熙"历狱"之后开始，钦天监每次交食后提交给皇帝的报告中的所有数据都是直接抄自预报，而并非像清朝的交食礼制中所规定的那样是实际观测数据。这就给人一种印象，似乎钦天监的每次预报的确都是与天密合的②。这可能就是上述秘密为什么会被保持如此长时间的原因所在。

一开始，真相得到了很好的掩盖，连康熙皇帝也没有意识到问题的存在，并在相当长的时间里保持了对西法的信任。1704 年 12 月 7 日，他在内廷观测了一次日食，并且注意到钦天监的预报的错误。然而，最终他还是把错误归咎于钦天监官生在推算过程中"将零数去之太多"，而没有怀疑所用天文系统的可靠性，还一口咬定"新法推算无舛错之理"③。

可是，到了 1711 年，康熙皇帝在观测夏至时刻时又一次发现钦天监

① Golvers, Noel. *The Astronomia Europaea of Ferdiand Verbiest*: 75.
② 石云里、吕凌峰："礼制、传教与交食测验"。
③ 石云里、吕凌峰："礼制、传教与交食测验"。

预报的错误，并以此作为发动《御制历象考成》编纂的一个理由①。为此，他下令钦天监彻查此事，由此引发了耶稣会内部的一场纷争，并在1716年达到高潮。一方面，被推荐给康熙作为天文学顾问的法国耶稣会士傅圣泽(Jean-François Fouquet，1665～1741)强烈要求在钦天监工作的耶稣会士至少承认钦天监的预报至少“小有误差”。而另一方面，担任钦天监监正的纪利安(Killian Stumpf，1655～1720)与其他宣誓效忠耶稣会葡萄牙副省区的耶稣会士则反对这样做，理由是“同中国人与伊斯兰教徒对欧洲天文学的所有反对相比，这样的承认都更加有害”②，因为它会导致对耶稣会著名前辈们，尤其是对南怀仁的怀疑，由此危及在华传教事业③。

在辩论中，傅圣泽还向提出，钦天监应该通过采用法国天文学家刺锡尔(Philip de La Hire，1677～1719)的新天文表进行历法改革。纪利安却坚持，只有当刺锡尔的天文表对过去50次日月食的计算与实际天文观测相符时，他才同意采用它们④。不过，应康熙皇帝之命，傅圣泽把刺锡尔的天文表改编成中文，并编写了《历法问答》介绍其原理与使用。

① 韩琦：“科学、知识与权力——日影观测与康熙在历法改革中的作用”。《自然科学史研究》，2011年，第30卷，第1期，第1～18页。但是，经过分析，康熙皇帝的观测实际上比钦天监的预报误差更大。因此，康熙皇帝也许是有意通过“发现”这一偏差来作为启动欧洲天文学本土化的计划。详细分析见 Shi Yunli. Reforming Astronomy and Compiling Imperial Science: Social Dimension and the *Yuzhi Lixiang kaocheng houbian*. *East Asian Science, Technology and Medicine* **28**,2008:47－73, n. 44.

② Witek, John W. (1982). *Controversial Ideas in China and in Europe: A Biography of Jean-François Foucquet, S. J. (1665～1741)*. Roma: Institutum Historicum S. I: 183, n. 87.

③ Jami, Catherine (1994). The French Mission and Verbiest's Scientific Legacy, in John W. Witek (ed.), *Ferdinand Verbiest (1623～1688): Jesuit Missionary, Scientist, Engineer and Diplomat*. Nettetal: Steyler Verlag, 1994:531－542.

④ Witek, John W. (1982). *Controversial Ideas in China and in Europe*: 183, n. 87.

该书不仅详细地介绍了哥白尼的日心地动理论，而且还引用了开普勒之后欧洲天文学的许多重要新发展，并公开攻击第谷天文学在许多方面存在的问题[①]。但可惜康熙皇帝最后失去了对它的兴趣，既没有在《御制历象考成》中参考它，也没允许对它加以出版，因此该书对中国天文学没能产生应有的影响。

尽管傅圣泽建议的天文学改革以流产告终，《御制历象考成》的编写最终也仍然是以《西洋新法历书》作为基础完成的，但是他关于"如果让中国人自己发现西方天文学理论的缺陷，支持这种理论的耶稣会士就会给中国的传教事业带来信任危机"[②]的警告却引起了耶稣会士们的注意，使他们不得不认真地对待这一问题。当然，傅圣泽看来也同意通过进一步的观测来解决这一争议。

继续研究和观测的任务落到了新近来华的德国耶稣会士戴进贤(Ignaz Kögler, 1680～1746)的肩上，他于1717年以天文学家的身份被召往北京，不久便开始了对日月食的系统观测，并根据观测检验用刺锡尔、弗兰姆斯蒂德(John Flamsteed, 1646～1719)等人的天文表以及和曼福瑞迪(Eustachio Manfredi, 1674～1739)天文历书所做预报的精度[③]。与此同时，戴进贤也开始寻找更加可靠的天文表以便用于中国。很快，他的朋友、德国耶稣会天文学家格拉马迪奇(Nicasius Grammatici,

---

① 有关《历法问答》的初步研究，参见 Martzloff, Jean-Claude. A Glimpse of the Post-Verbiest Period: Jean-François Fouquet's *Lifa wenda* (Dialogues on Calendrical Techniques) and the Modernization of Chinese Astronomy or Urania's Feet Unbound, in John W. Witek (ed.), *Ferdinand Verbiest (1623～1688)*: 520 - 529; Hashimoto Keizo and Catherine Jami (1997). Kepler's Laws in China: A Missing Link? *Historia Scientiarum* 6 - 7: 171 - 185.

② Jami, Catherine. *The French Mission and Verbiest's Scientific Legacy*.

③ Shi Yunli. Eclipse Observations made by Jesuit Astronomers in China: A Reconsideration. *Journal for the History of Astronomy* 31, 2000: 136 - 147.

1864～1736）根据牛顿月亮理论编纂的日月运动表引起了他的注意。这套天文表出版后马上就被寄往中国，并于1727到达了北京的耶稣会士手中。在1728年8月19日晚的月食中，耶稣会士就把基于剌锡尔表和格拉马迪奇表的预报与世纪观测结果进行了比较，“观测结果与基于剌锡尔表的预报相差甚大，而同基于去年从德国寄来的那些材料的预报极其相符。那些材料就是按照牛顿系统编制的日月运动表”[①]。

最后，北京的耶稣会士们决定发起一场改革，以解决系统中存在的问题。毫无疑问，这也是对何国宗和梅瑴成等本土天文学家的反击。关于这一点，从前引徐懋德1732年致耶稣会总长的信中可以明显看出。在这封信中，徐懋德报告了他们是如何用新的理论和观测来测验《御制历象考成》，以便揭露其存在的误差。此外，他还描述了在得知《御制历象考成》误差后，雍正皇帝是如何斥责本土天文学家们的无知并赞扬耶稣会天文学家们的工作的。在徐懋德眼里，这些事件以及耶稣会士天文改革的成功完全是对他们中国对手们的全胜[②]。

1730年7月15日的日食为在华耶稣会天文学家们提供了一个绝好的机会，因为，正如徐懋德在1732年的信中所言，这是自《御制历象考成》印行后北京可见到的第一次日食，而且是大食分日食。日食之前，戴进贤和徐懋德把根据新方法做出的预报提交给钦天监满监正[③]明图，并向他报告了以《御制历象考成》所做预报的误差。当他们报告的情况得到日食观测的证实后，明图给雍正皇帝上了一道奏折，很有策略地指出，从实际观测中发现《御制历象考成》已经出现“微差”。他因此建议皇帝

① Gaubil, Antoine. *Correspondance de Pékin*, Genève: Droz, 1970:213.

② Rodriges, Fransisco. *Jesuitas Portugueses Astrónomos na China*: 91 - 97.

③ “康熙历狱”平反后，钦天监分别设立了满监正和汉监正两个位置，满监正职位稍高于汉监正，而汉监正的位置实际上一直有耶稣会士充任。

下旨,让两位耶稣会士组织专业人员进行研究和修改[1]。

这一奏折得到皇帝批准后,在明图监修下,戴进贤和徐懋德编制了一套新的太阳和月亮表。这套表在1732年已经完成,被定名为《御制历象考成表》[2],并且于1734年正式投入使用[3]。"但此表并无解说,亦无推算之法",因此除了戴进贤,"能用此表者惟监副西洋人徐懋德与食员外郎俸五官正明安图(1692～1765),此三人外别无解者"[4]。鉴于这种情况,此前曾参与算学馆工作[5]的礼部尚书顾琮在1737年上书新近即位的乾隆皇帝,指出这些内容"若不增修明白,何以垂示将来,后人无可推寻,究与未经修纂无异"。他因此请求乾隆皇帝下令组织人员"尽心考验,增补图说,务期能垂永久",同时,"如《历象考成》内倘有酌改之处,亦令其悉心改正"[6]。

显然,这次顾琮和乾隆皇帝都别无选择,只能依靠2位耶稣会士以及明安图3人以及钦天监。因此,顾琮建议"以戴进贤为总裁,徐懋德、明安图为副总裁","至推算、校对、缮写之人,于钦天监人员内酌量选

---

① Rodriges, Fransisco. *Jesuitas Portugueses Astrónomos na China*: 91－93. 在他的信件中,徐懋德描述了这次预报与观测是如何进行,并最终上报给皇帝的。根据他的描述,新方法的准确性同样在1731年11月9日和12月29日发生的两次月食中得到证明。

② Shi Yunli and Xing Gang. The First Chinese Version of the Newtonian Tables of the Sun and the Moon, in Chen K-Y., W. Orchiston, B. Soonthornthum, and R. Strom (eds.), *Proceedings of the Fifth International Conference on Oriental Astronomy*. Chiang Mai: Chiang Mai University, 2006:91－96.

③ 当时朝鲜官方天文学家从清朝所办法的当年的历书里发现了这一变化,参见本书"天文与外交"一章。

④ 戴进贤等:"奏疏",《御制历象考成后编》,第4～5页。薄树人主编:《中国科学技术典籍通汇·天文卷》(七),第959～1338页。

⑤ 他的名字出现在《御制律历渊源》前面的"纂修编校诸臣职名"中,当时的头衔为"吏部员外郎"。

⑥ 戴进贤等:"奏疏",《御制历象考成后编》,第4～5页。

用”，并且“即在钦天监开馆”，至于改历过程中的一应公文，则都依照礼部旧有的格式，并加盖钦天监印信①。换句话说，这次修改主要将由钦天监负责。

这些建议似乎是将修改权限落实到了钦天监和2位传教士身上。但是，有趣的是，之后顾琮突然又提出：“再查增修表解图说，必须通晓算法兼善文辞之人修饰润色，庶义蕴显着。”因此，请求皇帝“准将梅瑴成命为总裁，何国宗命为副总裁，效力行走”。这等于是要把戴进贤、徐懋德和明安图3位内行人的总裁、副总裁职务撤除，而让只能参与“修饰润色”的人来承担其职。

对于顾琮的这份奏折，乾隆皇帝只批了“知道了”3个字，没有明确表态。而在6个月后，他则下令庄亲王允禄总理编纂事务②，而允禄此前则担任过《御制律历渊源》的总编修官。这样，经过5年的工作，新历书于1742年5月最终编竣，并被命名为《御制历象考成后编》。在书前的编纂官员名单中，戴进贤和徐懋德出现在8位“汇编”者之中。尽管他们的名字只是被排列在顾琮、张照、何国宗、梅瑴成和进爱等5位本土官员之后，但是对于雍正、乾隆时代的在华耶稣会士来说，这已经是一个不小的胜利了。

与《御制历象考成》相比，《御制历象考成后编》内容的知识面进一步缩小，只涉及太阳、月亮和日月食3个方面的内容，没有涉及五星运动。不过，就天文学本身而言，《御制历象考成后编》还是引进了欧洲天文学的一系列新知识，包括开普勒的第一和第二定律、开普勒方程的几何解法、牛顿（Isaac Newton，1642～1727）的月亮理论，以及由卡西尼（Jean-

① 戴进贤等：“奏疏”，《御制历象考成后编》，第4～6页。
② 戴进贤等：“奏疏”，《御制历象考成后编》，第5～6、8页。

Dominique Cassini，1625～1712)和里歇(Jean Richer，1620～1682)等欧洲一流天文学家所取得的一些重要天文观测数据与天文常数值[1]，在相关方面与欧洲数学天文学在18世纪中期的最高水平基本保持了平行。由于这些知识的引进，该书日行理论的精度比《御制历象考成》提高了10倍以上，月行理论在月黄经的计算方面精度提高了4倍以上，在黄纬计算方面精度则提高更多[2]，日食预报的标准误差也被控制在了8分钟之内[3]，从而把清朝对天文计算的水平提到了一个全新的高度上。

但是，对于清政府来说，同《御制历象考成》的编写一样，该书的编纂并不仅仅是一个科学和技术层面上的问题。因为，既然前面已经把《御制历象考成》说成是"实稽古准今，集其大成，高出前代，垂千万世不易之法"，那么《御制历象考成后编》的出现就不能显得是在推翻前面已经确定的这个"固定的律条"，而必须与之保持一致，以维持康熙皇帝的权威与荣耀。

为了达到这种效果，戴进贤等人对欧洲新天文表和天文理论的引进没有被作为一场历法改革来处理，而只是被当成对"御制"系统的修订与补充。所以，当戴进贤和徐懋德在1732年完成新的太阳月亮表时，雍正皇帝只是下令，将它们附于《御制历象考成》之后[4]，而没有将它们作为一部独立的著作。结果，这套新表不但没有署名，还被莫名其妙地命名为《御制历象考成表》(图3)，全然不顾《御制历象考成》之中本身已经附有名称完全相同的10多卷的表，而且新表其实与《御制历象考成》内容

① 石云里:《中国古代科学技术史纲天文卷》，辽宁教育出版社，1995年，第34～35页。

② 石云里:"《历象考成后编》中的中心差算法及其日月理论的总体精度"。《中国科技史料》，2003年，第24卷，第132～146页。

③ 吕凌峰、石云里:"清代日食预报的精度分析"。《中国科技史料》，2003年，第24卷，第4期，第283～290页。

④ 戴进贤等:"奏疏"，《御制历象考成后编》，第8页。

御製曆象考成表 卷上 太陽均數表 十五

引度	初宫			一宫			二宫			引度	引度	三宫			四宫			五宫			引度
度	度	分	秒	度	分	秒	度	分	秒	度	度	度	分	秒	度	分	秒	度	分	秒	度
[illegible]	[illegible]	[illegible]	[illegible]	[illegible]	[illegible]	[illegible]	[illegible]	[illegible]	[illegible]	[illegible]	[illegible]	[illegible]	[illegible]	[illegible]	[illegible]	[illegible]	[illegible]	[illegible]	[illegible]	[illegible]	[illegible]
加	十一宫			十宫			九宫			减	加	八宫			七宫			六宫			减

图 3 《御制历象考成表》书影

毫不相关的事实。

同样的策略也被用到《御制历象考成后编》的编纂之中。首先，《御制历象考成》作为“御制”科学的意义被赋予了重新诠释。它不再被称为是“垂千万世不易之法”，而是强调该书揭示了天文历法之“道”或者“理”；只要掌握了它，则后代天文学家完全可以随时按理修改。关于此点，允禄在他 1738 年的奏疏中说得非常明白：

……我圣祖仁皇帝学贯三才，精研九数。《御制历象考成》一书……其理则揆天协纪，七政经纬，究极精详。其法则彰往测来，千岁日至，可坐而致。于是即数可以穷理，即理可以定法。合中西为一揆，统本末于一贯。非惟极一时之明备，实以开千古之颛蒙。纵或久而有差，因时损益，其道举不越乎此矣……①

① 戴进贤等：“奏疏”，《御制历象考成后编》，第 7 页。

换句话说,未来的任何修改都可以在这一“御制”科学的框架内加以完成,因此都是这种科学的进一步延续。尽管这份奏疏中对于《御制历象考成后编》的赞誉显得有点冗长,但它恰如其分地反映了允禄试图鼓吹《御制历象考成》永久权威的努力。到1742年向乾隆皇帝进献编成的《御制历象考成后编》时,允禄在进书奏疏中几乎一字不动地重述了这一观点,并且还不忘提到“其理虽不越[《御制历象考成》]上、下二编之范围”①。

其实,为了体现《御制历象考成后编》与《御制历象考成》的一致与连续性,乾隆皇帝和允禄等人确实花费了一番心思。

首先,他们在《御制历象考成后编》编纂人员的组织方式上保持了与《御制历象考成》的一致。除了直接受命于皇帝外,两次编纂工作都是由两位亲王挂帅,由“汇编”和“分校”官员承担具体编纂、校正工作,并辅以一定数量的辅助人员(见方框图1和2)。在人员组成中,最具有标志性意义的是两位亲王,这显然就是为什么乾隆皇帝没有批准戴进贤、徐懋德、何国宗和梅瑴成担任“总裁”一职,而是先任命允禄担任此职,最后又

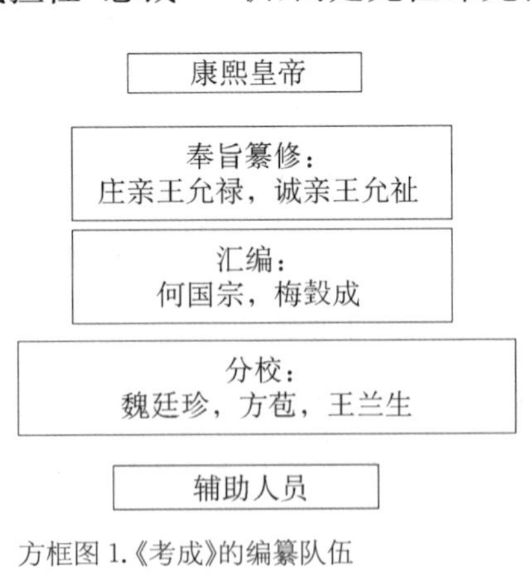

方框图1.《考成》的编纂队伍

① 戴进贤等:“奏疏”,《御制历象考成后编》,第11～12页。

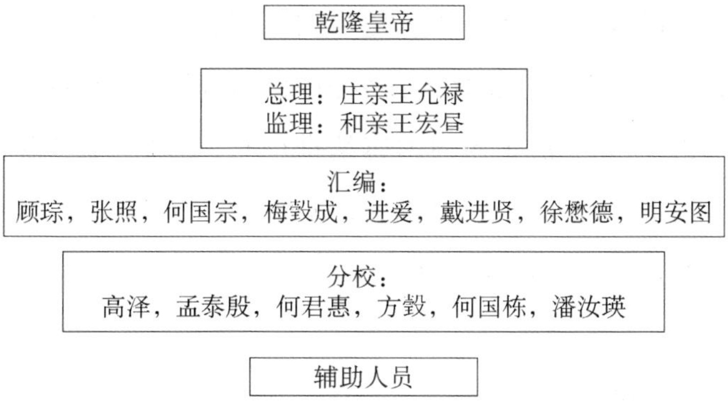

乾隆皇帝

总理：庄亲王允禄
监理：和亲王宏昼

汇编：
顾琮，张照，何国宗，梅㲄成，进爱，戴进贤，徐懋德，明安图

分校：
高泽，孟泰殷，何君惠，方㲄，何国栋，潘汝瑛

辅助人员

方框图 2.《后编》的编纂队伍

让和亲王弘昼充任“监理”的原因。另外，为了显示皇帝在编纂中的作用，新书也被明确说成是乾隆皇帝“道隆继述”的，而且在其第一稿和最终稿分别于 1738 和 1742 年完成后，也被进呈给乾隆皇帝“亲加裁定”，以便使它成为名符其实的“钦定”之书①。

第二，他们决定，仍然按照《御制历象考成》的书名来为新完成的著作确定名称。关于此点，允禄在他 1738 的奏折中给出了明确的交待：

> 再查《御制历象考成》原分上、下二编，今所增修事属一例。故凡前书已发明者，即不复解说。至书中语气多考西史，臣等敷其意义，伏请圣裁。洪惟《御制历象考成》，圣祖仁皇帝指授臣允禄等率同词臣于大内蒙养斋编纂，每日进呈，亲加改正；世宗宪皇帝御制序文刊刻，颁行天下。煌煌巨典，与日月同光矣。我皇上道隆继述，学贯天人。今所增修，伏乞亲加裁定，颜曰《御制历象考成后编》，与前书合成一帙。②

① 戴进贤等：“奏疏”，《御制历象考成后编》，第 10 页。
② 戴进贤等：“奏疏”，《御制历象考成后编》，第 9～10 页。

也就是说,新完成的著作只是《御制历象考成》“上编”和“下编”的续编,因此就应该顺乎逻辑地被命名为同一部著作的“后编”。

第三,新完成著作的内容编排也与《御制历象考成》保持了一致,包含了历理,历法和表三个部分。只不过为了避乾隆皇帝弘历的名讳,书中用“数”和“步”代替了“历”字:

数理——

卷1,日躔数理;

卷2,月离数理;

卷3,交食数理。

步法——

卷4,日躔步法;

卷5,月离步法;

卷6,月食步法,日食步法。

表——

卷7,日躔表;

卷8,月离表上;

卷9,月离表下;

卷10,交食表。

第四,新完成的著作的版式风格也与二十年前刻印的《御制历象考成》保持了一致(图4)。尤其在两书中缝的标题中,“御制历象考成”几个字用的都是大字体,而“上编”、“下编”和“后编”使用的则都是小字体。这就更加强化了这样一种印象:《御制历象考成后编》并不是一部独立的著作,而仅仅只是《御制历象考成》的一个组成部分,是“上编”与“下编”

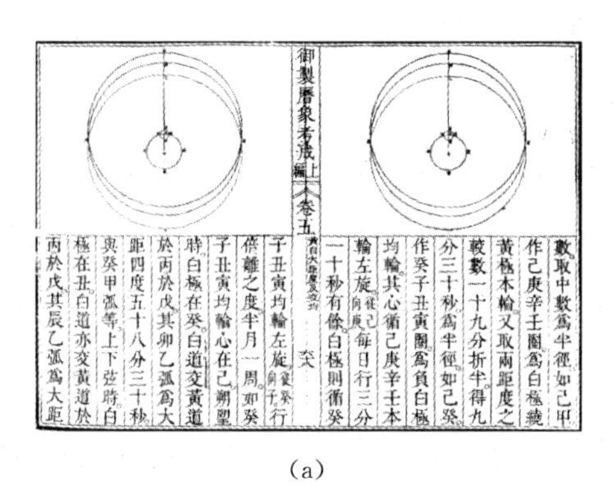
御製曆象考成上編 卷五

數取中數爲半徑如己甲
作己庚辛壬圈爲白極繞
黃極本輪又取兩距度之
較數一十九分折半得九
分三十秒爲半徑如己癸
作癸子丑寅圈爲負白極
均輪其心循己庚辛壬本
輪左旋每日行三分
一十秒有餘白極則循癸
子丑寅均輪左旋行
倍離之度半月一周如癸
子丑寅均輪心在己朔望
時白極在癸白道交黃道
於丙於戊其卯乙弧爲大
距四度五十八分三十秒
與癸甲弧等上下弦時白
極在丑白道亦交黃道於
丙於戊其辰乙弧爲大距

(a)

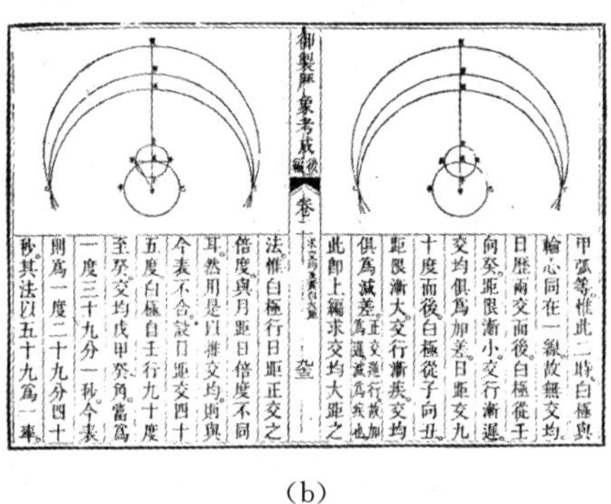
御製曆象考成後編 卷十

甲弧等惟此二時白極與
輪心同在一線故無交均
日躔兩交而後白極從壬
向癸距限漸小交行漸遲
交均俱爲加差日距交九
十度而後白極從子向丑
距限漸大交行漸疾交均
俱爲減差
此即上編求交均大距之
法惟白極行日距正交之
倍度與月距日倍度不同
耳然用是以推交均與
今表不合設日距交四十
五度白極自壬行九十度
至癸交均戊甲癸角當爲
一度三十九分一秒今表
則爲一度二十九分四十
秒其法以五十九爲一率

(b)

图 4 《御制历象考成》(a)与《御制历象考成后编》(b)的版式比较

的延续。

需要强调的是，上面这几点的确是出于《御制历象考成后编》编纂组织者的有意设计。例如，在该书太阳部分的初稿于 1738 年 6 月完成后，允禄就将它的复本进呈给乾隆，请他对全书的“体制”进行把关：

> 所有应行修饰文义以合体制之处，伏乞发下改正，再呈御览，恭请钦定①。

显然，这里所谓的“体制”就是指与御制科学，尤其《御制历象考成》所代表的御制天文学地位相称的各项标准。

作为这次新表和新书编纂过程中的核心，两位耶稣会士的行动则受到他们“双重身份”的影响：首先，作为政治地位较清初一落千丈的钦天监外来技术官员，他们的行为只能唯皇帝和上级官员的马首是瞻，因此，在新知识的介绍中只能遵从“御制”科学的“体制”，尽量保持与《御制历象考成》的一致性，以维护中国皇帝的荣耀与权威；其次，作为耶稣会士，

① 戴进贤等：“奏疏”，《御制历象考成后编》，第 10 页。

他们既要同自己的上级保持一致，又要避免自己的新知识会危及汤若望和南怀仁等在华前辈的信誉。

因此，他们最后只能十分甘心地与本土的政治力量做出权利上的妥协，不得不按照本土官员和天文学家们所设定的程式，把全部的新知识塞入由这些人预先设定的框架之中。这种削足适履的事情不仅表现在《御制历象考成后编》对《御制历象考成》三重内容结构的遵从等方面，甚至还表现在对一些新天文学理论的诠释上，尤其是对牛顿月亮理论的处理方式上。由于在欧洲完全找不到能够满足《御制历象考成》"数理"部分格式需要的牛顿月亮理论版本，所以戴进贤和徐懋德只能根据这一需要自己编写。而且，为了体现同《御制历象考成》的连续性和一致性，他们不仅保持了该书的论说风格，而且还尽可能地用其中的理论来解释牛顿在月亮理论上的新发现，从而完成了一份地地道道的"有中国特色的牛顿月亮理论"①。

需要指出的是，《御制历象考成后编》中所暗含的宇宙模型实际上十分怪诞，即在地心宇宙模型中使用开普勒椭圆轨道理论。这一怪诞做法既与在华耶稣会士的上述双重身份有关，也与当时耶稣会在宇宙论上的整体态度有关。

18世纪上半期，围绕哥白尼体系和牛顿哲学是否正确的问题，耶稣会内部正在进行争论。耶稣会德高望重的神学家和哲学家阿莫特(Eusebius Amort，1692～1775)对它们都持否定态度，并在自己的《行星体系》(*Systema Planetarium*，1723)提出了一种新的行星运动模型。其中，水星与金星围绕太阳运动，而太阳、月亮和其他三大行星都沿着椭圆

---

① 有关这个问题的详细分析，见 Shi Yunli. Reforming Astronomy and Compiling Imperial Science: Social Dimension and the *Yuzhi Lixiang kaocheng houbian*. *East Asian Science*, *Technology and Medicine*, **28**, 2008: 47 - 73.

轨道围绕地球运动，而维持它们运动的则是其各自轨道范围内的“大气”(atmospheram)(图 5)，而不是万有引力[①]。1724 年，阿莫特写信给远在中国的戴进贤，询问他对这一问题的看法。在回信中，戴进贤表示，他“心怀敬意并毫不怀疑地”接受阿莫特的行星模型[②]。显然，戴进贤也将这一立场带到了《御制历象考成后编》的编写中。当然，这样做也同时符合他在该书编写过程中的“双重身份”：既维护了《御制历象考成后编》与《御制历象考成》在宇宙假设上的一致，又因此同时维护了中国皇帝和耶稣会前辈的权威和信誉。

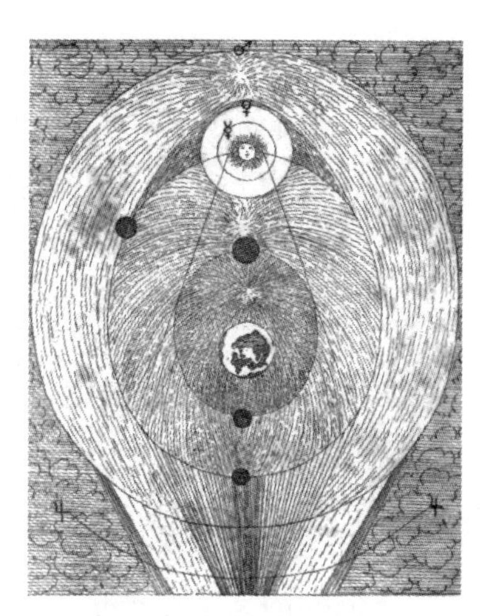

图 5　阿莫特的行星运动模型

通过清朝政府、耶稣会士和清朝天文学家的这一番处理，《御制历象考成后编》就变成了对《御制历象考成》的延续，也成为康熙御制科学中的组成部分。这一结果受到了清朝官员们的欢呼。在 1738 年所上的奏折中，允禄就称颂这两部著作是清朝三代皇帝“圣圣相承，三朝之制作后先辉映，昭一代之鸿模”的巨制[③]。同样的颂词也见于乾隆年间其他一些官修著作中。例如，在《皇朝文献通考》中，《御制历象考成后编》就被明确的归功于乾隆皇帝，指出：

---

① Amort, Eusebius. Systema Planetarum, quies Terrae Adversus Copernicanos Stabilita, in his *Nova Philosophiae Planetarum et Artis Criticae Systemata Adumbrata*. Norimberga: Lochmann, 1723.

② 戴进贤 1730 年 10 月从北京致阿莫特的亲笔信. Bayerische Staatbibliothek, clm. 1403.

③ 戴进贤等：“奏疏”，《御制历象考成后编后编》，第 10 页。

> 测验之学，积久而弥精。自西史第谷以来，其法盛行。我圣祖仁皇帝创《历象考成》上、下二编，阐发精微，洞彻理数，固已贯通中西之法，以归于大同，垂诸万世矣。西洋噶西尼、发蓝德等即将第谷未尽之蕴更为推衍，穷极纤维……是以世宗宪皇帝特命修日躔、月离二表，续于《历象考成》之后。然未加详说，亦未及推算之法。我皇上缵续前绪，夙夜勤求，复增修表解图说，凡新法与旧法不同之处疏剔精凿，而古法新制吻合无殊。仰见圣学之高深，而心源之符合也已。①

同样的文字也被录入《钦定四库全书提要》中[69]。

《御制历象考成后编》编成后，朝本土天文学家与耶稣会士之间的冲突也基本平息。耶稣会士继续在钦天监中担任监正等要职，并以弗兰姆斯蒂德的《不列颠星表》(*Historia Coelestis Britannica*, 1725)为蓝本，在1745到1752年之间完成了《钦定仪象考成》32卷，从而完成了当时欧洲最先进的恒星表的引入。

然而，具有讽刺意味的是，尽管欧洲天文学已经被纳入"御制"科学之中，但是中国文人对这种天文学的批评却并没有真正平息。尤其是在法国耶稣会士蒋友仁(Michel Benoist, 1715～1774)在他的世界地图中把日心地动说正面介绍到中国后②，马上就激起了他们对西方天文学在宇宙模型上前后不一的不满。最著名的批评来自大学者阮元(1764～1849)，他是18世纪中期后清朝科学界中最有影响力的作者。在谈到这

① 张廷玉等:《钦定皇朝文献通考》(卷229)，第12a～b页。《钦定文渊阁四库全书》，台湾商务印书馆，1986年。

② Sivin, Nathan. Copernicus in China, in his *Science in Ancient China, Researches and Reflections*, IV, Variorum. This article is a revision of an earlier version published in 1973 in *Studia Copernicana 6*, Warsaw, Institute for the History of Science, Polish Academy of Sciences.

种不一致时，他指出：

> 自欧罗巴向化远来，译其步天之术，于是有本轮、均轮、次轮之算。此盖设形象以明均数之加减而已，而无识之徒以其能言盈缩迟疾之所以然，遂误认苍天果有如是诸轮者，斯真大惑矣。乃未几而所谓诸轮者又易为椭圆面积之术，且以为地球动而太阳静。是西人亦不能坚守其前说也。夫第假象以明算理，则谓椭圆面积可，谓地球动而太阳静亦何所不可？然其为说至于上下易位、动静倒置，则离经叛道，不可为训，未有若是甚焉者也。地谷至今才百余年，而其法屡变如此。自是而后必更于此数端之外，逞其私智，创为悠谬之论者，吾不知其伊于何底也。①

在华耶稣会士曾担心，承认旧有天文学体系的差误并引进新的理论体系会危及在华耶稣会前辈们的声誉。阮元的批评表明，耶稣会士门的这些担心并非多余。但是，从其精神气质上来看，近代欧洲科学显然容不得人们在新旧科学之间做出如此这般的简单调和。所以，纸终究包不住火。当新科学的真相大白于中国人面前之时，前面所有的那些伪装都会不攻自破。这就证明，不管是自愿还是非自愿，耶稣会士在向中国传播欧洲近代科学过程中所采取的这种传播方略是彻底失败的，而清朝统治者和天文学家们强加到科学工作上的那些科学以外的价值也注定会成为科学引进和发展过程中的累赘。

不过，对于清末像阮元这样的文人来说，现在的问题在于，这前后不一之咎究竟应该挂到谁的账上？是那些“逞其私智”的西洋人，还是那

① 阮元：《畴人传》，商务印书馆，1955 年，第 609～610 页。

“固已贯通中西之法，以归于大同，垂诸万世”的清朝皇帝，还是二者各取其咎？对于生活在18世纪后期的清朝学者来说，这个问题恐怕不好明确作答。例如，在对西方天文学提出如此激烈批评的同时，阮元就无法清楚地告诉他的读者们，那早已被本朝君主和史臣们归到皇帝圣名之下的第谷式《御制历象考成》和开普勒-牛顿式《御制历象考成后编》现在究竟该算是谁的科学：是御制科学，还仅仅只是西学？

不过，不管是“西洋新法”，还是“御制”之法，明清两朝对西方科学的引进虽然极大地改进了中国官方天文学的精度水平，但从未从精神气质上实现中国天文学和“西化”或者近代化。因为，无论是徐光启还是康熙皇帝，他们所想做以及实际做到了的，只是借用西方天文学精密的观测和计算手段来满足天文学在中国的社会功能——编算指示日期吉凶的历书和预报日月食等大凶的天象。这些功能在中国已经延续了几千年，到明清之际并没有因为欧洲天文学的引进而出现本质的改变。中国官方天文学家们所关注的始终只是用精密的算法来履行自己作为政府官僚的职责，而从未把注意力真正指向对天体运动加以理解的本身。换句话说，以探索天体运动的自然规律为目的的天文学在明清官方天文学机构中从未出现。

（吴　慧）

郑 诚

舍铸务锻:明代后期熟铁火器的兴起

一、明代前期将军砲

二、佛郎机铳之本土化

三、新式火器的研发与应用

四、如何制造熟铁砲

五、讨论

旧命维新

嘉靖后期至万历中期六十年间(1550～1610),是一个商品经济持续发展、文化繁荣的多彩时代,也是一个战争频仍,发生了"嘉靖大倭寇"与"万历三大征"的时代。火器史方面,佛郎机铳与鸟铳已经传入(约 1520～1550),西洋/红夷大砲(约 1620 年以降)尚未正式登场,两者之间的时段,研究相对寥落,主要集中在佛郎机铳与鸟嘴铳的后续发展。假如借鉴明朝人自身的观察,转换研究思路,则能够发现有趣的新问题。

约在万历二十五年(1597),副总兵王鸣鹤有云:

> 夫火器之用,无间古今,无间攻守,其种实多。如发熕,即神机、大将军、二将军、三将军,威猛无敌,破敌可成血路,攻城可使立碎。古惟铜铁铸成者,自广东叶军门始以熟铁打造,较铸者远矣。①

万历二十七年,文华殿中书赵士桢作《神器谱或问》,借来客之口问道:

> 近日大小神器,易铜为铁,舍铸务锻,犹然不堪,此何以故?②

中国古代金属管形射击火器主要为铜、铁制品。制造工艺,大体可分铸造与锻造两类。铜制品为铸造,铁制品则有生铁铸造、熟铁锻造之别。明代前期主要管形射击火器为铜手铳、碗口铳、将军砲,均为铜铁铸造品。参照王鸣鹤与赵士桢的言辞,1600 年之前,明朝的火器已然出现显著变化——熟铁锻造品增多,改变了铜铁铸造品独大的局面。

① 冯应京辑:《皇明经世实用编》(卷十六),54a。《四库全书存目丛书·史部》(第 267 册),影印,万历三十一年刻本。

② 赵士桢:《神器谱》(卷五),点校本,上海社会科学院出版社,2006 年,第 455 页。

舍铸务锻：
明代后期熟铁火器的兴起

关于明代火器的制造工艺，前人已有一定程度的研究。[①] 然而，从制造工艺演变的角度，探讨明代后期火器技术的革新，仍是一个有待开拓的研究方向，可以发掘出不少有价值的新材料。本章首先讨论变革的背景，追溯明代前期重型火砲的特征，分析引进佛郎机铳的影响与后续发展；其次通过案例研究，重点讨论明代后期北方边镇新式火砲的创制与应用；继而考察明代后期制造熟铁火砲的工艺流程；最后综合讨论"舍铸务锻"现象的成因。

一、明代前期将军砲

有明一代，习惯将重型火砲命名为"大将军"。明代至少有四类差异甚大的火砲，都曾使用过"大将军"的称呼——15 世纪的铸铁、铸铜前装砲、16 世纪后期的重型佛郎机铳(提心式后装砲)与新型锻铁前装砲(叶公砲)、17 世纪的欧式前装砲(红夷大砲/西洋大砲)。

"大将军砲"的说法，文献记载较早者，如宣德四年(1429)内府兵仗局颁降宣府"大将军砲一十四箇"[②]。按成化《山西通志》(1475)军器清单，约有六百门"大小将军铳"分布于山西各卫所。[③]

① 刘旭：《中国古代火药火器史》，大象出版社，2004 年，第 222～229 页；尹晓冬：《十六、十七世纪传入中国的火器制造技术及弹道知识》，中国科学院自然科学史研究所博士论文，2007 年。

② 栾尚约辑：《宣府镇志 · 卷二三 · 兵器考》，43a。《中国方志丛书 · 塞北地方察哈尔 · 第 19 号影印嘉靖四十年刊本》，成文出版社，1970 年，第 249 页。至嘉靖末年，宣府镇各卫所共有约百门将军砲。

③ 李侃，胡谧纂修：《山西通志》(卷六)，72a～79a、84b～90a，《四库全书存目丛书 · 史部》(第 174 册)，影印，民国二十二年影钞成化十一年刻本。

洪武年间,地方卫所一度有权自造火器。永乐以降,手把铜铳、碗口铳、将军砲等火器,均由内府兵仗局颁降。按正德《大明会典》(1509),内府兵仗局掌管火器27种,包括大将军、二将军、三将军、夺门将军;“其各边城堡所用大将军、二将军、三将军,并手把铜铁铳口,一出颁降。”[①]政府的垄断政策,造成边镇火器短缺,不敷应用。正统七年(1442)朝廷政策开始松动;九年,宁夏总兵黄真未经奏请,自造火铳九百支,仅受申饬,未加降罪。[②] 正统十四以后,频频出现准许地方奏请自造将军砲的情况。[③]

图像资料方面。正德《琼台志》(1521)刻有明初颁降琼州府(海南)卫所火器形象,标明材质,或铜或铁,殊为难得。内含铜制矮将军,铁制大将军与铁制赛将军。[④] 万历《琼州府志》(1617)加注“赛将军亦名二将军”、“矮将军亦名曰三将军”[⑤]。火砲图形虽嫌简略,不能反映各铳相对比例,然基本特征尚属清晰(图1)。《四镇三关志》(1576)亦载有将军砲之图,写实程度较高,应是根据蓟辽一带武库实物绘制(图2)[⑥]。除“无敌大将军”系隆庆年间戚继光所造大型佛郎机铳,其余大将军、二将军、三将军显然表现了明代早期前装砲形制,可与《琼台志》相互参证。四镇(蓟镇、辽东、保定、昌平)与琼州处于明帝国南北两端,将军砲的形制基

---

① 李东阳等:《正德大明会典》(卷一五六),8b;卷一二三,4a。

② 张志军:“论明代允许地方自己制造火铳的时间和地点”。《宁夏社会科学》,2004年,第2期。

③ 申时行等:《大明会典》(卷一九三),3b、4b。

④ 唐胄编纂:《琼台志·卷十八·兵器》,15b,天一阁藏明代地方志选刊影印正德十六年刊本。

⑤ 欧阳璨等修,陈于宸等纂:《琼州府志》(卷九),79b,日本藏中国罕见地方志丛刊影印万历四十五年刊本。

⑥ 刘效祖辑:《四镇三关志·建置》,41a。《四库禁毁书丛刊·史部》(第10册),影印,万历四年刻本。

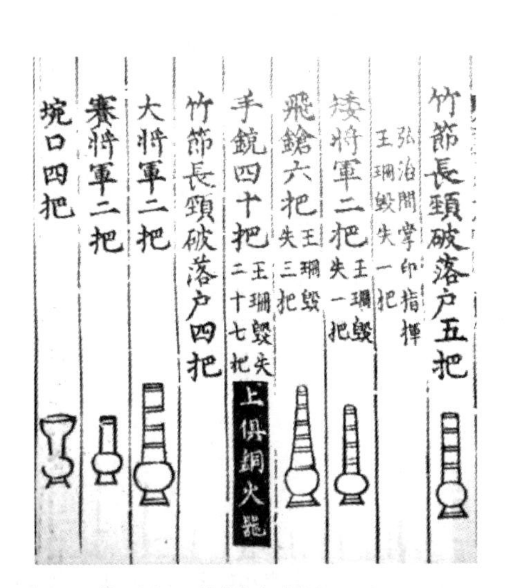

图 1　将军砲 正德《琼台志》(1521)

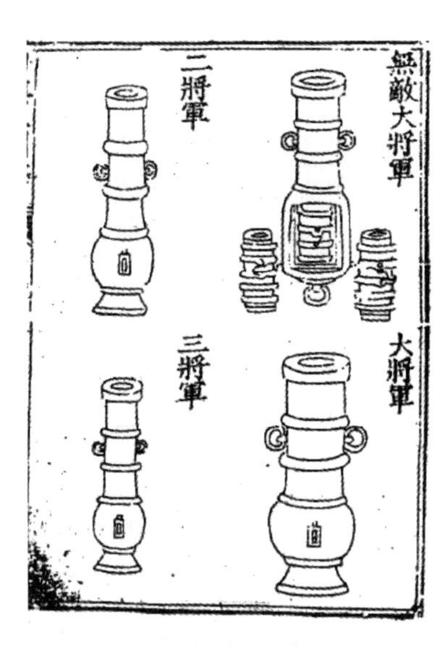

图 2　将军砲《四镇三关志》(1576)

本一致，似可说明其普遍性。

综合文献记载与少量实物遗存（表 1），尽管制造时代、地域各异，尺量参差，仍可总结出明代前期将军砲的一般特征：铜或生铁铸造之前装滑膛砲，形制类似铜手铳的放大体，砲身由 3 部分组成：直管前膛、椭圆药室、平底尾銎。管壁较薄，铳身附有若干加强箍。无调整射角之铳耳，无照星照门。“大将军”为将军砲系列体量最大者，其余二、三、四、五诸号相应缩小。推测明代前期内府兵仗局制造之大将军砲，长度超过 80 厘米，口径大于 20 厘米，重逾 200 千克，主要采用铜铸。

表 1　明代前期大型火砲参数

名称	口径（厘米）	长度（厘米）	重量（千克）
洪武十年平阳卫款铁砲（三门）①	21.5，21，21	98，100，100	445.9，443.5，—

① 郑巍巍：“洪武大砲をめぐって：明前期の火砲技術および制度の一断面”。《同志社グローバル・スタディーズ》第 2 号，2012 年 3 月。

（续表）

名称	口径（厘米）	长度（厘米）	重量（千克）
宜宾无款铜砲①	23	80	250
正德六年汝宁府款铜砲②	22	81	348
《通州志》南通铜大将军铳③	—	102、144	—
《砲图集》永乐铁砲④	—	90	—
《砲图集》“元代”黄铜砲⑤	14.4	102	365

二、佛郎机铳之本土化

佛郎机铳的引进与传播在16世纪的中国火器史上引人瞩目。正德年间，葡萄牙船队到达中国南海。随着贸易活动与战争冲突，葡萄牙人（时称佛郎机人）携带的提心式后装砲传入华土，明人称其为“佛郎机”（以下称佛郎机铳）。佛郎机铳的制造工艺具有域外特色。由于冶金传统的差异，与中国14世纪便出现生铁铸造火砲不同，欧洲早期火砲采用熟铁锻造或铜铸。直到16世纪中期，英国大量铸造生铁火砲，开欧洲各国之先河。[⑥] 16世纪初，葡萄牙船只带入东亚的火器，绝大多数应为铜

① 秦保生：“四川宜宾市合江门出土明代铜炮”。《考古》，1987年，第7期。
② 赵新来：“在株洲鉴选出一件明代铜炮”。《文物》，1965年，第8期，第52页。
③ 林云程修，沈明臣纂：《通州志》（卷三），23b～24a，天一阁藏明代地方志选刊影印万历五年刊本。
④ 锺方：“铁威远砲式”条。《砲图集》（卷三），北京大学图书馆藏道光二十一年稿本，道光二十一年（1841）。汉军八旗砲营主管锺方赴天津教习火炮，见此古砲，记为“明永乐年造”。
⑤ 同上。“山东威远铜砲”条。锺方（1841）在登州所见古铜砲，记为“元代黄铜铸造”。图绘特征与明代前期将军砲完全一致，惟加箍隆起较多（凡十道），恐非元代之物。
⑥ 麦尼尔著，倪大昕、杨润殷译：《竞逐富强：西方军事的现代化历程》，学林出版社，1996年，第91、120页。

铸及熟铁锻造制品。

正德十六年(1521)，广东按察司副使巡视海道汪鋐(1466～1536)招募杨三、戴明等长期为葡萄牙人工作的海员仿造佛郎机铳，成功驱逐葡萄牙船只，缴获火砲大小20余件。汪氏所见佛郎机铳，“其铳管用铜铸造，大者一千余斤，中者五百斤，小者一百五十斤。每铳一管，用提铳四把，大小量铳管，以铁为之。”①铁制子铳必为熟铁打造。火药爆炸产生的冲击力，绝大部分由子铳承受，较之母铳，品质要求更高，是整件武器质地最为坚韧的部件。

1550年代，东南沿海持续战乱，即所谓嘉靖大倭寇时期，佛郎机铳已是广泛使用的常见火器。名将戚继光(1528～1588)非常重视佛郎机铳，对其尺量标准、造法、演练均有严格要求——“造法：母铳铜铁不拘，子铳必用熟铁，惟以坚厚为主”。② 这一时期海盗私造之佛郎机铳，最长者九尺(288厘米)，外口径四五寸(13～16厘米)，“铁铳心一条，卷铁叶二三重”数层铁叶卷成，自为熟铁锻造，与葡萄牙人提心子铳原型一致。③

此外，明末西法砲学编译著作，如《祝融佐理·椎击铁铳说》(约1625)、《火攻挈要·制造狼机鸟鎗说略》(1643)均主张佛郎机铳(子母铳)全用熟铁打造。④

隆庆元年(1567)，戚继光调防蓟镇，三年升任蓟镇总兵官，至万历十

---

① 参见汪鋐：“奏陈愚见以弭边患事”。黄训编：《皇明名臣经济录》(卷四三)，1a～3b。中国国家图书馆藏嘉靖三十年刻本。又云“铳弹内用铁，外用铅”、“其火药制法，与中国异”(按，似指颗粒火药与中国传统粉末火药制造工艺之别)。

② 戚继光：《纪效新书(十四卷本)》(卷十二)，点校本，中华书局，2001年，第277～278页。

③ 黄佐纂：《广东通志·卷三二·军器》，18b，广东省地方史志办公室影印中山图书馆藏明刻本。1997年。

④ 何良焘：《祝融佐理》，上海图书馆藏道光间抄本；汤若望授，焦勖述：《火攻挈要》(卷上)。25a～28a，海山仙馆丛书本。

一年(1583)谪调广东,10 余年间练兵制器,多有创设,直接推动了东南沿海火器在北部边疆地区的传播。鉴于蓟镇原有前装大砲(如"大将军")装放困难,戚继光乃制造大型佛郎机铳,名之"无敌大将军"。

> 旧有大将军、发熕等器,体重千余斤,身长难移,预装则日久必结,线眼生涩,临时装则势有不及,一发之后,再不敢入药。又必直起,非数十人莫举。今制名仍旧贯,而体若佛狼机,亦用子铳三,俾轻可移动,且预为装顿。临时只大将军母体安照高下,限以母枕,入子铳发之。发毕,随用一人之力,可以取出,又入一子铳云。一发五百子,击宽二十余丈,可以洞众,罔有不惧而退者。①

《四镇三关志》(1576)谓"无敌大将军,仿佛郎机制新置,甚便。"②插图写实,似可反映蓟辽边镇重型佛郎机铳的真实面貌(图 2)。戚继光又将海战使用的大型佛郎机铳称作"无敌神飞砲",形制稍有改造。按毕懋康(1574～1644)《军器图说》(1638)"神飞砲"条:"他砲多系铸造,不无炸裂。今止借母身以致远,而弹药俱实于另造子砲中,母身到底完好,永无炸裂之虞",继而强调"其子砲,必练极精熟铁打成。"③与前引戚继光所谓佛郎机"子铳必用熟铁"之说一脉相承。比较尺量数据,可知《军器图说》之第一号神飞砲大体相当于《纪效新书》(十四卷本)之一号佛郎机(表 2)。此类重型佛郎机铳,对万历间新型前装火砲的研发有直接影响。

---

① 戚继光:《练兵实纪・杂集》(卷五),点校本,中华书局,2001 年,第 311 页。
② 刘效祖辑:《四镇三关志・建置》,41a。
③ 毕懋康:《军器图说》,4a～5a。《四库禁毁书丛刊・子部》(第 29 册),影印,崇祯十一年张继孟刻本。

表 2 《纪效新书》—《军器图说》参数比较

	佛郎机(《纪效新书》,1584)①	神飞砲(《军器图说》,1638)
一号	长九八尺　共重一千五十斤 (按,或即母铳一千斤,子铳五十斤)	长八尺　径八寸　重一千斤 子砲重八十斤　长一尺五寸　径七寸 合口弹重二十五斤　火药五斤
二号	长七六尺	长七尺　径七寸　重八百斤
三号	长五四尺	长六尺　径五寸　重六百斤
四号	长三二尺	—
五号	长一尺	—

三、新式火器的研发与应用

万历十四年(1586)顷,永平兵备道叶梦熊新造熟铁前装砲,体量较大者仍称为大将军砲,时人名之"叶公砲",较小者则称为灭虏砲。万历二十年,丰臣秀吉入侵朝鲜,明廷随即派兵救援。为应对朝鲜战事,明朝方面生产、调集了大批叶公砲与灭虏砲。有关叶公砲的文献资料较为丰富,加之尚有实物遗存,为探讨万历中期新式火器的研发与应用提供了难得的案例。

1. 叶梦熊与叶公砲

万历二十年八月,山西巡抚吕坤(1536～1618)发布移文,"造战具"一款有云:

① 戚继光:《纪效新书(十四卷本)》(卷十二),第 271～272 页,第 277～278 页。

叶公砲　今陕西总督龙潭叶公制。有重五百、四百、三百斤者，中间翁孙铅子，有重(十)[七?]斤者，打造之法，俱载《战车纪略》。至于一切火器，全在熟铁砧多，合缝欲成一家，略无痕迹；周围欲使一般，略无厚薄；洞中欲极圆滑，略无涩滞；铅子欲极圆结，略无棱平。①

“叶公砲”即王鸣鹤所谓“广东叶军门”以熟铁打造的新型火砲(参见本章开首)。叶梦熊(1531～1597)，字男兆，号龙塘、龙潭，广东惠州府归善县人，嘉靖四十四年(1565)进士，历官至兵部尚书、南京工部尚书。万历二十年(1592)宁夏之役，叶梦熊出任陕西三边总督，可称“军门”。

王鸣鹤(？～1619)，字羽卿，号汉翀，海州人，万历十四年武进士，官至广东总兵，“身在诸边三十余年，征宁讨播，剿苗攻缅，定交平黎，大小经数十战”②。万历二十年，王鸣鹤为陕西参将，系叶梦熊下属，曾出策助督抚平叛；次年三月兵部议覆宁夏赏功疏，谓“王鸣鹤才勇超群，防御最久，仍应纪录”。二人当有直接交往。③

万历十二年十二月，叶梦熊调山东副使整饬永平兵备(永平兵备道)，十四年九月升右参政，照旧管事，十六年七月升山东按察使。④ 任职永平期间，叶氏“造火车、神铳，事闻，命解进大内，面试称旨，着兵部行九边为式，加参政衔。”⑤按《叶公神道碑》，“公调永平[中略]所制轻车、神砲尤精，一试而敌虏披靡。当事者上闻，下其式于九边。仍温旨慰劳，加

① 吕坤：《吕坤全集》，点校本，中华书局，2008年，第1159～1160页。
② 唐仲冕修，汪梅鼎等纂：《海州直隶州志》(卷二三)，31b～32a，嘉庆十六年刻本。
③ 王鸣鹤：《登坛必究・奏疏卷四》，19a～b。《四库禁毁书丛刊・子部》(第35册)影印，万历间刻本。
④ 《明神宗实录》(卷一五六)，2a(2877)，万历十二年二月丙午条，中央研究院历史语言研究所影印旧抄本，1962年；《嘉靖四十四年乙丑科进士履历便览》，42a～b，中国国家图书馆藏嘉靖刻本。
⑤ 《明神宗实录》(卷三二三)，6a～b(6005～6006)，万历二十六年六月庚午条。

右参政”①。知造砲制车之事，约在万历十三、十四年间。

按万历十五年正月蓟辽总督王一鹗奏疏：永平兵备道叶梦熊议造轻车400辆、大砲滚车200辆，王氏“躬亲试验，委果便利”，遂从其议。经奏请，支用银9 430余两，由叶氏选官造成车、砲，并加练习。“遂以半合营御虏，以半分路。令南兵游击龚子敬查酌延边极冲设之，选胆勇百总一名，专管装放。其砲房三面开门，两旁可击骑墙之虏，向外可击驰突之酋”。新制火砲初设桃林口，“号笛一发，砲声雷震，群子飞出。北山角轰然而崩，石飞旋空若陨。”②

栗在庭《九边破虏方略》载录叶梦熊《神铳议》：

> 参政叶梦熊曰：塞上火器之大者，莫过于大将军。蓟镇一年止放一次，以其势大，人不敢放也。铳身一百五十斤，以一千斤铜母装发，如佛朗机样。余熟思之，改铳身为二百五十斤，其长三倍之，得六尺，不用铜母，径置滚车上发之，可及八百弓。内大铅弹七斤，为公弹，次者三斤，为子弹，又次者一斤，为孙弹，三钱二钱者二百，为群孙弹，名曰公领孙。尚以铁磁片，用斑毛毒药煮过者佐之，共重二十斤。此一发，势如霹雳，可伤人马数百。若沿边以千万架而习熟之，处处皆置，人人能放，则所向无敌，真火器绝技也。初疑其重，今运以车，登高涉远，夷险皆宜。余制成，每日几次试之，见者莫不胆寒。③

① 王弘诲：“资政大夫太子太保南京工部尚书龙塘叶公神道碑”，《天池草》（卷十六），1a～7a。《四库全书存目丛书·集部》（第138册），影印，康熙刻本。

② 郭造卿：《卢龙塞略》（卷十四），19a～20a。《中国史学丛书》（三编）影印，万历三十八年刻本，台湾学生书局，1987年。

③ 栗在庭辑：《九边破虏方略》（卷一），22a～b，万历十五年成书，日本公文书馆藏明刊本。又见郑文彬辑：《筹边纂议》（卷二），21a～b，万历十八年成书。《中国公共图书馆古籍文献珍本汇刊》，影印，辽宁省图书馆藏抄本，中华全国图书馆文献缩微复制中心，2001年。周维强：《明代战车研究》，清华大学（新竹）历史研究所博士论文，2008年，第298页。引《九边破虏方略》，谓叶氏新造火砲，放弃佛郎机子母铳设计，改回传统形制。

蓟镇为明代九边之首，管辖山海关至居庸关长城沿线防御，系京师门户。永平府属于蓟镇核心地区，明代后期，蓟镇总兵官驻扎永平府迁安县三屯营。叶梦熊所谓“大将军”“如佛朗机样”者，并非明代前期的老式大将军砲，而是隆庆年间蓟镇总兵官戚继光任创制的“无敌大将军”。“一千斤铜母”即铜制母铳，子铳则为熟铁锻造而成。叶梦熊将原重150斤、长2尺的佛郎机子铳，改造为重250斤(149.2千克)、长6尺(192厘米)的前装砲。射程800弓(步)，合4 000尺，约1280米。1斤与3斤铅子，当为先行填装之散弹，7斤铅子则是最后填装之合口大弹。万历间东征援朝之役，明军所用大将军砲实即新制叶公砲，配备7斤、3斤、1斤，3种规格的铅弹(见后文)。现存万历二十年造天字款大将军砲，口径约11厘米。假设7斤铅子直径10厘米，则密度为7.98克/立方厘米，与生铁密度接近。所谓“七斤大铅弹”或许也是铅包铁弹。[①]

《九边破虏方略》引《大神铳滚车图式》(图4)：

> 每铳一位，净铁用一千斤，长四尺五寸。铁箍九道，点火眼处加大铁箍一道。[②]

叶梦熊新制火砲(以下称“叶公砲”)无疑是熟铁锻造拼接而成。《武备志》(1621)所谓“叶公神铳”“其砲净铁打造”，亦是旁证。[③]《神铳议》谓长6尺，重250斤；《大神铳滚车图式》云铳长4尺5寸，重量理应略低。

---

① 铅密度11.34克/立方厘米，铁密度7.85克/立方厘米。明代1斤合596.8克。16世纪中后期，铅包铁弹已是明军常用之物(参(《三关志·武备考》、《苍梧总督军门志》卷十五)。这类铳弹很可能是与佛郎机铳同时传入的舶来品。

② 栗在庭辑:《九边破虏方略》(卷一)，24a；郑文彬辑:《筹边纂议》(卷二)，22a。

③ 茅元仪:《武备志·卷一二三·火器图说二》，25b～26b。《四库禁毁书丛刊·子部》(第24册)，影印，天启刻本。

“净铁一千斤”，似可理解为净铁原料 1 000 斤。经过冶炼加工，最后的火砲成品，重量约二三百斤。

叶梦熊同时制造了为名灭虏砲的轻型熟铁砲。

> 栗在庭曰：余过永平，叶公梦熊出新制灭虏砲，运以滚车，打放郊垧，一发可五六百步。铅子总一斤，势如巨雷，良为奇矣。余取其式，制于辽阳数百位，真可殄灭黠虏也。[中略]每砲一位长二尺，用净铁九十五斤，箍五道，唐口二寸三分，每道箍一寸五分。一车三砲，合三百斤，极其便利。①

栗在庭(1538～1598)，字应凤，号瑞轩，陕西巩昌府会宁县人，隆庆二年(1568)进士。万历十四年升辽海东宁边备道②，与叶梦熊职务类似，辖区相邻，途经永平，目睹叶氏新制铳车、火砲，进而在驻地辽阳加以仿造，并将相关文献收入《九边破虏方略》(1587)。③

按灭虏砲车车辕长 7 尺 3 寸(234 厘米)。从图式看来(图 3)，灭虏砲长度似在 3 尺(96 厘米)上下，而非仅有 2 尺。口径 7.4 厘米，铳身有 5 道铁箍，火门处未加厚，与戚继光所造虎蹲砲形制类似，单体重量或有七八十斤。④ “铅子总一斤”，当为散弹，射程“五六百步”，合 750～900 米。

---

① 栗在庭辑：《九边破虏方略》(卷一)，24b，“灭虏砲车图式”。

② 栗在庭生平事迹，参阅乔因阜：“河南右布政使栗公墓志铭”，《远志堂集》(卷十二)，1a～5b，原国立北平图书馆藏万历间刻本(中国国家图书馆藏缩微胶卷)。

③ 郑文彬《筹边纂议》(1590)、王鸣鹤《登坛必究》(1597)、郭造卿《卢龙塞略》(1610，无图式)、王在晋《海防纂要》(1613，无图式)、茅元仪《武备志》(1621)等书亦载之，间有删节改动。

④ 虎蹲砲，熟铁打造，长 2 尺，口径 2 寸余，外用 5 箍。参见戚继光：《练兵实纪·杂集》(卷五)，第 315 页。又，虎蹲砲，长 2 尺，重 36 斤。参见戚继光：《纪效新书(十四卷本)》(卷三)，第 59～62 页。

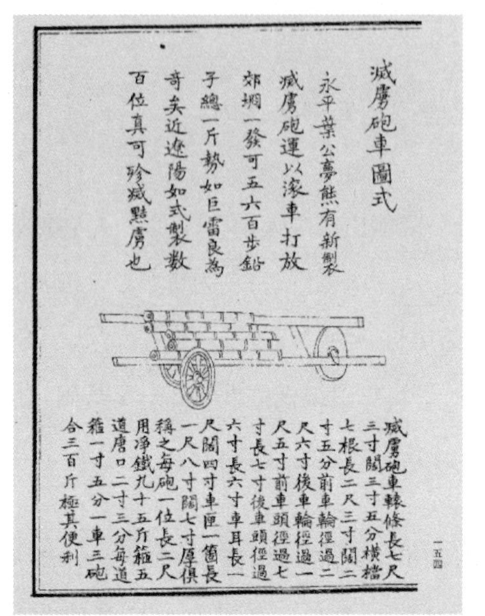

图 3　灭虏砲车图式《筹边纂议》(1591)

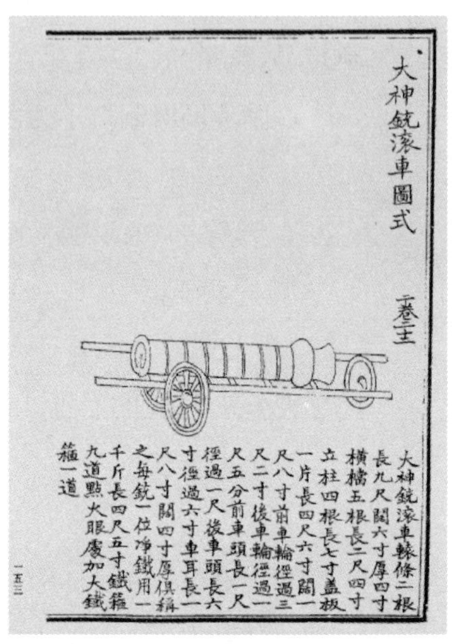

图 4　大神铳滚车图式《筹边纂议》(1591)

500 斤之叶公砲，可能是万历中期明朝境内体量最大的前装熟铁砲。叶梦熊于直隶永平府，借鉴大型佛郎机铳最为坚固的部件熟铁子铳，采用熟铁锻造重型前装火砲，品质超越铜铁铸造之老式前装将军砲。按当时的工艺水平，这类 500 斤以下的熟铁砲，较之同等体量的生铁砲更为坚固耐用，炸膛风险降低，可与粒状火药匹配使用。同时，其生产成本仍低于同等重量之铜砲。王鸣鹤所谓“古惟铜铁铸成者，自广东叶军门始以熟铁打造，较铸者远矣。”有其深远的背景。①

① 叶公砲并非明朝最早的前装熟铁火砲。嘉靖二十三年(1544)巡抚都御史曾铣在山西增造军器，“火器六十万八百八十四件枝”，内有“熟铁盏口将军八百三十二位、熟铁盏口砲一千二百六十五”。盏口砲为明初既有类型，原为铜铁铸成，改用熟铁打造，或系受到熟铁佛郎机铳影响。参见廖希颜辑:《三关志 · 武备考》，11a～12b。《续修四库全书 · 史部》(第 738 册)，影印，嘉靖二十四年刻本。

万历二十年二月，朝廷批准叶梦熊（时任甘肃巡抚）奏请，发太仆寺银及原经略所留马价银12 000两，造大神砲1 000门御虏。① 实际造成数量不详。同年八月叶氏升陕西三边总督，代替魏学曾督战，镇压宁夏叛军。“用神砲燔其楼橹，击破卜、着二虏”，打退蒙古部落，又“以神砲攻克[宁夏镇城]南关”。② “神砲”当即叶氏在永平时开始提倡的熟铁砲。万历二十年，朝鲜战争爆发，京畿地区的大批新式火砲随即投入异国战场。

2. 朝鲜之役

万历壬辰癸巳间（1592～1593），朝鲜之役的第一阶段，援朝明军所用前装火砲，主要为叶公砲（仍称大将军）、灭虏砲、虎蹲砲，均系熟铁锻造。叶公砲创制不过六七年，是北方边镇威力最大的新式火砲。参战之叶公砲，幸有实物流传至今。结合文献与实物资料，对于朝鲜之役期间叶公砲之生产、调集、战术，能够获得更为深入的认识。

万历二十年四月，丰臣秀吉下令日军侵入朝鲜，不出两月，王京（首尔）、平壤相继陷落，日军前锋逼近辽东。朝鲜王国向明廷求援。九月二十六日，兵部右侍郎宋应昌（1536～1606）出任经略，统筹御倭军务。大战在即，筹集军火器械，乃是当务之急。宋应昌极为重视火砲的作用，万历二十年十月二十一日“檄永平道”云：

一为紧急倭情事。查得先年永平道叶兵备，置造轻车、佛郎机、

---

① 《明神宗实录》（卷二四五），3b(4568)，万历二十年二月丙午条。

② 王弘诲：“资政大夫太子太保南京工部尚书龙塘叶公神道碑”，《天池草》（卷十六），1a～7a。

> 大将军等项火器，分发建昌等六营路应用，最称近利。即今倭警报急，相应酌取。所用车兵，必须平时演习惯熟之军，方克有济。牌仰本道，即将原造轻车四百辆，随车佛郎机八百杆，鎗刀火器俱全。车载大将军一百辆位、灭虏砲六百位，酌量本地防御倭虏，量留一半。其推车步军并合用火药铅子，随带足用。一面动支本部马价银两，照数置造补还。各军应给行月二粮盐菜银两，照常支给。仍委原管将官统领，限文到日起程，前往辽东，听候调遣。先具起程日期，并统领官职名呈报。系干紧急军务，该道勿推诿阻挠，致误事机未便。①

"永平道叶兵备"当即叶梦熊，此时距其离任(1588)不过4年。可知自永平府征调之大将军砲，当即熟铁锻造的叶公砲。永平储备佛郎机800杆，叶公砲(大将军)100位，灭虏砲600位，大部分应为叶梦熊在任期间所造。宋应昌欲征发永平府车兵，携带半数火砲前往辽东，预备渡江入朝。

本年兵部发马价银10 800余两，行蓟州兵备道委任千总陈云鸿造大将军砲220位，供京师防守之需。据监督通判孙兴贤并陈云鸿呈报：至十一月末，造完110位，已解京营60位，见存50位，未完110位。宋应昌获知此事，即移咨兵部，商借京营大将军砲100位，用于朝鲜战场。

> 缘由到部试验，得营中诸样火器，惟大将军最称迅利。虽有前数，尚不足用，若欲打造，匠作办料甚难。况时日有限，诚恐缓不及事，拟合借用。为此合咨本部，烦借京营大将军砲一百位，请借官银，

① 宋应昌：《经略复国要编》(卷二)，27b～28a。《四库禁毁书丛刊·史部》(第38册)，影印，万历刻本。

雇觅骡车，差人押运辽阳军前应用。（移本部咨，十一月二十七日）[1]

十二月初八，宋应昌坐镇辽阳（辽东都司驻地），传檄提督李如松，告知征调兵马、器械数目。火器方面，除各路增援兵将自带外，各道调运收贮辽东都司者，“大将军八十位（滚车十辆），见留四十位（续发）。灭虏砲二百一十门（滚车十辆）”。另有快鎗 500 杆、三眼铳 100 杆、铅子 1 000 斤、虎蹲砲 20 位等项。辽阳本地（辽海道）造完灭虏砲 58 位、虎蹲砲 9 位、百子铳 168 架，火箭 7 000 余枝，火药 3 000 余斤，大小铁子约 40 000 个。同时预备再造大将军铅子重 7 斤、3 斤、1 斤者各 1 000 个，火药 30 000 斤。[2]

十二月十五日，蓟州道所造“大将军五十位、灭虏砲二百一十门、小信砲二百个、滚车二十辆”已运至辽阳；宋应昌檄辽海分守道，“照式制造大将军滚车四十辆、灭虏砲车六十辆”[3]。与此同时，宋应昌移文顺天巡抚李颐，请求征调库存大将军砲铳弹：

> 一为紧急倭情事。照得本部军前大将军、灭虏砲合用大小铅子颇多，一时查办不及。查得贵院所属地方俱制有前项铅子，相应权宜酌借，以济急用。拟合咨请。为此合咨贵院，烦将所属收贮大将军砲所用铅子，重七觔者五百箇，三觔者五百箇，一觔者五百箇，借给差去，委官押运过部，转发军前急用。[4]

① 宋应昌：《经略复国要编》（卷三），29b～30a，推算每门成本约白银 49 两。
② 宋应昌：《经略复国要编》（卷四），9a～10b，“檄李提督”（万历二十年十二月初八日）。
③ 同上，20a，“檄分守道”（万历二十年十二月十五日）。
④ 同上，20b，“咨顺天李抚院”（万历二十年十二月十五日）。

顺天巡抚李颐对制造火器甚为重视，因朝鲜倭警，乃在地方开局造砲。“条陈防倭疏”（万历二十年十二月初六），“备神器”一款有云：①

> 中国大将军砲远可六七里，三眼铳及火箭远可数百步，以我之长，攻彼之短，彼敢当我哉。臣于遵化另开厂局，躬自料理，选委中军参将陶世臣等，调集匠役星夜打造，砲一百五十位、砲车五十辆、三眼铳一千杆、火箭二万枝、火药二万斤、鱼脊竹牌三千面，并随铳砲铅子什物，刻期正月内尽数完报。再于丰润县局，委官陈云鸿等，现造大将军砲，续完者借留五十位，载砲滚车五十辆，俱听分发沿海要害，以资防御。

蓟州与永平府均属顺天巡抚管辖。遵化、丰润为蓟州属县，东境毗邻永平府。遵化境内设有明朝规模最大的官办铁厂，为中央政府制造武器提供原料。尽管该厂已于万历九年（1581）裁革，用铁改从民间征购，蓟州、永平一带仍是京畿地区的冶铁中心。

宋应昌调集叶公砲，原本设想发挥重砲优势，攻克城池。宋氏向前线将领提出克复平壤城方案，谓“火攻一策，尤今所亟用者”，略云：

> [平壤城]其南面、北面、西面，及东南、东北二角，各设大将军砲十余位。每砲一位，须用惯熟火器手二十余人守之，或抬运，或点放。砲后俱以重兵继之，防护不测。（与副将李如柏李如梅等书，十二月二十一日）②

① 李颐：《李及泉先生奏议》（卷一），5a～11a。《四库全书存目丛书·史部》（第63册），影印，咸丰六年刻本。

② 宋应昌：《经略复国要编》（卷四），25b。

按其设想，三面包围平壤城后，惟空出“东面长庆、大同二门，为彼出路”。至夜半风静之时，“先放毒火飞箭千万枝入城中，使东西南北处处射到，继放神火飞箭及大将军神砲”，待“铁箭铅弹雨集，神火毒火薰烧”，日军必自东面城门撤退，“则必走大同江，俟半渡以火器击之。又伏精兵江外要路截杀之，必无漏网。”[①]又可用大将军砲轰破城门，令敢死之士突入，以火药袋纵火。[②]

平壤之战，《宣祖实录》记载最详。万历二十一年正月初六，提督李如松率军3万，抵达平壤城下。八日上午开始总攻。首先砲击，再射火箭。明军奋勇登城，数支队伍攻入城内。战至日暮，日军犹据险固守，双方死伤均甚惨重。李如松与日方协议，令其退走，不加阻截。夜半，小西行长率部弃城，经冰封之大同江撤离。[③]

按中枢府事李德馨对朝鲜国王之报告，明军克复平壤，火砲作用甚大。

> 德馨曰：平壤陷城时见之，则虽金城汤池，亦无奈何。上曰：以何器陷之乎？德馨曰：以佛狼机、虎蹲砲、灭虏砲等器为之。距城五里许，诸砲一时齐发，则声如天动，俄而火光烛天，诸倭持红白旗出来者尽僵扑，而天兵骈阗入城矣。上曰：相持几时乎？德馨曰：辰时接战，巳初陷城矣。[④]

朝鲜官员，震于砲火声势，有所夸张。佛狼机、虎蹲砲、灭虏砲之类，

---

① 宋应昌：《经略复国要编》(卷四)，25b～26a。

② 宋应昌：《经略复国要编》(卷五)，7a，“檄李提督并袁刘二赞画”(万历二十一年正月初四)。

③《李朝实录·宣祖实录》(卷三四)，13a～15a，學習院東洋文化研究所影印，1961年。

④ 同上，卷四九，18b。

皆为轻型火砲，有效射程绝无四五里之遥。当然，火砲在平壤之战中确实发挥了作用。例如明军进攻七星门时，“贼据门楼，未易拔，提督[李如松]命发大砲攻之。砲二枝著门楼撞碎，倒地烧尽，提督整军而入”[①]。火砲轰鸣对于战争双方的心理影响，亦不容忽视。

另一方面，尽管取胜，宋应昌的战术设想，实际大半落空。攻城期间，叶公砲尚未运至平壤城下，无从发挥宋应昌期望之作用。[②] 日军自城东撤退，亦未遭到有效截击。不过宋氏对重砲战术仍然抱有信心。[③]

正月二十七日，李如松兵败碧蹄馆，明军攻势减缓。四月，日军放弃王京，退守朝鲜南部，大规模陆战基本平息。明日双方进入相持阶段，继而长期和谈。宋应昌本年三月入朝，九月回国，未几去职，顾养谦接任经略。万历二十五年，丰臣秀吉再次进兵，大战又起。丁酉戊戌间的第二阶段战役，明军水陆主力多为南兵，火器装备不乏鸟铳、发熕等项，足见地域特色，兹不详论。

朝鲜战事，刺激了京畿地区大批量生产火砲。除前引遵化、丰润外，永平府昌黎县也曾开局造砲。38 年后，县城内存留的火砲遂派上用场。崇祯二年(1629)冬，清军绕过宁锦防线，攻入关内，年末迫京师，继而分兵攻永平府。遵化、永平(府城)、滦州相继失守，攻抚宁，四日不克，转攻昌黎。据昌黎教谕马象乾(？～1644)《昌黎战守略》(1630)记载：

> 神庙时东征，曾于昌黎铸神器，遗贮颇多，但承平久，人不娴习。

① 《李朝实录·宣祖实录》(卷三四)，14b。

② 宋应昌：《经略复国要编》(卷五)，57b～58a，“檄李提督”(正月二十七日)略云“平壤之战，倭奴屯积角楼，被我兵施放明火毒火等箭焚掠殆尽，是火攻为今日第一策也。但闻彼时大将军神器尚未运至军前”。

③ 宋应昌：《经略复国要编》(卷五)，24b。

> 会辽东火器千总山东人李随龙侨寓城中。职廉知征至，与语会心，厚待之，徐言之左公（按，知县左应选）。公初不轻任，职力荐，公乃令引诸教场，历试之，果堪御敌，始信职非谬举。李感职之知己，誓死效力。无何，贼陷遵化、固安，薄京师，还袭香河，据永平。庚午（1630）正月初七日，发精兵约二万来昌黎，札城东关帝庙前，去城二里许。李随龙患其逼近，以砲击之。贼徙营五里外。自此人心稍安，知砲之得力，且服李能用砲，缓急可恃。①

李随龙点放万历年间东征朝鲜时所造之砲，射程达两里，很可能便是叶公砲。正月初九日至十三日，清兵猛攻昌黎县城。其中“十二日，叛民王国佐教贼用红夷砲打城，放火箭烧楼，迄无恙。”红夷砲当是清军缴获之物。这类利器反为敌有的情况，在明清战争中频频上演。“十四日，贼复悉众攻城东北面。有酋金盔绿袍，登高指挥。李随龙点其所安城上大砲击死之。贼众大败溃逃，哭声震地。十五日，乃引归永平。”马象乾为当日指挥防御要角，谓“至李随龙始以砲定众志，继以砲歼渠魁，贼终不敢再犯昌黎，厥功尤为显著。”足见火砲之效。

明末内地动荡，州县多自造火器，以资防御。崇祯八年至十三年间（1635～1640），南直庐江知县耿廷箓，“耑以濬筑城濠为务，火药铳砲，储积甚多”②。所造火器，有地雷、灭虏砲、斑鸠铳等。“灭虏砲采闽铁之良者，按叶公梦熊旧式炼成，火候工力，殊非寻常。斑鸠铳管如噜密铳，而

---

① 马象乾：“昌黎战守略”。韩霖：《守圉全书》（卷一），91a～93b。《四库禁毁书丛刊补编》（第32册），影印，崇祯九年刻本。

② 孙弘喆修，王永年等纂：《庐江县志·卷四·名宦》，54b，中国国家图书馆藏顺治十三年刻本。

摧坚及远倍之”。①

3. 叶公砲实物

至少 3 门天字款大将军砲传入日本。据有马成甫介绍，3 门铁砲样式、材质相同，尺量小异。以“天字壹佰叁拾伍号大将军”为例（图 5），砲身为锻造直筒，九道细铁箍等距排列，火门处包裹宽大铁箍，与前引《大神铳滚车图式》所谓“铁箍九道，点火眼处加大铁箍一道”完全一致。第九道箍两侧有耳柄。口径 113 毫米，通长 1 430 毫米。铳口至火门 1 220 毫米，倍径 10.8。重量数据多阙如，仅“天字贰拾伍号大将军”重“三百七十五斤”，见载《大将军砲图记》(1825)。②

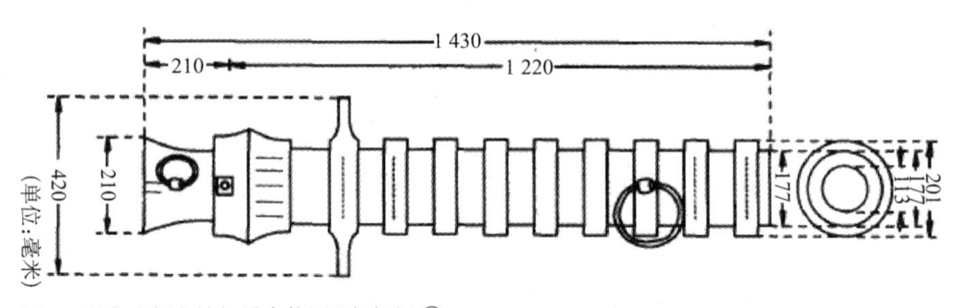

图 5　天字壹佰叁拾伍号大将军(叶公砲)③

仁字款大将军砲一门现藏中国军事博物馆，样式与天字大将军相

① 陈弘绪：“送庐江令耿君之耀州序”，《陈士业先生集 · 鸿桷集》（卷一），18a～20a，四库全书存目丛书补编 · 第 54 册康熙二十六年刻本。

② 有马成甫：《火砲の起原とその伝流》，第 174～179 页。天字 69 号、135 号大将军尚刻有“贰贯目玉”字样，系日人所刻，表示所用砲弹重量。

③ 原图见有马成甫：《火砲の起原とその伝流》，第 175 页。此为改绘，转引自刘旭：《中国古代火药火器史》，第 82 页。

同，尺量相近①。现将 4 门火砲尺量参数、铭文列表如下（表 3）：

表 3　万历二十年熟铁大将军(叶公砲)

编号	口径	长度	铭文
1	121	1 362	皇图巩固　天字贰拾伍号大将军　监造通判孙兴贤　万历壬辰季夏吉日　兵部委官千总杭州陈云鸿造　教师陈湖　铁匠董世金
2	119	1 420	皇图巩固　天字陆拾玖号大将军　监造通判孙兴贤　万历壬辰仲秋吉日　兵部委官千总杭州陈云鸿造　教师陈湖　铁匠徐玉
3	113	1 430	皇图巩固　天字壹佰叁拾伍号大将军　监造通判孙兴贤　万历壬辰仲秋吉日　兵部委官千总杭州陈云鸿造　教师陈湖　铁匠刘淮
4	105	1 450	保阵边疆　仁字伍号大将军　巡抚顺天都御史李颐置　整饬蓟州兵备佥事杨植立　整饬永宁兵备佥事杨镐　监造通判孙兴贤　万历壬辰孟冬吉日　兵部委官千总杭州陈云鸿造　教师陈胡（按，当作湖）　铁匠卢保

（口径、长度单位为毫米）

参考上表铭文，天字大将军砲大约自从万历二十年夏季开始生产，季夏六月已造出 25 门，第 69 门与第 135 门皆为仲秋八月造成。如此，七月内最多完成 45 门，而八月内至少造出 67 门。可以想见当日兵工厂加急赶工，全速运转，锻铁之声不息的火热场面。铭文中的“监督通判孙兴贤”、“兵部委官千总杭州陈云鸿”，已见于前引宋应昌信札。陈云鸿，浙江杭州人，兵部尚书石星亲信，督造火砲外，亦曾奉派朝鲜，万历二十三年一月、二十四年六月，两入釜山倭营，交涉退兵封贡事宜。

由实物看来，天字、仁字大将军砲形制无甚差别。比照前引宋应昌、李颐之说，天字、仁字大将军砲似乎均属于蓟州道委任陈云鸿督造之 220

① 成东、钟少异编著：《中国古代兵器图集》，解放军出版社，1990 年，第 238 页，又彩版第 30 页；刘旭：《中国古代火药火器史》，第 110 页。

门火砲，产地为蓟州丰润县局。天字者原本预定制造220位，用于拱卫京师，故铭曰“皇图巩固”。宋应昌提出借调其中一百位配备援朝明军，至少获得了50位。至于“仁字伍号大将军”，万历二十年十月孟冬造成，时间较天字者为晚，或许属于李颐所谓“续完者借留五十位”，发往直隶沿海要害，故而改刻铭文曰“保阵边疆”，并有“巡抚顺天都御史李颐置”等字样。

如以万历壬辰天字款大将军为叶公砲的标准器，与之类似的铁砲亦可视为叶公砲。其火门处铁箍形状独特，容易辨认。仅就所知，列出8门(表4)，实际存世者当不至此数。以中国长城博物馆(八达岭)藏品之一为例(图6，第1号)，口径80毫米，通长1 125毫米，铳口至火门940毫米，倍径12。砲管厚3.8厘米。除火门前后包裹粗铁箍外，铳身共有细铁箍(宽约3.7厘米)7道。第七道箍两侧有耳柄。未见照星照门。砲身锈蚀，是否原有铭记，肉眼难辨。如能去锈重光，未必不能再睹铭记，获得更多信息。

表4　叶公砲型铁铳

编号	口径	全长	备考	藏地
1①	80	1 125	细铁箍7道。第七道箍两侧有耳柄。第二、三箍及铳尾上方共有小铁圈4个。火门药池左后有小铁环，右后有残迹，应是火门盖插销处(图7)。	中国长城博物馆(八达岭)
2	95	1 310	细铁箍8道。第二、三、五、六、八箍缺失。无铳耳。	同上
3	105	1 455	细铁箍10道。第十箍缺失。无铳耳。	同上
4	125	1 790	细铁箍8道。无铳耳。	同上
5	125	1 770	细铁箍8道。无铳耳。	同上

① 第1至5号均属于密云文物管理所。笔者目验测量。

（续表）

编号	口径	全长	备考	藏地
6①	100	1 430	细铁箍 7 道。第七道箍两侧缺耳柄，残留痕迹。	山海关城楼
7②	110	1 440	细铁箍 9 道。第九箍缺失。样式同天字大将军。铭文：万历甲午盂县知县杨希古督造	山西省博物馆
8③	—	—	—	原藏汉城勤政殿

（口径、全长单位为毫米）

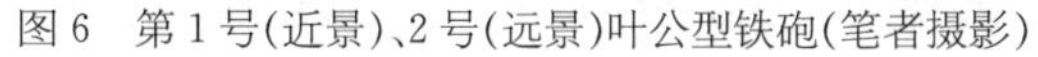

图 6　第 1 号（近景）、2 号（远景）叶公型铁砲（笔者摄影）

图 7　第 1 号叶公型铁砲

熟铁大将军砲（叶公砲）自万历十四年（1586）顷创制，延续至崇祯末，前后约 60 年。制造、使用范围，以北方边镇为主。总产量估计在千门以上。天启崇祯年间，铸铜或铸铁之红夷型火砲，逐渐取代了叶公砲的地位。明清鼎革后，这类重型熟铁砲似已不再生产。万历间援朝之役（1592～1598）应是叶公砲生产的高峰时期。具体制造工艺，崇祯间泾县

① 王兆春：《中国火器史》，第 162 页，又照片 15。

② 成东、钟少异编著：《中国古代兵器图集》，第 238 页，图 11～37；刘旭：《中国古代火药火器史》，第 110 页。

③ 有马成甫：《火砲の起原とその伝流》，第 179 页。

萧之龙《制造或问》言之颇详,可资考据①。

4. 威远砲与神机砲

万历二十八年(1600)成书的《利器解》,介绍了北方边镇(宣府)使用的多款新式火器。开篇之威远砲,乃是该书构想之火器部队的中坚力量。《利器解·威远砲》条云②:

> 每位重百二十觔。如一营三千人用十位,每位用人三名,骡一头,人仍各带铳棍一条。旧制大将军砲,周围多用铁箍,徒增觔两,无益实用,点放亦多不准。今改为光素,名威远砲。惟于装药发火着力处加厚。前后加照星、照门,千步外皆可对照。每用药八两,大铅子一枚,重三觔六两,小铅子一百,每重六钱。对准星门,垫高一寸,平放,大铅子远可五六里,小铅子远二三里。垫三寸,大铅子远十余里,小铅子四五里,阔四十余步。若攻山险,如川广各关,砲重二百觔,垫五六寸,用车载行。大铅子重六觔,远可二十里,视世之所名千里雷尤轻便。倭虏营中,或将近我营,昼夜各发大铅子数枚,令惊溃。若欲诱贼至,用后连砲,则此砲在连砲前后发可也。此砲不炸,不大后坐,就近手可点放,观后制法与药去之速,始知此与地雷等砲的可用。

威远砲分两种型号,120 斤者"高二尺八寸(90 厘米),底至火门高五

① 程子颐辑:《武备要略》(卷十四),3b～6a,四库禁毁书丛刊·子部第 28 册影印崇祯五年刻本。

② 温编:《利器解》,公文书馆藏明刻本,1b。范涞辑:《两浙海防类考续编》(卷十),28a～29a。按《两浙海防类考续编》卷十将《利器解》改题《火器图说》,全文照收,又较公文书馆藏明刻本多出大追风枪图说一篇。

寸，火门至腹高三寸二分”，口径“过二寸二分”(7 厘米)。倍径计得 10.5。200 斤者“照前量加尺寸”。所谓平放射程五六里(1 里合1 800 尺，约 560 米)，则为夸饰之词。按《利器解》“总解”造砲法部分，威远砲为熟铁锻造而成，且云“各砲大约仿此”，则《利器解》所载地雷连砲、迅雷砲等轻型火砲亦当为熟铁制品。朱腾擢，同样参与了万历二十年宁夏之役。威远砲或可视为叶公砲的改进型，舍弃外箍(亦无铳耳)，加装瞄准具。不用外箍，减少重量，固然轻便利于野战，但对砲管的坚固程度要求更高。此类熟铁威远砲是否尚有存世之品，有待继续寻访。①

万历二十九年(1601)，浙江巡抚刘元霖下令浙江沿海各防区添造威远砲：

> 近造威远砲，壹号者其发远及贰里，贰号者远及三百余步，势如轰雷，无坚不破，制敌长技，莫过于此。近据宁绍参将袁世忠册开福船原有发熕不给外，其草撇、苍艚、铁、渔、沙、哨、军民唬船，共肆百陆只，合用壹号威远砲壹百肆拾肆座，贰号威远砲贰百陆拾贰座。已委把总金继超打造。即时不能猝办，亦当次第打造，务足肆百陆门之数。其温、台、嘉三区，必当一体增造，随该本院牌行各道，照发去宁区式样置造，分发各船备敌，见在遵行。②

本年宁波、绍兴二区水师，奉文添造一号威远砲 144 门、二号威远砲 262 门。台州区则于万历三十年奉文添置一号威远砲 20 门，二号威远砲

---

① 韩国现存李朝时期所造“威远砲”若干，均系生铁铸造，与万历间熟铁威远砲实非一类。参见赵仁福编著:《韩国古火器图鉴》，大韩公论社，1975 年，第 36～39 页。

② 范涞辑:《两浙海防类考续编》(卷六)，59b～60a。

40门[①]。新造威远砲全部配发战船，一船一门，仅“福船原有发熕不给”，可见作用与发熕相当，为舰首主砲。一、二号威远砲或即对应《利器解》所载大小两种型号。“壹号者其发远及贰里(约1150米)，贰号者远及三百余步(约480米)”。射程数据较为可信。

此外也出现了模仿叶公炮形制的生铁火炮。例如宾夕法尼亚博物馆藏古炮一门，1898年自长城运下，火门加厚处作左竹节状，炮管外箍6道，与炮身一体铸成[②]。2009年，河北抚宁县长城脚下亦出土类似铁炮多门[③]。明朝末年，样式更为简单的小型生铁砲大量生产——直筒加多道外箍，火门未加厚。清代官书，如《皇朝礼器图式》、《大清会典图》等称之为“神机炮”、“神枢炮”。民国二十年(1931)，北平市政府应允拨付历史博物馆旧炮1190余尊，“全在旧都城上，明崇祯十四年神机营及神枢营所造居者其十之六七。其中有标记年号及神机神枢某营某司队者，有仅标神机神枢某营某司队者，崇祯二三年造者亦有数尊。”[④]这类小型生铁炮，北京周边地区不时出土，至今颇为常见。直筒外箍或三或五，或粗或细，全长多不超过1米，样式简单古朴，然恐非万历之前产品，某种意义上或许可以说是叶公炮的变体。

---

① 范涞辑：《两浙海防类考续编》(卷六)，61a。

② Charles E. Dana. Cannon Notes in the Far off Past. *Bulletin of the Pennsylvania Museum*. 5(18). 1907:21-28

③ 新华网石家庄8月3日电“河北抚宁长城脚下出土14门明代铁制火炮”。

④ 傅斯年：《傅斯年全集》第六卷《国立中央研究院历史语言研究所十九年度报告》第七章“国立中央研究院历史博物馆筹备处十九年度报告”，湖南教育出版社，2003年，第238～242页。民国二十年三月，朱希祖、陈寅恪、徐中舒、裘善元致中研院函，请求补助运费千元，以便移运北平市内铜铁古炮，入藏历史博物馆。引文出该函。按1930年代历史博物馆收集古炮超过1500门；1945年3月1408门铁炮，为日本占领军掠夺而去，下落不明，大概化为铁水了。参见李守义：“民国时期国立历史博物馆的展览”。《文史知识》，2012年，第8期。

四、如何制造熟铁砲

有关明代熟铁火器制造工艺的研究，原始文献方面，长期局限于《神器谱》(1598)鸟铳造法、《利器解》(1600)威远砲制法(多据《武备志》[1621][1]转引)。熟铁冶炼技术则根据《武编》、《涌幢小品》、《神器谱》、《天工开物》、《广东新语》、《春明梦余录》等常见载籍[2]。近来《火攻挈要》(1643)内相关材料，开始受到研究者的重视[3]。除此之外，《武备要略·制造或问》[4](1632)、《祝融佐理 ·椎击铁铳说》(约 1625)、《利器解·钻架》等材料，向来未受注意，实则甚为重要。以下按工序先后，分熟铁生产与火砲制造两节，综合各家之说，探讨技术细节。

1. 精炼熟铁

造铳先需炼铁。《神器谱·神器杂说》云：

---

① 茅元仪:《武备志》(卷一一九)，4b～5a。

② 吉田光邦:“明代的兵器”。薮内清等撰，章熊、吴杰译:《天工开物研究论文集》，商务印书馆，1959 年，第 212 页、第 219 页；杨宽:《中国古代冶铁技术发展史》，上海人民出版社，1982 年，第 178 页，第 232 页；刘旭:《中国古代火药火器史》，第 226 页；韩汝玢、柯俊主编:《中国科学技术史·矿冶卷》，科学出版社，2007 年，第 615～618 页。

③ 尹晓冬:“明代佛郎机与鸟铳的制造技术”。《明清海防研究论丛》(第三辑)，第 51～71 页。

④ 崇祯间泾县萧之龙《制造或问》(程子颐《武备要略》卷十四摘录)有云“尝一友自关外来，对予言曰:今国家之金钱，锱铢取之，泥沙费之。微独关外之冗官冗兵，冒滥无度，即一制造器械，冒破之弊，未易更仆。”随即以熟铁大将军砲为例，讲解其严格的制造过程。“果皆如此制造，虽点放数十次，亦无损动，尚患炸裂哉。”笔端一转，“今关门则不然。监以都司，而又任以委官，作头衙役，众相蚕削。”后果便是偷工减料，品质残次，不克杀敌，反至害己。终篇感叹“今国家之事，大都如此，人谋乎，天意乎。予且不忍言，亦不敢言矣。”按其说，“此铳一门，每日十人，约四十日，计工四百而后成。”

制铳须用福建铁,他铁性燥,不可用。炼铁,炭火为上。北方炭贵,不得已以煤火代之,故迸炸常多。铁在炉时,用稻草戳细,杂黄土,频洒火中,令铁尿自出。炼至五火,用黄土和作浆,入稻草浸一二宿,将铁放在浆内,半日取出再炼,须炼至十火之外。生铁十斤,炼至一斤余,方可言熟。①

《利器解》略云:

一、制砲须用闽铁,晋铁次之。炼铁炭火为上,煤次之。铁在炉,用稻草戳细,杂黄土频洒火中,令铁尿自出。炼至五六火,用黄土和作浆,入稻草,浸一二宿。将铁放在浆内,半日取出再炼,须炼至十火外。生铁五七斤,炼至斤方熟。入炉时仍用黄土封合,一以防灰尘,一以取土能生金,不致炼枯铁之精气。②

《祝融佐理·椎击铁铳说》略云:

用铁以福建为上,炼铁以炭火为上。炼铁至五火,用黄土和作浆,入稻草,浸一二宿。将铁放在浆中半日,取出再炼至十火。荒铁十斤,炼至三斤为熟。

《火攻挈要·制造狼机鸟鎗说略》略云:

① 赵士桢:《神器谱·神器杂说》,24b～25a。
② 范涞辑:《两浙海防类考续编》(卷十),46b～47a。按《两浙海防类考续编》卷十"火器图说"翻刻《利器解》。

大铳宜用铜铸，小铳宜用铁打，其铁用闽广者佳，但打铳全在炼铁极熟，卷筒全要煮火极到。[中略]炼铁炭火为上，但北方炭贵，无奈用煤，烧铁在炉，时用稻草剿细，搥好黄土，凭洒火中，令铁汁自出。炼至五火，用黄土和水作浆，入细稻草，浸一二宿。将铁放在浆内，泡沃半日，取出再炼至十火之外。必须生铁十觔，炼至一觔之时，方可言熟。①

《武备要略·制造或问》略云：

如大将军一位，法用铁数百斤，极大者千斤，融炼七次，方可入造。每一融炼也，有看火色者，有司鼓鞴者，有司煤炭者。②

除《制造或问》，各书均谓用铁以福建为佳，炼铁以炭火为上；炼铁工艺，各家叙述甚为相近。《神器谱》最早出，余书似本其说。

原料与燃料方面。文献中的福建铁(闽铁)当指铁砂熔炼之生铁块(含碳2%～5%)。明代后期北方地区木炭稀缺，普遍使用煤作燃料。自现代技术观点言之，煤虽较廉价易得，但在炉内容易碎裂，阻塞炉料的透气；且煤中含磷、硫等杂质较多，影响生铁质量③。南方多用木炭，故而铁制铳砲品质往往较北方为佳。《神器谱或问》即谓“南方木炭锻炼铳筒，不唯坚刚与北地大相悬绝，即色泽亦胜煤火成造之器”。乃因煤中所含硫化铁残留在熔化的生铁中，凝固后形成共晶体。生铁脱碳处理无法除硫，锻打时会出现热脆现象，导致锻造失败或品质低劣④。北方不得

① 汤若望授、焦勖述：《火攻挈要》(卷上)，25a～b。
② 程子颐辑：《武备要略》(卷十四)，3b～6a。
③ 杨宽：《中国古代冶铁技术发展史》，第157页，第232～233页。
④ 黄维等：“川陕晋出土宋代铁钱硫含量与用煤炼铁研究”。《中国钱币》，2005年，第4期。

已用煤,尚可通过购买福建生铁(或经初加工之毛铁),再行精炼的方式,保证产品质量[①]。这大概是促成明代北方边镇开发熟铁火砲的一个重要原因。

生铁炼制熟铁,是一个不断去除杂质与减少碳含量的过程。借助近人对云南传统炼铁工艺的调查,我们或许能更好地理解明代文献。根据1960年代的调查报告,云南土法炼铁分3个阶段:矿砂炼生铁,生铁炒毛铁,毛铁锻成熟铁。毛铁炉可容生铁150斤,配煤20斤。鼓风4小时左右,生铁熔化呈海绵状,晶莹如雪团。此时增大火力,放二三块松木入炉。再用大铁钳钳出团块,反复锤打,即成毛铁块,各块约为20厘米×5厘米×5厘米。生铁150公斤可炒成毛铁130斤。六人一炉,每天工作12小时,共炒3炉,可得毛铁390公斤,用煤约60公斤。熟铁炉形如南方炉灶,略近方形,每次置毛铁6到8块。鼓风炒炼约20分钟,取出锤打1次,淬火后再入炉炒炼。再炼再锤,凡3次,淬火3次,即制成熟铁。100斤毛铁可打熟铁78～80斤,消耗约五分之一。一炉三人操作,一人掌钳,二人锤打(并用小型鼓风机),一天工作12小时,可打成熟铁80～100斤,用煤约110公斤。[②]

《神器谱》所谓"炼"一"火",研究者大都没有明确解释。参照云南土法,推测相当于炉内炒炼并出炉锻打一次。"炼"有烧炼、锻炼两层含义。如非反复加热锻打,很难解释何以"生铁十斤,炼至一斤余"。至于《神器谱》每炼一火,是否包括淬火,尚不清楚。关于《神器谱》炉内烧炼时撒入黄土稻草碎屑,五火后用黄土和稻草作浆浸泡。前人解释不一,或认为

① 万历四十八,徐光启受命练兵通州,即曾:"买办熟建铁六万六千斤",预备打造军器。参见王重民辑校:《徐光启集》,上海古籍出版社,1984年,第172页。建铁似指福建建宁府出产之铁,此处或即闽铁的代称。

② 黄展岳、王代之:"云南土法炼铁的调查"。《考古》,1962年第7期。

是为了帮助氧化①；或认为系造渣溶剂，并避免过度氧化②。后说近是。黄土成分不详，化学反应过程仍不明了。参照云南土法，五炼后入黄泥浆浸泡，或许相当于淬火。

似乎可以这样理解《神器谱》记载的炼铁过程：生铁块下炉，搅拌翻炒（炒炼），同时投撒黄土稻草碎屑，待出渣滓，钳出高温铁块锻打一遍，再行入炉；如此反复5次，是为“五火”；此时将铁块放入事先预备之黄泥稻草浆，浸泡半日；取出，至少再炼“五火”，方可获得合格的造铳熟铁。按现代概念，产品已是低碳钢（含碳量小于0.5%且杂质少）。《神器谱》所述炼铁工艺，应属于传统炒铁法的变体。

前引各家之说，炼数与金属回收率两项指标颇有差异（表5），或是基于产品性能与成本的综合考虑。《神器谱》鸟铳造法对熟铁要求最高：“炼至十火之外”，“生铁十斤，炼至一斤余，方可言熟”。按单支鸟铳铳管5斤计，约需生铁50斤。按《利器解》“生铁五七斤，炼至斤方熟”计，120斤之威远砲需生铁600～857斤；200斤之威远砲消耗生铁1 000～1 428斤。造熟铁“大将军”，铁经七炼，成品三四百斤者（如天字贰拾伍号大将

表5 明代文献冶炼熟铁参数比较表

文献出处	火器种类	炼数	金属收得率
《神器谱》	鸟铳	>10	ca 10%
《火攻挈要》	鸟铳、佛郎机铳	>10	ca 10%
《利器解》	威远砲	>10	14%～20%
《祝融佐理》	欧式熟铁砲	10	30%
《武备要略》	大将军(叶公砲)	7	ca 30%

① 杨宽：《中国古代冶铁技术发展史》，第232页。
② 华觉明：《中国古代金属技术——铜和铁造就的文明》，大象出版社，1999年，第431～432页。

军,重375斤),原料生铁大概也在千斤以上。

实际火器生产中,可直接购买已经初步炒炼之毛铁(或熟铁),再行精炼。《武编·火器》载嘉靖中期"鸟铳匠头义士马十四呈"制造鸟铳工料银价,"每铳一杆,用福铁二十斤,价银二钱"云云[①]。此处的"福铁"应非生铁块,故而20斤炼成5、6斤即可。

2. 火砲制造

熟铁火砲的制造流程,大致可分为锻造砲管,旋铣砲膛,加底开火门3个步骤。火砲口径大,管壁厚,锻造工艺与鸟铳造法多有差别[②]。《武备要略·制造或问》略云:

> [造大将军砲]数人持锤,数人执钳,百打千敲,方成一券。每四券合成一筒,数筒合成一铳。合成,然后十人持锤,冷端相续,不厌时日。内有针发细孔,俱用针条缜补。磨锉光莹,铳身如镜。

《利器解》言之稍详:

> 制砲不离炉,方成一片。如威远砲,将铁分作八块,打如瓦样。长一尺四寸,阔一尺一寸,中厚边薄。将瓦四块,用胎竿打成一筒。八块共成二筒。凑齐,用铁钉数个将二筒接作一处。再用前余铁三十斤,分作两块,亦打如瓦,围于砲腹中装药发火处加厚。合缝时稍

---

① 唐顺之纂:《武编·前集》(卷五),10a~b,万历四十六年武林徐象枟曼山馆刻本。
② 鸟铳多采用单层或双层熟铁片卷筒锻接,详见尹晓冬:"明代佛郎机与鸟铳的制造技术"。《明清海防研究论丛》(第三辑),第51~71页。

有灰渣，日后必至损伤，须剉磨极净。成筒孔欲小，止容钻磨之沙。

《祝融佐理·椎击铁铳说》更为具体：

> 先较成铳者若干，分作九节，节者一尺二三寸。阔照铳口空径，周墙定数，仍计前后厚薄斤两派定。每节先打铁刺八片，合成铁瓦四块。然后用口径铁棒长三尺，将铁瓦围上，左右包裹如笋壳。要烧极熟，先打中节，两头调打。以铁枣过之，口撞击之，有缺处补之，多处凿之。待后平接，又用铁撞，即于火内接撞。

以上诸条，皆谓打制铁瓦 4 片，合成 1 筒。《制造或问》云“冷端相续”，似为挥锤冷锻。《利器解》谓用铁钉将二筒（各长 1 尺 4 寸）接作一处。合符前引 120 斤威远砲长 2 尺 8 寸之说。铁瓦甚厚，恐系多层合成。“成筒孔欲小，止容钻磨之沙”不易理解，或指胎竿与筒壁间空隙。《祝融佐理》云“每节先打铁刺八片，合成铁瓦四块”，似即双层铁片，合成一瓦。“要烧极熟”、“火内接撞”云云，则接合用热锻。

熟铁火砲管壁越厚，越需多层打成。按《守圉全书》(1636)“火攻要言”，谓“打熟铁大砲，须用炼铁打成瓦，第一层厚五六分，卷成筒，二层三层四层，加至二寸厚为止。”[①]如此砲管，自截面观之，或是类似笋壳、接缝相间包裹的多层结构。对比 15 世纪欧洲大型锻铁砲作法，先用细长铁条平行排列，接成内管，外用铁箍约束，结构则类似木桶。[②]

明代大型锻造铁器，主要是大铁锚（数百斤至千斤）与熟铁火砲。两者

---

① 韩霖：《守圉全书》（卷三之二），51a。

② B. S. Hall. *Weapons and Warfare in Renaissance Europe*: *Gunpowder*, *Technology*, *and Tactics*. Baltimore: Johns Hopkins University Press, 1997:93.

的制造工艺当有相似之处。参照宋应星《天工开物》,分段接合铁锚,轻者用阔砧、重者用木架。孙元化(约1622)谓"宜于京局多造熟铁铳,熟铁小者用钳,大者用提架,庸工所能也"①。《火攻挈要·制造狼机鸟鎗说略》亦云:"铳身卷筒,小者用钳,大者用提架,或三节五节,煮成全体"②。正可与之对应。所谓"合药不用黄泥,先取陈久壁土筛细,一人频撒接口之中,浑合方无微罅"③,可解释为壁土含硝(强氧化剂),接触红热铁件,大量放氧,有助提高温度,以利金属熔化接合④。《天工开物》又云:

> 凡焊铁之法,西洋诸国别有奇药。中华小焊用白铜末,大焊则竭力挥锤而强合之,历岁之久,终不可坚。故大砲西番有锻成者,中国惟恃冶铸也。⑤

威远砲两筒接成,长2尺8寸;大将军砲(叶公砲)不过四五尺(表3)。相比之下,《祝融佐理》所述西式熟铁砲(以"铳口空径"为模数),筒用9节接成,长逾1丈。体量之别,或可印证宋应星之说。然宋氏谓中土"大焊"惟挥锤强合,似与前文合药用黄泥、壁土之说抵牾;谓西洋"别有奇药",亦不明何物。工艺细节尚多未明,有待继续研究。

接成砲筒后加以修整,即可进入第二步,旋铣砲膛。熟铁较之生铁更易切割,可以加工出非常光滑的内膛。明末双层铁砲内膛用熟铁,外

---

① 孙元化:"论台铳事宜书"。韩霖:《守圉全书》(卷三之一),99a～100a。傅斯年图书馆藏崇祯九年刻本。

② 汤若望授,焦勖述:《火攻挈要》(卷上),26b。

③ 宋应星:《天工开物》(卷中),47b～48a。《续修四库全书·子部》(第1115册)影印,崇祯十一年刻本。

④ 王冠倬:《中国古船图谱(修订版)》,生活·读书·新知三联书店,2011年,第276页。

⑤ 宋应星:《天工开物》(卷中),45a。

铸生铁，即利用了这一特性。具体旋膛方法，各家所述颇有异同。

按《武备要略·制造或问》："然后用冬瓜锉，前后系以铁绳，八人分扯，一推一拽，直将铳腹接痕，磨平无迹。"《祝融佐理·椎击铁铳说》："然后取出椎击，趁红，用口径铁枣，上下捱擦接光凡六次。多打冷锤，自然合一。"《利器解》："砲既成，然后上架。用墨线吊准，不失分厘。用钢钻洗塘，可光可圆。药去即到，看过极净，方可安底。"

"冬瓜锉"与"口径铁枣"当是类似工具。《利器解》另有"钻架"图说，详细讲解了更为机械化的铣膛方法：穿地作穴，竖砲固定，上覆圆盘，砲架孔中；高竖木架，悬垂钢钻，升降可调。"人推钻腰铁杆，如磨旋转，钻渐下而砲堂自通。盘中稍旁作一孔，大可容人。人立穴下，透半身于上，时加油以利钻。"[①]参照图式，一目了然（图 8）。《神器谱》鸟铳造法，加工铳管，亦采用垂直旋铣的方式（图 9）。

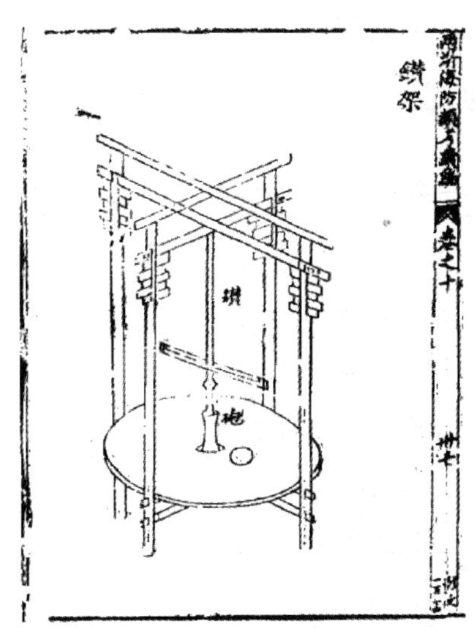

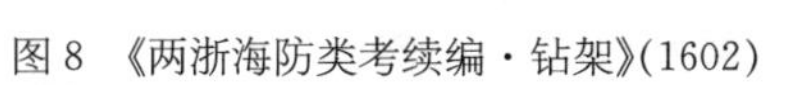
图 8 《两浙海防类考续编·钻架》(1602)　图 9 《神器谱·钻筒图》(1598)[②]

① 范涞辑：《两浙海防类考续编》（卷十），37b～38b。

② 赵士桢：《神器谱》，27a，玄览堂丛书影印万历二十六年刻本。

第三步，加底开火门。《武备要略·制造或问》："然后置底。置底已，然后度其浅深，再四较量，不俯不昂。扣底开一火门，盖此处微高一分，则点放之时，铳身便后坐二尺矣。万一较量不准，或差二三分，亦甚细事，及至点放，后坐数尺，则为祸烈矣。"《利器解》："火门近底，点放不致倒坐。照门及护门，俱就砲本身剉成，务令坚致。各砲大约仿此。"《祝融佐理·椎击铁铳说》："铳尾另打撞入，火门用钢铁钻钻之，务必帖底始妙。"各书相当一致，均强调火门须贴近砲底，避免点放时砲体猛烈后坐。

五、讨论

除叶公砲、灭虏砲、威远砲外，明朝后期广泛应用的虎蹲砲与百子铳亦多为熟铁打造。赵士桢(1599)所谓"近日大小神器，易铜为铁，舍铸务锻"，小者以鸟铳为代表，大者便是前述各类熟铁火砲(表6)。

表6 明代后期主要新式火砲(1520～1610)

火器名称	出现年代	早期生产地域	主流材质	常规重量(斤)
佛郎机铳	1520	东南沿海	铜、熟铁(子铳)	—
发熕	1550	东南沿海	铜、生铁	300～500
虎蹲砲	1570	东南沿海	熟铁、铜	<40
百子铳	1570	东南沿海	熟铁、铜	<40
大将军砲(叶公砲)	1586	蓟辽边镇	熟铁	250～400
灭虏砲	1586	蓟辽边镇	熟铁	70～80
威远砲	1600	蓟辽边镇	熟铁	120～200

战争是军事技术发展的直接动因。16世纪中叶，明朝最有技术含量的战争发生在东南沿海。葡萄牙人东来引发之欧式火器扩散(佛郎机

铳、鸟铳)，促成官方与民间的技术竞争。为应对战事，中央政府默许地方督抚、将领自行制造火器。中国成熟的冶金技术，则为仿造外来火器提供了必要条件。佛郎机铳、鸟铳、发熕先后传入并迅速本土化，进而有虎蹲砲、百子铳之创制。随着南方将领与部队(南兵)调防北部边镇，新式火器加速扩散。叶公砲即自重型佛郎机铳的熟铁子铳发展而来。灭虏砲、威远砲等熟铁砲，体量减小，则是适应北方边镇的改造，用作轻型野战砲，对抗蒙古骑兵。军事危机也促成了新式火砲大量生产，例如壬辰朝鲜战争之于叶公砲。

本章讨论之时段(1550～1610)，中土火器发展的主要特色为熟铁火器的兴起。为什么会发生"舍铸务锻"的转向？除了外来火器的影响，是否还有其他因素？

有研究者认为煤炭的使用对中国火砲发展甚巨，造成了"第二次铜器时代"。

> 宋代以后中国北方大量用煤取代了木炭，而北方的煤含硫量甚高，熔炼(smelt)铁矿砂时会使铁的质量改变。用这种铁铸炮，坚硬度不可靠。因此他们放弃用铁，而以铜来铸炮。于是中国在南宋末也进入了第二次铜器时代。铜铸的炮固然比较可靠，但是昂贵得多。宋元时代的人已注意到中国的铸铁质量不好，却不了解个中关键。这是中国第二次铜器时代无法结束的原因。

同时也敏锐地注意到"在西方，当他们正由 wrought iron 朝着铸铁的方向'进步'时，中国正从铸铁往熟铁的方向转折前进。"①

---

① 李弘祺："中国的第二次铜器时代——为什么中国早期的炮是用铜铸的?"。《台大历史学报》，2005 年，第 36 期。

分析明代南北方火器发展的差异,可以进一步细化上述论点。16世纪后期,东南沿海地区重砲,首推铜铸或生铁铸造之发熕,重大者可至5 000斤;北方边镇则出现熟铁打造之叶公砲,替代铜铁铸造之老式大将军砲。南北重砲发展何以殊途?燃料问题或是一大原因。南方(特别是闽广地区)炼铁仍多用木炭,火候容易控制,且杂质较少,故而明人称许福建铁,适合制造火器。北方缺乏木炭,燃料多用煤(富含磷、硫等杂质),造成生铁品质低落,影响铳体强度;加之重砲火药用量较大,增加了炸膛危险。生铁质量难以保证,转而发展熟铁火砲,显然是个合理的选择。优质的熟铁火砲,相对生铁制品,砲管强度高(安全耐用)、重量轻(机动性高),且原料较铜材廉价易得。北方研发之熟铁砲回流南方,如万历二十九年浙江水师开始装备威远砲,也反映了这种需要。由此可见,"舍铸务锻"既受外来熟铁火器影响,亦得本土技术条件支持,在当时环境下,提供了增强火器性能,最为实用易行的技术革新。

(孙萌萌)

石云里

玩器与“物理”：清代欧洲物理学玩具的传入及其影响

一、物理学玩具与西方近代物理学发展

二、清宫里的光影游戏

三、教堂里的奇器与民间的奇人

四、从玩具到“物理”

五、那些受到“冷落”的物理仪器与玩具

旧命维新

"玩器:器虽玩而理则诚。夫玩以理出,君子亦无废乎玩矣!"

——[清]戴榕"黄履庄小传"附"奇器目略"

清代,正当耶稣会士把受到中国皇帝重视的西方天文学和数学知识传入中国的时候,西方科学正在经历革命性的发展,尤其是作为带头学科的物理学得到了迅猛发展。尽管这些新的物理学知识在中国没能得到有规模的介绍,但是,却有不少物理学玩具通过耶稣会传教士和贸易等途径传入中国。其中最引人注目的是一些光学玩具,它们与眼镜和望远镜等欧洲光学器件一起在清朝得到了较大范围的传播,在当时的社会与文化生活中留下了明显的印记,并导致了中国最早的光学手工业的出现。更加重要的是,这些玩具引起了安徽科学家郑复光(1780～约1853)的极大兴趣,并把它们作为自己科学研究的对象,最终写成了《镜镜詅痴》一书并公开出版。该书试图揭示光的一般特性,以探讨这些玩具和器件的原理,由此建立了一种独特光学系统,成为清代光学发展中的一朵奇葩。本章将首先介绍欧洲光学玩具在清朝的流传和影响,然后通过与其他物理学器具的传入与影响的对比,揭示清代物理学发展的曲折与艰难。

一、物理学玩具与西方近代物理学发展

在欧洲,与物理学相关的玩具由来已久。亚历山大里亚的希罗(Hero of Alexandria,约10～70)在《空气力学》(*Pneumatica*)中所描述的一些风动、汽动和水动装置与其说是实用机器,不如说是玩具。尤其是被后人称为"希罗引擎"(Hero's Engine)的喷气旋转球,在古代大概也

只能起到引起人惊奇的娱乐效果。

希罗开创的这种传统在阿拉伯时代得到继承，如著名工程师加扎里(Ibn al-Razzaz al-Jazari，1136～1206)所写的《精巧机械装置的知识》(*The Book of Knowledge of Ingenious Devices*)一书中，一些机械装置主要也是用于娱乐目的的，包括那个会陪客人喝酒，喝完酒后会通过虹吸作用在客人身上“撒尿”的“膝上偶人”，等等①。

到了欧洲近代早期，玩具与物理学之间的联系更加紧密。除了传统的力学和流体力学玩具，这一点尤其体现在近代光学发展与光学玩具的关系上。

文艺复兴后，欧洲出现了一批光学玩具，在社会上和知识界均得到广泛流传。这些玩具能产生的神秘、神奇甚至是惊悚的视觉效果与幻境，因此成为娱乐大众的项目。不少魔法师还把这类视觉游戏作为魔法展示，以此炫耀自己功力。为了揭穿这些玩具后面的秘密，揭除魔法师盖在它们身上的神秘面纱，一些数学家和自然哲学家则把它们作为研究对象，试图揭示这些玩具与游戏背后存在的规则。例如，开普勒(Johannes Kepler，1571～1630)就很关注这些光学玩具，并且成为一大玩家。据他自己记述，在布拉格时，每逢有人一起来访，他常常会乘他们谈话的功夫自己躲到屋内一个事先准备好的暗室中，并用一个投影装置把自己反写在一块黑板上的粉笔字投射到一面墙上的白幕上，让客人们感受到这种游戏的奇妙。于此同时，他也用这些玩具做过大量实验，以研究光学成像的规律。他的这些工作成为近代欧洲光学研究的重要起点②。

---

① 关于该书机器中一些娱乐性装置的介绍，参阅王娴：“评加扎里《精巧机械装置的知识》”。《自然科学史研究》，2007年，第26卷，第4期，第563～569页。

② Dupre, S. Inside the Camera Obscura: Kepler's Experiment and Theory of Optical Imagery. *Early Science and Medicine*, 13, 2008: 219－244.

另一方面，随着近代光学的发展，又会导致新型光学玩具的出现。尤其是一些光学实验装置，有时就变成了新型玩具的原型。最突出的例子是万花筒(kaleidoscope)的发明。这件玩具是由英国光学家布儒斯特(David Brewster, 1781～1868)在1814年发明的，而其灵感则来自他在研究光的偏振时所用的连环反射实验装置①。

与此类似，其他类型的实验仪器也会导致其他物理学玩具的出现。例如，德国物理学家盖吕克(Otto von Guericke, 1602～1686)在1650年发明的抽气机一开始是研究空气物理性质的重要仪器，并受到波义耳(Robert Boyle, 1627～1691)的改进与系统应用。但是，随着时间推移，它在欧洲也变成了一种玩具。因为那些"那些自然哲学的巡回演讲者"常常会把空气泵中的动物实验作为他们表演的压轴戏。而这些人与其说是科学家，不如说是表演者②。著名英国画家约瑟夫·莱特(Joseph Wright, 1734～1797)有一幅名作叫"抽气机里的鸟实验"(An Experiment on a Bird in the Air Pump, 1768)，其中所反映的就是这样一个表演的场景(图1)。

图1　抽气机里的鸟实验

而在18世纪，科学玩具在科学普及方面的重要性受到欧洲人的高度关注。在这种情况下，有人就造出了专门的词语来称呼称这类与科学

① Brewster, D. *The Kaleidoscope: Its History, Theory, and Construction with its Application to the Fine and Useful Arts*. J. Murray, 1858:1-8.

② Elliott, P. The Birth of Public Science in the English Provinces: Natural Philosophy in Derby, c. 1690～1760. *Annals of Science*, 57,2000(1):61-100.

相关的玩具。例如，在当时的一份玩具目录中，我们就可以读到一组被分类为“消遣娱乐仪器”(instrument for recreation and amusement)的玩具，后面还有这样一段注释：

> 由于自然哲学的研究经常是通过好玩的娱乐性消遣以及实验在年轻人大脑中激发起来的，下面就提供为此目的而专门制造的各种玩具以供选择，它们被认为对思想的训导最有裨益。①

在当时，“自然哲学”还是人们对今天我们所说的科学的通称。还有人干脆称之这类玩具为“哲学玩具”(philosophical toys)，以突出它们同科学之间的特殊联系，并认为：

> 在很大程度上，科学原理在装饰和娱乐目的上的应用会为这些原理的广泛普及做出贡献；因为公开展示那些有冲击力的实验能诱导一位观赏者怀着格外的兴趣来探究它们的原因，并使他永远记住这些原因的效应。因此，在现有这类仪器之外再向初学科学者提供一种寓哲学于娱乐的方式，对此我无需进行辩解。②

---

① Jones, W. & S. *A Catalogue of Optical, Mathematical and Philosophical Instruments Made and Sold by William and Sauel*. London: n. p. 1795:9。关于这类玩具在欧洲的流传与影响可参见 Stafford, B. M. and Terpak, F. *Devices of Wonder: From the World in a Box to Images on a Screen*. Los Angles: Getty Research Institute, 2001: 176。

② Wheatstone, C. Description of the kaleidophone, or phonic kaleidoscope: a new philosophical toy, for the illustration of several interesting and amusing acoustical and optical phenomena. *The Quarterly Journal of Science, Literature, and Art*, 23(1827): 344 - 351.

值得指出的是，17、18世纪欧洲的耶稣会士们也对这类玩具给予了极大关注，其中最好的例子就是多才多艺的德国耶稣会士基歇尔(Athanasius Kircher, 1601～1682)。他在《光影大艺》(*Ars Magna Lucis et Umbrae*)[①]中试图探讨光以及与光有关的自然现象与技艺，其中涉及他那个时代欧洲流行的许多光学玩具。不过，对基歇尔来说，研究光学及其器具有着特殊的宗教含义。因为在他心目中，上帝是"绝对光"(absolute light)，清澈而完美，天使是它的传播媒介；人是"次等光"(secondary light)，暗淡而扭曲，要靠感官与绝对光沟[②]。因此，研究光及其通过各种器件显示出的光影现象就具有宗教认识论上的意义。

基歇尔本人虽然远在欧洲，但他对光学以及光学器物(包括玩具)的这些研究对中国来说却不是毫无关系，因为清代把欧洲光学知识和各种器物(包括玩具)介绍到中国来的，主要就是耶稣会士。基歇尔的工作表明，耶稣会内部本身有着研究光学及其器物的传统，在知识上也有充分的储备。

二、清宫里的光影游戏

从初入中国时开始，耶稣会传教士就意识到海外奇器对中国各社会阶层的强大吸引力。因此，欧洲的书籍、绘画、自鸣钟、乐器以及天文仪

① 该书首版于1646年，扩展版于1671出版。

② Vermeir, K. The magic of the magic lantern (1660～1700): on analogical demonstration and the visualization of the invisible. *The British Journal for the History of Science*, 38(2)2005:127-159.

器变成了利玛窦赠送给明朝官员和皇帝的最常见礼品[①]。而且有趣的是，利玛窦的礼品中已经出现了与光学有关的器物，也就是三棱镜[②]。在传教士企图自上而下基督化中国的过程中，这一做法得到了坚持，正如杜赫德(Jean-Baptiste du Halde, 1674～1743)所指出的：“后来，他们一直没有停止对皇帝口味的满足。因为，怀着归化这个大帝国的目的，欧洲的王公大臣们送出了大量奇器，使皇帝的橱柜很快摆满各种珍奇，尤其是最新发明的时钟以及最新奇的工艺品。”[③]

然而，对于清朝的第二位统治者康熙皇帝来说，只具有新奇性似乎还不够，因为他本人对欧洲科学技术知识充满兴趣，并热切地加以学习。这既对在华传教士提出了挑战，同时也为他们提供了新的机会。杜赫德也很好地为我们描述了这一情况：

> 已故康熙皇帝的主要乐趣就在于获取知识，要么观览，要么听讲，总是孜孜不倦。另一方面，耶稣会士们也知道，这位伟大君主的庇护对福音传播的进展是何等重要。他们没有错过任何能激发其好奇心的机会，满足了他对各门科学的这种由衷兴趣。[④]

毋庸多言，同时富于科学新颖性和奇妙娱乐性的器物最适合满足这一特殊需要。因此，当欧洲天文学于1668年恢复了在钦天监的统治地位之后，比利时耶稣会士南怀仁(Ferdinand Verbiest, 1623～1688)为康熙皇

---

① 王庆余：“利玛窦携物考”。中外关系史学会编：《中外关系史论丛》(第1辑)，世界知识出版社，1985年，第78～116页。

② 刘东：“利玛窦的三棱镜”。《东方文化》，2001年，第6期，第51～52页。

③ Du Halde, J.-B. *The General History of China* [...], Vol. 3. London: Watts, 1741:77.

④ Du Halde, J.-B. *The General History of China*: 74.

帝制造了一系列或有用,或新奇,或有趣的器物,借此系统地向他宣传和传授欧洲科学技术知识。除了为清军铸造的青铜大炮以及为观象台构建的6件新仪器之外,南怀仁和其他耶稣会士还制作了一系列其他“奇器”,用以演示欧洲在日晷学、机械学、水力学、光学与折光学、透视学、静力学、流体力学、气体力学、钟表学、气象学等方面的知识,以满足康熙皇帝的口味①。在光学与折光学类别下,我们可以找到各种望远镜、放大镜和一系列在同时代欧洲十分流行的光学玩具。

南怀仁献给皇帝的第一件光学玩具是光学取影暗箱(optical camera obscura),其箱体是一个用轻木料制成且尺寸合适的半圆柱,在圆柱的轴线位置安装了一只缩放镜头,这样就可以把镜头前的景象投射到圆柱内部黑暗的空腔中,就像巨人前额上的一只眼睛,因为这架仪器可以转向任何方向。这架便携式取影暗箱很像是英国物理学家胡克(Robert Hooke, 1635～1703)在1694年发明并提交给伦敦皇家学会的“图画箱”(picture box,见图2)。

图2　胡克的“图画箱”

普通的针孔取影暗箱在欧洲与中国都不是新鲜玩意儿,但是最迟到16世纪末期,欧洲人已经将透镜和反射镜引入到取影暗箱上,使之变成了近代早期的光学取影暗箱,能够获得远处物体更加清晰和精细

① 南怀仁本人在《康熙朝之欧洲天文学》(*Astronomia Europeae sub Imperatore Tataro Sinico Cám Hy*)中对这些活动和器件进行了详细描述,参见 Golvers, N. *The Astronomia Europaea of F. Verbiest, S. J. (Dillingen, 1687): Text, Translation, Notes and Commentaries*. Nettetal: Steyler Verlag Golvers 1993:102～129。

的图像①。康熙朝之前，德国耶稣会士汤若望(Johann Adam Schall von Bell, 1592～1666)已经在其《远镜说》中将光学取影暗箱作为绘画的辅助工具介绍到中国②，明末改历过程中也已经将它用到日食观测之中③。不过，如此小巧的取影暗箱可能还是第一次出现在中国宫廷。

康熙皇帝非常喜欢这一玩具，于是命令南怀仁在皇宫花园建造一架相同的仪器，让他能通过投进来的影像看到宫外大路上发生的一切而不被外面的人看到。南怀仁于是在面向一条繁华道路的宫墙上开了一个窗，并安装了一架当时能得到的最大直径的透镜，建成了一个取影暗室。这样，皇帝与他的后妃们都可以从这个暗室中窥视到宫外大路上过往的行人，获得了很大的快乐。显然，这座取影暗室与基歇尔在《光影大艺》中介绍的大型取影暗箱(图3)是相同的。

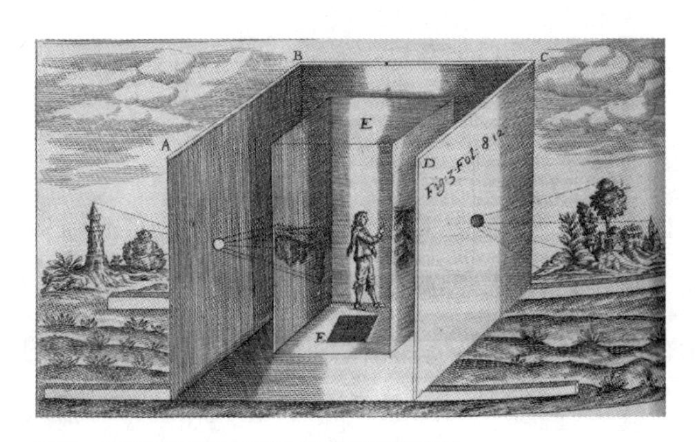

图3 基歇尔《光影大艺》中的大型取影暗箱

① Lefèvre, W. (ed.). *Inside the Camera Obscura—Optics and Art under the Spell of the Projected Image*. In: *Max Planck Institute for the History of Science Reprint* no. 333. Berlin, 2007: 5-30.

② 汤若望:“远镜说”。《中国科学技术典籍通汇·天文卷》(第8册)，大象出版社，1995年，第379页。

③ 王广超、吴蕴豪、孙小淳:“明清之际望远镜的传入对中国天文学的影响”。《自然科学史研究》，2008年，第27卷，第3期，第309～327页。

耶稣会士们用来供康熙皇帝取乐的另外一类光学玩具是所谓的畸变画(anamorphic pictures),也就是借用畸变透视与和畸变成像规则绘制的画作,是文艺复兴以后盛行于欧洲的一种视觉幻术。所用的畸变手法主要分为两种类型,一是畸变透视(perspective anamorphosis),二是镜像畸变(mirror anamorphosis)。用畸变手法绘制的图画要么难辨真形,要么暗藏秘密,只有从特定的点和角度观赏(透视畸变画),或者从摆在特定位置的特定形状的反射镜(主要为圆锥形和圆柱形)中观看,才能认清画面的真实面目。在《光影大艺》中,基歇尔也讨论了这两类畸变画及其制作工艺(图4)。

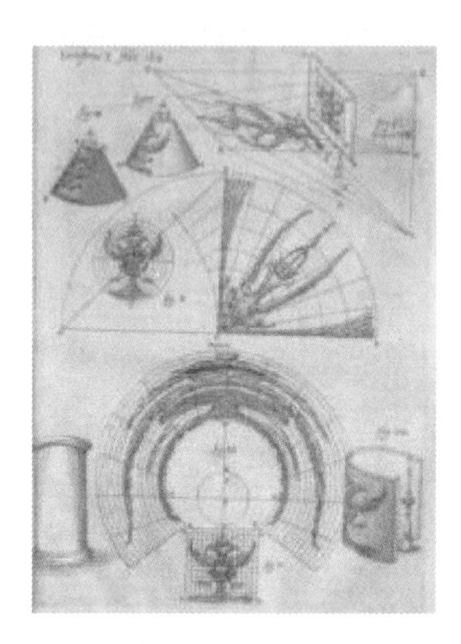

图4 基歇尔对透视畸变画(上右)和镜像畸变画的讨论

据南怀仁介绍,意大利耶稣会士闵明我(Philippo Claudio Gramildi,1638～1717)曾向康熙皇帝展示过不少畸变透视画,其中最大的四幅就绘制在他们北京教堂花园里的四面大墙上,每幅画的宽度足有50英尺以上。从正面看去,画面上只能见到高山、森林与猎人等内容。但从一个特殊的角度看过去,就会显示出一些绘制准确的图形,包括人和一些动植物。据说康熙皇帝驾临该教堂时,曾长久而仔细地观赏了所有这些画。

除此之外,闵明我还向皇帝进献了一些镜像畸变画。用肉眼观看难辨真形,画面各个部分也完全不成比例,好像它们是被压扁揉乱了。但是,如果透过柱面镜或者锥面镜去看,它们就会原形毕现,娱人眼目。

在献给皇帝的光学玩具中,南怀仁还提到他认为"最令人惊奇"3种筒状光学玩具。第一种筒是装在八棱柱里的八棱镜,它的八个侧面可以显示出物体的不同形象,按照棱镜的奇幻规则显示或虚或实的一切图像。这件玩具应该是类似于布儒斯特万花筒的一种幻景玩具,不同的是,这里是通过八棱镜的 8 个面来将外面的景象反射并汇集到人眼中,而成熟的万花筒则是用连接成多面柱的矩形镜来反射放置在筒前部的杂色细物。

第二种筒状玩具十分有趣:

> 第二种筒装配有一个多面透镜,它能将一幅画的不同部分从左转到右,从上转到下,反之亦然;还可以把彼此割裂、分离的不同图画中的不同部分以一定的秩序集中到一起,形成一个完美的画面。尽管以肉眼看来,这些图画表现的是树林、田野和牛群,但透过这个筒子看过去却能清晰地看到一个人脸,这张脸不用这个筒子是看不出来的![1]

显然,这种“筒子”是用 17 世纪在欧洲流行的多面透镜(faceted lens)制成的。这种筒子所用的多面透镜有 2 种类型:一种是所谓的“多像镜”(multiplying spectacles),一般用两片形状不太一样的多面透镜做成眼镜状,戴上这种“眼镜”后,眼前的一个目标可以化成许多影像;另一种是所谓的“透视镜”(perspective glass),一般是装在一个筒子里,透过筒子可以把多个目标按一定规则拼凑到一个画面中,形成一个新的构图,如一个新的人像等等。当然,两种类型的多面透镜的表面是不同的,具有不同的磨制方法。[2] 在《奇特的透视》(*La Perspective Curieuse*)一书中,法国数学家倪克荣(Jean-François Niceron, 1613～1646)对两种多面透

---

① Golvers, N. *The Astronomia Europaea of F. Verbiest*:116.

② 关于两类多面透镜及其在 17 世纪欧洲流行程度的详细介绍,参见 Stafford, B. M. and Terpak, F. *Devices of Wonder*:184－191。

镜的制作和使用进行过详细讨论(图 5)。而在《光影大艺》一书中所描述的一些光学器物中,基歇尔也使用了多面透镜(图 6)。很明显,南怀仁提到的第二种筒状装置就是"透视镜"。

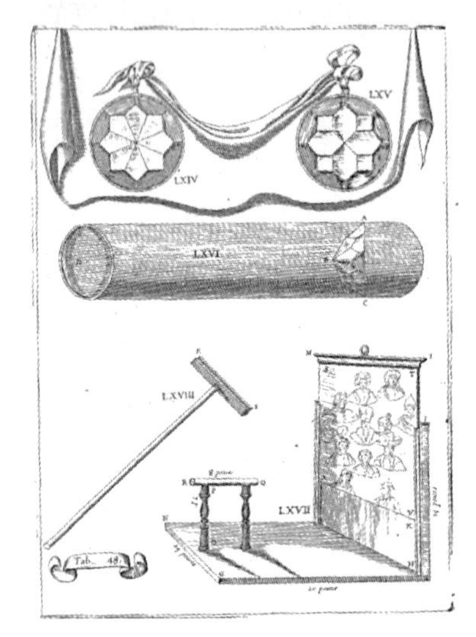

图 5　倪克荣所展示的不同类型的多面透镜①

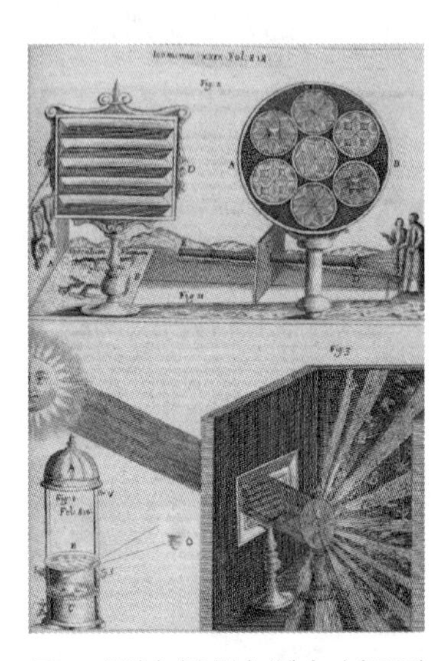

图 6　基歇尔《光影大艺》中对多面透镜的使用

第三种筒状玩具实际上只有一个部分是筒状的:

最后,第三种是夜用筒(nocturnal tube),也许我们称之为"演奇筒"(wonder-performing tube)比较合适,而有人则称之为"魔筒"。因为,在晚上,或者在黑屋子里,它都能通过一盏灯的灯光把无论如何小的影像清晰地投射到墙上。灯被装在一个封闭的盒子里,投影的大小取决于盒子离墙的远近。②

① 这幅图顶部的一对透镜是多像镜,下面的筒状镜就是透视筒,透过它可以从前面大屏风上的每个人像上分离出一部分,并把这些部分重新拼合成一个新的人像。

② Golvers, N. *The Astronomia Europaea of F. Verbiest*:116.

杜赫德的描述比南怀仁更加清楚：

> 另有一种机器，它内部装有一盏灯，灯光穿过一个筒子，筒子的一端装有一个凸透镜，一组绘制有多种图像的小玻璃片在其附近滑动：这些图像会显现在对面的墙上，其大小与到墙的距离成正比；这一夜间或者黑屋奇景吓坏了那些没注意到它们仅仅是人工结果的人，同样会使那些熟悉它们的人感到愉悦。由于这个原因，他们已经给了它一个名字——魔灯。①

事实上，这种“魔灯”(magic lantern)就是17世纪中期前后欧洲人发明的一种早期幻灯机②，基歇尔在《光影大艺》的1646年和1671年版中对它都有讨论(图7)。换句话说，在清初的中国宫廷内，已经出现了最早的幻灯放映。当然，在这种魔灯上，只有镜头才是“筒状”的。

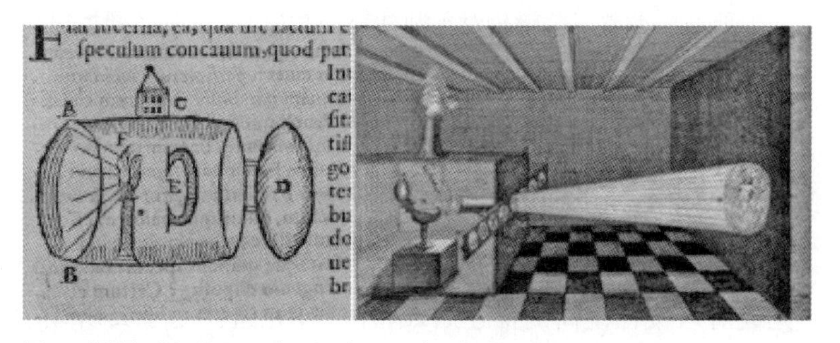

图7　基歇尔魔灯的1646年(左)和1671年(右)版

① Du Halde, J.-B. *The General History of China*: 74 - 75.

② 关于魔灯在欧洲的发明与历史，参见 Mannoni, L. *The great art of light and shadow: archaeology of the cinema*. Translated and edited by R. Crangle. Exeter Studies in Film History: University of Exeter Press: 3 - 74 以及 Stafford, B. M. and Terpak, F. *Devices of Wonder*: 297 - 306。

非常有趣的是,北京的耶稣会士们还将魔灯与时钟结合起来,制成了一种无声的夜间报时装置:“机械摆钟精密计时,使用夜用筒,在夜里用灯光将钟盘上的小时和分钟投射到黑屋子里的墙上。任何时刻想看时间,都可以通过这种方式直接从对面墙上读出几时几分,而不必借助打搅睡眠的铃声来报时。暗颜色的指针在明亮的钟盘上回转,就像欧洲钟楼上的镀金指针那样转动。”①

为了向康熙皇帝解释和演示西方关于日晕、彩虹和幻日等大气光学现象,清宫中的耶稣会士们甚至还制造了以下光学玩具:

> 这是一个密封很好的鼓状室,其内部表面全部刷成白色,用以代表天空。太阳光通过一个小孔,穿过一只玻璃三棱镜,投射到一个磨平的圆柱镜上,再从圆柱境反射到鼓室的内表面上,准确地显示出彩虹的颜色。圆柱镜有一处被微微磨平,由此反射出太阳的影像。只要适当调整三棱镜相对于圆柱镜的角度,经过一系列折射与反射,可展示日晕和月晕以及其他所有天空中可见的现象。②

正如南怀仁在《康熙朝之欧洲天文学》中反复指出的那样,这些光学玩具确实引起了康熙皇帝的好奇,也极大地激发了他的兴趣。例如,在完成对八棱柱镜筒的描述后,南怀仁补充道:“由于其所显示物体的令人愉悦的影像,这一镜筒在长时间内地牢牢地抓住了皇帝的注意力。”③

当然,除了耶稣会士这一主要渠道外,欧洲的光学玩具也曾通过其他途径进入清朝宫廷,比如外国的“进贡”。《清朝文献通考》中就有这样

① Golvers, N. *The Astronomia Europaea of F. Verbiest*:116.
② Du Halde, J.-B. *The General History of China*: 78.
③ Golvers, N. *The Astronomia Europaea of F. Verbiest*:116.

的记载：

> 西洋意达里亚国贡……周天球、显微镜、火字镜、照字镜等物。路远无定期，贡亦无定额，贡道由广东。[①]

按照郑复光在《镜镜詅痴》中的描述[②]，“照字镜”实际上就是“魔灯”[③]，而“火字镜”很可能是“照字镜”的别称。而据《粤海关志》记载，“雍正三年(1725)八月，意达里亚国教化王伯纳第多遣陪臣噶达都、易德丰等表谢圣祖仁皇帝抚恤恩，并贺世宗宪皇帝登极，贡方物”，贡品中就有“显微镜……火字镜……照字镜”等[④]。这说明，《清朝文献通考》中所记进贡之事并非全是虚言。

三、教堂里的奇器与民间的奇人

对于在华耶稣会士来说，教堂是他们面对公众的重要舞台。在这里，来自欧洲的奇器更具有不可替代的重要作用。从利玛窦时代开始，在华耶稣会士们就特别注重在自己的教堂里展示对公众有吸引力的各种欧洲物品。在谈到耶稣会北京教堂中的一架能在整点演奏西洋音乐的大型自鸣钟时，南怀仁指出了西洋奇器对在华传教工作的重要性：“由

① 张廷玉等：《清朝文献通考》，浙江古籍出版社，2000年，第5215页。
② 郑复光：《镜镜詅痴》。《丛书集成初编》，商务印书馆，1937年，第63页。
③ 王锦光、洪震寰：《中国光学史》，湖南教育出版社，1986年，第164～165页。
④ 梁廷玥：《粤海关志》，道光刊本，《续修四库全书》(第0835册)，上海古籍出版社，2002年，第114页。

于这架时钟的钟声远扬，我们教堂的名声也就随之传遍全城，大批民众蜂拥而至……。尽管其中绝大多数人不信教，但他们都通过跪拜和反复叩首来表达对我主的尊敬。正如前面提到过的，此刻，徐日升神父(Thomas Pereira，1645～1708)正在制作一架风琴。我希望，到风琴完成之日，会有更多的民众聚集新建的礼堂。这样，每一个灵魂都将通过谐鸣和奏的钟鼓琴音来颂扬上帝！"①

在这样的背景下，光学玩具也得到应用并取得了相同的效果。例如，闵明我在北京教堂里所制作的大型畸变画不仅抓住了康熙皇帝的心，而且也引来了其他许多名流与官员，以至于"直到现在，每天都有达官贵人频繁地光顾我们的住处，要一睹这些和其他类似的物件。他们无人不对这项技艺充满钦佩。"②从屈大均(1630～1696)等人的著作里可以看出，教堂里的光学器玩确实也给中国士人留下了深刻印象。在谈到澳门天主教堂三巴寺时，他对其中的"自鸣钟、海洋全图、璇玑诸器"等器物只简单提及，对其中的大风琴也只用了大约 50 个汉字加以描述，但对其中的一组光学玩具则用了 132 个汉字：

> 有玻璃千人镜，悬之物物在镜中。有多宝镜，远照一人作千百人，见寺中金仙若真千百亿化身然者。有千里镜，见三十里外塔尖铃索，宛然字画，横斜一一不爽；月中如一盂水，有黑纸渣浮出，其淡者如画中微云一抹，其底碎光四射，如纸隔华灯，纸穿而灯透漏然。有显微镜，见花须之蛆背负其子，子有三四；见虮虱毛黑色，长至寸许，若可数。③

① Golvers, N. *The Astronomia Europaea of F. Verbiest*:127－128.
② Golvers, N. *The Astronomia Europaea of F. Verbiest*:115.
③ 屈大均:《广东新语》，中华书局，1985 年，第 37 页。

这里的“多宝镜”按照郑复光《镜镜詅痴》中的描述[①]就是多面透镜，而“千人镜”也应该是多面透镜，只不过“多宝镜”能看到一个物体的众多影像，而“千人镜”则能将多个目标的像合成到一个图像里。至于望远镜（“千里镜”）和放大镜（“显微镜”），在这种语境下也主要是作为玩具而出现的，尽管作者也提到了对于月面和小动物的观察。

同一时期的王士禛（1634～1711）也描述过三巴寺中的这些光学器玩：

> 有千里镜，番人持之登高，以望舶棫，仗帆樯可瞩三十里外。又有玻璃千人镜、多宝镜、显微镜。[②]

后来，印光任（1691～1758）和张汝霖（活动于1735年前后）则进一步追述了这些玩具的来源，指出它们都是意大利出产的：

> 意大利亚物产：玻璃为屏，为灯，为镜。……有照身大镜，有千人镜，悬之物物在镜中。有多宝镜，合众小镜为之，远照一人作千百人。有千里镜，可见数十里外。有显微镜，见花须之蛆背负其子，子有三四；见蝇虱毛黑色，长至寸许，若可数。有火字镜，有照字镜，以架庋而照之。有眼镜，西洋国儿生十岁者即戴一镜以养目，明季传入中国。[③]

---

① 郑复光：《镜镜詅痴》，第66页。

② 王士禛，靳斯仁点校：《池北偶谈》，中华书局，1982年，第517页。

③ 印光任、张汝霖：《澳门纪略》。《中国方志丛书》（第109册），成文出版社，1968年，第253～254页。

这里多出了“火字镜”和“照字镜”，也就是魔灯。

由于教堂是传教士与公众接触的场所，所以这里也就会顺理成章地成为一个特殊的知识交流场所，包括科学技术知识的交流。主要活动于扬州的巧匠黄履庄(1656～?)就是一个很好的例证①。黄履庄是一个颇具神秘色彩的奇人，以善于制作各种“奇器”闻名于世。根据他表弟戴榕(1656～?)的“黄履庄小传”，他制作过一只三寸高的自动小木偶、一辆三尺长的两轮自行车、一只能吠叫的木狗、一只能在笼子里振翅鸣叫的木鸟以及一个能喷出五尺高水头的喷泉。除了这些“玩意儿”，戴榕还在小传之后附上了一个“奇器目略”，其中包括不少光学器件：

> 一诸镜：德之崇卑，惟友见之。面之媸妍，惟镜见之。镜之用止于见，已而亦可以见物，故作诸镜以广之。千里镜大小不等。，取火镜向太阳取火。，缩容镜，临画镜，取水镜向太阴取水。，显微镜，多物镜，瑞光镜制法大小不等，大者径五六尺，夜以灯照之，光射数里，其用甚巨。冬月人坐光中，遍体生温，如在太阳之下。。
>
> 一诸画：画以饰观，或平面而见为深远，或一面而见为多面，皆画之变也。远视画，旁视画，镜中画，管窥镜画全不似画，以管窥之，则生动如真。，上下画一画上下观之则成二画。，三面画一画三面，观之则成三画。。②

显然，这里的“诸画”就是各种畸变画。至少从清前期开始，它们就开始在民间流传。例如，据王士禛记载：

> 西洋画：西洋所制玻璃等器多奇巧。曾见其所画人物，视之初不

① 关于黄履庄及其所制奇器的专门研究，可参见 Needham, J. *Science and Civilisation in China*, vol. 2. Cambridge University Press, 1956:516－517 和王锦光：“我国 17 世纪青年科技家黄履庄”。《杭州大学学报》，1960 年，第 1 期，第 1～5 页。

② 张潮：《虞初新志》，河北人民出版社，1985 年，第 114～116 页。

> 辨头目手足，以镜照之即眉目宛然姣好。镜锐而长，如卓笔之形。又画楼台宫室，张图壁上，从十步外视之，重门洞开，层级可数，潭潭如王宫第宅。迫视之但纵横数十百画，如棋局而已。①

显然，这段文字前半部分描述的是使用圆锥镜（“镜锐而长，如卓笔之形”）观看的镜像畸变画，后一半描述的则是透视畸变画。至于黄履庄的“缩容镜”，按字面意思可能是凸面镜，“显微镜”就是放大镜，“多物镜”应该与多面透镜类似，“瑞光镜”实际上就是没有镜头和影片的“魔灯”，类似于现代的探照灯。

至于“临画镜”，则可能是所谓的“左格拉镜”（zograscope），又被称为斜角镜（diagonal mirror）、柱光机（optical pillar machine）或者斜光机（optical diagonal machine）。这种装置由一个垂直安装的大凸透镜和一个倾角可调的平面镜组成（图 8）。透过透镜观赏平面镜中反射出的桌面上的图画，会因光学系统带来的深度感而产生一种虚拟的立体感。这种玩具在 18 世纪的欧洲十分流行（图 9），在清中期的苏州一带也很常见。顾禄（1794～约 1850）在《清嘉录》中所描写的“又有洋画者，以显微镜倒影窥之，障浅为深，以画本法西洋故也”②，所说的就是这种玩具。郑复光在《镜镜詅痴》中也谈到这种玩具③，只不过称之为“通光显微以观洋画”④。

---

① 王士禛，靳斯仁点校：《池北偶谈》，中华书局，1982 年，第 631～632 页。

② 顾禄：《清嘉录》，江苏古籍出版社，1999 年，第 13 页。

③ 王锦光、洪震寰：《中国光学史》，第 162 页。

④ 郑复光：《镜镜詅痴》，第 57 页。

图 8　左格拉镜实物

图 9　18 世纪欧洲画作中的左格拉镜

我们不知道“奇器目略”中所列的“奇器”究竟是黄履庄实际制作过的，还是只是他知道的。但是，它们的欧洲来源是十分明显的，尤其是其中还提到温度计和湿度计。而从戴榕的描述来看，黄履庄关于这些“奇器”知识的来源是十分清楚的：

> 十岁外，先姑父弃世，[黄履庄]来广陵与予同居。因闻泰西几何比例、轮捩机轴之学，而其巧因以益进。……有怪其奇者，疑必有异书，或有异传。而予与处者最久且狎，绝不见其书。叩其从来，亦竟无师传。但曰：“予何足奇，天地人物皆奇器也。动者如天，静者如地，灵明者如人，赜者如万物，何莫非奇。然皆不能自奇，必有一至奇而不自奇者以为源，而且为之主宰。如画之有师，土木之有匠氏也。夫是之为至奇。”①

① 张潮:《虞初新志》，第 113 页。

尽管戴榕说黄履庄在“奇器”制作方面“竟无师传”，但他的文字中还是点出了黄氏相关知识的欧洲来源：首先，他早年学习过“泰西几何比例、轮捩机轴之学”，因而技艺大长；其次，“奇器目略”中的大量器物（如温度计和湿度计等）①，无疑都是欧洲传入的；第三，黄履庄回答戴榕的那一大段话带有浓厚的天主教色彩，其中的那个“至奇而不自奇者以为源，而且为之主宰，如画之有师，土木之有匠氏”的存在其实就是天主教中的上帝。由于扬州在明末清初是天主教在中国的一个重要中心②，所以黄履庄不但可能与传教士有交往，而且极有可能是一位天主教徒。

由于戴榕明确指出黄履庄生于1656年，在“小传”撰写之时已经28岁，所以我们大致可以明白，那份“奇器目略”大约完成于1684年前后，也就是南怀仁和他的耶稣会弟兄们正在北京忙着为康熙皇帝制造各种奇器的年代。而在此前三四年，苏州人孙云球（约1650～?）已经印行了另一份“光学奇器”的清单，也就是《镜史》③。事实表明，《镜史》并不是我们以前想象的有关光学或者光学器件制作工艺的著作，而是一份地地道道的光学产品目录。除了24种近视镜，24老花镜，24种平光镜，以及远镜、火镜、端容镜、焚香镜、摄光镜、夕阳镜、显微镜和万花镜这些常见的光学器件之外，孙云球还列出了“人所不恒用，或仅足供戏玩具者”，包括鸳镜、半镜、多面镜、幻容静、察微镜、观象镜、佐炮镜、发光镜、一线天和一线光等等④，只是孙云球并未描述它们的具体结构。至于前面列出的

① 王锦光：“我国17世纪青年科技家黄履庄”。

② 江苏省政协文史资料委员会：“扬州宗教”。《江苏文史资料》，第115辑，第37～48页。

③ 关于孙云球及其《镜史》的最新研究全书文字内容的标点本，参见孙成晟：“明清时期西方光学知识在中国的传播机器影响：孙云球《镜史》研究”。《自然科学史研究》，2007年，第26卷，第3期，第363～376页。

④ 孙云球：《镜史》，上海图书馆藏清刻本。

“摄光镜”，也应该是光学取影暗箱之类的玩具。

从《镜史》的一系列序文和跋文中我们可以看出，孙云球在当时也因在光学器件制作方面的才能被看成是一位奇人。但他的专业知识并不是无源之水，而是从活动于杭州、吴县一带的一些光学匠人那里得的。这些地区在明清之际都是耶稣会士活动的主要中心，所以，这些匠人也许像黄履庄一样，也从传教士那里学习过制镜技术。由于这些匠人的出现，清朝首次出现了以眼镜生产为中心的光学手工业，而苏州也因为有孙云球等人的存在而变成了光学工业的中心。而且，除了常规的眼镜生产，光学玩具显然也成为重要的光学产品。例如，顾禄描述苏州地区的手工业（“工作”）时，为我们留下了一段弥足珍贵的记载，说明了苏州地区光学玩具生产的情况，同时指出了其同孙云球所开创的光学器件生产之间的联系：

> 影戏、洋画，其法皆传自西洋欧逻巴诸国，今虎丘人皆能为之。
>
> 灯影之戏，则用高方纸木匣，背后有门。腹贮油灯，燃炷七八茎，其火焰适对正面之孔。其孔与匣突出寸许，作六角式，须用摄光镜重叠为之，乃通灵耳。匣之正面近孔处，有耳缝寸许长，左右交通。另以木板长六七寸许，宽寸许，匀作三圈，中嵌玻璃，反绘戏文。俟腹中火焰正明，以木板倒入耳缝之中，从左移右，从右移左，挨次更换其所绘戏文，适与六角孔相印，将影摄入粉壁，匣愈远而光愈大。惟室中须尽灭灯火，其影始得分明也。
>
> 洋画，亦用纸木匣，尖头平底，中安升箩，底洋法界画宫殿故事画张。上置四方高盖，内以摆锡镜，倒悬匣顶。外开圆孔，蒙以显微镜。一目窥之，能化小为大，障浅为深。
>
> 余如万花筒、六角西洋镜、天目镜，皆其遗法。

昔虎丘孙云球以西洋镜制，扩昏眼、近光、童光等镜为七十二种。又有远镜、火镜、端容镜、摄光镜、夕阳镜、显微镜、万花镜各种，著《镜史》行世，详载《府志》。兹之影戏，殆即摄光镜之遗法；洋画乃显微镜也。[①]

显然，顾禄提到的“影戏”和“灯影之戏”就是魔灯，而“洋画”则是清朝人所说的“西洋景”或者“西洋镜”。西洋景实际上也来自欧洲，英文名叫 peepshow box，传入清朝后也变成了一种流行的玩具[②]。至于所谓的“万花筒、六角西洋镜、天目镜”等，也应该是苏州地区生产的其他光学玩具。

当然，苏州显然也不是当时光学玩具生产的唯一中心。例如，顾禄还告诉我们：

江宁人造方圆木匣，中缀花树禽鱼、神怪秘戏之类，外开圆孔，蒙以五色瑁瑇[③]，一目窥之，障小为大，谓之西洋镜。又有洋画者，以显微镜倒影视之，障浅为深，以画本法西洋故也。[④]

这至少说明，当时南京地区也存在西洋景和左格拉镜之类的光学玩具生产。

到 19 世纪初期，中国的光学手工业已经形成一定的规模，以至引起了英国人戴维斯(John Francis Davis，1795～1890)[⑤]的注意。戴维斯对

---

① 顾禄：《桐桥倚棹录》，上海古籍出版社，1980 年，第 156～157 页。

② 王锦光、洪震寰：《中国光学史》，第 169～170 页。

③ 显然，这个圆孔上除了要“蒙以五色瑁瑇”外，恐怕还要安装一个“显微镜”，也就是凸透镜，否则就无法“障小为大”。

④ 顾禄：《清嘉录》，第 13 页。这一段中关于江宁人造“西洋镜”的描写也见于李斗江北平、涂雨公点校：《扬州画舫录》，中华书局，1960 年，第 265 页。

⑤ 戴维斯于 1813 年担任英国东印度公司在广东工厂的文书，1816 年作为英国进京使团的翻译进入清朝内地，之后继续留在广东的英国工厂，1844 年成为英国驻香港总督，香港人称他为爹核士。

中国进行过系统考察,并写成《中国人》(*The Chinese: A General Description of the Empire of China and Its Habitants*)一书,于1836年在伦敦和纽约两地正式出版。书中谈到中国科学的发展时特别提到了光学与光学工业,并给出了这样的描述和评论:

> 我们该举出一些惊人的案例,其中中国人显然全凭偶然而搞出一些有用的发明,事先却没有掌握任何科学上的线索……例如,在完全缺乏透镜光学理论的情况下,他们使用凸面和凹面玻璃,或者更确切地说是水晶,来助明。……还有例子表明,中国人一直试着仿制欧洲的望远镜。但是在制作带有复合透镜的仪器时,起码的科学是必须的,所以他们自然也就失败了。可是,当布儒斯特爵士所发明的光学玩具"花样镜"的几件样品最早传到广东时,它们很轻易地得到了仿制。中国人完全被它们迷住,立即进行大量加工,并向北销往全国,还给了它一个恰如其分的名字:万花筒。①

尽管戴维斯指出了中国光学水平的低下及其对复杂光学仪器生产的限制,但是同时却也透露了清朝光学制造业所具备的加工能力——连万花筒这样最新式的光学玩具都能立即仿制。上文提到的苏州地区生产的"万花筒"应该就是这种产品,郑复光称之为"万花筒镜",并对其结构与制作方法有十分详细的描述和讨论②。

当然,除了教堂,欧洲光学玩具及其制作技术还可能通过其他途径传播到清朝的民间,其中最重要的应该是进口贸易。从雍正年间刊行的

① Davis, J. F. *The Chinese: A General Description of the Empire of China and Its Habitants*. New York: Harper & Brothers, 1836: 153 - 254.

② 郑复光:《镜镜詅痴》,第67页。

《常税则例》以及道光年间刊行的《粤海关志》中，我们可以看到，以眼镜、望远镜为主的各种玻璃和光学制品已经是当时进口货物中的大宗商品，被列在“玻璃类”、“烧炼类”、“镜类”和“烧料器”等名目之下，其中就可以见到“大小纸匣，面有镜，内做西洋景”、“铜架大显微镜”和“玻璃影画箱”等显然与光学玩具有关的货物①。其中的“铜架大显微镜”可能就是左格拉镜，“玻璃影画箱”则可能是魔灯、取影暗箱或者“西洋景”。

四、从玩具到“物理”

生活在21世纪之初的我们很难相信，这些来自欧洲的光学玩具在清朝曾经是何等流行，又是如何影响到当时人的社会生活。最典型的例子可能是著名剧作家、《桃花扇》作者孔尚任（1648～1718）在《节序同风录》中的记述。该书描写的是泰山地区流行的年节风俗，其中不少与镜子有关：

> （正月初一）：家中大小镜俱开匣列之，曰开光明。或佩小镜，曰开光镜。悬圆镜于中堂，曰轩辕镜，以驱众邪。……
>
> （八月初一）：老人试叆叇，能养目不昏，今名眼镜。……
>
> （八月十五）：磨镜，看玻璃宝镜，有面镜，眼镜，深镜，远镜，多镜，显（微）镜，火镜，染镜。……
>
> （九月初九）：登高山城楼台……持千里镜以视远。……

---

① 佚名氏：《常税则例》，雍正间刊本。《续修四库全书》（第834册），上海古籍出版社，2002年，第432～433、438页；梁廷玥：《粤海关志》，第613页。

(十二月三十除夕):房中设穿衣大镜照邪。①

不难看出,这些风俗中有不少镜子是来自欧洲的,其中的“多镜”应该是“多宝镜”。而按照顾禄的记载,西洋景、左格拉镜等也是苏州地区新年娱乐活动中的重要内容②。

有趣的是,光学玩具还在清朝一些园林建筑中得到使用。据李斗(? ～1817)记载,在扬州的瘦西湖上的净香园内有这样一座西洋式特殊建筑,或者可以说是一个西洋式大迷宫,其中显然安装有大型的光学玩具,这应该算是固定的光学玩具展示:

> 净香园……左靠山仿效西洋人制法,前设栏楯,构深屋,望之如数什百千层,一旋一折,目炫足惧。惟闻钟声,令人依声而转。盖室之中设自鸣钟,屋一折,则钟一鸣,关捩与折相应。外画山河海屿,海洋道路。对面设影灯,用玻璃镜取屋内所画影。上开天窗盈尺,令天光云影相摩荡,兼以日月之光射之,晶耀绝伦。③

这里的“对面设影灯,用玻璃镜取屋内所画影”所指的应该就是被称为“取影灯戏”的“魔灯”。而“上开天窗盈尺,令天光云影相摩荡,兼以日月之光射之”极有可能用到了光学取影暗箱的技术。至于“构深屋,望之如数什百千层”,则极可能是结合欧洲镜像箱(mirror box)和透视画等技术。

---

① 孔尚任:《节序同风录》。《四库全书存目丛书》(第 165 册),齐鲁书社,1996 年,第 805、846、848、851 页。

② 顾禄:《清嘉录》,第 13 页。

③ 李斗:《扬州画舫录》,第 270 页。

另一个能够说明欧洲光学玩具在清朝影响程度的，是不少描述这些玩具的清代诗歌。例如，徐乾学(1631～1694)有“西洋镜箱诗六首”[①]，其中有言：

移将仙镜入玻璃，万迭云山一笥携。
共说灵踪探未得，武陵烟霭正迷离。

横箫本是出璇玑，一隙斜窥贯虱微。
仿佛洞天微有径，翠屏云绽启双扉。

交光上下两青铜，丹碧微茫望若空。
遮莫海楼云际结，珊瑚枝上现蛟宫。

玉轴双旋动绮纹，断红霏翠转氤氲。
分明香草衡湘路，百折帆廻九面云。

隙驹中有大罗天，光影交时态倍妍。
鹤正梳翎松奋鬣，美人翘袖忽蹁跹。

乾坤万古一冰壶，水影天光总画图。
今夜休疑双镜里，从来春色在虚无。

从其中“移将仙镜入玻璃，万迭云山一笥携”、“横箫本是出璇玑，一隙斜

① 徐乾学：《憺园文集》。《续修四库全书》(第1412册)，上海古籍出版社，2002年，第421～422页。

窥贯虱微”、“交光上下两青铜，丹碧微茫望若空”等句不难看出，这里的“西洋镜箱”其实就是西洋景。同样主题的诗歌还有江昱(1706～1775)的“西洋显微镜小景歌”，其中吟诵的应该是西洋景或者左格拉镜之类的光学玩具[①]。此外，在袁佑(1634～1699)的“六镜诗和蒋静山”[②]、红兰主人(1671～1704)的“西洋四镜诗”和陶煊(活动于康熙年间)的“六镜诗为红兰主人赋”[③]中，被吟诵的除大玻璃镜、取火镜、千里镜、显微镜和眼镜外，也有多目镜(或称多宝镜)这样的纯玩具。如袁佑诗中咏“多目镜”曰：

镜中顾影已成多，多目多心奈镜何。
曾向真搜观万象，沙飞点点满恒河。

红兰主人诗中则咏“多宝镜”曰：

有客携镜来，命我持镜视。
一人当我前，更见二三四。
十人当我前，其数不胜记。
济济皆衣冠，竟无丝毫异。
如蚁复如蜂，扬眉而吐气。
去镜更一窥，余不知所逝。

---

① 阮元:《淮海英灵集(丙集)》。《续修四库全书》(第 1682 册)，上海古籍出版社，2002 年，第 182 页。

② 袁佑:《霁轩诗钞》。《四库未收书辑刊 · 柒辑》(第 27 册)，北京出版社，1999 年，第 44～45 页。

③ 陶煊:《石溪诗钞》。《四库禁毁书丛刊 · 集部》(第 183 册)，北京出版社，2000 年，第 367～368 页。

眸子蔽一层，即莫辨真伪。
今始觉其诈，此镜从此弃。
将此弃镜心，可以推万事。

而彭希郑(1764～1831)则为苏州一带流行的“灯影之戏”(也就是“魔灯”表演)和“洋画”(也就是西洋景)留下了以下诗句[①]：

影戏诗曰：
疑有疑无睇粉墙，
重重人影露微茫。
英雄儿女知多少，
留在寰中戏一场。

洋画诗曰：
世间只说佛来西，
何物烟云障眼底？
毕竟人情皆厌故，
又从纸上判华夷。

他甚至从人情喜爱新奇的角度出发，认为对这类“洋玩意儿”不必作“华夷”之分，足见两种光学玩具给他留下的印象之深。

戴榕所写“黄履庄小传”后所附的“奇器目略”中在谈到玩具时指出：“玩器：器虽玩而理则诚。夫玩以理出，君子亦无废乎玩矣！”[②]可惜，我们

① 顾禄：《桐桥倚棹录》，第157页。
② 张潮：《虞初新志》，第115页。

并不知道，黄履庄是否在探索此“理”方面有所作为。不过，可以肯定的是，上述那些广为流传的光学玩具最终确实让一位学者对它们所蕴含的“理”产生了浓厚兴趣，此人的名字叫郑复光[①]。

郑复光是徽州歙县人，那里是清朝最重要的经济与文化中心之一。受清初大数学家梅文鼎的影响，这一地区也是清代的数学研究中心。郑复光虽然接受过正规儒学教育，但在通过县级科考并考取监生后，他就没有进一步在科举上有所进取，而以教读为生，同时研究数学，写有《正弧六术通法图解》、《笔算说略》、《筹算说略》、[②]《几何求作汇补图解》等一系列数学著作。与此同时，他也显然深受明清之际安徽思想家方以智(1611～1671)《物理小识》的影响，热衷于对“万物之理”的探求。与方以智一样，郑复光将明清之际传入的西方自然哲学，尤其是亚里士多德自然哲学与宋明理学中关于自然的思想与讨论方法结合起来，撰写了《费隐与知录》一书(于1843年印行)，试图揭示一系列自然和奇异现象背后的“理”，在内容与风格上与《物理小识》一脉相承。

1819年岁末，郑复光与堂弟郑北华一起访问扬州。两人同时被扬州的“取影灯戏”(也就是魔灯表演，也许就是前文所引净香园中的那一架)所吸引，开始对光学问题感兴趣，并一起摸索《淮南万毕术》中描述的冰透镜的磨制。返回家乡后，郑复光继续与郑北华一起展开光学研究，并于10年后完成了《镜镜詅痴》的初稿[③](图10)。经过多年的修订，该书于1846得到印行。全书共5卷，主要分成4篇：

① 关于郑复光的传记，可参见石云里：“潜心光学光照千秋——郑复光传略”。王鹤鸣等主编：《科坛名流》，中国文史出版社，1991年，第15～22页。

② 《笔算说略》与《筹算说略》现存中国科学院自然科学史所图书馆，《续修四库全书》中收有两书影印本。

③ 郑复光：《镜镜詅痴》，第1页。

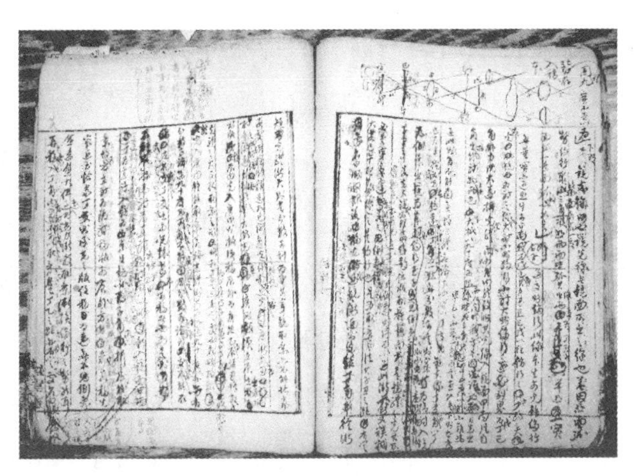

图 10 《镜镜詅痴》初稿(安徽博物院藏)

第一篇“明原”，主要讨论颜色、光、影以及光线等的性质以及作用规则。

第二篇“类镜”，主要讨论决定各种镜子性质和特征的一些基本范畴，包括材料、体质、颜色与形状等等。

第三篇“释圆”，主要讨论决定凸透镜、凹透镜、凸面镜以及凹面镜特性与作用的基本规则。

第四篇“述作”，主要讨论 17 种光学器件的结构、功能、设计与制作，包括棱镜、透镜、眼镜、望远镜、显微镜、西洋景、多面透镜、光学取景暗箱、魔灯、太阳镜、望远镜六分仪、探照灯、万花筒和畸变画等等，其中大部分为玩具。

与此同时，《费隐与知录》中也包含了不少光学讨论的条目[①]。

在欧洲近代早期，这些光学器具与玩具同新兴的科学，尤其是新兴的光学之间具有密不可分的关系。因此，它们的工作原理在 17、18 世纪已得到系统的研究，并逐渐发展成理论。但当它们作为异国奇器被传入

① 石云里：“潜心光学光照千秋——郑复光传略”。

中国时，这些器物已经与原有的特殊科学与境相脱离。尽管中国天文学家也把望远镜用于日食等天象的观测，但在公众眼中，它只不过是好玩的玩具之一，正如李渔(1611～1680)《十二楼》中的那个故事所描述的那样。故事中，一位少年通过以望远镜偷窥了解了一位富家小姐在闺中的日常活动，再以此编造说辞，最后终于赢得那位小姐的芳心。在评论这个故事时，李渔列举了一系列其他光学器具，它们能“生出许多奇巧”[①]。然而，当越来越多的中国人被这“许多奇巧”所吸引和打动，当更多的匠人掌握了这些器件的制作工艺之后，还是出现了将它们同科学问题联系起来的学者，也就是郑复光。尽管他并不完全了解这些玩具背后的那些新的欧洲光学知识，但是，出于好奇，也出于知识上的热情，他试图通过自己的研究，深挖这些光学器具背后的“所以然”，以便为工匠们总结出一套指导性理论。所以，在《镜镜詅痴》卷四“述作”篇的开头，他发挥了儒家经典中的话，指出：“知者创物，巧者述之，儒者事也。民可使由不可使知，匠者事也。匠者之事有师承焉，姑备所闻。儒者之事有神会焉，特详其义，作‘述作’。”[②]换句话说，他把光学理论的探究看成是自己作为一个儒者的责任。

就这样，郑复光把这些仪器和玩具转化成了科学研究的对象。为了达到自己的目标，他花费了将近30年的时间，从器物、模型、书籍和工艺插图中搜集原始素材，从来自中国和欧洲的相关著作中搜集有用的相关知识，并以中国前所未有规模开展了大量实验，从而建立了一套具有浓重公理化特征的光学理论，其目标不仅停留在对光学现象和器具的定性解释上，而是试图要建立一套定量化的概念和规则，可以用于光学器物

① 李渔:《十二楼》,大众文艺出版社,1999年,第285～292页。
② 郑复光:《镜镜詅痴》,第52页。

的定量分析与设计。

对于透镜和曲面反射镜，郑复光使用了“顺收限”、“顺展限”、“顺均限”、“侧收限”、“侧展限”和“侧均限”等6个基本的定量化概念，它们大体对应于焦距和一些特殊成像点的距离，它们的数值则可以通过实验进行测量①。在此基础上，他又使用“深力”概念来描述光学器件的放大能力，其数值可以通过上述六限的大小进行计算。更加重要的是，郑复光还试图总结所有这些定量概念之间的数学关系，以便对光学器件的性质和成像特点进行定量描述和计算。例如，他发现，若“顺收限”/“顺展限”＝10/9，则“顺均限”＝“顺收限”＋“顺展限”，等等。另外，他实际上还给出了反映透镜倍率的“深力”同各种“限”之间的定量关系，以至可以实现这些两之间的互求。在《镜镜詅痴》中，我们可以找到大量的这类数值关系和计算。尽管这些概念、规则和计算在今天看来还存在不少混乱甚至错误，但作为清代甚至整个中国近代以前唯一一部做出过如此系统努力的光学著作，该书还是十分值得我们肯定的。

在西方光学知识方面，郑复光所能参考的只有早期耶稣会士编写的极其有限的几部著作，其中最重要的是德国耶稣会士汤若望在1624年出版的《远镜说》一书。尽管郑复光承认《远镜说》是《镜镜詅痴》的楷模，但该书完成时，欧洲科学界既不了解折射定律②，更没有总结出透镜与曲面镜成像的基本数学规律。因此，除了有关两种透镜、望远镜、近视与远视的定性解释，以及光的直线传播、光的折射以及人眼的基本透视规

① 关于郑复光特殊光学理论的最新分析，参见钱长炎：“关于《镜镜詅痴》中透镜成像问题的再探讨”。《自然科学史研究》，2002年，第21卷，第2期，第135～145页。

② 折射定律在当时已经由荷兰人斯涅耳(Willebrord van Royen Snell, 1591～1626)通实验过总结出来，但他的发现直到17世纪下半叶才被人们从实验记录中重新发现，并得到公布。1637年，笛卡尔(René Descartes, 1596～1650)在《屈光学》一书中总结出了折射定律的现代形式，并进行了证明。

则等之外①,书中真正能被郑复光直接借用的知识并不够。此后,耶稣会士在《崇祯历书》和《灵台仪象志》等书中也介绍了不少欧洲光学知识,但水平上都没有超出《远镜说》。在1742年完成的《历象考成后编》中,德国耶稣会士戴进贤(Ignaz Kögler, 1680～1746)和葡萄牙耶稣会士徐懋德(Andreas Pereira, 1690～1743)在讨论大气折射时使用了折射定律②。可惜,这种介绍被淹没在大量的天文学讨论之中,几乎没有引起钦天监之外的中国学者的注意,包括郑复光在内。当然,从明清之际传入中国的欧洲几何学、天文学、自然哲学和光学著作中,郑复光得到了方法论上的许多启发,尤其是在公理化、定量化方法等方面。

不过,归根到底,《镜镜詅痴》中的光学体系在世界上还是独一无二的,完全是郑复光自己的独创,尽管它与现在公认的光学体系相距甚远。从很大程度上来讲,该书堪称是1840年之前清朝出现的唯一一本在气质特征上最接近欧洲近代科学精神的科学著作,这至少体现在三个方面:

首先,与中国古代讨论工艺技术的一般著作不同,郑复光在书中没有就事论事地直接讨论各类光学器具本身,而是反过头去,从这些器具所涉及的最基本的物理实体——光和颜色——等的基本物理性质入手展开讨论,并且强调:"不明物理,不可以得镜理,物之理,镜之原也。"③而为了突出"物理"研究的重要性,他也没有忽略三棱镜、万花筒等在当时完全没有实际用途的纯玩具,而是以"此无大用,取备一理"④,"其制至

① 石云里:《中国古代科学技术史纲·天文卷》,辽宁教育出版社,1996年,第24～25页。
② 付邦红:"崇祯历书和历象考成后编中所述的蒙气差修正问题"。《中国科技史料》,2001年,第22卷,第3期,第260～268页。
③ 郑复光:《镜镜詅痴》,第66页。
④ 郑复光:《镜镜詅痴》,第66页。

易，而其理至精，虽无大用，当必存录著论”[①]为由加以记录和讨论。

其次，该书是以大量的经验知识（包括郑复光搜集到的工匠知识和他自己的观察结果）为基础，通过精心设计的实验（如郑复光对透镜和曲面镜“三限”的实验观察）去伪求真，探索一般规律，最终提炼出能够有效地反作用于自然的理论性的结论——这是典型的英国式实验哲学方法，由吉尔伯特（William Gilebert，1544～1603）所开创，培根（Francis Bacon，1561～1626）加以系统化和哲学化[②]。最典型的例子就是他的冰透镜实验。

“削冰取火”的说法出自汉代的《淮南万毕术》，在汉代文献中流传颇广。对于这条记载，郑复光同郑北华一起在严冬冒着严寒做了大量实验，通过各种方式来制备冰块，并进行磨制，“亲试而验”。不仅想检验“削冰取火”的说法是否可靠，而且还想摸索出制作取火冰透镜的最佳方案：

> 《博物志》有“削冰取火”之说，或谓阴极生阳，不必然也。冰之明澈不减水晶，令治之中度，与火镜何异？予曾亲试而验。法择厚冰明洁无疵者。冰结缸边者佳，若结缸面者多有纹似蓬葡花，气敛所致也。取大锡壶底，须径五寸以上，按其中心，使微凹。凹宜浅，视之不觉，审之微凹，即可用。贮沸汤旋冰，使两面皆凸。其顺收限约一尺八寸，方可用。……盖取火因乎收光，不关镜质。惟冰有寒气，火自暖出。限短则暖逼于寒，杀其势矣。[③]

① 郑复光：《镜镜詅痴》，第67页。
② 石云里：《科学简史》，对外经济贸易大学出版社，2010年，第153～154页。
③ 郑复光：《镜镜詅痴》，第60页。

这里对实验材料(冰)、实验器具(大锡壶)、实验过程("贮沸汤旋冰,使两面皆凸")以及实验结果的定量规格("其顺收限约一尺八寸")都做了明确的记述,而且最后给出了理论性的总结("或谓阴极生阳,不必然也。冰之明澈不减水晶,令治之中度,与火镜何异?……盖取火因乎收光,不关镜质。惟冰有寒气,火自暖出。限短则暖逼于寒,杀其势矣。")。

第三,在郑复光的实验、研究以及最后所建立起的理论中,我们可以看到明确的定量化特征,尤其是"顺收限"、"顺展限"、"顺均限"、"侧收限"、"侧展限"、"侧均限"、"深力"以及它们之间的定量关系,说明他已经认识到,所谓的"物理"是可以定量地加以研究和总结的;并且,"物理"只有定量化了,才能真正反过来指导对自然的实际操作(如指导工匠制作光学器件)——这里又可以明显看出伽利略(Galileo Galilei, 1564～1642)一类欧洲近代物理学家自然数学化观念[①]的影子。

以上三点在清代科学著作中确实绝无仅有,连传教士在清前期编纂出版的科学著作也没能如此。而西方光学玩具或者其他科学器物在中国流传之后能引发这样的科学知识发酵,这一点在清代西学东渐过程中也堪称绝无仅有。

五、那些受到"冷落"的物理仪器与玩具

实际上,除了这些光学玩具和仪器,明清时期传入中国的还有很多其他与欧洲近代物理学直接相关的器物,包括单摆、温度计、甚至还有抽气机和静电起电机,等等。这些器物虽然或多或少带来了一些西方科学

① 石云里:《科学简史》,第153～154页。

与技术知识，但是，从对中国科学发展的刺激程度上来看，还没有哪类器物能比得上我们讨论到的这批光学玩具。至于其原因，最容易想到的主要有两方面：

首先，它们所产生的效应还不能像光学玩具的效应那样给中国人以极大的视觉和精神冲击力，让他们产生足够多的好奇心；

其次，而且可能也更重要地，在中国还普遍缺乏接受和发展西方近代物理学的自然土壤，所以即便有好的种子，也不容易甚至不可能长成像样的大树。

后面这一点这同样可以解释，为什么那些光学玩具在清朝流传了那么长时间后才出现了唯一一个像郑复光这样的学者。

其实，有一件物理学器物原本应该在中国产生更大的影响，但结果却未能如此，这就是温度计。

从现有记载来看，温度计最早可能是在 1642 年有意大利耶稣会士卫匡国(Martino Martini，1614～1661)等人带入中国的，因为在 1655 年出版的《中国新图志》(*Novus Atlas Sinensis*)中，卫匡国为我们留下了北京在气温方面的定量信息：“至于[冬天]天空和地面的温度，这里要比其地理纬度所应有的天气要冷。因为它很少高于四十二度，而且河流常常要封冻四个整月。”①这说明，他们当是已经在用温度计对中国的气象环境进行观测。从时间上来说，这种温度计应该就是伽利略等人在 1592 到 1612 年之间发明的那种。它主要利用被液体封闭在玻璃管中的空气柱热胀冷缩、推动液体升降的效应来指示温度的变化，因此又被称为空气温度计。到 17 世纪 20 年代之后，这种温度计在欧洲已经变得十分常见。

---

① Martini, M. *Opera Omnia*, vol. III. Trento：Università Degli Studi Trento，2002：27.

1669年,南怀仁制作了一架温度计,并进献给康熙皇帝[①],又于1671年3到4月份出版了《验气图说》一文[②],专门对该仪器的结构、用法和工作原理进行了简要说明。这篇文字略经修改后,还被收入1674年出版的《灵台仪象志》中[③],类似文字还见于南怀仁1683年进呈皇帝的《穷理学》中[④]。不过,在解释这种温度计的工作原理进行时,作者采用的仍然是亚里士多德物理学中"自然厌恶真空"以及空气是轻元素的说法。这两种理论认为,自然界的物质是连续的,宇宙间的所有空间都被物质占领,不存在任何真空;一旦某个地方出现导致真空的趋势,周围的物质会因为自然厌恶真空而自觉地填补上去。而且,作为轻元素空气也是没有重量的。

1648年之后,随着对空气性质,尤其是空气重量与大气压强正确认识的出现,欧洲物理学家明确认识到了空气温度计的不可靠性。因为,由于这种温度计是开放的,因此其中液体柱的高度也会受到大气压强变化的影响,从而影响温度测量的准确性。针对这一问题,意大利托斯坎纳大公费迪南德二世(Ferdinand II de Medicci, 1610～1670)在1654年前后发明了液体温度计,也就是在封闭的玻璃管的一端装上测温液体,并通过高温封口技术在玻璃管的一端形成接近真空的空间,使测温液体在热胀冷缩时可以在其中自由升降,以显示温度变化[⑤]。这种新型温度

---

① Golvers, N. *The Astronomia Europaea of F. Verbiest*:128－129.

② 《验气图说》结尾署名为:"康熙辛亥仲春治理历法极西耶稣会士南怀仁述。""康熙辛亥仲春"即康熙十年二月,对应公历日期为1671年3月11日至4月8日。

③ 王冰:"南怀仁介绍的温度计和湿度计试析"。《自然科学史研究》,1986年,第5卷,第1期,第76～82页。

④ 尚丛智:"南怀仁《穷理学》的主体内容与基本结构"。《清史研究》,2003年,第3期,第73～84页。

⑤ Middleton, W. E. K. *A History of Thermometer and Its Use in Meterology*. Baltimore: The John Hopkins Press, 1966:28－32.

计经过改进在欧洲慢慢得到普及，并且在严肃的温度测量中逐渐取代了旧式的空气温度计。

1689年之后，新近获得来华权力的法国耶稣会士首先将新式温度计带到中国，并进献给康熙皇帝。为了向他解释这种仪器的工作原理，耶稣会士们模仿南怀仁的《验气图说》写了一本小册子，名叫《验气寒暑表说》，简称《寒暑表说》[①]。书中不仅介绍了新式温度计的结构、制法与用法，而且还对新老温度计的工作原理、老温度计的不可靠、新温度计的可靠的以及它们各自的原因等进行了详细解释。作为这种解释的基础，书中较为简明地介绍了从伽利略到波义尔之间发展起来的气体力学理论，不仅承认真空确实能够存在、空气确实有重量，而且把空气看成是具由弹性的微粒组成的物质，并用其组成微粒随着吸热和放热而出现的运动剧烈程度的改变来解释空气的热胀冷缩，较好地体现了波义尔等人所倡导的机械论物理学的特点。其中还特别提到西方人发明的几种研究空气的仪器：

> 一曰邶丽玛吉纳，中华译云吸气之器也；
> 二曰益各洛默铎落，译言燥湿之表也；
> 三曰袜禄默铎落，译言轻重之表；
> 四曰德尔莫默铎落，译言寒暑表也。[②]

其中，"益各洛默铎落"是拉丁文 Hygrometrum 的音译，现代汉语中叫做湿度表或者湿度计；"袜禄默铎落"是拉丁文 Barometrum 的音译，现代汉

① 关于本书的详细介绍与分析，参见石云里："康熙宫廷里的一缕机械论科学之光：在华耶稣会士介绍温度计的另一著作"。《科学文化评论》，第10卷，第1期，第42～63页。
② 佚名氏：《验气寒暑表说》，梵蒂冈叫停图书馆藏手稿，1a～2b。

语中叫做气压表或者气压计;"德尔莫默铎落"是拉丁文 Thermometrum 的音译,现代汉语中叫做温度表或温度计。至于所谓的"邶丽玛吉纳",则显然是拉丁文 Boyliana Machina(波义尔机)的缩减音译,所指的无疑就是波义尔式的抽气机。波义尔关于空气物理性质的各种实验证实借助于这种仪器而完成的。

不仅如此,书中还以西方科学家对空气的新研究为例,宣传了欧洲科学的发达程度以及欧洲科学家在自然研究方面的刻苦与系统,同时强调了这类研究对于推进知识和社会福祉的重要意义。作为例子,作者接着介绍了那些"困心格物"的"西儒"是如何利用这一仪器进行格物研究的:他们不但用它测量天上地下之气,而且还用它测量不同金属矿藏中温度的不同,以便"察五金在土中凝结之理";又以它测量不同年份、不同地域气候的变化,用以"察明五洲六合、八荒九域各水土之异情"。作者还强调,这些知识并非无用,而是直接与民生相关。例如,掌握了各种奇珍异果、珍贵药材的生长环境后,则可以对它们进行移植栽培,使天下共享其利;掌握了"寒暑变气之性格,四时轻重之驳杂"后,就可以"类推瘟疫荒歉浸凌之缘由,与夫山崩海溢地裂泉涌,巧历所不知,心计莫能测者"①。

最后,书中甚至还以西方科学家行为为例,建议中国人也开展相似的科学研究:

> 西儒之珍贵格致之学者,诚有如刍豢之悦我口也。其殚心罄虑,务中万物之肯綮。……每遇梯航,[有]好学[深思]者尚托其以遍历诸国,旁求俊彦,启迪后人,不惮积年累月之劳,体察讨论,互相较订,

---

① 佚名氏:《验气寒暑表说》,17a~18b。

> 务此格致之学，以察明五洲六合、八荒九域各水土之异情，其穷神知化之功进乎技矣。以兹日新时敏，驯至于今为烈，可谓月异而岁不同矣。今者中国若得此辈数十，布散四方，分居省直，不数年遍历，(风)[中]土之气候，可坐而致之(矣)[幕下矣]。①

可惜的是，康熙皇帝不仅没有进一步了解和推广这些仪器及其应用，而且也没有下令将这样一部重要的著作印刷出版，公诸于世。所以，尽管温度计等物理学仪器的相关知识在清朝民间也有所传播，但大家所了解的可能也仅限于南怀仁所介绍的那些知识。例如，戴榕“黄履庄小传”后面所附的“奇器目略”中所提到的“验冷热器”和“验燥湿器”②，显然只是南怀仁式的温度计和湿度计。

康熙朝之后，西方同类的科学仪器还时不时地被带入中国宫廷，但是结果同样没有对中国的科学发展造成任何影响。例如，当雍正四年(1726)新式温度计传入中国时，雍正皇帝仍然不知道这是什么，宫内的中国人也没人能为他解答这个问题。最后，他只能传旨命“交给海望同西洋人认看，是何用法？认看准时，著海望面奏。”结果太监海望也只能“据西洋人巴多明(Dominique Parrenin, 1665～1741)、宋君荣(Antoine Gaubil, 1689～1659)认看得，系红毛国的，上头玻璃管内水银，天气热往上走，寒往下走，中间玻璃管内红，天气热上走，天气寒往下走等语。”③无论是皇帝自己还是他身边的满汉官员，没有人还记得，类似的仪器曾经被带入过宫中，并且还有耶稣会士为此写过专门著作。

① 佚名氏：《验气寒暑表说》，17a～18b。圆括号中的文字为原稿中删除的文字，方括号中为原告中增入的文字。

② 张潮：《虞初新志》，河北人民出版社，1985年，第114～116页。

③ 中国第一历史档案馆藏，《内务府各作做成活计清档》，雍正四年五月。

即便是与光学玩具同样好玩的其他物理学器具，在清朝皇宫中也难免会遭受与温度计同样的命运。而这方面最好的例子，就是抽气机在清宫的遭遇。

乾隆三十七年(1772)，新来的法国耶稣会传教士将一架抽气机的装置带入北京，并准备作为礼物送给乾隆皇帝[①]。根据记载，与这架仪器配套的还配有"验气用鱼缸、鸟笼、铜铃、铜管等物，大小二十六件；验气应用玻璃罩筒等物大小供二十五件"；所以，显然主要是用作表演的"玩具"，或者"消遣娱乐仪器"，其中的"鱼缸"和"鸟笼"应该就是用来做动物实验表演的。在乾隆皇帝答应收下这架仪器后，法国耶稣会士蒋友仁(Michael Benoist, 1715～1774)奉命向他解释仪器的用途，并进行操作表演。为此，蒋友仁花了几个月的时间自己钻研，并专门用中文写了详细的说明，又让中国画匠配上插图，合订成一个小册子。

到1773年3月，蒋友仁奉命给乾隆帝进行实验表演。在对仪器的结构和用途进行了一番现场解释之后，他用抽气机演示了空气的膨胀、压缩，解释了空气存在弹性的事实，演示实验中也用到温度计和气压计等仪器。乾隆皇帝看得兴致勃勃，还建议传教士们把仪器的名字从"验气筒"改成"候气筒"，以求文雅。但是很可惜，无论是乾隆皇帝还是其他中国官员，显然并没有人知道，早在康熙朝，有关温度计、气压计、抽气机和空气弹性的知识早已传到紫禁城内。而新传入的这种仪器及其相关的物理学知识显然再次遭受了相同的命运——尽管乾隆皇帝在看过演示、听过解释后将这套抽气机放入了他的藏宝之处，但是，这次演示并没有对皇帝和其他中国人造成过什么大的影响。而传教士所准备的中文

① 以下描述参考的是董建中："传教士进贡与乾隆皇帝的样品味"。《清史研究》，2009年，第3期，第95～106页；以及 Stanislav Juznic. Vacuum and Electricity for the Chinese Emperor. *Historia Scientiarum*, 20,2010(1):21 - 46.

图解说明也没有得到出版，最后不知所终。

显然，乾隆皇帝在命令将这件仪器收入专门用于收藏“洋玩意儿”的如意馆时，真的只是把它作为纯粹的“玩意儿”了。并且，这位清朝皇帝此时对于洋玩意儿已经变得比较挑剔了。对于那些不合他意的东西，他会毫不客气地拒收[①]。这种态度又让他彻底错过了一些重要的物理学仪器和玩具。

例如，早在1750年，耶稣会士还将一台静电起电机带到北京。随后，刘松龄（Augustin von Hallerstein，1703～1774）和钱德明（Jean Marie Amiot，1718～1793）用它做了不少电学和磁学实验，并于1755年将实验报告发往圣彼得堡科学院。这些报告后来在欧洲物理学界得到了广泛的传播，包括艾皮努斯（Franz Aepinus，1724～1802）和普利斯特里（Joseph Priestley，1733～1804）等欧洲电学研究先驱们都对这些实验结果进行了分析讨论[②]。但是，正如刘松龄在写给圣彼得堡科学院的报告中所说的，中国人对电学实验并不感兴趣。显然是由于这个原因，耶稣会士们当时干脆没有让乾隆皇帝或者其他中国人知道这些仪器和实验。其实，在同一时期的欧洲，静电起电机是一种十分流行的玩具，那些令人惊奇的静电现象的表演和“触电”感觉的亲历也都成为公众表演中的时髦项目[③]。

这些物理仪器或者玩具的命运向我们表明，西方光学玩具及其对郑复光光学研究的激发确实是一个太难得的特例。毕竟，在清代朝野，能真正明白“器虽玩而理则诚”的人还太少。至于像郑复光这样，真正能为了“物之理”而不惜去研究玩具，并且在明知“此物无大用”还要“取备一

① 董建中：“传教士进贡与乾隆皇帝的样品味”。
② Stanislav Juznic. Vacuum and Electricity for the Chinese Emperor.
③ 潘永祥、王锦光主编：《物理学简史》，湖北教育出版社，1990年，第280～281页。

理”的人，那只怕是少之更少了！所以，尽管南怀仁在寄回欧洲的著作中声称他在力学、声学、流体力学等方面做了大量的实验，尽管乾隆时期甚至还有耶稣会士还在北京做过静电实验，尽管这些实验都不缺乏光学玩具那样的娱乐性，但是，最终还是没能像那些光学玩具那样带来相关物理学知识的广泛传播与进一步发展。

总之，对于那些在欧洲原本是用来“在年轻人大脑中激发”起“自然哲学的研究”的“消遣娱乐仪器”，或者对于那些原本要用来“诱导一位观赏者怀着格外的兴趣来探究它们的原因，并使他永远记住这些原因的效应”的“哲学玩具”，在清代的中国，只有一个人真正做出了欧洲人所期待的那种反应——这个人就是郑复光。所以，对于清代中国物理学的发展来说，由欧洲光学玩具所引发的那场科学知识的发酵只是孤掌绝响。

其实，即便是郑复光如此独树一帜的科学工作，在同时代和其后的社会上影响也极其有限。1840 年鸦片战争爆发，当时的著名学者张穆(1808～1849)见望远镜等光学器件在英军指挥作战中的重要作用，于是将郑复光的手稿进献给有关官员，但并未受到重视。而随着战事的平息，后来这件事情也就再也无人提及①。好在随着自强运动的兴起，西方近代光学著作像其他许多科学技术著作一样受到系统的翻译出版，这才使中国光学的发展彻底走上了近代化的道路。

今天，当我们看到中国一些地方仍然有“西洋景”的表演时，有谁会想到，这种游戏早在清朝康熙年间已经传入中国，并且还曾成为清晚期一位中国光学家的进行科学研究对象呢？

（吴　慧）

① 张穆：“《镜镜詅痴》题词”。见郑复光：《镜镜詅痴》，第 1 页。

萨日娜

中国近代数学译著在日本的传播与影响

一、清末汉译西算东传的背景

二、《数学启蒙》与近代日本的初等数学教育

三、《代微积拾级》的传日及其影响

四、《代数术》的传日及其影响

五、日本学者对《微积溯源》的研究和参考

六、《几何原本》与西方几何学在日本的传播

一、清末汉译西算东传的背景

19 世纪中叶以后，随着西方科学技术的传入，西方数学知识也传播到中国。西方数学知识的传入改变了中国数学的传统模式。洋务运动时期，随着各种新式学堂的成立，西方数学逐渐取代了传统数学的地位。这个时期传播到中国的西方数学著作主要以牛顿力学体系确立之后的数学内容为主，这些数学内容的载体是清末的汉译西方数学著作。相对于明末清初的汉译西方数学著作，清末的汉译西方数学著作被称作第二次的汉译西方数学著作。清末的汉译西方数学著作不仅是当时的中国人了解西方数学知识的第一手资料，也成为同时期的日本人理解和掌握西方数学时阅读和参考的主要文献。对于渴望了解西方数学的日本学者而言，汉译著作又成为学习和了解西方数学的一种捷径。

受到中国的两次鸦片战争和美国“黑船事件”的影响，[①]日本在幕府末期已经开始关注西方本土的变革以及西方在中国等亚洲国家的活动。

19 世纪 50 年代以后，幕府在向西方派遣访问团的同时，派遣官僚到中国的上海、广州等沿海城市进行考察。来到中国的日本官僚不仅积极拜访清政府官员，还和来华的西方人士进行交流，又走访书局、书坊，购买在中国出版的西方书籍。他们购买的书籍中汉译西方科学著作占了很大的比重。

据记载，1862 年(日本文久 2 年)，幕府官僚高杉晋作(1826～1882)、五代友厚(1831～1898)、中牟田仓之助(1837～1916)等人乘坐日船“千

① 指 1853 年(嘉永 6 年)6 月，美国东印度舰队司令官准将佩里船长带领黑船 4 艘进入日本横滨浦贺的事件。

岁丸”号到上海考察。他们在走访上海的书局和书店时购买了很多汉译西方科学著作。高杉晋作在《游清五录》中写道“至马路外书坊,得书籍而归”,[①]他购得的书籍中包括《数学启蒙》、《代数学》、《地理备考》等汉译著作。另一位中牟田的日记中有购得“数学启蒙 十部 代数学 十部 代數积拾级 一部三册 談天 一部三冊”等记载。[②] 其中把《代微积拾级》误记成《代数积拾级》。除了这些书籍以外他们还购买了《上海新报》、《重学浅说》等汉译著作。

这些汉译著作被带到日本之后,受到了渴望了解西方文化的各界人士的重视,相继出现了翻刻本、训点本[③]和转抄本,还出现了很多书局的刊行本流传于世。学习和研究这些汉译著作的人员既有研究荷兰语的语言学家,又有研究传统数学的学者,还有对西方的军事技术和航海技术感兴趣的军人。

二、《数学启蒙》与近代日本的初等数学教育

日本在幕府末期为加强国防,开始引进近代科技,重视西方数学的系统教育,机构多设在官方创办的培养翻译和海军的学校内,如东京蕃书调所(开成所)[④]和长崎、静冈县的海军传习所和沼泽兵学校等。在这些学校里他们主要采用清末汉译西方数学著作当作教材。

① 田中彰:《开国》,岩波书店,1999:219。

② 中村孝也:《中牟田仓之助传》,研成社,1919:253。

③ 训点本指的是,在汉译著作的中文旁注明日文式读法和解释说明文的一种做法。有些训点本中的数学名词术语旁还附有英文、法文的注释。

④ 成立于1855年初,初名蕃书调所,后改为洋学所、开成所,是东京大学的前身。参见仓泽刚:《幕府教育史的研究(1)》,吉川弘文馆,1984年,第12～26页。

1879年(明治12年)的一本数学杂志中写到:

> 西方数学方法传入我国距今又二十余年,旧幕府海军成立之时,便已开设算术课程。然当时以教授航海技术为主,还未进行数学研究,所以未著数学书。当时以支那出版的《数学启蒙》为入门教程,并翻译荷兰书为补。柳河春三的《洋算用法》为学习洋算奠定了基础,其次是神田孝平写成的《数学教授本》,为维新之后破除旧习,盛行学术风尚作了贡献。[①] ……

这里提到的"建立海军"指的是建立于1855年7月的长崎海军传习所的事情。长崎海军传习所是在近代日本最早开设西方式数学教育的机构。

根据上述内容可知,清末汉译著作《数学启蒙》是长崎海军传习所使用的主要入门教材,他们还翻译荷兰语写成的数学教科书为辅助教材。[②] 而翻译这些教材时的主要参考书仍为汉译数学著作。

在长崎海军传习所学习的学生中出现了很多日后成为明治维新时期中坚力量的人物。尤其是小野友五郎(1817～1898)、柳楢悦(1832～1891)、塚本明毅(1833～1885)、中牟田仓之助(1837～1916)、赤松则良(1841～1920)等人不仅身居政府要职,为明治时期日本数学的发展也做出了重要贡献。

在长崎海军传习所,主要由荷兰教官以荷兰语对学生进行教育。这

① 樋口五六(藤次郎):"算学新志"。《开数舍》,17号,明治12年4月:34。

② 当时使用的荷兰语教材主要是荷兰海军使用的教科书,有一本Jan Carel Pilaar著,题为*Handleiding tot de beschouwende en werkdadige Stuurmanskunst*, 2*de*. (1847)的书为长崎海军传习所所用教材之一。此书分上下两卷,上卷为理论篇,主要讲述一些初等数学内容,下卷中包含了航海术中实用的各种图表。

些学生都是初学荷兰语，对西方的各种科技名词完全陌生的幕府各藩的子弟，担任向他们解释课程内容的是被称作“兰语通词”的人们。① 而“兰语通词”翻译并解释外国教官的数学名词时主要依赖的是日本传统数学中的数学名词和汉译数学著作中的名词术语。②

上文中又提到了柳河春三（1834～1871）的《洋算用法》和神田孝平（1830～1898）的《数学教授本》。柳河春三和神田孝平为蕃书调所最早的荷兰语教授和数学教授。

蕃书调所建立初期的目的是为了培养精通西方语言的翻译人材。这里也培养了很多明治时期政界要人和著名学者。

柳河春三虽然作为荷兰语的教员在蕃书调所任职，但有很深的数学造诣。尤其对西方数学非常感兴趣。其编著的《洋算用法》是日本历史上最早出现的一本完全采用西方模式的数学教材。《洋算用法》主要以荷兰的数学书籍为蓝本，但其中多处仍参考了汉译数学著作。

在柳河春三撰写的一本名为《横滨繁昌记》的游记中有“游历横滨，阅读支那出版的《数学启蒙》一书”的记载。③ 根据这一记述，《数学启蒙》流传到日本的时间比前面介绍的 1862 年（文久 2 年）还要早。

虽然《洋算用法》参考了汉译数学著作，但此书蓝本为荷兰算数书，所以在本文中不做详细讨论。

下文中主要介绍在内容和结构上依据《数学启蒙》的两本明治初期使用的数学教科书。

第一本为上文中提到的《数学教授本》，第二本为《笔算训蒙》。这两本是对幕府末期・明治初期的西方式初等数学教育的普及做出重要贡

① 兰语通词，日本幕府时期出现的荷兰语的翻译人员。
② 藤井哲博：《长崎海军传习所——19 世纪东西文化的接点》，中公新书，1991 年，第 3 页。
③ 柳河春三：《横滨繁昌记》，1869 年，第 67 页。

献的数学教材。

日本于1872年颁布学制，提出停止教授原有的传统数学，普及西方数学的一系列教育制度。在学制中明确规定小学使用的数学教材，其中包括《数学教授本》和《笔算训蒙》。[①]

《数学启蒙》传入幕府末期的日本之后，很快就出现了不同的复刻本流行。《数学启蒙》的复刻本流传至今的有官版翻刻本和私家藏书的藏田屋刻本。[②] 复刻本有利于一些具有较高汉学素养的人士使用，而初等教育中却不便使用。复刻本出现之后不久出现了以《数学启蒙》为蓝本编著的数学教科书。

下面逐一介绍《笔算训蒙》和《数学教授本》两本书和《数学启蒙》的联系以及日本学者在撰写数学教材时对《数学启蒙》的改编工作。

（一）《数学教授本》与《数学启蒙》

《数学教授本》的主要作者神田孝平是幕府末期和明治时期著名的学者。神田年幼时受到汉学教育，后转学荷兰语，不仅有较深的汉学素养，也精通荷兰语，对当时传入日本的荷兰语著作进行过详细研究。他于1862年出任开成所的数学教授，此后虽曾被委任它职，但仍在开成所兼职。1864年，他担任开成所寄宿头取一职。由于在引进西方学术方面卓有成就，曾担任过文部少辅（文部次官）等重要职务。[③] 神田孝平还

① 上垣涉："和算到洋算转换期的新考证"。《爱知教育大学数学教育学会志》（第40号），平成10年，第45页。

② 日本学士院图书馆藏有两种版本。

③ 神田乃武：《神田孝平略传》，株式会社秀英舍第一工厂，明治43年（1910年），第23～29页。

是日本最早的向民间普及数学和物理学知识的学术团体——东京数学会社的发起人之一，并担任其第一任社长。东京数学会社历经东京数学物理学会等改变成为今天的日本数学学会和物理学会。[①] 向神田学习西方数学的学生中，最有名的是担任过东京大学校长和文部大臣的著名数学家菊池大麓(1855～1917)。椐菊池大麓后来回忆，他于1863～1865年期间在开成所学习时向神田学习了算术与代数等初步知识。[②]

《数学教授本》的草稿是神田在蕃书调所教学时期完成的。《数学教授本》第2卷序文中有如下记载：

> 本书依据在开成所初授笔算时发行的书稿，书中说明了凡则以及加减乘除四则和分数的运算法则。[③]

即《数学教授本》的主要内容为神田在课中讲授的讲稿。在重新编写时神田担任了全书的校注工作和第一卷的编辑。《数学教授本》共有4卷，第二卷由神田孝平的义子和学生神田乃武完成，余下的2卷分别由其另2位学生河原九万和儿玉俊三等人在神田的指导下编纂完稿。

对于其成书年代，日本数学史界一直以著名数学教育家小仓金之助的研究为依据，认为其成书年代为1870、1871年(明治3、4年)。[④] 经笔者的研究，此书的写作年代应为1868年(明治元年)至1871年(明治3年)之间。

考察《数学教授本》的内容发现有多处和《数学启蒙》相似之处。在

① 萨日娜：《东京数学会社的起源、发展和变迁》，东京大学硕士论文，2004年，第106页。
② 菊池大麓：有关本朝数学，《本朝数学通俗讲演集》，大日本图书株式会社，1908年，第12页。
③ 神田乃武：《数学教授本》，1870年，第1页。
④ 小仓金之助：《数学史研究》(第2辑)，岩波书店，1948年，第201页。

此书最初的“凡则”中介绍了阿拉伯数字，西方数学符号和位置制名称。当位置制名称时写道“汉法を用ふ”，即“使用汉法”。而“汉法”指的是就是《数学启蒙》中的方法。

而全书内容的编排顺序为“数字表示”、“定位表”、“加减乘除”、“度量衡”等，其排列方法完全仿造了《数学启蒙》中的做法。

书中也有一些类似于《数学启蒙》中的例题。如减法和除法中有以下 2 个例题[①]。如，“奈端といひ人は千六百四十二年に生まれ千七百二十七年に没せり享年何程なるや”和“英国倫敦的广さ百二十二方里なり千八百五十一年的住民合わせて二百三十六万二千二百三十六人あり。一方里的住民何程當るや”，中“奈端”即为牛顿，很明显是使用了李善兰等翻译的人名标记。这些例题表明着当时的初等数学教育的国际接轨。而《数学启蒙》也有类似讲欧洲地理相关问题，还有讲西方数学史，如讲对数时曾介绍了讷白而发明对数的历史[②]。

书中也有一些和《数学启蒙》不太一致的地方，比较明显的有小数点的写法和除法的运算等。这些却和柳河春三的《洋算用法》有相似之处。

书中直接使用阿拉伯数字和西方数学符号，这是和《数学启蒙》完全不同的地方。这表明日本明治时期的数学教育从一开始就有国际化的倾向。日中两国数学近代化过程的差异，在最初的数学教科书上明显地表现了出来。

（二）《笔算训蒙》与《数学启蒙》

《笔算训蒙》出版于 1869 年（明治 2 年），其作者名为塚本明毅（又名

① 神田孝平：《数学教授本》（第 1 卷），1868 年，第 32 页。
② 伟烈亚力译，金成福校：《数学启蒙》（卷一），日本学士院藏翻刻本，1853 年，第 38 页。

塚本垣甫,1833～1885),是明治前期著名的数学家。塚本早年曾在昌平坂学问所学习,后来又到长崎海军传习所学习。1868年(明治元年)受命担任沼津兵学校的一等教授,讲授数学课程。沼津兵学校被废除之后他到陆军兵学寮继续讲授数学直到1874年(明治7年)为止。

沼津兵学校是在幕府和明治交替之时,即将退位的幕府官僚建在静冈县内的一所专门教授西方军事技术和航海技术的学校。沼津兵学校虽然只存在了5年之久,但却在明治学术史上占据着重要的一席之地。担任沼津兵学校教员的多数是在长崎海军传习所学习过西方科学技术的人员。

《笔算训蒙》原计划出版5卷,但由于1872年沼津兵学校解散,实际只出版了前3卷,并附有答式。通过比较此书与《数学启蒙》的内容,不难发现二者之间的联系。可以断定,《笔算训蒙》是以《数学启蒙》为蓝本编译、改编而成的。

《笔算训蒙》出版之后很受欢迎,日本著名数学教育家和数学史家小仓金之助说:"沼津兵校出版的塚本的《笔算训蒙》,风靡了数学教育界,事实上,这也正是塚本被称为'当时最著名的数学家'的理由,……笔算训蒙实为数学教育上的一大杰作。若要有人让我推荐明治维新时期的主要教科书,我会首先推荐它"。① 许多日本数学史著作也给《笔算训蒙》以极高的评价。藤原松三郎编著的《明治前日本数学史》称:"《笔算训蒙》是当时最优秀的数学教科书,对洋算的普及产生了很大的作用"。② 小松醇郎编写的《日本数学100年史》则称《笔算训蒙》"是明治初期出版数学书的第一名著"。③

---

① 小仓金之助:《数学教育史》(小仓金之助著作集6),劲草书房,1974年,第224页。
② 藤原松三郎·日本学士院编:《明治前日本数学史》(第四卷),岩波书店,1958年,第163页。
③ 日本数学100年史编辑组:《日本数学100年史》(上),岩波书店,1983年,第75页。

这样深受日本学者重视的《笔算训蒙》与汉译本《数学启蒙》不仅所用名词术语基本相同，而且从体例上看，二者也完全一致。两书均是在题目之下，先讲概念、定义，然后举例说明方法，给出一些计算上的练习问题，最后是应用题。二者就连版式的编排也很类似。只是应用题的内容，根据教学和当时日本人的实际需要作了不少改动。

尽管两书渊源关系极为明显，但《笔算训蒙》也并非完全照搬了《数学启蒙》，如卷一数目条下，《笔算训蒙》就介绍了基数、大数、小数的概念，而《数学启蒙》的该条目下只介绍了数目的表示方法。此外《笔算训蒙》的应用问题的数量也较《数学启蒙》的多，其中不少都是关于计算世界人口、面积、各国军舰数目，海军人数的问题，反映了日本人希望了解世界的迫切心情。①

然而二者最大的差别在于《笔算训蒙》采用了阿拉伯数码，而且还采用了“＋”、“－”、“×”、“÷”、“：”及分数符号，未知数符号 x 也在比例算法中被引入。这和《数学教授本》有类似之处。

神田孝平和塚本明毅，以及后来的日本学者翻译或编写西方数学书籍时虽然以汉译数学著作为蓝本，但书中的符号均使用西方原来的符号。这对日本数学界与国际数学界接轨打下了良好的基础。

三、《代微积拾级》的传日及其影响

《代微积拾级》是西方微积分著作的第一部中文译本。其原著为美国数学家罗密斯（Elias Loomis，1811～1899）的 *Elements of Analytical*

① 冯立昇：《中日数学关系史》，山东教育出版社，2009 年，第 207 页。

Geometry and of Differential and Integral Calculus，原著出版于1850。此书不仅是19世纪下半叶中国的标准微积分教材，而且也是日本数学家最早使用的微积分读本，该书的传日及其在日的流传对微积分知识在日本的传播产生了重要影响。①

《代微积拾级》在中国出版后不久便传人到了日本，并成为日本学者学习微积分的主要的读本。

小野友五郎(1817～1898)可能是目前所知最早学习过该书的日本数学家。小野友五郎是著名和算家长谷川弘门下的高足，早年编修过和算著作。

小野友五郎留下一段记载，译成中文如下：

> 有支那人之作《代微积》之一书，其"代微积"之"代"字指代数，"微"字指微分，"积"字指积分。若不知此术即不能通航海技术也……②
>
> 上述支那人翻译之《代微积》中既有日本(传统数学中)之分窜术，……而微分和积分为(日本传统数学中)之缀术……③

小野文中指的《代微积》既为已传入日本的《代微积拾级》。从小野的记述可知他学习了《代微积拾级》，并认识到西方微积分学是学习西方航海技术的关键。而且，他还试图从日本传统数学中找出与等同于"代微积"的概念。这是和他学习传统数学的经历有关。

---

① 冯立昇："代微积拾级の日本への传播と影响について"。《数学史研究》，第162卷，研成社，1999年，第17～18页。

② 小野友五郎："珠算之巧用"。《数学报知》(89号)，明治24年5月5日。

③ 小野友五郎："珠算之巧用"。《数学报知》(90号)，明治24年5月20日。

小野是初入长崎海军传习所中屈指可数的有数学修养的人物。小野曾经拜师的长谷川派是个非常忠实于传统数学并极力排斥西方数学的学派。小野在长谷川学派的私塾里学习了传统数学，一直到36岁为止，以一名传统数学家的身份进行数学研究。

如此背景的小野在幕府末期，引进西方科学技术的大潮流中，被派往长崎，为了掌握西方航海技术改学西方数学。

在幕末和明治初期，众多日本学者学习过《代微积拾级》一书，其中包括不少日本近代数学史上的重要人物。目前日本尚存这一时期《代微积拾级》的多种抄本和译本，通过考察它们及其相关的背景材料，可以深入了解该书在日本流传和影响的情况。

目前发现的《代微积拾级》最早的抄本是由神田孝平的誊写本。此抄本现存日本东北大学图书馆，它装订为甲、乙、丙3册。由于神田孝平在各卷之后一般都注有抄写年、月，因而可以断定其誊写时间是1864年7月至1865年1月。[①]

神田孝平抄写《代微积拾级》的时间正好处于他在开成所任教期间。虽然他讲授的主要是初等数学内容，但他自己也开始学习微积分等比较高深的数学知识。在此抄本某些页的上下空白处，有神田的批注，其中有荷兰文的数学术语，也有西方式符号表示的公式，这些批注具有重要的史料价值。在抄本的卷首李善兰序的前一空白页，神田用荷兰语写出了从古希腊到近代欧洲29位数学家的名字，还注明了英国数学家马克劳林(C. Maclaurin, 1698～1746)的生卒年，在后面伟烈亚力的中文序部分，还注明了笛卡尔和莱布尼兹的生卒年代。在抄本的某些页中，他将

① 冯立升："近代汉译西方数学著作对日本的影响"。《内蒙古师范大学学报》(自然科学汉文版)，第1期，第32卷，2003年，第87页。

文中一些重要数学名词术语所对应的荷兰文术语写在了空白处。在个别页中还给出了与中文术语所对应的英文术语。神田还在书的某些页的注解中,将李善兰创译的中国式数学符号和公式表达法还原为西方式表达形式。[①] 如将原书中的"彳"、"禾"等符号改写为国际通用的微积分符号。

特别值得注意的是,神田对于《代微积拾级》中的某些练习题进行了求解,他在批注中给出了具体的解题过程。而 E. Loomis 的原著中对其中有的题既无解答过程也无答案,中译也只是给出了答案。而神田的注文却给出了求解过程及其答案。[②]

将神田使用的符号与英文原著以及日本现存的一些 1865 年前出版的荷兰文微积分著作采用的符号进行了比较,发现神田采用的符号与荷兰的著作一致。结合神田批注内容的考察可知神田在抄写《代微积拾级》时还未见到罗密斯英文原著。[③]

从神田的写本可知,他不仅已经掌握了《代微积拾级》中的一些重要内容,而且他还开始参照荷兰输入的微积分著作学习微积分知识。幕末时期学习和传授西方数学知识的学者掌握的西方数学知识十分有限,主要是初等数学中最基本的一些知识,其数学水平远不及研究传统数学的学者。神田孝平等一些学者虽通西方语言,但仍难以直接通过学习西方数学原著理解较为高深的西方数学知识。由于《代微积拾级》等汉译西方数学著作是由精通汉文化传统数学的中国数学家与西方传教士合作

① 冯立升:《中日数学关系史》,山东教育出版社,2009:211。

② 神田孝平抄本《代微积拾级》(甲),日本东北大学附属图书馆狩野文库藏本。详细请参阅冯立升:《中日数学关系史》,山东教育出版社,2009:211。

③ 冯立升:"近代汉译西方数学著作对日本的影响"。《内蒙古师范大学学报》(自然科学汉文版),第 1 期第 32 卷,2003:87。

翻译的，翻译中充分考虑了中国固有的数学文化传统，不仅中国人容易理解，而且属于汉文化区内的日本人也同样易于接受。因此，汉译西方数学著作也自然成为日本学者进一步掌握西方数学知识的中介工具，首先借助汉译著作理解较为高深的数学概念，以此为基础进一步再学习西方原著。这无疑是学习西方数学的一条捷径。神田孝平所走的就是这样一条道路。根据 1872 年刊行的《代微积拾级译解》一书的序文，神田后来可能获得了罗密斯的原著，并且还进行过此书的翻译工作。

神田的抄本是直接抄写中译本的，不是完全的日文翻译。而另有一位日本学者大村一秀（1842～1890）确对《代微积拾级》进行了日文翻译。此书为一抄本，现藏日本东北大学图书馆，翻译的具体时间未见记录。各卷前面一般题有“米利坚罗密士撰，英国伟烈亚力口译、海宁李善兰笔述、日本大村一秀和解”等字。此书上有大村一秀本人的印，当为自笔稿本。这是一个完整的译本，翻译了中文本的全部内容。译本的符号和公式与中文本完全相同，从书名到名词术语也都直接采自中文本。①

大村一秀是幕末时期著名的传统数学家，曾写过多种和算著作，在数学上有很深的造诣。② 他也是东京数学会社的初始会员并是该团体的学术期刊的首任编辑。大村在 1877 年至 1879 年的《东京数学会社杂志》上发表过许多内容涉及微积分算法的文章，而采用的公式和符号的写法完全是西方式的，说明明治初期他已熟练掌握了西式表达方式。由于大村不精通西方语言，最初只能通过中文本的《代微积拾级》学习微积分知识。推测翻译《代微积拾级》一书是在 19 世纪 60 年代或 70 年代初期。

---

① 大村一秀：《代微积拾级》，日本东北大学附属图书馆狩野文库藏本。
② 日兰学会编：《洋学史事典》，松堂出版，1984 年，第 113 页。

在19世纪70年初期又出现了一本题为《代微积拾级译解》的刊行本。其作者为福田半(又名福田治轩,1837～1888),1872年正式刊行,它主要依据中文本《代微积拾级》翻译而成的。其卷首写着“福田半著,福田泉阅”。福田泉(又名福田理轩,1815～1889)为幕府末期·明治时期著名的数学家,他不仅教授数学还创办了一所名为“顺天求合社”的私立学校。福田半是福田泉的长子,曾在其父创办的顺天求合社学习过和算,后来转向学习洋学,从英国教官那里学过西洋科学,并担任过海军教官。

福田半在此书的序文中有以下一段文:

> 英国伟烈亚力氏在上海口译代微积拾级,今亦取其同名。又参阅一千八百七十一年出版原书,译解其文,并与上海译本进行比较(中略)家父予以注解、编辑译稿中的涩文。余不才,尚不能胜其任完成全稿。遇神田孝平先生拜读其译稿,以润色拙稿。时值脱稿,深感畅快。①

由福田半的序文可知,翻译时他还参考了E. Loomis原著,并和伟烈亚力的汉译著作进行对比,又向神田孝平借阅其译稿。

福田半《代微积拾级译解》只出版了一卷,这一卷只包括了原书解析几何中的少部分内容,即只涉及与圆有关的知识。《代微积拾级译解》于1872年由东京万青堂发兑。在明治1879年出版的《明治小学塵劫记》所附《顺天求合社算学书目》以及1880年出版的《笔算微积分入门》最后所载的《普通测算学校课书目》(两种顺天求合社的出版书目)中均介绍着

① 福田半:《代微积拾级译解卷一》(序),1872年。

福田半的一卷本《代微积拾级译解》。

福田半的《译解》中的符号和公式，完全采用了英文原著的表达形式，与中文版明显不同，但文字叙述部分与中文版却一致，名词术语也都承袭了中文版。福田半的这一译著虽不完整，却是第一个公开出版的《代微积拾级》的日译本，因而有较大的影响，成为当时学习西方高等数学的主要教科书之一。福田半编写的《笔算微积分入门》一书于1880年出版，此书是第一部由日本人编写并正式出版的微积分著作，其中也吸收了不少《代微积拾级》一书中的内容。笔者将《笔算微积分入门》中的数学名词术语与《代微积拾级》的名词进行了比较，发现有关解析几何、微分学和积分学的名词大多采自后者。

四、《代数术》的传日及其影响

《代数术》是继墨海书馆出版的《代数学》(13卷，翻译期间为1848—1866，1866年刊，李善兰、伟烈亚力合译)之后在我国出现的第二本西方符号代数著作。《代数术》由华蘅芳(1833～1902)和傅兰雅(John Fryer，1839～1928)合译，于1872年由江南制造局翻译馆出版。《代数术》文笔流畅通俗，其质量、内容和影响都超过了《代数学》。《代数术》一经刊刻出版，即受到广泛的赞誉，称赞其“为算者另辟一径，海内风行，久为定本”。[①] 在清末洋务派创办的学堂中开始时以《代数学》为代数教科书，后由《代数术》代之。到了19世纪末，多数学者介绍西方代数学时往往只提《代数术》。如梁启超1896年编撰《西学书目表》，蔡元培1899年编

① 纪志刚：《杰出的翻译家和实践家——华蘅芳》，科学出版社，2000年，第54页。

撰《东西学书录》时都列举了《代数术》一书。

《代数术》出版3年之后，1875年由日本陆军文库开始发行日文训点本。

（一）训点本《代数术》的作者及其数学研究

训点本《代数术》的作者神保长致(1842～1910)，是德川幕府和明治时的语言学家、数学家，日本数学史中有关他的资料很少，几乎被遗忘。本文在大量查阅文献后提供如下情况。

神保长致生长在幕臣之家，其父为幕臣滝川氏，排行老三，又名寅三郎，庆应2年(1866)24岁时成为驻东京的军官神保常八郎长贵的养子，改名神保长致，继承了神保家的官职。[①]

神保曾在开成所学习外语和西方数学，[②]其后到横滨语学所(Collège Japonais Français)学习法语、航海术、军事学和数学。该所又称横滨法语传习所，成立于1865年(庆应元年)3月，在法国人协助下创办，其目的为培养精通法语的技术人才，非常重视数学教育，教员均为法国军官、牧师、翻译官等。[③]

神保毕业后任骑兵差图役勤方的军官[④]，1868年被派遣到沼津兵学校，是该校首届学员之一。[⑤] 入学不久，因其语学和数学能力均优于同

① 山下太郎:《明治的文明开化的先兆——静冈学问所与沼津兵学校的教授》，北树出版，1995年，第64页。

② 小仓金之助:《近代日本的数学》，劲草书房，1973年，第152页。

③ 安藤洋美:“明治数学史一断面”。《京都大学数理解析研究所讲习录》，2001年4月号，第181页。

④ 骑兵差图役勤方，日本幕府时期使用的军衔之一。

⑤ 杉本つとむ:《西欧文化受容的诸相——杉本つとむ著作选集》，八坂书房，1999年，第578页。

期学员，于 1871 年被提升为三等方教授，相当于现在的副教授。① 据 1869～1878 年明治时期《官员录·职员录》记载，1872 年沼津兵学校解散后，他到陆军兵学寮（后改称陆军兵学校）执教，1873 年担任助教，②翌年当大助教，第三年被聘作教授，1893 年为止。神保在陆军兵学寮主要讲授法语和数学。③

考察神保的数学成就可知，1873 年他翻译法国军官越斯满（原名及生平不详）的《数学教程》，在陆军兵学寮出版发行。④ 1876 年至 1880 年间，他又翻译在陆军士官学校讲授数学的法国教员的讲义，出版教材《算学讲本》5 卷，包含算术、代数、平面几何、立体几何和画法几何学。

1877 年，神保加入东京数学会社，与数学家们进行数学交流，他积极向一些数学杂志投稿、解答杂志中发布的西方数学问题。笔者发现他投在明治 22 年 12 月刊行的《数理会堂》杂志第 13 期中的数学问题，使用汉译数学书中的名词如外切圆、垂线、公因数、正弦、余弦等，这和他学习汉译数学著作有密切联系。

下文介绍神保长致对传日的《代数术》所做训点的情况，考察该训点本的特色，与汉译本进行比较，讨论通过该书日本人了解和掌握西算和数学史料的概况。

（二）训点本《代数术》的特点及其影响

日本学者吉田胜彦提出：《代数术》的底本为英国数学家沃利斯

① 明治史料馆编辑组：《明治史料馆通讯》，第 2 卷，第 2 期，1986 年 7 月 25 日。
② 陆军兵学寮，明治时期培养陆军官员的学校。
③ 陆军兵学寮教授阵：《掌中官员录》，西村组商会，明治 7 年 10 月，第 1 页。
④ 数理会堂编辑组：《数理会堂》，第 13 期，明治 22 年 12 月刊。

(William Wallace, 1768～1843,汉译本译成华里司)所著,即《大英百科辞典》(*Encyclopaedia Britannica* (8th ed. 1853) VolumeII)"Algebra"条目。[①] 这是最早提出的,被中日数学史学者广泛引用。

但笔者通过考察发现,《大英百科辞典》中"Algebra"只是《代数术》中的一小部分。《代数术》真正的底本是沃利斯写于1812年的一本名为*Algebra*的代数学著作。[②]

笔者考察了幕府末期・明治时期由西方传入日本的数学书目,一直未见有关沃利斯的名为*Algebra*的书的记载。而现存日本的最早期的*Encyclopaedia Britannica*(8th ed.)Algebra也是19世纪80年代以后的版本。由此推测,神保长致并未见到原著,凭着其数学能力和法语知识,对训点本进行了注解。

1875年训点本《代数术》出版刊行,是神保在陆军士官学校担任教员之后完成的。

汉译《代数术》有带华蘅芳"序"和不带"序"的两种版本流行,训点本《代数术》中无"序",表明训点本所参考的是无"序"的版本[③]。

神保在陆军兵学校的前任数学教授是上文所提到的塚本明毅,塚本于明治5年(1872)出版了《代数学》前3卷的训点版[④]。训点版《代数术》是在其后3年完成的。可以肯定,他们给学生讲授西算时,先后参考、依据的就是《代数学》和《代数术》。

神保对《代数术》作训点时,在中文数学名词的旁边均注明了其法文

① 日兰学会编:《洋学史事典》,雄松堂出版,昭和59年9月20日,第415页。

② 萨日娜:"清末中国与明治日本数学的西方化历程之比较研究",东京大学博士论文,2008年,第74～75页。

③ 笔者在日本早稻田小仓金之助文库见过明治时期传到日本的2种版本。

④ 塚本明毅训点版《代数学》首卷及其前3卷有2种版本。笔者曾在东京大学总合图书馆和早稻田小仓金之助文库阅览过2种版本。

的读法。以下是注解的例子(左为汉译著作中的数学名词,中为日文注解,右为法文的数学名词):

已知之数——デンブル・コニュー——nombreconnu(卷首)

正数——カンチテー・ポジチーウ——quantité positive(卷首)

代数式——カンチテー・アルジュブリック——quantité algébrique(卷首)

指数——エキスポザシ——exposqnt(卷一)

分母——デデミナト——dénominateur(卷一)

平方——カレー——carré(卷一)

约分之法——サンプリフィカアシオン——simplification(卷二)

最大公约数——プリュー・グラン・コンモン・ヂヴィゾール——plus grand common diviseur(卷二)

公分母——デンミナトール・コンモン——dénominateur common(卷二)

等根——ラシーヌネガール——racine égale(卷十四)

实根——ラシヌレール——racine réelle(卷十五)

蔓叶线——シソイド——cissoid(卷二十三)

余弦——シニユス——sinus(卷二十四)

正切——タンジャント——tangente(卷二十四)

余割——コセカント——cosécante(卷二十四)……

神保对此注释工作态度十分认真,他对25卷的数学名词全部加注法文,所标注的读法和今天的读法完全吻合。他在书中西方数学家的名字旁也加注了日文片假名读法,还在多处做出详细注解。塚本明毅的训点本《代数学》中就没有注解，还保留了中国式的数学符号，而训点本《代数术》中将它们全部换写成西方式的数学符号。

在下文中比较汉译本《代数术》和训点本《代数术》，举例介绍其中的主要内容，探讨清末和明治时期的中日学者对西方数学知识和数学发展史的了解。

《代数术》卷一为“论代数之各种记号”，主要介绍西方代数学中使用的各种符号，并附有单项式各累乘求积法和多项式算法。汉译本的第一款中说：

> 今西国所常用者，每以二十六个字母代各种几何，因题中之几何，有已知之数，亦有未知之数，其代之之例，恒以起首之字母，代已知之数，以最后之字母，代未知之数，今译之中国，则以甲乙丙丁等元代已知数、以天地人等元代未知数……

其中把字母用汉字“甲、乙、丙、丁”和“天、地、人”等代换，不能体现西算中使用 26 个字母代表已知数、未知数的笛卡尔（René Descartes，1596～1650）方法的优越性。在训点本中神保加了一行注释，写道：“甲乙丙丁等元今再换 a b c d 等字母，此惟存原文而已”，即把汉译本的中式记法又还原成西方写法。

在卷一第七款中介绍分数的表示法时，汉译本中写道：“凡几何以他几何分之，记其约得之数，其法作一线以界，其法实，线之上为法，先之下为实”。这里的“法”为“分子”，“实”为“分母”。神保在汉文下注明：“本邦现用西式，故记除约之式正与此言相反，下倣之”，并把汉译本中“$\frac{\text{一二}}{\text{三}}$”的分数改写成“$\frac{3}{12}$”。

卷二至卷九中讨论了代数式乘法、无理式、比例式的运算、多元一次方程解法等。其中介绍的"虚根"是通过《代数术》一书首次传到日本,具有非常重要的意义。

在清末汉译西方数学著作中,李善兰和伟烈亚力合译的《代数学》中首次出现"虚根"。《代数学》中对"虚根"的注释是:"今虽无意,且不合理,而其所解所用,或俱合理,盖非一处用之,大概可用也"。[①] 即认为"虚根"虽然没有什么意义,也不合理,但它的应用,或都有合理性,也非仅在一处有用,大抵是可以用的。《代数术》中华蘅芳和傅兰雅对"虚根"的重要性有进一步的认识。如在卷九的第九十六款中有:

> 虽此种虚式之根,在解二次之式中,无有一定之用处,不过可借以明题之界限不合,故不能解而已,然在各种算学深妙之处,往往用此虚式之根,以讲明深奥之理,亦可以解甚奇之题,比他法更便,大抵算理愈深愈可用之……

即认为"虚根"在解二次方程时虽无一定用处,却可借用它判定题目是否有解,用它可讲明深奥的算理,用它可解很多奇题难题,在越高深的数学中越有用。该书中有较大篇幅阐释"虚根"的使用方法,并附有华蘅芳等人比较正确的解释。

《代数术》卷十为"论各次式之总理",其中出现了"代数学基本定理"。卷十一中介绍了三次方程式的解法。其中的第百十五款中有:

> 此法名曰迦但之法,惟详考之,知其法不自迦但而始,乃是大太

---

① 李善兰、伟烈亚力合译:《代数学》,第四卷"指数及代数渐变之理"45a,江夏程氏确园藏版,光绪戊戌(1898)。

> 里耶,与弗里耶斯二算学士,同时两地各创之法介绍了西方数学史上公开三次方程解法的一段历史。文中的“迦但”即数学家卡尔丹(G. Cardano, 1501～1576),“大太里耶”为数学家塔塔利亚(Tartaglia, 1499～1557),“弗里耶斯”为数学家费洛(Ferro, 1465～1526)。

神保在“迦但”的左侧写上其日文读法“カーダン”。类似做法多次出现在其他卷中。

卷十二中介绍四次方程的解法。在第百二十四款中有:

> 若四次式之各项俱全者则解之法,比前两款所论更难,其法之大要,必先变其式为三次式,其变法有数种,兹且论尤拉所设之法。

这里“尤拉”为数学家欧拉(Leonhard Euler, 1707～1783)。

欧拉之前的欧洲数学家们对虚数的认识,都是非常混沌的。如发明微积分的莱布尼茨(Leibniz, 1646～1716)也说过“$\sqrt{-1}$”是一个“可存在也可不存在的两面性的动物”。①

欧拉却无条件的接受了“虚根”,在其《代数原论》中谈到“$\sqrt{-1}$”是“……不是不存在的,也不是可存在也可不存在的,……”,而是非常重要的一种“想象的变量,存在于我们的心中,……事实上,我们利用这些想象的数进行无障碍的计算,……”②

---

① Morris Kline. *Mathematical thought from ancient to Modern times*. New York: Oxford U. Press, 1972:336.

② Euler. *Elements of Algebra*, translated by John Hewlett; with an Introduction by C. Truesdell, New York: Spring-Verlag, 1984:43.

旧命维新

欧拉在其1751年的论文中对“虚根”作了更详细的论述。[①]

可以肯定，明治初期的日本学者最初接触到“虚根”以及欧拉等欧洲数学家的数学研究是通过神保的训点本《代数术》而得知的。[②]

训点本《代数术》的最后一卷，卷二十五为“论八线数理”，其中的第二百六十一款到二百八十一款中讨论各种三角函数的展开式，并介绍一些西方著名数学家三角函数方面的成就。在第二百六十一款的开头有“前于开方各式中，曾用虚式之根号$\sqrt{-1}$者，此式在考八线数理中，实有大用处”，确认了虚数之根“$\sqrt{-1}$”的重要用途。还利用数学家棣美弗(Abraham de Moivre，1667～1754)的定理加以说明。

汉译本中用非常繁杂的中国式记号表示的算式，在神保的训点本中却改成和今天同样的公式$(\cos\theta+i\sin\theta)^n=\cos n\theta+i\sin n\theta(i=\sqrt{-1}, n\in\mathbf{Z})$。并且在本卷第二百六十九款中又讨论欧拉做出公式$e^{a\sqrt{-1}}=\cos a+\sqrt{-1}\sin a$，$e^{-a\sqrt{-1}}=\cos a-\sqrt{-1}\sin a$的方法。在这款的最后写道：“此两式，当时拉果阑诸以为最巧之法，惟观其求此两式之时，所用之正弦余弦之级数，即为一千七百年间，奈端所设之级数，如奈端当时能多用一番心，则已可知之，不必待五十年后，尤拉考出矣”。文中的“拉果阑诸”为数学家拉格朗日Joseph Louis Lagrange(1736～1813)，而“奈端”为数学家牛顿(Newton，1642～1727)，在第二百六十八款中给出了牛顿于1700年得出的级数

$$Cos\,a=1-\frac{a^2}{1\cdot2}+\frac{a^4}{1\cdot2\cdot3\cdot4}-\cdots,$$

$$Sin\,a=a-\frac{a^3}{1\cdot2\cdot3}+\frac{a^5}{1\cdot2\cdot3\cdot4\cdot5}-\cdots。$$

---

① Euler. *Opera Omnia*, Ser, 1, Vol. 6:66－77.

② 萨日娜：“明治日本对数学家欧拉的认识”。《数学史研究》，通卷197号，2008年7月，第1～24页。

在接下来的文中介绍了莱布尼茨和格列高利(“古累固里”, Gregory, 1638～1675)之间围绕着三角函数引发的优先权问题。又通过介绍用级数展开式求圆周率的计算方法,并回顾了利用“割圆术”求圆周率的历史。

在此第二百七十八款的最后,重新讨论“棣美弗定理”,指出“此法于代数,几何,微分术最深之理中有大用处”,强调了“棣美弗定理”在代数学、几何学、微分学中的重要性。

这样,在汉译本《代数术》中用“迦但”(卡尔丹)到“棣美弗”(棣莫弗),在引出“尤拉”(欧拉),把从代数学到三角学,扩充数域的西方数学发展史介绍得比较详细,向明治初的人们第一次展现了西方数学中的很多重要内容。

此外,由《代数术》传到日本的西算知识还有托勒密(Ptolemaieus, 约90～168)定理和约翰·伯努利(Johann I. Bernoulli, 1667～1748)的数学研究,阿贝尔(N. H. Abel, 1802～1829)、加洛瓦(E. Galois, 1811～1832)、高斯(K. F. Gauss, 1777～1855)等人的成果,如在卷十二的第百二十九款中介绍了五次、以及五次以上方程的根的求法及无根的情况。

由此可知,汉译本《代数术》并非仅停留在建立方程、解决问题的阶段,而是进入了求一般性解法、总结出更加普遍、更加抽象的理论的阶段。《代数术》包含二项级数、对数级数、指数级数、高次方程解法、各种幂级数展开以及解析几何的三角函数理论等,还介绍了一些西方数学家、西算新成果和新概念。通过训点本《代数术》,明治时期的日本数学界不仅第一次获知这些新知识,也开始了解到西方数学的发展史。

日本著名数学史教育家小仓金之助对《代数术》的评价“当时日本所

持有的最高水平的数学书”。[①] 据笔者的考察，一直到明治15、16年(1882、1883)，《代数术》、《微积溯源》等传入日本的汉译数学著作中的内容仍然比日本学者直接从西方翻译的数学教材中的内容要丰富。

五、日本学者对《微积溯源》的研究和参考

1877年(明治10年)以后，日本教育制度得以改善，出现了东京数学会社等民间学术团体，东京大学建立并设数学系。而此时一些派往西方的留学生如菊池大麓等人陆续回国任职[②]，不少学校聘请德、英、法等国教师讲授西方各门课程。各地大量购买西算书籍，掌握西方语言的学者开始埋头翻译。此后汉译数学著作的翻刻版和训点版不再出现。但这个时期翻译西算的多数学者仍然参考汉译算书，引用其名词术语，以便读通和理解西算。所以当时的数学杂志中仍有不少汉译西算书的介绍，如在东京数学会社的机关杂志上多期均有刊载。

1879年4月出版的《东京数学会社杂志》第14号中有《微积溯源》的两道题，这是前面提及的和算家大村一秀介绍的。[③] 他担任《东京数学会社杂志》的首任编辑，在1877～1879年间在该刊上发表过许多微积分算法的文章，公式和符号的写法完全是西方式的。[④] 大村介绍的《微积溯源》中两道题的做法，可以看出他曾细读过《代微积拾级》以外的其他

① 小仓金之助：《近代日本的数学》，劲草书房，1973年，第226页。

② 菊池大麓1877年回国，当时刚满22岁，就担任东京大学数学系教授。见小山腾：《破天荒“明治留学生”列传》，讲谈社，1999年，第95页。

③ 远藤利贞遗著，三上义夫编，平山谛补订：《增修日本数学史》(第5卷)，恒星社，1981年，第564～565页。

④ 萨日娜：“东京数学会社的创立、发展和转变”，东京大学硕士论文，2004年，第198页。

汉译著作。这两题的答案刊于1882年刊第43号《东京数学会社杂志》上，解答者为长泽龟之助(1860～1927)。他是明治—大正时期的数学家和数学教育家，精通中日传统数学，对西方数学也作了很多研究。他在解答这两道题时，使用西方式的数学符号和式子，过程简单明了，可见他对原汉译著作的内容也是比较熟悉的。

长泽翻译了很多数学教材，他经常参考汉译数学书。在《微分学》"序"中他写道：

> 译高等之书，方今一大急务矣。〔中略〕余谓微分之学，其理深远。况突氏[1]，英国算家中之巨擘，其书周密高尚。〔中略〕然今学者，憾无高等之书，叹文明之缺典。〔中略〕且如算语之译字，世有先例者鲜矣。故仅据支那译之代微积拾级、微积溯源等二三书。或参考代威斯氏[2]数学字典[3]即，长泽翻译西方微积分学著作时还没有日本学者写的相关书籍，其主要参考书是汉译著作《代微积拾级》和《微积溯源》等书。

长泽不仅开始直接翻译西方数学家的著作，开始发表自己对于西方数学的研究成果。如在1881年11月至1882年1月之间发行的《东京数学会社杂志》第41号、第42号、第43号中连续发表了题为"曲线说"的有关高次曲线的研究成果。其间也多次列举汉译著作《代微积拾级》、《代数术》、《微积溯源》中有关曲线的内容。对于多数曲线的名称长泽沿

① 英国数学家Isaac Todhunter(1820～1884)，其几何学著作对明治后期和20世纪初中国的数学教育中产生了很大的影响。

② 英国数学家Davies(1789～1876)，其代数学著作和数学辞典对明治后期和20世纪初中国的数学教育中产生了很大的影响。

③ 长泽龟之助:《微分学》，数理学院，1881年，第1页。

用中文译名，改正了其中认为不太确切的。如在“悬连线”一节中他写道：

> 悬连线，英文名称为 catenary，拉丁语名称是 catenerius。中国人在《代微积拾级》中译成两端悬线，《微积溯源》中译作輭腰线，又有国人译作锁线，均不妥，是而译作悬连线……①

在介绍“蔓叶线”时比较了《代微积拾级》中使用的“薜荔叶线”和《代数术》中的“蔓叶线”，然后通过介绍蔓叶线轨迹方程的求法，说明《代数术》中的译名较好。此文中长泽又介绍了“蔓叶线”是古希腊数学家Diocles（约公元前 180 年）为了解决立方倍积问题而发现的历史过程。

长泽的曲线研究是日本学者首次对高次曲线的研究。由上文可知长泽讨论西方传入的数学内容的同时依旧参阅汉译著作的内容。但值得注意的是和以前的抄本和训点本的作者不同的是这时期的日本学者已经开始对汉译著作的内容进行批判和筛选。长泽对西方的几何学也做过深入的研究，在一些数学杂志中对汉译《几何原本》作了较为详尽的讨论。

六、《几何原本》与西方几何学在日本的传播

（一）欧氏几何学在日本的传播肇始

欧氏几何学在日本的传播有直接从西方传入和间接从中国传入的

① 长泽龟之助：《东京数学会社杂志》第 43 号，1882 年，第 42 页。

两种途径。

从西方的传入与16世纪到日本西部地区进行传教并创办学校的耶稣会士有密切联系。那些教会学校的授课内容仿效了耶稣会士在罗马的教会学校,课程中除了天主教教义以外还有算数、代数学以及欧几里得几何前6卷的内容。耶稣会士在日本创办的学校始于1580年,其代表为在九州岛有马地区创办的教会学校。但是德川幕府于1614年发布禁令,禁止耶稣会的传教工作,教会学校也均被关闭。[①] 创立到关闭之间相差不到30年,中间时有战乱发生,这些教会学校的教学工作进展得并不顺利。1630年发布禁书令之后,日本对西方的锁国政策日益严峻,传播到日本的有关耶稣会的书籍均遭到销毁,[②]因此无法得知当时的日本人学习欧氏几何的详细情况。

西方科学技术的再次传入日本是在"兰学"盛行之后。德川幕府的将军德川吉宗喜好天文学、植物学等实用的学问。他命令其幕臣学习荷兰语并于1720年对禁书令政策采取宽松态度,允许通过荷兰传入西方的医学、农学等知识。吉宗在位的1716年至1745年间是日本历史上所谓"兰学"盛行时期。这一时期有西方数学知识的传播,其中也有欧氏几何学。有一本几何学入门书 *Grondbeginsels Der Meetkunst*,(Pibo Steenstra, Amsterdam, 1803),被珍藏在东海同朋大学的图书馆。用荷兰语写成的这本几何学书的内容包括欧氏几何的第1卷至第6卷、以及第11、12卷。

欧氏几何学传播到日本的另一种途径是明末清初的汉译《几何原本》(1607年,利玛窦、徐光启合译)和清末《几何原本》(1857年,伟烈亚

---

① 海老泽有道:《南蛮学统之研究》(增补版),创文社,1978:38。

② 安藤洋美:"明治数学史一断面"。《京都大学数理解析研究所讲习录》,2001:181。

力、李善兰合译)的传入。明末清初出版的前 6 卷《几何原本》在禁书令实施之前便已传入日本,其后也被秘密地输入到日本。明末李之藻编的《天学初函》(1629)中有徐光启等人译著的《几何原本》一书。在禁书令发布不久之后的 1632 年,尾张藩主德川义直(1600～1650)购入一部《天学初函》,现存日本名古屋市尾张藩蓬左文库。① 在享保 7 年(1722),《规矩文等集》一书的序文中有著名学者细井广泽(1658～1736)读到《几何原本》的情况的描写。②

清末李善兰等翻译刊刻的《几何原本》全 15 卷本也传入到幕府末期明治初期的日本。③

汉译《几何原本》传到日本之后,其中的名词术语以及编排体例等均对日本学者学习、了解并编著西方几何学教科书时产生了很大的参考作用。但是值得注意的是,日本传统数学盛行的幕府末期,汉译《几何原本》中严密的逻辑体系未被当时的日本学者理解和接受。④

在日本,最早正式讲授欧氏几何学的学校是 1855 年成立的长崎海军传习所。在这里,为了向学员传授西方的军事技术和航海技术开始了西方式的数学教育,数学教育中除了西方算术、代数学、三角学、微积分等课程之外又有几何学的内容。讲授数学课程的教员是来自荷兰的军官,采用的也是用荷兰语写成的教材。⑤

① 王勇、大庭修主编中:《日文化交流史大系 · 典籍卷》,浙江人民出版社,1996 年,第 134 页。

② 原文为"近来偶得窥几何原本、勾股法义、测量法义等之旨、窃探其赜、而倍喜"。万尾时春:《见立算规矩分等集序文》,第 1 丁里。

③ 冯立昇:《中日数学关系史》,山东教育出版社,2009 年,第 203 页。

④ 藤原松三郎,日本学士院编:《明治前日本数学史》(第 4 卷),岩波书店,1960 年,第 160～161 页。

⑤ 藤井哲博:《长崎海军传习所——19 世纪东西文化的交接点》,中公新书,1991 年,第 3 页。

长崎海军传习所中讲授西方数学的教育模式影响了其后建立的新式院校。日本最早的欧氏几何学教程出现在明治初年(1868)成立的静冈学问所。

这是一本题为《几何学原础》(下中简称《原础》)的日文译注。其译著者是在静冈学问所担任理化课教师的来自美国的克拉克(Edward Warren Clark，1849～1907)。

和克拉克共同翻译《原础》的日本学者川北朝鄰(1841～1919)是明治和大正时期的著名数学家。他积极参加1877年建立的东京数学会社的各项工作,主持编写了很多数学教科书,其中一些教科书在20世纪初传到中国,被译成中文,当作数学教材使用。川北还创办了专门讲授数学知识的私塾和出版数学教科书的出版社,在1887年脱离“东京数学物理学会”之后,和一些民间数学家创办“数学协会”,为普及西方数学做出了很大的贡献。①

在《原础》出版之后,川北以《几何学原础例题解式》为名,出版了对原书各卷末的命题进行证明的一套解答集。②

《原础》的每一卷的前面附有文中使用的各种数学名词和术语。这些名词术语中的多数被后来建立的“东京数学会社译语会”统一数学名词术语提供了依据。

有关《几何学原础》的另外一位合译者山本正至(生卒年不祥)的情况缺乏资料,只知道他是静冈县的士族,并和他人合著过一本题为《笔算题从》的书,被当作静冈县内中小学数学教科书使用。

① 萨日娜:“东京数学会社的创立、发展和转变”,东京大学硕士论文,2004年,第105页。

② 川北朝邻编辑:《几何学原础例题解式》,静冈文林堂上梓,卷1,明治13年(1880);卷2:明治15年(1882);卷3～5,明治17年(1884)出版。

（二）《几何学原础》与汉译版和日文现代版欧氏几何著作的联系

《原础》出版之后被当时的多数重分学校当作数学教材使用。《原础》一书不断被刊行出版，一直到1887年（明治19年）成为当时日本屈指可数的教科书被各地的学校使用。[①]

通过考察1877年以后的各类师范学校、普通中学的几何学教科书可知，1882年至1888年之间，在青森师范学校、福井县中学、秋田县中学、广岛中学、大阪府师范学校、山口县师范学校、秋田县师范学校、山口县中学、大阪府中学、长野县师范学校、青森县中学、山口县中学、静冈县普通中学等10多所重分学校的课堂教学中使用《原础》当作几何学的教材。[②]

下面分析《原础》的内容构成及其影响如下：

《几何学原础》由首卷、卷一至卷六的7卷本组成。全部使用和纸线装的木版印刷，由静冈县的文林堂出版。在其版权页有刊行日期。首卷和卷一～卷五于1875年12月5日完成，最后的卷六于1878年11月6日刊成。卷首和前5卷在克拉克离开日本之后不久刊刻发行。

在《几何学原础》首卷的前2页附有克拉克提名E. W. C.写于1873年2月的一篇英文序文。

序文中克拉克谈到了数学在自然科学中的地位，以及学习数学的重要性等。他写到，数学是一切科学中培养人们的正确思维，敏锐的洞察力的一门重要的学问，尤其是几何学中的论证方法可以有效地加强学习

① 石原纯：《科学史》，东洋经济新报社出版部，1942年，第94页。
② 根生诚："有关明治时期中等学校教科书考察"（3）。《数学史研究》，第152卷，研成社，1997年，第45～47页。

者的思考能力。“序文”中他又介绍西方几何学的历史并称欧几里得几何学作为2 000多年前的古希腊著作，是一部最好的数学教科书，也是一部非常具有权威的著作。

克拉克序文的后面是“凡例”。“凡例”中用日文介绍了欧几里得几何学在西方各国被当作几何学教科书的情况，并解释书名的来历，称西方的几何学教学中均依据欧几里得几何学的内容，所以此译著被命名为《几何学原础》。又称为了给初学者的使用和理解提供方便，书中给出了详细的公式。并写到因为几何学被广泛使用在测量土地和建造房屋等方面，所以书中详细地介绍了其具体的使用方法等。

在卷前作“凡例”的做法，来自汉译数学著作，在《几何学原础》之后出现的明治时期的其他数学著作中逐渐开始出现了这种做法。

“凡例”之后是“译语”，列出了书中使用的数学名词术语的英文和日语的对照表。卷首的翻译被称作“基础译语”，其中把Definition（定义）翻译成“命名”，Postulate（公准，要请）翻译成“确定”，Axiom（公理）翻译成“公论”。可以看出，书中多数名词术语直接引用了汉译著作中的名词术语。

“译语”之后是数学符号的介绍。该书中的数学符号均为现代式的，这是有别于汉译本的一大特色。明治时期的日译西方数学中直接使用西方现代式数学符号的做法加速了日本数学的国际化进度。

数学符号的解释之后是一系列定义、定理、公理和具体的证明题。

以下是《几何学原础》（下文中简称《原础》）内容与汉译《几何原本》（下文中简称《原本》）与日文版现代译本《欧几里得原论》（下文中简称《原论》）之间的内容对照：

①《原础》中的35条“命名”对应着《原本》中的36则“界说”和《原论》中的23条“定义”。

在利马窦和徐光启合译本《几何原本》中翻译西方 Definition(定义)一词时用了“界说”一词。依词源而译是 etymological translation,显然取 definire 的词根 finis(界限)之意而衍出新词“解说”,词面意思为“分界之说”。艾儒略《几何要法》第六章中解释:“界者,一物之始终。解篇中所用名目,作界说”。[①] 即,“界说”是用来解释名词的含义。

《原础》中“命名”的前 18 条和《原论》中“定义”的前 18 条完全一致。

《原础》中的第 19 条“命名”是《原论》中不存在的定义。而《原础》中的第 20～23 条“命名”是《原论》中的第 19 条定义。《原础》中的第 24～26 条“命名”是《原论》中的第 20 条定义。《原础》中的第 27～29 条“命名”是《原论》中的第 21 条定义。《原础》中的第 30～34 条“命名”是《原论》中的第 22 条定义。《原础》中最后的第 35 条“命名”是《原论》中的第 23 条定义。

②《原础》中的“确定”是对应于《原论》中的“公准”的内容。

《原础》中有 3 条“确定”可对应《原论》中前 3 条“公准”的内容。而《原论》中仍有 2 条“公准”的内容却出现在《原础》的“公论”中。

③《原础》中的“公论”对应着《原论》中的“公论”,只是内容有些不同。

如同上述,《原础》中的第 11、12 条“公论”是《原论》中的第 4、5 条“公论”。而《原础》中的第 5 和第 7 条“公论”是《原论》中不存在的条目。

作为明治时期的几何学著作《原础》和现代日文版《原论》中均把 Axiom 翻译成“公论”,这显然是受到了汉译著作《原本》的影响。

汉译本中的 19 条公论对应着《原础》和《原论》中公论的内容。

④《原础》中的几何证明题也对应着《原本》和《原论》中的证明题。

---

① 艾儒略:《几何要法》,1631 年,第 1 页,1b。

但是名称有些不同，和《原本》和《原论》相比，《原础》中的几何证明题多数附有图形并且有比较详细的说明。

《原础》卷一中共有 48 道证明题，最初的 12 题之前写有“考定第＊问题”，其余的问题却被称作“考定第＊定理”。其内容和《原论》中卷一最后的证明题的内容吻合。

其余各卷中的最后也均设有证明题，并且有每一卷的后面有“第＊卷用法”、“第＊卷例题”等解释前文中“命名”（“定义”）、“确定”（“公准”）、“公论”的内容。

这是《原础》作为课堂教科书的一个明显的特征。

这里，特别一提的是，在首卷的最后有“卷七考定二十一条图面组立”，“卷八考定二条五卷七卷八卷例题六十条”的一行文，由此可以推测，当时的译述计划中还包括第 7 卷和第 8 卷。

通览《原础》的日文译文，可以看出其文句非常流畅，内容也易懂，这在还没有出现西方几何学教材的明治初期，作为一本几何学教科书，是一件非常难得的事情。

1877 年（明治 10）年以后，在日本陆续出现了讲授西方几何学的教科书。如田中矢德的《几何教科数》（中学用书、明治 15 年）、中条澄清的《高等小学校几何学》（明治 16 年）、远藤利贞的《小学几何学》（明治 16 年）、高桥秀夫《功夫几何学》（明治 17 年）、日下部慎太郎的《小学几何学》（明治 18 年）等。这些书籍的出现丰富了明治 10 年以后的几何学教科书的内容。几何学课程的讲授中也有了很大的选择余地。这样的背景之下，《原础》一书仍被多数地区的学校选作几何学的教材，可见其翻译水准之高和影响之广。

《原础》退出历史舞台不再被当作数学教材和菊池大麓（1855～1917）的几何学教科书的出现有关。菊池大麓在英国留学之后于 1877

年回国，担任日本数学界权威机关的东京帝国大学的数学教授。10年之后，菊池大麓为了整顿师范院校和各中等学校的数学教科书状况，编写了《初等几何学教科书（平面几何学）》(1888)、《初等几何学教科书（立体几何学）》(1889)等教科书。

此后，日本多数师范院校和普通中学均采用菊池大麓的几何学教科书。

1887年（明治20年），在日本出现了很多从西方直接翻译的数学教科书。日本数学界对汉译数学著作的依赖也越来越少。学校的教科书或是日本学者自编的数学教科书，或是直接采用西方通用的数学教材。这个时期的一些数学杂志不再是以普及数学知识为主，而是开始刊登一些西方数学家和日本学者撰写的专业水平较高的研究论文，日本数学界迈向了向国际数学界进军的重要一步。

（宝　锁）

吴 燕

徐家汇观象台：欧洲观象台在中国

作为中国境内第一家综合性近代科学研究机构，徐家汇观象台(l'Observatoire de Zi-Ka-Wei)由清末来华耶稣会士于1873年创建并主持运作，它是1814年耶稣会重建后，耶稣会传教士在世界各地建造的多家观象台之一；该台工作人员中有多位隶属于法国科学院或其下属的巴黎天文台等机构，并且在70余年的发展历程中，该台成果亦大量发表于包括法国科学院周刊在内的多种欧洲科学刊物上或单独出版，该台也因此成为西方科学界位于远东的一个不可或缺的测点。

这种多重角色集于一身的处境，使得徐家汇观象台势必成为考察其时欧洲科学与欧洲扩张、耶稣会士观象台史以及中国近代移植西方科学之历程等诸问题的一个颇具代表性的载体。

一、徐家汇观象台发展概况

众所周知，耶稣会士来华活动分为2个时期，即明清时期第一次来华与清末耶稣会重建后第二次来华。徐台的创建正是耶稣会士第二次来华时所开展的一件重要工作。

1842年7月，3名耶稣会士携带4件天文仪器——由经度局校正的天文望远镜、反射测角器(cercle à réflexion)、玻尔达式复测经纬仪(cercle répétiteur genre Borda)和大经纬仪——抵达上海[①②③]。但因传

① 《徐家汇观象台史》，见徐台档案，原藏中国科学院上海天文台，现藏中国科学院文献情报中心，22-031卷，第5页。

② de la Servière, J., S. J. *Histoire de la Mission du Kiang-Nan* Zi-Ka-Wei. Shanghai: Imprimerie de la Mission Catholique, Orphelinat de T'ou-Sè-Wè, 1914:44.

③ 史式徽著，天主教上海教区史料译写组译：《江南传教史》(1)，上海译文出版社，1983年，第41页。

教事务繁忙，计划中的科学事业并未即刻开展。直到 1865 年前后，利用几次来华时所携带的仪器，耶稣会士在上海董家渡进行了一些早期的气象观测活动，这些活动可以视作徐台正式建立之前的序幕。自 1872 年 12 月起，这些气象观测活动迁至徐家汇，在位于徐家汇天主教堂耶稣会士住处东侧的露台进行。[①]

1872 年，江南教区主教郎怀仁和耶稣会江南传教会会长谷振声（A. della Corte）在徐家汇主持举行了一次重要会议。会议决定在江南教区成立一个科学委员会，该委员会由 4 部分组成，包括气象台、自然博物馆、历史地理研究室以及"中文护教或科学出版中心"（centre de publications apologétiques ou scientifiques en Chinois）。[②]

此时的徐家汇已经逐渐发展成为江南著名的宗教文化中心，因此，江南科学会议决定成立的气象台，地点最终也定在了徐家汇。1873 年 2 月，建造工作正式开始；8 月，此前已在进行的气象观测全部迁至此处开展。这一年也成为徐台正式建立之年。

在创建之初，该台的气象观测仪器仅有 1 只气压计、1 只干湿球湿度计以及 2 支寒暑表[③]，因此所能开展的气象观测极为有限。但仅仅在 1 年以后，随着仪器设备的添置，该台所能测定的气象指数已从最初的气压、气温以及空气湿度等简单内容扩展为如下多个项目：①气压；②温

① 《徐家汇观象台史》，见徐台档案，原藏中国科学院上海天文台，现藏中国科学院文献情报中心，22－031 卷，第 7 页。

② 《徐家汇观象台史》，见徐台档案，原藏中国科学院上海天文台，现藏中国科学院文献情报中心，22－031 卷，第 8 页。

③ Instruments Employés et Mode D'observation. *Observations Météorologiques faites pendant l'année 1873 par des Pères de la Compagnie de Jesus à Zi-ka-wei près Shang-hai*. Chang-hai: Typographie de la Mission Catholiqueà Orphelinat de Tou-Chan-Ouan.

度与湿度；③日照强度；④臭氧测定；⑤风向与风速；⑥天气状况，例如云量等；⑦雨量；⑧蒸发量；⑨极大极小温度，包括日光下与背阴处；⑩井底温度；等等。[1]

在徐台早期发展中，一个重要的事件是1879年7月31日至8月1日发生的一次台风以及台长能恩斯神父[2]对此次台风的研究。能恩斯于1873年11月29日来到上海，1876年正式成为徐家汇观象台台长。在后来的研究者看来，正是能恩斯“第一个给了观象台以真正的科学声望”[3]。能恩斯以《1879年7月31日的台风》(*Le typhon du 31 Juillet 1879*)[4]一文对台风的形成、路径以及台风发生前的迹象进行了细致研究，并对随后的8～11月的台风进行了分析。尽管这是一篇专业的研究论文，但其英译本却对口岸居民，尤其是船员们影响甚大。

1879年台风使得口岸各方察觉到气象预报的重要性，而能恩斯在台风研究中表现出的能力则赢得了相关利益方的信任，此事也因此成为徐台完成从单纯气象观测走向公共航海气象服务这一角色转型的契机。此后几年，尽管徐台仍然是一家私立机构，但却得到除教会之外的其他机构的接纳与若干资助。总商会(Chambre générale de Commerce)会长福布斯(J. B. Forbes)曾在1881年10月1日的信中提出创建航海警报

---

① H. Lelec, S. J. Bulletin Météorologique de Septembre 1874. *Bulletin des Observations Météorologiques de septembre 1874 à décembre 1875*. Shanghai: Observatore Météorologique et Magnétique des Pères de la Compagnie de Jesus à Zi-ka-wei, 1876.

② 能恩斯(Marc Dechevrens, 1845～1923)，字慕谷，生于瑞士。1876～1887年任徐家汇观象台台长。其主要研究工作为气象学，尤其是台风研究。1887年当选罗马教廷新猞猁科学院(Pontificia Accademia dei Nuovi Lincei)院士。

③ Udías, Agustín. *Searching the Heavens and the Earth: The History of Jesuit Observatories*. Dordrecht: Kluwer Academic Publishers, 2003:301.

④ Marc Dechevrens, S. J. *Le typhon du 31 Julliet 1879*. Shanghai: Imprimerie de la Mission Catholique à l'Orphelinat de Tou-sè-wè, 1879.

服务，并请能恩斯负责此事。该建议得到接受，总商会也提供了相应的资金以购置观测者所需要的仪器，气象服务不久便在上海开展起来。①

徐台在法租界建立外滩信号台也正是这一转型的产物。1883 年，法租界公董局接受能恩斯的建议决定建立信号台。在 5 月 30 日的信中，公董局总董奥里乌披露说，在前一天的会议上，大多数的公董局成员对用于建立外滩信号台的资助投了赞成票。② 外滩信号台于 1884 年投入使用，其维护费用由公共租界与法租界公董局各支付一半。③ 每天，徐台根据观测及收集到的各地气象信息绘制两张天气图表，分别于清晨和下午张贴在外滩信号台；并且在外滩信号台以旗语发布天气状况。以 1923 年为例，徐家汇观象台共发出 600 余条不同的天气警报，其中有 146 条是在 1 年中台风多发的八月间发布的。④

上海工部局曾在气象研究方面有所计划，而工部局总董斯科特(J. L. Scott)曾于 1901 年致信工部局，建议在体育场建立一个气象站，但工部局董事会很快便意识到"有了徐家汇天文台发出的良好、准确的每日气象报告，在这方面已很少有什么东西需要报告了"⑤。

从气象信息的发布方式可以明显看出，徐台气象服务的主要目标对象是往来船只以及上海这一口岸城市，特别是租界区居民。也正是通过这种专业化的气象服务，徐台获得了自身发展所需要的资助。

---

①《徐家汇观象台史》，见徐台档案，原藏中国科学院上海天文台，现藏中国科学院文献情报中心，22－031 卷，第 9～11 页。

②《徐家汇观象台史》，见徐台档案，原藏中国科学院上海天文台，现藏中国科学院文献情报中心，22－031 卷，第 10 页。

③"龙相齐神父写的信稿"(未标注年代)，徐台档案，22－042 卷，第 33 页。

④"徐家汇观象台 1923 年年刊前言打字稿"，徐台档案，22－051 卷，第 45 页。

⑤"工部局董事会会议记录(1901 年 8 月 8 日，星期四)"。见上海市档案馆编：《工部局董事会会议录(14)》，上海古籍出版社，2001 年，第 597 页。

除了与普通居民直接相关的上述公共服务之外，一些机构间的合作，例如江浙渔业会议就曾考虑联合徐台设立暴雨信号所[1]；而在江苏县政府整理委员会在划定启东县界时也在县公署设天文站参照了徐台的时间信号以确定该县之经纬度[2]。

徐台的授时服务开始于1884年。一周两次，逢周一、周五于正午十二点鸣炮示意。“兵船一炮众心惊，十二声钟记得清。日影花砖刚卓午，果然晷度测分明。”[3]这是当地居民与游客对午正炮的最初印象。到1884年外滩信号台建成使用之后，午正炮由电动球所取代。1909年又增加了夜间报时服务。自1914年5月18日起，无线电广播也被用于授时服务。[4]

1874年，徐家汇观象台建立了地磁部。利用斯通赫斯特大学天文台佩里神父寄来的地磁仪，能恩斯进行了早期的地磁观测，并经由佩里神父转呈而在《伦敦皇家学会学报》(*Proceedings of the Royal Society of London*)上发表了有关磁偏角(Déclinaison)变化的最初的观测结果。从该文可以看到，数据的观测时间为1874年3月23日、24日和4月6日、12日；表格中的数据包括：日期、起始点、最小值、最大值、终止点、磁偏角平均值、磁偏角最大振幅[5]。是年6月，斯通赫斯特大学天文台将一套自记地磁仪及相关的使用说明转寄徐台。佩里神父对这位曾有过短暂接触的“学生”以及他所在的徐台充满信心：“我们有理由期望地磁

① “江浙渔业会议第四日”，《申报》，1928年10月6日第16版。
② “苏土地整委会划定崇启县界”，《申报》，1928年11月7日第9版。
③ 葛元煦，郑祖安标点：《沪游杂记》，上海书店出版社，2006年，第228页。
④ “徐家汇观象台1923年年刊序言”，徐台档案，22－051卷，第41～45页。
⑤ Dechevrens. Magnetic Observations at Zi-Ka-Wei. *Proceedings of the Royal Society of London*, 22 (1873～1874): 440.

科学将会随着这一新机构的建立而更进一步。”①

1902年春，上海公共租界计划开通一条电车轨道直达徐家汇，由于电车行驶会对地磁仪造成影响，因此在当时的地磁台台长马德赉主持下迁至江苏的菉葭浜(Lu-kia-pang)。后又经政府批准在该台与徐家汇之间架设电线，以便彼此报告气象之用。② 1932年，地磁台迁至佘山。③ 在马德赉神父于1936年去世后，徐家汇的地磁台台长由卜尔克(Mauritius Burgaud, S. J.,1884～?)神父接任。

1901年，在蔡尚质神父主持下，天文圆顶在佘山落成，在完成太阳、小行星、彗星等的日常观测的同时，该台还参与了多个国际合作项目。1904年，地震观测也开展起来。到地磁台于1908年迁至菉葭浜之后，作为一个整体的徐家汇观象台——徐家汇(气象、地震)—佘山(天文)—菉葭浜(地磁)的组织结构已初步完成。

二、中国最早气象台网的建立

按照1872年江南科学会议的设想，耶稣会最初要在徐家汇建立的只是一家气象台；就该台的设备以及最初所开展的工作而言，这家机构在很大程度上是耶稣会士在董家渡的气象工作的延续。这种研究方向的选择一方面是由当时设备条件所限；另一方面，则是由于实际的需求，

① “佩里神父写给伦敦皇家学会学报的信”. *Proceedings of the Royal Society of London*, 22 (1873～1874):440.

② 鲁如曾:《陆家浜验磁台》,上海徐家汇土山湾印书馆,1918年,第2页。

③ *Observatoire de Zi-ka-wei (Chine)*, *Observations Magnétiques faites aux deux stations*: *Lu-kia-pang*, *Zô-sè*. Shang-hai: Imprimerie de la Mission Catholique A l'Orphelinat de T'ou-sè-wè, 1935, Vol. 18:1.

即为各国的军队和商船提供气象资料和相应的服务，而这也正是当时法国科学界所致力于解决的一个问题。

1854年，法国军方在一次战事中因遭遇风暴而失利，随后即委任当时的巴黎天文台台长勒威耶（Urbain Jean Joseph Leverrier, 1811～1877）调查此事。勒威耶为此致信各国气象台站，收集各地气象情报，并据此绘制了一张天气图，结果发现了风暴中有规律可循。受此启发，勒威耶于1855年3月提出建立世界气象观测网的设想：在法国乃至法国的海外属地进行气象观测，并将各地取得的观测资料集中分析，绘出天气图表，以此推断可能发生的风暴路径。从当时的情况看，在法国境内的研究机构中，仅有巴黎和马赛两处进行了连续的气象观测。① 但在勒威耶建议下，法国于次年便建立了正规的气象台网，成为世界上第一个开展天气预报业务的国家。

综上所述，气象研究之复杂，一个很重要的原因就在于，它是一个全球性的问题，只有将全球气象作为一个统一的整体来加以研究，才能尽可能准确地了解天气变化、特别是灾害性天气的形成与发生。徐台正是这个全球气象系统中处于远东的一个观测点。由于这一角色的要求，徐台的一个主要工作就是气象信息的收集与发布。但要进行更为深入的气象研究的话，则必须建立稳定的异地气象资料来源，此事对于人力与财力都十分紧张的徐台来说具有更大的难度，而它最终得以实现，在很大程度上得益于该台与各个利益相关机构的合作。其中，徐台与海关之间的合作是具有代表性的。从利益的角度分析，徐台与海关的合作可以视作一种利益的双向流动。

① Le Verrier. Note sur le development des etudes météorologiques en France. *Comptes rendus des séances de l'Académie des Sciences*, 1855:620.

从海关总税务司署文件可以看到，在耶稣会士于开埠城市上海创建气象台的19世纪后半叶，中国的一系列通商口岸均建立了海关，此后逐渐增加。而早在1867年11月12日，时任海关总税务司的赫德(Robert Hart，1835～1911)曾就"为建气象站请有关税务司考虑并准备建议事"而在其签署的海关总税务司署通令第28号中提出如下两点意见：

> 1. ……拟于明年在各相关海关中各建一所气象站，请予以充分考虑，以便于个别商议时即能提出人选名单以及可作通盘考虑之建议。有关人选可从尔关中挑选胜任气象观察及气象记录工作者为宜。
>
> 2. 当前，于纬度20度间及经度10度间之广袤沿海、沿江水陆地域设有海关机构，无须增加人员，仅需购置仪器费用，即可从事气象观察记录工作。气象观察对科学界，以及对东海航行各界之实用价值，将在不久得到承认与赞赏。本总税务司深信此项计划将有力推进揭示自然规律，为科学界提供地球在此地区之丰富气象现象与数据，而此前几无系统资料可言。余谨以此相告以引起有关税务司重视，并期待得到诚挚合作。若干年后，北京同文馆设立气象台时，海关气象站即可归于其下。①

一批测候所在各地海关相继建立，并进行了一些简单的观测。赫德最初的设想是与同文馆联合在各气象站基础上最终设一气象台网，但却未能实现。②

---

① 海关总税务司署通令第28号(1869年11月12日于北京)。见海关总署《旧中国海关总税务司署通令选编》编译委员会：《旧中国海关总税务司署通令选编(1)》，中国海关出版社，2003年，第95页。

② 同上，第238页。

赫德这一设想显然是基于其对中国沿海复杂的气象条件的了解。1867 年,他为在中国沿海设置灯标而写的报告中便注意到,“中国沿海,可谓春季多雾,秋季有台风,冬季又吹强劲北风,与世界其他各处相比,则少沙洲、暗礁及险岬引发沉船之大害。近 25 年来准确编制之海难梗概充分显示,除台风外,海难起因不全在航海之危险,而多在守望者粗心大意,招致船舶碰撞、起火或搁浅之事发生,亦有因不顾后果之竞争驾驶,致使上佳之船舶沉入海底。因此拨款在沿海设置灯标不仅可消除确已存在之危险,更可谓其目的在于为航海者提供方便,并非全为保海上生命财产之安全”。[①]

在上述赫德对中国沿海的判断中,有两个因素是可能威胁到船只航行安全的:一是自然条件,即中国沿海多风;二是人为因素,即航行者的责任。对于后者,可以通过在海关设置灯标以提醒航行者保持警觉;而对于前者,则有必要完善天气预警系统。海关对于台风等灾害天气预警的需求与徐台所具有的气象预报能力与敬业,正好构成了二者合作的重要基础。

1882 年 10 月 21 日,赫德在写给商会秘书的信中要求各灯塔站与海关将气象观测资料寄往徐台[②]。对于初创不久,需要更多收集气象资料,但却既无人力也无更多财力在各地建立测候所的徐台而言,此举无疑是非常有力的支持。

---

① 赫德:“沿海灯标之节略”。海关总署《旧中国海关总税务司署通令选编》编译委员会:《旧中国海关总税务司署通令选编》(1),中国海关出版社,2003 年,第 110 页。

② 《徐家汇观象台史》,见徐台档案,原藏中国科学院上海天文台,现藏中国科学院文献情报中心,22-031 卷,第 11 页。

表 1　按开埠日期排列之通商口岸等一览表(节略)

表格引自：海关总署《旧中国海关总税务司署通令选编》编译委员会. 旧中国海关总税务司署通令选编(1). 北京：中国海关出版社，2003. 622.

	地点	开放为通商口岸年份	建立海关年份
1	上海	1842	1854(设立海关总税务司年份：1859 年)
2	宁波	1842	
3	福州	1842	1861
4	厦门	1842	1861
5	广州	1842	1862
6	牛庄	1858/64	1859
7	芝罘	1858	1864
8	镇江	1858	1863
9	汕头	1858	1863
10	海口	1858	1863
11	南京	1858/99	1876
12	天津	1860	1899
13	汉口	1861	1861
14	九江	1861	1862
15	宜昌	1876	1861
16	芜湖	1876	1877
17	温州	1876	1877
18	北海	1876	1877
(下略)			

表 2　截止到 1898 年 12 月每日向徐家汇观象台发送气象信号(2～3 次)的测候所

表格引自 Préface. *Observatoire Magnétique et Météorologique de Zi-Ka-Wei* (*Chine*) *Bulletin Mensuel*, Vol. 24(1898), Chang-Hai: Imprimerie de la Mission Catholique à L'Orphelinat de Tou-Sè-Wè, 1900, VIII.

测候所	Long. E. G.. 东经度	Lat. N. 北纬度	测候所	Long. E. G.. 东经度	Lat. N. 北纬度
Tomsk 多末科	81°58′	56°30′	Han k'eou 汉口*	114°18′	30°35′
Semipalatinsk 塞米巴拉金斯克	80°13′	50°24′	I-tchang 宜昌*	111°19′	30°15′

（续表）

测候所	Long. E. G.. 东经度	Lat. N. 北纬度	测候所	Long. E. G.. 东经度	Lat. N. 北纬度
Irkoutsk 意古斯	104°19′	52°16′	Naba 那霸	127°41′	26°13′
Koudja	76°50′	42°50′	Oshima 大岛	129°30′	28°23′
Nikolaevak	140°45′	58°8′	Ishigakijima 石垣岛	124°7′	24°20′
Alexandrovsk 亚历山德罗夫斯克	142°7′	50°50′	Ning-po 宁波*	121°33′	29°52′
Korsakovskii	142°48′	46°39′	Kieou-kiang 九江*	116°8′	29°45′
Wladivostock 海参崴	131°54′	43°7′	Tchong-king 重庆*	104°15′	29°50′
Tien-tsing 天津*	117°11′	39°10′	Kingan	115°3′	27°8′
Tche-fou 芝罘*	121°22′	37°33′	Fou-tcheou 福州*	119°38′	26°8′
Singanfou 西安府	108°30′	34°25′	Amoy 厦门*	118°4′	21°27′
Tokio 东京	139°45′	35°41′	Swatow 汕头*	116°40′	23°23′
Nagazaki 长崎	129°56′	32°44′	Taiboku 台北	121°28′	25°4′
Kochi 高知	133°84′	33°33′	Taichu 台中	120°40′	24°2′
Kagoshima 鹿儿岛	130°33′	31°35′	Tainan 台南	120°12′	22°59′
Chemulpo 仁川	126°40′	37°28′	Koshun 恒春	120°47′	22°4′
Gensan 元山	127°20′	39°15′	Pescadores 澎湖岛	119°34′	23°33′
Tcheng-kiang 镇江*	116°7′	49°43′	Hong-kong 香港	114°10′	22°18′
Gutzlaff 大戢山*	122°10′	30°49′	Manille 马尼勒	120°59′	14°37′
Tourane 岘港	108°16′	16°4′	Cap St Jacques 西贡	107°5′	10°20′

比较表 1 和表 2 可以看到：①19 世纪末，徐家汇观象台所获得气象信息资料的地域范围已覆盖了东经 76°50′～142°7′，北纬 10°20′～58°8′的广阔地区。②40 处测候所中 12 处归于当时中国海关所管辖之下（表 2 中标注 * 的测候所），占全部测候所的四分之一以上，而其他测候所所在地点则属于法国在远东的殖民地或英国、俄国、日本等国辖下。到 1909 年时，这一气象台网所覆盖的测候所已增至 60 个[①]，其中有 22 个归于当时中国海关所管辖之下，占全部测候所的三分之一以上。由此可见，对于徐台这样一家气象研究机构而言，由海外殖民扩张所带来的地域优势起到了十分重要的作用。

而从前述赫德对中国沿海气象条件的洞察来看，海关也并非单向付出。事实上，徐台依据其所接收的各地数据所提供的气象服务对于海关辖下的口岸城市以及相应水域的船只来说是极为重要的。

表 3　每日接收徐家汇观象台气象信号（2～3 次）的测候所（1899）

表格引自 Préface. *Observatoire Magnétique et Météorologique de Zi-Ka-Wei (Chine) Bulletin Mensuel*, Vol. 24(1898), Chang-Hai: Imprimerie de la Mission Catholique à L'Orphelinat de Tou-Sè-Wè, 1900: VIII.

测候所	Long. E. G.. 东经度	Lat. N. 北纬度	测候所	Long. E. G.. 东经度	Lat. N. 北纬度
Wladivostock 海参崴	131°54′	43°7′	Tien-tsing 天津*	117°11′	39°10′
Tokio 东京	139°45′	35°41′	Ta-kou 大沽*	117°40′	39°0′
Port-Arthur 旅顺口	121°15′	38°47′	Tche-fou 芝罘*	121°22′	37°33′
Wei-hai-wei 威海卫*	122°10′	37°30′	Tcheng-kiang 镇江*	116°7′	49°43′

① Préface. *Observatoire Magnétique et Météorologique de Zi-Ka-Wei (Chine) Bulletin Mensuel*, Vol. 35 (1909), Chang-Hai: Imprimerie de la Mission Catholique à L'Orphelinat de TOI-Sè-Wè, 1913: V.

（续表）

测候所	Long. E. G. 东经度	Lat. N. 北纬度	测候所	Long. E. G. 东经度	Lat. N. 北纬度
Chemulpo 仁川	126°40′	37°28′	On-song 吴淞*	121°30′	31°30′
Gensan 元山	127°20′	39°15′	Chang-hai 上海*	121°29′	31°14′
Tsin-tao 青岛*	120°20′	36°3′	Fou-tcheou 福州*	119°38′	26°8′
Tai-bo-ku 台北	121°28′	25°4′	Amoy 厦门*	118°4′	21°27′

比较表 1 和表 3 可以看到，每日接收徐台气象信号的 16 个台站中，有 10 个在海关辖下，占全部台站的一半以上，而在全部中国城市中，则占大多数。

正是在徐台与海关的合作过程中，徐台提出的一套统一气象信号被海关接受并推行。

1897 年 8 月 5 日，当时的徐台台长劳积勋（Louis Froc，1859～1932）致信赫德，呈送徐家汇天文台草拟之信号代码一册，并称“制定此文件旨在便利海员所关心之一切警报之传输，而不致使联合电报公司与中国电报局慨允吾等使用之电报线路负荷过重”。对于采用这一信号之益处，劳积勋进一步解释说，

> 该信号可在有各国船只驶往海外之中国沿海主要口岸转发，故将极为有用，依余所见，各处采用同一方法发布警报乃十分必要。为此冒昧建议各海港，至少在有海关与电报局之重要港口采用此代码。警报将由电报公司传至海关税务司或直传至理船厅（电报公司之合作业已议妥）。各口岸可按所传代码用旗号向船只复发，整个口岸即可从高悬之旗杆上获知信息，无需再采取于航行有关之其他措施。再者，对航船提供此种便利用费极少，本人设想，几乎每口岸均有信号旗，所用旗帜为万国信号代码，每一理船厅定有一、二套，而公司免

费传输警报，电报费为零。①

从这一段信文可以看到如下要点：①该信号之推广以及随信号推广而得到推广的徐台的气象服务，其主要服务对象是行驶在中国海域的各国船只，这构成了劳信建议可能被采纳的重要基础；②该信号的发送与接收是一个二级传播过程，即首先经由电报公司传至海关相关部门，然后由海关在各港口城市以旗语方式发播。在这个过程中，由于与电报公司合作而免去电报所需费用，且各地海关大多已有信号旗装置，因此对于各地海关而言，使用这一信号其实是一个只需举手之劳的“零成本”操作，这成为劳信建议之能够被采纳的一个重要条件。

劳积勋所建议的气象代码于 1898 年 1 月 1 日起采用。经过劳积勋从中协调，当时远东地区的其他几家气象台站——马尼拉、台北、东京、香港也接受了这套新的代码。表 3 列出了 1899 年的信号发送情况，从中可以看到，接收徐台信号的中国口岸城市主要集中于台湾海峡以北，而南方口岸城市则由香港天文台发送气象信号，这也是劳积勋神父与之协商的结果。② 同时，能恩斯在该台月度报告中明确说明，东京和台北的观象台长可以自主决定将接收到的气象信号转发给各自气象台网中的气象台，只要他们认为合适。③ 此举无异于将徐台的影响扩大到了更多的城市。

---

① “劳积勋给赫德的信”(1895 年 8 月 5 日)。见海关总署《旧中国海关总税务司署通令选编》编译委员会：《旧中国海关总税务司署通令选编》(1)，中国海关出版社，2003 年，第 385 页。

② 同上，第 385～386 页。

③ Préface. *Observatoire Magnétique et Météorologique de Zi-Ka-Wei* (*Chine*) *Bulletin Mensuel*, Vol. 24 (1898). Chang-Hai: Imprimerie de la Mission Catholique à L'Orphelinat de Tou-Sè-Wè, 1900: VIII.

对于这套信号系统的推行，赫德在寄送各关税务司的总税务司署通令中称，“此项给予航海者定期天气警报之服务，其价值如何估计均不为过，天文台应受到公众之高度赞扬。但愿船主与船长赏识其效用与价值”。① 诚如赫德所言，将统一的信号系统推行至更多口岸城市，使这些城市得以共享徐台的气象服务，扩大了徐台的影响；但此事更大的意义还在于，在推行统一信号系统这一过程中实现了这些城市气象信号规范化，从而将它们纳入到一个统一的气象系统之中。

无论是气象台网的建立，还是气象信号系统的推行，都决非仅凭一己之力可以完成。而科学活动中的利益交换与共享——或者更确切地说在这个个案中是研究者与其研究事业资助者之间的利益交换与共享——正体现于此。

在徐台所处的上海，尽管公共租界与法租界在地皮问题上绞尽脑汁、各不相让，但对于徐台，公共租界工部局和法租界公董局均给予了支持。法租界公董局与徐台之关联是很明显的，供职于徐台的传教士中以法籍居多，而且在当时，天主教在东方的保教权掌握在法国手中，因此耶稣会海外传教活动也在一定程度上体现着法国利益。对于工部局而言，它也是看中了徐台在气象信息收集与气象预报方面的实力。

正是通过为各相关利益方提供公共气象服务，徐台确立了其不可或缺的角色地位，从而在列强纷纷登陆谋求利益、众多修会云集传教的上海赢得了一席之地，也为日后开展更多科学测量活动奠定了基础。例如当该台谋求更大的发展而希图在佘山建立圆顶开拓天文事业之时，法租界公董局、工部局以及当时上海等地的多家船运公司给予了资金

① 《海关总税务司署通令第802号》(1897年9月30日于北京)。海关总署《旧中国海关总税务司署通令选编》编译委员会:《旧中国海关总税务司署通令选编》(1),中国海关出版社,2003年,第384页。

上的资助。[①][②]

对于耶稣会传教士在徐家汇开办气象业务一事，当时在沪的英文报纸《北华捷报》(*North China Herald*)曾发表文章写道：

> 能恩斯神父关于在中国海岸地区气象服务改进和更进一步发展的计划肯定会因由其产生的利益而吸引了普遍的兴趣。被冠之以“气象学”(*Meteorology*)的物理学研究的这一分支的课题有两重含义：首先，发现支配大气变化的条件；其次，利用这一信息来预言那些变化。因此得到的结果有着普遍的利益，对于卫生、农业以及航海等均同样是有用的。当然，气象观测最重要的目标还是服务于远东，提供对于预知天气变化所必需的数据，提供风暴警报，为水手提供资讯以将生命与财产损失减到最小。……“天气公告”是文明社会人所共知的一种需要，而每日“气压、风与降水”状况的发布以及以此为基础对未来天气的预报，这是商业世界的大多数政府或那些资源取决于与农业有关的时令的政府，所自愿接受并承担的一项义务。……中国本来就是一个农业国家，与时令、天气以及农作物报告有关的信息对于耕者而言是实惠的赐予，而对于国家也是很大的利益。[③]

在气象学作为一门新兴学科出现、特别是世界上第一个气象观测网

---

① 在1895年3月5日举行的工部局董事会上，工部局总董斯科特(J. L. Scott, 1894～1897年在任)表示“同意批准这笔款子，作为神父们多年来免费为公众提供气象观测的一种回报”，正是这种关系的一个例证。(见“工部局董事会会议记录(1895年3月5日，星期二)”，上海市档案馆编：《工部局董事会会议录》(12)，上海古籍出版社2001年版，第462页。)

② Introduction. *Annales de L'Observatoire Astronomique de Zô-Sè* (*Chine*). Chang-Hai: Imprimerie de la Mission Catholique A L'Orphelinat de Tou-Sè-Wè, 1907,1(1): I.

③ The Meteorological Service. *North China Herald*,1882-3-1:236.

建立之后不到30年，耶稣会士即在中国境内开创了气象研究与服务工作。而上述文字已基本概括了它的三重意义，即：①利用新兴学科进行天气研究、特别是恶劣天气预警，从而为远东的航行提供气象服务，对于正在通过海上力量实现欧洲扩张进程而言，其意义是不言而喻的。②正如引文所说，"'天气公告'是文明社会人所共知的一种需要"，因此，徐台及其气象服务可以视为是作为来自现代文明的生活方式而被绍介到中国的。③对于中国这样一个农业国家，开办气象服务无论对于个人抑或整个国家而言，都是一种"实惠的赐予"。将此三者综合考察，则可以发现一个关键词，即欧洲利益。无论是为欧洲在远东的航行提供天气预警，还是为殖民地国家"送"来现代文明和实惠，其实都是服务于欧洲利益的具体体现。但同样不能忽略的是，这一气象资料的收集与预报活动的开展也是建立一个尽可能完整的气象观测与研究体系，即气象学研究本身的需要。

三、天文事业的开拓及天文观测研究

作为耶稣会士江南科学事业的一部分，佘山天文台于1901年建成并投入观测，从而成为中国境内近代天文事业的开端。相继担任该台台长的3位神父是蔡尚质、葛式(Louis Gauchet, S. J. ,1873～1951)[①]、卫尔甘(Edmund de la Villemarqué, S. J. ,1881～1946)[②]。

---

① 葛式(Louis Gauchet, 1873～1951)，字鲁仪。法国人。佘山天文台第二任台长。曾任震旦学院数学系教授。1951年在上海去世。

② 卫尔甘(Edmund de la Villemarqué, 1881～1946)，字明鉴。法国人。佘山天文台第三任台长。1946年在上海去世。

佘山天文台所完成的观测与研究是徐家汇观象台各部门中最接近基础研究的工作，在徐家汇观象台各部门观测都日臻成熟之时，耶稣会士又在佘山另辟新址，开创天文事业，这当然是传教事业的需要，但同时也是天文学本身发展的需要。

在佘山天文台建立之前，天文学界在研究方法与观测组织方面都发生了一场革命性的变迁。从研究方法上来看，分光学与照相术等物理方法应用到天文学研究中，从而可以深入研究天体的物理性质，因此大大扩展了研究视野与空间。在观测组织方面的变革则体现在天文学刊物的大量涌现以及天文学家组织的纷纷崛起。在佘山天文台创建前夕的19世纪后叶，德国的天文学会(Astronomische Gesellchaft)及其所参与发行或创办的《天文通报》(*Astronomische Nachrichten*)、《天文年报》(*Astronomischer Jahrsbericht*)等皆为天文学家交流成果提供了必要的场所。各地天文学家通过在刊物上发表自己的最新观测成果，使自己成为世界天文学界的成员。

创建于这一背景下的佘山天文台很快便以大抵相同的方式成为国际天文学界的一部分。例如1907年由蔡尚质创办《佘山天文年刊》(*Annales de L'Observatoire Astronomique de Zô-Sè*)。该刊为不定期出版的刊物，发表佘山在过去几年中的观测结果以及分析与讨论，由主持佘山天文台的神父相继担任主编，其中蔡尚质任主编的时间最长，为第1卷(1907)～第13卷(1922)；此后相继由葛式和卫尔甘接任。

《佘山天文年刊》一方面是汇总过去数年的研究成果，另一方面更重要的则是以此交换其他相似研究机构的刊物。在佘山天文台藏书室所藏大量19世纪～20世纪甚或更早些的英、德、法、西班牙等国天文学刊物，大多就来自这一渠道。同时，这些交换刊物也成为佘山天文台择定其研究方向时的重要依据。佘台虽因台长兴趣不同而确定了不同的研究目标:如在蔡尚质任台长期间更以观测为主;而到葛式、卫尔甘时期则因在计算方面的擅长而更偏重于计算,但从大的方向上来说皆与国际天文学界保持一致。

比交换刊物更为直接的合作方式则是就一个课题展开全球合作观测研究。天文观测受到地域和时间上的限制,而全球合作消解了上述限制。在光学望远镜时代,天文观测受时间和天气限制较大,但通过在世界不同经度的多个测点建立天文台从事观测却可以有效地消解这一限制。法国探险家蒂桑迪尔在其行记中曾写道,(徐家汇)"太阳升起在地平线上比欧洲早七到八个小时,能够进行有效的观测"①,也正说明了这一点。虽然后来天文台易址佘山,但佘山与徐家汇在经度上相差不大,如果排除佘山稍显劣势的天气条件,则就延长有效观测时间而言,二者几乎是等价的。

如果换一个角度来考虑就会发现,正是通过佘山的观测,中国这一测点的观测数据成为这一时期天文研究的一个重要的组成部分。值得一提的是,这些来自中国的"观测数据"显然也包括中国古代在天象、地震等方面的记载。通过以现代西方科学的方法对这些数据进行分析与处理,从而将它们也纳入到西方科学的体系中。

1. 太阳研究:从日常观测到合作研究

佘山天文台的首任台长蔡尚质所擅长的领域是太阳黑子研究以及小行星的照相研究,而这与 19 世纪末 20 世纪初国际天文学界的研

① Albert Tissandier. Souvenir D'un Voyage Autour Du Monde. *La Nature*: *Revue des sciences et de leurs applications aux arts et à l'industrie*, 1891, Vol. 944:76 - 77.

究兴趣基本相符。19世纪中叶，随着分光学、照相术等物理学方法应用到天文学研究领域，天体物理学开始兴起，到佘山天文台落成的20世纪初时，已逐渐成为天文学研究的主流。这一背景以及蔡尚质本人的专长在很大程度上成为佘山天文台在选择其研究方向时的重要因素。

1905年，佘山的太阳观测已成为其日常观测的一部分，并尽可能实现逐日观测。从观测方法而言，佘山所开展的太阳观测工作分为3部分：①太阳表面的目视观测以及目视黑子绘图。②分光观测试验。③太阳照相以及照相研究。在佘山最初的几年中主要用于太阳表面的研究，如黑子、光斑以及耀斑等。[①]

从内容上来看，佘山的太阳研究主要由如下几部分组成：①黑子的目视观测与记录；②黑子在太阳两个半球的比较；③太阳活动变化；④黑子在经度上的分布；⑤黑子在纬度上的变化；⑥太阳黑子与磁暴。由此可见，太阳黑子研究是佘台早期太阳研究的最主要内容。

以1905年的黑子研究为例，写入观测表的黑子或是黑子群的数目达182个，每个黑子均给出如下数据：①在照片上所作的各种测量得到的平均日面纬度与经度；②黑子过中央子午线的日期与时间；③黑子在照片上的最大面积，以及达到这一面积的日期；④黑子的移动，根据卡林顿(Carrington)系统计算；⑤黑子的特征与演变过程。[②] 另外，对于特别值得注意的大黑子，报告中均给出更为详细的说明性文字。

---

① *Annales de L'Observatoire Astronomique de Zô-Sè* (*Chine*). Chang-Hai: Imprimerie de la Mission Catholique A L'Orphelinat de Tou-Sè-Wè, 1907, Vol. 1, No. 2:2 - 7.

② Liste des Taches Solaires Observées à Zô-Sè en 1905. *Annales de L'Observatoire Astronomique de Zô-Sè* (*Chine*). Chang-Hai: Imprimerie de la Mission Catholique A L'Orphelinat de Tou-Sè-Wè, 1907, Vol. 1, No. 2:34.

除了黑子之外，诸如光斑、日珥等也是佘山的赤道仪所观测和记录的对象，不过相比于黑子记录而言，这些研究在数量上少很多。

太阳活动对地球的影响也是佘台创建之初即已开始的研究。自1851年德国人施瓦布（Schwabe）发现太阳黑子周期之后，太阳黑子周期是否对地球产生显著的影响这一问题上成为天文学界所关心的问题。由于徐台较早便开展了气象研究与地磁研究，因此当太阳研究在佘山刚一建立起来，这种跨学科研究也随即得到开展。其中最重要的两个方向是太阳黑子与磁暴（Perturbations Magnétiques）、太阳黑子与气象之关系。

无论是太阳黑子等现象，还是其与磁暴或气象等的关系，一时一地的观测与记录只能形成一种初步的观察记录，而要得到更为深入的研究结论，则需要从长期积累的各地观测资料中去分析与综合。

国际太阳研究联合会就是出于这一原因而于1904年建立的。至迟在1908年，佘台已成为这项全球太阳合作研究中的一部分。1908年5月12日，美国威尔逊山天文台（Mount Wilson Solar Observatory）台长海尔（Georage E. Hale，1868～1938）致信蔡尚质时就提及这项计划，并对蔡尚质有意加入此项研究计划表示出极大的兴趣。对于蔡尚质希望成为这个联合会一员的请求，海尔陈述了一些当时可能的限制，比如成员资格限于构成这个联合会的各学会所指定的委员会成员。但在海尔看来，“无论在何种情况下，目前在联合会中的成员资格都是不必要的，因为没有什么可以阻止你从事这项工作”。对此，海尔解释说，

> 由于你台的经度，你从事太阳单色光照相仪（spectroheliograph）工作会是非常有利的。我们目前在印度、（意大利的）西西里（Sicily）、德国、法国、西班牙、英格兰、墨西哥以及美国东部和西部都有设备每

日观测。不过，因为在威尔逊山和印度 Kodaikanal 之间没有太阳单色光照相仪，记录的连续性被打破了。出于这一原因，……一台位于上海的太阳单色光照相仪会非常合适记录下其他仪器所错过的太阳现象。无论如何，它为这套观测做出极大贡献，尤其是你的太阳照片看来显示了你台非常好的清晰度。如果你取得一台太阳单色光照相仪，我将很高兴看到你成为国际太阳研究联合会太阳光谱研究委员会成员之一。

我们最近的结果显示出氢线 Hα 在太阳照片中的极端重要性。因此我要推荐你搞一台极高色散的太阳单色光照相仪，以使这条谱线能够在你的工作中得到使用。[①]

研究海尔写给蔡尚质的信可以看到，佘山天文台加入这项太阳合作研究的优势主要体现在如下两个方面：

其一是地理位置所带来的必要性与不可替代的地位。正如海尔在信中所写，当时，太阳光谱研究已在印度、意大利的西西里、德国、法国、西班牙、英格兰、墨西哥以及美国东部和西部等地展开，这些测点大多位于 0°经线东西 10°之间及附近区域；而从印度向西至位于美国西海岸的威尔逊山天文台，测点最大间隔约 60°。但是在威尔逊山和印度 Kodaikanal 之间约 150°的区域尚属空白地带，这使得此项研究形成了一个较大的空缺，而佘山恰好位于这片空白地带之内。

其二是佘山天文台的实际能力与表现，这主要体现在该台摄取的太阳照片质量上，这为该台赢得了成为此项合作研究项目一分子的资格。虽然佘山的观测条件并不是很好，但凭蔡尚质起早贪黑的勤奋，逢晴天

① “海尔给蔡尚质的信”，1908 年 5 月 12 日，徐台档案，22－050 卷，第 130～131 页。

则抓紧观测,因此取得了良好的成绩。

2. 小行星研究与彗星观测

佘山天文台早期的天文观测活动,除太阳研究之外,另一项就是小行星与彗星观测。与太阳观测一样,早期的小行星观测也是在40厘米孔径赤道仪上完成的。自1901年11月20日起,蔡尚质即对Gyptis(444)、Thémis(24)、Lucine(146)、Asporine(246)等小行星进行了一些观测。而更多的小行星观测则是由该台另一位耶稣会士土桥八千太[①]所完成的。

土桥八千太的数学背景使他更精于计算,在佘山天文台早期,他的协助在很大程度上弥补了蔡尚质在这方面的欠缺。土桥尤其擅长的是小行星轨道研究,因此这成为他在佘山的最主要的工作。根据已有的观测报告显示,土桥至迟于1905年8月已开始其在佘山的小行星观测,在此后的1906~1908年,同样的观测一直在持续进行,由于当时的小行星研究主要汇集至德国天文界做进一步的研究分析,因此土桥的观测结果也多发表于当时的德国刊物《天文学新闻》(*Astronomische Nachrichten*)和《德国皇家天文学会会刊》(*Veröffentlichungen des König. Astr. Rechen-Institut*)上。

① 土桥八千太(Tsutsihashi, S. J., 1866~1965),华名乔宾华,字瀛生,徐家汇观象台的唯一一名日本耶稣会士。土桥八千太在华期间,除了在佘山天文台从事天文观测之外,还曾在上海的震旦大学(Jesuit Aurora University)任数学教授。他后来返回日本,在东京的耶稣会索菲亚大学(Jesuit Sophia University)担任数学与中国文学教授,后于1939年任该校校长。

表 4　土桥八千太在佘山观测的部分小行星目录(1905～1906)

表格整理自 *Annales de L'Observatoire Astronomique de Zô-Sè* (*Chine*). Chang-Hai: Imprimerie de la Mission Catholique A L'Orphelinat de Tou-Sè-Wè, 1907,1(2): I～II.; *Annales de L'Observatoire Astronomique de Zô-Sè* (*Chine*). Chang-Hai: Imprimerie de la Mission Catholique A L'Orphelinat de Tou-Sè-Wè, 1908,2: I.

	观测到的小行星	观测日期	观测夜数
1905 年	(241)Germania	8 月 8 日	1
	(176)Idunna	8 月 16～26 日	2
	(79)Eurynome	9 月 12 日～10 月 9 日	9
	(356)Liguria	9 月 23 日	1
	(82)Alcmène	10 月 31 日～11 月 12 日	7
	(11)Parthénope	11 月 20～22 日	3
	(16)Psyché	12 月 12 日	1
1906 年	(95)Aréthuse	1 月 15～17 日	3
	(118)Peitho	3 月 6～14 日	3
	(154)Bertha	3 月 18～4 月 1 日	3
	(65)Cybèle	5 月 31 日	1
	(270)Anahita	6 月 12～17	2
	(28)Bellone	6 月 29 日～7 月 21 日	4
	(108)Hécube	9 月 20 日	1
	(47)Aglaé	10 月 5～27 日	5
	(175)Andromaque	10 月 6 日～11 月 6 日	4
	(24)Thémis	10 月 23 日～11 月 6 日	4
	(121)Hermione	11 月 20 日	1
	(241)Germania	11 月 20 日～12 月 5 日	3
	(19)Fortuna	11 月 28 日～12 月 28 日	6
	(90)Antiope	12 月 8 日	1
	(176)Idunna	12 月 26 日	1

在佘山，另一位擅长于小行星研究的耶稣会士天文学家是卫尔甘神父。而卫尔甘神父之小行星研究也成为佘山天文台的天文研究在方向

上的一个明显的变化，即由原来的以观测为主转向以计算为主。

1929年开始，时任佘山天文台副台长(后于1931年8月接替葛式担任台长之职)的卫尔甘神父对伏洛拉(Flora)群(1 000″<n<1 100″，n为小行星的周日平均运动)和匈牙利(Hungaria)群(1 250″<n<1 350″)两群小行星的普遍摄动(perturbations générales)研究作了大量基础性工作，而以Hansen-Bohlin方法计算上述两群小行星所受木星、土星的普遍摄动的工作也在进行中了。卫尔甘还提出一种简便的轨道改进方法，用于47颗伏洛拉群小行星轨道的改进。对于小行星的观测与轨道计算是受到柏林的德国科学院(R. I. de Berlin)委托，因此记录集中到德国科学院，发表于《观测者通讯》(*Journal des Observateurs*)。[①]

照相方法也被用于小行星的研究中。1930年，卫尔甘神父主持对小行星爱神星(Eros)进行了照相观测(1930～1931)，1930年10月4日至1931年3月23日共摄取44个图版，观测报告作为佘山天文年刊第17卷第6分卷于1932年发表。而更多的计算则相继发表于年刊的第18～21卷。

在彗星观测方面，蔡尚质观测的彗星包括：Perrine-Borrelly b 1902(1903年2月3日、3月4日、5日、21日、23日和3月1日)；Giacobini d 1902(1903年4月17日和18日)[②]；Borelly 1904 e.(1905年3月27日)[③]。

---

① E. de la Villemarqué, S. J. Préface. *Annales de L'Observatoire Astronomique de Zô-Sè (Chine)*. Chang-Hai: Imprimerie de la Mission Catholique A L'Orphelinat de Tou-Sè-Wè, 1932, Vol. 17:II.

② S. Chevalier. Observations de Petites Planètes et de Comètes. *Annales de L'Observatoire Astronomique de Zô-Sè (Chine)*. Chang-Hai: Imprimerie de la Mission Catholique A L'Orphelinat de Tou-Sè-Wè, 1907, Vol. 1, No. 1:27.

③ Préface. *Annales de L'Observatoire Astronomique de Zô-Sè (Chine)*. Chang-Hai: Imprimerie de la Mission Catholique A L'Orphelinat de Tou-Sè-Wè, 1907, Vol. 1, No. 2:II.

土桥观测的彗星包括：Comète 1907d (Daniel)，观测时间：1907 年 8 月 11～13、15、17、19、21、24 日，共 9 天；Comète 1908c (Morehouse)，观测时间：1908 年 11 月 14 日～12 月 5 日，共 11 天。

在彗星观测方面，佘台很重要的一项工作就是 1910 年哈雷彗星回归时所作的照相研究。此次哈雷彗星回归非常引人注目，甚至在当时的社会中引起了恐慌。而在世界各地的天文台，天文学家们则纷纷对此进行了研究。法国天文学会(Société Astronomique de France)的会刊《天文学》(*L'Astronomie*)在 1910 年卷中专门制作了有关哈雷彗星的特辑。包括蔡尚质、雅典天文台(l'Observatoire d'Athènes)台长埃吉尼蒂斯(Eginitis)、德兰士瓦[①]天文台(l'Observatoire du Transvaal)台长英尼斯(R.-T.-A. Innes)以及圣皮埃尔(Saint-Pierre)[②]的迪比松(Ed. Dubuisson)等在内的多位天文学家分别通报了在各地的观测情况。[③] 有关哈雷彗星的此次回归，蔡尚质更为详尽的工作除在《佘山天文年刊》第 5 卷(1911)发表的照相观测结果之外，还以"哈雷彗星的最新消息"(*Dernier écho de la comète de Halley*)为题刊发于《天文学》1912 年卷。[④]

3. 赤道星图

赤道星图(Tour de l'Equateur)是佘山 3 任台长共同完成的一件重

---

① 德兰士瓦(Transvaal)，位于南非东北部。

② 圣皮埃尔(Saint-Pierre)，圣皮埃尔岛和密克隆岛的首府，位于北大西洋上圣皮埃尔岛。

③ Le Passage de la Comète de Halley. *L'Astronomie*, 1910, Vol. 24: 305 - 313.

④ Stanislas Chevalier, S. J. Dernier écho de la comète de Halley. *L'Astronomie*, 1912, Vol. 26: 433.

要工作，它由蔡尚质台长摄取，在葛式和卫尔甘两神父的协助下，应用卫尔甘神父所研究的天文图解方法（Méthodes Graphiques en Astronomie）完成了星表的计算。

赤道星图由 12 张沿赤道一周摄取的图版组成，其赤道坐标系以 1920，0 年为标准。每个图版的面积为 24×30 厘米。每个图版所摄取的天区范围是赤纬$-0°50'\sim+0°50'$，赤经$n^h\sim(n+2)^h$。每个图版由 25 个连续底片组成，间隔 5 分(m)，例如三张摄取于同一图版的连续底片，如果中间一张底片中心的赤经、赤纬为A_0，D_0，则其前后相邻的两个底片中心的赤经、赤纬分别为A_0-5^m，A_0+5^m和$D_0\pm\varepsilon$，$D_0\pm\varepsilon'$。每一个图版的第一个底片，对应的是前一图版最后一个底片相同的天区。则每个底片的倾斜度（inclinaison）i与缩放比例e是常数。

底片的归算思路如下①：

A_j，D_j是编号为$j(j=1,2,\cdots,25)$的底片中心的赤经与赤纬；

α_m，δ_m是恒星的赤道坐标（α_m取弧值）

X_m，Y_m是它们测得的以底片中心为坐标原点的直线坐标（以弧分表示）

x_m，y_m是经改正的直线坐标
$$x_m=X_m+X_me+Y_mi$$
$$y_m=Y_m+Y_me-X_mi$$

(x_m)，(y_m)是根据 Lœwy 表将x_m，y_m转换为α_m，δ_m所要做的改正，以下述公式表示：

① P. L. Gauchet, S. J. Tour de l'Equateur sur 12 plaques photographiques portant 300 clichés photographiquement relies. *Journal des Observateurs*, 1926, Vol. 9: 170 - 174. 又可见 le P. S. Chevalier, S. J. Catalogue de la Zone-050 à 050 (Equin. 1920) d'après les Photographies du Tour de L'équateur. *Annales de L'Observatoire Astronomique de Zô-Sè (Chine)*. Chang-Hai: Imprimerie de la Mission Catholique A L'Orphelinat de T'ou-Sè-Wè, 1928, Vol. 15: 2 - 3.

$$(\alpha_m - A_j)\cos\delta_m = x_m + (x_m)$$

$$\delta_m = D_j + y_m + (y_m)$$

由于每个图版由 25 张底片组成，因此如果考虑一个图版中心的那一张底片，即第 13 号，则可以计算第 13 张底片的中心的赤纬、赤经以及两个常数，即 A_{13}，D_{13}，i，e；然后将所有其他底片与这一个相关连，得到它们的中心 A_n，D_n，并算得该图版上所有恒星的赤经和赤纬 α，δ。因此 i 和 e 的估算是进一步计算的基础。在将多个底片归并到中央底片(cliché-milieu)时，i 可以在归并赤纬时得到，e 可以在归并赤经时得到。计算过程如下：

设一个恒星赤经 α'，赤纬 δ'，

该星在编号为 n 的底片上坐标为 x'_n，y'_n，X'_n，Y'_n

在编号为 $n+1$ 的底片上坐标为 x'_{n+1}，y'_{n+1}，X'_{n+1}，Y'_{n+1}

有

$$D_{n+1} - D_n = y'_n - y'_{n+1} + [(y'_n) - (y'_{n+1})]$$

$$(A_{n+1} - A_n)\cos\delta' = x'_n - x'_{n+1} + [(x'_n) - (x'_{n+1})]$$

当赤纬为 0°时，$\cos\delta' = 1$，上两式可写作

$$(1)\ D_{n+1} - D_n = y'_n - y'_{n+1} = -(X'_n - X'_{n+1})i + (Y'_n - Y'_{n+1})(1+e)$$

$$(2)\ A_{n+1} - A_n = x'_n - x'_{n+1} = (X'_n - X'_{n+1})(1+e) + (Y'_n - Y'_{n+1})i$$

对两个底片中共有的所有恒星，可以从全部等式中得到平均值，以 M'_n 表示 $(X'_n - X'_{n+1})$ 的平均值，用 P'_n 表示 $(Y'_n - Y'_{n+1})$ 的平均值，得到

$$(1)'\ D_{n+1} - D_n = -M'_n i + P'_n(1+e)$$

$$(2)'\ A_{n+1} - A_n = M'_n(1+e) + P'_n i$$

由此二公式，25 个底片可以得到 24 个 $D_{n+1} - D_n$，$A_{n+1} - A_n$ 的差，并

且可以一步步地将所有的底片中心 A_n,D_n 与 A_{13},D_{13} 相关连,已知 i 和 e 就能够得到公式的右端。

i 和 e 的值可以下述方法推得:因为每个底片相隔 5 m,所以底片的理论中心在赤经上相差 75′,则 M_n'很显然等于+75′,将公式(1)′和(2)′分别做 24 次加法,得到

$$(1)''\ D_{25}-D_1=-24\times 75\times i+(1+e)\sum_1^{24} P'_n$$

$$(2)''\ A_{25}-A_1=24\times 75\times(1+e)+i\sum_1^{24} P'_n$$

如果公式的左端已知,就可以很精确地算出 i 和 e 的值。在(1)″中可以注意到所有的 P_n'都很小,而且正负号通常不同,e 也很小,$e\sum_1^{24} P'_n$ 这一项通常可忽略不计。在(2)″中,情况同。

要得到左端,在底片 1 和 25 上取足够多的恒星,以保证一个更恰当的近似值,以 i 和 e 的暂时的值,计算 D_1 和 D_{25}。如果担心 i 的近似不令人满意,还可以通过下述公式计算

$$D_{24}-D_2=-22\times 75\times i+(1+e)\sum_2^{23} P'_n$$

$$A_{24}-A_2=22\times 75\times(1+e)+i\sum_2^{23} P'_n$$

以此类推。

总之,所有 A_n,D_n 均可根据 A_{13},D_{13}得到,i 和 e 的值可以在这一过程中算得,并在每一次计算后更逼近精确。再考虑其他因素做出调整,全部底片的恒星坐标即可求得。

佘山的经验表明,要使这一照相方法成功,使底片的归并与常数的计算更为可靠,两张连续的底片上必须至少有 8 个共有的恒星。但某些底片并不如此,弥补的方法是更多次以及更长时间地曝光一个图版。另

外，要了解此项工作所得到的星表的绝对精度，还必须考虑所研究的区域的恒星的可能的系统误差。

拍摄赤道星图所用的方法来自英国牛津大学天文学教授特纳(H. H. Turner)，但将其付诸实践，佘山天文台尚属首次[①]。究其原因，该设计尽管精巧，但星图的摄取与计算过程均十分繁复，这从以上关于归算方法的讨论中即可看到。

基于对共计300张底片所包含的天区进行如此繁复的计算，赤道星图的最终计算结果形成了一个包含有14 268个恒星的星表(赤道坐标系以1920,0年为标准)。

李珩先生曾评价此项工作"这是蔡台长成名之作，颇能表现佘山早年的工作精神"[②]，这个评论是恰当的。这种"佘山早年的工作精神"在蔡尚质时代以密集持续的观测为特征，而在葛式以及后来的卫尔甘任台长时期则以大量繁复的计算为特征，二者均以巨大的工作量为基础。两个时期的特征在赤道星图的拍摄与归算中均得到反映，这也使该项工作成为佘台学术兴趣从观测过渡到计算的转型之作。

4. 其他研究

佘山天文台的其他研究还包括：

(1) 星团照相研究

① 梅西耶星表67号、总表2682号星团研究(Étude de l'Amas

① 李珩："佘山天文台过去的历史和未来的展望"。《中国科学院上海天文台年刊》，2007年，总第28期，第3页。

② 同上。

d'Étoiles Messier 67)[1]。该星团被多次拍摄：1911年3月28日曝光15分钟；1912年3月20日曝光60分钟，最后在1913年的3月13和14日，曝光120分钟。1914年3月摄取的两个底片仅部分地研究了一些最重要的恒星的大小。

② 梅西耶星表46号、总表2437号星团的照相研究，其中还包括对总表2438号行星星云的研究，载年刊第9卷。[2]

③ 梅西耶星表22号、总表6656号星团（Amas d'Étoiles Messier 22. N. G. C. 6656.），结果发表于年刊第10卷。[3]

（2）双星照相研究

依据《照相星表》（*Catalogues Photographiques*）和《照相天图》（*Cartes du Ciel*）对1122对赫歇尔双星做照相研究[4]，结果发表在佘山天文年刊第14卷第3分卷。

（3）选择星区

20世纪初，恒星资料还主要限于亮星，这明显地限制了银河系结构的研究。全天恒星观测是一件工作量巨大的任务。为此，荷兰格罗宁根

---

① Étude de l'Amas d'Étoiles Messier 67. *Annales de L'Observatoire Astronomique de Zô-Sè* (*Chine*). Chang-Hai: Imprimerie de la Mission Catholique A L'Orphelinat de Tou-Sè-Wè, 1914, Vol. 8, Part. B.

② Étude Photographique de l'Amas d'Étoiles Messier 46. *Annales de L'Observatoire Astronomique de Zô-Sè* (*Chine*). Chang-Hai: Imprimerie de la Mission Catholique A L'Orphelinat de Tou-Sè-Wè, 1916, 9(D).

③ Amas d'Étoiles Messier 22. N. G. C. 6656. *Annales de L'Observatoire Astronomique de Zô-Sè* (*Chine*). Chang-Hai: Imprimerie de la Mission Catholique A L'Orphelinat de Tou-Sè-Wè, 1918, 10(C).

④ 1122 Étaoiles Doubles de J. Herschel, Etudiées d'aprsè les Catalogues Photographiques et les Cartes-du-Ciel. *Annales de L'Observatoire Astronomique de Zô-Sè* (*Chine*). Chang-Hai: Imprimerie de la Mission Catholique A L'Orphelinat de Tou-Sè-Wè, 1927, 14(3).

天文实验室(laboratoire astronomique de Groningue)主任卡普坦(J. C. Kapteyn)于1906年提出一项“选择星区”计划，简单来说就是召集全世界天文台共同合作，在全天252个选区开展大规模的、系统的恒星观测，所摄取的图版集中至格罗宁根整理分析。该计划在提出之后即得到各地天文学家响应，43家天文台参与其中。佘山于1907年开始进行了恒星照相研究，成为选区计划的一部分；同时也是中国境内唯一一家参与此计划的天文台——在当时，中国境内除佘山外尚无近代意义的天文研究机构。

(4) 造父变星(Céphéides)的全球照相观测计划①

该计划由剑桥的天文学家沙普利(Harlow Shapley, 1885～1972)发起并组织，世界各地的天文台进行造父变星的照相观测，所摄取的图版集中至剑桥，由沙普利进行整理与分析。在佘山，有关造父变星的观测于1929年9月11日开始在小赤道仪上进行，不过后来由于战争的影响，这项工作仅开了头却未能维持。

除上述提及的研究之外，佘山所作的天文观测研究还有：仙女座 T 星的极小光度研究，发表于年刊第3卷；月面形状与大小的照相研究，载年刊第10卷；土星直径研究，发表于年刊第9卷；关于1918年天鹰座新星(Nova de l'Aigle 1918)的研究，发表于年刊第12卷。另外，自1931年底开始，利用佘台添置的用于测量臭氧和太阳辐射的仪器，雁月飞神父还进行了一些太阳物理观测。

(5) 中国古代记录的现代研究与科学史研究

《乾隆星表》是佘山天文台最重要的关于中国古代科学史的研究。

---

① E. de la Villemarqué, S. J. Préface. *Annales de L'Observatoire Astronomique de Zô-Sè (Chine)*. Chang-Hai: Imprimerie de la Mission Catholique A L'Orphelinat de Tou-Sè-Wè, 1932, Vol. 17: II.

佘台有关中国古代天文学史乃至科学史的研究非常少,而发表于年刊上的则仅《乾隆星表》一件。乾隆星表全称为“乾隆年间(18 世纪)在北京观测的恒星星表”(*Catalogue D'Étoiles Observées à Pé-Kin sous L'Empereur K'IEN-LONG (XVIIIe Siècle)*)。

乾隆星表共包括恒星 3 083 个,每个恒星依次列出如下数据:①恒星的中国名字;②该恒星在 1744 年的赤经;③恒星赤经的岁差;④该恒星在 1744 年的赤纬;⑤赤纬的岁差。以上几项的数据均直接译自原书。⑥该恒星在 1875 年的赤经;⑦该恒星在 1875 年赤纬;⑧恒星的欧洲名字。

地震方面,1912 年发表了《中国地震总表(1767BC~1896AD)》(*Résumé du Catalogue des Tremblements de Terre Signalés en Chine depuis 1767 av. J.-C. jusqu'en 1896 ap. J.-C.*)。[①] 该工作开始于 1906 年,田国柱神父在华籍神父黄伯禄的帮助下对超过 400 份编年表,以及当时其他同行所感兴趣的文献进行了大量研究,经过 6 年的耐心比对,于 1912 年完成全部工作。该表整理出了公元前 1767~公元 1896 的 3 322 个地震,以简表的形式发布。

在数学史研究方面,佘山天文台的葛式神父有两篇有关中国古代数学史的文章:《中国古代著作中平方根的开方概论以及〈九章算术〉若干问题研究》(*Note sur La Généralisation de- L'Extraction de La Racine Carrée chez Les Anciens Auteurs Chinois et Quelques Problèmes du 九章算术*)与《郭守敬球面三角学注》(*Note sur La Trigonométrie Sphérique de Kouo Cheou-King*),二者分别发表于当时的法国汉学杂志《通报》

---

① H. Gauthier, S. J. Résumé du Catalogue des Tremblements de Terre Signalés en Chine Depuis 1767 av. J.-C. jusqu'en 1896 ap. J.-C. *Bulletin de l'Observatoire de Zi-ka-wei*, Shanghai: Impr. T'ou-Sé-Wè, 1912, Vol. 33, Part. C.

(*T'oung Pao*)第 15 卷(1914)和第 18 卷(1917)。[①]

四、全盛时期的测量活动

经过 50 年的平稳发展，徐家汇观象台在 1920 年代上半叶进入全盛时期，这种全盛的局面一直持续到 1937 年中国人民抗日战争全面爆发之前，前后达 10 余年之久。这一全盛时期的几个重要标志是：①在研究人员构成上，1924～1937 年之间的 14 年，除早期创建者能恩斯以及田国柱神父之外，在徐台或徐台下属三台担任过台长之职的几位神父此时悉数在此，构成了徐台历史上最强的研究阵容。②在研究方向上，气象、地震、地磁、天文四部门中建立较晚的地震部门(1904)到此时也已工作达 20 年，上述诸部门在经验与观测资料上均有一定程度的积累，为基于已有资料的更深入研究打下基础；另外，该台在太阳物理、高空电离层等当时新兴领域也开展了初步的研究，从而使这 14 年成为徐台研究方向最全面、研究题目最丰富的时期。③徐台最重要的几项成果——1926 年和 1933 年两度参加国际经度联测，以及在中国境内所作的大地测量与地球物理测量活动均完成于这一时期。

1. 国际经度联测

1926 年和 1933 年进行的国际经度联测是一个以法国为主导的大型

① 相关内容可参阅杨惠玉："《通报》在西方中国科学史研究中的角色"，上海交通大学博士学位论文，2008 年，第 3 章"《通报》关于中国古代数学的研究"。

国际科学合作项目，是徐台在其发展的全盛时期、同时也是法国海外殖民扩张全盛时期所参与的最重要的科学活动，徐家汇所在的地理位置使它被选中成为地球三大基点之一，因此，两度参加国际经度联测在徐台历史研究中的重要性是不言而喻的。

1926年的国际经度联测的起因在科学上有两条线索：其一是德国人魏格纳（Alfred Lothar Wegener，1880～1930）1915年出版的著作《海陆的起源》（*The Origin of Continents and Oceans*）一书中提出的大陆漂移说以及以大地测量（主要是经度测量）方法验证大陆漂移说的可能性；其二则是无线电报在时间测量上的应用为精确测定经度以验证大陆漂移说提供了可行性。

在将无线电报应用于天文学特别是时间测量方面，法国国防部通信部队长官费利将军（Général Gustave Ferrié，1868～1932）是一个关键性人物，他曾于1926～1927年期间任法国天文学会主席，在1926年国际经度联测时担任总负责人。

1912年，在听取费利将军报告之后，经度局（Bureau des Longitudes, Paris）于是年10月在巴黎天文台发起组织了国际无线电时间大会（Conférence internationale de l'heure radiotélégraphique），共有16个国家出席会议。此次会议最重要的成果是创建了国际时间委员会（Commission Internationale de l'Heure）及其执行机构——国际时间局（Bureau International de l'Heure，简称BIH）。[1] 会议期间，费利将军提出了一项在世界各地重要天文台利用无线电报（T. S. F.）方式测定经

① B. Guinot. History of the Bureau International de l'Heure. in *Polar Motion: Historical and Scientific Problems*. ASP Conference Series, Vol. 208, also IAU Colloquium 178. Edited by Steven Dick, Dennis McCarthy, and Brian Luzum. California: Astronomical Society of the Pacific, 2000: 176.

度的计划。[1]

1925年7月17日，国际天文学联合会在剑桥举行的会议上做出决议案，对国际经度联测的时间、仪器、观测方法等诸事宜做出计划。根据该决议案，此次国际经度联测的工作期限为1926年10月1日至11月30日，为期2个月。在观测仪器方面，决议案要求使用超人差测微器子午仪(lunette méridienne à micromètre impersonnel)，无线电收报机应有自记设备。而费利将军则被此次会议推选为经度委员会主席。

在联测的思路上，发起者早在剑桥会议前即有所考虑。首先要在地球上择定位于大致相同纬度、而在经度上相距120°的3个基本点，从而在极点周围形成一个封闭的多边形，测定这3个基本点之间的经度差，可用于测量结果精确度校验的依据，同时这3个基本点也成为在更多测点进行测量所依据的基点。在3个基本点之外还要选择更多测点并将之分组，从而在测点与测点之间或与前述多边形之间形成多个二级多边形，这些二级多边形亦应以尽可能的精度与前述基本测点相关联。根据这一联测思路，最终，依基本多边形的形状与顶点的要求，3个大致位于北纬30°且相距约120°的天文台被选定成为测量基点。3个天文台分别是阿尔及尔(Alger)、上海徐家汇以及加利福尼亚的圣迭戈(San Diego en Californie)。[2] 到1933年再次测量时，在南北半球分别增加了一个基本圈，即北半球的格林尼治—东京—温哥华(Vancouver)以及南半球的好望角(Le Cap)—阿得雷德(Adelaïde)—里约热内卢(Rio de Janeiro)。

如前所述，1920年代是徐家汇观象台完成其初创工作而进入平稳

① Auguste Collard. Le général Gustave Ferrié (1868～1932). *Ciel et Terre*. 1932, Vol. 48:167.

② CH. Lallemand. Sur une grande opération mondiale de mesures de longitudes. *Comptes rendus des séances de l'Académie des Sciences*, 1926, Vol. 183:765－766.

发展期的阶段,这一阶段的一个突出特征是,该台的观测人员得到进一步充实,其最中坚的力量此时均云集于此。为了 1926 年的联测,雁月飞(Pierre Lejay, S. J.)于 1926 年被派往徐家汇[①],而后来成为佘山天文台台长的卫尔甘也是因相同原因而于稍早时候来华的。1925 年,原徐台台长劳积勋因病返回法国,而在离开佘山天文台后曾在耶稣会震旦大学工作过一段时间的蔡尚质神父于此时接替劳氏担任徐家汇观象台的台长,因此成为 1926 年徐台参加国际经度联测的总负责人。[②] 另外,作为法国科学界的代表,法国天文学家法耶也专门来华参与了徐台的联测工作。

在观测任务分配方面,除卫尔甘、雁月飞、蔡尚质(Stanislas Chevalier, S. J.)被分配了子午仪、等高仪观测任务之外,地磁台卜尔克和另两位计算人员,以及此前在佘山天文台任计算员与观测员之职的三名中国人蓝林芳(Lè Ling-fang)、连步洲(Lié Bou-tseu)和蔡尚志(T'sa Tsang-ze)也承担了观测与计算等方面的工作。法耶的主要任务也是子午仪观测,但同时也分配到等高仪观测时间。另外,徐汇公学(collège de Zi-Ka-Wei)派出 2 位教授和 1 位年轻的教友助手协助工作。在经度联测的两个月期间,为了保证气象观测和全部天气图服务及风暴预警服务一切如常,龙相齐(P. Gherzi, S. J.)承担了全部的气象服务工作。由此可见,1926 年的经度联测虽属天文学研究范畴,但事实上是徐家汇观象台各部门合作完成的,这在徐家汇观象台建立以来还是第一次,而"公布于佘山年刊的这一工作是徐家汇观象台 3 个部门合作的成果"[③]。

---

① P. Tardi. Le R. P. Pierre Lejay 1898～1958. *Journal of Geodesy*, 1959, Vol. 33:3.

② Gherzi, S. J. Il R. P. Stanislao Chevalier S. I. *Atti della Pontificia Accademia delle Scienze Nuovi Lincei*, 1931, Vol. 84, No. 2:8 - 9.

③ Coopération De L'Observatoire De Zi-Ka-Wei à La Revision Internationale Des Longitudes. *Annales De L'Observatoire Astronomique De Zô-Sè(Chine)*, 1927, 16: II - III.

图1　1926年徐家汇观象台参加国际经度联测时的工作人员合影①

由于1926年联测期间，除马德赉和回国养病的劳积勋二位神父，徐家汇—佘山—菉葭浜三地四台的传教士皆参与其中，这张合影也可被视作徐家汇观象台全盛时期人员相对最齐整的“全家福”。后排左6：卜尔克，右5：雁月飞；中坐者从左至右：龙相齐、法耶、蔡尚质、卫尔甘、白裳华②（曾供职于徐台，此时任澳大利亚Riverview天文台台长，系路过此地，未参与徐台的联测工作）；前坐者左1至左3：连步洲、蔡尚志、蓝林芳。

徐台在1926年和1933年国际经度联测期间的工作可见下表：

---

① *Annales de L'Observatoire Astronomique de Zô-Sè* (*Chine*)，1927，Vol. 16：PL. 1

② 白裳华(Edward F. Pigot，1858～1929)，字尚素，爱尔兰耶稣会士。1882年获得都柏林圣三一大学(Trinity College，Dublin)医学博士学位，1885年进入耶稣会。1888年赴澳大利亚，在墨尔本沙勿略学院(Xavier College，Melbourne)和圣依纳爵学院(St. Ignatius College，Riverview)讲授科学课程。1899年被派赴徐家汇观象台。1907年因健康原因返回澳大利亚。同年，在圣依纳爵学院创建Riverview天文台，主要从事气象、地震与天文工作。1910、1911和1922年，分别在文莱(Brunei)、汤加(Tonga)和澳大利亚昆士兰州(Queensland)观测日食。1915～1917年，他建立并进行了傅科摆(Foucaults pendulum)试验，这在南半球尚属首次。1926年，与爪哇茂沙天文台(Bosscha Observatory in Lembang，Java，位于今印度尼西亚)合作进行变星与恒星照相观测。1925～1929年，他在澳大利亚新南威尔士(NSW)进行了太阳辐射观测与地球潮汐观测。他是澳大利亚国家研究委员会成员，曾多次代表其国家出席国际科学会议，尤其是1922年在罗马举行的国际大地测量与地球物理学(IUGG)首次大会。据Agustín Udías. *Searching the Heavens and the Earth*：*The History of Jesuit Observatories*. Dordrecht：Kluwer Academic Publishers，2003：324.

表 5　徐家汇观象台 1926 和 1933 年参加国际经度联测时的设备及人员比较表

比较项目		1926	1933
负责人		蔡尚质	雁月飞
任务分配	子午仪	雁月飞、蔡尚质、卜尔克、法耶	雁月飞、法耶、顾德麟、Kiong Wei-zen
	等高仪	卫尔甘(及蓝林芳、连步洲、蔡尚志等三助手)、法耶	法耶
	时号	雁月飞	卜尔克
	恒星表	卫尔甘	卫尔甘
	法方观察员	法耶	法耶
	气象	龙相齐	卜尔克
设备		子午仪、等高仪、恒温恒压摆(2 只)、无线电报收发器	子午仪(2 台)、等高仪、恒温恒压摆(2 只)、无线电报收发器、钟室恒温器
接收到的时号		西贡、波尔多、火奴鲁鲁、安纳波利斯、瑙恩、Issy les Moulineaux (Paris)等	波尔多、西贡、Cavite、Funabaschi 等
法国科学院补助		90 000 法郎	25 000 法郎

从上表可以看到，1933 年的测量，除比 1926 年增加一台子午仪以及添置钟室恒温器之外，徐台在人员、资金上均远不如 1926 年的水平。对比两次参加联测时的情况可归纳出如下要点：

(1) 人事变动。与 1926 年的情形相比，人手紧张是徐台在 1933 年测量时最突出的问题。首先，1930 年 10 月 27 日，蔡尚质以 78 岁高龄去世，未能参加第二次联测，而在 1926 年的观测中，他曾承担了四分之一的天文观测工作。其次，在 1926 年联测期间——时值台风季节——承担了全部气象服务工作的龙相齐神父，在 1933 年联测期间代表徐台赴里斯本出席在此间举行的地球物理学会议(Congrès géophysique

de Lisbonne)。[1]

由于人数减少，1933 年的测量在人员任务分配上明显不敷使用。不仅出现一人独力完成某项观测的情况，而且在需要时还要兼任两项工作。一个最明显的例子就是卜尔克。由于龙相齐的缺席，卜尔克接替了龙相齐的位置带领两位助手承担气象服务，同时他还要负责时间服务并承担了经度测量中的全部无线电时号接收工作。[2]

(2) 法耶在两次测量中的角色。法耶在 1926 年和 1933 年两度参加徐台的经度联测工作。1931 年，他在写给佘山天文台台长葛式的信中提及经度局正在为 1933 年经度联测的组织工作而进行准备以及他再度来华的计划。按照这封信中的描述，法耶此时可谓身兼数职：正式任职于巴黎天文台(Observatoire de Paris)的天文学家、经度局成员，同时他还保留着尼斯天文台台长之职，这使他几乎没有充裕的时间并且要时常往返于巴黎—尼斯(Nice)之间。[3] 除了这里提到的身份之外，法耶在两次测量中其实是作为法方代表来参与徐家汇的测量工作的。他不仅分担了徐台 1933 年测量时全部天文观测工作的三分之一，而且在仪器设备方面也给徐台以实际的帮助：1926 年和 1933 年的测量，法耶都带来了测量所要用到的 S. O. M. 等高仪，在 1933 年动身前往中国之前，还将尼斯天文台的一台子午仪寄往徐台。[4] 由于有法耶的帮助，在 1933 年的

---

① Coopération De L'Observatoire De Zi-Ka-Wei à La Revision Internationale Des Longitudes. Octobre～Novembre 1933. *Annales De L'Observatoire De Zô-Sè(Chine)*, 1934, Vol. 20:1.

② 同上，40。

③《尼斯天文台(Observatoire de Nice)台长费耶(Fayet)写给佘山天文台台长葛式的信》，1931 年 2 月 15 日，徐台档案，22－010 卷，第 185 页。

④ Coopération De L'Observatoire De Zi-Ka-Wei À La Revision Internationale Des Longitudes. Octobre～Novembre 1933. *Annales De L'Observatoire De Zô-Sè(Chine)*, 1934, Vol. 20:1.

测量中徐台有 2 台子午仪可供使用。

(3) 在经费方面,1933 年的测量中,徐台从法国科学院获得的资助明显减少。1926 年的观测,徐台曾获得法国科学院"巴斯德基金分配委员会"(Comité de distribution des fonds de la Journée Pasteur)分配的 9 万法郎资助①。到 1933 年的测量时,法国科学院仅补助给徐家汇观象台 25 000 法郎用于测量②。从雁月飞与法国方面的往来书信可以看到,即使是这笔明显减少的资助也获取得十分困难。例如在 1932 年 12 月 9 日和 1933 年 9 月 30 日,雁月飞致信 1933 年联测总负责人佩里耶将军,提出关于经度测量中设备安装及必要附件添置费用的补助申请。③

(4) 钟室的改进。尽管经费紧张,但在 1933 年再次进行联测时还是在钟室添置了一个恒温器,从而使室内温度变化约保持在 0.1 度(24.4 度),摆钟的运行得到极大改善。④

综上所述,1933 年的测量在工作条件上稍逊于 1926 年的测量。不过,徐台仍尽力完成了要求的工作,并取得了很好的成绩。

① 《"巴斯德基金分配委员会"(Comité de distribution des fonds de la "Journée Pasteur")的津贴通知》,1925 年 2 月 20 日,巴黎,徐台档案,22－037 卷,第 102 页。

② Coopération De L'Observatoire De Zi-Ka-Wei À La Revision Internationale Des Longitudes. Octobre～Novembre 1933. *Annales De L'Observatoire De Zô-Sè(Chine)*, 1934, Vol. 20:2.

③ "雁月飞写给法国 Perrier 将军的信"(译稿),1933 年 9 月 30 日,徐台档案,22－035 卷,第 96～97 页。

④ Coopération De L'Observatoire De Zi-Ka-Wei à La Revision Internationale Des Longitudes. Octobre～Novembre 1933. *Annales De L'Observatoire De Zô-Sè(Chine)*, 1934, Vol. 20:3.

表 6　徐家汇观象台所算得的与部分观象台的经度差之变化

表格来源：Coopération De L'Observatoire De Zi-Ka-Wei à La Revision Internationale Des Longitudes. Octobre～Novembre 1933. *Annales De L'Observatoire De Zô-Sè (Chine)*, 1934, 20: 94.

	时号	1933	1926	Diff.
Zi-ka-wei—San Diego	NPO FZA	$8^{h}05^{m}28^{s}.676$	$8^{h}05^{m}28^{s}.731$	$-0^{s}.055$
Zi-ka-wei—Paris	FYL FZA DFY	$7^{h}56^{m}21^{s}.962$	$7^{h}56^{m}21^{s}.975$	$-0^{s}.013$
Zi-ka-wei—Tokyo	JJC	$1^{h}12^{m}27^{s}.235$	$1^{h}12^{m}27^{s}.207$	$+0^{s}.028$
Zi-ka-wei—Manille	NPG	$1^{m}48^{s}.110$	$1^{m}48^{s}.179$	$-0^{s}.069$
Zi-ka-wei—Lembang	PKX	$55^{m}15^{s}.118$	$55^{m}15^{s}.053$	$+0^{s}.065$
Zi-ka-wei—Helwan	FYL	$6^{h}00^{m}21^{s}.060$	$6^{h}00^{m}21^{s}.023$	$+0^{s}.037$
Zi-ka-wei—Washinton	DFY	$10^{h}46^{m}01^{s}.350$	$10^{h}46^{m}01^{s}.365$	$-0^{s}.015$
Zi-ka-wei—Buenos Ayres	LSD	$11^{h}59^{m}27^{s}.804$	$11^{h}59^{m}27^{s}.857$	$-0^{s}.053$
Zi-ka-wei—Paris	FYB FYR	$7^{h}56^{m}22^{s}.019$ $7^{h}56^{m}21^{s}.939$		
Zi-ka-wei—Nanking	FYL FZA	$0^{h}10^{m}35^{s}.10$		

（该表中斜体的数字是通过比较短波信号接收的时间而得到的。）

全部测定完成后，徐台进行了闭合误差的校验，即在上表中第 1 行（徐家汇—圣迭戈）和第 2 行（徐家汇—巴黎）的数字上加上圣迭戈—巴黎的经度差——该计算值为 $7^{h}58^{m}09^{s}.355$，即得到闭合误差：

$$\text{Paris-Zikawei} + \text{Zikawei-San Diego} + \text{San Diego-Paris} = -0^{s}.007$$

在第 2 行（徐家汇—巴黎）和第 7 行（徐家汇—华盛顿）的数字上再加上华盛顿—巴黎的经度差——该计算值为 $7^{h}17^{m}36^{s}.678$，得到：

$$\text{Paris-Zikawei} + \text{Zikawei-Washington} + \text{Washington-Paris} = -0^{s}.01$$

巴黎天文台于 1948 年在《大地测量学杂志》(*Journal of Geodesy*) 上发表了国际经度联测的最终结果分析。根据该文，“1926 年与 1933 年经度的比较显示，同一个台站在两次联测之间的经度差远大于根据同一次联测中得到的全部结果计算出的经度的误差”。[①] 但是对于研究大陆漂移而言，联测并未达到最初的目标，因为“在所有情况下，误差均大于漂移值，因此无法认为在 2 次测量之间的 7 年间隔中发生漂移的可能性”[②]。这也就意味着，对于研究大陆漂移而言，这场历时 7 年的实验却是不成功的。对于这一结果，该报告未给出更多解释。不过综合几份报告，至少可以得到如下 2 个推测：其一，漂移之速度与当时技术所能达到的水平。如果这种漂移的确存在的话，也将是一个缓慢变化的过程，而以当时技术的精确度测定 7 年之间的经度差变化在间隔的时间上显得太短；其二，从实验设计来看，它是基于一种理想状态下而作出的，但地壳本身的情形十分复杂；而即使某 2 处地点之间经度差发生变化，也并不意味着其所在大陆板块之间的漂移变化。

2. 重力加速度测定

1930 年代，徐台在中国进行了大范围的地球物理测量，其中最重要的测量活动之一是雁月飞于 1933～1935 年进行的重力加速度测定。它不仅是当时包括法国科学院在内的世界科学界在这一领域工作的一部分，事实上也成为近代中国科学史上的一次重要事件，因为正是通过雁月飞的测量，中国最早的重力网随之被建立起来。在这次历时 3 年的大

---

① Dubois, P. , Stoyko, N. Opération mondiale de détermination des longitudes (1933). *Journal of Geodesy*, 1948,22(3):194.

② Coopération De L'Observatoire De Zi-Ka-Wei À La Revision Internationale Des Longitudes. Octobre～Novembre 1933. *Annales De L'Observatoire De Zô-Sè(Chine)*, 1934, Vol. 20:3.

规模测量中，雁月飞与北平研究院物理研究所合作而于1933年完成的对中国华北的重力加速度测定被认为“是中国近代重力测量的开始”①。

雁月飞在中国完成的重力加速度测量所用的仪器出自其本人与另一位物理学家的合作，而使用便利的仪器正是这场大规模重力测量活动得以开展的决定因素。

1930年代，中国科学界已认识到进行重力测量的重要性，而国立北平研究院亦有计划测定中国领土之重力加速度，但是测量工作面临着很多现实的难题，这主要体现在观测条件和观测手段上：中国领土辽阔，因此工程巨大；一些省份的交通尚不发达；但最主要的困难还是来自测量仪器，当时大多数的测量仪器都非常笨重，且拆装不便，因此每完成一次测量所需要的时间都相当长，“至少在一个世纪之前人们无法想象这项工作何以完成”②。但是，荷-雁42摆（le gravimètre Holweck-Lejay N° 42）很好地解决了这些问题，从而使得在中国进行大规模重力测定成为可能。

对荷-雁42重力摆的研制开始于1920年代。在当时，由于大规模重力测定的需要，研制改进便携式重力计的工作已在开展，而倒摆的设计思想已然出现，但是正如雁月飞生平传记作者帕尔迪（P. Tardi）所言，“对于物理学家来说，一个存在的想法是不够的，它一定是好的也是不够的，必须有一个实践者将想法付诸实现”。正是在这一背景下，雁月飞与另一位颇具才华的物理学家费尔南·奥尔韦克（Fernand Holweck）

① 北京市地方志编纂委员会：《北京志·科学卷·科学技术志》，北京出版社，2005年，第782页。

② 雁月飞、鲁若愚：《华北重力加速度之测定》，国立北平研究院物理学研究所，1933年，第1页。

进行了颇有成效的合作。①

1930年6月11日，在法国科学院的会议上报告了荷、雁二人所研制的重力计，即荷-雁弹性摆②；1931年4月27日的法国科学院的会议上，再度报告了对弹性摆的两项改进③；1931年12月21日，仍旧是在法国科学院的会议上，在大地测量组报告了弹性摆的一个新的模型④。1931年，当总结是年在斯德哥尔摩举行的国际大地测量与地球物理学第4届全体会议（la 4e Assemblée générale de l'Union géodésique et géophysique internationale）时，其时法国天文学会主席佩里耶（Perrier）将军也曾提到荷-雁摆的研究改进的进展，并认为该摆更为灵敏。⑤ 在随后的1932和1933年，该摆在结构上得到显著改善，无论是其精度之高还是其体积、重量之小，抑或是该仪器的安装与观测之简便，都达到相当高的程度，甚至它的研制者也表示，"很难想像将来人们还能完成比它使用更方便的装置了"⑥。

综合上述文献可对荷-雁弹性摆有一了解。如前所述，荷-雁弹性摆

---

① P. Tardi. Le R. P. Pierre Lejay 1898～1958. *Journal of Geodesy*, 1959, Vol. 33:3.

② F. Holweck, P. Lejay. Un instrument transportable pour la mesure rapide de la Gravité. *Comptes rendus des séances de l'Académie des Sciences*, 1930, Vol. 190:1387 - 1388.

③ F. Holweck, P. Lejay. Perfectionnements à l'instrument transportable pour la mesure rapide de la gravité. *Comptes rendus des séances de l'Académie des Sciences*, 1931, Vol. 192:1116 - 1119.

④ F. Holweck. Nouveau modèle de pendule Holweck-Lejay. Valeur de la gravitè en quelques points de la France continentale et en Corse. *Comptes rendus des séances de l'Académie des Sciences*, 1931, Vol. 193:1399 - 1401.

⑤ Allocution de M. le Général G. Perrier. *L'Astronomie*. 1931. Vol. 45:305.

⑥ F. Holweck, P. Lejay. Mesure Relatives de la Gravité au Moyen du Pendule élastique Inversé Principe, Description, Emploi sur le Terrain du Gravimètre Holweck-Lejay. *Journal des Observateurs*, 1934, Vol. 17, No. 8～9:109.

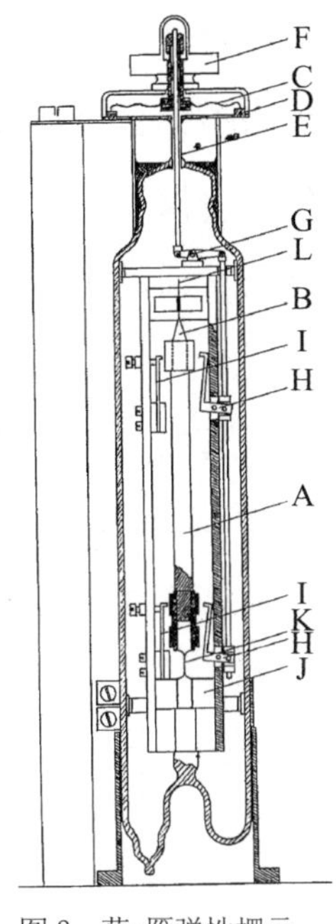

图2　荷-雁弹性摆示意图①

（如图）是一个倒摆（pendule élastique inversé），这是其与当时已出现的重力计不同的最显著特征。它最核心的部分由弹性薄片K、摆杆A以及由摆杆支撑的质块组成。摆杆由一个直径4毫米、长6厘米的石英棒制成，上端呈锥形，锥体上有一直径10微米、长1厘米的石英丝L，它是观测用指针。为了降低温度变化可能产生的影响，摆杆由膨胀系数很小的石英制成，而弹性薄片选用的是镍铬恒弹性钢（élinvar），该材料弹性系数随温度变化不大。为了固定方便，弹性薄片是由一整块镍铬恒弹性钢切削而成，它的上部和下部为圆柱体，分别固定在石英摆杆和支架上，而中间部分从两侧剜成弧形薄片，其厚度约为十分之一毫米级。薄片的下部被牢牢固定在一个金属的底座上，底座上有2个隔热屏分立薄片两侧，以保障良好的热平衡。石英摆杆被铂质薄层覆盖，整个摆被罩在一个法拉第筒（cage de Faraday）内，以避免石英摆杆运动时产生静电。经过改进的装置以一个自由摆代替时计，从而省出了每次测量前重新安装时计的时间；而观测记录则由一个闪频观测仪来完成。全套装置包括2个支架，2个光电管，2个放大器，记录装置和电池组，4个可互换的摆，装在2个十分便利的小手提箱里，总重量不到40千克。每到一处新的测点，只需要几分钟时间，摆就可安装完毕，而且可以置放于任何天然稳固的位置上，不再需要

① F. Holweck, P. Lejay. Perfectionnements à l'instrument transportable pour la mesure rapide de la gravité. *Comptes rendus des séances de l'Académie des Sciences*, 1931, Vol. 192:1117.

另外准备仪座；观测10分钟即可完成。另外，该摆在材料选择和结构设计上的特点使得观测后的计算也变得简便易行：镍铬恒弹性钢薄片的变形的温度校正相当小；摆是在真空中振动，不存在压力校正。该摆研制完成后在法国境内进行过多次校准，而且在后来的测量活动中又对数据一再进行比较，使其性能保持恒定。

该摆所依据的原理是：弹性薄片由于重力引起的弯曲力矩与其所受到的弹性力矩相抵，形成力矩的平衡，从而可以计算出重力值。

测定重力加速度所依据的方法可以由重力的基本原理严格推导出来，周期的公式为①：

$$T = 2\pi\sqrt{\frac{I}{C - mgl}} \tag{1}$$

这里，I 表示摆绕转动轴的转动惯量，m 表示质量，l 表示其重心到转轴的长，C 是一个常数，该值仅与弹性摆本身的结构与大小有关。由公式(1)可得到

$$g = g_0 - \frac{k}{T^2} \tag{2}$$

这里 $g_0 = \frac{C}{ml}$ 和 $k = \frac{4\pi^2 I}{ml}$ 是两个常数。当已知两个测点的“g”值 g_1 和 g_2，并且测定了摆在两测点的相应周期 T_1 和 T_2，即可计算出系数 g_0 和 k，即：

$$2g_0 = g_1 + g_2 + (g_1 - g_2)\frac{T_1^2 + T_2^2}{T_1^2 - T_2^2}$$

① Pierre Lejay. *Exploration Gravimétrique de L'Extrêe-Orient*. Paris: Comité national français de Géodésie et Géophysique, 1936:25.

$$k=(g_1-g_2)\frac{T_1^2T_2^2}{T_1^2-T_2^2}$$

上述方程在多个基点进行了校验。在1930年代对包括中国在内的远东地区进行重力加速度测定时，用以确定常量 $g_0$① 和 k 的基点是：

巴黎(Paris)　　$g=980.941$　　$T_c=6^s.3471$

徐家汇(Zi-ka-wei)　　$g=979.436$　　$T_c=5^s.6436$

新加坡(Singapore)　　$g=978.085$　　$T_c=5^s.1780$

T_c 系经过温度修正和百年修正的校准的摆的周期②。

将数值代入上述方程得到 $g_0=986.624$ 和 $k=228.95$。

则方程(2)可以写作：

$$g=986.624-\frac{228.95}{T^2}$$

重力测量有绝对测量与相对测量2种，而从上述关于摆的工作原理的描述可以看到，荷-雁弹性摆是一个相对测量仪器，即它所测定的重力加速度值是测点与重力基准点的重力差值。

1933年2月15日，雁月飞自法国马赛出发赴远东进行重力加速度测量。途中完成19个测点的测定，其中包括印度支那的9个基点(Base)和在中国华南的6个基站的测定。中国的6个基站包括：香港(观象台，海拔33米，1933年3月23日)、广州(岭南大学，海拔13米，1933年3月25日)、广州(天文台，海拔23±5米，1933年3月25日)、澳门(海拔22±10米，1933年3月27日)、徐家汇(海拔7米，1933年4月

① 本章重力加速度的单位除标注外均为 cm/s^2。

② 雁月飞、鲁若愚：《华北重力加速度之测定》，国立北平研究院物理学研究所，1933年，第3页。

4 日)、佘山(天文台,海拔 95 米,1933 年 4 月 15 日)。[①]

1933 年 5 月 7 日到 7 月 26 日进行的对中国华北的重力加速度测定,是雁月飞在中国进行的第一次大规模的重力加速度测定。该项目由雁月飞与时任平研院物理研究所助理员的鲁若愚共同完成。

此次测量所覆盖的区域达 10 万平方公里,测点大部分集中于河北和山西两省,还有少部分测点位于察哈尔[②]、山东和河南三省,以北平为华北之基点,而太原为次基点(山西之基点)。各测点之间的距离平均约为 100 千米。

测量结果及数据分析在 1933～1934 年间相继以多种版本刊布。目前笔者找到的版本包括:①《华北重力加速度之测定》[③];②*Observations d'intensité de la pesanteur dans le Nord-Est de la Chine*[④];③*Caractères généraux de l'intensité de la pesanteur dans le Nord-Est de la Chine*[⑤];④《华北东部重力加速度之测定》[⑥];⑤《华北重力加速度之测量》[⑦];

---

① Pierre Lejay. *Exploration Gravimétrique de L'Extrêe-Orient*. Paris: Comité national français de Géodésie et Géophysique, 1936:29、53.

② 即今河北、山西部分地区,就此次测量而言,地处察哈尔省的测点仅南口、张家口两处。

③ 雁月飞、鲁若愚:《华北重力加速度之测定》,国立北平研究院物理学研究所,1933 年。

④ P. Lejay, Lou Jou Yu. Observations d'intensité de la pesanteur dans le Nord-Est de la Chine. *Comptes rendus des séances de l'Académie des Sciences*, Vol. 198, 1934: 905 - 906.

⑤ P. Lejay, Lou Jou Yu. Caractères généraux de l'intensité de la pesanteur dans le Nord-Est de la Chine. *Comptes rendus des séances de l'Académie des Sciences*, 1934, Vol. 198: 1215 - 1217.

⑥ 雁月飞、鲁若愚:《华北东部重力加速度之测定》,国立北平研究院物理学研究所,1933 年。

⑦ 雁月飞、鲁若愚:“华北重力加速度之测量”。《国立北平研究院院务汇报》,1933 年,第 4 卷,第5 期。

⑥《华北东部重力加速度之测量》①。1～3 系以法文发表，4～6 系以中文发表，其中文献 2、3 分别于 1934 年 2 月 26 日和 3 月 19 日在法国科学院宣读。几种文献在详略上有所不同，但它们最核心的内容是一个包含有实测数据与归算值的数据表格和“华北东部重力加速度布氏等较差曲线图”。

在 1933 年春夏时节完成对华北东部测量之后，在随后的两年中，雁月飞又相继赴中国东南沿海、中部以及西南等地进行了测量。

从雁月飞于 1936 年提交给法国国家大地测量学与地球物理学委员会(Comité national français de Géodésie et Géophysique)的报告可以看到，雁月飞于 1930 年代在中国进行的重力加速度测定事实上是其远东重力研究的一部分。从 1933 年 2 月 15 日自马赛出发，至 1935 年 7 月 18 日返回巴黎，在近两年半的时间里，雁月飞在远东的 323 个测点完成了重力加速度测定，其中 173 个测点在中国。这 173 个测点及测定时间分布如下②：

从马赛至上海途中 19 个测点，其中 6 个在中国，1933 年 3 月 23 日至 4 月 15 日；

华北 33 个测点，1933 年 5 月 7 日至 7 月 26 日；

长江下游 2 个测点，1933 年 7 月 27 日和 29 日；

中国南部沿海 44 个测点，1934 年 5 月 7 日至 7 月 6 日；

中国中部 67 个测点，1934 年 11 月 4 日至 1935 年 2 月 10 日；

中国西南 21 个测点，1935 年 3 月 28 日至 4 月 25 日。

与该报告一同发布的还包括三份曲线图：“爪哇布格等较差曲线图”

---

① 雁月飞、鲁若愚：“华北东部重力加速度之测量”。《科学》。1934 年，第 5 期。

② Pierre Lejay. *Exploration Gravimétrique de L'Extrêe-Orient*. Paris: Comité national français de Géodésie et Géophysique, 1936:5-6、53.

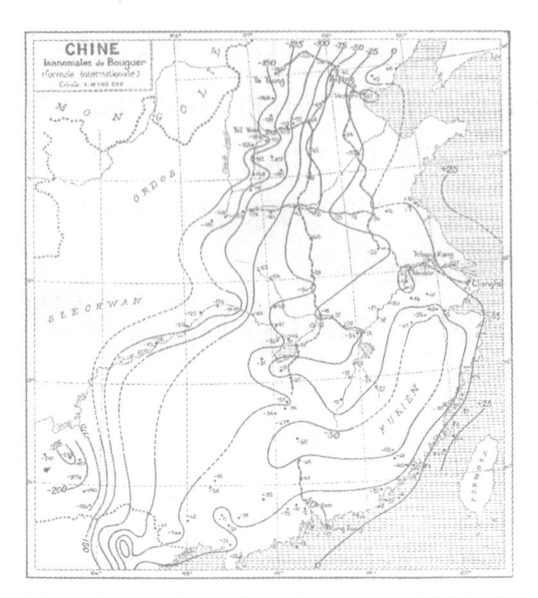

图 3　雁月飞在《远东重力研究》中公布的“中国布格等较差曲线图”(CHINE Isanomales de Bouguer)①

(JAVA Isanomales de Bouguer)、“中国布格等较差曲线图”(CHINE Isanomales de Bouguer，图 3)以及“远东重力研究”(Exploration gravimétrique de L'EXTREME ORIENT)。图中所反映的是经过布格校正后的重力值与由国际正常重力公式所算得的正常值相较得出的重力异常值。

在上述测量活动中，平研院物理研究所也派出鲁若愚、张鸿吉等人参与测量工作，相关论文则发表于物理研究所丛刊以及法国科学院周刊上。② 这一合作的开启来自雁月飞的中国同行对荷-雁摆所表现出的优势的看重。

1931 年 3 月，刚刚就任国立北平研究院物理研究所所长之职数月的严济慈即致信雁月飞称，“我们很需要你的摆，……希望能紧密合作”③。1933 年春，当雁月飞的远东重力测定行程抵达徐家汇后，严济慈便即刻赴沪拜访；同时，平研院的一份公函也发往徐家汇，提议由雁月飞在平研院“建立中国的重力测量网的工作”中作为该院的成员之一共同合作，而

---

① Pierre Lejay. *Exploration Gravimétrique de L'Extrêe-Orient*. Paris: Comité national français de Géodésie et Géophysique, 1936.

② “物理学研究所与镭学研究所工作报告”。《国立北平研究院院务汇报》，1935 年，第 6 卷，第 5 期，第 27～28 页。

③《国立北平研究院理化部物理研究所所长严济慈致雁月飞的信》(1931 年 3 月 28 日)译稿，徐台档案，22－035 卷，第 98 页。

旅费则由平研院负担。[①]

从当时留下的文献可以发现，雁月飞于1933年开始在华北进行大规模测量时的身份并不仅仅是徐家汇观象台台长，还是国立北平研究院特约研究员——"本院特约研究员徐家汇天文台台法人雁月飞氏"[②]；因此，在平研院的工作报告中可以看到这样的表述："廿二年夏，本所由雁月飞、鲁若愚二先生，以两月余之时间，在冀，晋，豫，察，鲁各地，测量重力加速度，计三十余处"；"二十三年春，雁月飞先生又携带仪器出发华南，作重力加速度之测量。南起香港，遵海而上，北迄上海，测点都五十余处。所得结果，已著为论文，不日即可发表"[③]。这就是说，雁月飞是作为平研院的一员而开展其测量活动的。同时，测量结果也分别在中国与法国的出版物上发表。因此，该项测量不仅是雁月飞所在的徐家汇观象台以及法国科学院在华测量工作的一部分，也成为国立北平研究院物理研究所的重要工作之一。这一研究方式在近代中国移植西方科学的过程中是很具有代表性的。

3.《中国地磁图》的绘制

与重力加速度相比，地磁观测是徐台开展得较早的一项研究。早在1874年，能恩斯神父便在徐家汇进行了地磁观测，并发表了初步的结果，而这也在日后成为徐台日常观测工作的一部分。

---

① "国立北平研究院物理学研究所致雁月飞的信"（1933年5月8日）译稿，徐台档案，22-035卷，第102页。

② 雁月飞、鲁若愚："华北重力加速度之测量"。《国立北平研究院院务汇报》，1933年，第4卷，第5期，第1页。

③《物理学研究所与镭学研究所工作报告》，《国立北平研究院五周年工作报告》，国立北平研究院，1934年，第21～22页。

和徐台的其他研究一样，地磁观测也是一种长时段、多点采集式的工作，通过收集与积累观测资料，并对这些资料做更进一步研究，以求把握地磁随时间、地点变化而发生的变化。而徐台呈现的一个阶段性成果就是《中国地磁图》（*Carte magnétique de Chine*）。[①] 该工作开始于马德赉神父，在马神父去世后则由卜尔克神父继任负责。该成果作为徐台《地磁丛报》（*Études sur le magnétisme terrestre*）第 40 期——这也是卜尔克神父继任后编辑出版的第一期《地磁丛报》——的全部内容，于 1937 年由土山湾印书馆出版。此前出版的《地磁丛报》第 39 期专论远东地磁元素之长期变，按照卜尔克的说法，《中国地磁图》可以视作其续篇。[②]

地磁图的绘制不仅耗时，而且涉及人员众多，需要经过周密部署，卜尔克对此概括说，"一地地磁图之绘制，需有预定之计划，由有经验而熟习之测验员，分组驻扎于相距三四十公里之地段，作有规则有系统之观测，造成全地面地磁值严密之测勘网"。[③] 对于人力并不十分充足的徐台来说，这一要求的确难以达到，因此以往各国研究机构在华进行的测量成果成为徐台绘制《中国地磁图》的重要依据。其中最为重要的测量来自美国卡耐基研究所地磁部（Department of Research in Terrestrial Magnitism, Carnegie Institution of Washington）的在华测量活动：1906～1917 年，该机构相继派出包括晏文士（C. K. Edmunds）[④]在内的多名物

① 卜尔克，鲁如曾. Carte magnétique de Chine. *Études sur le magnétisme terrestre*. Shanghai: Imprimerie de la mission catholique orphelinat de T'ou-sè-wè, 1937, Vol. 40.

② 《中国地磁图》一文以法汉双语刊载。根据卜尔克在序言中所写，该文之翻译系由土木工程师数理教员金建勋完成。本节关于《中国地磁图》的内容主要参照金译。

③ 卜尔克，鲁如曾. Carte magnétique de Chine. *Études sur le magnétisme terrestre*. Shanghai: Imprimerie de la mission catholique orphelinat de T'ou-sè-wè, 1937, Vol. 40:1.

④ 晏文士(C. K. Edmunds, 1876～1949)，美国传教士、物理学家。

理学家来华进行过多次地磁巡测。①

至少有一件事可以表明，卡耐基研究所地磁部在华所作磁测活动似乎已得到中国官方默许：其负责人鲍尔（L. A. Bauer）在1908年10月25日写给索尔斯（Don C. Sowers）的工作守则（Instructions）中，不仅开列了其赴西北所要去的测点以及要测定的数据外，还在守则第三条中写道："你的工作必须以一种中国政府完全满意的方式来进行，你将小心翼翼并且积极遵照官员的管理。"②

卡耐基研究所于1906～1917年所作的中国地磁巡测，徐台并未直接参与，不过早在行程启动之前，徐台便一直与该研究所保持着联系。1905年，该机构负责人即致信徐台当时的地磁台台长马德赉神父告知在北太平洋的地磁巡测即将开始。③ 而且，在卡耐基研究所在华地磁巡测活动期间，徐台在其所能的范围内给予协助。例如在索尔斯的西北巡测期间，其测点的经度测定正是根据徐台发出的无线电时号完成的。④

卡耐基研究所的测量所得之地磁三要素——磁偏角（déclinaison）、水平强度（force horizontale）、磁倾角（inclinaison）后发表于该会出版的地磁杂志 *Reserches of the Department of Terrestrial Magnetism*；*Land Magnetic Observations* 第一、二、四卷，经该机构授权，徐台得以使用已有的数据结果。

卡耐基研究所地磁部的巡测前后历时11年，而其最后一次观测到1930年代也有将近20年之久，因此，当需要绘制地磁图时，首先要做的

① 卜尔克，鲁如曾. Carte magnétique de Chine. *Études sur le magnétisme terrestre*. Shanghai: Imprimerie de la mission catholique orphelinat de T'ou-sè-wè, 1937, Vol. 40:3～4.

② "L. A. Bauer 写给卡耐基所在华地磁旅行的负责人 Don C. Sowers 的 Instructions"，1908年10月25日，徐台档案，22-051卷，第133页。

③ "L. A. Bauer 写给马德赉的信"，1905年5月29日，徐台档案，22-051卷，第122页。

④ "L. A. Bauer 写给马德赉的信"，1908年10月24日，徐台档案，22-051卷，第134页。

就是了解地磁三要素随时间的变化。为此,徐台于 1934 年选择此前测过的测点重新进行测量;同时,参照 1920 年代以来其他机构的测量结果,将两个阶段的数据相比较以确定地磁年变平均值。

从《中国地磁图》中发布的《中国测量磁性路程图》[①]可以看到,1906～1915 年的活动区域主要集中于中国东中部以及南部沿海地带;而 1915～1936 年的活动区域已向中国腹地扩展,北至张家口,西至凉州、西宁等地均已被涉足。

与重力加速度测定大抵相同的是,徐台的部分地磁巡测活动得到国立北平研究院的资助。例如在 1935 年 4 月,平研院副院长李书华[②]致信徐台地磁台的卜尔克神父,邀请其作为物理研究所的一员从事磁测工作;同时,平研院将支付其在华南测量活动所需费用的一半。该款项为 350 元,以一张上海中国农工银行(Banque d'Agriculture et d'Industrie sur Shanghai)的支票支付。[③] 对于平研院的邀请和支票,卜尔克欣然接受。[④]

在 1930 年代的巡测期间,武汉大学的桂质廷得到卡耐基研究所地

---

① 卜尔克,鲁如曾. Carte magnétique de Chine. Études sur le magnétisme terrestre. Shanghai: Imprimerie de la mission catholique orphelinat de T'ou-sè-wè, 1937,40:5.

② 李书华(1889～1979),字润章,1889 年生于河北省昌黎,1913 年留法,1918 年获图卢兹大学理学硕士学位,1922 年获法国国家理学博士学位。回国后历任北京大学物理系教授、系主任,中法大学教授、代理校长,北平大学副校长兼代理校长,南京国民政府教育部政务次长、部长,北平研究院副院长、中央研究院总干事。1948 年被选为中央研究院院士。1949 年赴法,曾任巴黎大学物理、化学和生物学研究所负责人。1951～1952 年,为德国汉堡大学访问教授,在该校作有关中国语言文字方面的讲演。1952 年到美国,曾一度担任联合国教科文组织的中国代表,后在纽约哥伦比亚大学作访问学者,并在该校东亚图书馆从事科学史研究。1979 年 7 月 5 日在纽约逝世。

③ "国立北平研究院李书华写给卜尔克的信",1935 年 4 月 11 日,徐台档案,22－010 卷,第 63 页。

④ "卜尔克回复李书华 1935 年 4 月 11 日函",1935 年 4 月 24 日,徐台档案,22－010 卷,第 65 页。

磁部的资助，于1932年和1935年的假期参与了在华北、华南等地区的巡测活动，共计测定94个点。桂质廷所进行的这些测量也成为徐台所绘《中国地磁图》所依据的数据之一；而华北地区的测量结果后发表在1933年出版的《中国物理学报》第1卷第1期上，这是中国人首次巡测境内地磁常量。测量期间，桂质廷与布朗在这次巡测中所使用的地磁设备与仪器则得益于徐台的帮助。[①]

在计算中国地磁场长期变化时，可供参照的记录仅青岛观象台、徐家汇观象台以及香港皇家天文台3处，其中青台"有规则之自记法观测只开始于1910年4月。但1916年以前之记录成绩，俱因受1914年欧战之影响，尽行丧失"；香港皇家天文台自记法观测开始于1927年；徐台自记法开始于1874年。"所有观测，前后相距30年之久，且有自记法而足供磁值通化为同时期数值之用之验磁台，尽在沿海，与内地之野外测点，相距极远。加以对1932年前之观测结果，只有徐家汇一台之自记法，可供通化之凭借"。[②]

经过对观测值的归算，徐台完成了13幅重要的地磁图，包括：

磁偏角长期变化图(Variation séculaire de la Déclinaison)　1909～1915

磁偏角长期变化图　1915～1920

磁偏角长期变化图　1920～1930

磁偏角长期变化图　1930～1936

等偏线(Isogones de la Déclinaison)　1915

等偏线　1936

---

① "卡耐基研究所给马德赉的信"，1931年2月26日，徐台档案，22－051卷，第108页。

② 卜尔克，鲁如曾. Carte magnétique de Chine. *Études sur le magnétisme terrestre*. Shanghai: Imprimerie de la mission catholique orphelinat de T'ou-sè-wè, 1937, Vol. 40:6.

水平强度长期变化图(Variation séculaire de la Force Horizontale) 1908～1917

水平强度长期变化图 1917～1922

水平强度长期变化图 1922～1936

水平强度等力线(Isodynames de la Force Horizontale) 1936

垂直强度长期变化图(Variation séculaire de la Force Verticale) 1908～1922

垂直强度长期变化图 1922～1936

垂直强度等力线(Isodynames de la Force Verticale) 1936

从上述列表可以看到,磁偏角长期变化图共有 4 幅,自 1909～1936 年的 27 年间的磁偏角长期变化被划分为 4 个时期,分别为:1909～1915 年,1915～1920 年,1920～1930 年及 1930～1936 年。按照卜氏的解释,这种划分法虽显得有些随意,但似与变化的实际情况非常符合,可以更细致地反映出磁偏角长期变化的本来面目。原因有二:首先,上述 3 家可供参照的观象台所完成的地磁观测,其观测成绩大多集中于中国沿海地带,这构成了对中国沿海地带磁偏角变化研究的依据,但在中国内地,观测资料远没有沿海地带的丰富。而且由于复测点稀少且分布不均,初测复测之间间隔太长等原因,研究内地磁偏角长期变化更为困难。其次,要得到某一地点精细准确的平均变化,初测复测必须在绝对相同的位置进行。但因时过境迁,初测点的位置已经很难找到,初测时所立的标记也已尽失,几乎不可能在绝对相同位置进行复测。[①]

① 卜尔克,鲁如曾. Carte magnétique de Chine. *Études sur le magnétisme terrestre*. Shanghai: Imprimerie de la mission catholique orphelinat de T'ou-sè-wè, 1937, Vol. 40:8－9.

为了绕开上述因时间与地点变化所带来的困难，卜尔克曾试图分别计算2次测量之间时期内的平均值，但后来发现分作2个阶段所算得的平均值并不能反映总体变化。因此，为了从细部反映地磁变化的本来面目，卜尔克最终将1909年至1936年间分为4期分别计算。①

与重力加速度研究相似的是，地磁研究最为关注的同样是地磁异常值。通过长期及多点观测，计算全球磁场，再将此值与地核主磁场相减，这样就可以得到1个地磁异常值。该值可以作为进一步研究地球地质结构等的基础。②《中国地磁图》也给出了其阶段性研究结果，其中，地磁异常最为明显者有2地：其一是四川峨眉山，“于北纬29°.30东经103°.30之测点上，偏角与毗邻诸测点者相差3度，又其水平强度之变化只有300γ而其垂直强度则有3 000γ之变化”；其二在陕西之汉中附近，“测点位置在北纬33°东经107°：磁偏角变化勉达1度，水平强度之变化为1 500γ，垂直强度之变化为2 000γ”。③

此外，还有地磁变化之形势较为振宕之区域两处：其一为东北方面；其二为长江下游盆地及浙江沿海，乃因“浙江沿海之地质，为年岁较古之岩石所成，属火成岩之花岗石类，所以其磁值常现较不规则之象”④。

---

① 卜尔克，鲁如曾. Carte magnétique de Chine. *Études sur le magnétisme terrestre*. Shanghai: Imprimerie de la mission catholique orphelinat de T'ou-sè-wè, 1937, Vol. 40:8.

② 关于地磁研究的概念及更多技术细节可参见徐文耀编著:《地磁学》，地震出版社，2003年。

③ 卜尔克，鲁如曾. Carte magnétique de Chine. *Études sur le magnétisme terrestre*. Shanghai: Imprimerie de la mission catholique orphelinat de T'ou-sè-wè, 1937, Vol. 40:47.

④ 卜尔克，鲁如曾. Carte magnétique de Chine. *Études sur le magnétisme terrestre*. Shanghai: Imprimerie de la mission catholique orphelinat de T'ou-sè-wè, 1937, Vol. 40:48.

旧命维新

表7 《中国地磁图》之测点区域的划分及徐台复测点①

地区	经纬度范围	复测点(Stations de répétition)
中国西北部 Nord-ouest de la Chine	纬度=40°30′~31°10′ 经度=99°20′~109°30′	Liangchow 武威(凉州) Chengchang 镇羌驿 Pingfan 永登(平番) Sining 西宁 Lanchow 皋兰(兰州)
中国西南部 Sud-ouest de la Chine	纬度=31°10′~21°30′ 经度=98°00′~107°30′	Chengtu 成都 Yachow 雅安(雅州) Fowchow 涪陵(涪州) Loshan 乐山(嘉定) Pahsien 巴县(重庆) Suifu 叙府 Yunnan 昆明(云南) Posi 婆兮 Mengtsz 蒙自 Laokai 劳开 Langson 凉山 Yenbay 安沛
中国北部 Nord de la Chine	纬度=42°25′~34°30′ 经度=109°30′~117°00′	Kalgan 万全(张家口) Peiping 北平 Taiyuan 阳曲(太原) Changte Ho 安阳(彰德) Shengchow 陕县 Chengchow 郑县
中国中部 Centre de la Chine	纬度=34°30′~26°30′ 经度=107°30′~115°20′	Sian 长安(西安) Kweichow 奉节(夔州) Wanhsien 万县 Ichang 宜昌 Hankow 汉口 Wuchang 武昌 Shasi 沙市 Yochow 岳阳(岳州) Hengchow 衡阳(衡州)

① 表格整理自:卜尔克,鲁如曾. Carte magnétique de Chine. *Études sur le magnétisme terrestre*. Shanghai: Imprimerie de la mission catholique orphelinat de T'ou-sè-wè, 1937, Vol. 40:50 - 74.

（续表）

地区	经纬度范围	复测点（Stations de répétition）
中国南部 Sud de la Chine	纬度＝26°30′～18°00′ 经度＝107°30′～115°20′	Kweilin 桂林 Shiuchow 曲江（韶州） Wuchow 苍梧（梧州） Canton 番禺（广州） Nanning 邕宁（南宁） Hongkong 香港 Pakhoi 北海 Kwanchow wan 广州湾
中国东北部 Nord-est de la Chine	纬度＝44°00′～37°40′ 经度＝117°00′～124°30′	Chinchow 锦州 Newchwang 牛庄 Shanhaikwan 山海关 Tientsin 天津
中国东部 Est de la Chine	纬度＝37°40′～30°30′ 经度＝115°20′～123°00′	Chefoo 烟台 Tsinan 历城（济南） Tsingtao observatoire 青岛 Yangchow（résid.）江都（扬州） Chinkiang（Vict.）镇江 Nanking（résid.）南京 Woosung 吴淞 Wuhu 芜源 Lukiapang 菉葭浜 Zikawei 徐家汇
中国东南部 Sud-est de la Chine	纬度＝30°30′～22°40′ 经度＝115°20′～122°30′	Hangchow 杭县（杭州） Putu Island 普陀山 Ningpo 鄞县（宁波） Nanchang 南昌 Wenchow（M. M. E.）永嘉（温州） Foochow 闽侯（福州） Chüanchow 晋江（泉州） Amoy A 厦门 B Swatow 汕头

4. 小结

本节所涉及的 3 项工作无一例外地皆与“地图”有关。另外，雁月飞还曾在1933年向当时的中国国民政府建议航测中国地图，但最终未果。分析这些测量活动，它们都具有如下几个相同的特征：

首先，这些测量活动都依赖于相关技术、仪器的发展。例如经度测量并非始于1920年代，但是正像前面提到过的，在无线电报发明之前的经度测量往往由于信号上的延迟而有较大误差；而在重力加速度的大范围测定则得益于荷-雁42摆的发明与改进。

其次，测量数据兼具全球性与地域性特征，要通过在全球开展测量以获取研究资料，作为深入研究的基础。国际经度联测在全球的开展正是例证之一，而重力加速度与地磁测量也都如此。通过测定与分析地球表面的重力值，可以研究地球重力场并进而了解地球形状，而要揭示重力加速度变化之规律，在全球进行测量是必要的而且是必须的，这就使得重力加速度测定具有全球性的特征；与此同时，这一全球性知识系统正是由地域性知识的收集与累积构成的。中国幅员辽阔，地形复杂，因此对于研究重力加速度变化规律与影响因素，是一个很好的样本，构成了这种全球性的科学测量中的重要一环。地磁测量的情况与此相仿。

其三，出于研究的需要，有必要在测量过程中实现观测仪器与观测标准的整齐划一。例如国际经度联测对仪器做出了专门的统一要求。对于一个全球性的合作项目而言，这种仪器的统一与观测标准的一致无疑是为了保证观测数据的完整系统性，但也正是通过这一合作活动，上述测量思路以及所使用仪器的种种优势迅速被引介到各国天文台。通过国际经度联测，青台得到当局资助而得以添置超人自记子午仪等设备；而平研院物理所则以聘请雁月飞为特约研究员的方式得以利用徐台的重力摆，并与之共同完成测量。

其四，也是最重要的特征是这些测量活动所得到的数据的实用性，使得这些数据成为国家机密的一部分。

徐家汇观象台：
欧洲观象台在中国

徐家汇观象台之在华大地测量与水文测量活动并非始于20世纪。早在徐台创建之初，蔡尚质神父就曾赴长江流域，以1 200次天文测量绘制并出版了《长江上游图集》(Atlas du Haut YangTsé)，其中共测绘54幅地图，逾50个城市的位置被测定。而这也只是徐台在远东地理研究的一部分。①

从实际应用层面来看，精确测定经度是绘制地图的基础，而重力加速度测量与地磁测量对于了解地质构造、资源等是一个重要的参照因素。由于重力加速度测定的重要性，特别是在实际应用层面上的重要性，1933年6月，法国大地测量和地球物理委员会致信雁月飞，拨款9 000法郎作为其重力测量活动的经费，而这一年法国重力网测定方面的经费是30 000法郎。② 也就是说，法国大地测量界将全部经费的30%放在了远东。而在1930年代，美国卡耐基研究所地磁部则希望在中国人中找到能够并且愿意与该机构合作从事地磁工作的人，以共同完成在中国的测量。③ 前述提及的桂质廷先生在中国所参与的测量活动正是受到该机构的资助，嗣后，桂质廷还赴美就地磁以及其他地球物理学领域的研究与美方进行了一些合作与学习。

正是由于这种实际应用层面的意义，使得这些测量活动都可能关涉国家主权与机密。以今日而言，重力测量数据以及结果分析均属国家机密。中国国家测绘总局1977年8月发布的《全国测绘资料和测绘档案

① 《徐家汇观象台史》，徐台档案，22－031卷，14页；Agustín Udías. *Searching the Heavens and the Earth: The History of Jesuit Observatories*. Dordrecht: Kluwer Academic Publishers, 2003, p. 298.; *L'Observatoire de Zi-Ka-Wei, Cinquante Ans de Travail Scientifique*(未具名), Paris: Imprimerie d'Art G. Boüan.

② "法国大地测量和地球物理委员会秘书长Perrier致雁月飞函(1933年6月2日)译稿"，徐台档案，22－035卷，第60页。

③ "卡耐基研究所给马德赉的信"，1931年2月26日，徐台档案，22－051卷，第108页。

管理规定》第二章第七条对测绘资料档案的密级划分中规定“天文大地（不包括水准）和重力测量资料档案”属机密。而在国家测绘局和国家保密局联合印发的《测绘管理工作国家秘密范围的规定》中，根据精度等参数将重力异常成果分别划为绝密测绘成果和机密测绘成果。国土资源部2007年1月19日公布、2007年3月1日起施行的《外国的组织或者个人来华测绘管理暂行办法》第七条关于合资、合作测绘不得从事的活动中，第一条即为“大地测量”。

但是如此涉及国家机密的测量，外国人于1930年代却可以在中国境内轻易完成，并非由于中方未曾意识到此问题的严重性。

1928年成立的国立中央研究院物理学研究所与成立于1929年11月的国立北平研究院物理学研究所在成立之初都将重力与地磁研究放在十分重要的位置。对于此类研究的意义与重要性，中研院物理所报告中的阐述是具有代表性的：“地磁重力大气诸研究及一部分交通问题，为物理研究中之比较的有地域性质者，此种问题，决无他人可以代庖。吾国幅员既广，气候亦殊，地中蕴藏亦富，若不急起研究，则不特于吾国发展前途发生障碍，且易引起他国由文化侵略而渐入经济侵略之害。”①

尽管中国科学界在二十世纪二三十年代即已意识到包括地理经纬度、重力、地磁等在内的测量活动的重要性，但对于刚刚开始建立近代科学事业的中国科学界来说，困难是显而易见的。其中最现实的困难就是技术手段上的差距。为了消解这一差距以及由此带来的中国科学界在全球科学研究中的缺席，在当时最好的方法就是成为这一国际合作中的一员，在实践中学习，并以成绩尽可能中赢得主动权。不过，在具体的测

① 《国立中央研究院物理学研究所十七年度报告》，《国立中央研究院十七年度总报告》，国立中央研究院，1928年，第89～90页。

量活动中，中国科学界参与其中的方式并不相同。在重力加速度测量中，平研院所采用的路径则是聘请雁月飞任该院特约研究员，从而可以借用其技术与仪器，率先在中国初步建立重力网；在地磁测量活动中，桂质廷是在美方的资助下参加地磁观测；在国际经度联测中，中国的研究机构则受到联测委员会邀请，作为独立研究机构参加这一项目。

五、徐台在战时衰落与战后的终结

正像徐家汇观象台是随着欧洲在中国战场上的胜利而来到中国的一样，徐台的衰落也来自一场战争。事实上，对于这座建于乱世的观象台来说，即使在其发展的全盛时期，战乱也时时相随。例如在 1927 年，几乎独自一人支撑菉葭浜地磁台的马德赉神父曾因动荡的时局而不得不暂避，不过这并未影响到他按时记录地磁观测结果。[①] 而在 1932 年 10 月 7 日，佘山天文台台长卫尔甘神父在其为即将出版的佘山天文年刊所撰序言中写道："新的混乱（上海，1932）并没有令观测中断，但却极大地妨碍了我们。"[②]不过，最终令徐台形成一路下坡趋势的还是第二次世界大战，尤其是 1937 年中国战场抗日战争的全面爆发。

1937 年"八一三"之后，一些在上海的机构陆续内迁。由于时局动荡，法租界当局加强了对"徐家汇教堂区"的行政管理，从主教到教会的主要职务都由法国巴黎耶稣会士担任，教会建筑悬挂法国国旗。租界当

① "Biographical Sketch of Rev. F de Moidrey"，徐台档案，第 22～058 卷，第 52 页。

② E. de la Villemarqué, S. J. Préface. *Annales de L'Observatoire Astronomique de Zô-Sè (Chine)*. Chang-Hai: Imprimerie de la Mission Catholique A L'Orphelinat de Tou-Sè-Wè, 1932, Vol. 17: II.

局还派兵驻守在徐家汇天文台，并以保护教堂名义成立了保卫团。当时，徐家汇教堂附近有蒲东路、蒲西路两条马路，法租界当局在土山湾桥头和教堂桥头设有路牌，来往车辆要有天主堂“照会”方予通行。[①] 这一环境使得徐台在战争初起时所受影响并不很大。尤其是位于徐家汇的诸机构，日本人因为这是属于教会的“私产”，所以并没有干涉，未受到骚扰。[②] 而在法方于 1940 年 6 月 25 日撤离徐家汇之后，徐台的各项工作仍能照常进行，“所有职工亦深居简出，一切均维持常态”[③]。但在偏远的佘山，形势在“八一三”之后已完全失控，工作人员的生活与观测都因此受到影响。

由于战事，形势起伏不定，轰炸、清乡、日军进驻，所有这些都打乱了佘台原有的宁静。1937 年 11 月 8 日，佘山天文台遭遇了战争开始以后最大的一次打击：是日下午 1 点和 3 点，天文台的 9 间房子被炸，天文台的全部助手及仆役被迫转移暂避。房间的修葺工作直到数月之后仍未完成。同在佘山的地磁台，情形看起来更糟糕：日军为了准备上海一战而开挖地窖，炸毁了该台的地平经度标志。秩序处于一片混乱之中。匆忙之间要拆卸所有的仪器设备装箱，运走那些贵重物品以腾出地方，由于没有足够的保护措施，仪器因此遭到不同程度的损坏。磁力室被军队占了，里面的电源线路被拿走；甚至石柱也被拆除了。[④]

动荡的时局之下，徐台的业务大多陷于停滞状态。在佘山，天文台

① 上海市地方志办公室编著：《上海名街志》，上海社会科学院出版社，2004 年，第 524～525 页。

② 平斋：“天气变了——介绍徐家汇天文台”。《申报》，1945 年 12 月 18 日，第 5 版。

③ “法防军撤离徐家汇　日伪昨晨侵入”。《申报》，1940 年 6 月 26 日，第 7 版；“徐家汇天文台照常进行工作”。《申报》，1940 年 7 月 5 日，第 9 版。

④ “佘山地磁台台长卜尔克写给巴黎科学院院长的信”，1946 年 9 月 8 日，徐台档案，第 22～007 卷，第 45 页。

的主要工作就是对以往观测资料的整理与计算，这仅从佘山天文年刊所刊发的内容即可见一斑，这当然有作为台长的卫尔甘于计算方面的个人兴趣与专长，但战争的影响也同样重要；相比之下，地磁台虽受创严重，但其观测尚可维持，“尽管受到再三入侵、通讯中断、山上被掠夺和电缆的被盗与失踪，仍保持记录直到 1945 年 4 月”。[①]

1941 年 12 月 8 日珍珠港事件之后，太平洋战争爆发，法国驻沪总领事指示徐台暂停一切公众气象服务[②]。事实上，即使无此指示，仅从气象预报所需的技术条件来说，徐台的气象预报工作已因战争而变得日益困难起来：早在几个月前的飓风季节，“因受欧洲战事影响，太平洋上各岛屿对于飓风行程之报告，即非常缺乏，该台对飓风报告，即无往年之周详”，珍珠港事件之后则愈加如此[③]。1942 年，日军实施无线电管制，徐台的日常无线电通信便也成了问题。由于徐家汇与佘山之间的联络以及徐台、佘台的对外联络——无论是气象报告还是授时服务，均以无线电为主要通信方式，因此无线电管制对徐台的业务影响非常大。

尽管徐台在战时大部分工作处于停滞状态，但利用一些可以得到的资源，龙相齐曾试验以雷达传送方式进行气象研究。比较徐台数十年所开展的工作，此项研究是该台所作的与军事最为直接相关的研究。这项研究开始于战争期间，一直延续到战后，得到了来自军方的支持，也取得了一些成果。例如在 1943 年，龙相齐已在徐家汇安装了雷达气象设备，

---

① “佘山地磁台台长卜尔克写给巴黎科学院院长的信”，1946 年 9 月 8 日，徐台档案，第 22～007 卷，第 45 页。

② 束家鑫主编：《上海气象志》，上海社会科学院出版社，1997 年，第 29 页。

③ “今年飓风信季天文台报告困难　因太平洋上各岛屿交战国不供给气象消息”。《申报》，1942 年 5 月 12 日，第 5 版。

以用于预测气团(masses d'air)未来的变化与夏季台风的运动。① 1946年9月,海军方面考虑将海军雷达设备改装提供给龙相齐做气象研究,这些改装的设备包括天线、接收器、显示器等②。次年,龙相齐曾利用英国太平洋舰队(British Pacific Fleet)所提供的291型雷达发射机进行试验并得到了一些初步的结果,龙氏曾计划对这些结果做出进一步的检验,以确信它们能够被应用于气象台与航线的相关工作。③

战时的几乎全面停滞使得耶稣会士们只能寄希望于战后,不过考虑到战后可能的局势走向,这种希望也是有所保留的。比如当徐台台长茅若虚计划战后徐台的发展时,他已然预见到"在徐家汇将仅存一个小小的气象站或许还有地震站。就是这个小小的气象站也只能保留到新的中国国家气象局能完全依靠自己进行预报服务工作为止。此后,徐家汇就完全消失了",这使该台将更多的希望寄托到佘山以及从公共服务到纯科学研究的转向——"可以预见我们今后的工作将沿着比过去更为严密的科学路线进行,公众服务部门将取消,我们几乎只进行纯科学的研究"④。

由此可见,徐台的传教士显然已意识到对于事关国家安全的研究活动,中方在战后不可能长久听任外国人掌控,因此除却天文、地磁等原有的更偏向纯科学的部门似可保留之外,徐台为保留气象部门就得做出研

① Voyage du P. E. Gherzi à Hong-Kong. *Nouvelles de la Mission*. Shanghai, No. 1357 (Feb 28th, 1949):2.

② 英国皇家海军志愿后备队(RNVR)雷达部查普曼(A. E. Chapman):《海军雷达设备改作气象工作》,1946年9月,徐台档案,22-043卷,第158页。

③ E. Gherzi, S. J. Meteorological Research Work by Means of A 291 Radar Type Transmitter,徐台档案,22-056卷,第80~82页。

④《茅若虚所拟徐台的发展规划(译稿)》,徐台档案,22-035卷,第27页。此件年代不详,但从行文上推断,应为抗战期间拟就。

究方向的调整：从气象观测与预报转向气象物理，即消解其中实用性的部分，而更偏向学术性。这似可理解为耶稣会士的一种“曲线救台”的妥协之策。

不过，尽管徐台在地理位置以及实力的优势的确赋予了它在国际科学界不可或缺的地位，但是战后的情形证明，茅神父的想法太过乐观而只能是一厢情愿了。

第二次世界大战，中国是战胜方——同盟国成员之一。伴随着战争的结束，1946 年 2 月 28 日，中国国民政府外交部长王世杰①与法国驻华大使梅理蔼②作为中法两国代表，签署了法国放弃在华治外法权及其有关特权条例③。在华法租界正式收归中国政府，同时，外国人在华各种特权也随之被取消。而早在数月前，1945 年 12 月 1 日，中央气象局(Central Weather Bureau of China)即派员抵沪接收上海外滩信号台，将其改组为上海气象台，台长由郑子政④担任。此举相当于将原徐家汇天文台所拥有的气象预报发布权置于上海气象台管理之下。由此，时任徐家汇天文台台长的龙相齐(E. Gherzi, S. J.)神父为收回管理权和气象信息发布权而与中国各相关机构展开了拉锯战。

对于中方所作的调整，龙相齐后来曾在其文章中对此表示“万分荣

① 王世杰，字雪艇，时任中国国民政府外交部长。

② 梅理蔼，时任法国驻华大使。

③ 该约于 1946 年 2 月 28 日签字，同年 6 月 8 日互换生效。

④ 郑子政(1903～1984)，字宽裕，江苏吴县人，1925 年毕业于南京高等师范，1928 年进入中央研究院气象研究所工作，1937 年 6 月赴美国麻省理工学院(MIT)学气象，1939 年 9 月回国，任气象研究所研究员。1944 年 8 月被借调至军统局，担任“中美合作所”中央观象台(Sino-American Central Observatory，简称 SACO)台长，少将军衔。抗战胜利后出任中央气象局上海气象台台长并兼暨南大学教授。后赴台，曾任“中央气象局”局长兼台湾省气象所所长，中国文化学院(大学)地理系(气象)教授、气象系主任等职。

幸”，但是在这一调整实施后的数年中，龙相齐曾因双方并不愉快的合作而多次以书信方式与上海气象台进行过交涉。在他写给世界其他耶稣会天文台的同行的信中，也对此有过颇多抱怨。

从龙相齐与中国相关部门之间的书信往来看，双方的分歧在外滩信号台被接收之初即已有所显现。在 1946 年 1 月 29 日回复龙相齐关于气象预报信号的信中，上海气象台台长郑子政这样写道：“非常感谢你对上海气象台测候所(Semaphore of Shanghai Observatory)的所有琐事的关心。出于友好的目的，我诚恳地请求你不要干预该台的任何管理问题，因为这是一个合法的机构，它在中国政府的管理下承担着在上海港提供气象服务的责任。贵台和我台的状况与社会地位必须十分清晰并且要相互理解，这样，大量的误解将可很容易地避免。”①郑信的意思很清楚：上海气象台是中国国民政府直接管理的合法部门，对此龙应有明确的认识；同时，作为合作方，龙不应干预该台的管理事务。

但龙相齐后来对包括郑子政本人在内的上海气象台职员之技术水平与职业操守的质疑最终的指向都是该台的管理。例如信号旗升降装置因战时破坏且未能及时修复，这使气象预报成为空设，这成为龙与郑信中直接冲突的一个要点；同时，龙相齐还指责上海气象台及其美国合作方的“商业利益”，并指“政客与欺诈，不应该进入科学部门”②。

尤其令龙相齐神父不满的是郑子政及其同事们的工作态度。1946 年 2 月，在与上海气象台合作 3 个月后，龙相齐在给中央气象局局长的信中写道：“三个月以来，我独自完成所有的气象收报以及预报工作，一点没有得到郑博士的帮助。我们已经接受了在报纸上取消徐家汇天文

① “郑子政写给龙相齐的信”，1946 年 1 月 29 日，徐台档案，22－042 卷，第 35 页。
② “龙相齐写给郑子政的信”，1946 年 5 月 21 日，徐台档案，22－043 卷，第 132～133 页。

台的要求，虽然所有工作都是我们做的。我自己每天值班 7 小时，这说明我们是完全合作的。……这种奴隶式的工作不能继续下去”。“把信号台交给教育部是一个大错。信号台应当交给上海市政府的公共工作部，或者交给中国海关更好些，我知道他们会接受的。教育部既无钱又无人能够在台风之中修理讯号仪器，哪怕是一个齿轮。张博士带来的青年学生以及张本人没有航海知识也不知道中国海岸的危险，没有一条大船的船长会相信这些年轻人。”龙还警告说，“如果不能在四或五月份纳入正轨的话，为了国际上以及中国公众的利益，徐家汇天文台不得不撤销其合作，并且把理由公布于众”。① 在写给交通部的信中，龙相齐更认为这种并不对等的合作关系“有害于我们的友谊与合作，不能作为一个公平的交往来加以接受”②。

总结上述各信，要点有四：①将信号台移交给教育部完全是所托非人，教育部既无财力又无能力维持这样一个机构的正常运作；②郑子政及其同僚的工作能力与态度皆值得怀疑，长此以往只会影响中国的国际声誉；③徐家汇天文台与上海气象台的合作关系中，二者的地位不对等；④对中美在气象方面的合作，尤其是美方在这一合作中的商业利益可能给科学研究造成的损害表示质疑。

沿着龙信的思路其实还可以推知另一层意思，虽未直接说出，但上述四要点均可指向同一个终点，即将气象预报及其发布依然收归徐台耶稣会士控制之下。为此，当时的徐家汇观象台台长（即总台长）茅若虚神父曾提出一种可能的实现途径：“天主教会的领导人正在考虑将天文台附属于震旦大学的可能性。拟把天文台作为该大学的一个研究系供在

① “龙相齐写给重庆的中央气象局局长的信”，1946 年 2 月 15 日，徐台档案，22－040 卷，第 282～283 页。

② “龙相齐致交通部某人的信”，1947 年，徐台档案，22－040 卷，第 286 页。

这个学校毕业的学生继续进行其研究工作之用，而这些学生可准备将来到天文台或其他气象、时间服务部门工作，成为这些部门的得力助手。”①

对于龙相齐话里话外所表达的情绪与愿望，中央气象局的回信并不直接回应，而只是指出上海气象台所面临的物质困难，并十分客气地邀请龙“为公众福利和公共利益着想”而与该台继续合作。② 对于龙所质疑的中美合作，郑子政则在回信中写道：“SACO 天气中心是一所新近成立的天气机构，处于国防部的管辖之下。它因现代气象仪器而装备精良。他们与美国气象办公室有完全的合作并在其友好的监管之下。我们认为我们在该天气中心的人们当能进行精确的分析与相当出色的预报。……我认为，这对于中国沿海的所有从事航运和渔业的人们来说都是有利的行动。”③

这场纸上官司于 1947 年 2 月尘埃落定：国民政府正式关闭徐家汇天文台，全部工作移交至中国中央气象局。从当时沪上媒体对此事的报道来说，其中一个很关键的要点是：徐台在战时是否曾服务于日军。按照龙相齐的说法，“太平洋战争期间，全部工作陷入停顿，所幸的是日本方面并未要求徐家汇天文台去帮助他们。他们对我们毫无兴趣，因此未介入我们的事务(left us quite alone)”④。从目前找到的资料来看，尚无明确证据显示徐台在战时曾服务于日军；从战时的国际关系来看，这种可能性也较小。《大美晚报》当时对此事的报道中援引南京方面的消息

---

① 茅若虚 1946 年 11 月 14 日写的递送南京中国政府的报告《徐家汇观象台》(*L'Observatoire de Zi-ka-wei*)的译稿，何妙福摘译自上海市档案馆(震旦档案)。徐台档案，22 - 031 卷，第 1 页。

② “中央气象局局长 John Lee 写给徐台龙相齐的信”，1946 年 3 月 8 日，徐台档案，22 - 058 卷，第 45 页。

③ “郑子政写给龙相齐的信”，1946 年 6 月 27 日，徐台档案，22 - 058 卷，第 19 页。

④ “龙相齐写的信稿”(未标注日期)，徐台档案，22 - 042 卷，第 33 页。

说，“作为中立机构的徐家汇天文台‘整个战争期间都在运行’”[①]，而《申报》也在报道中指“抗战期间，上海沦陷时，该台天气预告及气象广播，曾藉中立关系，照常工作”[②]。由此也可以看到，尽管徐台在战时仍维持运行，但正如报道中所称，徐台之所以能维持运行，原因来自其作为“中立”机构的立场，因此，政府关闭徐台之主要原因并不在于其战时的运行情况。

事实上，仅从当时沪上报纸的报道中也可对政府关闭徐台之真正原因有所了解，例如《大美晚报》援引南京政府的说法称：“关闭是为了‘维护中国政府的主权和尊严’”[③]，*South China Daily News* 的报道则引述上海气象台负责人的话称：“不应当有外国的机构来做中国的气象数据收集，因为它‘事关国防(national defence)’”[④]。

在龙相齐为徐家汇天文台争取气象发布权的 1946 年，佘山天文台台长卫尔甘去世，享年 65 岁。这被认为不仅是科学界的损失，也是徐台的损失。有天文台同行曾致信龙相齐道：“我们惟有以这样的信念安慰自己：他在一个更好的世界里，他的所有担忧都已结束，对此我们只有羡慕，因为我们仍然生活在这个有着担忧与小小刺痛的世界，而且我们正在将宝贵的时间浪费掉而不是用于从事我们的研究工作”[⑤]。此信中所流露出的情绪表明，耶稣会士在当时已经约略看到了观象台黯淡的前

① Gov't Bans 75-Year-Old Zikawei Observatory. *The Shanghai Evening Post*, Feb. 18th, 1947.

② “徐家汇天文台停止气象报告”。《申报》，1947 年 2 月 18 日，第 4 版。

③ Gov't Bans 75-Year-Old Zikawei Observatory. *The Shanghai Evening Post*, Feb. 18th, 1947.

④ Closing of Zikawei, Merely A Matter Of A Name? Official explanation. *South China Daily News*, March 2nd, 1947.

⑤ “某观象台 L. caoclin 写给龙相齐的信”，1946 年 9 月 15 日，徐台档案，22－056 卷，第 23～25 页。

景。1949年,龙相齐神父本人奉派赴澳门建立气象部。尽管仍然有耶稣会传教士留在中国继续着他们的工作,但无论是在徐家汇还是在佘山,徐台各部门的工作此时已明显处于群龙无首的局面。

1949年5月27日,上海解放;5月31日,中国人民解放军上海市军事管制委员会主任陈毅、副主任粟裕签署并下达军事接管第一号命令,任命沈大卫、胡俊为陆军部接收专员,接收原中央气象局上海气象台。1950年12月,根据中央人民政府外交部指令和上海市军事管制委员会命令,由中国科学院和军委气象局派员组成"上海市军事管制委员会徐家汇及佘山天文气象台管理委员会",李亚农任主任委员,陈宗器、吕东明任副主任委员。12月12日,以李亚农为首的管理委员会及华东空司气象处副处长张政、军事气象组副组长曾宪波、上海气象台副台长束家鑫等进入徐家汇天文台实施接管,接管后徐家汇的气象业务并入上海气象台。翌年1月3日,上海气象台迁入原徐家汇天文台工作。[①]

徐台——包括位于徐家汇和佘山的全部机构之被军管以及上海气象台迁入原徐台所在地工作,此举被认为"结束了外籍人在中国举办气象业务的历史"。[②] 但若从更严格意义上来看,这一结束的终点其实应划在1947年徐家汇天文台之被国民政府关闭。二战的结束与输赢结果令世界格局重新调整,包括中国在内的远东国家正在崛起。徐家汇天文台于1947年的关闭虽然并未开启一个新的时代,但是对于耶稣会士观象台而言,一个曾有的时代已经远去了。

徐家汇观象台在战时的衰落与战后的"原址""重建"集中体现了围绕该台展开的利益冲突与主权之争——在徐台的全盛时期,它们因科学

---

① 束家鑫主编:《上海气象志》,上海社会科学院出版社,1997年,第31～32页。
② 同上,第32页。

工作本身的影响重大而若隐若现；当科学工作因为战时动荡而陷于全面停滞，隐伏的线索愈加凸显出来。

尽管有管理层的变动，但一个明显的事实是，观象台一直处于运作状态，即使有"关闭"之说，其所关闭的也仅仅是作为耶稣会士观象台的徐家汇天文台，而该台各项工作并未因"关闭"而停止。战争的走势令许多事发生了改变，徐台也不例外，但决定徐台战后命运走向的最重要的决定性因素其实皆可归结于其所从事的研究本身的特征。

首先，正如茅若虚台长所乐观估计的，"科学越来越国际化，特别是地球物理方面的重大研究需要分布在全世界的许多天文台参加"①。而徐台"几乎单独地在中国进行某些观测这一事实"，成为它在国际科学合作中占有一席的重要资本。这种全球观测与跨学科渗透的趋势及其给科学研究从组织到形式所带来的变迁，早在 20 世纪初的天文学研究领域已然显现，而在地球物理与大地测量领域则表现得更为突出。这种科学研究日益国际化的趋势，以及徐台作为一个重要观测点的角色地位，决定了该台在战后的总的命运走向。

其次，无论是国民政府之"维护中国政府的主权和尊严"，还是军管会通知中的"关系国防秘密及国家主权"，二者的指向是相同的，即：徐家汇观象台所从事的活动，即使出于科学研究的目的，但事关国家秘密与安全。即使仅仅出于战后国家重建的考虑，徐台所作的工作也仍应一如既往地进行；同时既然它的工作是如此重要，更加不可大权旁落，如战前那般由外国人深度介入。

综上所述，徐台在战后得以保留其实是其在当时国际国内背景下发展的必然走向，但是从事科学研究工作，成为国际科学界的一员，并不一

---

①《茅若虚所拟徐台的发展规划(译稿)》，徐台档案，22 - 035 卷，第 28～29 页。

定要寄望于耶稣会传教士;而与国家秘密与安全有关的工作,更不能依赖于耶稣会传教士。

在上述这种必然性之外,当时中国的科学界也为接手此事做好了初步的准备。

从当时中国科学界的发展形势来看,对近代欧洲科学的学习、翻译与移植已有数十年之久。在组织机构方面,包括徐台在内的外国人在华科学机构的建立与运行,以及留学生们从海外带回的经验,为中国人建立自己的科学研究机构提供了可供借鉴的样本,中央观象台、中央研究院各所、国立北平研究院等在20世纪建立,并在很大程度上移植了欧洲科学制度,这为接管一个以近代欧洲科学组织模式建立起来的机构提供了必要的管理与组织经验。在人才方面,无论是学成归国的留学生,还是本土培养的毕业生,中国科学界在与徐台研究方向有关的几个领域均积累了一定的人才资源,从而有能力试探前行,而无须依赖传教士的工作了。

(孙萌萌)

韩建民

晚清科学图书发行及社会影响

众所周知，晚清时期的书报行业也打上了半殖民地半封建的烙印。一方面西方传教士和外国商人在中国办起了不少出版发行机构，西方的一些图书宣传发行方式也传入进来。与此同时，由于资本主义的生产关系在行业内部的逐渐形成和发展，一些具有近代意义的民办书店开始陆续出现。这些书店在资本主义经营思想的指导下，采取了多种图书营销和发行手段。加之西方印刷术在这期间陆续引入中国，并逐渐取代古老的雕版印刷，进而导致旧学衰落，新学蓬勃兴起，图书市场的需求发生着深刻的变化，传统的书坊也逐渐被以商务印书馆为代表的新式书店取代，出版功能尤其是发行营销功能得到了根本性的改观。这些新兴的出版企业采取了一些新的方式和手段，加强了图书的宣传和传播。如报纸上售书广告的出现也应该算是我国图书业从古代到近代的一个标志，因为报纸传播速度快、印量大、信息容量也可观，因此成为晚清后期图书宣传的主要工具之一。另一方面，晚清所出科学图书不仅在学科内填补了空白、奠定了基础，而且伴随着这些图书的发行传播，其社会影响越来越大，使国人逐步确立了全新的世界观和自然观。总而言之，晚清时期对我国图书出版发行传播来说是一个重大转折时期，新的正在兴起，旧的也没有完全退去，而通过研究晚清科学图书发行与传播既能看到科学图书在传播过程中的一些特点和规律，也对晚清读者市场有了清晰的理论分层。

一、各类出版机构发行模式研究

1. 教会书店的图书销售理念和方式

教会书店在国内创办最早，所以我们首先研究教会书店的早期图书发行思路。虽然教会书店的发行方式多样,但发行传播图书的目的大致相同。我们以教会书店中在华创立时间最长、规模最大的广学会为例来分析教会书店的发行渠道和方式。

广学会的出版物发行从赠书开始,因为他们认为"在中国人认识到我们的书刊价值之前,为了加速中国的发展与革新,是必须多赠书的。"[1]在创办之初,广学会所赠图书的数量大致与销售图书的数量相当。例如,在1892年广学会免费赠书11 685册,而销售数量为12 168册,两者相差甚微。这种赠书促销的方式,今天依然被许多出版机构广泛使用。

广学会所赠图书主要针对两类人群,一类是达官贵人、名士富绅;另一类是科举考生。1909年,广学会分赠图书给予8位总督和18位巡抚,1911年赠书给全国各省的中等以上学校校长。[2] 起初广学会送给考生的图书由传教士直接到考场去发。例如,有一年北京举行科举考试,广学会在考场向考生免费发送了《中国四大政》中的一节,共计5000册。后来,他们逐渐采取平时赠送的方式替代考场分发的方式。这些传教士对中国读者群体的定位很清楚,他们希望中国读者具备读懂西书的基础知识,并且对中国的社会发展能发挥较大作用或者将有可能发挥作用。

从赠书的地区分布看,初期主要在沿海和各省省会城市,然后逐渐向内地扩展。他们以上海为传播中心,分梯次向内地推进,这符合文化传播学的波式传播定律。从传播书籍的内容看,以介绍西方科学常识和宣传改革的书籍为主。他们首先选择传播那些中国人容易接受,而他们

① 李提摩太:"我们工作的必要与范围"。《中国出版史料·近代部分》(第一卷),湖北教育出版社、山东教育出版社,2004年,第205页。

② 李提摩太:"我们工作的必要与范围"。《中国出版史料·近代部分》(第一卷),湖北教育出版社、山东教育出版社,2004年,第209页。

又占有优势的科学技术和医学书籍，与此同时发行传播西方文化的宗教书籍。

在后期，由于经费紧张，他们逐渐改为鼓励零售图书，给批发商以6折优惠，以扩大销售。对于图书的宣传和销售，广学会非常重视，因此在一段时期内销量迅速增长。当然，销量的增加也与当时中国社会的变化有很大关系。例如，1890和1891年广学会的图书销售总额只有561.72银元，而从1893年开始到1898年6年间，它的销售额迅猛增长。从下表我们可以十分清楚的看到这一点：[①]

表1　广学会销售业绩表

年份	收入(银元)
1893	817.97
1894	2 286.56
1895	2 119.22
1896	5 899.92
1897	12 146.91
1898	18 457.36
1899	9 113.25

从统计数字中我们可以看出，晚清维新运动的发展，直接影响了图书的销量。1894年，维新运动刚刚兴起，图书销量开始大增，1894年的销售收入是1893年销售收入的2.8倍。1895年和1896年两年间，维新变法影响逐渐扩大，国人学习西学热情迅速提高，推动1896年的图书销售额在1895年的基础上增长了将近1.8倍，达到5 899.92银元。1897年和1898年，随着维新运动达到高潮，广学会的图书销售量也达到了历

① 江文汉："广学会是怎样一个机构"。《文史资料》，第43辑，第30页。

史最高峰,这 2 年的销售额分别是 1896 年的 2 倍和 3 倍。到 1899 年,由于戊戌变法失败,广学会的图书销售额也下降约 50%,变为 9 113.25 银元。广学会图书销售额的变化过程,较明显地反映了社会文化变动的轨迹。

通过传单和橱窗展示西方科学书籍也能使这些图书更广的渗透到民众之中。传单广告也可以称作邮递广告,晚清时期就有此种宣传推销图书的方式了,有雇人分发的、有抄通讯录和电话薄的,总之就是把图书信息直接传到读者手中的方法。当时广学会曾经利用《缙绅录》寄出过 27 万张图书广告单,取得了很好的效果。这种图书发行方式针对性强,中间环节少,是有特点图书销售的最佳选择,即使在今天部分出版人士依然采用。随着现代建筑的出现,在上海等一些大城市,开始出现商店大橱窗,用以宣传自己经营的商品。许多书店也仿效这些商店建立自己的橱窗宣传图书,橱窗广告随之出现。1905 年,广学会在上海河南路 445 号开设发行所,并在门面上写着"新译书籍"和"时务要书"等大幅广告。另外还在左右两侧开了 2 个大橱窗,里面陈列着广学会出版的书籍,并有中英文对照。后来商务、中华等新店建成时,也都设有大橱窗陈列自己出版的书籍。

广学会单本图书的销售也非常成功。如李提摩太口译的《泰西新史览要》,出于在 1894 年以《泰西近百年来大事记》连载于《万国公报》上,因此在民众中流传甚广,到 1896 年出单行本时更名为《泰西新史览要》,该书出版后,销路出奇的好。这也是书报发行互动的一个案例,到 1898 年出第 3 版时已经发行 3 万册,并且各地盗版盗印该书非常之多。在张星烺著的《欧化东渐史》中居然认为该书实际在中国销售册数超过百万。

另外,广学会非常注意书籍的重印工作,他们重印总数一般总在 40% 左右。有些年份还会超过这个数字,如 1899 年新出书 10 种,计 17 000 册,重印书14种，计35 000册；1903年新出书13种，72 300册，重印书20种、53 000册；1904年新出书26种、53 000册，重印15种、37 500册。[①]图书重印比例是衡量出版社经营质量的一个标志，可见广学会非常善于经营图书，能使自己的重印比例超过40%也说明图书发行做得既充分又长远。今天大多数出版社重印书比例也达不到40%，这个指标依然是衡量一个出版社经营好坏的一个重要标志。我们认为广学会能如此重视图书发行是有它自己的理念的，事实也确实是这样，广学会在一本纪念册上曾经将"文字之功用与礼拜堂之功用"做了一番比较："试以十万金建筑一礼拜堂，可谓巨矣，然其内容听讲之座至多一千余人而已；即此一千余座，每一回讲道能否坐满，不可知也；纵使满座，来者附近一隅之人耳。其听讲也，能悉心领受者几何？恐未出大门，而心中已空无所有者多矣。此十万金之收效，可想而知也。反之，以一万金作文字播道事业，每月至少可出报一册，书二三册，约书报之销数，每月均小至一二千，总一年论之，两者销数可得三四万册。此三四万册，请问读者而受感动者，常有若干人？是不啻日日对数万人讲道也，且书报不为地所限，能不胫而走遍天下；书报亦不为时所限，一读之后，若有遗忘，可以再读；书报更不为人所限，一人读过，可以说于他人。而且人类从耳入之感动，极为浮浅，远不及从目入之深，故听讲之道，得而易失，由书册上研究所得，往往终身不忘。然则一万金之收效，恐常倍蓰于十万金之讲堂而无算也。"[②]从这段议论来看，广学会重视图书的发行，并有许多新的理念，可见他们在发行图书的思路上是非常清晰的。

此外，像广学会等一些教会出版发行机构也十分重视从外围促进他

① 《万国公报》，第9卷，108期。
② "广学会序"。《万国公报》，1892年2月，第37期。

们的图书发行，表现在他们很注意结交那些权贵、士绅为其出版发行服务，并扩大广学会图书的影响。其手法相当灵活，可见这些机构的领导人深谙中国官场的一套做法。李提摩太在主持广学会时，时常给李鸿章、曾纪泽等上层人士赠送书刊，并经常聚会往来。有意思的是他们还经常请李鸿章、曾纪泽、翁同龢等为广学会出版的图书写序，以扩大图书的影响及密切与有关权贵的联系。1896 年还为李鸿章出版了《李中堂历聘欧美记》一书，足见其与中国上层人士的关系非同一般。另外广学会的领导人也与维新派的主要人物建立了密切的关系，他们经常请康有为、梁启超一起吃饭，商议推进维新事宜。广学会之所以能名噪一时图书销量大增，与这方面的工作不无关系，可见他们很会做中国的图书市场，其图书发行的主要特点是先研究社会和读者，再策划图书编写与销售，采取了与出版流程相反的逆向思维方式，取得了很大成功。

2. 江南制造局及傅兰雅格致书室的科技图书销售模式

江南制造局翻译馆从 1868 年创立到 20 世纪初撤销，到底出了多少种图书，目前说法尚不统一，据王扬宗先生“江南制造局翻译书目新考”统计，共有 241 种。其中由制造局出版的 193 种，已译未印的 40 种，还有 8 种由别处刊印。其中大部分是工艺制造和自然科学方面的图书，也有少量的社会科学图书。这些图书对促进西学尤其是近代科学在中国的传播具有较大意义。据傅兰雅在《江南制造总局翻译西书事略》记载从 1868 年开始出书，到 1879 年这一段“已销售之书有三万一千一百十一部，共计八万三千四百五十四本。又已刻成地图与海道图二十七张；海道图大半为英国者，译出后俱在局中携(应为金字旁)铜板印之，以销售者共四千七百七十四张”。[①] 说明翻译馆发行工作还是较有起色的，尽管与正式出版机构的发行相比还处在较初级的层面。他们还配备专人“董理售书之事”，其翻译印刷的《三角数理》等书被京师同文馆、耶稣教中大书馆等先后购去，作为教材使用。另外有些随时编印的时政书，如《近事汇编》等，也经常印刷三五百本送给上海等地的各省官员。“局内之书，为官绅文士购者多，又上海、厦门、烟台之公书院中亦各购存。如上海公书院，在格致书院内有华君若汀居院教习，凡来咨诹者，则为之讲释；而华君在局内时，与西人译书10余种，故在院内甚能讲明格致。”[②] 华君就是数学家华蘅芳(1833～1902)，字若汀，是翻译馆的筹办人之一，在馆内一直从事数学、矿物学、地质学方面的翻译，本文探讨“西译中述”过程时曾提到他与玛高温翻译《金石识别》和《地学浅释》时的艰难情况。傅兰雅说华蘅芳经常向来馆购书的人介绍图书内容，推销书籍。翻译馆不像商务印书馆那样具有资产阶级色彩，更不以赢利为目的，他们的书定价较为便宜。每种书售价大致为100文到2000文不等。每本书的页数一般为60到100页左右。他们有时为了扩大发行，还减价销售，实际上就是按一定的折扣销售，这本身也是图书发行的一个特点，说明江南制造局翻译馆也较早地使用了这一手段。另外江南制造局所译科学图书还被大量的用作格致书院、新式学堂的教材。在魏允恭的《江南制造局记》中也提到了这一点“其译印书籍除供宁、沪两学堂取用外，余照制造局图书处一律发售，以广流传”[③]。栾学谦在格致书院讲学时用的也

① 傅兰雅：《江南制造总局翻译西书事略》。《中国出版史料·近代部分》(第一卷)，湖北教育出版社、山东教育出版社，2004年，第557页。
② 傅兰雅：《江南制造总局翻译西书事略》。《中国出版史料·近代部分》(第一卷)，湖北教盲出版社、山东教育出版杜，2004年，第555页。
③ 魏允恭：《江南制造局记》(卷二)，上海宝文书局石印本，光绪三十一年，第42～45页。

是傅兰雅和徐寿合译的《化学鉴原》等教材,并且深受欢迎。[①] 可见江南制造局所出科技图书除了在国防、文人士绅阶层流传外,用作新式学堂的教材也是一个主要的发行渠道。

在短短 12 年时间,江南制造局就出版销售了这么多书,在当时的条件下,已是非常不容易了。然而傅兰雅仍对江南制造局的图书销售感到苦恼,他认为"阅以上所售之书,其数虽多,然中国人数太多,若以书数与人数相较,奚啼天壤"[②]江南制造局所出科学图书由于受当时中国交通条件限制,发行量都不大,这也是让傅兰雅苦恼并筹办格致书室的一个主要原因。当然这些科学图书在文人官绅阶层和新式学堂书院仍有相当的影响。

翻译馆发行的图书应该讲不仅对中国科学技术有一定促进,而且对中国知识界产生了积极的影响。康有为说自己购该馆翻译图书"以赠友人及自读者,达三千余册"。张元济在北京办通艺学堂,不断托上海《时务报》经理汪康年购买江南制造局译书,据传"制造局长蒋少穆愿于京都广售新学各书,张元济听后欣喜异常。"[③]另外像谭嗣同、章太炎、蔡元培都读过制造局翻译的图书,这些科学图书扩散发酵使一些知识分子的知识结构发生了变化,眼界也开阔了许多。尤其深化了对自然科学和自然界的认识,这也是江南制造局图书传播的文化意义。

晚清时期上海是西学传播的源头,更是"赛先生"上岸的地方。尽管当时中国交通状况不是很发达,但是在上海出版的西书,还是通过各种途径,一定程度的销售到全国各地。具体来讲主要通过行政系统、教会

---

① 栾学谦:"格致书院讲习西学记"。《新学报》,1897 年 8 月。
② 傅兰雅:《江南制造总局翻译西书事略》。《中国出版史料·近代部分》(第一卷),湖北教育出版社、山东教育出版社,2004 年,第 557 页。
③ 张元济:《张元济书札》,商务印书馆,1981 年,第 166 页。

系统、报纸网络、书店渠道、邮政系统和人员往来进行全方位的图书销售活动。

下面，我们再通过傅兰雅格致书室这一个案例来分析一下晚清科技图书发行的具体情况。

傅兰雅在总结江南制造局翻译馆图书发行时，身有感触地说“惟中国邮递之法，尚无定章，而国家尚未安设信局，又未布置铁路，则远处不便购买。且未出示声明(广告)，又未分传寄售，则内地无由闻之，故所售之书尚为甚少。若有以上之法，则销售者必多数十倍也。”[①]通过这一段文字，我们可以看到傅兰雅对中国的图书发行营销考虑得较多，他认为当时图书销量有限，主要是邮局、铁路、广告等一些客观原因，实际上还应加上普通民众的民智开启和社会观念变革这些社会因素。傅兰雅正是有了这些切身的感受才创办中国第一家科技书店，试图改变科技图书发行量不大的现状。他创办的科技书店起名叫“格致书室”。该书室创办于 1885 年，地址坐落在英租界汉口路 472 号，在申报馆的西隔壁朝北门面。傅兰雅对格致书室的经营很有特点，经营范围也相当广泛，既有科技图书，也有地图、仪器、格致材料、照相器材等。经销的图书以科技书为主。在 1886 年印行的书单上，总计列出 371 种，1888 年 878 种，1890 年 473 种。科技书籍中有《谈天》、《光学》、《三角数理》、《植物学》等影响较大的科学图书。格致书室销售科普图书的方式可能比今天的新华书店还要先进，傅兰雅不是坐店等客，而是尽一切努力扩大购阅者的范围。他在天津、汉口、汕头、北京、福州、香港等地设立了分销机构，有些地方则可以代销，全国至少有 39 个城市可以直接向傅兰雅邮购图书，

① 傅兰雅:《江南制造总局翻译西书事略》。《中国出版史料·近代部分》(第一卷)，湖北教育出版社、山东教育出版社，2004 年，第 557 页。

他从不言明收取邮资，由此可以看到傅兰雅筹办格致书室并不是单纯为了盈利，而是希望这些科技图书能在中国得到更多的人阅读，一个外国人能做到这一点，实在难能可贵。另外其分销、代销、送寄的网络遍布沿海、沿江和内地，到 1897 年，其销售额达 15 万银元，取得了很好的传播效果。傅兰雅的格致书室成了当时中国科技图书的集散地，他一面将各个出版机构所出的优秀科技图书汇集到上海，同时他又通过各种方式把他们发行到全国各地。晚清时期，制约图书发行的客观因素本来就很多，因此出版物的传播是非常困难的，但是傅兰雅就是在这种条件下依然建立了自己的图书发行渠道和营销网络。事在人为，到今天中国图书发行还主要依靠新华书店这种老的体制，没有产生渠道专营公司是令人遗憾的，而傅兰雅当时就注意到渠道对科学传播与文化传播的重要性，是非常可敬的。难怪 1911 年傅兰雅从格致书室退出时，有报纸评论格致书室是“多年来中国青年学习西学的麦加”①。

从格致书室的发行，我们可以看出科学图书向全国各地传播的过程。下面，我们再通过向《格致汇编》“互相问答”栏提出问题读者的分布情况，分析一下西学在中国的影响以及科技图书的传播，并探讨格致书室与《格致汇编》在科学图书发行过程中的互动情况。

《格致汇编》是我国最早的一份科学杂志，由傅兰雅一手创办经营的，在创办过程中得到徐寿等中方人士的支持。傅兰雅还请徐寿在第一期上为创刊作序。办刊经费主要由傅个人筹集，每期定价 50 文，1880 年后增至 100 文。其创办宗旨为传播科学知识，推介科学图书，并不以盈利为目的，傅在《格致汇编》第一年卷六“告白”中也进一步说明“本馆并

---

① 贝奈特（Bennett）：*JOHN FRYER—The Introduction of Western Science and Technology into Nineteenth-Century China* 的书中对傅经营书室有详细的介绍。

无藉此求利之意"①这与前面经营格致书室从不言明收取邮资的分析是一致的。但《格致汇编》的发行量确实非常可观,第一年各期,每册印数为3 000册,由于《格致汇编》读者定位准确,知识难易适当,是普通读者理想的西方科学入门杂志。从第二年后"阅看诸君渐渐众多,问事信也日多一日"②其发行量也达6 000册以上,在全国设有70余销售处,可见其在晚清时期的影响很大,许多书院、学堂将其列为必读书目。在翻阅《格致汇编》资料时,笔者看到有一期还刊登了徐寿先生的像片,这说明办刊人傅兰雅对徐寿非常崇敬。

《格致汇编》设有"互相问答"一栏,专门回答读者的提问。其主要目的是密切联系读者,进行科普教育与宣传,一度成为《格致汇编》的热门栏目。在前后16年中,读者共提出320个问题,大致分为应用科学、自然常识、基础科学和奇异问题几类,4类问题中应用科学所占比例最大。提问者注明籍贯的有260人次,具体分布情况如下表:

表2 《格致汇编·互相问答》提问者分布情况③

地区	上海	浙江	江苏	广东	福建	山东	湖北	天津	香港	辽宁	安徽	直隶	江西	北京	其他	总计
人数	52	45	34	30	28	21	16	12	6	3	2	2	2	1	6	260

提问者本人实际所在地与其籍贯不一定完全一致,在无法弄清其实际所在地的情况下,权且以籍贯代替。

通过上表可以看出,提问人数,以通商口岸或各地中心城市为多,主要集中在上海、宁波、杭州、苏州、南京、广州、汕头、厦门、福州、烟台等城市。上表统计数字显示,超过20人次的省市依次为上海、浙江、江苏、广东、福建、山东,这6个省市均为沿海地区。可见提问的次数与离上海的

① 《格致汇编》,第一年,卷六,告白。
② 《格致汇编》,第二年,卷二,光绪二年三月,告白。
③ 熊月之:《西学东渐与晚清社会》,上海人民出版社,1994年,第431页。

距离有一定的反比关系，即离上海越近，受西方科学文化的影响越重，同时也可以说西书西报在这个地方传播越广泛，读的人越多。因此我们可以通过这个参数折射出 19 世纪 70 到 90 年代晚清西方科学在中国传播的一幅图景，也应该是西方科学图书在中国各地区销售程度的一个分布图。

表 3　格致书室图书销售点统计表①

省别	地区	省别	地区
上海		江苏	南京　镇江　苏州　扬州
北京	邵伯	安徽	安庆
直隶	天津　保定	浙江	杭州　宁波　温州
辽宁	沈阳　牛庄	福建	福州　厦门
山东	济南　烟台　登州　青州	广东	广州　汕头
山西	太原	广西	桂林
四川	重庆	台湾	淡水
湖北	汉口　武昌　宜昌　沙市　武穴　兴国	香港	
		江西	南昌　九江
湖南	长沙　湘潭　益阳		
总计　18 个省，39 个地区			

另外《格致汇编》还有一个重要功能，就是向读者推介格致书室经营的科技图书。《格致汇编》几乎在每一期的封二上都设专页开列格致书室售卖的图书，这也是图书与期刊在发行互动中的一个早期案例。《格致汇编》里面的文章，有相当一部分是专门评论推介科技图书的，目的是让读者逐渐地接受那些相对高深的科学知识。《格致汇编》还以连载的形式介绍科学图书吸引读者兴趣。如《化学卫生论》一书在《格致汇编》

① 该表系作者参考熊月之《西学东渐与晚清社会》和上海社科院网站相关资料整理而成。

1876年到1881年的1～12卷连载,《格致略论》1876年连载等。这些连载也给了读者一个逐渐学习的过程。正如徐寿给《格致汇编》作序所言"中华得此奇书,格致之学必可盛行,且中国地广人稠,才智迭兴,固不少深思好学之士尽读其书;所虑者僻处远方,购书非易,则门径且难骤得,何论乎升堂入室,急宜先从浅近者起手,渐积而至见闻广远,自能融会贯通矣。"[①]傅兰雅、徐寿就在《格致汇编》写了大量的文章介绍《化学鉴原》、《地学浅释》等图书,使读者逐渐了解了这些图书和内容,并产生了购买的兴趣,进一步促进了这些科学图书的发行。通过晚清时期这个书刊发行互动的案例我们看到既让科学图书有了更多的读者,也使《格致汇编》进一步扩大了影响。

3. 清末商务印书馆等新兴出版机构的图书发行思路

19世纪末,新学在我国有了迅速发展。一些新思想新学说陆续被介绍到国内,而且新式学堂也越来越多,于是新的图书市场需求也逐渐形成。伴随着这一情况的发展,19世纪末在以上海为中心的沿海地区,出现了一批有民族资本或外商创办的书局。这些新兴的出版机构生产上运用新式石印、铅印技术;内容上注重西方新学和新式教科书的出版;发行上致力于分支机构的建设和相对现代的营销方式。这种变化代表着一种新兴出版力量的崛起和晚清时期中国出版发展的方向。也喻示着中国近现代出版的正式开端。新闻出版署就将商务印书馆成立的1897年定为"中国现代出版年"。现在我们以商务印书馆为例对它的图书发行情况进行分析研究。

---

① 《格致汇编》,光绪二年正月,卷二。

商务印书馆是光绪二十三年(1897)在上海由夏瑞芳、鲍咸恩、鲍咸昌、高凤池等4人集资3 750元创立的。当时他们就买了几台手摇脚踏的小印刷机,在北京路租了几间房子就开张了。他们的初衷是想经营印刷业务,因为这几个人都曾经在外国人开办的书局里做过印刷工人。因为不满西人歧视,才相约定自立门户创立商务印书馆。成立不久夏瑞芳请人将英国人为印度人编写的教科书译成中文,加上白话注解,起名为《华英初阶》、《华英进阶》。结果这两本书销路极好,于是商务印书馆看到新的利润生长点,把经营的重点调整到出版发行业务上来,分别设立了印刷所和发行所。他们刚开始做时也并非本本都赚钱,有十几种书就由于粗制滥造和不熟悉市场而造成严重积压。难能可贵的是商务很快注意到质量取胜和发行网络建设是最根本的,这两点也是商务图书发行的优势和特点。他们在图书出版发行过程中运用得非常充分,具体情况如下:

(1) 以质取胜,占领教科书市场。新式学堂的增多必然带来教科书市场的需求,当时上海的新书业都瞄准了这个新兴的教科书市场。如广智书局、文明书局、南洋公学等。商务为了提高图书质量,一方面网罗了大批当时最优秀的知识分子,形成了庞大而有实力的作者群体,以确保图书和教材内容质量高人一筹。如商务请蔡元培、蒋维乔等专家悉心研究讨论,精益求精地编写教科书,深受教育界的欢迎;另外一方面商务大力改进印刷机械,开办之初即与日本人合股购买先进的印刷设备,从而使商务所出图书和教材装帧考究印制精美;再比如商务在出版儿童图书时,会认真考虑插图用色,甚至教材和课文以外的粗幼线、书名和页目是否会对儿童的视线、视力有阻碍等。正是这些举措使商务的教科书和儿童图书在图书市场上有了较好的品牌效应,积累了宝贵的无形资产,为进一步占领市场打下了坚实的基础。有人估计到1911年前,商务版教科书的市场占有率达70%。

(2) 发展分支机构,实行连锁经营,扩大图书发行范围。商务开办之初,就意识到中国近代的读者群和销书对象与以往已大不相同,随着维新运动的发展,中国新型读者市场的面额正不断扩大。另外新式学堂大量出现、都市化的发展以及通商口岸的兴起,也进一步积累了新的阅读群体,因此商务凭着特有的敏感及时建立了发行所专营批发零售。开业3年后,就着手在全国各地建立分销处,组成了自己的图书发行网络。在商务出版的《东方杂志》第四年第一期(1907年5月25日出版)就开列着商务印书馆外埠分局及代表处名录:①

京都:商务印书馆分馆、各书局;

天津:商务印书馆分馆、各书局;

保定:直隶官书局、文林堂、学界博品馆、萃英山房、籀雅堂书坊、大有山房、启文书局;

广州:商务印书馆分馆、各书局;

嘉应:启新书局、焕文阁、务本公司;

揭阳:邢万顺;

琼州:琼芝馆;

汕头:启新书局、应时书局;

香港:聚文阁、聚珍书楼、裕文堂、锦福书坊、英华书局;

汉口:商务印书馆分馆、各书局;

武昌:新学界、启新书局、普通书局、震亚书社、鼎鼎书社、中东书室、劝学图书社、同文信记;

……

---

① 《东方杂志》,光绪三十三年(1907),5月25日,第1期。

日本东京:金港堂书店、大华书局、古今图书局、文兴隆号;

旧金山:开智书局、中西日报馆;

槟榔屿:维新书室;

安南:广兴隆号;

河内:广兴隆号;

仰光:集发号;

哈尔滨:广吉印务局。

由上面资料可以看出,商务总共有230多家书局、报馆、图书馆、商铺销售商务所出图书,遍及全国90多个地区并扩展到美国、日本、越南等国家和地区,从而构成了一个庞大的图书销售网络。可以想像无论是什么图书只要进入其中,就能流通全国甚至可以传播到美国、日本。应该看到这些网络的建设不仅有利于商务图书的销售与传播,而且是其与读者保持良好互动关系的渠道,更是图书市场供求信息的反馈网络。如商务在各地销售点都设有“读者调查卡片”。通过这种周密而庞大的网络和读者建立了长期而稳定的互动关系。就这一点来讲,今天的许多出版社自办发行业务都做不到这种程度。

(3) 开办函购服务,以利于图书向下层传播。我们知道,出版社在知识传播的过程中,置身于2个人群中间,一个是广大读者和社会民众,另外就是作者和知识分子。在当时的交通状况下如何保证处在相对偏远地区的读者能读到商务的图书,也是商务考虑的一个重要方面,因为这既涉及商务图书市场的拓展,更关乎开启底层民智的大事。于是商务采取了两项措施:一是加大书籍函购业务的力度,二是充分利用本馆出版的《东方杂志》、《教育杂志》、《儿童杂志》等期刊推介图书,使读者明白书中的要旨,从而激发购买欲望,当然这2个方法是紧密结合在一起的。

下面我们将看到在《东方杂志》上开列着图书邮购业务的细则。书籍函购业务必须有交通运输和邮寄业务的保障。上海既是沿海又是沿江，处在全国呈“弓箭”交叉点上，这就为商务开展函购业务提供了基础，他们在其所出版的图书上都写着“外埠函购，原班回件”之类的承诺。《东方杂志》第6年第4期上刊登了《商务印书馆通信购书章程》，具体介绍该馆图书函购的业务细则：①

本馆总发行所设在上海，各省分馆现已设有一十八处，贩卖所数百处，以便采购。惟我邦幅员广大，势难遍及。兹定通信购书章程，条例如下：

——采购图书者，务将名目及书价、寄费径寄书馆，得信后立即照信配齐，原局寄奉，断不致误。

——图书概照定价核算，若为数较多，可酌量折扣，临时函商定夺。

——寄递款项，或由信号兑寄现银，或由邮局购买汇票，均随尊便。惟必须挂号，或取收据，以免遗失，其兑费、汇费，由购书人自理。

——欲托本馆选择图书者，可将种类、部数及用书者之程度，详函见示，本馆当代为慎选，以副雅意。

——僻远之地，信局、邮局不能汇兑款项者，其书价及寄费，可用邮票代之，办法如下：(甲)邮票以一角二角者为限，如有真零数，可将一二分者合足，三角以上者不收。(乙)邮票抵实洋，以九折计算，如寄邮票一元，仅能购书九角(因本馆将邮票售出时，均须折扣，故以九折计算，以少赔累)。(丙)邮票有污损及不能揭开者不收，寄时务须用原来蜡纸分别衬隔，俾免胶液粘着，致难揭开。(丁)不收寄还原

① 《东方杂志》，1909年，第4期。

主，其邮费即由所寄邮票中取用。

——书籍寄费，邮局、信局各自不同，本馆特定折中，办法如下：(甲)寄费照书价加一成，如购书一元者，应加寄费一角。(乙)邮局寄费至少须五分。(丙)信局寄费至少须一角。(丁)此项寄费如本馆用剩用余，是当照数寄还，以昭信实。

——欲得本馆书目者，请专函示知，当即寄奉。

商务函购图书的办法，到现在大多数出版社还在沿用，甚至加收10％邮寄费的情况都有些相似。虽然这种邮购的办法不足以和分支机构销售图书的规模相比，但它对边远、内地的读者来说却是非常重要的一条购书渠道。

表 4　晚清时期印刷品及书籍类邮资表(1904)年①

<table>
<tr><th rowspan="3">重量</th><th colspan="6">中国境内</th><th colspan="4">外洋各国</th></tr>
<tr><th colspan="2">第一等口岸界即系轮船火车已通之处</th><th colspan="2">第二等腹地界即系轮船火车未通之处</th><th colspan="2">第三等口岸腹地互相来往之合资</th><th>第四等</th><th>第五等</th><th>第六等</th><th>第七等</th></tr>
<tr><th>附近邮局指之处</th><th>往来各局</th><th>每省本境</th><th>绕越他省</th><th>每省本境</th><th>绕越他省</th><th>香港澳门青岛</th><th>已入邮会各国</th><th>日本</th><th>未入邮会各国</th></tr>
<tr><td>每重三两</td><td>一分</td><td>一分</td><td>二分</td><td>四分</td><td>三分</td><td>六分</td><td colspan="2" rowspan="4">每重二两</td><td rowspan="4">每重三两四分之三</td><td rowspan="4">每重二两</td></tr>
<tr><td>三两至八两</td><td>一分半</td><td>二分</td><td>四分</td><td>八分</td><td>六分</td><td>一角二</td></tr>
<tr><td>八两至一磅</td><td>三分</td><td>四分</td><td>八分</td><td>一角六</td><td>一角二</td><td>二角四</td></tr>
<tr><td>一磅至二磅</td><td>五分</td><td>八分</td><td colspan="4">每重一磅</td></tr>
<tr><td>二磅至四磅重至此止</td><td>一角</td><td>一角五</td><td>八分</td><td>一角六</td><td>一角二</td><td>二角四</td><td colspan="2">二分</td><td>二分</td><td>五分</td></tr>
</table>

① 《总邮政司新定寄费清单》。《东方杂志》，第1年(1904)，第2期。

下面我们对商务图书发行模式进行几点理论分析。通过研究，笔者认为商务图书发行有 5 个方面的特点：一是系统性，建立了庞大而互相联系且上下层次分明有序的发行网络，这是大规模发行图书的基础；二是图书发行对象的可控性，因为晚清时期，商务主要是做教科书出版，销售对象是新式学堂的学生，因此容易大规模发行，这也是商务发展较快的一个重要原因；三是图书品牌经营有方，商务图书质好价低，这已成为晚清末期众口相传的铁律，更潜移默化地成为商务的一个特点。图书内容质量和印刷质量精益求精，定价不高，在读者中享有盛誉并打造了牢固品牌意识；四是抓住与社会的共振效应，应该说商务的第一桶金就是抓住了社会变革需求的结果，商务在清末的成功以及后来的实践都说明他们与社会的共振意识非常强；另外商务对学脉建设和作者群经营的重视也是其图书影响大、发行册数多的一个重要原因，建馆不长时间他们网罗了张元济、严复、蔡元培等著名文人学者，集结了一批知识分子群体，使其在人脉上很快从“边缘”势力，进入文化“中心”地带，在文化界迅速建立了学术声誉，其所出版的图书自然会成为人们关注的热点。

二、科学图书的宣传及社会影响

1. 科学图书借助报纸扩大社会影响

晚清时期书和报就像一对孪生兄弟，共同承载着传播新知新学的重任，他们既有区别又密不可分，你中有我，我中有你。许多图书都是通过当时的报纸宣传推广的，如《天演论》出版后，正是通过天津的《国闻报》

连载才在广大民众中产生了较大反响，并进一步促进了社会的重视。当时随着新式出版业尤其是近代报刊的产生与发展，图书评论、新书介绍等形式开始在各大报纸上出现。1898年在上海创办的《时务报》就在它的章程中提出，该报拟登载新撰新译书籍，以及开译或有意撰写之书的消息。可见在清末开启民智的背景下，书和报作为新学新知的一个传播整体便在民众中扩展开来。因此，要研究晚清科学图书的宣传，必须把二者结合在一起研究。在1895～1911年的这十几年间，一些新型报社、出版社、学堂、学会在中国大量出现，这时西学逐渐成为当时知识界的主流话题，另一方面从政府到知识界都看到了下层社会启蒙的必要性，“开民智”一下子变成了这十几年间最流行的口头禅。大多数有识之士都意识到“无智愚民”几乎招致亡国灭种的惨剧，纷纷筹谋对策，开白话报社、出版易读易懂的西学书籍。成立阅报社、讲书所、演说会，推广识字运动与普及基本的新知识教育，在清末展开了一场史无前例的大规模民众启蒙运动，而在这个运动中报纸的作用是最大的。因此研究报纸对科学图书宣传的作用是很有意义的。

由于清末大批报纸的出现，以及现代印刷技术的引进，使报纸向其他地区发行成为可能，这样不同的报纸之间就在发行渠道上产生了一系列竞争。上海作为近代新文明输入中国的摇篮，集中了《申报》等一大批新兴报纸书局，由于报纸时效性强的特点，因此这些报纸在发行上的争夺在清末进入了白热化的程度。我们可以举一个例子来说明这种发行报纸争夺的激烈程度，1893年2月17日，上海又有《新闻报》诞生，该报由中外商人会组的私人公司创办。创刊后，为尽快打开销路，每张售价7文，比《申报》(10文)和《字林沪报》(8文)都要便宜。当时上海与江南各地的火车未通，发行外埠的报纸，都由小轮船及民信局的脚划船递送。《新闻报》别寻蹊径，专门雇用一批挑报人，每晚12时后，将刚印好的报纸捆成大包，挑送到南翔镇河滨，预先雇有脚划船一艘，报纸一到就马上开航，次日午后即可抵达苏州都亭桥，由设在此地的《新闻报》分馆当日批售。这样苏州就能看到当天的报，无锡、常州、镇江等地，虽由苏州转递，也比《申报》、《字林沪报》要早。因此苏、锡各埠，《新闻报》销路独广。这个秘密后来被《申报》、《字林沪报》发现了，也纷纷效仿。于是，上海的报纸发行队伍中，又增添了"挑报人"这个新行当。这个职业直到沪宁、沪锡段铁路先后开通后才废止。[①]《新周报》初出时，招登广告十分困难。当时各戏园的戏目广告，只登《申报》一家。《新闻报》派人每日到各戏园抄录，以便照刊，不料戏园主人以为不可，将戏目匿不示人。"馆主斐礼思大愤，令排字人随意乱排戏名，按日刊录，以淆乱观剧之人，各戏园大惧，央求解围，各愿抄送，未几且各愿出资。"[②]由上面两段史实看出当时无论从社会还是办报人都意识到报纸向更广人群、更大地区传播的重要性，这一方面是社会发展的需要，更是书报业竞争的必然结果。晚清所出版的科学图书正是通过报纸以广告或书评的形式向更大的地区、更广的民众传播。

报纸广告的兴起应该是近代图书发行宣传的里程碑。鸦片战争后西方传教士、商人等相继在我国创办了各种报纸，紧接着在报纸上做图书广告的方式就开始有人采用。1872 年《申报》创刊，1872 年 4 月 30 号《申报》第 1 号就刊登了一个售卖四书五经、法贴字典的书坊广告。1873 年 8 月 23 日墨海书馆也在《申报》刊登广告"《中西见闻录》出售"。1896 年 8 月 5 日梁启超创办的《时务报》也在《申报》上刊登广告"时务报创刊并出售新书"下面列了种种书名，并说都是新出版的。可见晚清时期在

① 本案例参见：陈玉申：《晚清报业史》，山东画报出版社，2003 年，第 49 页。
② 胡道静："新闻报四十年史"。《报学杂志》，第 1 卷，第 2 期，1948 年 9 月。

报纸上刊登图书广告在逐渐兴起，并成为出版机构图书宣传的方式之一。我们应该区分的是近代报纸上的图书广告不同于古代的书刊印刷广告。古代的书刊印刷广告在时空上是有局限的，它通常是与图书商品、图书交易场所紧密结合在一起的，一般是不可分的；而近代报纸广告则可以完全不受图书交易场所的限制，在时间和空间上大大超出了古代书籍广告的活动范围。任何人、任何时间、任何地点只要看到售书信息就可以前往购买或邮购。报纸广告不仅是近代出版业图书宣传转型的一个里程碑，而且是图书宣传模式上的一次创新，是书报这对孪生兄弟合作的一个起点。晚清所出科学图书也有相当一部分通过这种形式介绍到民众之中。关于具体科学图书的社会影响我们将在下一节论及。

另外，书评和新书连载形式的诞生也是科学图书扩展社会影响的一种途径。随着新式出版业尤其是近代报刊的产生与发展，图书评论与新书介绍连载的形式也开始兴起并很快成为当时的一种时尚。1898 年创刊的《时务日报》就在它的章程中提到该报拟登载新撰、新译书籍，以及向读者介绍开译撰写图书的消息。许多报纸对一些新出版的书籍发表评论撰写书评，有些报纸还以连载的形式率先向读者介绍新书。严复翻译出版《天演论》就是在天津《国闻报》连载，并逐渐扩大该书的影响的。《教会新报》第 4～43 期，连续刊登了同文馆丁韪良著的《化学入门》，1873 年还连载了傅兰雅、徐寿合译的《化学鉴原》。[①] 这种图书宣传方式也为今天大多数出版社所采用，尤其是报纸“书评”栏目的发展，与晚清时期相比要丰富的多。

---

① 徐振亚：“试论徐寿父子在中国近代化学史上的地位和作用”。《徐寿父子研究》，清华大学出版社，1998 年，第 335 页。

2. 几种科学图书的社会影响分析

(1)《天演论》的出版传播促进了国人变法自强的意识

《天演论》1898年由我国著名翻译家严复翻译,原著者为英国人赫胥黎,原书名为《进化论与伦理学及其他论文》。该书运用生物学、地质学和天文学的知识,根据达尔文的学说详细论述了"物竞天择、优胜劣汰"的生存斗争学说,这也是严复翻译此书的根本目的,企图以此唤醒亿万国人的危机意识。实际上严复在1895年就已经译完此书,1897年开始在天津《国闻报》连载。相当一批国人已经由此了解了一些《天演论》进化论的观点,这也为1898年该书正式出版后产生极大的影响预设了铺垫。严复在《天演论》第一篇就告诉人们"虽然,天运变矣,而有不变者行乎其中。不变惟何?是名天演。以天演为体,而是其有二:曰物竞,曰天择。此万物莫不然,而其效则归于天择。天择者物竟焉而独存。则其存也,必有其所以存,必其所得天天之分,自致一己之能,与其所遭值之时与地,及凡周身以外之物力有其相谋相剂者焉。夫而后独免于亡,而足以自立也。而自其效观之,若是物待为天之所厚而择焉以存也者,夫是谓之天择"①。

对于中国人来说这些道理可是第一次听说,并且不仅生物界存在着物竞天择的规律,人类社会也是如此,因为人也是生物进化发展的产物,于是人们由此意识到中华民族正承受着空前的生存危机,非变法不可。其实《天演论》正式出版前,就在维新派中广为传阅,并且对康有为、梁启超等人产生了很大影响。应该讲《天演论》为当时的变法维新提供了一

① 严复:《天演论》。《严复集》,中华书局,1986年,第1324页。

块理论基石。另外,《天演论》也像一座警钟,敲响了压抑在国人心中很久的愤懑,因为自打鸦片战争后,帝国主义列强到处瓜分中国,中华民族的正常生存受到严重挑战。通过《天演论》人们明白了优胜劣汰的道理,形成了变法自强的共识。应该看到《天演论》不仅使国人了解了“物竞天择,适者生存”的西方科学知识,关键是帮助中国人找到了一种指导自己在危机时刻生存的方法、态度,这也是《天演论》风行全国的重要原因。

(2)《谈天》与《地学浅释》改变国人天地观念的两部力作

《谈天》原名《天文学纲要》(*Outlines of Astronomy*)英国著名天文学家约翰·赫歇尔(John Herschel, 1792～1871)编著的一部相对通俗的天文学著作。该书的最早版本是由伟烈亚力与李善兰合译于 1859 年,在上海墨海书馆出版的。江南制造局傅兰雅和徐建寅又合作把直到 1871 年的天文学成果补充进去,1874 年由上海江南制造局出版。该书系统介绍了欧洲天文学的最新成就,其在中国的出版发行进一步巩固了牛顿力学、日心说在中国的学术地位。李善兰在序言中明确指出该书“主地动及椭圆立说”,并言明“此二者不明,则此书不能读”。他在序言中还表达了西方科学的发展正是科学家不断进取“求其故”的过程。哥白尼“求其故,则知地球卫星皆绕日”;开普勒“求其故,则知五星与月之道皆为椭圆”;牛顿“求其故,则以为皆重学之理也”。正是这种“求其故”的精神,使人类由“知其然”向“知其所以然”进化,[1]应该看到这些思想对后来科学思想、科学精神在中国的确立与发展起到了一定的奠基作用。《谈天》出版后深受中国学术界重视,王韬曾在其著作《瓮牖余谈》中专门提到了《谈天》这本书,并盛赞赫歇尔以及中国本译者“有大功于世”[2]。后来

① 约翰·赫歇尔著,伟烈亚力译,李善兰述:《谈天》,序言,上海中华书局,1915 年。
② 王韬:《瀛壖杂志·翁牖余谈》,岳麓书社,1988 年,第 46 页。

著名学者康有为、孙维新等都对《谈天》一书非常推崇。可见该书的出版不仅在天文学领域而且对人们认识舆地观念都有一定的影响。当然我们也应该看到《谈天》中译本的缺陷，正如本文在前面章节提及伟烈亚力不仅是一位译书匠，他还是一名地道的传教士。因此在《谈天》这本书中尽管主要思想是“日心说”，但他也不忘夹杂一些“万物皆上帝”创造与安排的观点，如书中文字有“夫造物主之全智巨力，大至无外，罔不莅临，罔不鉴察。故人虽至微，无时不蒙其恩泽。试观地球上万物，——何者非造物主所赐！窃意一切行星，亦必万物备具，——造物主大仁大慈，必当如是也。”[1]这进一步说明教会出版机构传播出版科学书籍也是为其传经布道服务的，这些传教士在译科学图书时也并未忘记自己的使命。尽管如此，《谈天》的出版仍使国人对西方天文学的理解跃上了新的层次，并且巩固了牛顿力学、日心说在中国的地位，进一步改变了国人的天地观念。

《地学浅释》是英国著名地质学家雷侠儿（Charles lyell，1797～1875，其实就是地质学家赖尔）著述的一部地质学纲要，该书系统地介绍了西方近代地质学知识，包括地质结构演变、成因等。此书是国内第一次提及拉马克、达尔文和生物进化论的书籍。《地学浅释》由英国学者玛高温译，我国近代著名数学家华蘅芳述，1873 年由上海江南制造局出版，凡 38 卷。全书通俗易懂，条理清晰，译笔也非常精彩简洁。这既与原书的作者创作有关，也与江南制造局中英译者的创造性劳动密不可分。关于这一点我们在“江南制造局翻译科学图书的方式”章节中有过详细的论述。该书出版后晚清学者文人对此一片好评。如在徐维则、顾燮光编写的《增版东西学书录》中对此书有过这样评价，“是书透发至理，

① 黎难秋主编：《中国口译史》，青岛出版社，2002 年，第 201 页。

言浅事显，各有实得，且译笔雅洁，堪称善本”①。《地学浅释》在19世纪末至20世纪初流传甚广，还被当时不少学校用作教科书。据鲁迅回忆自己在南京读书时即学习此书，可见，(地学浅释》在当时文化界和教育界的影响是非常大的。

《谈天》与《地学浅释》这两本一天一地的著作，像一对双子星座，照亮了晚清国人对天和地的认识，使人们对天地、宇宙观念有了新的视野。配合晚清西方地理学书籍在中国的传播，进一步改变了国人传统的夷夏观、中国中心观，正是这些新的思想对晚清后期社会变革起到了一定的推动作用。当时人们谈天说地，以不知道这二本书为耻。梁启超更认为“人日居天地间而不知天地作何状，是谓大陋，故《谈天》、《地学浅释》二书不可不急读。二书原本因为博大精深之作，即译笔之雅洁，亦群书中所罕见也”②。这进一步说明晚清时期西方科学图书对中国社会的影响是全方位的。不仅有本学科知识体系引进确立的意义，也能改变人们对西方社会及整个世界的认识。在某种程度上，对形成社会思潮推动社会发展也有助益。

(3)《化学鉴原》为中国化学元素命名和学科建设奠定了根基

《化学鉴原》一书系由英国人韦尔司所著，原书名为 *Principles and Applications of Chemistry*，1871年由江南制造局出版，傅兰雅译、徐寿述，到1875年二人又合作出版《化学鉴原续编》，此二书为中国近代化学学科的建立奠定了化学元素名称和知识体系基础。据统计《化学鉴原》为我国命名了64种元素名称，有44种名称到今天还在使用，可见该书影响深远。该书刚一出版即受到多方面的高度评价，孙维新在《泰西格

① 徐维则、顾燮光：《增版东西学书录》(地学之二十)，1902年石印本。
② 梁启超：《读西学书法》。《饮冰室合集》(下册)，北京大学出版社，2004年，第1161页。

致之学与近刻翻译诸书详略得失何者为最要论》中提出“于以知天地间之物，无非此六十四原质分合变化而成。所论质点之细，小而无内，变化之巧，出人意外。习天文可想天地之大，襟怀为之广阔；习化学能觉物质之细，心思为之缜密。《鉴原》为化学善本，条理分明，欲习化学应以此起首功夫”[①]。1873 年由林乐知创办的《教会新报》连载了《化学鉴原》的所有内容，当时该刊在每个省发行量都有 2 000 多份，影响面非常广泛，这一连载更全面系统地传播了无机化学 64 个元素的性质、制备、用途等，对国人的化学知识起到了启蒙作用。《化学鉴原》的影响还不只国内，日本学者柳原前光等人听说此书出版后，还专程到江南制造局索要该书，并准备归国仿行[②]从后来的中日化学译书材料对比中我们也可以看出“今日本所译化学名词，大率仍袭寿本者多。”[③]由此可见该书不仅对中国化学学科建立起到了基础作用，而且对日本近代化学的发展也有相当的影响。

另外该书的影响不仅表现在学科性和社会性，还作为教材影响了几代人。《化学鉴原》和《化学鉴原续编》都被用作新式书院学堂的教材，多次重印。如 1890 年格致书院举办第一次化学考课时，即将《化学鉴原》等书列为主要参考书。1897 年，著名化学家栾学谦在格致书院讲授化学课程，即是采用傅兰雅、徐寿合译的《化学鉴原》一书为教材，他“一面

① 孙维新：《泰西格致之学与近刻翻译诸书详略得失何者为最要论》。《格致书院课艺》，光绪乙丑年春季，第 8 页。
② 钱基博：《徐寿传》。闵尔昌编：《碑传集补》（卷四十三），民国十二年燕京大学国学研究所印，第 16 页。
③ 钱基博：《徐寿传》。闵尔昌编：《碑传集补》（卷四十三），民国十二年燕京大学国学研究所印，第 16 页。

讲授化学理论，一面做表演实验”[①]取得了很好的教学效果，当时的新学报还作为一件新鲜事进行专题报道，也得到了傅兰雅的高度称赞。1887年上海点石斋印行《策学备纂》作为参加考试者学习用书时，即从《化学鉴原》一书中摘录出《化学总论》一章作为备考资料。1905年蔡元培组织革命团体光复会，该会会员俞子夷在上海秘密设立实验室，试制炸药。据其回忆“当时只有一本江南制造局印的《化学大成》作参考”，[②]《化学大成》即包括《化学鉴原》、《化学鉴原续编》等7本书。1934年教育部编的《教科书之发刊概况》中也提到许多书院学堂将《化学鉴原》、《化学鉴原续编》作为教科书。因此该书作为教材影响了大批新式学堂的学生，该书的内容也就成为这些人知识体系中的有机组成部分。

梁启超在《读西学书法》一章中也对江南制造局《化学鉴原》译本给予了很高的评价。“《化学鉴原》与《续编》、《补编》合为一书，……译出之化学书最有条理者也。广州所译《化学初阶》、同文馆所译《化学阐原》、闻即《化学鉴原》云，西文本同一书，而译出之文，悬绝若此，诚可异也。”[③]应该指出《化学鉴原》等书不仅在化学领域和书院学堂范围内有基础作用，而且宣传了世界万物由不同原质组成的唯物论自然观，成为启发人们维新思想的源泉。

3. 晚清科学图书社会影响的人群分析

应该讲晚清时期科技图书的翻译出版对落后的中国起到了有力的

---

① 徐振亚：“徐寿在上海格致书院开创的化学教育”。汪广仁：《徐寿父子研究》，清华大学出版社，1998年，第469页。

② 俞子夷：“回忆蔡元培先生和草创时光复会”。《文史资料选辑》(第77辑)，1981年，第9～13页。

③ 梁启超：《读西学书法》。《饮冰室合集》(下册)，北京大学出版社，2004年，第1161页。

社会推动作用。这种作用会在不同地区不同人群不同层面展开，如对地区的影响，我们在“科学图书发行模式研究”一章中通过对《格致汇编》里“互相问答”栏目的受众分析，看到这种地区影响是以上海为中心，沿江沿海呈“弓箭”型向内地扩散，其影响深度也与到上海的距离成反比关系。下面我们侧重研究晚清科学图书在不同人群间的影响。笔者试图把受到晚清科学图书影响的人群进行细分，并针对不同人群受其影响角度不同进行具体分析。

(1) 强相关人群

晚清不仅翻译西书成风，而且各地也大力兴办新式学堂，培养新式人才。这些学堂既有教会机构办的，也有洋务派和社会力量筹办的。他们的目的就是要培养掌握西学的专门人才。从前面分析我们知道格致书院等学校均采用江南制造局编的《化学鉴原》、《地学浅释》等作为教材。其实这种情况在全国各个新式学堂非常普遍。如湖南时务学堂要求“第一个月学生必须读《格致须知》中的天文学、地理学、地理地志诸种，第三个月阅读《格致须知》中重、力、化、汽诸种，第四个月读《西学启蒙六十种》，第五个月读《格致汇编》。格算门必须读《化学鉴原》、《化学鉴原续编》、《化学鉴原补编》、《化学分原》等书”[①]。

可以想见，全国这些新式学堂正通过晚清翻译出版的科技图书作为教材，系统地培养了一大批西学人才，而科技图书的内容自然就成为他们知识体系中的有机组成部分。应该说这些人是受到晚清科学图书影响最深的人群，属于强相关人群。这种影响在 3 个层面发挥作用，一是知识结构逐渐与西方近代科学体系吻合，产生了新一代的中国科学技术

① 徐振亚：“徐氏父子译著对谭嗣同影响浅析”。《徐寿父子研究》，清华大学出版社，1998 年，第 443 页。

专家，与徐寿、华蘅芳等传统科学家的知识体系有了质的区别；二是从思维结构上，由于受西方科学的数理训练，其思维的严密性、复杂性、理论性都有显著提高，一些科学思想、科学方法成为这些人思考问题的指导原则；三是从文化心理上，因为长时间受到西方科学的教育熏陶，他们对西方科学产生了较强的亲近感和向心力，后来“科学救国”思想的提出就有这种影响的因素。也正是他们逐渐成为晚清乃至民国时期我们国家所依靠的重要科学和技术力量之一，为中国早期近代化发展起到了一定的推动作用。

（2）产生反应人群

这些人包括一些文人士绅以及维新人士，他们是当时社会文化的中间力量，对国家有很强的责任感和自强意识。这些人深感中国落后，苦思报国的良策，因此对西学尤其西方科学技术图书产生浓厚兴趣。如康有为说自己购买江南制造局翻译馆的图书达 3 000 余册，用来赠送朋友和自读。张元济也不断托《时务报》总经理汪康年在上海购买科技图书。谭嗣同也是通过读晚清时翻译出版的格致之书，了解了有关地理、天文、数学、物理、化学、生物等自然科学基础知识，而深感“足征西人致思之精，益叹我华人无学”①。他从“物竞天择，适者生存”的进化论观点，联想到我弱彼强的社会现实；从天地生物都从低级到高级进化而来，世界万物是不断运动变化发展的来思考社会也要不断变化，要“革古鼎新”；从自然界的变化规律看到了社会变革的必然性，理解了维新变法的合理性，这就是谭嗣同学习自然科学书籍悟出变法理论的思想发展过程。此外章太炎、蔡元培等人也喜欢读西方的科学图书。当然这些人士学习西方科技并不是想成为科学家和工程师，而是通过这些科学图书开阔了他

① 谭嗣同:《谭嗣同全集·三十自纪》,生活·读书·新知三联书店,1954 年,第 206 页。

们对自然和世界的认识，从中感发出不少救亡图存、变法自强的真理。如《天演论》的出版就像一座警钟告诉人们“优胜劣汰”的规律，《谈天》和《地学浅释》改变了人们的舆地观、中国中心观等。曹聚仁在《中国学术思想史随笔》中提到他所读到的500多种社会精英回忆录中，很少有不受严译《天演论》影响的。① 正是这些科学图书的传播与发酵使相当一批文人士绅甚至维新派思维空间发生了根本改变，从而树立了崭新的自然观和世界观，产生了许多新思想，形成了社会舆论合力，推动了社会变革。

(3) 弱相关人群——底层民众

晚清时期的科学图书底层民众是看不懂的，但随着清末开民智的运动，科学图书的一些基本内容还是通过2种形式对底层民众产生了一些影响。一个是当时广泛开展的阅报活动；二是通过众口相传的形式，普通百姓还是对声、电、化、光以及西方世界的情况有了一些相对粗浅的了解。在分析具体科学图书影响时对前面两个人群的社会影响谈的比较多，而对底层民众的影响则稍显薄弱。下面我们则重点分析一下清末底层民众开民智及宏观上受到科学图书影响的情况，尤其是阅报社的发展和作用，因为许多科学图书的内容都是通过白话报纸传播到底层社会的，如《天演论》被《国闻报》连载，《格致启蒙》、《格致须知》也被演译刊行在白话报上。

阅报社成为一种风气，大概是在1904年前后的事。有资料显示，山东、河北、浙江、广东、江苏、福建、江西、湖北等地在这一年间陆续开办了大量的阅报社和讲书所，在当时成为一种广泛的社会现象，出现了难得的新事物新思想与中国下层社会百姓正面接触的情景。

---

① 曹聚仁：《中国学术思想史随笔》，生活·读书·新知三联书店，1986年，第353页。

当时阅报社一般都设在茶馆、寺庙等行人来往较多的场合，其目的就是为了吸引更多的民众。之所以将报纸与图书并列，正如我们前面所说对很多人来讲，二者在功能性质上并没有什么大的差别，许多报纸就是以宣传科学图书和科学知识为目的。如江苏无锡举人裘廷梁将《格致启蒙》等书演绎成白话刊行在中国第一份白话报《无锡白话报》上。[①] 而地点上茶馆和寺庙也是一样不分贫贱、阶级，人人都可以进出，很容易达到普及的目的。在当时中国的乡村社会茶馆的地位非常重要，甚至成为一些地区人们交往生活的中心，更是他们交换情报取得信息的场所。有识之士正是看中它的这一重要功能，许多阅报社、读书社才建在这里。当时社会各界对阅报社在下层社会的出现与发展也给予了许多舆论上的支持。如《大公报》在1905年5月30号发表文章"天津也当设立阅报处"鼓励道：

> 中国顽固的人多，阅报的风气不大开，你劝他花钱买报看，他是不肯的。就是买报看的，也不能买得许多。但靠著一两种报考查天下的事，究竟所知道的事有限。要打算多买，又买不起，惟有设立阅报处最好。这阅报处，拣那极好的报买些种，任人观看，不但于明白人有益处，就连那顽固人，也可以渐渐地化过来。……你们看北京城，不多的日子，立了许多阅报处，这个方才创办，那个闻风兴起。大宛试馆也已设立，开照相馆的王子贞也肯兴办，就连医生卜广海，也肯发热心天天演说报章。可见人之好善，谁不如我。只怕没有开头儿的，有了开头儿的，就有仿办的了。……
>
> 假如(再)有人仿照北京的办法，多立阅报处，不但是入学堂的可

① 焦润明、蔡晓轩:《晚清生活掠影》，沈阳出版社，2002年，第4页。

以开通，学堂以外的人，也可以得开智的益处。①

从这段文字可以看出在那个雪耻图强的年代里，新兴事物的确有极强的传染性和感染力。新的共识一旦形成，一些有识之士就把它化作实践层面的行动，加以实施传播。

从阅报社在底层的发展我们可以看到，维新改革、开启民智已经成为社会主流，得到了社会各阶层的支持和认同。因此阅报社的设置到1905、1906年达到高峰。阅报社、讲书所的对象主要是下层社会的普通民众，这从其陈列的报刊和书籍也可以看出。如北京西城阅报社陈列的是《中国白话报》16册，《福建白话报》3册，《广雅报》1册，《广雅俗报》4册，《湖南俗话报》、《安徽白话报》、《新白话》、《童子世界》、《启蒙画报》以及京津等处各报。② 这些报纸画册道理浅显易懂，文章也较通俗，其中大部分是白话报。从中可以看出读者对象就是基层民众。应该指出这些报纸画册除了介绍时事政治、社会、外交、地理、历史外，大多数报纸也在有关版面以问答、图画的形式介绍一些浅显的西方科学常识。

许多阅报社、讲书所还针对文盲半文盲偏多的情况，请学校的老师或者其他知识分子用白话讲这些新思想、新知识、新事物，希望他们听了以后，能在茶余饭后成为闲谈之资，众口相传，达到提高下层社会民众知识水平的目的，还可以成为一种社会共同的舆论和导向。

《申报》1906年2月5日有一篇对阅报社总结性的文章，对其进步意义有充分的说明。题目是"论阅报者今昔程度之比较"，其中提到与过去相比，工商界阅报的人数增加，而农民以前完全不知道什么是报纸，现在

① 《大公报》，1905年5月30日。
② 《大公报》，1905年5月5日。

也渐渐知道，甚至“闻讲报社之讲演，则鼓掌欢呼，惟恐其词之毕，而恨己之不能读者”。[①] 这样的说法虽然有些夸张，但由上面这些例子，我们不难看出当时阅报及讲解书报渐趋普及的事实。同样晚清翻译引进的一些西方科技知识也经常成为报纸和演讲的重要内容。

从上面分析，我们可以看到阅报社、讲书所的设置发展与下层启蒙运动的关系，也窥到了书报在当时背景下一种特殊的传播方式。为了吸引更多潜在、有待开发的底层民众，一些进步人士想方设法，用到了所有可能用到的方式，传播这些新思想、新事物、新知识，把报国的理想落实到满目疮痍的广阔土地和愚昧落后的下层社会。底层民众看不懂艰难晦玄的数理符号，他们可以换一套表达形式，用下层社会的村言俚语写出，再不懂他们就把这些书写的文字改换成口说的语言。如果口说的语言还不能引人入胜，他们就把它编成剧目、粉墨装点争取使普通百姓感兴趣和理解。尽管这种阅报、讲书活动大部分宣传的不一定是西方科学内容，但是通过这些方法确实使底层民众知道了火车、轮船、飞机、大炮，有些民众可能进一步知道电灯、电话、分解、化合、牛顿力学、日心学说，还有一些可能了解《天演论》、《谈天》、《地学浅释》等科学图书。因此清末民初的底层民众也间接或直接地受到了晚清时期所翻译科学图书的影响，并且对推动社会发展起到了一定的基础作用。

（张善涛）

① 《申报》，1906年2月5日。

韩建民

晚清科学出版人物案例分析

一、傅兰雅对中国科学传播的历史贡献

二、对“西译中述”中方“述”群体的整体性研究

晚清科学出版人物
案例分析

研究晚清科学图书出版不能见事不见人，人是译书出版过程中起决定性的因素。如果要对晚清科学出版有深刻的认识，则必须对参与其中的代表人物有一定的研究。本文重点对“西译中述”这一晚清重要翻译过程中外双方参与者给予特定的研究。笔者选取的外方人士是译科学书最多、跨度最大的著名科学传播大师英国人傅兰雅。在前面提到的所有中外译员当中，傅兰雅这个名字出现的频率最高。傅兰雅一生译书129种之多，大部分是科学普及读物，关键是他还做了其他3件对中国科学普及具有历史意义的工作，创办了近代中国第一份专门性科普杂志——《格致汇编》；参与创办中国第一所传授自然科学与技术的新型学堂——格致书院；创办近代中国第一家科技书店——格致书室，因此对他的进一步研究是非常有意义的。中方我们没有选择具体人而是把徐寿、华蘅芳、李善兰等参与“西译中述”的中方群体看作一个“述”群体来进行整体性的研究，这种研究思路的转换带给我们很多新的思考。本章除了对徐寿、华蘅芳等人所做出的贡献给予必要的介绍外，我们侧重对这个“述”群体整体特征、创造性、局限性进行研究，探讨其整体性的作用与贡献。

一、傅兰雅对中国科学传播的历史贡献

我们知道由于种种原因对参与晚清翻译出版的中方人士徐寿、华蘅芳、李善兰等研究还是比较多的，但对晚清翻译出版科技知识贡献非常大的傅兰雅却研究较少。这样对晚清科学出版的研究是不全面的，得出的结论有些也是值得商榷的。我们选定傅兰雅这样一位译书出版最突出而以往研究又相对薄弱的人物进行个案解剖，是符合科学传播和译书

出版研究规律的，也是和前面其他视角研究晚清科学出版有机结合在一起的。

傅兰雅(John Fryer，1839～1928)，英国人。1861(咸丰十一年)年来到中国，起初在香港任教。1863 年(同治二年)，曾任北京同文馆英文教习，1868 年到江南制造局任翻译。

傅兰雅在上海江南制造局工作 28 年(1868～1896)。其一生翻译了 129 部译著，其中有 57 部自然科学，48 部应用科学，14 部陆、海军科学，10 部历史和社会科学。1895 年离开中国担任加利福尼亚大学(伯克利)路易斯·阿加西斯东方语言文学教授。

在华期间，除替中国政府翻译西方科技书籍以外，傅兰雅还积极参加、倡导与西方科学有关的许多事情。从 1874 年开始，他参与了上海格致书院的创建工作，以后长期担任书院的董事和秘书。这个书院既不是教会机构，也不是官办机构，而是一批促进中国了解西方的中外人士在 19 世纪 70 年代中期合作创建的。傅兰雅每星期六晚在书院进行幻灯教学，讲授西方科学知识。

1876 年初，傅兰雅自己出资，在格致书院开始编辑出版介绍科技知识推介科学图书的专门科普月刊《格致汇编》。1876 年至 1892 年间，傅兰雅一直担任着《格致汇编》的主持人和编辑。《格致汇编》上的文章通俗易懂，图文并茂，许多是傅兰雅亲自编写的。

傅兰雅的另一个重要贡献就是 1885 年在上海建立的一个非赢利性的书店格致书室。到 1888 年，该书室拥有约 650 种关于西方科学技术问题的书籍，在天津、杭州、汕头、北京、福州和香港设有分店。尤其是格致书室的经营很有特点，格致书室销售科普图书的方式可能比今天的新华书店还要先进，分销、代销、送寄，其网络遍布沿海、沿江和内地。到 1897 年，其销售额达 15 万银元，取得了很好的传播效果。

1. 与江南制造局翻译馆签订完全工作合同

傅兰雅来到中国几年后，他的思想逐渐发生了一些深刻的变化。这主要表现在以下几个方面：一是他发现中国人迫切需要的是西方科学技术，而不是什么宗教。于是他撰写文章支持中国的一些改革，如京师同文馆增设天算馆问题；二是他自己开始学习自然科学知识，并让他弟弟在英国购买科学仪器，准备在中国演示；三是他内心产生了一种强烈的使命感，希望为中国的发展做些有益的事情，争取在中国的变革过程中找到自己的位置。这在他给弟弟的信件中能够看到①。由此可见傅兰雅后来能专心在江南制造局翻译西方科学技术书籍并取得如此大的成绩并不是偶然的，是有思想基础的。

江南制造局是由李鸿章、曾国藩创立，晚清开办最早、规模最大的一个兵工企业。其主要目的是制造自己的船舰枪炮等，但当时中国工业基础几乎为零，造船造炮谈何容易。只好先找些外国人的资料研究，但不懂外文又无法研究，于是想法请既懂中文又精通外文的洋人翻译。这样中文良好的傅兰雅就成了首要人选，当时江南制造局的负责人几次到傅兰雅家中去请，这种热情也感化了傅兰雅，加之他一直想为中国发展做些实际事情，因此傅兰雅接受了江南制造局的聘任，成为清政府江南制造局翻译馆的译员。当然，不可否认薪水较高也是他赴任的一个主要原因，前面资料提到他此时有 3 种选择，而到江南制造局译书年薪达到 800 英镑，是待遇最好的。另一方面做出这一决定对傅兰雅也并不是那么轻

---

① Adrian Bennett, John Fryer. *The Introduction of Western Science and Technology into Nineteenth-century China*. Cambridge, Mass: Harvard University Press, 1967:8.

松的,因为这意味着他将完全脱离教会,但他最后还是坚定地把自己的前途和中国的发展联系起来,迈出了这一步,开始了在中国长达28年的翻译西书传播科学的工作。从这一点我们也可看出傅兰雅无论从身份上还是从绝对时间上定性为译书巨匠、科学传播大师更为合适。

那么傅兰雅是不是专职在江南制造局工作呢?这从对他的聘任合同研究中也能找到答案。目前在美国加利福尼亚大学伯克利分校的班克罗夫特图书馆还保留着傅兰雅和江南制造局的第二次和第三次聘任合同。

从合同第四款"除译西国格致制器等书外,局中不可另有他事以分译书之心;傅先生亦不可在外另办新闻纸馆及一切别事。"看出傅兰雅已经完全被江南制造局聘用,彻底与教会脱离了关系,他的惟一职责就是翻译"格致制器等书"。1868年7月,傅兰雅还在给他弟弟的信中提到"我上午翻译煤矿开采的书,下午钻研化学,晚上还要学习声学"①(In the morning I take coal and coal mining in all its details, in the afternoon I dig into chemistry and in the evenings acoustics.)可见他把全部身心都投入到翻译科学技术书籍上去了。

傅兰雅在江南制造局还被赐予头衔,"在馆西人俱有保举,国家钦赐头衔,而傅兰雅得三品,金楷理得四品,林乐知得五品"②。从另外一份资料中我们也看到了这一点,鉴于徐寿、傅兰雅等中外人士的辛勤工作,李鸿章还奏折为傅兰雅等请奖。在李鸿章等"奏上海江南制造局历年办理出力之中外员匠恳恩给奖折"中提到给"翻译西书英国儒士傅兰雅,拟

① Adrian Bennett, John Fryer. *The Introduction of Western Science and Technology into Nineteenth-century China*. Cambridge, Mass: Harvard University Press, 1967:24.

② 傅兰雅:《江南制造局译书事略》。《中国出版史料·近代部分》(第一卷),湖北教育出版社、山东教育出版社,2004年,第548页。

请加三品衔”[1]。这进一步说明傅兰雅在江南制造局翻译西书的28年里,是一心一意为江南制造局译书,为传播科学而努力工作的。

2. 与西方传教士的本质区别

傅兰雅不仅从身份上不是一名传教士,而且在思想上也和西方传教士有本质的区别。如在翻译西方科学技术书籍的过程中,坚决不加入宗教的成分,这与伟烈亚力、李提摩太、艾约瑟等有很大不同。如伟烈亚力与李善兰在翻译出版《谈天》的过程中,时刻不忘自己是一名传教士,经常加入一些基督教的元素。在这本书中虽然介绍了哥白尼、开普勒、牛顿关于宇宙的学说,并主张“日心说”,但还是夹杂了大量宣扬万物皆上帝创造与安排的谬论。于是中文本《谈天》中还是出现了这样的文字:

> 夫造物主之全智巨力,大至无外,罔不莅临,罔不鉴察。故人虽至微,无时不蒙其恩泽。试观地球上万物,——何者非造物主所赐!窃意一切行星,亦必万物备具,——造物主大仁大慈,必当如是也。[2]

这种情况也出现在其他参与翻译西书的西方传教士身上,惟独傅兰雅除外。傅兰雅是晚清时期外国人翻译西方科学书籍最多的一位,但到目前为止在他翻译的所有书籍中还没有出现夹杂宗教的情况。他在给英国弟弟的信中提到:“他确信中国当时最需要的是西方的科学技术,中

---

① 中国第一历史档案馆、兵器工业总公司编:《中国近代兵器工业档案史料》,兵器工业出版社,1993年,第190页。
② 黎难秋主编:《中国口译史》,青岛出版社,2002年,第201页。

国人不喜欢传教士的宗教说教。”[①]可见傅兰雅是真心希望中国发展科学技术，他本人既无宣传宗教的责任，更没有这种愿望，这也是他与其他西方传教士的本质区别之一。

傅兰雅和西方传教士的第二个本质区别是在对待有关涉及宗教问题上立场观点完全不同。如对待著名的“天津教案”的看法。1870 年“天津教案”发生后，一些传教士如丁韪良等叫嚣要把天津夷为平地，彻底让法国人来管辖，而傅兰雅对此问题则表示了完全不同的看法，他在给他弟弟的信中写道“他们（指传教士）的所作所为深为中国人痛恨，要说有什么值得奇怪，那只是何以迟至如今他们才受到报应”。[②] 可见傅兰雅在这个问题上已经完全站在中国人的感情立场上思考问题了。另外他还对一些教会学校强制学生学习基督教义表示了很大的反感。傅兰雅认为从教育的观点看，宗教教育和活动应该由学生自己来选择。

3. 对傅兰雅几点困惑的进一步澄清

傅兰雅虽然与江南制造局签订了完全工作合同，并在翻译西方科学技术书籍上取得突出业绩。但他积极参与科技人才培养与科技书籍的传播，参与创办了中国第一所传授自然科学与技术的新型学堂——格致书院；创办了中国第一份科普杂志——《格致汇编》；成立了第一家专营科技图书的书店——格致书室。可见傅在晚清科学图书出版领域影响非常大，这也是后来有些教会科技出版机构请傅兰雅临时参与的一个

---

① Adrian Bennett, John Fryer. *The Introduction of Western Science and Technology into Nineteenth-century China*. Cambridge, Mass: Harvard University Press, 1967: 12.

② 王扬宗：《傅兰雅与近代中国科学的启蒙》，科学出版社，2000 年，第 119 页。

原因。

有人会问傅兰雅作为江南制造局的工作人员为何在1879年出任益智书会的总编辑，这与教会有何关系？首先傅兰雅到益智书会兼任总编辑是得到江南制造局负责人支持的。因为江南制造局翻译出版的科技著作，一般读者不容易看懂，属于比较深一些的内容，而益智书会出版的图书则是一些初级、中级读物，这样正好同江南制造局的图书形成一个由浅到深的系列。所以制造局的总办对益智书会的图书比较感兴趣，甚至想把益智书会的教科书全部拿到江南制造局出版。正是基于这一点他们对傅兰雅到益智书会兼任总编持积极支持的态度，尽管后来益智书会担心在江南制造局出版这些书会进一步受到清政府的控制而未能实现，但并不能改变傅兰雅到益智书会是得到江南制造局支持这一前提。另外傅兰雅在出任益智书会总编时提出的前提条件就是将科学教育与宗教教育分开，他的主张后来遭到了一些传教士的反对，傅兰雅坚定地提出了辞职。但是在中国再也找不到像傅兰雅这样中西文皆通并有丰富翻译和编辑报刊经验的人了，于是益智书会答应了傅兰雅的条件，并让傅兰雅只编辑非宗教性质的图书。傅兰雅在这一事件中不但与传教无关，而且与传教士进行了激烈的斗争，进一步表明了自己的立场和观点。只是为了科学出版方面的合作，才出任此职。

另外一个困惑是有人会问傅兰雅不是传教士为何参加了几届全国传教士大会？

应该看到傅兰雅所参加的传教士大会都是讨论科技图书、报刊出版以及科学技术名词统一方面的内容。傅兰雅虽然不是传教士，但他长期从事科技著作的翻译，确立了一整套关于新科技名词的命名规则，加之他又积极筹办格致书院，编辑出版《格致汇编》，其影响非常广泛。他所翻译出版的科技图书占当时全国出版总量的近三分之一。可以想像没有傅兰雅参加讨论科学技术出版和科技名词统一，其代表性是不完整的，因此传教士们邀请傅兰雅以特邀人士的身份参加了大会。再说傅兰雅虽然和教会脱离了关系，但也并没有到反目成仇的地步，为了统一科技翻译名词有些合作也属正常。

综上所述，我们可以清楚地看到译书巨匠、科学传播大师傅兰雅一生的思想轨迹和行为轨迹，尤其是在晚清科学出版中的巨大贡献。当今社会虽然我们总是使用傅兰雅创立的科学名词和化学称谓，但是已经很少有人想起他了。真诚希望国内学术界、出版界能给这位对中国人民怀有深厚感情、为中国早期科学传播做出过突出贡献的译书巨匠给予更多关注。

二、对“西译中述”中方“述”群体的整体性研究

“西译中述”既然是晚清中前期的主要翻译西方科学图书的方法，上一节我们对“译”群体中的代表人物傅兰雅进行了一些分析。那么本节我们则有必要对“述”群体这一特殊人物群进行一些整体性研究。由于以往这种整体性的研究尚不多见，这也是本文的一个创新之处。

1. 从籍贯分析“述”群体的整体思维行为特征

笔者通过统计资料发现“述”群体在籍贯上有一个明显的现象，那就是绝大多数都来自江浙地区，其中又以江苏人居多。如徐寿、华蘅芳、徐建寅同为江苏无锡人，李善兰浙江海宁人，汪凤藻江苏元和人，赵元益江苏新阳人，钟天纬江苏华亭人，李凤苞江苏崇明人（今属上海），瞿昂来江

苏宝山人(今属上海),贾步纬上海南汇人。这种现象固然与江南制造局翻译馆等科学出版机构本身就处在上海,而上海又地处江浙地区有关。但即使如此并不影响我们从籍贯角度研究这一人群的整体行为特征和思想取向。人的思想与行为取向会受到多方面因素影响,而成长地区环境的整体民性也是重要因素之一。民性是指某一特定区域的人们在相同或相似的自然环境、社会环境下,长期逐步形成的一种特有的社会心理现象和性格特征,是通过这一地区人们的行为方式和思维方式所体现出来的精神风貌,价值观念与性格特征的复合体,是沉淀在个体心理中最深层次的内容,潜移默化地决定个体在为人做事时呈现总体的特征。笔者认为"述"群体这些人士由于地缘籍贯、生活背景等相同或相似,在宏观上总体呈现着一些共同的特点,当然每个人的具体性格差异是客观存在的。江浙地区地处长江中下游,是中国富甲之地与核心地区。据张乃格著《江苏民性研究》介绍,该地区的民性呈现崇文好学、注重实践、沉稳务实、忠贞爱国、自强自立的整体性特点。通过研究我们也发现这些特点鲜明地折射到我们的"述"群体人物之中。"述"群体的第一个特点即是崇文好学,注重实践。如徐寿、徐建寅父子在科学图书的翻译过程中既表现出谦虚好学的进取精神,又亲自实验,与华蘅芳一起制造了中国第一艘轮船"黄鹄"号,并做了大量的物理化学实验验证所接触的西方科技知识。傅兰雅在《江南制造总局翻译西书事略》中对中方"述"群体的几位重要人员崇文好学的特点都有感受。如提及徐寿时称"惟徐雪村(即徐寿)一人,自开馆以来,尚未辞职,今虽年高,然考究格致之一心,未尝少减"①。对李善兰则谈到"幼有算学才能……以致格致等

① 傅兰雅:《江南制造局译书事略》。《中国出版史料·近代部分》(第一卷),湖北教育出版社、山东教育出版社,2004年,第547页。

学，无不通晓”[①]。谈到华蘅芳时则说“在格致书院内有华君若汀（即华蘅芳）居院教习，凡来咨询者，则为之讲释，而华君在局内时，与西人译书有十余种，放在院内甚能讲明格致”[②]。可见“崇文好学注重实践”是这一“述”群体的整体特征。这既与个人成长的因素有关，也与江浙地区的整体文化背景、民性特点不无关系。

此外，这一群体的另外一个明显特点就是心系中华、忧国忧民、忍辱负重。这种思想基础在江浙地区也是有渊源的，宋代江苏人范仲淹就喊出“先天下之忧而忧，后天下之乐而乐”的千古绝唱；兴于无锡的明东林党人更是以“风声雨声读书声，声声入耳：家事国事天下事，事事关心”为信条；清前期顾炎武更在社会变动之际提出了“天下兴亡，匹夫有责”的口号。“西译中述”的中方“述”群体也是在国家需要时迎难而上，站在了吸收西方科学技术的最前沿，其间所经历的困难“非亲历者无法体味”，我们在华蘅芳出版的《地学浅释》和《金石识别》序中可以清楚地看到这一点。但他们忍辱自甘，不怕困难，负重前行，为了早日把西方科学技术引入中国，做了大量史无前例的工作。如创立新名、润色语句、核对相关文献、亲自做实验验证、剔除宗教元素等。尽管由于这一群体自身不通外语给他们的工作带来了重重困难，但他们还是凭着满腔爱国热情和谦虚好学、肯于钻研、锲而不舍的精神较好地完成了这一过渡时期的任务，受到了各方面的好评。关于这一点我们已在晚清科学图书社会影响章节中谈及，其历史地位是不容忽视的。

① 傅兰雅：《江南制造局译书事略》。《中国出版史料·近代部分》（第一卷），湖北教育出版社、山东教育出版社，2004年，第548页。

② 傅兰雅：《江南制造局译书事略》。《中国出版史料·近代部分》（第一卷），湖北教育出版社、山东教育出版社，2004年，第555页。

2. “述”群体在译书过程中的创造性问题

对“述”群体研究的另外一个方面，就是对其在翻译科学图书过程中的地位和创造性进行分析。我们知道就江南制造局来讲在选择何种图书翻译出版时“译群体”有一定的自主权，但会受到洋务纲领的限制。从傅兰雅的《江南制造总局翻译西书事略》中我们可以看到“平常选书法为西人与华士择其合己所紧用者”[①]。另外他也表示了在选择图书方面的无奈，如“初译书时，本欲作大类编书……后经中国大宪谕下，欲馆内特译紧用之书，故作类编之意渐废”[②]。如果说在选书方面“译”群体有一定自主权的话，那么“述”群体也只有一定的宏观参谋建议权。在具体书的选择上由于“述”群体大多不懂外语，对国外书目的了解基本上是通过“译”群体介绍的，因此毫无创造力可言。但宏观上由于这一群体是洋务运动的有力执行者和独特的洋务产物，他们对形成总的翻译出版纲领，引进西方科学图书总的战略还是有一定影响的。

在“西译中述”的过程中，笔者认为“述”群体的创造性不比“译”群体低。而我们看到的晚清科学图书署名大都是西人在前华士在后，著作权的倾斜使相当一部分人低估了“述”群体在翻译科学图书过程中的创造性问题。当一种全新的科学文化嫁接到另外一种也是相对复杂的文化背景时，最困难的是如何找到相应而又准确的语言和逻辑。这包括如何确立新词、定律、符号体系等等。当然参与“译”的西方人士首先有了一

---

① 傅兰雅:《江南制造局译书事略》。《中国出版史料·近代部分》(第一卷)，湖北教育出版社、山东教育出版社，2004年，第551页。

② 傅兰雅:《江南制造局译书事略》。《中国出版史料·近代部分》(第一卷)，湖北教育出版社、山东教育出版社，2004年，第551页。

次创造性的口译，然后才是“述”群体的工作。初看起来“创造性”好像只发生在第一次口译的过程中，其实不然。我们从华蘅芳在《地学浅释》和《金石识别》的序言中看到他在翻译过程中的感受是“惟是日获数篇，奉如珍宝，夕归自视，讹舛百出，涂改字句，模糊至不可辨，则一再易纸以书之，不知手腕之几脱也。每至更深烛跋，目倦神昏，掩卷就床，嗒焉如丧，而某金某石之名犹往来纠扰于梦魂之际，而驱之不去。此中之况味，岂他人之所能喻哉！”①，可见他们在“述”的过程中付出了极大的艰辛和创造性劳动。通过比较发现西方人士“口译”时虽然是一次创造性过程，但相对随机一些，压力也不大，即使名词不准，语法不通也没关系，因为还有“述”群体这一关。傅兰雅在《江南制造总局翻译西书事略》中也提到“而平常书多不必对，皆赖华士改正”②。而“述”群体则承担了较大的压力，一方面要把那些稀奇百怪的新词找到合适的中国词汇对应，这本身就是一个创造性较大的工作，加之参与“西译中述”的外国人本身并不是一流的科学家，离谱的口译就会层出不穷，因此有时“述”群体还得进行必要的逻辑推演，以确知准确的含义。此外全书的科学性还要靠华士保证，同时要对全书体例文法下大力气修改，以保证这些科学图书出版后不被人耻笑。当然在“译”群体中也有像傅兰雅这样一生专心译书并对中国文化相当了解的出色专家，并且创立科学名词命名的三原则。他译书还有一个特点就是与中国学者反复讨论，这样他参与的创造性过程就不仅仅发生在“口译”的阶段，在第二次正式成文笔述的过程中也有傅兰雅的创造。但从整体“译”群体和“述”群体比较来看，“述”群体在译书过程中的艰辛要大于“译”群体，其创造性也不会在“译”群体之下。美国学

① 代那撰，玛高温口译，华蘅芳笔述：《金玉识别》，上海江南制造局印，1872年。

② 傅兰雅：《江南制造局译书事略》。《中国出版史料·近代部分》（第一卷），湖北教育出版社、山东教育出版社，2004年，第552页。

者戴维·莱特以傅兰雅和徐寿为例生动地描绘“译”和“述”的合作过程，他说“因为徐寿不会外语，因而在最初阶段，他肯定是常常依赖傅兰雅向他讲解英文原文。但是徐寿从亲身实践经验中所得到的科学知识远远胜过傅兰雅，而傅兰雅呢？必须贪婪地阅读才能跟上他们正在翻译的科目。而且，徐寿似乎比这个英国人更具有爱追根究底的精神。因此，虽然在翻译过程的最初阶段，傅兰雅的帮助是必不可少的，然而正是徐寿及他的中国同事们写出最后文本并将它与原文核对。起先，在选择原本时，也是主要靠傅兰雅，但是随后，中国官员们影响着选择书籍的方向。”[①]戴维·莱特的评价基本上是客观公正的。

“述”群体的可贵之处还在于他们在译书过程中虽然认识到西方科学技术的重要性，但并不迷信书本，敢于实践验证相关知识，表现出强烈的责任感和近代科学家应有的风范。如徐寿、徐建寅在与傅兰雅译书时，对西书中的科学原理和结论，往往要亲自实践。有时还要做一些实验，经过核实后才记述下来。如发现其中不妥之处，他们就在译文中加以注明，以免影响中国读者。例如徐建寅在与傅兰雅翻译《声学》时，徐寿也就有关问题与傅兰雅讨论。原书卷五中记载“有底管、无底管发出声音的吹奏振动数，在一定时间内皆与管长有反比例”[②]这一观点与中国律吕书观点相近。徐寿经过反复研究并用开口铜管做了多次试验，发现只有两管管长之比为 4∶9 时，才能吹奏出相差 8 度的音，这一结论与西书上面的不同。他就这个问题与傅兰雅多次讨论，傅兰雅则直接写信给原书作者就这一问题进行讨论，并把信复寄给英国《自然》杂志。该杂志很快有了回复指出徐寿的结论是正确的，并发表了傅兰雅寄给该杂志

① 戴维·莱特，黄尔亮、徐星、郝刘祥合译：《19 世纪西言科学在中国：徐寿和徐建寅》。《徐寿父子研究》，清华大学出版社，1998 年，第 546 页。

② 徐寿：《一个声学定律的修正》。《徐寿父子研究》，清华大学出版社，1998 年，第 17 页。

的信，对中国科学家的工作给予肯定。不仅徐寿、徐建寅，“述”群体中的其他人如李善兰、华蘅芳、贾步纬等也都是创造性地完成译书任务的。傅兰雅描述贾步纬译书时“常日夜思天文、算学等事，能自推日月亏蚀”[①]；对李善兰也赞赏有加，提到他与伟烈亚力、傅兰雅翻译《奈端数理》时，“此书外另设西国最深算题，请教李君，亦无不冰解。想中国有李君之才者极稀”[②]；华蘅芳更具有“甚能讲明格致”的才能。可见“述”群体不仅是一批有责任心和创造力的译书巨匠，也是某一方面的科学家。这一背景也为他们在译书过程中创造性工作打下了基础。单从科学专长角度讲“述”群体要高于“译”群体，其创造性也应该略高于“译”群体。

关于“述”群体的创造性贡献我们还可通过一些他人对“述”群体的评价资料看到这一点。如张文虎在“雪村先生六旬像赞”中提到“知者创物，巧者述之，述者之巧，或过于师”[③]。宣统元年，清学部更是奏旨要对华蘅芳等参与“西译中述”的中方人士宣付国史馆立传折。其中提到“江苏金匮县已故运同衔升用知府候选同知直隶州知州华蘅芳及其弟已故直隶州州判华世芳，研精算术，深明格致，同治初元，江南创设机器制造局，筑厂置机，华蘅芳多所赞画，翻译馆开，任译算学、地质诸门，成书十二种，都百六十余卷，风行海内。先后主讲上海格致书院、湖北自强学堂、两湖书院、无锡俟实学堂者垂二十年，成就学生甚众。”[④]对徐寿也给予了很高的评价，称“江苏无锡县已故二品封职徐寿于数学、律吕、几何、重学、矿产、汽机、医学、光学、电学，均能穷原竟委，索隐钩深，经前大学

---

① 傅兰雅:《江南制造局译书事略》。《中国出版史料·近代部分》(第一卷)，湖北教育出版社、山东教育出版社，2004 年，第 548 页。

② 傅兰雅:《江南制造局译书事略》。《中国出版史料·近代部分》(第一卷)，湖北教育出版社、山东教育出版社，2004 年，第 548 页。

③ 汪广仁主编:《徐寿父子研究》，清华大学出版社，1998 年，第 135 页。

④ 杨模等:《锡金四哲事实汇存》，宣统二年印，第 11～12 页。

士两江总督臣曾国藩先后委办安庆机器局、江南制造局。在安庆机器局与华蘅芳等造成本质轮船一艘，为中国自制轮船之始。在江南制造局，发明制造强水棉药、汞爆药诸法，又首建翻译西书之策，译成声、光、化、电、营阵、军械各种书籍，凡数百种，为中国讲求西欧艺术之滥觞。”①学部这一奏折还对“述”群体的其他人士李善兰、徐建寅、华世芳给予了“李善兰、徐建寅既得名登国谍，华蘅芳等事例相同，学术尤邃，圣朝发潜阐幽，当不忍听其湮没……发明绝学，饷遗后贤，厥功颇钜”②的评价，并积极建议“恳讲已故运同衔升用知府候选同知直隶州知州华蘅芳、已故直隶州判华世芳、已故二品封职徐寿三人事实著述，恩准宣付国史馆立传，以振学风，而昭来许。”③要求把徐寿、华蘅芳、李善兰等人的事迹在国史馆立传。李鸿章于1876年和1877年也数次为徐寿、华蘅芳、徐建寅、李凤苞等奏奖折。并提到他们的工作“非精思不能探其奥窔，非苦心不能耐其烦难”④。要求给予“直隶州知州华蘅芳”、“花翎后选郎中徐建寅”、“候选员外郎李凤苞”、“候选县丞徐寿”给予加品及“赏给该员父母正五品封典”等奖励⑤。当然该奖折也包括傅兰雅等外国译员。

通过上面分析可以看到对“述”群体在翻译西方科学图书及其他方面的工作，国人都给予很高的评价，这本身也是对“述”群体创造性历史贡献的认可。

① 杨模等:《锡金四哲事实汇存》,宣统二年印,第11～12页。
② 杨模等:《锡金四哲事实汇存》,宣统二年印,第11～12页。
③ 杨模等:《锡金四哲事实汇存》,宣统二年印,第11～12页。
④ 中国第一历史档案馆、兵器工业总公司编:《中国近代兵器工业档案史料》,兵器工业出版社,1993年,第1084页。
⑤ 中国第一历史档案馆、兵器工业总公司编:《中国近代兵器工业档案史料》,兵器工业出版社,1993年,第1078页。

3. “述”群体局限性问题

尽管“述”群体对西方科学图书翻译到中国的贡献非常之大，其忠贞爱国、探究科学的精神也一直为后人称颂。但“述”群体作为一个特定时期的历史产物，其整体的局限性也非常明显。首先，还是对西方语言基本不通，造成译书过程中的天然性困难，致使所译图书仍不可避免地存在一些明显的缺陷，《二十年目睹之怪现状》把一些“西译中述”的图书当作取笑的资料也是基于此，关于这一点已在前面提及，不再赘述；其次，“述”群体总体上思想趋于保守，偏爱中国固有的词语和古名，而不太喜欢那些相对洋气些的新名词，致使在与国外符号系统和名词体系衔接上会出现一些问题。如阿拉伯数字的使用，由于担心徐寿、华蘅芳等中国学者的反对，傅兰雅也一直坚持在所译书籍中不使用阿拉伯数字，并与传教士狄考文为此发生过争论。其实阿拉伯数字要比中国数字方便许多；第三，参与“西译中述”的述群体中，尽管都是某一方面的专家，但知识陈旧，与西方科学体系并不同构，他们基本上是从中国古代科学这条线发展起来的知识体系，与运用实验和数学、逻辑发展出来的西方科学知识体系相关较少。因此在对西方科学的把握上还非常生疏。这种生疏不仅是因为语言的隔膜，还有知识体系的不完备、不稔熟的原因，这种痕迹在“西译中述”的科学图书中较大程度的存在。总之“述”群体的历史意义和进步作用是不容置疑的，但其局限性也是不能忽略的，惟此研究“晚清科学出版”才更有价值。

（张善涛）

王　玮

中国现代科学教育的形成与确立

旧命维新

一、中国人初识科学

1. 传教士与科学教育

明末清初时期,中国人从西方来华传教士创办的机构、期刊、学校与翻译的科学书籍中见识了西方的科学知识,这是与中国传统全然不同的一套知识体系。传教士积极开展科普教育活动,通过机构、报纸、期刊、学校传播科学知识。在来华的500多名传教士中,了解西方科学知识的人比较多,如意大利传教士利玛窦(Matteo Ricci, 1552~1610,1582年来华),德国人汤若望(Johann Adam Schall von Bell, 1591~1666,1620年来华),比利时人南怀仁(Ferdinand Verbiest, 1623~1688,1659年来华),意大利人艾儒略(Giulio Aleni, 1582~1649,1613年来华),伴随他们传教的科学普及活动也得到了中国朝廷官员的支持。上海格致书院、万国公报、格致汇编,均为传教士所办。上海格致书院开设讲座,讲授矿物、电学、测绘、工程、汽机、制造等知识,内设有博物院、藏书楼。鸦片战争前后,传教士翻译出版了400多种书籍,其中科学书籍占一半以上,传播的科学知识涉及天文、数学、地学、物理、生物、医学、药学、农学等方面。为顺利出版这些书籍,传教士建立了出版机构,如墨海书馆、美华书馆、广学会、益智书会。1843年英国传教士麦都思(Walter Henry Medhurst, 1796~1857)在上海成立的传教印刷基地墨海书馆除了出版宗教书籍,也出版科学书籍。之前国人不了解西方科学,国内生活中没有电,也没有蒸汽机,墨海书馆印刷机器是由一头牛带动的。

在所有这些科学普及活动中,教会学校是西方科学知识传播的主要途径。为便于传教，传教士兴办了学校，学校中开设科学课程。早期教会学校水平不高，小学多，后来许多慢慢发展成著名的大学。教会学校采用启发、活动、实践等新教法，开设科学课程。为吸引学生入学，早期教会学校免交学费和膳食宿费，学生多来自贫苦人家。1876 年基督教(新教)教会学校如下表。

表 1　1876 年基督教(新教)教会学校与学生数

	基督教(新教)教会学校数(所)	基督教(新教)教会学校学生数(人)
男日校	177	2 991
男寄宿学校	31	647
女日校	82	1 307
女寄宿学校	39	794
传道学校	21	263
学校总数	350	6 002

至 1876 年，包含天主教会所办学校，中国境内有教会学校 462 所，学生 8 522 人。[①②] 到 1889 年，新教教会学校有学生 16 836 人；1906 年达到 57 683 人。[③]

教会学校最早在中国进行现代科学教育，也最早在中国开设女子学校。教会学校开设的课程内容丰富，以中西书院为例。中西书院由美国监理会传教士林乐知(Young John Allen，1836～1907)在上海创办。[④]

① 田正平主编:《教会学校与中国教育近代化》，广东教育出版社，1996 年，第 356～360 页。

② 熊月之:《西学东渐与晚清社会》，上海人民出版社，1994 年，第 290 页。

③ 金林祥主编:《中国教育制度通史》，山东教育出版社，2000 年，第 389～396 页。

④ 林乐知:“中西书院课程规条”。《万国公报》，1881 年 11 月 26 日。

表 2 中西书院的课程

年数	课　　程
第一年	认字写字，浅解词句，习学琴韵
第二年	练习文法，翻译字句，习学西语，习学琴韵
第三年	数学启蒙，各国地图，翻译选编，查考文法，习学西语，习学琴韵
第四年	代数学，讲求格致，翻译书信，习学西语，习学琴韵
第五年	考究天文，勾股法则，平三角，弧三角，习学西语，习学琴韵
第六年	化学，重学，微分，积分，讲解性理，翻译诸书，习学西语，习学琴韵
第七年	航海测量，万国公法，全体功用，翻书作文，习学西语
第八年	富国策，天文测量，地学，金石类考，翻书作文，习学西语，习学琴韵

中西书院重视数学、外语、音乐的学习，没有开设宗教课程，科学教育是主体。上海中西书院 1885 年开始向学生提供住宿，对学生人数有所限制，学生数约 137 人，1886 年监理会各校学生总数为 653 名，1887 年为 725 名，1888 年为 855 名。学生于西学无热情，他们只想学英语，以便“在繁荣的上海贸易中谋一份好差使”。也不愿按部就班地学习，8 年学制对他们来说太长了，事实上能学满前 4 年的人也寥寥无几。监理会前期的教育政策虽经林乐知调整，但仍然没有形成一套完备的教育体系。1895 年秋，英国监理会会督郝德立（W. H. Medhurst）调在博习书院任教的潘慎文执掌上海中西书院，潘慎文上任后大力加强学制建设，使中西书院名副其实，成为真正的学院。

山东登州文会馆也是一所著名的教会学校。由美国传教士狄考文（Lalvin Wilson Mateer，1836～1908）创办。登州文会馆原是一所小学，后演变为教会中学，1882 年正式升为学院，发展为齐鲁大学。创办者狄考文 1863 年来到中国，在中国工作了半个多世纪，是一个伟大的教师、科学家、发明家。狄考文 18 岁就到家乡附近的一所学校代课。1855 年，考入宾州有名的杰佛逊学院三年级。1857 年毕业时，仅上了 2 年大学的狄考文,数、理、化及英国文学的成绩均为第一名。大学毕业后,他在本州一所很差的学校里既教书又管理,学校发展后,将学校卖掉,又到美西神学院学习神学,1863 来到中国传教。他自行设计、建造了山东地区第一幢西洋式小楼,装有电动风扇、音乐喷泉等。狄考文入华不久办了一所蒙养学堂(1970 年代中期以后升格为中学,并更名为文会馆,后为齐鲁大学)。传教使命感与宗教献身精神使他克服巨大困难,1 年多以后就开始用中文给学生上课。以自己在美国乡镇学校和文理学院的经验,对学校进行了改造。1876 年学校始实行导生制。他编的教科书有《心算初学》、《笔算数学》、《代数备旨》、《形学备旨》、《要理问答》、《振兴实学记》等。他还编了一些教义,如《理化实验》、《电学》、《测绘》、《微积习题》等,供学生使用。由于在校期间受到严格、正规的自然科学和技术的教育,文会馆的不少毕业生成为当时中国所急需的掌握了西学知识的人才。1879 年狄考文夫妇回美国休假,进修科学知识。此外他向美国长老会建议把文会馆扩充为大学。美国长老会差会批准了狄考文的要求,同意将文会馆扩建为大学。学校在行政上分为正规的大学部和备斋,狄考文设置了基于学校课程的入学考试,包括面试。在课程建设方面,狄考文仍沿袭以往西方科学和宗教指导相结合的课程结构,但增加了不少新课程。在西方科学方面,有地理、数学、物理、化学、生理学、天文学、地质。其中数学包括代数、几何学、三角和微积分、测量学和航行学。

表 3　山东登州文会馆早期课程①

课程	
马太六章(《圣经・新约》),官话问答(基督教义),孟子(上),诗经选读一、二	心算,笔算数学(上)

① 熊月之:《西学东渐与晚清社会》,上海人民出版社,1994 年,第 299 页。

（续表）

课程	
圣经指略下，以弗所哥罗西书，孟子下，诗经选读三、四，唐诗选读	笔算数学（中），地理志略，乐法启蒙
圣经指略上，诗篇选读（《圣经》），《书》经一、二，《大学》《中庸》，作文作诗	笔算数学（下），地理志略，重学
《书》经三、四，诗经、《论语》	天道溯源，《代数备旨》
《天路历程》，《书》经全，《礼记》一、二，孟子	《形学备旨》，图锥曲线、《万国通鉴》
救世之妙、《礼记》三、四，《诗经》、《大学》《中庸》	八线备旨，测绘学，格蝴，格物，省身指掌
《礼记》一、二、三，经书，《左传》一、二、三、四，赋文	量地法，航海法，格物声、光、电，地石学
罗马书（《圣经》），《礼记》四，《左传》五、六，赋文，二十一史约编	代形合参，物理测算，化学，动植物学
心灵学，是非学，《易经》全，系辞，读文	微积分，富国策，化学辨质，天文揭要

学校经常举办地理知识旅游、天文观察、物理实验等活动，早在狄考文在美国休假期间，他就积极为文会馆筹备理科实验仪器室，他从一家光学仪器厂得到一架 10 英寸的天文望远镜，从一家电业公司那里募到一套发电设备，除了来自美国的设备外，文会馆实验室中的大器设备都是由自己造的。他还教做实验。文会馆的学生从科学课程和实验室的教学中，学到了当时的中国还没有的许多新知识。狄考文在 1890 年的讲话中将自己的教育理念概括为“全面教育”(a thorough education)，是指设计一套以中国古籍经典、西方自然科学和宗教知识三大块为主体的课程体系。他认为，西方传教士要想在中国经典教育中出人头地，“依靠它来谋取地位和发挥影响是既不实际，也不可取。他们应该依靠西方科学知识在人民中取得好名声与好影响。”19 世纪末文会馆的课程表，西方自然科学知识占了 1/3 的比重。数学是贯穿备、正斋九年的必修课，

学习的各个门类，从三角、二次曲线等理论原理的讲授到测量、航海等实际训练。除数学外学生从正斋三年级开始，系统学习物理学、化学、机械等自然科学知识。在进行这些学科的教学时，狄考文除讲授原理外，还特别强调实验，注意培养学生的动手能力。他相信教会学校的毕业生仅仅成为教徒还不够，他们必须成为某一方面的专家、学者，成为社会上有影响、有地位的人，明确提出培养具有全面知识和某些专业技能的新型人才。他在自己的学校中采用了一套近代教育方法，不但实行分科、分班教学、还尤为强调启发式教学，注意培养学生的分析问题和理解原理的能力。

教会学校培养了一批批现代科学人才，中国一些新式学校仿照教会学校建立起来。教会学校是中国科学教育的真正开端。

2. 在探索中学习西方科学

(1) 洋务运动时期的科学教育

西方列强入侵，清朝转衰之时，与洋人进行交涉和学习的"洋务"活动日渐增多。在师夷长技的自强思想指导下，洋务教育成为洋务运动的重要部分。洋务教育内容有翻译出版科学书籍、兴办洋务学堂、派遣留学生。洋务派创办的江南制造局翻译馆译书 160 种，其中科学技术类 115 种，占 71.8%。洋务派兴办的学堂主要有外国语学堂、军事学堂和科技学堂。因认识到西学的重要性，这些学校从最初培养外语外交人才到后来引进了西学，成为综合性学校和普通中学。

① 洋务学堂的科学教育

洋务派创办的学堂中最有影响的是 1862 年创办的京师同文馆。京师同文馆 1866 年增设天文、算学馆。1869 年美国传教士丁韪良

(William Alexander Parsons Martin, 1827～1916)重新规划学校,按照美国的学校教育模式为不同程度的学生拟定了八年制和五年制课程。

八年制课程设置①:
首年:认字写字、浅解辞句、讲解浅书。
二年:讲解浅书、练习文法、翻译条子。
三年:讲各国地图、读各国史略、翻译选编。
四年:数理启蒙,代数学、翻译公文。
五年:讲求格物、几何原本、平三角、弧三角、练习译书。
六年:讲求机器、微分积分、航海测算、练习译书。
七年:讲求化学、天文测算、万国公法、练习译书。
八年:天文测算、地理金石、富国策、练习译书。

五年制课程设置:
首年:数理启蒙、九章算法、代数学。
二年:学四元解、几何原本、平三角、弧三角。
三年:格物入门、兼讲化学、重学测算。
四年:微分积分、航篷测算、天文测算、讲求机器。
五年:万国公法、富国策、天文测算、地理金石。

京师同文馆1871年增德文馆,1876年设置新课程,从外语学校变成西学的综合性学校。1877年,有学生101人,教习10余人。1888年,京师同文馆增设格致馆、翻译处,1895年增设东文馆,学习日文。1900年,

① 朱有瓛主编:《中国近代学制史料》(第一辑上册),华中师范大学出版社,1983年,第71～73页。

八国联军攻占北京，同文馆解散，1902 年并入 1898 年成立的京师大学堂。

因为生源限制，京师同文馆没有西学高中衔接，课程没有统一大纲要求，为国外普通高中程度。其他外文洋务学堂的课程设置与京师同文馆相似，在学习西文的同时，也先后开设了算学、天文数理、化学等科学课程。

洋务派创办的另一所著名的学堂是 1866 年兴办的福建船政学堂，设有制造、驾驶、绘事、艺圃、练船和管轮 6 个学堂，学制 5 年，外语、数学是必修课。

福建船政学堂课程设置情况如下[①]：

制造学堂：法语、算术、代数、函法、几何、解析几何、三角、微积分、物理、力学，参加工厂实习。

驾驶学堂：英语、算术、几何、代数、平面三角、球面三角、航海天文学、航海理论、地理等。

绘事院：法语、算术、平面几何、画法几何、绘画、机械图说等。8 个月实习期。

管轮学堂：英语、算术、几何、绘画、机械制图、船上机械操作规则、80 匹和 150 匹马力轮机的装配、各种指示器、计量器的使用方法等。

练船学堂：航海术、炮术、指挥、数学，参加练船实践等。

福州船政学堂生源在自由报考者中按资质择优录取，为近代中国培

① 杜石然等：《洋务运动与中国近代科技》，辽宁教育出版社，1991 年，第 376～377 页。

养了大量海军及其他人才，毕业生中有詹天佑、严复，几任海军总长、代理国务总理、多位北洋舰队舰长等。46 年间共毕业学生 510 人（制造专业 143 人，驾驶专业 241 人，管论专业 126 人）。福建船政学堂派出的留欧学生 4 届 88 人，取得了比留美幼童更大的成就。

② 洋务学堂的科学教材

洋务学堂教材是翻译的西书。数学类有李善兰（1811～1882）、华蘅芳（1833～1902）及西方传教士翻译的数学著作。应用最广的有《代微积拾级》（1859）、《形学备旨》（1884）、《代数备旨》（1891）、《笔算数学》（1892）、《代行合参》（1893）、《八线备旨》（1894）等书。《代微积拾级》（*Analytic Geometryand Calculus*）为美国人罗密士（E. Loomis，1881～1889）所著，是中国的第一部微积分译本。《代数备旨》是邹立文与狄考文编译的，程度较浅。《笔算数学》用白话文翻译，是数学各科中唯一由中国人自己担任教师的课程。

介绍物理学知识的译书有丁韪良编的《格致入门》（1866）和《格致须知》丛书（1882～1894），其中有《气学须知》、《重学须知》、《光学须知》等。《格致入门》共 7 卷，前 5 卷为物理，后 2 卷为化学及算学，内容涉及水、天气、声音、光、电、力学、磁学等。

19 世纪末在洋务学堂中流行的化学教科书，是由徐寿（1818～1884）、傅兰雅（John Fryer，1839～1928）翻译的 6 卷本《化学鉴原》[美国化学家韦尔斯（David Wells）著，1858 年出版，*Principle and Application of Chemistry*]（1871），《化学鉴原续编》，《化学鉴原补编》（1882）。《化学鉴原》是我国第一部系统介绍西方近代化学知识的译著，把物质分为元素和化合物两大类，介绍每一元素的存在、制法、性质、用途。是当时流行的化学教科书。《化学鉴原续编》介绍了有机化学的知识：有机物中的染料、木材干馏产品、糖类、动植物、碱、有机酸、植物颜料,化学食品工业。《化学鉴原补编》介绍了无机化学方面的知识。化学教材还有傅兰雅编写的《化学易知》,同文馆化学教员毕力干编译的《化学阐原》。

1859年,上海墨海书馆出版了李善兰和英国传教士伟烈亚力(Alexander Wylie, 1818～1887)译的《谈天》[英国天文学家赫歇尔(John Herschel, 1792～1871),《天文学纲要》],论述了太阳系各行星的运动规律、万有引力、光行差、太阳黑子理论、行星摄动理论、彗星轨道理论,对恒星系,如变星、双星、星团、星云等也有所介绍。

地理地质学译书不多。铁路、矿山等路矿学堂使用时间最长的是《地学浅释》(*Elements of Geology*, C. Lyell)。如江文泰编著的《红毛英吉利考略》(1841),魏源编著的《海国图志》(1844)。此外,还有葡萄牙人玛吉士(Jose Martins Marquez)编译十卷本的《外国地理备考》;咸丰三年,英国人慕维廉(William Muirhead)编译《地理全志》一书。此书上篇为世界地理,下篇为地质知识、地貌学、水文、气象、植物地理、动物地理、人口地理、数理地理、地理历史。

李善兰和传教士威廉臣(Alexander Williamson)合译的《植物学》(1858)影响较大,还传到日本。此书有插图88幅,共3万余字,介绍了器官形态和功能。动物学的译著仅有傅兰雅译的《动物须知》(1894)。

洋务学堂科学教育受技术实用传统的影响,培养的一批实用型人才主要集中在军事、造船、矿山等领域,为现代军事和工业服务。对于科学的认识仅限于兵器机械制造上。不明科学含义,谈不上研究科学,学校也没有全面系统开设自然科学基础学科。洋务学堂中的科学教育水平不高,但对近代中国还是产生了深刻的影响,培养了一批掌握近代自然科学的知识分子。

表 4　洋务学堂毕业生统计[1]

学堂名称	毕业生总数	学堂名称	毕业生总数
京师同文馆 1862	397	台湾西学馆 1887	30
上海广方言馆 1863	41	昆明湖水师学堂 1888	36
广州同文馆 1864	25	珲春俄文书院 1888	15
福建船政局 1866	391	北洋海军枪炮学堂 1889	60
操炮学堂 1874	50	黄埔海军学校 1882	72
福州电气学塾 1876	32	刘公岛水师学堂 1890	23
天津电报学堂 1880	82	旅顺鱼雷学堂 1890	23
广州实学馆 1880	50	江南水师学堂 1890	105
天津水师学堂 1880	219	湖北矿物工程学堂 1892	20
上海电报学堂 1882	354	北洋医学堂 1893	218
天津武备学堂 1885	100	湖北自强学堂 1893	120
黄埔鱼雷学堂 1886	19	烟台海军学堂 1894	233
新疆俄文馆 1887	?	江南陆师学堂 1895	150
广东水陆师学堂	115	总计	2 980 人

毕业生总人数	外文类		军工类		医学类	
2 980 人	628	21%	1 596	53.5%	218	7.31%

毕业生中有政府官员、工程技术人员、各类学校的教师，他们是最早掌握现代西方科学知识的中国人，在近代中国的发展中作出了重要贡献。洋务学堂虽然未独立设置自然科学基础专业，与日本明治维新改革不同，学堂水平较低，但洋务学堂在中国首次引进了西方近代科学技术知识，学校不再以儒学为中心，洋务教育成为中国新教育的开始，国人由此开始认识到另一种知识体系的存在。

（2）维新时期的科学教育

1898 年百日维新期间，维新派创办科学学会和杂志报纸，奖励工业发明，兴办西式学堂，成立译书馆翻译西方科学书籍。

---

① 杜石然等：《洋务运动与中国近代科技》，辽宁教育出版社，1991 年，第 193 页。

在变法失败后影响仍然深远的是西式学堂的创办。维新派创办了近百所西式学堂。1898 年光绪帝在诏书中谕立京师大学堂,此外还筹设了各种专门学堂,有铁路、矿物、农务、茶务、蚕桑、医学等学堂。清政府还令各省府厅州县广设学校,兼习中学、西学,将各地书院一律改为兼习中学、西学的学堂。比较著名的新式学堂有万木草堂、时务学堂、通艺学堂、绍兴中西学堂、浏阳算学馆、经正女学、天津中西学堂、南洋公学。

天津中西学堂由盛宣怀(1844～1916)在天津于 1896 年正式开办。分为头等、二等两级。头等学堂仿哈佛大学、耶鲁大学,设四年制 5 个专业:工程学、电学、矿务学、机器学、律例学。二等学堂为中学程度。

表 5　天津中西学堂头等学堂课程①

专业	专业课程
工程学	演习工程机器,测量地学、重学、汽水学、材料性质学、桥梁房顶学、开洞挖地学、水力机器学
电学	电理学、用电机理、传电力学、电报并德律风学、电房演试
矿务学	深奥金石学、化学、矿务房演试、测量矿学、矿务略兼机器工程学
机器学	深奥重学、材料势力学、机器、汽水机器、绘机器图、机器房演试
律例学	大清律例、各国通商务约、万国公法

表 6　天津中西学堂二等学堂的课程②

年级	课　　程
1	英文初学浅言、英文功课书、英文拼字、朗诵书课、数学
2	英文文法、英文字拼法、朗诵书课、英文尺牍、翻译英文、数学、并量法启蒙

① 朱有瓛主编:《中国近代学制史料》(1)(下),华东师范大学出版社,1986 年,第 494 页。
② 朱有瓛主编:《中国近代学制史料》(1)(下),华东师范大学出版社,1986 年,第 499 页。

（续表）

年级	课　　程
3	英文讲解文法、各国史鉴、地舆学、英文官商尺牍、翻译英文、代数学
4	各国史鉴、格物书、英文尺牍、翻译英文、平面量地法

这是中国最早的分级大学和中学。1896 年天津中西学堂改名北洋大学堂。学校教学质量高，与国际接轨，毕业生可免试直接进入美国各大学的研究生院。盛宣怀 1896 年在上海又创办了南洋公学，建成 3 级：初中、高中、大学，学校在 1897 年开设了师范院，开始了中国最早的师范教育。

百日维新变法失败后，清廷下诏废各省学校，京师大学堂留存。1902 年京师同文馆并入，在大学堂设速成、预备科。次年设进士馆、译学馆、实学实业馆。1910 年京师大学堂成为有经法文理农工商等科的综合性大学，是北京大学的前身。洋务学堂为中国现代科学教育奠定了基础。

二、中国科学教育的开端

1. 科学教育学制

（1）中国首个科学教育学制——壬寅癸卯学制

1902 年清政府制定了《钦定学堂章程》——壬寅学制，这是近代中国第一个政府公布未实施的学校系统，第一次正式把西方现代科学技术知识作为学习内容的一部分。将普通教育与职业教育分流，女子教育在学制上无地位，几乎在各级各类学校都进行现代科学教育，但读经仍为学生的基本课程，各级学堂卒业，分别授予附生、贡生、举人、进士等出身。

1903 年张白熙、张之洞和荣庆重新拟定了一个学制“癸卯学制”，1904 年清政府颁布癸卯学制。这个学制是学习日本的产物。实施时间约 7～8 年。该学制 3 段 7 级，初小五年、高小四年两级，第二阶段中学教育，高等教育分 3 级：高等学堂（或预科）3 年，分科大学 3 或 4 年，通儒院 5 年。普通教育之外分师范教育和实业教育。儿童 7 岁入学到通儒院读完，要 26 年，毕业时年龄 33 岁。学制规定的课程丰富，有算术、地理、格致（或加图画或手工）、（酌加农业、手工）、修身、读经讲经、中国文学、历史、体操、（酌加商业）、中国文学、外国语、历史、法制、理财、博物、物理、化学、人伦道德、经学大义、中国文学、外国语、地质、矿物、动物、植物。在各级学校各类学校都进行科学教育。中学课程有修身、读经讲经、中文、外语、历史、地理、算学、博物、物理及化学、法制及理财、图画、体操，其中地理、算学、博物、物理及化学分别占总课时 6%、11%、4%、4%。高等学堂中预备入格致、工科、农科大学的学生，学习外语、数理化、地质矿物等科，英语必修，德法语任选。预备入医科大学的学生，还需学习拉丁语、动物、植物 3 科，德语必修，英语法语任选。大学堂有 8 科，称分科大学堂。其中医科 2 门，农科 4 门，工科 8 门，分类繁多。要求设于各省的分科大学堂至少须设 3 科。所有同样的分科大学同样“门”的课程也基本一致。科学大学是医科、农科、工科、格科大学。格致科大学分算学门、星学门、物理学门、化学门、动植物学门、地质学门。农科大学分农学门、农艺化学门、林学门、兽医学门。工科大学分土木工学门、机器工学门、造船学门、造兵器学门、电气学门、建筑学门、应用化学门、火药学门、采矿及冶金学门。

新政实施新学制颁布后，新式学校教育逐渐发展。新式学堂数由 1895 年以前的 20 所增加到 1905 年 8 277 所。因科学教育培养目标与科举不同,1905 年 9 月 2 日正式废除了实行 1300 年的科举制度,停止乡试,各省岁科制也停止。书院改的新式学堂数量迅速增长,1903 和 1910 年学堂数分别为 769 所和 42 696 所,学生数分别为 31 428 人和 1 284 965 人。其中一些学堂后来发展为现在有名的大学。如 1898 年创办的京师大学堂 1912 年更名为北京大学,1902 年创办的三江师范学堂在 1921 年更名为东南大学,等等。

癸卯学制是中国近代教育史上第一个政府颁布实行的新学制。虽然仍然有忠君尊孔、讲经读经、奖励出身这些旧时传统教育内容与目的,但它的颁布,标志着中国教育开始主动进入了世界科学教育的体系中,开始了与世界另一个文明的对话。

(2) 废止读经科——壬子癸丑学制

1912 年 1 月,中华民国成立,颁布壬子学制及一系列学校规程,如大学令、大学章程、专门学校令,1913 年综合这些制度又颁布癸丑学制,以日本为蓝本。初等教育修业年限缩短 2～3 年,提高了职业教育和师范教育的地位,初等小学男女同学,设女子高等师范学校。中学为普通教育,文实不分科。课程课时分男女有所不同,设预科,不读经史,废除得学位者奖励出身。1915 年袁世凯颁布《特定教育纲要》,变更学制课程,中学分文科实科,以德国和法国学制为样板,但这个纲要实施期短,有些省未实施便废除。

伴随新学制的实施,反封建的新文化运动也开始了。1915 年陈独秀创办的《新青年》和任鸿隽创办的《科学》发表系列文章颂扬科学精神。陈独秀提倡白话文,书面语与口语不再脱节,句子间使用标点,极大地利于普及科学教育,学生不必再花更多的时间学习书面语,费神断句。废止了中小学读经科,1917 年后,学校中尊孔活动也取消。随着对科学教育重要性的认识,在学制系统中中国传统经学教育终于让位于现代科学教育。

(3) 学习美国——壬戌学制

1922年颁布壬戌学制(六三三制),仿效美国,在杜威、孟禄来华调查时制定。中学实行选修必修学分制,分职业科和以升学为目的的普通科。师范生免费待遇取消,除北京高师改为师大外,其他高师改办综合大学,中师改办中学。针对当时私立文科高校增加质量低下的情况,学制限制了文法教育,加强理工农医教育,各省设理工专门学校,规定高中必习理,取消读经科,取消文理分科,取消预科。

壬戌学制中数学在初中是综合算学课,高中分科为几何、代数、三角、解析几何。普通科文科科学课程占总数的23.1%,普通科理科科学课程占44.2%。

壬戌学制颁布后,公立学校数量慢慢增长,据《第一次教育年鉴》统计,公立中学1912年319所45 428人,到1928年591所12 055人,学校数量增加1.85倍,学生增加2.65倍。公立大学发展较快,1912年仅2所229人,1916年3所(京师大学堂、北洋大学堂、山西大学堂)420人,1922年的21所,1925年增加到34所3 762人。教师数量也大大增加,师生比从1912年1∶9到1925年1∶5.7。

壬戌学制标准接近现代的教学理念,课程设置科学,体现了科学教育的逻辑性。壬戌学制实施时间长,影响大。

2. 派留学生出国学习科学技术专业

鸦片战争后在师夷长技思想指导下,1872年清政府首次派幼童留美,共4批120人后,因各种原因1881年撤回。1877年至甲午战争前,又分4批派145人留学欧洲,以福建船政学堂学生为主体。第二次派遣留学生是甲午战争失败后，为向日本学习，1896年派13人留学日本，因清廷奖励出身功名的鼓励政策，留学日本接受速成教育的中国学生增长迅速，1898～1911年留日学生总数为45 046人。留日学生翻译了大量日本和西方的科学书籍，其中许多书籍成为当时中国的理科、工科、医科、农科等专业的高等学校用书。会文学社共译出了100种日文书籍(1903)。

表7　会文学社部分译书书目

书名	作者	书名	作者
教授学问答	富山房	新撰三角法	松村定次郎
万国新地理	佐藤传藏	植物营养论	稻垣乙丙
植物新论	饭冢启	船舶论	赤松梅吉
日用化学	井上正贺	农艺化学	井上正贺
时学及时刻表	河村重固	森林学	奥田贞卫
星学	须藤传次郎	应用机械学	重见道之
分析化学	内藤游、藤井光	肥料学	木下义道
动物学新书	八田三郎	简易测图学	白幡郁之助
物理学问答	富山房	运送法	营原大太郎
生物学问答	富山房	商工地理学	永井惟直

第三次留学潮缘起于1908年美国豁免中国部分庚款，要求中国政府派学生去美留学。清政府创办了清华留美学校。因留日学生多为速成科，学法政、军事、教育师范，为改变这种现象，1908年清政府规定留美学生应习理工科。清华留美学校1909～1924年689人中，82%学习理工科。留学生数量增长很快，20年代美国的中国留学生多于其他国家，1924年中国留学自费生大于公费生。1925年清华设大学部。1909～1945年，政府共派庚款生1 120人。[①] 1915年留学生蔡元培和汪精卫还

① 宋健："百年接力留学潮"。《科技日报》，2003年2月12日，C1版。

发起留法勤工俭学方案，1915～1920 年间共 20 批 1 700 余人赴法勤工俭学。因苏联放弃对中国的不平等权利，1924 年国共两党合作期间，也选派了一些学生留学苏联，到 1930 年，共 1 300 多人留学苏联。归国留学人员成为大学的主要师资力量。

3. 中国近代教会学校科学教育

(1) 教会三级教育体制在近代中国的形成

科学知识的逻辑性连贯性需要有等级的系统学校教育，中国传统学校无法为实施科学教育的大学提供生源。20 世纪初，教会学校是中国科学教育的主体。清政府颁布新学制之前，教会已经创办了许多中小学，为教会大学提供生源。传教士对中国教育的设想是全面系统的，虽然并未在整个中国实现，但经过种种努力，他们已在中国教育制度外形成了自己独立的 3 级教育体系。这是一个完整的育人体系，而非舍本逐末从实用与技艺开始。国人学习现代科技从引入军事教育开始，严格地说是一种技术教育，而非西方把科学教育作为通识自由教育的一个内容。徐光启、李之藻等人导入西方科学教育的某些教学内容，但没有考虑到从根本上变革中国的传统教育。19 世纪 60、70 年代，随着洋务运动兴起，冯桂芬、王韬等早期改良主义思想家提倡“采西学”以变革传统教学内容，并对改革科举考试提出了初步的设想和建议。建立了福建船政学堂、天津中西学堂等军事性质的学堂，但并非严格意义上的大学。虽然各工程教育机构初创时教学人员是外籍人士，工程技术课由外籍教师担任，如法国军官担任福建船政学堂的监督，福州电报学堂和天津电报学堂的专业教习来自丹麦，工程教育计划、课程及教材等，大多移植欧美工程教育模式。

美国传教士福开森(John Calvin Ferguson，1866～1945)1896年在南京沿同创办江文书院，他认为外国教士在官方控制的学校教学对学校的道德与生活没影响，获取功名是中国旧教育的目标，普及教育是新教育的目标。但是清政府却只是派遣大量人员到日本去短期留学，对最关键的基础教育却置之不顾，但"新式教育是绝不能从顶部引进来的"，必须从基础抓起。后来在张之洞和孙家鼐的领导下制订了一个综合计划，计划在北京建立一所中央大学，各省设立学院和技术、师范学校，每一府城设高中，在每一县城和乡村设初级学校，并拟订了学习课程。圣约翰大学校长美国传教士卜舫济(Francis Lister Hawks Pott，1864～1947)在1905年说，没有人能否认"我们在中国是引进一种启蒙教育的先驱者"，"并且会发现自己被当作局外人对待"，卜舫济在1907年传教士百年大会上批评清政府的新式教育，认为它以功利主义的观点来看待新式教育，强调知识更甚于道德。① 丁韪良在1909年"三年会议"说教会学校为官办学校提供教师是有效地影响官办教育的方式。②

传教士对中国教育不满，又无力影响官办教育，独立于中国政府教育体系外的教育系统便慢慢发展成熟了。19世纪末20世纪初，国外传教士在近代中国政府的教育体制之外办了从小学到大学的3级教育体系。至20世纪初年之前，教会学校在中国的新式教育中占绝对中心的地位，寥若晨星的几所洋务学堂根本无法与之相提并论，1890至1920年前后30年是基督教教育在中国发展的黄金时期。虽然从清新式教育体

① F. I. Hawks Pott. *Education*, *China Centenary Missionary Conference Held at Shanghai*, 1907.

② W. A. P. Martin. *How May Schools Bring Their Influence to Bear Most Effectively on the Educational System of the Chinese Government*? *Records of the Sixth Triennial Meeting of the Educational Association of China Held at Shanghai*, 1909.

制建立以后，它在整个教育结构中的比重逐年下降，渐居于边缘位置。每一个差会均有自己的教育政策与体制，一些大的差会建立了从小学、中学直到大学的一整套学校系统。这是在无法左右中国政府教育政策的情况下，自行办理的一套完整的教育体系。至 20 世纪 20 年代，已办有教会大学 16 所。

(2) 中国近代教会高等科学教育的产生

伦敦传道会的牧师包克私(Ernest Box，1862～1940)强调指出初级教育是一切教育的基础，当时教会改进初等教育的主要措施就是充实走读学校，使这种原先带有极强的宗教慈善性质的学校变成真正的小学教育。1895 年傅兰雅编辑《中国教育手册》，从该手册看，当时已有一些诸如算术、地理等知识。1905 年祁天锡再次编辑教育手册时，收入手册的走读学校许多已实行较规范的年级教育制。不少教会学校均在 1898 年这一年创下了其历年入学人数最多的纪录。根据《教务杂志》的不完全统计，1898 年基督教(新教)的初级走读学校 1 766 所，在校学生达 30 046 人，高级学校(中学)105 所，学生 4 285 人。

教会的中等教育是基督教教育体制中发育最早且最完备的。在早期，教会学校中绝大多数为初等教育，但大的差会均设有学制规范的寄宿制学校，从小学教育到初中教育乃至高中教育的整个阶段。早期的初等教育从整体上说很不完善，寄宿学校却比较发达。以福建为例，1934～1935 年度，全省 6 年制中学中，教会中学就有 3 001 所；而同时政府办中学只有 1 572 所。清新式教育体制建立以后，教会中学在招生上有了更宽择面，它们可以直接从清政府核准公私立小学招考优秀学生，掩盖了教会初等教育的不足。绝大部分寄宿制学校在 19 世纪 90 年代以后都逐步变成学院。1931 年这些新教中学已经按中国政府完成立案或准备立案的占其总数的 70%，小学立案较少。下面是 1875～1920 年的教会学校学生人数[①]和1922年教会学校学生人数。

表8　1875～1920年的教会学校学生人数

年度	教会学校数	基督教会学生人数
1875	350	6 000
1887		10 020(13 777 名?)
1888		14 817
1898		30 046
1899	1 766	30 000
1900	2 000	40 000
1905		57 683
1909		76 752(其中寄宿生 21 785 人)
1911		102 133
1912		138 937
1915		172 793(169 797 人?)
1916		184 646
1917		194 624
1918		212 819
1920		245 049

表9　1922年教会学校学生人数(巴敦调查团的统计)

教会学校类型	教会学校数量	教会学校学生数
幼儿园	139	4 244
小学	6 599	184 181
中学	291	15 213
师范	48	612
孤儿院	25	1 733

① 《新教育》,1922年11月。

其他还有护士学校、盲童学校、聋哑学校等，计 7 382 所，学生 214 174 人。

在教学方面，科学课程已在一些学校占有重要位置。教会学校的教学内容有宗教教育，儒家经书和西方科学知识。课程有数、理、化之类的新式科学课程。圣经，创世论、赎罪论和耶稣生平等教义，《三字经》、《千字文》、《百家姓》、《四书》、《五经》等。学习中国经书一是为了适应当时中国科举考试的需要，再者也是为了学生毕业后能够与士大夫和地方官绅接触，适应中国的社会文化环境，不至于被传统知识分子歧视。上海的圣约翰书院在 1882 年前后学生开始系统学习科学基本知识。鹤龄英华书院的情况也是如此，长老会设在杭州的育英书院（即后来的之江大学）也在 19 世纪 80 年代开设了系统的科学课程，并于 1887 年有了毕业生。此外通州的潞河书院也是较早进行系统科学教育的学校。上述诸校均实行规范的年级制教育。

教会中小学为教会大学提供了大量生源。教会发展高等教育起始于 19 世纪 70 年代末 80 年代初，教会教育后来慢慢大规模退出小学教育；保留相当数量的教会中学；着力加强大学教育。基督教美以美会美国传教士李承恩与牧师余修意商议，1895 年创办了福建培元书院，他说："在西方国家，各地都有由各教派建立、管理和支持的学院和大学，教会的财产维持着它们，教会最能干的人充任它们的教授，那么在中国不应当同样如此吗？"

1880 年前后，教会大学一般是在教会中学基础上发展而来，如齐鲁大学（登州文会馆），岭南大学（前身格致书院）、东吴大学（中西书院），等等。中西书院由美国传教士孙乐文（David Anderson）在苏州开办，原名"宫巷中西书院"，收 25 名学生。1896 年春扩充到 50 名，1898 年春季学生达 90 名，秋季增至 109 名。孙乐文声称，"我们的目标不只是教授英语而是要提倡全面的教育”。学校的课程与美国的文法学校相同，要求每一名学生都学习中文、算术。学校经费系自筹，1901 年 3 月，宫巷中西书院迁入天赐庄，东吴大学成立。上海中西书院在 1911 年并入东吴大学。上海中西书院从 1900 年至 1911 年共毕业预科生 51 名，正科生 14 名，中西书院从 1900 年每年注册人数均在 170 名以上。

19 世纪中国的基督教大学共有 5 所，除了登州文会馆外，1888 年美国卫理公会在北京开办了北京汇文书院，1889 年美国公理会建立了通州华北协和大学，为燕京大学的前身。1890 年美国圣公会在上海的圣约翰学院设置大学课程，后发展为圣约翰大学。学校采取增设课程扩充教学内容、延长学制等办法努力朝着高等学校方向发展。大量科学课程的引进以及由此所引发的学校教育的一系列变革，适应了中国社会在 19 世 70 年代至 20 世纪初年社会变革和教育发展的需要。从 1879 年圣约翰书院成立至清政府颁布《学制》，大约有 10 所教会大学先后成立。进入 19 世纪 90 年代，教会大学有了较大的发展。1900 年的义和团运动给在华的基督教传教事业包括教育事业以严重的冲击。义和团后，传教士一方面利用庚子赔款恢复了原有的教会学校，另一方面又新开了大批的教会学校。（1896 年南洋公学成立，它的上院就是后来上海交通大学的雏形，1898 年，经过多年酝酿的京师大学堂在维新运动的高潮中诞生，1902 年，山西大学堂成立。在短短的 7 年间中国人自办大学 4 所。尽管它们在各个方面都还很难说已经是完全意义上的现代大学，国人自办的高等教育机构的出现和教会大学的初步发展都恰好发生在 19 世纪末 20 世纪初。）

教会大学人数也迅速增长。圣约翰大学，1879 年开学时上下学期各 49 人和 71 人。1879 年到 1889 年的 10 年中，在校大学生共 102 人，加中小学生预科生等总数为 801 人。1890 年时，仅有 2 人攻读大学课程,1892 年 3 人,1895 年毕业 3 人,1896 年有 17 名大学生。据 1897 年统计,文理科学生 8 人,医科 2 人,预科 142 人,共 157 人,1899 年 27 名,在该校大学毕业的只有 7 人,预科毕业,学习时间为 3 年。1889 年到 1899 年,大学生增加不多,共 114 人,预科生增加较多,总共 1 144 人。1900 年因义和团运动期间停办 9 个月,1902 年圣约翰有 25 名正科生毕业,1907 年至 1908 年有 30 多名圣约翰的毕业生在美国留学,10 多名在英国留学。1909 年大学班学生 108 人。1913 年,全校学生人数达到 500 人,其中九成学生在大学部学习,教师人数增加到 40 名。自 1913 年起,预科独立为中学部,中学部主任由美国人那敦担任。1915 年学生 200 名。1916 年以前,该校大学部的在校学生都较中学生少,以后大学生就超过了中学生。如 1916 年大学生为 242 人,中学生 226 人;1917 年大学生为 263 人,中学生 222 人;1918 年大学生为 263 人,中学生 252 人。1918 年圣约翰大学把中学部分出去,成为独立的教会大学。1918 年超过 500 人。1909 年到 1919 年生总数达 4 120 人,1920 年时整个大学的入学人数有 250 多人。

在 20 世纪头 20 年中,经过不断的合并联合,最后由天主教差会设立震旦大学、辅仁大学、天津津沽大学;由基督教新教各差会设立的有 13 所大学:东吴大学、齐鲁大学、福建协和大学、金陵大学、金陵女子大学、之江大学、华中大学、华南女子文理学院、岭南大学、圣约翰大学、沪江大学、华西协和大学和燕京大学。16 所教会大学中,有 11 所是由不同差会联合主办的。当时,“中国教育行政机关尚未有大学授予学位的规定,而私立大学之立案尤无明文可遵”,各教会大学在国外立案,获学位授予权。

因为中国传统学校不传授科学知识,教会大学的学生多来自教会中学。1900 年基督教学生数中中学生占 10%,基督教大学的学生人数 164

人。1905年基督教学校寄宿生15 137名，1910年基督教大学的学生898人，1912年30所大学每校不足34名学生，基督教中学1914年为184所，1920至1921年初等小学、高等小学及中学6 890所，学生199 694人，加上高等学校的学生人数，突破20万。1920年时，教会大学16所的学生人数达到1 600多人，1920～1921年度，天主教所属的学校的学生为14.43万人。1920年到1924年是教会办高等教育的高峰时期，1922年时，中国有国立大学5所、省立大学2所、私立大学13所共20所。当时高等教育机关（不仅仅是大学）共107所，有学生30 860人，教会及外国人所办高等学校18所，学生4 020人，教会及外国人所办高等学校学生数占国立高等教育机关的约13%。其中16所教会大学学生2 017人（巴顿调查团数据，葛德基1922年基督教大学生在校人数2 454名）。另据统计，当时教会学校学生和中国学校学生的比例中等教育是11∶100；高等教育（含专门学校）是80∶100。1923年计算，当时中国公立学校共有650万名学生，教会学校（包括天主教）学生约50万人，教会学生占全国各类学校学生总人数的7.14%，葛德基统计基督教大学生在校人数1923年3 062名（《教育公报》公布的1923年秋季统计则为3 561）。1924年3 418名，1925年为3 347名，1925年发表的宣言称当时基督教学校学生“不下三十万人”。基督教大学生在校人数1926年3 520名或3 525名。葛德基在1926年秋季的统计中，华南、华中、岭南、信义及湖滨等5所学校是采用1925年的数据，没有将医学和神学包括在内，如果一并计算则为4 029名大学生。1928～1930教会专科学校有医学5校，农学2校，工程1校，牙医1校。教会大学各校学生数500人以上的有如沪江、燕京、东吴、南京，300多人的如齐鲁、圣约翰、华西、之江。

由以上数据看出，教会大学1920年的学生数1 600人，约是10年前即1910年898人的2倍。从1922至1926年，教会大学的学生数没有太大变化,在 3 347 人到 4 029 人之间。最多的是 1922 年的 4 020 人和 1926 年的 4 029 人。教会学校学生数也由 1920 年的 20 多万增到 1925 年的 30 多万,教会大学在中国大学生中所占的比例远远高于中小学。教会学校是 20 世纪初中国科学教育的主要力量。

三、中国科学教育的发展

1. 制度规范进程中科学教育的发展

1927 年 4 月,南京国民政府成立,6 月国民党中央政治会议决定设立大学院(蔡元培为院长),隶属国民政府,大学院设中央研究院。1928 年大学院通过了《整理中华民国学校系统案》即壬辰学制,改 6 年师范为 6 年或 3 年,取消师范专修科讲习所,增添乡村师范学校;单设高级或初级职业学校;大学由多院组成。后又颁布各种教育法令,如《小学法》(1932)、《小学规程》、《中学法》(1932)、《中学规程》(1933)、《大学组织法》、《大学规程》(1929)等。《中学暂行条例》废止高中普通科文理分组,取消综合中学或普通科的名称,只分初中高中,初中可以单独设置。中学主体 33 制,废止 24 制。统一各科课程标准,颁布了第一个自然科学大纲,采用新教法。英美留学生回国渐多,教材从民国初年日本浅教材转为使用翻译的英美教材。

国民政府从 1929 年到 1936 年 3 次修定小学课程标准,分别是:《小学课程暂行标准》(1929 年 8 月)、《小学课程标准》(1932 年 10 月)、《修正小学课程标准》(1936 年 7 月)、《小学课程暂行标准》。小学低中年级常识课包含自然科。

1929年《中学暂行课程标准》将科学概论改为生物学、物理、化学，高中不分文理科。1932年《中学课程标准》取消学分选修制，自然科改为植物、动物、物理、化学，加强语文、算学、史地等科。

学制与教育文件中也规范加强了大学科学教育。《中华民国教育宗旨及其实施方针》(1929)规定："大学及专门教育，必须注重实用科学，充实科学内容，养成专门知识技能，并切实陶融为国家社会服务之健全品格。"随后颁行《大学组织法》(1929)、《大学规程》(1929)。按这些法规，大学分为国立、省立、市立、私立4类；有文、理、法、农、工、商、医、教育8种学院，3个学院以上(必有理或农、工、医之一)称大学，其余称独立学院。使1931～1933各大学增设工农理医学院。大学医学院5年，其他均为4年；采用"学年学分制"，每年修习学分有限制，不得提前毕业；大学和独立学院设研究院所。课程设置趋于统一，加强了科学教育，增设实科(科学)学校院系，限制文法科高校的发展(招生)，文法科学校开设适当的科学课程(科学概论，或数学、物理、化学基础课程)。经过调整，实科学生从1931年的25.5%增长到1935年的51.2%。

大学办学质量也逐渐提高，严格规定教授、副教授、讲师、助教的任职资格，严格考试、实习和毕业论文制度。大学在校生数量缓慢增长，1928年25 198人到1936年41 922人，毕业生从1928年3 252人到1936年9 154人(18)。1927～1936年是科学教育制度化规范化的10年，大学78所，专科30所，毕业生6.5万，文科生多，硕士无人报名，多出国。1931年，国民政府颁布《学位授予法》，但申请研究生学位的不多。到1936年，共有大学研究所22个，其中理工农医12个。1935～1949年，全国举行了9届学位考试，232人硕士学位，无人取得博士学位。

中学生数量也缓慢增长。1928年有954所中学，1937年1 240所中学 30 万学生,8 万人毕业。10 年增长 1.6 倍学生,1936 年全国 4 亿人口中有 48 万中学生,1 836 万小学生,约 1/20 为中小学生,从多年前的几近文盲人口到 1/20 为中小学生,教育普及向前进了一大步。①

科学研究机构大量涌现。国民政府 1927 年设立中央研究院,1929 年设北平研究院,至 1935 年全国共有 73 个研究所,1912～1939 年间科学学会达 400 多个。

1933 始,商务印书馆开始出版学校教材。但高中大学科学教材仍以英文为主。

表 10　中学与大学一年级教科书调查②

	教科书总数		英文教科书数(%)	中文教科书(%)	
	高中	大一	高中	大一	高中
算学	317	12	255(80)	0(0)	62(20)
物理	167	20	117(70)	1(5)	50(30)
化学	166	20	105(64)	1(5)	61(36)
生物	90	13	19(21)	2(16)	71(79)
合计	740	65	496(67)	4(7)	244(33)

抗战时期,国民党战时当作平时看,中小学教育得到很大发展。实行中学分区制,推行三三制,1939 年实验六年一贯制,建立了 34 所国立免费中学,还供给衣食书籍,优秀者免试入大学。在校中学生数从 1936 年 482 522 人到 1945 年 1 262 199 人,毕业生数从 76 864 到 255 688 人。1940 年,教育部颁行《重行修正课程标准》,进一步规范中学教育。

大学教育在战时也得以坚持并发展。1937～1939 年内迁 39 所大

① 李华兴主编:《民国教育史》,上海教育出版社,1997 年,第 606 页。
② 任鸿隽:“一个关于理科教科书的调查”。《独立评论》,1933 年,第 61 期,第 5～10 页。

学，停办 17 所，后方建立了 9 所大学，合并了 11 所大学。1938 年 9 月，教育部调整大学课程，规定大学第一学期不分系，第二学期分系，公布各学院共同必修科目及学分。1936～1945 年间，全国共有 100 多所大学，每年在校生 4 万～8 万，毕业生每年 0.5 万～1.5 万。内迁的西南联大教学科研成绩卓著，理学院聚集了全国精英，开设高水平的课程，在极其艰苦的环境下开展教学科研工作，培养了近代中国早期的科学学科带头人，为我国科学教育的发展做出了极大贡献。

解放战争时期，1947 年教育部颁行新学制，保持六三三学制，学校类型多样。中学由地方办理，取消中职课，英语为必修。初中理化合并，取消矿物、军训科，取消分类选修制，科学课程比例增加。大学和研究院所快速发展。1947 年大学 55 所，在校生 93 398 人。还有独立学院和专科学校的学生，人数达历史之最。

2. 留学教育

在庚款留美生后，庚款留英生于 1933 年开始严格考选。教育部和其他部门如交通部、铁道部、高校等也选派公费留学生。从 1933 年起，实科留学生超过了文科留学生。1931 年“九一八事变”前后留日人数急剧减少。留美人数下降不太大。留学生中自费生比例迅速下降，1932 年完全自费生比例仅有9.1%。1932 年前，留学生文、实比例仍然失调，1933 年国民政府颁布了《国外留学规程》43 条，认为留学应“研究专门学术”，还规定，从当年起公费留学必须以理、工、农、医为重点，扭转了文、实科留学比例失调的问题。

表 11　1929～1936 年留学情况统计①

学年度	合计	文类					实类				
		小计	文	小计	理	教育	小计	理	工	农	医
1929 年	1 657	971	266	548	129	75	548	129	249	66	104
1930 年	1 030	592	166	400	77	56	400	77	165	49	109
1931 年	450	211	57	220	64	45	220	64	76	17	60
1932 年	576	342	98	213	49	40	213	49	76	35	53
1933 年	621	300	77	319	62	49	319	62	131	44	82
1934 年	859	428	99	234	43	52	431	116	164	72	79
1935 年	1 033	506	117	246	70	73	526	135	174	104	113
1936 年	1 002	463	108	227	64	64	526	97	183	127	119
合计	7 228										

抗战时期，1938 年 6 月 17 日，教育部颁发《限制留学暂行办法》，规定留学专业一律暂以军、工、理医科为限，同时加强了对海外留学生的救济工作。1938～1941 年，因为限制，留学生数量减少，习实科学生占大多数。抗战胜利后，1943 年留学美国的有 358 人②，1946 年和 1947 年政府鼓励在抗战期间表现好的从军青年和翻译参加青年军留学考试和翻译官留学考试。青年军考试录取了 25 名学生，6 名学习科学。1854～1953 年 100 年间共有 20 906 人留学。

在中国各界，留学归国人员贡献卓越突出。留日学生多数为官僚，留美学生多数成为大学教授、大学校长。国民政府 1927～1949 年 13 届内阁成员（包括行政院正、副院长，各部部长）109 人中，留学归国者占总

① 李华兴主编:《民国教育史》，上海教育出版社，1997 年，第 744～746 页。

② 中国第二历史档案馆编:《中华民国史档案资料汇编》，（第五辑，第二编），江苏古籍出版社，1997 年，第 892 页。

数的56.9%[①]。留学生最突出的贡献是在教育领域。1909年中学教师中留学生占26%。20年代北京大学的教员为200人左右,近一半为留学归国人士。南开大学1930年41名教师中有31人为回国留学生,1936年34名教授中,留美生33人[②]。30年代前后大学校长50多人是留美归国学生,约占当时所有大学校长的80%。加上留欧留日的,约90%[③]。1948年全国402名著名科学家中选出81名中央研究院院士,留学人员76人,占93.8%。1941年2月~1944年3月,合格专科院校任职的教授副教授中留学归国人员1 913人,占总数的78.1%[④]。1941~1949年,专科以上学校,教授和副教授78%是留学回国人员。

1935年全国40多个自然科学类学术团体,其领袖人物80%~90%是归国留学生,有些科学学会办有学术刊物,如中国科学社的《科学》,化学工程学会的《化学工程》,物理学会的《中国物理学报》等等,这些学报介绍国外先进科学知识,推动了现代科学在中国的传播和发展。留学生奠定了当时高校数学、物理、化学学科的基础,是他们建立了中国的自然学科系,创建了现代学科,20世纪20~30年代,中国重点大学的自然科学系科几乎都是留学生创建的。如胡明复、何育杰、姜立夫、竺可桢、梁思成、张克忠等,他们在各种大学创建了相应系科,开展教学和科学研究,这一时期的科学教育依靠他们缩短了与西方的差距,留学教育极大地促进了中国科学教育的发展。

---

① 王奇生:《中国留学生的历史轨迹(1872~1949)》,湖北教育出版社,1992年,第214页。

②《南开大学校史资料选》,南开大学出版社,1989年,第57~67页。

③ 谢长法:《留美学生抗战前教育活动研究》,河北教育出版社,2001年,第154~155页。

④ 王奇生:《中国留学生的历史轨迹(1872~1949)》,湖北教育出版社,1992年,第471页。

3. 教会大学的科学教育

教会大学在 1937 年前的中国高等教育中占有重要地位。以福建为例,"1936 年,省教育经费达到最高数 200 万元,占全省支出经费总数的 10.3%。这一年教育经费的分配数额为:高等教育经费占 5%;中初等教育经费占 70%;教育行政费占 8%;教育预备费占 2%;社会教育经费占 15%。"政府对高等教育的投入很少,福建省所有的高等教育全为私立。

13 所教会大学 1930 年代几年中学习各个科学学科的学生人数①。(空格表示缺乏资料或没有相应课程)

表 12　13 所教会大学 1930 年代科学学科学生数统计

学校	沪江	华西	燕京	华南	华中	岭南	圣约翰	东吴	齐鲁	福建协和	金陵	之江	南京
生物	5	8	16	1	14	8	2	15	19	34	6	1	7
				6		23	5	10			12	27	14
	55	40	91		12	54	31	50	39	37	59	50	40(计 531)
化学	99	10	66	8	20	17	11	25	43	24	10	55	71
	74		55	7	24	83	7	35	72	56	7	49	
				38	42		48		34	26			
	69	33	77		16	66	50	61	61	40	50	22	102(计 593)
数学		10		20	17		18			数理 13	数理 7	12	11
		天文 4		15				33	10	6	7	天文 3	
	9	29	40		9	11	27	28	21	14	18	20	46(计 272)
物理	17	4	16	21	2	5	32	31	29			54	54

① 据上海档案馆、上海图书馆所藏圣约翰大学的英文档案统计整理。

（续表）

学校	沪江	华西	燕京	华南	华中	岭南	圣约翰	东吴	齐鲁	福建协和	金陵	之江	南京
	13		21	14	82	36	31	51			10		
	31	18	36	15	20	39	30	41	20	14	5	53	53(计 322)
总人数	564	347	779	72	126	379	461	666	471	175	212	397	
	940	355	783	72	101		399	633	383	185	174	356	582
	940	355	783	152	366	540	408?		376	248	380		582
	509	280	783		101	244	334	296	286	185	174	356	377
			790	72	101		399	633	420	185	174	356	
	940	355	783	72	101	244	399	633	420	185	174	356	582
文理学院	531	104	787	97	41	207	252	450	129	126	164	139	212
建议人数	500	350	800		200	400	400	400	300	300	300	200	400

学习理学的学生总数不多，其中学数学的最少，学化学的最多。沪江 1930 年理学院生物学系 7 人，化学 68 人，数理 26 人，医预科 41 人。1937 年生物系 31（教授 1、助教 1、教师 1）人，化学 72 人（教授 1、助教 2、教师 1），物理 19 人（教授 1、助教 1）。1932～1933 年金陵大学理学院 165 人中，学习工业化学和化学的有 77 人，约占理学院人数的一半，而其他如电子工程和物理 50 人，数学 16 人，生物 22 人，农学院 210 人，化学研究生 1 人。学化学的学生数是学其他科目学生数的许多倍，其他学校也是如此。生物、数学和物理学科学生明显少于学化学的学生。在研究生中，也是化学研究生多。如 1932～1933 年，华西医科大学医学和牙科研究生 97 人，牙科 28 人，药学研究生 32 人，燕京地质研究生 1～2 人，化学研究生 18 人，生物研究生 5 人。

教会大学培养的毕业生质量很高，在中国各行业都作出了巨大贡献，在教育、农学、工程、医学等领域成就卓著。

在教育领域，教会大学为中国新式学校培养了一批科学教师。教会大学的农科和医科成为其他学校学习的典范。教会大学还积极参与中国国立学校的建设，社会服务意识也很强。

现代数学知识的传授为理学和工学学生打下了良好基础，教会大学为当时培养了一批掌握西方新数学知识的教师。金陵大学、燕京大学及其他教会大学生物系也为中国近代新式学校培养了当时急需的一批生物学教师。还有上述农学毕业生中很多也成为农业教育师资。化学、物理等学科莫不如此。

教会大学的农科和医科都是国内领先的专业。还有起始于金陵大学的电化教育，从一种先进的教学方法发展为后来最早在中国大学中开设的一门系科，为中国大学的电化教育和教育电影事业作出了杰出的贡献。

教会大学除了培养学生，还参与社会教育。金陵大学积极参加全国的化学教育活动。1932 年 8 月 1 日，当时的教育部在南京召开化学讨论会，讨论化学译名、国防化学及初中、高中和大学的课程标准。金陵大学校长陈裕光为会长（陈裕光 1915 年毕业于南京金陵大学化学系。次年赴美留学，入哥伦比亚大学专攻有机化学，于 1922 年获博士学位。1929 年曾荣获哥伦比亚大学名誉教育奖章，1945 年，美国南加州大学授予他名誉教育博士学位）。李方训教授受国立编译馆聘任进行术语名词方面的工作；化学系戴安邦教授受教育部聘任为师范课程起草委员会化学组委员。组织医药、化工机械等类工业标准起草委员会，供各方面参考应用。金陵大学 1933 年联合中学研究化学课本选择、教材研究、教学进度表试验、搜集课外读物和数学模型，进行中学化学教师培训。1935 年编制中学化学标准测验。由教育部颁布施行其拟定的《中学化学设备标准》；金陵大学教师编辑的中学理科化学教科书及实验教程，其中正式出版者有:李方训编《初中化学实验教程》,戴安邦编《高中化学实验教程》,温步颐、丘玉池合编《高中化学实验教程》。金陵大学理学院曾专辟几间实验室和仪器,向南京地区各中学出借,仅略收租金,以补充仪器设用损耗。

金陵大学对中国农业教育产生了深远的影响。1937 年前后许多大学农学院都是在金陵大学老师帮助下建立的。金陵大学农科教授并发起组织了中国许多最早的农业高级学术团体。

教会大学有着很强的社会服务意识。服务领域首推实践性强的农学。教会大学的办学理念虽然重文理轻实用,但农科是个例外。因为传教士自来到中国就有服务中国农村的思想,而把这种思想付诸实施就是在大学开设系统的农学课程,成立农学院。这造就了当时国内大学中农学质量水平最高的金陵大学农科。

金陵大学农林系的本科生共同必修课程有化学和土壤学、设计实习和毕业论文,共同选修课程有乡村教育学 6 学分和农学推广法 3 学分。从选修课程中可看出,学校在重基础课程的同时,对农学生的培养很重视乡村推广、农业推广。

金陵大学农学院自创办起就非常重视研究工作,农学院的经费分配中研究占 50%,教学占 30%,推广占 20%。从 20 年代就开始了预防饥荒的科研项目。农学院最重要最有影响的研究是在各农场进行的的作物品种改良研究。农学院在国内领先的研究除改良品种如棉花、小麦、水稻、玉米、大豆等外,还进行了当时几乎空白的调查研究,如农业经济调查、中国土地利用调查、乡村人口问题调查、鄂豫皖赣 4 省农村经济调查、四川省土地分类调查研究、成都附近 7 县米谷生产与运销研究等。

金陵大学农学院的农场很多,除总场 11.61 公顷设在南京外,还有分场、合作农场、区域试验场、推广中心区等 10 余处,分布于全国各省。农学院各系科皆各有农场,截止至 1937 年,共有总场 1 所,分场 4 所、合作农场 8 所、区域合作试验场 5 所及种子中心区 4 所。依各系科研究性质的不同，分属作物（农艺）、园艺、植物病害（植物）、蚕桑、森林及农业专修科等 6 系科，有农艺、园艺、蚕桑、森林四种试验分场 4 000 多亩。在西迁成都前有林场 134 余公顷、园艺棚 14 余公顷、实验农场 87 公顷、桑园 14 余公顷。

金陵大学校长陈裕光曾说："金大农学院重在联系中国农业实际，不尚空谈。其中对推广一项尤为重视，师生足迹遍及全国 10 多个省的农村，受到各地农民的欢迎。金大校誉鹊起，闻名国内外，农科是一主要因素。"1924 年金陵大学成立农业推广系、农业推广部及农业专修科，毕业生从事于推广及乡村工作的约占总人数的三分之一。农学院各系科均开设了农业推广课程，为当时国内各大学农学院仅有。章之汶在抗战前编写并由商务印书馆出版了中国第一部《农业推广学》。

金陵大学农学院毕业学生 30 年代初期有 5 人是政府农业试验场领导，6 人是国立学校校长，5 人是农林部高级官员，20 人是其他政府各级官员。另有资料表明他们领导农林部 7 个技术部门的 5 个，5 所国立研究所的 3 所，7 所国立大学的农学院。中国科学技术协会主编的《中国科学技术专家・农学编》已出版几卷，所收农学家的经历统计，《植物保护卷 1》52 名专家中有 23 人是该院毕业生或在该院任过教、《作物卷 1》45 名中有 14 人、《土壤卷 1》40 名中有 8 人，中国科学院院士 14 人。

1918～1927 年农科毕业学生 71％就职于学校，其中大多数在教会学校。同期，林科毕业学生 52％在学校工作，大多数在公立学校。另据统计，到 1927 年农学院本科毕业生从事教育者占 58％，农林技术方面占 23％；到 1934 年止学生 96％服务于农业和农业教育领域，留美 19 人。

各教会大学对基础课和专业课的重视程度不一，这与各学校的师资力量和设备条件有关。之江大学、圣约翰大学和震旦大学的工程系课程设置比较完善，与国外相同的教材和完备的实验设施保证了培养的学生的质量。教会大学工程科虽然毕业生总数不多，但也为中国工业近代化的起步做出了极大贡献。如震旦大学一览中所说：工程系高材生“有闸北水电公司总工程师及各部工程师，平汉铁路之电务处主任，北平电车公司之总工程师等，至于直接转入巴黎电工高专之工程系毕业生，则无不排列前茅。”

教会大学首先把西方与中国传统完全不同的医学知识系统地在中国讲授，培养了中国近代史上第一批西医医生和专家，为西方医学在中国的系统传播做出了贡献。虽然培养的毕业生不多，但严格的毕业条件下出来的学生大多成为西医业的专家，如《震旦大学 1933 年一览》写道："1933 年止，毕业计八十人，散处内地各省，如上海市医师公会主席，本校生理学教授，宋国宾博士。又如前任法国司太司堡神经病院主任，现任西贡巴斯德学院主任刘承纯博士。又如北平中央医院医务主任宋元凯医师等，皆为当时医界著名人士。此外如吴冠英医师一九二八年毕业，复在巴黎大学考得医学博士学位，其论文为《激起之血糖过多对于患糖尿病者之后期现象》得有巴黎大学一九三二年银质奖章”。震旦大学成为上海第二医科大学早期历史的一个重要部分。教会大学医学教育在中国西医教育史上留下了不可磨灭的一页。当时西医在中国还是新鲜事物，教会大学的医院和医科培养的学生为大众的健康和中国早期西医教育做出了极大的贡献。

四、中国现代科学教育的自我改造与确立

新中国成立后，政府开始逐渐收回教育权。1950 年 1 月，11 所外国

津贴大学改为公办,9所外国人办的私立大学由政府给予补助。接收改为公办的11所:燕京大学、津沽大学、协和医学院、铭贤学院、金陵大学、金陵女子文理学院、协和大学、华南女子文理学院、华中大学、文华图书馆专科学校、华西协和大学。9所受资助的外国津贴高校是:沪江大学、东吴大学、圣约翰大学、之江大学、齐鲁大学、岭南大学、求精商学院、震旦大学、震旦女子文理学院(后二者合并为震旦大学)。

1951年国家政务院颁布新学制,建立工农速成学校,中等专业学校,普及基础科学教育。1951年秋季起各中小学开始使用人民教育出版社统一出版的12年制中小学教材,但1952年起中学数学教科书采用苏联10年制学校教材,全盘苏化,把苏联10年制中小学延长到12年。学校数量少,大多数学生不能升入中学和大学就读。

建立了中国特色的师范教育体系,独特的教师职后训练学院——教师进修学院。1950年在全国5大行政区各办1所高等师范学院。1951年规定中等师范学校的毕业生必须在中小学服务满规定年限后才可以升入高一级师范学院。至今这些规定与学院依然存在。1953年调整后全国共31所高师,学生过多,要求教育系学生可转系,英语系停办,学生全部学俄语。"一五计划(1953～1957)"末期规定大中学校的毕业生统一由国家分配,1957年1月还规定任何单位不得裁减其多余的职工。单位和组织成为我国独有的特色,一直延续至今。

1. 学习苏联——院系调整

1952年起开始院系调整,按照苏联模式建立确定了2所样本学校:1950年新办的中国人民大学和哈尔滨工业大学(政府接管的1920年苏联办的中长铁路附设学校)开始全面向苏联学习。1952年65所私立大学全部改为公立,撤销教会大学名,各系科并入其他院校。人民大学培训高校政治理论课教师,哈尔滨工业大学培训工科基础课教师,让两校学习苏联的经验在所有的高校中推广。参照苏联高等学校设置专业、制订教学计划和教学大纲,按苏联教材编译教科书。

高等教育部和高校聘请苏联专家工作。从 1949 年到 1959 年,高校聘请苏联专家 861 人,理工科专家占大多数[①],1950～1957 年 90%留学生派往苏联,苏联重德法的科学,1950～1963 年留学苏联 9 594 人。俄语几乎成为中国学校的唯一外语。苏联专家培养了 14 132 名中国高校教师和研究生,讲授课程 1 327 门,编写教材讲义 1 158 种[②]。

当时我国高校规模偏小,专业设置不合理,重文轻理;教育部从改革工科开始进行院系调整,按苏联工学院的模式拟定了工学院调整方案。如:将北京大学工学院、燕京大学工科各系并入清华大学。将南开大学的工学院、津沽大学的工学院、河北工学院合并成立天津大学。将之江大学的土木、机械两系并入浙江大学。将南京大学的工学院和金陵大学的电机工程系、化学工程系及之江大学建筑系合并成立南京工学院。将南京大学、浙江大学两个航空工程系并入交通大学,成立航空工程学院。西南工业专科学校航空工程专科并入北京工业学院,等等。

内地高校不多,西部没有高校。调整时将沿海地区一些高等学校的同类专业、系迁至内地组建新校或加强内地原有高校力量,或将一些学校全部或部分迁至内地建校,改善院校布局。西安交通大学的产生源于此次调整。1957 年 6 月国务院召开会议,讨论交通大学迁校问题,决定将交大部分专业及师生迁往西安,作为交通大学西安校区,1959 年西安

① 卓晴君、李仲汉:《中小学教育史》,海南出版社,2002 年,第 77 页。
② 刘英杰主编:《中国教育大事典》,浙江教育出版社,1993 年,第 1675 页。

交大独立。1957 年 10 月，成立了内蒙古大学。至此，1950 年代的院系调整结束。

表 13　中国与苏联大学专业目录统计①

		合计	工科	农林	医药	文科	理科	政法	财经	师范	体育	艺术
中国	数量	257	142	16	5	25	21	2	16	16	1	13
	比例	100	55.3	6.2	1.9	9.7	8.2	0.7	6.2	6.2	0.4	5.1
苏联	数量	271	144	14	5	18	14	1	31	17	1	26
	比例	100	53.1	5.2	1.8	6.6	5.2	0.4	11.4	6.3	0.4	9.6

专业调整后制订了同一专业的统一教学计划和教学大纲，部分教材也统一，如计划经济体制一样，高等教育也纳入了统一的计划模式。院系调整到 1957 年结束。高校的类型（专业）结构趋于合理。

表 14　1949 年与 1957 年高校类型的对比②

	年度	合计	综合大学	工业院校	农业	林业	医药	师范	语文	财经	政治	体育	艺术
学校数	1949	209	49	28	18	1	22	12	11	11	7	5	18
	1957	229	17	44	28	3	37	58	8	5	5	6	17
学生数比例	1949	100	6.0	26.0	8.4	0.5	13.1	10.3	10.2	16.6	6.3	0.2	2.4
	1957	100	6.5	37.0	7.7	1.4	11.1	26.0	4.4	2.7	2.0	0.1	0.6
			理科	工科	农科	林科	医药科	师范	文科	财经	政治	体育	艺术

1949 年至 1957 年，高校学生数较快增长。但国家对职称的要求相当严格，高等学校的教授数量 1957 年是 1949 年的 0.96 倍。学校规模

① 胡建华：《现代中国大学制度的原点》，南京师范大学出版社，2001 年，第 213 页。资料来源：高等学校专业目录分类设置》（草案），高等教育部档案，1954 年长期卷，卷 50；哈尔滨工业大学高等教育研究所编译：《苏联高等学校专业设置、培养目标、教学计划选编》，哈尔滨工业大学出版社，1987 年，第 3～8 页。

② 孙宏安：《中国近现代科学教育史》，辽宁教育出版社，2006 年，第 611 页。

扩大，中学生增加了5倍以上。1957年全国229所高校，科教专业占76.2%。调整后综合大学减少2/3，工科院校增加1/2，文科类学生和学校数减少，师范院校增加了近4倍。工业院校、农林医药院校的增多，加强了科学教育。至1957年，中国高校专业323种，其中理科21种、工科183种、农科18种、林科9种、医药科7种，师范21科中理科8种，这样纯科学教育专业占76.2%，极大地促进了科学教育的发展。

为均衡教育资源，在内地建立了一些高校，高校地区布局渐趋合理，内蒙古和青海有了高等学校，原来高校不多的省份也增加了一些高校。

调整也有一些不合理的地方。中央集权的干预使一些学校的传统优势学科基础受到破坏，否定英美的通才教育模式，过于专业化，这些对于培养高素质人才都是不对的做法。文科大学到1962年下降到6.8%。重理轻文思想形成。

2. 政治运动中科学教育的曲折发展

1958～1960年，教育大革命“大跃进”，高等教育规模盲目扩大，学校设备缺乏，师生少，各级学校大办工厂农场，学生参加生产劳动，不学无术，教学质量严重下降。1961～1963年调整中，教育部要求高校定规模、定任务、定方向、定专业，裁并了一批质量低劣的专科学校，在《高教六十条》中明确了学校教学思想，改善教师待遇，加强自编教材建设。1964年高校又推行半工半读思想，让师生参加农村的四清运动，教学质量下滑。

1966～1976年，“文化大革命”，学校停课闹革命，红卫兵运动给学校教育带来了灾难。高等学校停止招生，中学生上山下乡，大办“五七干校”，把学术权威与劳改犯关在一起，不能进行教学科研工作，两个估计期间,让工人上讲台,挑起工农兵和知识分子的矛盾。1968年721指示工厂办大学,招收工人为学生,高校招收工农兵学员,以政治活动和劳动代替系统知识的学习。高校实行推荐招生政策,学员素质低。文化大革命严重破坏了教育事业,教师身心备受摧残,这种人为的文化平均主义使教育倒退停滞。

1977年教育拨乱反正,恢复增设一批高校,恢复高考招生,整顿成人高校,新办大学少年班。1977年1月16日《光明日报》发布教育部"一场围绕自然科学基础理论问题的政治斗争",陈述周恩来、邓小平等在1972、1974年做的加强自然科学基础理论研究和教学工作的指示。1977年10月28日至11月16日,教育部在北京召开重点高等学校应用科学和新技术学科规划会议,制定了机械、电子、土木建筑、水利学和水工、化学工程学、无线电子学、计算机科学、半导体、自动化、力学、光学、环境科学、材料科学和工程热物理14门应用科学与新技术的科学规划草案,部署了高等院校科研工作。

1980年恢复了研究生教育,建立了学位制度,至1998年,我国共培养了近4万名博士。1985年改革统一考试制度,上海试行高考单独命题。1987年教委发出《关于改革高等学校科学技术工作的意见》、《中共中央关于教育体制改革的决定》,要求有计划地建设一批重点学科和重点实验室,国家重点实验室覆盖了我国基础研究的大部分学科。高校获得发明奖和科技成果奖比例增大。高校因其拥有优秀的人才和设备条件,承担了大部分科研项目,这些项目的完成也很好地促进了学校科学教育的发展。

建国以来,中国科学教育事业取得了长足的发展,学校数量与规模增大,培养了大批科学人才。1949年全国文盲率80%,2000年全国文盲率降至9.1%。科学教育事业在政治运动中曲折发展,近30年来,政治斗争与生产劳动不再是学校与学生的重要工作，我们深深融入西方文明的洪流中，在“科学技术是第一生产力”的口号下，教育投资不断增长，从高等学校科学院系数量、科学专业学生数量、科研论文发表数量来看，我们已经成为科学教育大国。

五、小结

在鸦片战争前，中国人全然不知科学为何物。少数人从传教士翻译的书籍和所办学校中初次接触到科学。教会办了一些学校，传授初级科学知识，教会学校成为中国最早实施科学教育的机构。

鸦片战争后，国人从洋枪洋炮中认识到西方科学的价值，以为这就是科学。于是办洋务学堂，派留学生到西方学习枪炮军械知识。在人口众多的泱泱大国，寥寥可数几个人在国外学习到零星不系统的技术知识，整个国家还没有实施严格意义上的科学教育。这一时期教会学校慢慢发展起来。

20 世纪初，清政府颁行了第一个科学教育学制，随后学制几经更迭，废除了 1 300 多年的科举考试，学生不必再读经书，建立了从小学、中学到大学的科学教育学制，符合学习系统科学知识的认识发展规律，学校有了科学课程等级层次，保证了上一级学校的生源，科学教育开始起步。在 20 世纪 20 年代以前，教会学校成为中国科学教育的主体，一些教会学校后来发展成为著名的大学。教会学校在中国科学教育发展史上做出了重要的贡献，成为中国科学教育史上的重要篇章。

国民政府成立后，科学教育体制日益成熟，学校教育迅速发展。抗日战争时期，在“战时需做平时看”的教育思想指导下，科学教育持续稳步发展。高等学校在战争中仍然坚持办学、坚持科研。当时的西南联大成为战时乃至今日办学的典范。解放战争时期，国民政府仍挤出经费维持学校教育，并资助留学海外的学生。在高等科学教育领域，留学生发挥了重要作用，各科学专业学会会员与高校的领导和高校科学系科创立者几乎都是归国留学人员。

新中国成立初期，全面学习苏联，高等学校进行院系调整，专业布局渐趋合理，加强了理工科。1960 年代经历“大跃进”和“文化大革命”，科学教育停滞倒退，浪费了宝贵的 10 多年教育发展时间。1980 年代后纠正调整，学校科学教育迅速发展，普及了 9 年制免费义务教育，高校招生规模扩大。20 世纪后高等教育从精英教育慢慢走向大众教育，高校培养的科学学科专业研究生数量呈级数增长。在“科学技术就是第一生产力”的思想下，科学教育规模空前发展。经过半个多世纪，如今中国各类高等学校数量比建国初期增长了约 10 倍，高等学校在校学生数量居世界第一。

从鸦片战争后少数国人初识科学，到现代学校科学教育的普及，我们一直视科学为一种“形而下”的学问，具有工具价值。从洋务学堂、维新教育到现代科学教育规模的极速扩张，莫不如此。这与中国千百年来传统的功实利思想有关。而源于古希腊的科学一词的本质并非如此。在一个半世纪的中国科学教育发展史中，教会学校的科学教育是个特例，体现了科学作为人文的含义。美国传教士福开森批评“获取功名是中国旧教育的目标”；圣约翰大学校长卜舫济 1907 年在传教士百年大会上批评清政府“以功利主义举办新式教育”。传教士在博雅教育理念下创办发展的中国教会大学有着与国外优秀大学同等的质量。一个多世纪过去，我们仍然在狭隘的实用主义科学教育思想主导下办学以及进行研究，仍未能深入理解科学的内涵，不理解真正的科学是一种远离实用的理性知识，不理解也只有源于纯粹兴趣与好奇的基础理论的研究与发展才更能使实用工程技术成为可能。

近年来的科学教育研究似乎有了一些改变。除了探讨科学课程的有效教学法外，开始思考科学课程的真正价值。一方面，自然环境的破坏和自然科学哲学研究使我们重新审视国人普遍视科学为绝对真理的思想和对科学的盲目崇拜心理。另一方面，素质教育、通识教育、科学精神这些词汇在学校教育中的出现表明教育工作者开始对实用功利主义的技艺教育目的进行反思，认识到科学有除实用之外的人文意义和本体价值，开始理解源于希腊的"科学"一词的本真含义，从早期救亡图存的科学学习目的之外发现古希腊"科学"一词自产生起就已蕴含其中的文化价值，既远离实用的对自由理性与自然法则的孜孜不倦的探索与追求。科学衍生的技术能便利生活，这只是科学这种高尚的精神活动的副产品，科学本来是完善我们自身人格与品性的优雅活动，在探索自然运行规律的过程中体会科学的美，满足我们与生俱来的求知欲与好奇心。在今后的科学教育中，我们更应该认识到，科学不是"正确"与"真理"的代名词，有许多东西不是科学能解决的，科学只是认识世界的一种方式，从科学中我们真正能得到的是在探索这个世界过程中的美好体验，这个奇妙的世界引导我们一步步在假设、验证中前行。我们的科学教育要强调培养学生的探索精神、创新能力，体会物质世界运行的和谐规律与自然的美丽，正确的认识科学与社会的关系。科学教育就是一种人文教育，这才是科学教育的本质。

（孙萌萌）

史贵全

中国现代工程教育的形成与确立

一、中国现代工程教育的形成

1. 中国现代工程教育产生的历史背景

现代工程教育是人类社会由农业文明进入工业文明后出现的一种专门教育，是适应机器大工业生产的需要而形成的。机器大工业生产是现代工程教育产生和发展的主要动力因素，它不仅向高等教育提出了培养高级工程技术人才的客观要求，也为这种教育制度的建立和完善提供了知识形态的和物质形态的诸多条件。

作为现代工程教育专业教学内容的工程学是在机器大工业生产的推动下逐步形成的。工程作为一种按照人类的目的而使自然物人工化的实践活动古已有之。然而，在18世纪工业革命之前漫长的历史中，由于工程属于工匠的活动范围，科学为学者的世袭领地，两者基本处于相互分离的状态。加之科学尚未发展到足以揭示工程机理并转化为技术的程度，因而，工程的技术手段主要是工匠世代相传的实践经验及技能技巧，几无科学理论的指导。工业革命后，欧美资本主义国家先后由工场手工业过渡到机器大工业阶段。随着工程及生产活动的专门化、复杂化程度及知识含量的不断提高，仅靠工匠的直观经验和技艺越来越难以解决复杂的工程技术问题了。为了探究机器大工业时代工程问题的技术机理，工匠们开始关注自然科学的进展，以便寻求科学理论的指导。与此同时，理论自然科学日趋成熟，有些领域的理论成果已走在了技术的前面，具备了指导工程和生产实践的功能；适合于科学与技术结合的社会建制如大学实验室、工业实验室等已初步形成；作为学者的科学家也开始关注科学理论在实际中的应用。这样，工匠传统与学者传统开始融合，工程技术的发明和发展进入了以自然科学理论为主导的新时期。于是，工程领域的科学知识与实践经验相结合，逐渐发展成为相对独立的学科——工程学。土木工程学、机械工程学、矿冶工程学、电机工程学、化学工程学等学科于19世纪相继在英、法、德、美等资本主义国家诞生。这就为现代工程教育制度的建立奠定了坚实的学科基础。

随着近代科学技术的迅速发展，特别是工程学的形成及其在工程及生产活动中的应用日益广泛、深入，机器大工业对劳动力的科学文化素质的要求不断提高，且出现多层次化的趋势。在产业革命初期，作为前工业社会培养工匠、技师主要形式的艺徒制就受到了严重挑战而渐趋衰微，学校工程教育作为工业文明时代造就工程技术人才的主要形态应运而生。以训练技工、技师为目标的各种初、中等全日制职业技术教育机构及成人业余技术教育机构在英、美、法、德等工业化先行国中如雨后春笋般地涌现出来。这些机构培训出来的大批技工和技师满足了工业革命初期社会生产对技术人才的需要。随着产业革命的深入和扩展，世界各主要资本主义国家自19世纪30、40年代至80、90年代先后完成了由工场手工业向机器大工业的过渡，实现了早期工业化。在工业化过程中，出现了一个在技工、技师之上的新的职业层，即主要从事构思、设计和组织生产等工作的工程师职业。现代工程教育就是适应工业化对工程师的需求而形成的。世界工程教育的历史表明，工业化是工程教育产生和发展的最主要的动力因素。中国作为一个工业化“后发外源型”国家，虽然没有产生如欧美国家那样的产业革命，但在率先完成早期工业化的资本主义列强对外扩张浪潮的强烈冲击下被迫卷入世界资本主义经济的旋涡之中，进而开始了工业化艰难曲折的探索。中国现代工程教育就是伴随着这种探索而萌发，并在其推动和制约下发展起来的。

中国工业化始于19世纪60年代兴起的洋务运动。按现代化理论，可以认为洋务运动就是以工业化为核心并相应革新外交、军事、教育等事业的中国早期现代化运动。由于在两次鸦片战争中，西方列强凭借其以机器大工业为基础的先进的军事技术打败了以长矛大刀、土炮木船等传统农业社会军事技术装备的清王朝武装力量，加之在勾结西方侵略者对太平天国的"华洋会剿"中，曾国藩、李鸿章等洋务派首领对西方军事技术有了较多的接触和了解，进而萌发了引进西方军事工业及技术，以抵御"数千年来未遇之强敌"的思想。因此，中国的早期工业化是以建设近代军事工业为开端的。从1861年曾国藩创办"安庆内军械所"始到1890年张之洞开办"湖北枪炮厂"止，共建有大小军工企业21家，雇佣工人共计近万人。除福州船政局专造兵船炮舰外，其余各家的产品主要是枪炮弹药、机器和钢铁。

洋务派在创办军事工业的过程中，遇到了原材料、燃料、财政、交通运输及电讯等诸方面的困难。为此，于19世纪70年代初提出"强"、"富"并重，"寓强于富"的方针，开始创办以"求富"为目的的新式民用工业。从1872年李鸿章创办"轮船招商局"开始到1893年张之洞建湖北织布官局，共创办民用企业近50个，其中大型企业7个，中小型企业40余个，涉及采矿、冶炼、纺织等工矿业以及航运、铁路、邮电等交通通讯事业；雇佣工人3万余人。这些企业大多采用官督商办方式。此外，完全商办的新式企业也开始出现，到1894年止，全国有商办企业151家，雇佣工人3万人左右。

由上可见，洋务运动时期即19世纪60年代到90年代是中国工业化的发轫期。在经历了由"自强"的军用工业到"求富"的民用工业的历史过程后，中国初步形成了近代工业的发展格局和发展形式。

甲午战争的失败宣告了以"自强求富"为目标的洋务运动的破产，但由洋务运动开启的中国工业化的进程并未因此中断。相反,甲午之后中国工业进入了一个新的发展阶段。由于帝国主义通过《马关条约》获得了在华直接投资的特权,西方列强在中国掀起了攫夺路权、矿权,投资办厂开矿的阵阵狂潮。面对着帝国主义迅速扩大的新的经济侵略以及伴随而来的空前的民族危机,清政府为了避免自身的覆亡,对原有的工商业政策作出了一些调整,放宽了对民间开矿办厂的限制。一些头脑较为清醒的封建官吏和新兴资产阶级一起发出了"实业救国"的呼声。在这种情况下,全国各地掀起了一场颇有声势的"设厂自救"运动,中国工业,尤其是民族资本工业有了较大发展。甲午前以清政府投资为主的状况得以初步改变,出现了民族资本成为中国工业资本主体的趋势,此外,清政府经营的军用工业、矿冶业、各类民用工业、铁路运输业及邮电通信业在 19 与 20 世纪之交也有所发展。

工业化运动是以生产的机械化为基础和先导,促使社会各个方面发生革新的一种社会变迁。因此,工业化的历史进程一旦开启之后必然要求前工业社会的教育进行变革以与之相适应。由于中国传统的儒学教育是农业文明的产物并为之服务,与工业化格格不入。当 19 世纪 60 年代洋务派启动了中国工业化的历史进程后,很快就遇到了技术人才,特别是高级工程技术人才严重匮乏的困难。因此,他们不得不创办不同于传统儒学的新式学堂。这些学堂尽管对中国早期工业化作出了一定贡献,但因师资、生源等因素的限制,绝大多数学堂只能培养技术工人和初级技术人员,而不具备造就高级工程技术人才的能力。因而,直到 19 世纪末中国自己的工程技术人员队伍仍然不能适应工业化的需要。梁启超在光绪二十二年(1896)无限感慨地说:"今之明于机器、习于工程学、才任工师者,几何人矣?中国矿产,封鐍千年,得旨开采,设局渐多,今之能察矿苗、化分矿质、才任矿人者,几何人矣?……能制造器械,乃能致强，能制造货物，乃能致富，今之创造新法，出新制，足以方驾彼族，衣被天下者，几何人矣？”[①]规模狭小、不成系统的洋务技术学堂犹如几个孤岛散落在书院学塾的汪洋大海中，历经三十余年的洋务技术教育培养出的高级技术人才寥寥可数。因而，从中国工业化起步之日直到20世纪初，全国各主要厂矿及铁路、电讯等部门，“无不雇用洋匠，以致事权旁假，大利难兴。”[②]更为严重的是，由外国工程技术专家垄断企业技术不利于民族工业的发展，更不利于国家安全。“当时商办企业能请得起外国专家的不多，外国专家主要在官办企业里，这都是一些对国计民生、国防安全有重大影响的企业。洋务派对这种情况很感不安，指出一旦发生对外战争，这些人辞职的可能性很大，而中国人又难以担当重任，情况很是危险。”[③]作为一个工业化“后发外源型”国家，在工业化起步阶段，借才异域，势所必然，别无选择。但当工业化达到相当的规模和水平时，则必须以本国高级工程技术人才取代外国专家，使本国技术力量居于主导地位，以彻底摆脱由外人左右企业技术的局面。因此，随着中国工业化的发展，创办培养高级工程技术人才的教育机构就成为摆在国人面前日益紧迫的一项战略性任务。

中国工业化运动提出了建立现代工程教育制度的客观要求，而当时特殊的国内外环境亦为此提供了某些必要条件。清末的对外开放，虽然是在西方工业化先行国对外扩张狂潮的强烈冲击下被迫进行的，然而，“资产阶级，由于开拓了世界市场，使一切国家的生产和消费都成为世界性的了……过去那种地方的民族的自给自足和闭关自守的状态，被各民

① 梁启超：“学校总论”，《饮冰室合集·文集》(第一册)，中华书局，1932年，第277页。
② 端方：“奏派学生前赴比国游学折”。《约章成案汇览》(乙篇卷三十二下)，光绪二十九年(1903)。
③ 周建波：《洋务运动与中国早期现代化》，山东人民出版社，2001年，第88页。

族的各方面的互相往来和各方面的相互依赖所代替了。物质的生产是如此,精神的生产也是如此。”①尽管在被迫对外开放的历史境遇中,中国与西方国家的“互相往来”是不平等的交往,是伴随着血与火进行的,然而,正是在这样一种国际环境中,中国从西方工业化先行国引进了师资、教材教法、教学制度及教学设备,从而获得了启动现代工程教育所必需的基本条件。这在中国工业化启动之前的闭关锁国年代是绝对不可能的。

现代工程教育作为与机器大工业生产相适应的一种新的教育类型,同人类历史上的其他新教育类型一样,它的产生,一方面取决于社会的需求及其提供的条件,同时也有赖于教育观念的支撑。中国现代工程教育几乎是与中国的工业化同时起步的,这在很大程度上得益于讲求“经世致用”的实学教育思想的复兴。

实学教育思想复兴于清初,但其渊源却来自于儒学,是中国文化的一种传统精神。实学思想的核心是“崇实黜虚”,即面向社会现实,追求知识的实用价值,以培养能解决社会实际问题的“实德实才之士”为旨归。它体现了先秦儒家主张积极参与现实的社会事务,讲求建功立业、治国安邦的所谓“外王”精神。在宋明两朝理学、心学大盛之时,这种“经世致用”的精神被忽视了。明末清初实学教育思想的出现就是有识者为扭转理学、心学教育脱离实际、空疏无用倾向而作出的一种努力。鸦片战争后,一度被湮没的实学教育思想在新的历史条件下又得以复苏,并在西学东渐的影响下,经过自我改造而脱出了传统儒学的伦理—政治型观念框架,注入了新时代的因素。这首先表现在突破了迂腐的夷夏之辨

① 马克思、恩格斯:“共产党宣言”,《马克思恩格斯选集》(第一卷),人民出版社,1966年,第242～243页。

观念，主张“采西学”、“制洋器(冯桂芬)”，“师夷之长技以制夷”(魏源)。其次是放弃了传统实学重农轻商、“儒者不言利”的陈腐观念，提倡大力发展工商业，兴利增财以求自强。再次是纠正了早期实学家视科技为伦理、政教及人格磨练工具的倾向，逐步形成了科学技术是推进社会生产、增强国防力量重要因素的观念。正是由于在教育思想上实现了这种与工业化相适应的重大转变，才使包括现代工程教育在内的整个科学技术教育在中国获得了产生和发展的思想土壤。19 世纪 60 年代兴起的洋务教育思潮就是从这种思想土壤中孕育出来的。对中国现代工程教育具有奠基之功的洋务派领袖曾国藩、左宗棠、李鸿章等人无不从实学教育思想中受到过启迪，使他们的思想突破了“礼义至上”，“重道轻艺”的传统伦理价值观而表现出强烈的务实致用色彩。

工程教育这一近代工业文明的产物，之所以能从西方工业化先行国家移植到古老的中国并能生根、成长，从文化心理结构来看，就在于这种新型教育所具有的不可替代的实用价值，与中国实学教育思想追求实用、实效的知识价值观正相吻合。这就为前者的移植提供了一个切入点，而后者就成为前者得以传播与生长的思想土壤。

综上所述，中国工业化运动的发展产生了创设工程教育的客观要求，而对外开放的环境和“崇实黜虚”、与时俱进的实学教育思想又为其提供了物质的、方法的及思想认识的诸方面的条件。这样，中国现代工程教育就在 19 世纪下半叶应运而生了。

2. 中国现代工程教育的萌芽

中国工程教育的产生，经历了由军用型工程学校为主到通用型工程学校为主的历史过程。从时间上来看，起于 19 世纪 60 年代中期止于 20

世纪初年，以 1894 年中日甲午战争为界，可以将这一过程划为 2 个阶段，恰好分别对应于洋务运动和维新变法运动两个历史时期。事实上，正是由于在这两个不同的时期，中国工业化的重点和企业构成以及国内外局势发生了显著的变化，才使得萌芽期的中国工程教育表现出以军用型为主和以通用型为主的阶段性特征以及前者向后者的转化。

从 1862 年我国近代第一所新式学堂—京师同文馆成立到 1895 年甲午战争结束的 30 余年中，洋务派共创办外国语、工程技术、军事等 3 类学堂近 30 所，其中工程技术学堂 10 所（见表 1），占三分之一。从学科专业设置来看，这 10 所学堂中，电讯工程类 6 所，超过半数。中国电讯工程教育产生于 19 世纪 70、80 年代，创办动机最初主要出于国防军事需要。在 1874 年抵御日本进犯台湾的军事行动中，沈葆桢、李鸿章等人深切地感受到了没有电讯、信息不畅的弊害，认识到了建设电报的必要性和紧迫性。自 1879 年李鸿章架设天津至大沽北塘海口炮台的电报线成功后，东南沿海各地的电报业渐次展开。在电报业建设过程中，电报专门人才的培养工作受到了一些洋务派封疆大吏的高度重视，往往被置于其他工作之首。我国最早的电报学堂——福州电报学堂就是在电报线尚未架设的情况下由福建巡抚丁日昌于 1876 年 4 月奏请设立的。此前有丹麦大北电报公司不顾清政府的禁令擅自在厦门福州间及马尾架设电线，经营电报业，破坏了中国的电线主权，并引起了当地百姓的不满而时常出现拔毁电线的事件。1875 年丁日昌任福建巡抚后，打算在台湾架设电线，经过与丹麦大北公司的艰难交涉，将其线路买回拆散，电线及有关器材运台备用。同时招收学生 40 人，延请该公司工程师任教习加以培训，以便电报线一旦架设成功，就可派出训练有素的电报人才赴台操作使用。福州电报学堂为我国培养了最早的一批电报操作技术人才，但它属短期培训性质，且办了一年就结束了。我国正式的电报教育应以天津电报学堂的创办为开端。1880年9月，李鸿章在奏请架设津沪电线的同时就开始筹设该学堂，同年10月正式开学。至1900年，该学堂共毕业学生300余人，为我国电报事业的开创做出了重要贡献。

表1　洋务派创办的主要工程教育机构简表

校名	建校时间	所在地	创办者	专业设置
福州电报学堂	1876	福州	丁日昌	电讯
天津电报学堂	1880	天津	李鸿章	电讯
上海电报学堂	1882	上海	上海电报局	电讯
金陵电报学堂	1883	南京	左宗棠	电讯
两广电报学堂	1887	广州	张之洞	电讯
台湾电报学堂	1890	台北	不详	电讯
福建船政学堂	1866	福州	左宗棠	制造、驾驶、轮机、绘图
操炮学堂	1874	上海	江南制造局	制炮工程
广东实学馆	1880	广州	张树声	制造、驾驶
湖北矿务局工程学堂	1892	武昌	张之洞	矿务

在表1所列10所工程技术学堂中，除湖北矿务局工程学堂是一个非军工性质的民用工程教育机构外，其余9所，或者与军工技术的传授有关，或者具有为国防服务的功能，都不同程度地具有军工技术教育的特性。这是防御型现代化或工业化模式在教育上的反映。正如金耀基所言："中国现代化运动的第一阶段——曾国藩、李鸿章到张之洞等之自强运动——即是在一种无限的精神委屈下开始的。中国现代化是中国在西方'兵临城下，'人为刀俎，我为鱼肉的劣势下被逼而起的自强运动。"①因

① 金耀基：《现代化与中国现代历史》；罗荣渠、牛大勇：《中国现代化历程的探索》，北京大学出版社，1992年，第8页。

此，作为对外来的军事、经济压迫的一种回应，它首先是从本国军事装备的现代化起步的，因而具有强烈的防御性特点。

中国工程教育由军用型向通用型发展的转折点是1894年的中日甲午战争。甲午战争的惨败给中国朝野上下以空前的震动。它对19世纪90年代末设厂开矿热潮及戊戌维新变法运动有直接的刺激作用。首先，丧权辱国的《马关条约》的签订以及帝国主义迅速扩大的商品和投资侵略，使一些头脑清醒的官僚和商绅感到，西方列强继军事侵略后的经济侵略对中华民族生存构成了更加严重的威胁。要想摆脱经济亡国的命运，必须大力发展新式工矿业。因此，他们提出了“实业救国”的口号，并纷纷投资于新式企业，使中国民族工业有了初步发展。其次，甲午海战中李鸿章苦心经营二十年的北洋海军毁于一旦的惨痛教训，使国人看到，30多年的洋务运动醉心于学习西方的“船坚炮利”，尽管国家耗费了无数资财来“师夷之长技”，但并未能“制夷”。朝野有识之士由此而认识到：向西方学习，仅限于技术层面的引进是远远不够的；以军事工业为重心的工业化在当时的中国是行不通的。要使国富兵强，根本之举，在于振兴农工商业，改良政治制度，全面发展社会经济。这种以血的代价换来的新观念，促进了清政府的官办工业由以军用工业为重心向军用工业和民用工业并重的方向的转变。第三，甲午之战，中国败于发愤为雄的“蕞尔岛国”日本之手。从日本明治维新的成功经验中，中国开明官绅看到了教育对一个国家的综合国力的重要作用。

甲午之后，不论是维新派，还是后期洋务派，尽管政治倾向各不相同，但无一不认为改革教育、培养各种实用人才是使中国摆脱积贫积弱状况的根本途径。后期洋务派中的重要人物胡燏芬在1895年“条陈变法自强疏”中称：“日本自明治维新以来，不过一二十年，而国富民强，为泰西所推服，是广兴学校，力行西法之明验。今日中国关键，全系乎此，盖人材为国家根本，盛衰之机，互相倚仗，正不得谓功效之迂远也。"[1]维新派领袖人物康有为认为，日本及西方列强"之所以富强，不在炮械军器，而在穷理劝学"。[2] 他主张全面系统地学习西方的科学技术，举凡"天文、地、矿、医、律、光、重、化、电、机器、武备、驾驶、测量、图绘"都应"分立学堂"肆习。[3] 张之洞、盛宣怀等后期洋务重臣也不满足于甲午之前以培养掌握坚船利炮人才为宗旨的军工技术教育，而极力倡导事关国计民生的农工商实业教育。对于工程教育，张之洞主张，不仅要培养大批具有一定的理论知识、熟练的操作能力和精湛技艺的"匠目"和"匠首"，还要培养相当数量的具有开发、设计、创新能力的高级"工师"。"百日维新"期间，清政府的一些廷臣及地方督抚还提出了不少创办铁路、矿业、机器等工程学堂的具体计划。光绪帝也接二连三发布"上谕"，要求各地大力兴办各种专门和实业学堂。维新变法运动虽然被顽固守旧派绞杀了，但其思想对中国社会经济和文化教育的发展方向产生了深远的历史影响。

正是在上述各种因素的综合作用下，中国工程教育开始扭转甲午战争前偏重于国防军事的倾向而趋于为经济建设的各领域培养工程技术人才。甲午后创办的设有工科的教育机构，如天津中西学堂(1895)、山海关铁路学堂(1895)、江南储才学堂(1896)、南京路矿学堂(1896)、直隶矿务学堂(1897)、湖北农务和工艺学堂(1898)、北京通艺学堂(1898)、湖南农务工艺学堂(1902)、汉阳钢铁学堂(1902)等，都着重于培养民用工程技术人才。

---

① "光绪二十一年(1895)闰五月顺天府府尹胡燏棻条陈变法自强疏"。朱有瓛:《中国近代学制史料》(第1辑下册)，华东师范大学出版社，1986年，第473页。
② 康有为:"上清帝第二书"，《康有为政论集》(上)，中华书局，1981年，第130页。
③ 康有为:"上清帝第二书"，《康有为政论集》(上)，中华书局，1981年，第130页。

甲午战争后新建的工程教育机构与此前的相比，有几个不同之处：其一，学校不再是某些军工企业的附属部分，而是一个相对独立的办学实体。其二，学科和专业设置不再局限于和军事相关的技术，而是扩展到工、矿、交通等各行业的诸多工程领域。其三，办学中的短期行为和“应急性”举措明显减少。甲午之前的一些工程教育机构往往是作为某项事业或工程的组成部分创建的。事业或工程一旦完成，它们也就随之停办，如福州、天津电报学堂就是如此。甲午之后的工程学校则开始注重学校的长远发展。其四，开始了多级设学的近代学制探索。甲午之前的工程学堂不论是属于中等专门教育性质的还是高等专科教育层次的，都是单级学制。其下缺乏相应的初等或中等教育作基础，甲午后出现了两级制或三级制的学堂。

3. 中国现代工程教育的起点、特点及问题与成因

(1) 起点与层次

以工业化为核心的经济建设所需要的工程技术人才是多层次的，培养这种人才的工程教育也分为多种层次。中国从19世纪60年代至20世纪初，先后创办了20余个设有工科的教育机构。它们属于什么层次？是属于中等专业教育，还是高等专科教育或大学本科教育？与此密切相关的是中国工程教育的起点问题，即哪一所工程学堂的创办标志着中国现代工程教育的诞生？

现代工程教育属于高等教育范畴，前述20余个教育机构，大多是培训技术工人或初级技术人员的中等专业学校，少数是以传授中等程度的课程为主兼部分高等专科课程的学校，只有福建船政学堂和天津中西学堂具有较完整的高等教育特征。因此，可以它们为对象来探讨中国现代

工程教育的起点与层次问题。

① 中国工程专科学校的雏形

福建船政学堂是各类洋务学堂中办得最有成效的一所。该校作为中国第一个制造近代轮船的专业工厂——福州船政局的组成部分，是由闽浙总督左宗棠于1866年奏请创办的。福州船政局之设，主要目的在于制造船舰、装备海军，以加强海防。左氏力倡设立船政局，并不是为了单纯造船，而是有着更深刻的用意，那就是通过造船培养中国自己的工程技术人才，将西方先进的工程科技真正学到手，以达自立、自强之境。他说："夫习造轮船，非为造轮船也，欲尽其制造驾驶之术耳；非徒求一二人能制造驾驶也，欲广其传，使中国才艺日进，制造、驾驶展转授受，传习无穷耳。故必开艺局，选少年颖悟子弟习其语言、文字，诵其书，能其算学，而后西法可衍于中国。"[①]可见，在左宗棠看来，育人比造船更重要。

图1　福建船政学堂造船学堂外景

① 左宗棠："详议创设船政章程购器募匠教习折"。中国史学会主编：《中国近代史料丛刊洋务运动》(五)，上海人民出版社，1961年，第28页。

为了早出人才，在厂房、校舍尚未建成之际，在造船工程开工之前1年，即1867年1月6日船政学堂即“借城南定光寺为学舍”，正式开学上课。同年10月迁入马尾船厂内新建成的校舍，并分为前、后两学堂。前学堂专习造船技术，又称“造船学堂”；后学堂专学驾驶，又称“驾驶学堂”。随后不久又增设了“绘事院”(1867)、“艺圃”(1868)和“管轮学堂”(1868)。这样，福建船政学堂就成为一个多层次地培养造船和海军人才的基地。

“绘事院”的培养目标是能“制作出造船所需要图样”的人才，即绘图员，学制3年；“艺圃”以工读结合的方式为在职青年工人提供职业培训，使其经过3年的学习成为熟练技工或初级技术和管理人员。显然，“绘事院”和“艺圃”应属中等职业技术教育层次。而“造船学堂”、“管轮学堂”和“驾驶学堂”可定位于高等教育层次。由于“驾驶学堂”的培养目标是海军船舰的驾驶指挥人才，不属于工程教育的范畴。故以下仅对前两个学堂的层次属性进行分析论证。

首先，从专业设置和培养目标方面来看，“造船学堂”和“管轮学堂”实际上就是福建船政学堂设置的2个专业，即造船专业和轮机专业；前者的培养目标是船用机器及船体设计制造人才，后者的培养目标是船舶动力设备、机械设备和管路系统的安装、维护、操作人才即轮机技术人才。这与近现代高等教育按系科、专业培养高级专门人才的特点是相符合的。

其次，从招生条件和课程体系来看，“造船学堂”和“管轮学堂”也符合近现代高等教育的另一个特点，即在普通教育基础上进行专业教育。对考生的要求是“资性聪颖，精通文义，年龄在15岁以上18岁以下，”①这说明新生是具有一定文化基础的。入学后所学课程既有各专业都必

① 夏东元：《洋务运动史》，华东师范大学出版社，1992年，第173页。

修的基础课，如外语（法文或英文）、算术、几何，又有每个专业各自的专业基础课和专业课，如造船专业有微积分、解析几何、画法几何、物理、力学、工厂实习（建造船壳和制造机器、操作机器的实际训练）等课；轮机专业有机械制图、船上机械操作规划、轮机装配、仪器仪表使用等。

再次，从毕业生的业务能力和技术水平来看，“造船”和“管轮”两学堂达到了培养高级工程技术人才的办学水准。在学堂开办 7 年之后，即 1874 年，第一届毕业生中，就有 20 名成为“负责蒸汽机制造的工程师”，7 名成为“独当一面负责船体设计、制造的工程师”，他们都是造船专业培养出来的；轮机专业则有 14 名担任兵船轮机长。① 造船专业首届毕业生吴德章、汪乔年、罗臻录、游学诗等走上工作岗位才两年就独立设计、制造成功一艘 50 马力的小型兵轮，即 1875 年开工建造的第十七号“艺新”轮。汪乔年在设计轮机与汽缸、吴德章等人在设计船体时，“并无兰本，独出心裁。”②一位当时参观过福建船政局的英国海军军官记载到：“最近造的一艘船……引擎及一切部分，在建筑过程中，未曾有任何外国人的帮忙。”“船与引擎的绘图与设计工作，由船政局学校训练的中国制图员担任。”③“艺新”轮用了不到 1 年的时间即建成下水，海上试航证实，该轮“船身坚固，轮机灵捷”。这说明造船专业的毕业生确实达到了工程教育的人才培养规格，因为他们具备了高级工程技术人才最重要的能力——自行设计制造的能力。自“艺新”号之后，福建船政局又生产轮船 30 余艘，都是造船专业的毕业生（部分人出国深造过）主持设计建造的。

综上所述，可以认为，福建船政学堂的“造船学堂”和“管轮学堂”是中国最早的现代工程教育机构。然而，高等工程教育一般可划分为专

① 夏东元：《洋务运动史》，华东师范大学出版社，1992 年，第 113 页。
② 沈传经：《福州船政局》，四川人民出版社，1987 年，第 164 页。
③ 夏东元：《洋务运动史》，华东师范大学出版社，1992 年，第 107～108 页。

科、本科、研究生教育3个层次。"造船"和"管轮"两学堂可定位于专科层次。但严格来说,它们还不完全具备现代工程专科教育的主要条件,只能说是工程专科学校的雏形。其原因是:其一,新生虽有一定文化基础,但尚未达到中等教育程度,而严格意义上的高等教育是在完全中等教育基础上进行的。其二,在5年的修业期间,既要掌握一门外语,又要学习部分中学程度的自然科学基础知识,还有大量时间用于工厂实习。这样,毕业生的专业理论知识水平充其量只能达到应用型专科层次人才的规格。其三,毕业生虽具有自行设计制造能力,但限于常规性设计,而"设计新船的能力需要到欧洲去进一步深造和吸取经验才能取得。"①

② 中国工程本科院校的雏形

在1895年至1902年间创办的设有工科的教育机构中,天津中西学堂是最著名也最具代表性的一所。天津中西学堂,亦称"北洋西学堂",由津海关道盛宣怀于1895年呈请北洋大臣王文韶奏准开办。这所在中国工程教育史上占重要地位的学校,诞生在天津,并由盛宣怀奠其始基,绝非偶然。天津地处沿海,与西方接触较早,得风气之先,是清末输入西方科学技术与文化教育的一个重要基地,也是中国北方早期现代化运动的中心。盛宣怀自19世纪70年代投入李鸿章幕下开始涉足洋务以来,先后任轮船招商局督办、中国电报局总办、天津海关道等职,并于1893年筹办上海华盛纺织总厂,一直活跃在中国工业化运动的前沿。正因如此,他对中国近代工业发展急需高级工程技术人才的现实感受最深。甲午战争的惨败,使他受到极大刺激,同时也深受启迪。他看到:"日本维新以来,援照西法,广开学堂书院,不特陆军海军将弁皆取材于学堂,即

---

① 毕乃德:《洋务学堂》,杭州大学出版社,1993年,第166页。

图 2　北洋大学堂工程馆

今外部出使诸员，皆取材于律例科矣。制造枪炮开矿造路诸工，亦皆取材于机器工程科、化学地学科矣。仅十年，灿然大备。"因此，他认定："自强之道，以作育人才为本。求才之道，尤宜以设立学堂为先。"所以，为了使"大学堂"遍设于全国各省，便率先在天津设学，以为"继起者之规式。"①

天津中西学堂于 1895 年 10 月 2 日正式开学。学校开办费由天津海关解部库款拨付，另加募捐部分，盛宣怀首先捐入巨款。常年经费每年银 55 000 两，从天津海关及盛宣怀经管的"招商电报各局"筹款。学校分头等学堂与二等学堂 2 部，学额各设 120 名。学生于头等学堂毕业，"或派赴外洋，分途历练；或酌量委派洋务职事。"②开办初期的管理体制是：设督办、总教习各 1 人，总办 2 人。督办为名义校长，总办 2 人分别

① 盛宣怀："拟设天津中西学堂禀"(附章程、功课)。朱有瓛：《中国近代学制史料》(第 1 辑下册)，华东师范大学出版社，1986 年，第 490 页。

② 盛宣怀："拟设天津中西学堂禀"(附章程、功课)。朱有瓛：《中国近代学制史料》(第 1 辑下册)，华东师范大学出版社，1986 年，第 497～498 页。

主管头等学堂与二等学堂教学行政事务。总教习负责全校课程设置、教师聘辞、学生升留级等一切教学工作。第一任督办由盛宣怀兼任；头等、二等学堂第一任总办分别为伍廷芳与蔡绍基；首任总教习由盛宣怀聘请美国人丁家立(Tenney, Charles Daniel. 1857～1930)担任。头等学堂与二等学堂开办初期的教师编制分别为13名、12名。所有教师均采用合同聘任制，以4年为一任。从1895～1900年，头等学堂共招生6期，首届学生于1899年毕业，4个专业共25人，其中工科土木工程、机械工程、采矿冶金3个专业共18人。到1900年，天津中西学堂已初具规模，各项制度渐趋完备，正当进一步发展之际，却因八国联军入侵津京地区而被迫停办，直到1903年才复校。

天津中西学堂的头等学堂可定位于本科教育层次，主要依据是：该学堂在较为严格的中等教育基础上实施专业教育。该校是我国最早实行分级设学的新式教育机构，二等学堂与头等学堂相衔接，学制均为四年。为了保证新生在文化基础与认知能力方面具有大致相同的起点，二等学堂对考生应具备的条件有着明确的规定："凡欲入二等学堂之学生，自十三岁起至十五岁止，按其年龄，考其读过《四书》，并通一二经，文理稍顺者，酌量收录。十三岁以下十五岁以上者俱不收入。"①二等学堂的课程主要有：英文、数学、各国史鉴、地舆学、格物学、平面量地法等。从新生入学年龄及课程内容来看，二等学堂相当于中学程度或大学预科。二等学堂毕业，成绩合格者升入头等学堂。头等学堂第一年课程属自然科学与人文社会科学基础知识。从第二年开始学生进入专业学习阶段，可在电学、工程学、矿务学、机器学、律例学等5门专业(在创办初期实际

① 盛宣怀："拟设天津中西学堂禀"(附章程、功课)。朱有瓛：《中国近代学制史料》(第1辑下册)，华东师范大学出版社，1986年，第493～494页。

上只开设了后4门)中选习1门。不难看出,专业教学是在较系统、规范的普通教育基础上进行的。这里不妨将天津中西学堂与福建船政学堂作一简单比较:两校所招新生的文化起点大致是相同的,但前者经历二等、头等学堂共8年的学习过程,而后者的学习期限是5年。显然天津中西学堂毕业生的基础理论与专业知识水准要高于福建船政学堂,其知识结构也更有利于成长为具有研究、开发能力的高级工程技术人才。这正是本科教育的培养目标区别于专科教育的重要标志。

总之,从学制结构、修业年限等方面来看,有理由将天津中西学堂的头等学堂定位于本科教育层次。然而,考察头等学堂在20世纪初全国学制系统建立之前的教学计划可以看出,其培养目标和课程体系尚未定型,带有很大的尝试性。而严格意义上的近现代高等学校则要求培养目标和教学计划具有明确的规定性和相对稳定性,在教学过程中起到像工程蓝图一样的作用。可以认为天津中西学堂的头等学堂是在制度框架上最早具备了本科教育基本特征的以工科为主的高等教育机构,可视为中国工程本科院校的雏形。

(2) 萌芽时期的主要特点

① 以培养军工技术人才为主要目标

从19世纪60年代洋务派开始创办工程学堂至20世纪初新教育制度建立,这40年的历史可谓中国现代工程教育的萌芽期。这一时期的工程教育机构大多以培养军事工程人才或与军工技术有关的专业人才为办学宗旨。这是在面临帝国主义列强强大的军事压力下起步的防御型工业化对人才培养的一种必然要求。对此前文多有涉及,此处不再赘述。

② 对西方工业化先行国的依附性和维护中国教育主权的自主性并存

萌芽期的中国工程教育对西方工业化国家的依附性主要表现在教学管理、教师、教学计划、课程与教材、教学设备等方面。就教学管理和教师而言，各工程教育机构初创时期主持全校教学工作的几乎全是外籍人士，工程技术课基本全由外籍教师担任。如法国军官日意格和德克碑分别担任福建船政学堂的正、副监督；美国人丁家立执掌天津中西学堂教务达 11 年之久。福州电报学堂和天津电报学堂的专业教习全是来自丹麦的工程师。至于教学计划、课程及教材等，大多移植欧美工程教育模式。最具代表性的莫过于天津中西学堂。该校“学门设置、学门方向、学制、教学计划、功课安排、授课进度、讲课内容与方法、教科书、教员配备等等，皆以美国哈佛大学、耶鲁大学为蓝图。”①诸如此类的依附性，对于中国这样一个工业化后发外源型国家来说，既是势所必然又十分必要。因为工程教育作为机器大工业的产物，是中国传统文化教育所难以孕育生成的，为了摆脱被动挨打的命运，就不得不依附西方来启动、发展这种新的教育类型。而借才异域，为我所用，积极吸收其先进成果也正是工业化后发国家改变其依附发展地位所应采取的一种战略举措。然而，能否通过这种“依附”求得真正的发展还取决于当政者有无明确的自主意识和相应的保证措施，否则，就极易陷入被外人把持或控制的境地。当时主办新式学堂的洋务开明官僚对此还是有清醒认识的。他们与所聘任的洋教习一般都要签订合同，对洋教习的待遇、职责、聘期、权利均有明确规定，实行严格管理，从而能较好地“节制”、使用洋人，避免受其控制而损害中国主权。福建船政学堂的创始人左宗棠可为代表。在船政局开办时他就提出“能用洋人而不为洋人所用”的原则。由于船政局

① 北洋大学—天津大学校史编辑室：《北洋大学—天津大学校史》，天津大学出版社，1990 年，第 53 页。

与所聘洋员是一种特殊的雇佣关系，因此，左宗棠很注重利用经济因素对其加以调控。他说："西洋匠师尽心教艺者，总办洋员薪水全给；如靳不传授者，罚扣薪水。"同时，还"与日意格等议定五年限满，教习中国员匠能按图监造并能自行驾驶，加奖日意格、德克碑银二万四千两，加奖各师匠等共银六万两。"[①]此外，还在合同中对洋员的职责、权限等作了明确规定，要求他们"细心工作、安分守法，不得懒惰滋事，""不准私自擅揽工作。"如有"不受节制"，违反规定者，"随即撤令回国"。这些规定"保证了权自我操而不为洋人所操。"[②]可以说，福建船政学堂之所以成为洋务工程学堂中办学成就最显著的机构与其善于把握依附与自主的关系是分不开的。

③ 教学与实践紧密结合，注重培养学生的工程实践能力

萌芽期的工程教育机构的培养目标主要是应用型工程技术人才，也就是具有熟练的工艺操作技能和运用已经成熟的理论与技术分析、解决工业、工程第一线实际问题的人才，或称技术工程师。培养此种人才的机构有2个基本条件不可或缺：其一，具有丰富工程实践经验的实习指导教师；其二，稳定的生产实习基地。当时的工程教育机构基本具备这2个条件，因为它们大多带有企业或部门办学的性质，具有厂校一体或学校附属于工厂的特点，因此，工厂理所当然就是学生的生产实习基地，厂内部分工程技术人员兼任生产实习指导教师以及某些专业课的主讲教师。许多工程教育机构都能充分利用这种条件，安排了大量实践性教学环节，有的还建立了严格的实习制度，使教学与生产实践紧密结合，较好地实现了培养应用型工程人才的目标。最具典型意义的是福建船政

① 夏东元：《洋务运动史》，华东师范大学出版社，1992年，第172页。
② 夏东元：《洋务运动史》，华东师范大学出版社，1992年，第112页。

局及其所属学堂。“福建船政局同时创办铁厂、船厂与学堂，既不是厂办学校，也不是校办工厂，更不是厂校联合或合作，而是规划统筹，经费难分。监督既管学堂，又管工厂；教习既是教师，又是工程师；学生要参加工厂劳动，并承担生产任务。”[①]不难看出，这是一种厂校一体的办学模式。这种模式为学生的实习创造了十分便利的条件。如造船专业在学习船体制造及船舶机器制造原理课程的同时，安排了相应的实习课程。在学习的最后几年，学生每天轮流到船厂的不同操作部门工作一段时间，以便熟悉每一部门的生产活动并学习怎样指挥组织工人生产。在毕业前夕还根据每个学生将要担负的工作施行更专业化的训练。船政学堂之所以在开办了短短的五年之后，其首届毕业生就能独立设计制造轮船，与其行之有效的办学模式密不可分。

（3）主要问题与原因分析

学校多由政府要员发起创办，大多附属并服务于军工或其他企业，缺乏总体规划和统一标准，修业年限、入学条件、课程教材等因校而异。这些既是萌芽期中国工程教育的显著特点，也是这一时期工程教育发展过程中亟待解决的问题。造成这种状况的原因是多方面的。

首先，中国工程教育是在帝国主义军事和经济入侵的强大压力下仓促起步的，是作为国防军工事业的一个组成部分而出现的。因此，工程教育机构的创办者就不可能是属于旧建制的文化教育部门或民间教育家，而只能是主持洋务事业的军政大员。其所处的地位决定了他们不仅有着比其他人更强烈的紧迫感和使命感，而且在解决当时办学所面临的经费、设备、师资等困难以及排除传统守旧势力的阻挠方面也有着独特的优势。

---

① 潘懋元：“福建船政学堂的历史地位及其影响”。《教育研究》，1998 年，第 8 期。

其次，建立在近代科学技术基础上的军工企业所需要的工程技术人才是传统教育所无法提供的，这就迫使企业在筹建时就根据自身特点培养人才，因而早期的工程教育机构大多是作为企业的附属机构而存在的。

再次，早期的工程教育机构的教学工作均由外籍人士主持，他们多是传教士、技师或军官出身，教育专家极少，且来自于英、法、美、丹麦等多个国家，他们在办学中不可避免地要模仿甚至移植其本国的某些教育制度。同时，虽然当时已出现若干种介绍西方近代学校制度的著述，但多出自传教士之手，国人对西方教育的认识还很肤浅，加之缺乏全国性的管理新教育的政府机构。所有这些就造成了工程教育机构零星设立，各自为政，既无长远规划，又无全国统一标准的局面。而扭转这种不利局面的关键之举在于现代学制的建立。

现代学制随着资本主义机器大工业生产的发展而首先在欧洲形成，并随着工业化的浪潮扩展到了世界各国。一个国家要实现工业化，就必须改变农业文明时代学校无严格的层次、程度、年限划分及无衔接关系的状况，建立起多层次、多类型、具有纵向和横向联接关系的学校系统。"这种制度层次的变革，不仅是既往新式教育机构的单一性设立和发展的实践升华，而且反过来又促进新式教育机构的设立和发展产生出一种飞跃，使教育进步到一个崭新的历史发展阶段。"①当历史进入 20 世纪时，中国现代工程教育已有近 40 年的历史，尽管在人才培养及转变社会的教育价值取向上取得了一定成效，但总体上看，发展缓慢，规模狭小，结构、效益及质量均不尽人意。原因之一是缺乏这种制度层次的变革，

① 余子侠："综析湖北教育早期现代化的前驱地位"。《华东师范大学学报》(教育科学版)，1995 年，第 2 期。

致使其长期不能获得中等教育程度的合格生源，以至于一些学堂在内部设立多级学制，开始了学制改革的实践探索。进入 20 世纪之后，建立通行全国的完整系统的学校教育制度已成为中国现代工程教育进一步发展的前提条件之一。

二、中国现代工程教育制度的确立

经过一批先进知识分子和开明官僚在 19 世纪下半叶的艰难探索与不懈奋争，中国新教育制度终于在 20 世纪初以清政府推行“新政”为契机而正式出台了。20 世纪初年的义和团运动和八国联军侵华战争使中国朝野上下又一次受到强烈震撼，迫于内外交困的严酷形势，1901 年 1 月，逃亡西安的慈禧太后以光绪帝的名义发布上谕，宣布决心“刷新政事”。教育改革就是“新政”的一项重要内容。是年 8 月清廷颁布兴学诏书，提出兴学育才为当务之急，命令各地将书院改为各级学堂。由此开始了新教育制度的全面建设。

1. 癸卯学制与中国现代工程教育制度的建立

(1) 癸卯学制关于工程教育机构的规定

1904 年 1 月 13 日，清政府颁发了一整套学制文件，史称《奏定学堂章程》，也称“癸卯学制。”这是中国近代由中央政府颁布并正式在全国实行的第一个完整的法定学校教育制度。

癸卯学制总体上可分为一个主系列和两个辅系列。其主系列划分为 3 段 6 级。第一阶段为初等教育，分初、高等小学堂 2 级共 9 年。第二阶段为中等教育，设中学堂1级5年。第三阶段为高等教育，内分3级：①高等学堂或大学预科3年；②分科大学堂3～4年，分为经学、政法、文学、医、格致、农、工、商等八科大学；③通儒院5年。2个辅系列是实业教育与师范教育。

与工程技术人才培养有关的是实业教育与高等教育。在实业教育系列中，工业教育分为初、中、高3个层次，相应地设有3种学堂：艺徒学堂、中等工业学堂、高等工业学堂。前两种学堂以培养普通工人和熟练工人或初级技术员为目标。而高等工业学堂的培养目标则是应用型高级工程技术人才。根据《奏定高等农工商实业学堂》的规定，高等工业学堂招收中学堂毕业生入学，学制3年，"以授高等工业之学理技术，使将来可经理公私工业事务，及各局厂工师，并可充各工业学堂之管理员教员为宗旨。"[①]另据《奏定实业学堂通则》，高等工业学堂"程度视高等学堂"，可以看出，它属于工程教育范畴，处于专科教育层次，相当于今日之工程专科学校。

本科层次工程人才的培养由处于高等教育第二层级、属于八科大学之一的工科大学来承担。工科大学招收高等学堂或大学预科毕业生入学，学制3年。对于工科大学及其他七科大学的培养目标，癸卯学制未一一加以说明，仅提出了一个总的办学目标："以谨遵谕旨，端正趋向，造就通才为宗旨……以各项学术艺能之人才足供任用为成效。"[②]可以认为，工科大学的培养目标是具有较为宽厚的工程学理知识的"通才"型高级工程人才。通儒院相当于现今之研究生院，招收分科大学毕业生或同等学力者，修业5年，"研究各学科精深义蕴"，"以中国学术日有进步，能

① 舒新城编：《中国近代教育史资料》（中册），人民教育出版社，1981年，第761页。
② 同上。

发明新理以著成书，能制成新器以利民用为成效。”①由此可以推断，通儒院在工科方面的培养目标应是研究生层次的具有设计、开发、创新能力的高级工程人才。癸卯学制有以下几点值得注意：

① 设计了艺徒学堂、中等工业学堂、高等工业学堂和工科大学 4 种技术教育机构，形成了一个培养工人、技工、技术员和高级技术人员等不同层次人才的完整的工程技术人才培养体系。

② 高等工业学堂、工科大学分别与普通中学、高等学堂或大学预科建立起了相互衔接的关系，使工程教育成为建立在中等教育基础上的专业教育。

③ 工学这种与工匠传统有着血肉联系，向来难登大雅之堂的所谓技艺之学成为“八科之学”(经学、政法、文学、医、格致、农、工、商)中的一种，在制度上取得了与被封建统治者视为立国之本的经学平起平坐的地位。中国现代工程教育在制度化的起步阶段就获得了这种学术价值上的认同，而没有出现像欧洲经典大学在相当长的时期内将工学拒之于门外或像美国的一些大学曾一度视工学为二流甚或三流学科的现象，这在很大程度上得益于对日本高等教育的模仿。如前所述，癸卯学制关于工科大学的学科设置完全照搬日本帝国大学，而“帝国大学是世界上最早把工学、农学等技术类学科引进综合大学里的大学。”②

(2) 癸卯学制关于工程教育的学科与课程设置的规定

学科门类的划分与设置状况，从学校的社会职能角度看，关系到学校的人才培养体系能否与社会各部门的技术结构、职业结构相匹配，从而影响学校服务于社会的功效；从学校内部来看，则直接决定着系科和

① 舒新城编:《中国近代教育史资料》(中册)，人民教育出版社，1981 年，第 761 页。
② 王沛民等:《工程教育基础》，浙江大学出版社，1994 年，第 62 页。

专业的结构、教育资源的配置以及学生所学知识的范围和结构。教学工作是根据学科门类或专业的划分，将课程组合成一定的体系来进行的。因此，课程是实现培养目标的手段，是人才培养工作的核心。可见，学科门类与课程设置是教育工作的关键性环节。癸卯学制对工科大学与高等工业学堂的学科与课程设置都作了明确规定，分述如下。

① 工科大学的学科划分与课程设置

根据《奏定大学堂章程》，工科大学分 9 门：土木工学门、机器工学门、造船学门、造兵器学门、电气工学门、建筑学门、应用化学门、火药学门、采矿及冶金学门。这里对工科学科门类的划分与 19 世纪 90 年代日本东京帝国大学下属的工科大学的学科设置完全一样。教育史家都认为癸卯学制是取法于日本学制，此处提供了一个例证。工科学科门类的划分是一项很复杂的学术性工作，由于我国当时的工业技术和工程教育都很落后，缺乏自己的工程学者和工程教育家，因此，直接借用学习西方已大见成效的日本的某些现成的东西也无可非议。尽管日本对工科学科门类"九分之法"并非完善，如火药学门范围过窄，且与应用化学门多有重叠，然而，癸卯学制的制定者将其移植到中国毕竟为起步阶段的中国工程教育的学科建设提供了一个规范。

《奏定大学堂章程》为工科的每一个"学门"设计了一套分年课程，实际上相当于一个简要的教学计划。下面选择较有代表性的电气工学门的课程作为评析的案例。欲评价工科大学课程设置的优劣得失，还须了解高等学堂"第二类学科"所开设的课程。因为高等学堂在学制中处于大学预科的地位，而"第二类学科为预备入格致科大学、工科大学、农科大学者治之。"故将其与电气工学门的课程分别列表如下：

表 2　高等学堂“第二类学科”所开设的课程

学科	第一年		第二年		第三年	
	内容及程度	每星期钟点	内容及程度	每星期钟点	内容及程度	每星期钟点
人伦道德	摘讲宋元明国朝诸儒学案	1	同前学年	1	同前学年	1
经学大义	讲《钦定诗义折中》、《书经传说汇纂》、《周易折中》	2	讲《钦定春秋传说汇纂》	2	讲《钦定周礼义疏》、《仪礼义疏》、《礼记义疏》	2
中国文学	练习各体文字	3	同前学年	2	同前学年　兼考究历代文章名家流派	3
兵学	外国军制学	2	战术学大意	1	各国战史大要	2
体操	普通体操、兵式体操	3	同前学年	3	同前学年	2
英语	讲读、文法、翻译作文	8	同前学年	7	同前学年	4
德语或法语	讲读、文法、翻译、作文	8	同前学年	7	同前学年	4
算学	代数、解析几何	5	解析几何、三角	4	微分积分	6
图画	用器画、射影图画	4	用器画、射影图法、阴影法、远近法	3	用器画、阴影法、远近法、机器图	2
物理		0	力学、物性学、声学、热学	3	光学、电气学、磁气学	3
化学		0	化学总论、无机化学	3	有机化学	5
地质及矿物		0		0	地质学大意、矿物种类形状及化验	2
测量		0		0	平地测量、高低测量、制图	3

表 3　电气工学门科目

主课	第一年 每星期钟点	第二年 每星期钟点	第三年 每星期钟点
算学	2	0	0
力学	1	0	0
应用力学	2	0	0
热机学	2	0	0
水力学	1	0	0
水力机	0	1	0
机器学	1	0	0
电气及磁气	3	0	0
电气及磁气测定法	1	1	0
机器制图	4	0	0
化学实验	4	0	0
电气及磁气实验	15	0	0
电信及电话	0	2	0
电灯及电力	0	2	0
发电机及电动机	0	2	0
电气化学	0	1	0
蒸气	0	1	0
冶金制器学	0	3	0
电气工学实验	0	15	0
计画及制图	0	8	0
实事演习	0	不定	不定
特别讲义	0	0	1
补助课			
工艺理财学	0	1	0
合计	36	37	1

注：第三年末毕业时，呈出毕业课艺及自著论说、图稿。电气工学以实习为要，故第三年讲堂每星期仅一点钟。

考察工科大学各学门及其“预科”的教学计划，可以看出其课程设置具有如下几个特点：

第一，课程体系受“中体西用”思想影响明显。

“预科”教学计划中的人伦道德、经学大义和中国文学课贯穿于从入学到毕业的三学年之中，且每周达5至6个钟点。这些课程的内容固然不乏蕴含中国传统文化精华的成分，尤其是中国文学课还具有培养学生语言文字表达能力等综合素质的作用，但课程制定者更注重的是向学生灌输封建的政治思想与伦理道德观念。《学务纲要》强调：“学堂不得废弃中国文辞，以便读古来经籍”，“且必能为中国各体文辞，然后能通解经史古书，传述圣贤精理。”①可见，设中国文学课的目的在于读经籍，而读经则被视为立国之本，“若学堂不读经书，则是尧舜禹汤文武周公之道，所谓三纲五常者尽行废绝，中国必不能立国矣。”②因而《学务纲要》规定，从初等小学堂第一年起，历经高等小学堂、中学堂直至高等学堂，在长达17年的学习期间渗透着封建纲常名教思想的经学课贯穿始终。然而，到了工科大学本科阶段，所有课程全部是清一色的工程技术课程。难道工科大学本科阶段就可以置“中体西用”思想于不顾吗？答案是否定的。如此安排预、本科两个阶段的课程正好体现了“中体西用”的“立学宗旨”。张之洞等在《重订学堂章程折》中提出：“至于立学宗旨，无论何等学堂，均以忠孝为本，以中国经史之学为基。俾学生心术壹归于纯正，而后以西学瀹其知识，练其艺能，务期他日成材，以适实用。”③在中小学乃至于高等学堂阶段，学生的伦理道德政治思想观处于逐步形成之中，通过持续不断地灌输封建纲常名教思想，到了大学本科阶段，学生已

① 舒新城编：《中国近代教育史资料》（上册），人民教育出版社，1981年，第202页。
② 舒新城编：《中国近代教育史资料》（上册），人民教育出版社，1981年，第200页。
③ 舒新城编：《中国近代教育史资料》（上册），人民教育出版社，1981年，第195页。

年届成人(24～27岁),其世界观、价值观已趋于定型,这时用全部时间致力于"专求实际,不尚空谈,行之最为无弊"的工程技术知识,自可造就出中学根底牢固,西学艺能出色的可用之才。这就是张之洞等人课程设计的指导思想。

第二,课程结构较为合理,造就工程人才所需的各类课程在教学计划中均有适当的地位。

一个结构合理的工程学科的课程体系应处理好这样几个重要关系:一是人文、社会与理工两大类课程的关系。人文、社会科学课程在工科的课程体系中应占一定比例,这是因为:不论是工程的经营管理,还是工程人才个人的和谐发展,敏锐的价值判断能力以及明晰的社会责任感的养成都需要良好的文化素质。从表2和表3可以看出,课程制定者对此是有所考虑的,在预科的课程中,人文、社会科学课程超过了50%,本科课程体系中也安排了一门经济管理性质的课程——工艺理财学。二是理工类课程内部自然科学、技术科学与工程技术3种课程的关系。这3种课程的合理配置,有助于造就既能解决现实的工程问题,又具有发展"后劲",适应能力强的工程人才。工科本科各学门及预科课程体系对这3种课程的配置大体上是适当的。自然科学基础课主要集中在预科,有算学、物理、化学、地质及矿物等;工程技术课则全部安排在本科阶段,如电气工学门设有电信及电话、电灯及电力、发电机与电动机等8门。至于技术科学课,预科阶段开设图画、测量2门,本科阶段有力学、应用力学、水力学、机器学等7门。

第三,注重实践性教学,课程设置的实用性倾向明显。

近现代工业和工程事业要求工程人才既要有较系统的理论知识,又要有过硬的工程实践能力。这就决定了在教学计划中既要设置足够的理论课程,又要安排适当的实验、实习等实践训练环节。工科各学门的教学计划虽然包含为数不少的理论性课程,但更偏重于实践性教学。从表 3 可以看到,在电气工学门开设的 23 门课程中,理论性课程 18 门,实践性课程 5 门,后者门数虽少但学时却并不少,如第一学年开设的电气及磁气实验和化学实验两门课"每星期钟点"分别为 15 和 4,占全年课堂教学总学时的 53%;第二学年除安排"实事演习"即生产实习课外,还开设电气工学实验课,"每星期钟点"为 15,占全年课堂教学总时数的 41%;第三学年课堂教学"每星期仅一点钟",这是因为课程制定者认为"电气工学以实习为要",故第三学年主要用于"实事演习"和毕业设计,要求学生在毕业时,"呈出毕业课艺及自著论说、图稿。"①其余各学门的情况与此类似,无一不强调"计画制图",实验、实习等实践性教学环节"为最要"。可见,注重实践、追求实用是工科大学本科阶段课程设置的显著特色。

② 高等工业学堂的学科与课程设置

按照癸卯学制的规定,高等工业学堂分为 13 科:应用化学科、染色科、机织科、建筑科、窑业科、机器科、电器科、电气化学科、土木科、矿业科、造船科、漆工科、图稿绘画科。应该说,这里所规划的学科门类是相当广泛的,几乎包括了当时工业建设与工程活动的所有领域。当然,"以上各种学科,并非限定一学堂内全设;可斟酌地方情形,由各学科中选择合宜之数科设之。"②可见癸卯学制在实施规定上有较大的灵活性。

癸卯学制对高等工业学堂各学科的课程设置也有规定,但没有制定像工科大学那样的分年课程,只列出了课程名称,"对讲堂课目、分年学级及每日教授时刻表,由学堂监督教员临时酌定。"③各学科的课程都分

---

① 舒新城编:《中国近代教育史资料》(中册),人民教育出版社,1981 年,第 572 页。
② 舒新城编:《中国近代教育史资料》(中册),人民教育出版社,1981 年,第 603 页。
③ 舒新城编:《中国近代教育史资料》(中册),人民教育出版社,1981 年,第 609 页。

为2类，第一类为各学科都必修的公共课，计有15门：人伦道德、算学、物理、化学、一切应用化学、应用机器学、图画、机器制图、理化学实验、工业法规、工业卫生、工业簿记、工业建筑、英语、体操。第二类为各科之专门课程，因学科不同而异，多者8门，少者5门。各科都设有实验与实习课程。

值得说明的是，在癸卯学制中，对高等工业学堂的毕业生有一项较为特殊的规定："学生毕业之后，欲出从事各制造所或自营实业者，尚须受本学堂之监督一年，以便请业请益。"而对同属实业教育系列的高等农业、商业和商船学堂的毕业生却没有此项规定。这也许与学制赋予高等工业学堂的使命有关："以全国工业振兴，器物精良，出口外销货物日益增多为成效。"[①]这项关于办学方向的规定无疑反映了国人力图壮大本国工业，改变中国在对外贸易中的屈辱地位，积极参与国际经济竞争的愿望和意识。考虑到当时中国工业及工程教育与世界工业化先行国的巨大差距，高等工业学堂毕业生要达到上述使命要求，其困难可想而知，故有为毕业生继续提供"请业请益"之便利的规定。

除以上所述之外，癸卯学制对工科大学及高等工业学堂的教学与行政管理、教师的聘用、考试与毕业生的任用、实验室与实习工厂等均有明确规定；学部成立后还颁发了若干关于实验与实习教学的规章。

癸卯学制关于工科大学与高等工业学堂的各项规定，为中国现代工程教育机构的人才培养建立了全国性的标准和规范，宣告了19世纪下半叶中国工程教育机构零星设立、各自为政、游离于国家正规教育系统之外的状态的结束，中国工程教育开始进入一个新的历史发展阶段。

---

① 舒新城编：《中国近代教育史资料》(中册)，人民教育出版社，1981年，第763页。

2. 癸卯学制时期工程教育机构办学实况

(1) 大学工程教育的奠基

20世纪初年,随着清政府在教育上的各项“新政”的实施,特别是癸卯学制的颁行,在庚子事变中被迫停办的天津中西学堂和京师大学堂先后复校。与此同时,山西大学堂开始筹建。清末,官办大学仅此3所,且都开办了工程教育,而当时仅有的两所私立大学——中国公学与复旦公学均未开设工科。

1903年4月27日,天津中西学堂复校。原天津中西学堂的学科、修业年限和课程,是总教习丁家立以美国耶鲁、哈佛等大学的教学制度为蓝本设计的。复校后,北洋大学堂按照癸卯学制的有关规定,将原来的二等学堂和头等学堂分别改为预科与本科,修业年限均为3年。本科工科开设土木工程、采矿冶金两学门,原机械工程学门停办。复校后的课程较之于天津中西学堂时期也有很大改进和提高。将该校1907年工科的课程与1900年前“头等学堂功课”比较,可以发现,课程设置的变化非常明显:课程门数大为增加,程度提高,专业性增强,注重实验与实习,结构更为合理。然而,按照癸卯学制规定的工科大学课程来衡量,以上课程设置尚有诸多不足,最突出的是以下2点:一是本科课程体系中包含大量预科课程,如国文、生理、弧三角、物理、解析几何、微分积分、兵学等;二是章程规定应设的一些专业课和相关课程付缺,如土木工学门缺桥梁、河海工学、卫生工学、地震学、房屋构造等专业课,以及热机关、机器制造法、冶金制器学、水力机、电气工学大意等相关学科课程。1908年,北洋大学堂按照学部指令对课程设置和教学计划进行了全面整改,彻底解决了上述问题。

北洋大学堂从复校开学至1911年清亡，工科土木工程学门招生3期，采矿冶金学门招生4期，2学门各毕业学生2届，共35人。第一届学生2学门15人毕业于1910年，这是中国新教育制度建立后的首届工科大学毕业生。

山西大学堂是继北洋大学堂之后我国第二个举办工科的高等教育机构。它是山西省地方当局执行清政府兴学诏令，与西方传教士借处理山西教案之机推行西式教育以传播西方文化的结果，也可以说是中西方文化在特殊历史条件下激烈冲突、融合的产物。1902年3月，山西巡抚岑春煊遵照兴学诏书旨令将太原令德堂书院改为山西大学堂。其时，山西教案善后问题谈判尚未了结，在与教会代表交涉中，订有以赔款50万两银“在晋创设中西大学堂”的协议。当得知晋省已办起山西大学堂时，教会代表、英国传教士李提摩太(Timothy Richard，1845～1919)即提议：将拟议中的“中西大学堂”并入山西大学堂，作为西学专斋，由李提摩太负责，以10年为期，期满后交晋省自办。经过极为慎重的考虑及省城士绅的反复协商，岑春煊终于接受了这个建议。西学专斋于1902年6月正式开学。

西学专斋的学制分预备科和专门科2个阶段，修业年限分别为3年和4年。预备科共办8期，毕业学生313人。其中部分优秀毕业生被选派到英国各大学深造，学习铁路、采矿、机械等工程学科。这些留英生学成归国后对开发晋省矿产、兴办工业和发展山西大学之工科做出了贡献。

专门科开办于1907年3月，先开设的是矿学与法律，同年稍后增设化学，次年又添设土木工程。西学专斋对理工科教育不可或缺的实验、实习设施颇为重视，开办之初就购置了理化仪器、机床等设备，后又建成“物理工程之试验厂”以及“以备高等化学试验之用”的“特别化学房”。

一些外籍教师还指导学生搜集山西各地的各种矿石标本,并利用“特别化学房”的设备作了系统的分析化验,获得了颇有价值的结果。

1911年7月,西学专斋原定10年合同期已经届满,收回自办,并遵照学部饬令进行了改组和整顿:西斋法律科拨归中斋,改中斋为法科,西斋为工科;凡第六学期以上的学生参照京师及北洋大学堂讲义加习1年,作为5年毕业;第一学期之矿学、土木工程学学生完全按照学部所送之北洋大学讲义讲授,仍照原定年限4年毕业。不过,这些整顿措施实行不久就爆发辛亥革命,山西大学堂从此进入了新的历史时期,成为一所拥有文、理、工、法4个学院的综合大学。而工学院就是西学专斋工科的延续和扩展。

京师大学堂本为全国最高学府,但在清末仅有的3所官办大学中,其工程教育及其他科类的本科教育开办得最晚。虽然在1904年就开设了预备科,并开始筹建大学本科,但由于顽固守旧势力的多方掣肘,分科大学拖延到1910年3月30日才开学。按《奏定大学堂章程》规定,京师大学堂应开设8科46学门。除医学科外,其他7科均正式开办,只是各科之学门比规定大为减少,7科总计只有13门,学生共400多人;其中工科设土木工程、采矿冶金两学门,学生只有14人;修业期限4年,首届学生于1913年底毕业。按编制,工科2个学门每学门设正副教员各1人。工科监督为何燏时。何原为浙江求是书院高材生,1898年由浙江省官费派赴日本留学,就学于东京帝国大学,主修采矿冶金,1906年获学士学位回国。

由上可见,癸卯学制时期我国大学工程教育尚处于起步阶段,规模狭小,学科单一;毕业生不足百人,3所大学所设之学科只有土木工程、采矿冶金2种。但其课程设置与教学管理已步入正轨。由于学部的督察、指导,癸卯学制关于课程与教学的各项规定得以实施,课程建设与教学活动开始朝着规范化、制度化的方向发展。

(2) 工程专科学校的兴起及其办学概况

① 工程专科学校的兴起

癸卯学制颁布后的数年内,各地陆续创设或改建成10余所工程专科学校。其中半数以上的学校是铁道专门学校或设有铁道科。这与甲午之后中国铁路建设的发展和收回路矿权利运动的兴起密切相关。1894年之后,帝国主义列强加紧了对中国铁路运输业的渗透和控制,通过军事威胁和贷款等方式攫取了各主要干线的建筑权及经营权,大肆掠夺原料,倾销商品。从1903年起,各阶层人民反对列强控制中国铁路、矿山,要求收回利权、不贷外资、不假洋人自办铁路的运动在各省区逐渐开展起来。然而,当时中国铁路工程技术人才严重缺乏,创办学堂培养铁路人才势在必行。在路权问题最为尖锐、自办铁路呼声甚高的四川、浙江、湖南三省先后出现了铁道专门学校。其中四川铁道学堂颇有代表性。该校开办于1906年3月,由川汉铁路公司"为造就高等工程师而设。"[①]川汉铁路公司是川省人民为抵制英、法两国强求修筑川汉铁路而由川督锡良奏准成立的官办机构。川汉路修筑款项是由该公司在川省征收股金而筹集的[②]。因而,该校考选学生视各厅、州县股金之多寡定学额,"规定大县3名,中县2名,下县1名,独认路股万金者准其自送一名。"[③]但是,因新学制甫经建立,合格中学毕业生甚少,各地选送学生程度参差不齐,故先设预科。当预科第一届学生毕业时,因川路建设"需才孔亟",遂开办了"业务"、"测量"、"建筑"等速成班,肄习简易功课,毕业

① 《学部官报》,第133期。《文牍》,第6～7页。
② 《学部官报》,第133期。《文牍》,第6～7页。
③ 《学部官报》,第133期。《文牍》,第6～7页。

后就“挨次派往宜昌工程任用。”[①]直到1909年才有了铁路专科学生，规定3年毕业。该校第一届专科生在1911年完成学业。

在川浙湘等省举办铁道学堂的同时，清政府对铁路工程教育也积极加以推进。除由主管全国交通邮电事业的邮传部接管了上海高等实业学堂、唐山路矿学堂两所设有铁道工程科的学校外，还创办了中国第一个培养铁路管理专门人才的机构——邮传部铁路管理传习所。20世纪初期，中国铁路建设有了较大进展，已通车之路有京汉、津浦、东清、京张、沪宁、川汉、粤汉等干线，尚有已修、拟修之路20余处。与铁路相关之电信事业也已初具规模，国人自办的电报网络已覆盖赣、皖、苏、豫、两粤、湘、黔、黑、吉、辽等省，总线长12 000余里。此外，粤汉路、京汉路已先后收回，由国人直接经营的铁路逐渐增多。但“管理之事尚付缺如”，为此，邮传部尚书徐世昌在1909年特创办铁路管理传习所于北京，以“养成管理人才为宗旨”，分为铁路、邮电2科。铁路科分2部：高等班3年毕业，简易班1年毕业。另特设一兼习德文之简易班，为当时尚在德人控制经营下的津浦路局育人；[②]邮电科亦分2部：高等班2年半毕业，简易班1年半毕业。铁路科于1909年冬开始授课，邮电科于1910年4月开学，共计学生600余人。常年经费约计银8万两。[③] 铁路高等班、邮电高等班均于1912年12月毕业。此后几经变迁，演变为今天之北京交通大学。

除上述以培养铁道工程人才为主的学校外，清政府商部和直隶、江宁等省创办了5所多科性高等工业学校。不过，其中的2所，即两广高等工业学堂、奉天高等实业学堂，有名无实。前者拟办土木、机械、化工

① 《学部官报》，第133期。《文牍》，第6～7页。
② 《浙江教育官报》，1910年，第21期。《章奏》，第206页。
③ 《浙江教育官报》，1910年，第21期。《章奏》，第206页。

3科，但因经费困难，开办5年即告夭折；[①]后者苦于学生程度过低，开办7年仍在预科阶段徘徊。[②] 办学成绩较好的首推京师高等实业学堂，次则为直隶高等工业学堂、江南高等实业学堂。

京师高等实业学堂由商部设立，是商部推行清政府“振兴工商”政策的一项具体措施。1903年商部成立伊始，就奏请筹设属商部管辖的高等实业学堂，并拟议设在京师，以为全国高等实业学堂的模范。由此之故，此校的创建颇受各方重视，不到1年便建成校舍及“化学实验室与机器制造厂”。实验室及实习工厂所配备的仪器系由“谙习西学”之员从日本“就地实加考验”后购回。[③] 所设学科为化学、机器、电气、矿业四科。设此四科的缘由可从商部“奏请拟办实业学堂大概情形折”中看出：“学堂之设，以考求实用能夺西人所长为主……其最有关制造能辟利源为化、电、机器、矿四门。”[④]该校初设预科，2年毕业。1907年1月开办专科，由预科毕业的120名学生及续招的40名新生升入上述四个专科学习。1910年5月第一届专科生毕业，共129人。[⑤] 该校首届专科毕业生达到129人之多，这在当时的高等工程专科学校中实为仅见；此外，该校所设学科的综合性较强，亦为他校所不及，实不负“模范”实业学堂之名。民国初年，该校改组为北京工业专门学校，成为当时著名的工程技术学校之一。

① 《学部官报》，第140期。《文牍》，第6页。
② 《学部官报》，第107期。《文牍》，第4页。
③ 《湖北学报》，第二集第25册，1904年7月17日。
④ 《湖北学报》，第二集第25册，1904年7月17日。
⑤ 《学部官报》，第143期。《本部章奏》，第4页。

表 4 清末工程专科学校一览表

校名	建校时间	创办人或创办机构	所设专业及其开办时间	1911 年前专科毕业生数	所在地
邮传部上海高等实业学堂	1896 年，初名南洋公学，1906 年改称本名	盛宣怀	铁路：1906 年 电机：1907 年	41	上海
京师高等实业学堂	1903 年	商部	化学：1907 年 机器：1907 年 电气：1907 年 矿业：1907 年	129	北京
唐山路矿学堂	1905 年	关内外铁路局	铁路：1907 年 矿业：1907 年	28	唐山
直隶高等工业学堂	1902 年，初名北洋工艺学堂，1904 年改称本名	袁世凯 凌福彭	应用化学：1903 年 机器：1908 年 图绘：1908 年	78	天津
江南高等工业学堂	1896 年，初名储才学堂，1989 年改称江南高等学堂，后又改称格致书院，1904 年改称本名。	张之洞	矿业：1906 年 电气：1907 年 化学：1907 年	43	南京
湖南高等实业学堂	1903 年	赵尔巽	铁路：1909 年 矿业：1909 年	0	长沙
浙江铁路学堂	1906 年	浙江铁路公司	铁道建筑：1909 年 机器：1909 年	0	杭州
四川铁道学堂	1906 年	川汉铁路公司	铁路：1909 年	0	成都
两广高等工业学堂	1907 年	岑春煊	拟办化工、机械、土木三科，但直至 1911 年学校解散尚未施行	0	广州

(续表)

校名	建校时间	创办人或创办机构	所设专业及其开办时间	1911年前专科毕业生数	所在地
奉天高等实业学堂	1905年,初名奉天实业学堂1909年改称本名	不详	直至1911年尚在办预科,未开专科	0	沈阳
邮传部铁路管理传习所	1909年	徐世昌	铁路管理:1909年 邮电:1909年	0	北京

② 课程设置及其实施概况

清末各工程专科学校所开设的学科计有:应用化学、矿业、机器、电气、建筑、图绘、铁路、铁路管理、邮电等9种。其中后3种不在癸卯学制规定的范围之内。

图3　直隶高等工业学堂学生在上机械课

对于在癸卯学制规定范围内的学科来说,各校的课程设置情况大体是:在1905年前开办的学科,其课程设置与规定颇有出入,参差不齐;1905年学部成立后,以癸卯学制的有关规定为依据,通过各种方式指导、稽核各校的课程建设。这样,各校同一种专业的课程设置便渐趋一致。学部除派员赴各校考察外，主要用以下 3 种方式察核各校的课程设置及其实施情况：学校开办专科请求立案时，学部要审查其课程计划；调取各校学年或学期各科考试试卷及学生成绩；学生毕业，送京复试"请奖"时，要先将各门课程所用之课本或讲义送审。[①] 按当时规定，分科大学、高等及专门学堂学生毕业时，须调京复试，考试及第的可获得与科举一样的"出身"与官职，名谓学堂奖励。若课程与规定有较大出入，其请奖就很难获准。如直隶高等工业学堂应用化学科第一届毕业生要求复试"请奖"时，被学部驳回，理由之一就是其功课"较之定章应用化学科功课"不符。[②] 因此，课程设置与规定是否相合，事关学生能否取得"出身"，并被任用的前途出路及学校的声誉乃至生存发展等问题。所以，各校不得不"切实厘订课程"，照章办事。

铁路、铁路管理、邮电等学科，不在定章所规定的范围之内。其中铁路管理及邮电两个学科仅邮传部铁路管理传习所一校开办，其课程系根据当时中国铁路及邮电事业的实际需要，参照欧美、日本的有关学校成规酌拟。至于铁路科，学部规定以癸卯学制中"土木科"之课程为蓝本酌设。[③] 因此，一般学校铁路科课程即在定章"土木科"的基础上增删损益而成，只要大致合理实用，学部也就认可。如四川铁道学堂，其所设课程是在"土木科"专门课程中增入"实用重学，实用材料学、材料结构强弱、隧道学、屋宇学、车辆机关车构造学、铁道经济、铁道法规、水理学"九门，删去其基础课中的"应用化学、应用机器学、理化学实验、工业法规、工业建筑、工业簿记"6 门而成。[④] 学部对此表示满意，认为这"自系按照学堂

① 《学部官报》，第 152 期。《文牍》，第 26 页。

② 《学部官报》，第 94 期。《文牍》，第 2 页。

③ 《学部官报》，第 133 期。《文牍》，第 8～9 页。

④ 《学部官报》，第 133 期。《文牍》，第 8～9 页。

性质,参以本省情形酌量拟定,期适实用。”只是指出应将“实用材料学与结构强弱”归并成一科,理由是“实用材料学所论即系材料之性质强弱,自不必另立材料结构强弱一科。”[1]

当时工程专科学校的教学,尤其是专业课程的教学,多采用所谓“二重讲演法”,即外籍教师用外国语讲1次,再由译员用中国话讲1次,1学时的授课内容要花2学时才能完成,效率颇低。尽管学部要求“高等实业学堂应用西文直接听讲”,[2]但能达到此种水平的仅上海高等实业学堂、直隶高等工业学堂等几所学校的部分高年级学生而已。[3] 至于教材,如学部在1909年“劄各省提学司整顿各等实业学堂文”中称:“实业各项学科,现在均无课本,势不得不择用东西各国课本。”[4]洋务运动以来,中国翻译引进了大量西方近代科技书籍;20世纪初年,商务印书馆编辑出版了大批教科书,但适合做工科大专教材的书却寥寥无几。所以,当时外语水平较高的学校直接订购日文或西文原版教材,一般学校则由中外教师合作编译讲义。

③ 实验及实习

实验和实习是工程教育欲达到良好教学效果不可或缺的手段。按规定,高等工业学堂当备“各种实验室”及“工艺品陈列所,各种实习工场。”[5]实际上,能按这种要求建置实验、实习设施的学校为数甚少。当时各校中,以隶属于邮传部的上海高等实业学堂的实验、实习设施最为齐备。该校从1907年至1910年的4年中,先后建成了铁道测量仪器

---

① 《学部官报》,第133期。《文牍》,第8~9页。
② 《教育杂志》,1910年,第10期,第57页。
③ 《学部官报》(附录),第205页。
④ 《教育杂志》,1910年,第10期,第59页。
⑤ “奏定高等农工商实业学堂章程”。舒新城:《中国近代教育史资料》(中册),人民教育出版社,1981年,第766页。

室、金工厂、木工厂和电机实验室。省办学校中,直隶高等工业学堂的条件较好,该校有理化讲堂、化学试验厂、机器实习厂等。然多数学校的实验、实习设施相当简陋,尤其是实验仪器,数量不多,质量不高。

清末教学所用仪器多从国外进口,也有少量国人仿制品。虞祖辉于1903年先后在上海、奉天创办科学仪器馆及仿造所。至1905年仿制成理化仪器100余种及若干种化学药品,呈商部鉴定。① 商部在鉴定书评语中大加赞美:"所造各项仪器均属精良利用,与购自外洋者无甚轩轾。"因而,除"分咨各省督抚学宪饬知所属学堂分别购用"外,还向清廷为虞请得国子监学正学錄衔。② 不过,此后该馆及随后创办的相同性质的各馆局,除仿制若干简单仪器外,大都以贩卖外国仪器为业务,所贩仪器以日本货为最多。有些学校也直接派员赴日采购仪器。这些仪器中每多构造窳劣,形似好看,实则不灵。③ 有不少学校,或因经费拮据,或因当权者不重视,就连这种粗劣仪器也不敷用。理化实验虽列为必修课,然实际"授课大率理论多而实验少"。④

按规定,实习为专业必修课之一。当时多数学校开设了实习课。实习内容及方式因学科不同而有别。化学、机器、电气等科的实习教学多在校附属工厂进行。如化学科学习制肥皂、颜料、火柴等工艺,机器、电气科实习内容则有翻砂、金工、电机操作等;铁路、建筑科的实习是在学校附近进行平地测量或赴野外进行地形测量。⑤ 如1909年上海高等实业学堂学生11人由美籍教师、工程师扑德带领,旅居杭州一月余,"将西

① 《直隶教育杂志》,1905年,第6期,第12页。
② 《直隶教育杂志》,1905年,第8期,第4页。
③ 杨根主编:《徐寿和中国近代化学史》,科学技术文献出版社,1986年,第247页。
④ 《学部官报》,第89期。《本部章奏》,第3页。
⑤ 《学部官报》,第94期。《文牍》,第3页。

湖山水全体实测,绘图贴说。”[1]这是铁路科学生毕业前的一次测量实习。此外,有些学校在学生毕业前安排一次去外地大工厂、矿山的参观实习。参观地点以上海和湖北为多,因为上海的江南制造局、湖北的汉阳钢铁厂、汉阳兵工厂、大冶铁矿厂,其规模和技术在清朝末年的中国都是第一流的。江南高等实业学堂曾选派工科生 13 人由日本教习内山弥左带领,参观了沪鄂及沿途皖赣两省的工厂、矿山,历时 3 个多月。[2]

由于受传统观念、实习条件等因素的影响,当时实习教学中存在诸多流弊。有些学校“但有场厂实习,而讲堂并不讲授实习科目,或讲堂讲授实习科目,而学生并不分别实验”。即使讲授了实习科目,安排了实习,但在实际操作中,不少“学生狃于往日趋重文学之习,尚于实习不甚措意”,更有甚者,“实习事项或亦雇役夫为助”。[3] 为了革除这些弊端,学部采取了一系列措施。1909 年学部规定:嗣后各校安排实习,须要求学生作实习记录,写实习报告,毕业时随同各科考试试卷报部备核。[4] 次年,学部又奏准学期考试、学年考试分数计算方法,规定:“以讲堂功课之平均分数,以二乘之,加入实习分数之平均分数,以三除之,俾实习分数占三分之一。”[5]且毕业考试、调京复试,亦要酌量考试实习功课,其分数亦按此法计算。同时,对 1909 年颁行的实习规定作了修正,即每学期结束,各校将学生实习成绩造册并由提学使呈报学部备核,不得于毕业时补报。[6] 学部期望通过这种经常性的督促、检查和加大实习分数在总评分数之比重的办法来加强实习教学。

---

① 《教育杂志》,1909 年,第 10 期。《记事》,第 79 页。
② 《直隶教育杂志》,1908 年,第 6 期,第 7 页。
③ 《教育杂志》,1909;(10)。《教育法令》,第 59 页。
④ 《教育杂志》,1909;(10)。《教育法令》,第 59 页。
⑤ 《教育杂志》,1910;(6)。《教育法令》,第 45 页。
⑥ 《教育杂志》,1910;(6)。《教育法令》,第 45 页。

(3) 毕业考试与毕业生的任用

清末大学与专门学校的考试,名目特多,十分繁重。大略可分为临时考试、学期考试、升级考试和毕业考试 4 种。前 3 种考试在形式上与现今相应种类的考试大同小异。唯毕业考试最值得注意。根据癸卯学制及清政府学部有关文件的规定:京师大学堂学生毕业,"奏请简放总裁,会同管学大臣考验";"大学堂毕业在省者由提学使转详督抚,将毕业生咨送学部奏请钦派大臣会同考试。"①关于高等工程专科学校以及在学制系统中与其地位相当的其他类型学校之学生毕业,原规定"奏请简放主考,会同督抚学政考试。"②1909 年学部奏准改为:在京师者由学部主持考试,无庸复试;京外各省学生毕业,由校方举行毕业考试后,再咨送到京由学部复试。③ 毕业考试或复试及格,工科大学毕业生照章奖给工科进士出身,并根据成绩之优劣,可授编修、主事等官职,派在翰林院供职或分发各省尽先补用;工程专科学校毕业生,则奖给工科举人出身,亦据成绩之高下,可授知州、知县、州同等职,分省尽先选用。对不及格者,允许留校补习 1 年,参加下一届毕业考试,若仍不及格,则仅予修业凭照,"令其出学",自谋职业。④

此种毕业考试或复试,在中国教育史上恐怕是空前绝后的。它有两大特点:其一,程序繁。学生一入学,就须将本人姓名、年龄、籍贯、三代姓名、所习学科由学校造册报学部以备毕业请奖时核对;⑤在京学校举行毕业考试前或京外学校复试前,须将学生历年所用课本、讲义及各门

---

① 《学部官报》,第 138 期。《本部章奏》,第 4～5 页。

② 张百熙、荣庆、张之洞:《学务纲要》。舒新城:《中国近代教育史资料》(上册),人民教育出版社,1981 年,第 212 页。

③ 《学部官报》,第 123 期。《文牍》,第 12 页。

④ 《学部官报》,第 123 期。《文牍》,第 12 页。

⑤ 《学部官报》,第 94 期。《文牍》,第 1 页。

课程试卷、成绩送部审核,工科大学毕业生还要将毕业设计或论文送审。[①] 其二,考试量大,持续时间长。所考内容为在校期间学过的全部课程,不得缺略,实验与实习亦要酌量考试。[②] 兹将 1910 年 7 月 25 日(宣统二年六月十九日)学部所出"牌示"抄录如下,当时复试情形由此可见一斑。

表 5 "上海高等实业学堂路科生复试日期并所考学科牌示"

时 日	七点至九点半	十点至十二点半	一点至三点
六月二十四日	应用重学	材料力学	人伦道德
二十六日	车机学	平面测量	铁路理财
二十七日	铁路测量及建筑	道路建筑	铁路运输
二十八日	微积	微方及大地测量	热力学
二十九日	工程问题	图形几何	水力学
七月初一日	地质学	桥梁力学	体操
初二日	桥梁计划	土木建筑	国文
初四日	经纬几何		

由上可见,所考课程共 22 门,历时 9 天半,除考试期间的两个星期日及最后半天外,每天均考 3 场,每两场考试只间隔半小时,这真是一种马拉松式的竞赛!参加这次考试的共 8 人,竟然全部及格,照章获得出身与官职。[③]

上海高等实业学堂的这次复试,是否考试了实验与实习项目,未见记载。而京师高等实业学堂于 1910 年 6 月举行的首届毕业考试含有实验实习项目却是有案可查的,据第 143 期《学部官报》报道,这次考试,照

① 《学部官报》,第 152 期。《文牍》,第 26 页。
② 《学部官报》,第 55 期。《文牍》,第 229 页。
③ 《学部官报》,第 143 期。《本部章奏》,第 4～9 页。

章由学部主持,除所有"讲堂教授功课"均在学部"考院"内分场考试外,"其工场实习及实验一项,因应用器械不便",学部派员在"该堂实验室及实习工厂就近考试。"[①]

关于清末高等工程专科学校毕业人数,就目前所见史料统计为 319 人(预科毕业生不计)。其中少数人出国留学深造,其余的在国内就业。学习铁路工程的多由邮传部及地方铁路公司安排在铁路部门工作,其他专业毕业生则分别以知州、知县,或州同身份,"分省尽先补用"。[②]

北洋大学堂在辛亥革命前共毕业工科本科生 53 人。其中 18 人是在新学制建立前毕业的。新学制建立后的第一届 15 名学生毕业时,先由"直隶总督将各项考试试卷、教科书籍及学生著论说等项一并汇送学部"。[③] 学部审查后认为具备与考资格,即奏请宣统帝降旨派出张亨嘉、陈宝琛两员为会考大臣,会同学部主持毕业考试。结果 15 人全部及格,由"学部带领引见,奏蒙降旨,奖给出身赏授官职",派在翰林院供职或"分省尽先补用"。[④] 其余 20 人为新学制建立后的第二届毕业生,其毕业考试过程与毕业后的任用与第一届相似。

山西大学堂 1911 年前毕业工科本科生 2 届,共 23 人,也通过与上述相似的考试程序获得了进士出身。与英人所订合同中原无此项规定,是李提摩太为了迎合中国读书人的心理及提高西斋的地位与毕业生的身份,向学部交涉争取来的。但学部只奖给出身,不授实官,以示与中国自办学校毕业生的区别。西斋的预科、本科毕业生除 50 余人被派赴英国留学外,其余多在晋省新式学堂任教。

---

① 《学部官报》,第 143 期。《本部章奏》。第 4～9 页。
② 《学部官报》,第 143 期。《本部章奏》,第 4～9 页。
③ 《学部官报》,第 138 期。《本部章奏》,第 4～5 页。
④ 《学部官报》,第 138 期。《本部章奏》,第 4～5 页。

3. 癸卯学制时期工程教育的历史地位

癸卯学制时期的工程教育在中国现代工程教育史上具有重要地位。从19世纪60年代至20世纪初是中国现代工程教育逐步形成的时期。而1904年癸卯学制的颁布以及在其指导下工程教育机构的建设和发展标志着中国现代工程教育的确立。

(1) 癸卯学制为中国现代工程教育构建了制度框架。

癸卯学制设计了一个从工人到技工、技术员、工程师等不同层次人才的完整的技术和工程教育体系;对工程教育机构的学科划分与课程设置、教学与行政管理、教师的聘用、考试与毕业生的任用、实验室与实习工厂等作出了明确的规定。这些规定为中国现代工程教育机构的人才培养建立了全国性的标准和规范。尽管有些规定不切实际,但它毕竟提供了较为完备的教育法规体系,终结了19世纪下半叶工程教育机构零星设立、年限不一、衔接困难、各自为政的状态,使中国工程教育开始步入有法可依、有章可循的发展轨道。

由于癸卯学制既反映了资本主义教育的不少特征又具有浓厚的封建主义色彩,所以,当辛亥革命胜利,中国政治制度由封建专制一变而为资产阶级民主共和制的时候,以民国首任教育总长蔡元培为代表的资产阶级革命党人并不是对其全盘否定,而是采取了清除其陈腐落后成分,继承其合理进步因素的态度。民国政府于1913年公布了新学制,史称壬子·癸丑学制,与晚清癸卯学制相比,它主要在学科设置、教学内容、入学条件等方面清除了清末的封建主义因素,基本框架没有根本性改革。比如工科大学预科的课程设置,与晚清相当于预科的高等学堂的课程相比,只是废除了人伦道德、经学大义等带有封建主义色彩的内容,其余则几乎完全相同。

(2) 癸卯学制借鉴工业化先行国的教育制度，为中国工程教育迈上现代化发展轨道奠定了基础，指明了发展方向。

19 世纪 60 年代洋务运动兴起之后，关于欧美工业化先行国教育制度的资料和信息就开始通过各种途径传入中国，许多有识之士主张学习西方资本主义国家教育经验，在中国建立新学制。1894 年甲午之战，中国败于日本之手，不少热心新教育制度建设的开明官绅转而将视线聚焦于日本。他们不仅亲赴日本详细考察教育，还在《教育世界》等刊物上密集地刊发译介、研究日本学制和教育经验的文章。癸卯学制就是在这样的背景下，由积极倡导学习日本教育的张之洞主持，并在对日本教育深有研究的罗振玉等人的协助下出台的。因此，癸卯学制就是引进、借鉴日本明治维新时期学制的产物。而日本明治维新时期的教育又是以欧美工业化先行国教育制度为蓝本、根据本国国情加以变通而建立起来的。由此看来，癸卯学制是以日本学制为中介和桥梁移植欧美工业化先行国教育制度的结果。尽管癸卯学制有种种缺欠，如以“中体西用”为指导思想、有些规章脱离现实，但其基调和框架吸收了工业化先行国的正确做法和成功经验，又根据国情有所变通，因而是符合世界教育发展趋势的。癸卯学制最突出的变革就是一改中国教育千百年来以培养官吏为重心的传统，建立起教育与社会生产、经济建设之间的联系。就工程教育而言，癸卯学制不但确立了其在国家教育系统中的地位，赋予其为工业生产、经济建设服务的使命，而且，它对工程教育机构的培养目标、学科设置、课程结构和教学方式的种种规定基本反映了工业化和工程技术发展对人才培养的客观要求，因而为中国工程教育迈上现代化发展轨道奠定了基础，指明了发展方向。

(3) 在癸卯学制指导下工程教育机构不断推进制度化、规范化建设，从实践上完善了中国现代工程教育制度。

癸卯学制颁行之前，由于无章可循，各工程教育机构各自为政，各行其是。有的以美国工科大学为蓝本，有的照搬英国工程院系的模式，有的抄袭日本工程系科的办法，在学科设置、课程体系及教学管理等方面缺乏标准和规范，导致不少学校普遍存在课程结构不合理、教学制度不健全、学生知识结构和程度参差不齐等问题。癸卯学制颁行后，在清政府学部的指导和督促下，各工程教育机构按照新学制的要求开始了制度化、规范化建设。如1908年学部派员调查北洋大学堂教学状况时发现了该校课程设置中存在的问题，责令重新厘定课程。于是，教务提调王劭廉与各学门有关教师一起“将各班逐年课程及一切办法，审慎拟定”，“细心研究”，最后由“北洋大臣咨部立案”。[①] 此后，北洋大学堂工科之课程设置就与癸卯学制中有关章程的规定基本一致了，甚至还“有盈无绌”。如按规定，采矿及冶金学门第一学年的“计画及制图”课为每周7学时，北洋大学堂则增加到每周8.5学时；土木工学门则增加了1门周学时3.5、开设1学期的“土料实验课。”[②]学部除派员赴各校考察外，还通过审查课程计划、调取各校试卷及学生成绩等方式指导、稽核各校的课程建设。尤其是在实验、实习课程的建设方面，学部采取了一系列措施，制定了一些切实可行的规章制度，如要求学生作实习记录、写实习报告等。这些教学制度一直延续至今。

总而言之，癸卯学制确立的制度框架和发展基调反映了工业化对工程技术人才的客观要求，符合世界教育发展的潮流，为中国工程教育迈上现代化发展轨道指明了方向。同时，由于癸卯学制的实施，中国现代

① 《北洋周报》，1937年，第17期。
② 《学部官报》，第117期。《文牍》，第1页。

工程教育的规模有所扩大、质量有所提高，特别是在制度化、规范化建设方面有显著进步。所有这些不仅标志着中国现代工程教育已经确立，而且这一时期所积聚的教育资源，包括教职工队伍、图书资料、实验实习设施，以及办学实践所积累的正反两方面的历史经验，为民国时期工程教育事业的发展提供了制度、物质和方法与理念等多方面的条件。

（毛　丹）

王扬宗

20 世纪中国建立现代科技事业的曲折

20世纪中国建立现代科技事业的曲折

明末欧洲天主教传教士来华，揭开了中国科学技术历史的新篇章。从此，中国科学逐步融入世界科学发展的主流。这个过程非常漫长，为世界上科技史上所少见。从明末至清末的300年，是西方科学和技术在中国的传播期，学术界通常称之为“西学东渐”。从明末至清代中叶，西方科学知识，主要是天文学、数学和地理学等学科，以天主教来华传教士为中介，逐步传入中国，并产生了一定的影响。然而，明末清初的中国人，几乎对同时代西方发生的科学革命毫无感知。更不幸的是，就是这种狭窄的交流渠道，在清代中叶也几乎中断了。直到鸦片战争前后，近代的科学和技术随着西方列强觊觎和侵略中国而逐步输入中国，洋务运动中甚至以引进西方先进技术为号召。然而，直到清朝覆亡，大清王朝还没有建立任何独立的科研机构，事实上也没有一所名副其实的现代大学，现代工业也寥寥无几。总而言之，直至20世纪之前，中国还没有建立起独立的现代意义的科学事业。

20世纪在中国以一场惨烈的大失败开场，但也随之而来实行新政，也开启了中国科学技术的一个新时代。在20世纪的100年间，中国人终于建立起现代科学技术事业。而以中华人民共和国成立为界，20世纪中国的科学和技术事业又可以截然划分为两个时代。当然，由于内忧外患，在这个改天换地的世纪，中国科技发展得很不平坦。具体分析起来，又可以划分为下面几个段落：

1903～1927年，现代科技教育奠基。

1927～1937年，国民政府成立之后，是科学技术快速发展的十年。

1937～1949年，从抗日战争到解放战争，是艰难维持的十余年。

1949～1966年，建立了中国共产党对科技事业的一元化领导，通过实施国家科技规划，建立了中国当代科技事业的基础。

1966～1976年，十年浩劫，科技事业深受“文革”的破坏。

1977～1984 年，科技事业的恢复和发展，短暂的科学春天。

1985～1997 年，面向经济的科技体制改革时期。

1998 年至 21 世纪初，科教兴国、国家创新体系建设。

在这 100 年间，科学技术正常发展的时期屈指可数，主要是抗战前的 10 年，“文革”前的 10 年，“文革”后的几年，以及 20 世纪的最后几年。总计不过是这个世纪的三分之一时间。回首这 100 年，中国科学技术有很大的发展，建立起规模庞大的科技事业，对中国社会经济和文化的发展做出了重要的贡献。但中国距离世界科技先进国家还有很大的差距，在这个科学技术突飞猛进的世纪，中国人对世界科技的贡献还十分微小，中国具有国际影响的科学大家寥寥无几。20 世纪中国科学技术史，主要是科技事业史，而不是科技创造发明史。因此，这里主要以时间为序，简要阐述现代科技事业在中国的建立和发展。

一、20 世纪上半叶：现代科学技术的奠基

1. 教育革命与现代基础科学教育的发展

20 世纪的中国科学是从教育革命拉开序幕的。1901 年，出逃在西安的西太后接过光绪皇帝的变法方略，宣布实行新政，明令废除八股，改试策论。同年，2 位封疆大吏刘坤一和张之洞在有名的《江楚变法会奏》的 3 个折子中，提出了递减科举和发展新式教育的主张。1902 年，颁布《钦定学堂章程》，但没有实行。1904 年 1 月，颁布《奏定学堂章程》。这是中国第一个正式在全国范围内推行的学制，史称“癸卯学制”。

这一新学制分为 3 段 7 级，长达近 30 年。第一阶段为初级教育，分

为蒙养院4年、初等小学5年(7岁入小学)、高等小学4年。第二阶段为中等教育:设中学堂一级共5年。第三阶段为高等教育:分为高等学堂或大学预科3年,分科大学堂3至4年,通儒院(与研究生院相似)5年,共3级11至13年。

癸卯学制是中国历史上教育制度的一次根本变革,在中国近代制度变革中影响最为深远。就中国近代科学的发展来说,只是在这时,科学教育才真正纳入了中国的教育体制。按照新的学制,在初级教育阶段,算术、格致为小学的主课;中学阶段,先后开设有算学(包括算术、代数、几何等)、地理、博物、理化等科目;大学堂包括医科大学、格致科大学、农科大学、工科大学等。其中,格致科大学分为算学、星学(天文学)、物理学、化学、动植物学、地质学6门;工科大学分为土木工学、机器工学、造船学、造兵器学、电气工学、建筑学、应用化学、火药学、采矿及冶金学9门。

尽管科举制度要到1905年9月才最终宣布废除,但这一新学制颁布不久,各级学堂特别是小学堂、中等学堂及师范学堂,就如雨后春笋一样,在全国各地兴办起来。从此,自然科学知识成为中国人的必修课程。中国教育改革吸取了日本的经验。新学制是日本学制的翻版,课程设置也是依样画葫芦,随之而来的是日本教科书的翻译"运动"。在此后的10多年时间内,译自日文的科学书籍,特别是教科书,占了中文译著中的绝大多数。日译的大量的汉字词汇从此进入中国的学术文献,取代了先前墨海书馆、江南制造局和严复等人翻译的词汇。我们今天通用的许多基本科学词汇如自然、科学、技术、物理学、物理化学、分析化学、原子、分子等等都是从此而来的。就中国近代科学教育的发展历程来看,新学制的推行是一个分界线。此前虽然也有一些新式学堂从事科技教育,但为数很少,基本上还是试验性的。而从1904年起,科学教育纳入了中国的基础教育体系，这就使中国的读书人普遍地接受了一般科学知识教育。正是从那时起，中国的知识阶层才逐步建立起近代科学观念。

然而，由于国内还不能提供完整的高等科学教育，所以一些中学毕业生或高等学堂毕业生为了进一步深造，就纷纷赴欧美和日本等地留学。留美则后来居上。特别是庚款留美生的选派，推动了留美高潮的到来。1909 年至 1911 年，游美学务处进行了 3 次选拔考试。1911 年，清华留美预备学堂成立。同年 10 月，辛亥革命爆发，清王朝终于覆灭。许多人以为革命成功，应该转而提倡科学和实业，因此，抱科学救国主张而奔赴欧美留学的人日益增多。其中以基础科学为专业者为数不少，他们大多在 1920 年代前后学成归国，由此，我国出现了一批专门的科研机构开展科学研究，许多大学开始培养自己的科学人才，中国的科学发展才真正融入了世界科学发展的潮流。

2. 现代大学制度的建立

中国的近代大学始于清末。1896 年创办的北洋大学堂是中国近代第一所大学，1900 年该校颁发了第一本毕业生文凭。但在清朝覆亡之前，中国并没有名副其实的大学。无论是国立的京师大学堂，还是各省的大学，乃至外国人创办的教会大学，大都只有大学之名，而无大学之实，充其量不过是个预科大学。我国最高学府京师大学堂直到 1910 年才举行分科大学开学典礼，其中农科设农学 1 门，格致科设地质、化学 2 门，工科设土木、矿冶两门。至此该校才开始分专业培养科技人才。

辛亥革命之后，中华民国临时政府颁发了一系列法令，废除清末的“忠君、尊孔、尚公、尚武、尚实”的教育宗旨，颁布了《大学令》、《专门学校令》和《大学教育规程》等。1922 年，在总结清末民初新教育发展的经验教训的基础上，广泛吸收欧美等教育先进国家的经验，结合我国国情，制订和颁行了奠定我国现代教育制度基础的壬戌学制。国民政府建立后不久，于 1929 年颁布《大学组织法》和《大学规程》。20 世纪 30 年代初提出“提倡理工，限制文法”，进一步提升了科学和技术教育的地位。

自治和自主的现代大学是在欧洲诞生的。我国早期的大学在很大程度上依赖于政府或政治家、企业家。1917 年后，北京大学在蔡元培的主持下成功地实现了改制，实行民主办学和教授治校。大学评议会成为全校最高权力机构，学校行政会议成为全校最高行政机构和执行机构，各系教授会负责规划本系教学和科研。改制后的北京大学不仅成为五四新文化运动的摇篮，而且成为民国高等教育的先导和示范，促进了高等教育在我国的发展。从 1921 年到 1926 年，我国大学从 13 所猛增至 51 所。蔡元培确立的北京大学的宗旨，“研究高深学问、养成专门人才”成为全国大学的办学目标，教授治校和学校自治成为全国教育界的普遍共识。正是在这样的背景下，我国一部分高等院校教学与科研并重，成为奠定我国现代科学许多学科的重镇。如北京大学、清华大学之于物理学，协和医学院之于生理学，都是人才辈出，北大、清华物理系是我国现代物理学家的摇篮，协和医学院则培养了一批国际水准的生理学家。

3. 专门科研机构的创建和发展

我国现代第一所名副其实的专门科研机构是 1913 年建立的工商部地质调查所(后来先后改称农商部地质调查所、经济部地质调查所和中央地质调查所)。在丁文江和翁文灏等著名地质学家的领导下，我国的地质科学调查与研究事业迅速崛起，人才辈出，引起国际科学界的重视，成为中国科学本土化的典范。

1922年建立的中国科学社生物研究所是我国第一个生物学研究机构，在动物学家秉志、植物学家钱崇澍的先后主持下，该所开展中国动植物的调查、分类研究，后来还开展了一些生物的形态解剖和生理、生化方面的研究，对推动中国现代早期的生物学研究做出了重要贡献。1928年成立的静生生物调查所，经费主要来自于中华教育文化基金董事会，在胡先骕的主持下，主要从事植物分类学方面的研究和调查，是全国收藏生物标本最为丰富的研究机构。该所还创建了我国现代最早的植物园——庐山森林植物园。抗战内迁后，静生生物调查所与云南省教育厅合作，创办了云南农林植物研究所，成功地引种和开发了“云烟”。

1922年成立的黄海化学工业研究社是国内私营企业创办的化工研究机构的成功典范，在孙学悟、侯德榜等著名化工专家的主持和领导下，该社为永利制碱公司和久大盐业公司等企业解决了很多技术难题，还培养了一批微生物学和发酵工业的人才。侯德榜所著《纯碱制造》则是现代化学工业史上的一部名著。

国立科研机构是科学革命时代的产物，在近代科学的发展史上一直起着重要的作用。早在17世纪康熙皇帝就通过耶稣会士了解到法国建立了世界上第一个皇家科学院，但清朝并没有建立任何新的国立科研机构。1928年，在国民政府成立不久，我国终于建立了自己的国家科学院——国立中央研究院。中央研究院是中华民国最高学术研究机关，它包含自然科学和社会科学的一些主要学科，先后建立了14个研究所，是国家的综合性研究中心。中央研究院在我国科学界和学术界起到的中心作用，不仅表现所属研究所开展的学术研究，更重要的在于中央研究院建立了作为全国最高学术评议机关的评议会(1935年)，1948年还通过评议会在全国范围内选举产生了首届院士，使其体制趋于完善。评议会和院士制度是中研院学术自主和学术独立的保障，也确保了中研院在全国学术界的中心地位。

4. 科学团体的发展

中国现代的科学社团大都是在民国初年建立起来的。首先是一些综合性的团体,如 1913 年成立的中华工程师会,1915 年成立的中国科学社。从 1920 年代到 30 年代初,各种专业的科学和技术学会逐步建立(表 1)。

表 1　1920～1930 年代成立的专业科技学会

学会名称	成立年代	学会名称	成立年代
中国地质学会	1922	中国化学会	1932
中国天文学会	1922	中国地理学会	1933
中国工程学会	1922	中国植物学会	1933
中国气象学会	1925	中国电机工程师学会	1934
中国生理学会	1926	中国动物学会	1934
中国矿冶工程学会	1926	中国数学学会	1935
中华医学会	1932	中国机械工程师学会	1936
中国物理学会	1932	中国心理学会	1937

说明:本表据何志平、尹恭成、张小梅主编《中国科学技术团体》(上海科学普及出版社,1990 年)所选载资料等制作。

这些学会的中坚力量以 20 世纪 20 年代和 30 年代初回国的留学生,他们大多在国外受到过系统的科学训练,不少人获得了博士学位,他们是我国第一代现代科学家,许多人是我国有关专业领域的奠基人。正是由于他们的努力,我国高等科学教育水平普遍提高,许多学校才成为名副其实的大学,才真正能够培养高等科学人才,现代科学技术才得以在中国建立了初步的基础。这些科学或工程专业学会,都建立了比较完善的制度，举办学术会议等交流活动，编辑出版专科的研究性杂志，包括多种英文版的专业杂志。至20世纪30年代，科学家和工程师已成为中国社会的一股重要的先进力量。优秀科学家和专业技术人员不仅担任重要科教机构的领导者，还有一些科学家进入政府担任重要职务，对国家的学术事业和工农等实业做出了重要的贡献。正是在他们艰苦卓绝的努力下，虽然内忧外患连绵不断，但近代大学制度、近代科研院所制度在20世纪上半叶的中国初步建立了起来。

5. 日本侵华对科学事业的摧残

1937年，抗日战争全面爆发。日本侵略者的大规模入侵，几乎摧毁了刚刚形成了一定基础的各类大学和科研机构，严重影响了现代中国科学技术的发展。

部分工业设施和文化机构被迫内迁西南和西北地区，改变了中国的工业和科研文化设施的分布。抗战时期，许多重要的工厂和科学文化设施内迁，京津地区、华东、华中和华南的大部分科教机构遭到严重破坏，而西南地区则一时成为战时的工业和文化中心。

日本帝国主义的入侵对于中国科学事业是灾难性的。抗战之前，我国已经逐步建立了比较完整的高等科学教育体系，1930至1936年，各大学理工科毕业生迅速增长，留学生人数也有较大增长。由于战争的原因，他们中的不少人中断了学业，失去了进一步深造的机会。抗战八年，使我国丧失了一代科学家，并影响到几代科学家的科学事业。西南联大只是在特殊环境之下，由于高水平师资和高水平生源的汇集和爱国主义的激励而出现的个别例子。我们不能忽视，与此同时，更多的青年流亡失学，不少教师颠沛流离、失业甚至冻饿而死。

与此形成对照的是，日本侵略者为了永久侵占东北甚至全中国，在我国东北地区建立起殖民工业体系和科学文化设施。日本军国主义者通过建立南满铁路株式会社、满洲重工业开发株式会社、伪满大陆科学院和若干理工科大学等，企图进行长期殖民统治，掠夺东北资源。这些机构与设施完全是由日本军国主义集团扶植并为其侵略战争和殖民地统治服务的。战后这些设施大多数也未能成为中国发展的基础，因为它的 40％毁坏于战争，还有 40％作为苏军的战利品被拆走。

关于抗战时期中国科学，还要提到在中国共产党领导的陕甘宁边区科学技术事业的发展。1939 年，为了解决边区面临的种种实际问题和困难，配合边区经济建设，改造和新建了一批工矿企业，并成立了陕甘宁边区自然科学研究会，宣传和普及科技知识，以应当时民族解放事业之需要。当时积累的经验和培养的科技干部对中华人民共和国建立之后的科技政策具有不可忽视的影响。

6. 民国时期的科技遗产

20 世纪上半叶，中国科学所取得的重要进展，首先是科学语言的本土化。20 世纪初，一批留学日本和欧美的早期留学生，通过翻译和引进日本和欧美的科学教科书，初步完成了现代科学术语的中文翻译。二三十年代，一些专业学会聘任专家从事各学科术语的审定和统一，发表了一大批专业术语手册。至此，中国学术界有了一整套系统的、全新的、科学的学术语言。这不仅极大地促进了科学教育的发展和科学知识、科学方法的传播，也是中国现代科学职业化和学术独立的重要基础。

在研究方面，中国科技工作者也积累了宝贵的经验。他们中的精英分子经过欧美的系统科学训练，回国后利用本土资源开展的研究工作大体上可以分为3类。第一类是科技基础资料的收集，如动植物标本的采集，地区动物、植物志的编撰，地质图的测绘，地震、水文、气象资料的收集，土壤资源的调查，国人食谱和营养的考察等。这为深入的科学研究以及工业、农业的规划和设计打下了必要的基础。如中央地质调查所开展的地质调查工作和矿产普查工作，其间包括常隆庆等发现攀枝花钒钛磁铁矿(1940)、侯光炯等人对中国北部及西北部之土壤的研究(1935年发表)，都是这方面的代表性成果。第二类是利用科学方法来研究中国的原料和生产，解决遇到的具体问题，促进工业、农业、国防的发展。譬如矿产的勘探，不同品味矿物冶炼技术研究，生产线的设计，生产技术的改良，良种的培育等。这些工作属于应用科学的范畴，对于国家的经济发展有极大的意义。孙健初等对玉门油田的查勘，邓叔群对棉籽消毒法的研究，陈克恢对麻黄素的研究，均属这一类型。第三类是基础科学研究，如华罗庚、陈省身的数学研究成果，胡先骕等对水杉的发现，吴宪关于蛋白质变性理论的研究，王淦昌对俘获中微子实验的设计，都是属于具有国际一流水平的工作。民国时期的学人虽然在中国建立起了现代学术制度，并克服巨大的困难做了不少奠基性的工作，但总的说来，他们所做的科研工作的总体量还比较小，大多数领域的成就也不高。

民国时期最重要的科学遗产，是初步建立了现代科学体制，拥有了一批以留学生为核心的现代科学家和工程师。

在建制方面，建立了中央研究院、北平研究院、中央地质调查所等国立科研机构。尤其是前者，对中国科学和学术事业的发展起到了促进作用。随着评议会的建立、1948年首届院士选举和相关制度的修订，中央研究院的体制逐步改进完善，中研院作为全国学术研究的最高机关的地位得以确立。与直接隶属于国民政府的中研院不同，成立于1929年的国立北平研究院隶属于教育部，该院深受院长李煜瀛个人的影响，制度建设方面远逊于中研院，虽然在 1948 年也聘任了首批学术会议会员，有意与中研院的院士选举分庭抗礼，但由于会员非由选举产生，难以与院士相提并论。

1916 年正式创办的中央地质调查所是中国人创办的第一所现代科研机构。在丁文江、翁文灏等著名地质学家的主持下，该所在矿产资源勘探（7 次编印《中国矿业纪要》，是中国近代第一部系统详细的矿产资源分布资料）、土壤调查与研究（中基会委托，中国近代规模最大、范围最广的土壤资源分布调查）、地质和地理图绘制（《中华民国新地图》等）、地质学理论研究（燕山运动，1945 年，黄汲清《中国主要地质构造单位》）和古生物及古人类研究（北京人）、地震考察与研究（鹫峰地震台）等方面都取得了卓著的成就，享誉国际科学界。此外，尚志学会与中华教育文化基金董事会合办的静生生物调查所等私立科研机构在我国动植物资源的调查和研究方面也取得了显著的成绩。

总之，民国时期，我国在科研体制建设方面进行了比较成功的尝试，基本建立了与国际接轨的现代科研院所。在科学团体方面，也建立了包括中国科学社、中华自然科学社等全国性的科技团体和各种专业学术团体。通过科学研究、学术交流和科学家参与各种社会活动，科技界作为一个独立的力量，逐步在中国社会中发挥日益重要的作用。遗憾的是，所有这些科研机构，包括大多数大学，在 1949 年之后，都被打散重组，科学团体也进行了彻底的改造，民国科学在体制方面的成就被完全忽视了。

但民国时期国内外培养的科技人才，绝大多数都被新中国所接受，尽管在知识分子政策方面，不断出现偏差，但这些科学家，尤其是一些留学归国的科学家，在中华人民共和国科技事业的建立和发展中发挥了重要的作用。1949 年 11 月中国科学院成立后不久，该院对中国自然科学领域的专家进行过一次调查，据这次调查的统计，当时高级科学专家不超过 900 人，其中得到同行公认的专家只有 160 人左右（见表 2）。这些人，还有一些其他在 1950 年代初归国的科学技术人才，成为了当代中国科技事业的奠基者。

表 2　1949～1950 年全国自然科学专家调查统计表

学科	被推荐人数	得票过半数者	尚在国外者
数学组	81	19	29
近代物理组	43	15	20
应用物理组	76	9	16
物理化学组	58	6	7
有机化学组	31	7	6
生理学组	45	9	11
实验生物学组	108	10	28
水生生物学组	54	5	7
植物分类学组	71	12	8
心理学组	67	12	11
地球物理学组	54	15	6
地质学组	79	13	7
地理学组	77	12	11
天文学组	21	18	7
合计	865	160(18.5%)	174(20%)

资料来源：中国科学院档案《专家调查综合报告》（案卷号：1950－03－005，中国科学院办公厅档案处藏）。

二、20 世纪下半叶：中国当代科技发展

马列主义者不仅重视科学和技术在国家和社会建设中的重要作用，

且自身也以科学的化身和代表自居。1949 年 10 月 1 日中华人民共和国成立后，在中国共产党的领导下，中国的科学事业，受到前所未有的重视。科学为国家目标服务，成为新中国科技事业的宗旨，“理论联系实际”则成为科技发展的指导方针。民国时期的科学基础，都被打上了“资产阶级”的标记，加以彻底改造和重新整合。同时，第二次世界大战之后冷战形成的东西方对峙的世界格局，也对中国的科学和技术事业产生了深远的影响。

1. “计划科学”

1949 年成立的中国科学院，通过接收原中央研究院和北平研究院等研究机构，调配全国的科研力量，很快组建了包括自然科学和社会科学两方面的近 20 个研究机构。之后短短 10 年，中国科学院就建立了 100 多个研究所，人员规模是前中研院的好几十倍，成为中国科学事业的“火车头”。

在教育方面，1952 年进行的全国范围的高等院校大调整，按照苏联依专业培养人才的经验，通过拆并相同的系、院而组建了一批新的专门学院。华北和华东两大文化中心地区是这次调整的重点，以北京和天津为重点的华北地区调整为 41 所院校，以南京和上海为中心的华东地区调整为 54 所院校，针对国家建设需要共设置了 215 种专业。通过这次院系调整，基本上把民国时期欧美式的通才教育体制转变为专才教育体制。

与此同时，在工农业的产业部门建立了从中央到地方的科研机构。如中国农业科学院（1957 年建立）、中国铁道科学研究院（1956 年由所扩建）、中国气象科学院（1956 年建立）、中国地质科学院（1956 年建立）、钢铁研究院（1958 年由所扩建）、煤炭科学研究院（1957 年建立）、机械科学研究院(1956年建立)、石油科学研究院(1958年,由1956年成立的所扩建)、水利水电科学研究院(1958年建立)、邮电科学技术研究院(1957年建立)、有色金属研究院(1958年,由所扩建)、北京冶金工业选矿研究院(1957年建立)等等。

在国防任务导向的指导下,国防系统的科研机构后来居上,吸收各方面的科技人才,在1950年代末至1960年代初建立了规模庞大的国防科技机构和队伍。包括核工业、航天工业、航空工业、船舶工业、兵器工业、军工电子等,有关研究机构于1950至1960年代初迅速建立,统属于中国人民解放军国防科学技术委员会领导。

在1950年代中后期开始的"向科学进军"的运动中,地方科技力量也快速建立起来。1960年代初,中国科学院分院机构的调整和撤销,充实了地方科研力量,群众性技术革新运动进一步带动了地方科研机构的蓬勃发展。

这样,从中科院、高校,到国防、行业系统和地方科技系统,形成了我国科技体系的"五路大军"。

1956年,在制订"十二年科学技术远景规划"的过程中,国务院成立了科学规划委员会和国家技术委员会。1958年,在这两个机构的基础上,成立了中华人民共和国科学技术委员会(简称国家科委),统一领导、组织和管理全国的科学技术事业。这样,就形成了全国一盘棋的科学技术体系。

1956年"十二年科学技术远景规划"为"五路大军"的建设和发展创造了有利条件。"十二年科学技术远景规划"按照"重点发展,迎头赶上"的方针,采取"以任务为经,以学科为纬,以任务带学科"的原则,对各部门的规划进行综合,从13个领域提出了57项重要科学技术任务。由此,中国科学走上了"计划科学"的全新道路。从那时以来,我国实施的主要科技计划如下：

《1956～1967年科学技术发展远景规划》(1956年)

《1963～1972年科学技术发展规划纲要》(1962年)

《1978～1985年全国科学技术发展规划纲要》(1977～1978年)

《1986～2000年科学技术发展规划》(1985年)

《1991～2000年科学技术发展十年规划和“八五”计划纲要》

《全国科技发展“九五”计划和到2010年长期规划纲要》(1994年)

《国民经济和社会发展第十个五年计划科技教育发展专项规划(科技发展规划)》

《国家中长期科学和技术发展规划纲要》(2006～2020年)

2. “计划科学”的成就

“十二年科学技术远景规划”的实施，促进了中国科学技术事业的大发展。在其中12个具有关键意义的领域：原子能的和平利用；无线电电子学中的新技术；喷气技术；生产过程自动化和精密仪器；石油及其他特别缺乏的资源的勘探，矿物原料基地的探寻和确定；结合我国资源情况建立合金系统并寻求新的冶金过程；综合利用燃料，发展重有机合成；新型动力机械和大型机械；黄河、长江综合开发的重大科学技术问题；农业的化学化、机械化、电气化的重大科学问题；危害我国人民健康最大的几种主要疾病的防治和消灭；自然科学中若干重要的基本理论问题，都取得了重要的进展。分子生物学、核物理、高能物理、高分子化学、半导体物理、计算机、自动化、生态环境、空间技术等世界科学前沿的研究也都开展了起来。

经历了“大跃进”运动藐视自然规律所带来的严重挫败之后，中国于

1961年前后开始重建秩序，并于1965年前后，在基本与世界隔绝的不利条件下取得了一批重要的成果。陈景润等人对哥德巴赫猜想问题的研究，冯康开创的有限元方法，人工合成具有较高生物活性的牛胰岛素以及胰岛素晶体结构的测定等，都是具有国际先进水平的工作。

大庆油田的勘探和开发和杂交水稻的选育成功，是科学与国家建设需要相结合的成功典范。1950年代，李四光、黄汲清、谢家荣等地质学家为石油普查的战略选区提出了关键性的指导意见，并被国家采纳，实行了石油勘探的战略东移。1959年9月，发现了大庆油田。1960年，国家组织了大庆油田大会战，经过3年时间，迅速建成大庆油田。大庆油田的勘探和开发解决了石油勘探、开发和炼制中的一系列科技难题，为我国石油科技的大发展奠定了基础。60年代至70年代，中国进行了大规模的杂交水稻协作攻关。袁隆平开创了我国籼型杂交稻的研究，他提出了利用“远缘的野生稻与栽培稻杂交”的新设想。1970年11月，他的助手在海南发现花粉败育的野生稻，为培育不育系和“三系”配套打开了突破口。1973年，我国籼型杂交水稻实现了“三系”配套成功。1976年籼型杂交稻在全国进行大面积推广应用。我国的籼型杂交水稻是完全依靠自己的力量培育成功的，是继水稻育种史上高秆变矮秆之后的又一次重大突破，标志着我国水稻育种发展到了一个新的水平。

“两弹一星”更是新中国科学的骄傲。1964年10月16日15时，在中国西北的核试验场地，中国自行研究、设计、制造的第一颗原子弹装置爆炸成功。1967年6月17日，中国首次氢弹试验成功，使中国成为世界上第4个掌握了氢弹制造技术的国家。从第一颗原子弹试验到第一颗氢弹试验，美国用了7年零4个月，苏联用了4年，英国用了4年零7个月，中国只用了2年零8个月。中国首次氢弹爆炸成功赶在了法国前面，在世界上引起巨大反响，公认中国核技术已进入世界先进国家行列。

1969年9月23日，中国进行了首次地下核试验。1970年4月24日，中国第一颗人造地球卫星发射成功。原子弹、氢弹和人造卫星发射成功，极大地提高了我国的国际地位。

这些成就来之不易。国家不惜代价的投入，党的强有力的领导，军事化的组织和管理，特别是科技战线上广大科技工作者和领导干部无怨无悔的献身精神和爱国精神，大概都是在那个政治运动频频，物质生活条件特别艰苦的年代取得这一系列彪炳史册的成就的重要原因。

“十二年科技远景规划”和紧接其后的“十年科技规划”的实施，奠定了中华人民共和国科技事业的基础。对比20世纪前半叶中国科学的发展状况，毫不夸张地说，中国科技界在20世纪60年代所取得的一系列成就，是突破性的，跨越性的。可惜的是，这一良好的发展势头并没有持续多久，就被史无前例的“文革”浩劫所中断。我们同时也应当注意到，“文革”之前，由于连续不断的政治运动的冲击，知识分子政策上的重大失误，以及与冷战格局导致的我国科技界与国际科技界的隔离等原因，我国科学技术的总体水平并不高，甚至有些先前发展较好的学科如地质科学，在解放后反而没有得到正常的发展而拉大了与国际前沿的距离。

3. 面向经济建设的科技体制改革

“文革”结束后，“四个现代化”成为中国党和人民在20世纪最后20多年的奋斗目标。而四个现代化，关键在于科学技术。1978年的全国科学大会成为中国科学技术发展的一个新的重要转折点。在这次大会上，邓小平同志提出“科学技术是生产力”的著名论断。他还提出要“尊重知识，尊重人才”，扭转了知识分子二三十年来“臭老九”的低下地位。在这些思想的指导下，科学技术研究和教育工作在文革结束后迅速得到恢复，科学技术工作者的地位也得到大幅度提高。

20 世纪 80 年代初，国家确立了“经济建设必须依靠科学技术，科学技术必须面向经济建设”的科技发展方针。为了适应我国现代化建设的新形势，国家对科研体制进行了不断的调整和改革。1985 年 3 月 13 日，《中共中央关于科学技术体制改革的决定》正式发表，主要提出了 3 方面的改革内容。第一，在运行机制方面，改革拨款制度，开拓技术市场，克服单纯依靠行政手段管理科学技术工作的弊病；在对国家重点项目实行计划管理的同时，运用经济杠杆和市场调节，使科学技术机构具有自我发展的能力和为经济建设服务的活力。第二，在组织结构方面，改变过多的研究机构与企业分离，研究、设计、教育、生产脱节，军民分割、部门分割、地区分割的状况；加强企业的技术吸收与开发能力和技术成果转化为生产能力的中间环节，促进研究机构、设计机构、高等学校、企业之间的协作和联合，并使各方面的科技力量形成合理的纵深配置。第三，在人事制度方面，要克服左的影响，人才不能合理流动、智力劳动得不到尊重的局面，造成人才辈出、人尽其才的良好环境。

科技体制的改革，在一定程度上克服了过去计划经济时代国家对科研单位包得过多、统得过死的弊端，调动了广大科研人员的积极性，推动了科技与经济的结合。但是，以经济为中心的科技体制改革也产生了一些严重的后果。

二十世纪八九十年代，我国出现大量校办企业、院办企业、所办企业。经过十年、二十年的实践，虽然也有一些成功的例子，如以王选发明的汉字激光照排技术为基础发展起来的北大方正集团，以原中国科学院计算技术研究所公司为基础发展而来的联想集团，近年来的年收入都达到了几百亿、甚至上一千亿元，但是，当年通过行政命令要求下属单位一窝蜂搞运动式地办企业的经营大都很不成功，很快就倒闭关门了。那时所谓科技企业其实并没有多少科技成分，很多所谓转到“高科技公司”的科研人员也不具备的经营天赋。应当指出，改革初期决策层面对我国科技发展状况的判断出现了重大失误。当时认为许多单位科研成果积压，可是改革之后很快就发现并没有什么特别有经济价值的成果值得转让或开发。当时认为科技界人浮于事的现象普遍存在，就通过经费调控促使科技工作者下海经商，结果导致了严重的人才流失。总之，当时的改革措施主要致力于解决效率问题，不仅没有真正解决中国科学技术创新能力不足这一本质问题，甚至导致这个问题进一步恶化了。

从 80 年代后期到 90 年代初的一些年，国家对科学研究和高等教育的投入相对比例不升反降，迫使许多科研机构转变科研方向，许多基础研究项目和战略性技术的研发被迫中断，“脑体倒挂”一度十分突出，造成了大批科技骨干人才流失等，扩大了“文革”造成的人才断层。到 20 世纪末，我国自然科学基础研究和重大技术自主创新发展能力较低的问题日渐突出，党中央及时调整科技发展方略，确立了科教兴国战略，随之国家创新体系建设提到了议事日程上来。20 世纪末，中国科技终于进入了新的发展时期。

4. 科教兴国战略和国家创新体系建设

1995 年，在全国科技大会上，江泽民同志向全党全国人民发出了实施“科教兴国”战略的号召。他指出：要全面落实“科学技术是第一生产力”的思想，坚持教育为本，把科技和教育摆在经济、社会发展的重要位置，增强国家的科技实力及向现实生产力转化的能力，提高全民族的科技文化素质，把经济建设转移到依靠科技进步和提高劳动者素质的轨道上来，加速实现国家的繁荣昌盛。“科教兴国”战略与可持续发展战略正式写进了党的十四大政治报告中，成为国家的基本国策与发展战略。同年，江泽民同志提出："要以政府投入为主，稳住少数重点科研院所和高等学校的科研机构，从事有关国家整体利益和长远利益的基础研究、应用基础研究、高技术研究、社会公益研究和重大科技攻关活动。"

1997年底，中国科学院提出《迎接知识经济时代，建设国家创新体系》后，得到了党和国家领导人的高度重视。面对新世纪知识经济的挑战，党和国家实施的多项科技、教育计划和工程，为建设我国国家创新体系打下了良好基础。中国科学院的"知识创新工程"，旨在提升我国科学与关键技术的原始创新和自主创新与集成能力。六部委联合实施的"国家技术创新工程"，旨在提高我国技术创新能力，形成符合社会主义市场经济和企业发展规律的技术创新体系及运行机制。教育部的"211工程"、"985工程"与"21世纪教育振兴计划"旨在提高我国的教育质量和科研水平，建立适应社会主义市场经济和提高中华民族科学文化道德素质的教育新体制。国家创新体系的建设，其目标是力争在10年左右，基本形成适应社会主义市场经济体制和符合科技发展规律的国家创新体系及运行机制，基本具备能够支撑我国科技与经济可持续发展的国家创新能力，使我国国家创新实力达到世界中等发达国家水平，促使我国知识经济占国民经济的比例有较大提高，造就一批有国际影响的技术创新企业、国立科研机构和教学研究型大学，显著提高我国的自主创新能力。

从1998年以来，我国研究与试验发展投入大幅增长。每年增幅都在10%甚至20%以上。1998年全国共筹集科技活动经费1 289.8亿元。其中1998年国家财政科技拨款额达466.5亿元。15年之后的2012年，全国共投入研究与试验发展（R&D）经费10 298.4亿元，其中国家财政科学技术支出为5 600.1亿元，财政科学技术支出占当年国家财政支出的比重为4.45%。[①]

科技投入的大幅增长，使我国的科技条件建设焕然一新，科技人才的状况也得到了很大的改善，促进了我国科技产出的大幅增长。据中国科学技术信息研究所统计，SCI收录的中国论文数量2001年居世界第8位，但到2009年，已跃升至世界第2位，2012年，我国发表的SCI论文数量已达16.47万篇，占全世界总量的10.4%，仍居世界第2，EI论文数量11.45万篇，稳居世界第1位[②]。

但我国科技论文的水平和质量仍有待提高。据中国科技信息所统计，我国篇均引用数，2008年为4.6，2009年为5.2，2010年为5.87(世界平均数10.57)，2011年为6.21(世界平均数为10.71)，2012年为6.51(世界平均数为10.60)，2013年为6.92(世界平均数为10.69)。数据表明，虽然我国科技论文的篇均引用数在前些年有较快进步，但在近年增速减缓，出现了瓶颈，与国际平均水平还存在着不小的差距。另据*Thomson Reuters*的统计数据，就是在我国比较先进的材料科学等领域，虽然我国某些科研机构发表的论文数量和引用总数都名列前茅，但单篇论文的平均引用数比世界先进水平仍然相差很多[③]。

5. 科技体制改革的重任

在科技事业稳步发展的同时，中国科技界还面临着极其严峻的挑

---

① 《全国科技经费投入统计公报》，引自中国科技统计网 http://www.sts.org.cn/tjbg/tjgb/tindex.asp，2013年1月20日检索。

② 中国科学技术信息研究所2013中国科技论文统计结果："中国国际科技论文产出状况"，2013年9月发布。

③ J. Adams and D. Pendlebury. Global Research Report: Materials Science and Technology. *Thomas Reuters*, June 2011.

战，尤其是在科技体制方面。“文革”以前，我国科教文卫系统实行党的一元化领导体制，党委领导，书记是当家人，党组织的领导贯彻到工作的方方面面，校长、院长、所长不是一把手，没有多少实权。这种“外行领导内行”的体制弊端很多，无庸赘述。“文革”结束后，随着知识分子政策的拨乱反正，科教单位的领导体制也转变为以专家为主要领导的新体制。院长、所长负责制，在1980年代后期，不仅在中国科学院推行，在全国各级科研机构也很快实施了。与此同时，高等院校大学试行校长负责制，1989年8月以后改为实行党委领导下的校长负责制。高校的这种体制与院所长负责制的一长制差别并不大，只是有高校更重视政治正确和学校的稳定，两者在行政权力大于学术权力上是相似的。

一长制是苏联计划经济时代的产物，其权力一般来自于上级任命，以服从上级意志为依归。改革开放初期，我国科研单位实行院所长和校长负责制，本意是发挥专家作用，扭转外行领导内行的局面，加快科技事业的发展，这本是一个进步。然而遗憾的是，1989年之后，没有进一步理顺科教单位的权力结构，科研单位一把手选任制度没有实质性改革，实质上仍为任命制，相关的配套制度也约束无力，事实上逐渐造成了行政权力与学术权力不分，难以避免一把手的权力垄断、以行政权力替代学术权力、破坏学术自主等弊病，抑制了科研人员的创造活力，妨碍科技工作者追求学术卓越。这种一把手负责制实际上仍是一种“人治”，背离专家治理和学术自治的本意，距离现代科研院所的“依法治理”还有很大的距离。我国科教单位的官本位和学术行政化等问题正是由此而逐渐突出起来，甚至较之“文革”以前更胜一筹。这一体制对我国科技事业的发展的不利影响应当引起人们的充分重视。

就现代中国的经验而言，科学事业必须得到国家强有力的支持和领导，但科学与政治、意识形态的高度结合则破坏了科学共同体内的游戏规则，妨害着科学的发展。以政治路线替代科学政策，以政治标准替代科学标准，对中国科学事业产生了深远的影响。在政治激进的年代，它使许多知识分子沦为"臭老九"；在社会主义初级阶段，它是形成科学界官本位文化的根源。

与此密切联系的是鄙弃西方科学传统，轻视民国科学遗产，夸大"为科学而科学"的弊端，把20世纪前半叶中国科学界历尽千辛万苦学习、摸索和积累起来的不少经验都当作污泥浊水泼掉了。其严重后果，是使中国科学长期游离于世界科学主流之外，至今我们仍然没有形成自主的科学传统，时至今日，建立现代科研院所制度还是中国科学界所面临的重要任务。

中国作为一个科学后发国家，功利主义的科学观由来已久。由于近代中国的内忧外患，很自然地，利用科学为国家目标服务就成为中国当政者和科学家的首要任务。从鸦片战争之后魏源提出"师夷之长技以制夷"，到清末自强运动中的"自强求富"，以至清末民初的"科学救国"思潮，到解放初期的"向科学进军"，以及二十世纪七八十年代的"向科学技术现代化进军"和当今的"科教兴国"政策，无不寄托着中国人对发展科学技术、以求民族复兴的渴望。这就使本来还没有健康成长起来的中国科学界担负了过多的重负，而对科学事业基础的培植则视为不亟之务，长期得不到重视。科学以探索真理为根本目标。科学服务于政治则政治干预科学，科学服务于经济则经济干预科学。只有尊重科学本身的价值，才能减少政治或经济对科学事业的过度干涉，实现学术自主，激励学术创新，防止学术腐败。在这些方面，不仅国际上成熟的经验都很值得我们借鉴，民国时期科学发展的经验同样值得重视。不论是中央研究院的体制设计，还是多种类型大学的制度设计，都是不可忽视的体制经验和科学遗产。惟有总结历史的经验和教训,汲取全人类科学发展的经验,中国科学才能实现新的跨越发展,在中华民族复兴的伟大事业中发挥重要作用。

（张善涛）

张大庆

鼠疫防治：中国公共卫生的开端

旧命维新

一、临危受命

> 1910年的平安夜，从宁静的哈尔滨火车站里，走出两位年轻人。一位绅士模样的人，中等身材，手提一个小箱，里面装着一架英国制造的Beck牌袖珍型显微镜以及从事细菌学检查所必需的物品。陪伴的是他的助手，身体略显清瘦，提一个藤条箱子，里面装满了各种检查病菌的染色剂，显微镜需要的载物玻璃片，盛着酒精的小瓶子，以及试管、针头、解剖钳等等，这些都是检查病菌而必备的工具。

上面是两位年轻人之一的伍连德在其自传《鼠疫斗士》开篇里的描述。伍连德(字星联，1879～1960)出生在马来西亚槟榔屿的一个华侨家庭，祖籍广东新宁(今台山市)。1896年以优异成绩获得英国女王奖学金入英国剑桥大学依曼纽尔学院学习医学。1899年6月，获剑桥大学文学学士学位，并考获圣玛丽医院奖学金，入该院实习3年。1902年，取得剑桥大学医学学士学位并获研究奖金，先后在英国利物浦热带病学院、德国哈勒大学卫生学研究所及法国巴斯德研究所进修与研究，师从当时最著名医学家研究医学，如热带病学家罗斯(Ronald Ross)、细菌学家弗兰克尔(Carl Fraenkel)和免疫学家梅契尼柯夫(Elie Metchnikoff)。1903年，通过剑桥大学博士考试①，并接受了意曼纽学院颁发的研究生奖学金，在新成立的吉隆坡医学研究院从事了1年的疟疾和脚气病的研究工作。1904年底，他回到槟榔屿开设私人诊所，并积极参加华侨社会

① 根据剑桥大学的规定，在取得医学学士学位后至少要过3年才能取得医学博士学位。伍连德在1902年取得医学学士学位，虽然在1903年已通过博士学位考试，但需等到1905年才能被授予博士学位。

服务，致力于社会改革，如反对吸毒和赌博。1907年，他收到清政府直隶总督袁世凯的邀聘，出任天津陆军军医学堂帮办（副校长）。就任之前，伍氏借赴伦敦参加国际禁烟大会之际，考察了伦敦皇家军医学院和陆军医院，了解了不少军队医务及组织的知识。1908年，伍连德正式出任天津陆军军医学堂帮办，时龄29岁。另一位年轻人是他的助手叫林家瑞，是他从该校高年级学生中挑选出来的。显然，两位年轻人不是来哈尔滨欢度圣诞节的。实际上，在哈尔滨无论是俄国人还是中国人都不过12月25日的圣诞节。因为在俄罗斯等信仰东正教的国家依然根据儒略历来确定宗教庆典的时间，人们是在1月7日举行庆祝活动；而中国人是庆祝农历新年。他们是奉大清国外务部的命令，于12月21日离开北京，坐了3天火车，赶到哈尔滨处理紧急事务——控制一场灾难性的瘟疫——鼠疫。

资料表明，1910年秋，满洲里已有鼠疫的流行，控制当地的俄国人在10月已记录了第一个病例，并由细菌学检查所证实。到了11月中，已有158例病患和72例死亡的记录。俄国人采用火车空车皮来隔离有接触史的人，当地的流行在11月底基本得到了控制。然而，由于部分疫区居民乘东清铁路逃离，一些发病的患者在沿途车站下车，疫情就这样向东沿铁路传到了其他地方。12月初，齐齐哈尔出现鼠疫病例，紧接着哈尔滨成了疫情传播的中心。沿着铁道向东鼠疫传到了三道河子，向南鼠疫侵袭了吉林、沈阳、山海关、大连、天津，直接威胁北京。

此时，清廷虽设置了东三省总督，但基本是有名无实。俄国控制着以哈尔滨为中心的东清铁路沿线地区，而日本则控制长春以南的南满铁路沿线地区。日俄两国为了争夺更多的权益和控制这个地区，彼此明争暗斗接连不断。鼠疫的流行为日俄的干涉平添借口，如果中国未能使用科学方法及时将猖獗一时的鼠疫扑灭，虎视眈眈的日俄两国就会对中国施加政治压力。日俄当局已明确表示,如果中国政府再不采取严厉措施控制疫情,他们将派自己的医务官员来处置。时任外务部右丞的施肇基预见到可能的外交后果,他极力主张朝廷应尽快派员处置此次危机,并举荐伍连德担此重任。12月19日,施肇基电令伍连德赴京商议要事。次日,伍氏乘早班火车由津抵京。见面稍事寒暄后,施肇基告知伍连德哈尔滨暴发了烈性传染病,并且当地已有居民罹难,需要派细菌学家前往查明病源并尽可能将其扑灭,此事不仅人命关天,且关乎国家外交大政。满怀抱负与理想的伍连德,对基本上由日本人主导的陆军医学堂的工作并不满意,期望更富有挑战性的工作,因此,当听完施肇基的召见缘由后,毫不犹豫地接受了这项任务,并立即前往哈尔滨。不过当时他并未预料到"那是去扑灭一场可怕的大陆性肺鼠疫的大流行"①。

二、人类历史上的三次鼠疫大流行

鼠疫被称为烈性传染病,在人类历史上曾有过3次大流行。第一次被记载的鼠疫大流行发生于公元6世纪,当时称之为"热病",史称"查士丁尼瘟疫"(Plague of Justinian),可能起源于非洲中部东,公元542年经埃及南部塞得港沿陆海商路传至北非,547年鼠疫流行的余波抵达西欧,流行的中心在近东地中海沿岸,死亡率高达20%~30%。这次大流行导致了东罗马帝国的衰落。在接下来的200年里,整个地中海地区又反复暴发了多次致命的大规模鼠疫。

第二次鼠疫大流行发生于公元14世纪,其起源众说不一。这次大

① 伍连德:《鼠疫斗士》,湖南教育出版社,2011年,第347页。

流行使得中东地区以及欧洲损失惨重。在1347年至1350年间，据估算欧洲丧生于该病的达2 500万人，占当时欧洲人口的四分之一；意大利和英国死者达其人口的半数，史上称之为“黑死病”。有学者认为，第二次鼠疫大流行延续了几百年，呈现出连续多次暴发的特点，直到大约1800年第二次鼠疫流行周期才算结束。导致鼠疫连续暴发的原因复杂，一般认为可能与伊斯兰的扩张、十字军东征，奥斯曼土耳其帝国的兴起，以及莫卧儿人的征服有关。不过，该病也刺激了欧洲城市建立起全新的公共卫生体系。自18世纪早期开始，欧洲通过筑起一道稳固的奥地利城墙，逐渐将来自土耳其的鼠疫入侵隔离起来。在10万多人严密监控之下的无数检疫所和检查站，这样一道举世闻名的卫生防疫线限制了贸易往来和人员的流动，这样一来，欧洲避免了第三次鼠疫流行。

图1 教皇祈求上帝解除黑死病灾难

图2 17世纪伦敦人为躲避鼠疫纷纷出逃

笃三次大流行始于19世纪末(1894)，至20世纪30年代达最高峰，总共波及亚洲、欧洲、美洲和非洲的60多个国家，死亡达千万人以上。此次流行传播速度之快、波及地区之广，远远超过前两次大流行。这次流行的特点是疫区多分布在沿海城市及其附近人口稠密的居民区，家养动物中也有流行。我国也是受此次鼠疫流行危害最为严重的国家之一。据统计，在1893、1901、1907、1910、1917年的年发病人数均在4万以上，其余各年也超过万人受染。其中1893～1894年，鼠疫死亡者达10万；

1910～1911 年，东北鼠疫流行延及华北，死亡者 6 万余；1917～1918 年，内蒙古、陕西、山西鼠疫流行，死亡者近 5 000 人。

第一次鼠疫流行之际，人类几乎没有有效的防治办法。当"黑死病"在欧洲各地蔓延时，依文化不同人们想出了各种方法企图治愈或缓和这种令人恐惧的症状，使用通便剂、催吐剂、放血疗法、烟熏房间、烧灼淋巴肿块甚至把干蛤蟆放在上面，或者用尿洗澡。当时法国的一位医生曾经夸口自己的医术如何高明，通过 17 次放血疗法终于治好了一位律师朋友的病。而法国另一位外科医生则建议，医生可以通过凝视受害者来捉住疾病。欧洲中世纪在宗教文化的统治下，人们往往把瘟疫的原因归结为人类自身的罪孽所引起的上帝的愤怒。在德国，一些狂热的基督徒认为是人类集体的堕落遭致神明的惩罚，他们裸露上身，穿过大小城镇游行，用鞭子彼此鞭打，不断地哼唱着"我最有罪"。此外，瘟疫也导致了种族的敌视，在德国的美因茨，有 1.2 万犹太人被活活烧死，在斯特拉斯堡有 1.6 万犹太人被杀。也有学者指出，鼠疫在欧洲的泛滥，在很大程度上是因为鼠类的天敌——猫在中世纪遭到了不公正的待遇。在教会的鼓动下，人们像对待势不两立的仇敌一般对待猫，使中世纪猫的数量大为减少，由此导致鼠害泛滥，终于在 14 世纪暴发了一场可怕的鼠疫。

图 3 《十日谈》插图

薄伽丘的《十日谈》写于 1349～1351 年间，其时间背景就是欧洲大瘟疫时期，当时佛罗伦萨十室九空，一派恐怖景象。7 位男青年和 3 位姑娘为避难躲到郊外的一座风景宜人的别墅中。欢乐总与青春相伴，惊悸之情甫定，10 位贵族青年便约定以讲故事的方式来度过这段时光，用笑声将死神的阴影远远抛诸脑后。他们每人每天讲一个故事，一共讲了10天，恰好有了100个故事，这是《十日谈》书名的由来。故事中的人物几乎包括了当时各行各业人士。而这些人物共同的舞台就是这场历史上最为可怕的瘟疫。在《十日谈》的故事中，在青年们欢声笑语的快乐生活背后，你始终能够看到瘟疫的影子。

与薄伽丘同时期的意大利著名诗人、文艺复兴三杰之一的彼特拉克（Petrarch，1304～1374）在写给他居住在意大利蒙纽斯修道院的弟弟信中，对这场瘟疫有更为直接的描写：

> 我亲爱的兄弟，我宁愿自己从来没有来到这个世界，或至少让我在这一可怕的瘟疫来临之前死去。我们的后世子孙会相信我们曾经经历过的这一切吗？没有天庭的闪电，或是地狱的烈火，没有战争或者任何可见的杀戮，但人们在迅速地死亡。有谁曾经见过或听过这么可怕的事情吗？在任何一部史书中，你曾经读到过这样的记载吗？人们四散逃窜，抛下自己的家园，到处是被遗弃的城市，已经没有国家的概念，而到处都蔓延着一种恐惧、孤独和绝望。哦，是啊，人们还可以高唱祝你幸福。但是我想，只有那些没有经历过我们如今所见的这种凄惨状况的人才会说出这种祝福。而我们后世的子孙们才可能以童话般的语言来叙述我们曾经历过的一切。啊，是的，我们也许确实应该受这样的惩罚，也许这种惩罚还应该更为可怕，但是难道我们的祖先就不应该受到这样的惩罚吗？但愿我们的后代不会被赠予同样的命运……

当然，人类不会任意瘟疫的肆虐，人们不断地寻找着对付瘟疫的办法。黑死病流行之时，米兰大主教无意中找到了一种阻挡瘟疫蔓延的有效办法：隔离。当瘟疫快要蔓延到米兰时，大主教下令，对最先发现瘟疫的3所房屋进行隔离，在它们周围建起围墙，所有人不许迈出半步，结果瘟疫没有蔓延到米兰。在随后的几百年中，隔离已经成为了人们预防各种疫病的常用方法。18世纪前后，欧洲各国加强了基础卫生设施的建设，如上下水道的改进，并且重视对垃圾的处理，普遍进行杀虫和消毒，使鼠疫等一度严重危害人类生命的传染疾病得到了有效的控制。

在应对鼠疫第三次大流行时，人类对鼠疫有了真正的认识，逐渐弄清楚了鼠疫的来源和传播方式，开始研究科学的防治措施，鼠疫逐渐得到了有效的控制。1894年，中国华南暴发鼠疫并传播至香港。两名细菌学家，法国人亚历山大·耶尔辛(Alexandre Yersin)及日本人北里柴三郎分别在香港的病人身上分离出引致鼠疫的细菌。耶尔辛是巴斯德的学生，1886年进入巴斯德研究所学习，1888年获医学博士学位。1890年，耶尔辛赴越南开展细菌学研究。1894年，他在香港发现鼠疫杆菌。虽然同时日本医学家北里柴三郎也发现了鼠疫杆菌，但后来被证实结论有误。因此，现在一般认为耶尔辛是首次发现鼠疫杆菌的科学家。1967年，鼠疫杆菌的学名改为Yersinia pestis以示纪念。1898年，法国科学家席蒙(Paul Louis Simond)在印度孟买首次证明鼠及跳蚤是鼠疫的传播者。

鼠疫是一种以老鼠和跳蚤为传播媒介、传播速度极快的传染病。因患者常伴有淋巴腺脓肿或皮肤出现黑斑，因此历史上也称之为“黑死病”。鼠疫杆菌为短小的革兰氏阳性球杆菌，对外界抵抗力强，在寒冷、潮湿的条件下，不易死亡，在－30℃仍能存活，但它对一般消毒剂、杀菌剂的抵抗力不强。对链霉素、卡那霉素及四环素敏感。其传播方式分为：①鼠间的鼠疫一般在人间发生流行之前发生，通过鼠蚤吸血传播。②人间的鼠疫，人被感染的鼠蚤叮咬而传染，也可因宰杀感染后的动物，由破损创口侵入，或因吸入含本菌的气溶胶感染。

鼠疫杆菌的毒力差异很大，那些毒力轻微的鼠疫菌株可成为疫苗。如果鼠疫耶尔森氏菌内含有能够方便其进入细胞内的包膜蛋白和其他能够阻止体内白细胞杀死感染细胞的抗体，那么就会引起非常严重的疾病。鼠疫杆菌可以释放细胞内毒素和细胞外毒素，攻击循环系统。如果在感染鼠疫后不接受治疗，60％的人会在感染后10天内死亡。如果一位患者在腺鼠疫发病期侵袭到肺部，咳嗽时可以咳出毒性极强、有荚膜的病原微生物，并且可以被近旁的易感者快速吸收到黏膜上，从而导致“原发性”肺鼠疫，而直接由人到人进行传播。一旦发生这样的情况，那病死率就近乎是100％了。

三、鼠疫防治

当伍连德抵达哈尔滨时，他所知的信息仅仅是在傅家甸出现了一些未知的致命病例，病人的症状是高烧、咳嗽、咳血，几天之内皮肤变成紫色，然后死亡。由于疫势紧迫及直接受命于外务部，伍连德的调查工作进展顺利，且得到了哈尔滨道台和医务人员的积极协助。通过调查，伍连德感到疫情非常严重。由于当地官员自夸颇懂医术，不相信细菌、传染等西医理论，因此没有采取任何隔离、消毒等防疫措施，其所做的仅是将一家浴室改为收容站，收容鼠疫患者和那些有咳嗽、咯血、头痛症状的疑似病人，不加区分地混在一起。

伍氏查访了临时设置的防疫医院，并于12月27日实施了一例死亡病人的尸体解剖，经过显微镜观察所取的血液、心、肺、肝、脾的标本，发现了鼠疫杆菌。伍连德立即电告北京外务部，报告这一发现并提出防疫计划。该计划包括确定了该传染病几乎完全是由人到人的传播，因此扑

图4　工作中的伍连德

灭瘟疫的所有努力应集中在流动人群和当地居民中；设立鼠疫医院、隔离营，收容接触者，鼓励当地警方的配合；调集更多的医生和助手；提供足够的防疫经费；严格检查铁路沿线的卫生状况，一旦疫情出现应采取严厉的防疫措施等。[①]

尽管伍连德的计划很快得到了批准，但计划的实施还是遇到不少麻烦。哈尔滨地区的政治局势相当复杂，虽然1905年清政府在哈尔滨设置了滨江道官道衙门，但初期其职能非常小，仅限铁路交涉事宜和督征关税，没有具体的管辖地域，后期改为"吉林省西北路分巡兵备道"，管辖四府、一厅、两县，开始成为清政府最北方的一个权力中心，掌管哈尔滨及周边府、县的政治设施、财政运作等事宜。不过，自八国联军攻占北京，清政府签署《辛丑条约》之后，俄国在我国东北的势力日益扩张，日本也觊觎这块宝藏丰富的肥沃土地。1904年俄日战争在东北爆发，日军获胜。在美国总统罗斯福的调停下，日俄在美国的朴茨茅斯签署和约，将旅顺、大连、南满铁路及库页岛南部让与日本。不过，美、英、法、德、意诸国也不愿意东北为日俄所占，美国主张东北开放，清政府也希望借美英力量遏制日俄。

为了摸清疫情及采取适宜的防疫措施，伍连德逐一拜访了驻哈尔滨的俄、日、英、美、法等国的领事馆，然而，除美国领事顾临比较友好，承诺协助与合作之外，其他各国都非常冷淡。实际上，此时已有日、俄、英、法等国的医生在哈尔滨调查疫情，他们似乎对这个年轻的中国医生的意见

① 伍连德:《鼠疫斗士》,湖南教育出版社,2011年,第16页。

并不在意，只是在那位颇为自负的、时任北洋医学堂首席教授的法国医生梅尼不幸染上鼠疫去世后，伍连德的防疫措施——包括隔离病人、戴口罩等才得以迅速、广泛地实施。

1911 年初，来自北京协和医学校和陆军医学堂的医生及高年级医学生加入了防疫队伍。在伍连德的领导下，采取了分区控制疫情、治疗病人、处置死者的一系列措施，将学校、剧院和浴室改建为隔离站，庙宇和旅店改建为隔离病院和鼠疫医院。他提出，感染是由人到人，通过带血的飞沫直接传染的，病人的飞沫中含有大量病菌，制止流行的唯一方法是严格地将病人与健康人隔离开来，戴口罩是一种有效的方法。同时，应严格限制人群流动。当时正值岁末，许多人准备回家过年。伍氏调来军队，检查流动的人群，特别是铁路，将鼠疫患者送入医院，家庭消毒隔离。经过 30 天紧张和不懈的努力，鼠疫流行终于得到了有效的控制。1911 年 3 月 1 日，哈尔滨的鼠疫死亡人数从最严重的一天死亡 183 人下降为 0。① 接着防疫队伍移师双城、长春、沈阳，采取相同方法。至 4 月，东北鼠疫得到全面控制。

四、国际鼠疫大会

伍连德等在东三省防疫之际，北京外务部施肇基的压力并未减轻。由于瘟疫的逐渐南行，旅华洋人惶恐不安。北京东交民巷外交团区内已限制华人入内。时任外交团主席的奥地利驻华公使催促施肇基急谋治疫良策。施氏了解到当时对肺鼠疫尚无有效的治疗方法，便建议外务部

① 伍连德：《鼠疫斗士》，湖南教育出版社，2011 年，第 30 页。

筹办"万国治疫会议",邀请各国政府指派专家,共研治疗之法。[①] 邀请得到了积极的回应,各国纷纷派专家参会,其中一些是国际著名的医学家,如美国细菌学家、痢疾杆菌发现者斯特朗(R. D. Strong)、日本细菌学家、鼠疫杆菌发现者北里柴三郎以及俄国细菌学家佐勃洛特尼(Zabolotney)等。日方代表以其声望甚高,要求担任会议主席,但施氏以与会各国名士颇多,难免引起争执为由婉言谢绝。施氏本人以"治疫大臣"的身份出席会议,委任伍连德为会议主席。

图 5 国际鼠疫大会留影

1911 年 3 月初,伍连德收到施肇基发来的电报,告知朝廷将于 4 月初在奉天召开万国鼠疫研究会议,并要求伍氏尽快前往沈阳筹备大会的各项会务和议程。伍连德在离开哈尔滨之前向协助他工作的同事和同学们表达诚挚的感谢,3 个月的紧张、艰苦并充满生命危险的日子里,大家精诚合作,齐心协力,以至于疫情得到迅速扑灭。伍连德抵达奉天后,详细地了解了会议筹备工作。这将是中国举办的首次国际科学会议,不仅要接待多国医学家,还要准备科学会议所需的设备与仪器,以及有关鼠疫防治的各类资料、图片等。清廷非常重视此次会

① 施肇基:《施植之先生早年回忆录》,传记文学出版社(台北),1967 年,第 41 页。

议，总督锡良和施肇基两次参会，了解会议进展。会议结束时，总督锡良代表清廷向出席会议的代表赠送了用采自东北的天然纯金制成的纪念章。

1911年4月3日，我国历史上的第一次国际医学会议——国际鼠疫大会在奉天举行，来自美国、奥匈帝国、法国、德国、英国、意大利、日本、墨西哥、尼德兰、俄国以及中国等11个国家的医学家出席会议。这次会议对推动中国公共卫生和预防医学的发展具有重要的历史意义。会议首先宣读了皇帝的上谕及摄政王谕。总督锡良发表的演讲令到会者印象深刻，他讲道："夫中国研求医理之书，溯厥源流，历代以来，颇多发明之处。施治内外各科疾病，亦未尝无效。惟鼠疫为中国近世纪前所未有，一切防卫疗治之法，自当求诸西欧。但恃内国陈方，断难收效。且医术与各科学并重，医术与文化俱新，并辔以驰，斯臻美备。物质科学，既为敝国所不可少，各国明哲所发明最新最精之医理，吾民又焉可阙焉不讲？"并表达了欢迎之意。施肇基在开幕式的演讲中建议会议对鼠疫的起源、传播方式及处理流行的方法，肺鼠疫与腺鼠疫的差异，在城乡建立预防接种机制，疫苗与血清用于预防和治疗病人的可靠性究竟有多高等问题进行深入的研讨。他还向出席会议的代表介绍了担任大会主席伍连德的学术背景及在本次鼠疫防治中作出的重要贡献。俄国细菌学家佐勃洛特尼代表出席会议的各国医学家讲话，感谢大清帝国政府的邀请，希望通过此次会议有助于中国在鼠疫防治方面采取更为有效的措施，并努力防止该病的卷土重来。他赞赏清国政府在应对这场危机的开明政策，对中国医务人员的努力与才能表示钦佩，并对所取得的成绩感到鼓舞。最后是会议主席伍连德的致辞，他说："我将提醒你们注意的是，这是在中国举行的第一次国际医学会议，这次会议的深远影响是不可估量的。除了你们观察到的满意结果和鼠疫问题的解决方案之外，通过这次会议，你们将不仅对国家生活，而且更重要的是对中国未来科学医学的进步起到推动作用。我荣幸地担任这次会议主席，但我也深深地感到它的重担，这是中国历史上史无前例的，它将使中国在促进人类幸福的国家中占据自己的一席之地。"①

次日，伍连德在大会作主席报告，他简要回顾了近10年来鼠疫在东北及周边地区流行的情况，介绍了过去3个月来的鼠疫防治经验和教训，强调了在鼠疫防治过程中，朝廷准予对染疫死者集体火化和为探明病因进行尸体解剖，是中国近代医学史上的两个标志性事件，同时也证明了科学能够拯救生命，免除民族之灾难。②

这次会议历时4周，一共举行了23次讨论会，内容涉及鼠疫的病理学、细菌学、流行病学研究，临床治疗和预防措施，疫情对商业贸易的影响等方面，参会专家分别发表了调查和研究报告并开展了热烈的讨论。会议期间，参会者还访问了大连、旅顺和哈尔滨。最后会议形成了大会报告，形成了45条结论，会议报告的英文版于1912年在马尼拉正式出版。会议结束后，与会代表前往北京受到外务部的热情款待。万国鼠疫会议的成功举办，为现代医学在中国的建立奠定了重要的基础。伍连德的卓越表现也赢得了社会各界的高度赞誉。著名学者、社会活动家梁启超指出："科学输入垂五十年，国中能以学者资格与世界相见者，伍星联博士一人而已。"③

---

① Wu Yu-lin. *Memories of Dr. Wu Lien-Teh, Plague Fighter*. World Scientific Publishing Company Pte Ltd, 1995:41.

② 伍连德:《鼠疫斗士》，湖南教育出版社，2011年，第71页。

③ Wu Yu-lin. *Memories of Dr. Wu Lien-Teh, Plague Fighter*. World Scientific Publishing Company Pte Ltd, 1995:96-97.

五、北满鼠疫防治处的建立

万国鼠疫会议的最重要结果之一是提出设立北满防疫处的决议。会议的决议指出：

① 迫切需要对肺鼠疫病人进行隔离，应当设立永久性的隔离病院。隔离病院能对病人进行单独隔离，有防鼠设施且易于消毒。

② 应当设立一个永久性的卫生核心组织，在鼠疫发生时能及时扩充；应当列出一个医务人员名单，在鼠疫爆发时，能立即指派他们前往流行地区。

③ 为了确保这些建议落实，应当尽各种努力创建一个中央公共卫生处，尤其考虑到未来对传染病暴发时的管理和报告。

1911 年 5 月，伍连德婉拒了清政府让他留京出任管理全国卫生事务与医院的邀请，返回东北筹建鼠疫防治机构，因为他感到推进鼠疫防治的科学研究比官场迁升更为重要。伍氏的决定得到了陆军部和外务部的支持，陆军部保留了他陆军医学堂帮办的任职和薪金，外务部则协助他与哈尔滨海关税务司洽谈筹建鼠疫防治机构的款项，计划鼠疫防治机构的每年预算为 6 万两关银。伍连德首先在沈阳拜访了新任总督赵尔巽，陈述了筹建防疫机构的重要性，并得到了赵尔巽支持，后者慷慨的从省银库中拨付 14 万两白银用于医院建设。其中哈尔滨 5 万，满洲里 4 万，齐齐哈尔 3 万，拉哈苏苏 2 万。此外，吉林巡抚划拨了哈尔滨俄国新城与俄国租界之间的 120 亩土地供医院建设所用。

辛亥革命后，由清政府批准的北满防疫处的建设延缓下来。所幸的是，新成立的民国政府和地方当局很快就表示仍然支持该机构的建设。伍连德也积极穿梭于当地官府、外务部和海关总署，筹措医院日常运行的经费。1912 年，北满防疫处正式成立，总部设在哈尔滨，它由 2 个独立的建筑构成，一栋用于行政办公和卫生中心，处理和检疫一般患者，另一栋是隔离医院用于隔离病人，医院装备有现代化的细菌实验室。到 1926 年，北满防疫处还增设了实验室、图书馆和博物馆，其中包含可能是肺鼠疫在人类与动物世界最完整的标本和专门的医学科学图书馆，收藏相关书籍达数千卷。没有流行病发生时，医院可作为普通医院。类似的隔离病院在满洲里(1912)、拉哈苏苏(现黑龙江省同江市，1912)、三姓(现黑龙江省依兰县，1913)、大黑河(瑷珲，1914)和牛庄(现属辽宁省海城市，1918)等地也相继建立。防疫机构的建立对东北地区流行病控制发挥了重要作用，至 1919 年，东三省一直没有鼠疫的大流行发生。因此，北满防疫处不仅是民国时期我国建立的第一个公共卫生服务机构，而且也是我国建立的第一个区域性的现代公共卫生防疫体系。北满防疫处不单在鼠疫防疫方面取得了重要成果，在之后的霍乱防治方面也发挥了积极作用。如在 1922 霍乱疫情严重时，东北地区的死亡率为 14%，而在其他地区死亡率在 16%，并且持续时间长。

图 6　北满防疫处

伍连德领导的北满防疫处在预防和控制传染病和发病机制方面开展了大量的研究。从 1912 年到 1931 年的 20 年间，北满防疫处显示出区域性公共卫生和现代医学体系建设的重要价值，它不仅仅为中国的公共卫生和医疗系统提供了一个很好的参照模型，也在开展系统深入的医学研究方面积累了经验。

在北满防疫处设立的20年里，它出版了一系列的报告。根据这些报告，我们可以发现，北满防疫处除了承担防疫外，它的功能还包括提供医疗服务，如非疫病流行时期，医院也收治一般内科、外科和其他传染病的患者；广泛开展公共卫生服务和宣传，如协助当地官员和学校为儿童和广大市民举办卫生宣讲、展览等。伍连德的目标是要将北满防疫处建设成为一个公共健康服务机构并成为中国医疗卫生的一个榜样。1915年，洛克菲勒基金会中国医学考察团访问北满防疫处后，肯定了它是中国政府建立公共健康服务机构中唯一正确和成功的机构。

北满防疫处的20年在疫病防治、科学研究和医疗服务等方面都取得了令人瞩目的成果，伍连德的多篇文章在《柳叶刀》、《英国公共卫生杂志》等国际著名期刊上发表，为中国现代医学的发展做出了积极的贡献。

在预防和控制疾病方面，截至1919年，该地区已从重大疫情中解脱出来。1919年，霍乱侵入哈尔滨，北满防疫处为患者提供了有价值的医疗、护理服务，有效地以遏制了这种流行病的进一步蔓延。在1920年至1921年东北地区第二次鼠疫流行时，在北满防疫处的努力下，受害者总数和流行区域受到限制。北满防疫处对1911年和1921年爆发的肺鼠疫，1928年、1929年和1930年的腺鼠疫，1919年和1926年通辽地区的霍乱入侵等开展了广泛、深入的调查与研究。除鼠疫疫情的预防和控制之外，北满防疫处还负责东北地区其他传染病，包括回归热、炭疽、霍乱、流感、猩红热、性病等的防治任务。

伍连德及其同事对肺鼠疫进行了系统的实验研究，报告了肺鼠疫、鼠疫性肺炎的病理学改变、鼠疫传播的流行病学等。相关主题的论文发表在两年一度的《北满防疫处报告》、《中华医学杂志》等学术期刊上，一些研究也在远东热带医学协会上报告。除了进行鼠疫、霍乱及其他传染性疾病的实验和临床研究外，北满防疫处的研究还涉及公共卫生、禁毒、医学教育和医学史等领域。

表 1 北满防疫处的双年度研究报告

卷	时间	主要内容
1	1912	1912 年国际鼠疫会议
2	1917	鼠疫研究；北满防疫处年度报告摘要；访问下设医院的记录；哈尔滨市人口统计简介
3	1922	1920 年至 1921 年鼠疫流行病，1919 年的霍乱疫情在中国各地，猪流感，中国医学教育备忘录，民国成立以来中国医学的进步
4	1924	第五次远东热带医学协会代表大会
5	1926	肺鼠疫的系统病理实验研究。鼠疫传播，1926 年的霍乱疫情；中国的性病问题；远东地区的猩红热
6	1928	腺鼠疫爆发的研究；第七次远东热带医学协会代表大会
7	1931	通辽地区的新鼠疫疫源地

在医疗保健服务方面，伍连德发现现代医学在中国发展的最大障碍是缺乏合乎要求的现代医院。他极力呼吁建立一个现代化的设备齐全的医院。因此，伍连德在建立北满防疫处时，就考虑到隔离医院的设置可在平时作为一般性的医疗服务机构。

在北满防疫处预防疾病的繁忙工作之外，伍氏对医学史也非常感兴趣，尤其是对西方医学传入中国的历史格外留意。在 1931 年的《北满防疫处报告》中，他发表了一篇论文，介绍西医在中国的早期情况。他指出虽然中国和西方之间的医学交流有悠久的历史，但直到 19 世纪下半叶，中国西医的水平只相当于中世纪的欧洲。他们过度忙于诊疗工作，很少对科学和公共健康问题感兴趣。他认为，1866 年广州医院设立医学校开启了中国现代医学的新篇章。吸食鸦片是中国近代一个严重的社会问题，伍连德一直反对吸食鸦片，1925年在东京举行的远东热带医学协会第六届会议上，他提交了一项决议，呼吁限制其生产、销售及分销，其使用只限于医疗用途。他强调指出，禁毒是一个公共卫生的措施，与预防传染病一样是政府的责任，各国政府都应承担起这个责任，抑制毒品的泛滥。

辛亥革命之后，民国初建，政府常入不敷出。在北京的驻华外交团因为控制庚子赔款的使用，对中国的政治和经济有重要影响。因此，伍连德也与在京的外交机构保持联系，以获得维持北满防疫处的日常经费开销。中国的第一个公共卫生机构——北满防疫处，不是隶属于内务部卫生署，而是隶属于外务部，这是一个有趣的现象。在伍连德的积极努力下，北满防疫处一直得到了中央和地方财政的支持。从1912年开始，北满防疫处的账户一直由海关关长按照严格的海关程序保留及使用。不过，由于海关批准的每年6万元的维持经费，按最初的规定，需要每年独立申请。为了使北满防疫处保持长期稳定的工作，1916年11月11日，伍连德写信给外交部。在信中，他强调北满防疫处每季度定期提交给政府报告，并在中国、欧洲和美国在科学期刊上发表研究论文，所有工作都取得了良好的效果。因此，政府应当保证北满防疫处的年度资金申请，以便更有效地完成工作并使医务人员有安全的感觉。

1931年4月4日，行政院通过了一项法令，将北满防疫处划归卫生署管理。然而，由于1931年的“九一八”事变，日军控制了东北，北满防疫处也不得不结束了其原初的使命。所幸的是，1930年7月1日，民国政府设立海港检疫管理处，收回了象征国家主权的海港检疫权，伍连德因在北满防疫处卓有成效的服务，被任命为海港检疫管理处处长，在更重要的位置上开始了他的新任务。

（孙萌萌）

张大庆

北京协和医学院与中国现代医学发展

一、“老协和”

二、新协和创办之起因

三、医学考察

四、洛克菲勒基金会考察团对中国近代医学发展的影响

五、慈善基金会、医学与国家

北京协和医学院与中国现代医学发展

北京协和医学院在中国近代医学史上占有重要地位，是推动中国早期现代医学发展的发动机，对中国现代医学教育与医疗卫生事业做出了积极贡献。

一、"老协和"

现今人们常说的"老协和"指的是美国洛克菲勒基金会及其下设的中华医学基金会(1928 年成为独立的基金会)创办的北京协和医学院。此概念出自 1987 年中国文史出版社的《话说老协和》。不过，在此"老协和"之前还有一个老"老协和"，也有人称之为"旧协和"，以与洛克菲勒基金会创办的北京协和医学院(新协和)相区别。

何谓"协和"？协和的英文是 union，协和医学院即 Union Medical College。"旧协和"(Union Medical College, Peking)创办于 1906 年，在此时期，除北京协和之外，在济南、成都、武汉和福州等地也都有"协和"或"协合"医学院。所谓"协和"是中国近代西医教育史上的一个特征，即教会医院的联合办学。随着西医的引入与传播，西医的影响逐渐扩大，对西医人才的需求日益增加，仅凭来华的外国传教士医生已远远不能满足。因此，部分教会医院开办培训班训练医生助手，例如 1837 年，博驾(Peter Parker)与俾治文(E. C. Bridgman)在广州博济医局培训了 3 位中国学生，其中关韬后任军医，获五品顶戴。1866 年博济医局在嘉约翰(John Kerr)的主持下，设立医学校，聘请黄宽教授解剖、生理、外科；嘉约翰教授药物、化学；关韬教授临床各科。1886 年孙中山进入博济医校学习，次年转到香港西医书院，于 1892 年毕业。除博济医局之外，其他教会医院也办有类似的医校。据 1897 年聂会东(J. B. Neal)调查统计全中国的60所教会医院，其中有39所兼教生徒，但有10位学生以上的医校仅有5家，其他大多在2～6人之间。这些虽名为医校，实质上采用学徒式的培训方式，因此，有传教士医生极力反对之，主张选择好学生送往欧美接受正规的医学教育；也有传教士医生则主张联合（union）各教会医校开展医学教育，北京、武汉、成都、济南、福州等地的教会医院开展联合办学，此乃协和之来历也。

促使联合医学教育的另一个重要因素是1900年义和团运动后，各地教会医院被破坏严重。局势平静之后，医院的恢复和医务人员的需求自然集中到对医学教育的关注。因此，在上海、南京、汉口、北京等地的教会团体都开始了联合医学教育。在北京，由伦敦会牵头，联合了美国长老会和美国公理会国外布道会，创立华北教育协会并决定共同创办一所医学院。不久，美以美会、伦敦医学传教会和英格兰传教会也加入进来。1906年，北京协和医学堂成立并获得了学部的认可。1908年，在武汉的3个教会创办了汉口协和医学校，1909年，济南的英国浸礼会与北美长老会合办共和道医学校，1911年福州成立协和医学校，1914年成都开办华西协合医科大学。

北京协和医学堂的创办人是伦敦会的医学传教士科克伦（Thomas Cochrane，1866～1953），生于苏格兰的格里诺克（Greennock），毕业于格拉斯哥大学医学院，1897年5月来华，在辽宁朝阳开办医院，1900年奉伦敦会之命来到北京，主持恢复因义和团运动遭到破坏的医院。由于他良好的诊疗技术和出色的交际能力，不仅很快就打开了局面，赢得了赞誉，而且与朝廷建立了联系。当时慈禧太后控制着权力，科克伦被招去照料有名无实的光绪皇帝和他的儿子。科克伦的另一个重要病人是李莲英。正是通过李莲英的游说，“老佛爷”同意科克伦在北京建立一所医学院和医院。

在伦敦会保存的一份文件中载有：

慈禧太后表示对在北京建立协和医学堂的兴趣，慷慨捐赠 1 万银两作为基金……科克伦医生最近到宫里治疗李大总管的病。他的成功无疑为太后陛下提供了外国医疗技术疗效的有价值的客观的一课。1905 年，协和医学堂获得清政府的批准：

> 鉴于收到科克伦医师呈送的附有条例、规则和正式注册的申请书；
>
> 鉴于科克伦医师在医学堂训练学生的仁慈目的蕴涵着人类的福利；
>
> 鉴于慈禧太后阁下为它的捐款，并给予建立这个机构的特许；
>
> 因此，本部现特给予承认：在该校每一届毕业时派本部官员到场监考，在通过规定标准的考试后，给毕业生以文凭，证明他们可以执业行医。
>
> 本部上述通知是为了实现慈禧太后关于学习医学及鼓励慈善事业的愿望。

于是，协和医学堂成为第一个获得中国政府承认的教会医学院。

在北京的伦敦会秘书在一封寄给伦敦的信中描述了 1906 年的捐款仪式：

医学院成立仪式在 2 月 12 和 13 日举行，前一天是建筑开工捐赠仪式，由各教会派代表参加，由斯科特(Scott)主教和美国长老会的维利(Wherry)分别致辞，主教表达希望联合的措施将推动医学教育的发展。第二天的仪式更为盛大，邀请发给了清政府高官和外国使团。清政府外务大臣那桐代表清政府出席，并宣读了慈禧太后的贺词。英国部长斯瓦托爵士(Sir Ernest Swatow)、美国全权公使洛克希尔(W. W. Rockhill)以及海关总监赫德(Sir Robert Hart)等出席。

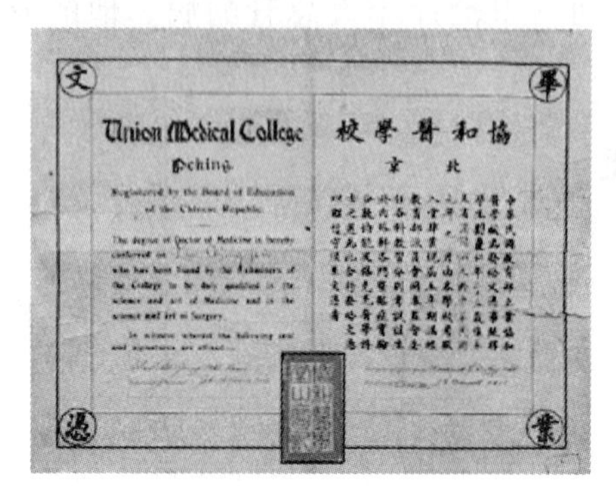

图 1　协和医学院毕业文凭

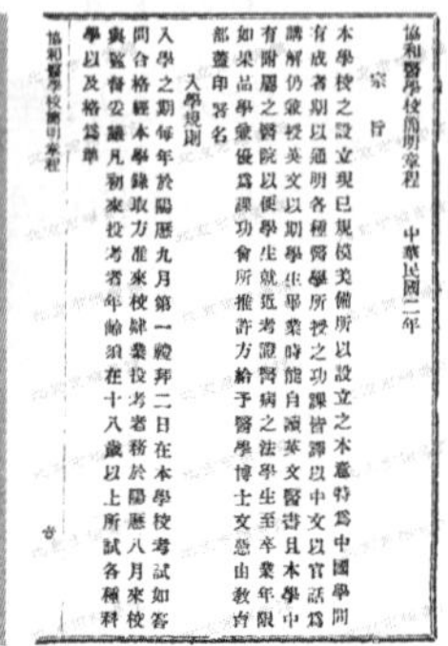

協和醫學校簡明章程　中華民國二年

宗　旨

本學校之設立現已規模美備所以設立之本意特爲中國學問有成者期以通明各種醫學所授之功課皆譯以中文以官話爲講解仍兼授英文以期學生畢業時能自讀英文醫書且本學中有附屬之醫院以便學生就近考證醫病之法學生至卒業年限如果品學兼優爲課功會所推許方給予醫學博士文憑由教育部蓋印署名

入學規則

入學之期每年於陽歷九月第一禮拜二日在本學校考試如答問合格經本學錄取方准來校肄業投考者務於陽歷八月來校與監督公議凡初來投考者年齡須在十八歲以上所試各種科學以及格爲準

協和醫學校簡明章程　壹

图 2　协和医学院简文章程

医学堂第一年入学的医学生为 40 人。与其他教会医学院一样,以国文授课,但学生也必须学习英文。学制为 5 年,前 2 年为基础医学课和实验课,后 3 年为临床课。医学校成立了一个由英、美、德、意、日等使馆的医生组成的国际考试委员会。1909 年,该委员会对医学院学生的考试表示满意。1911 年 4 月,第一届毕业生 16 人获得了加盖学部紫色印章的毕业证书。协和医学堂的开办标志着教会医学教育在中国达到了一个较高的水平。民国元年(1912)协和医学堂改称协和医学校,次年颁布了新的医学校章程。

二、新协和创办之起因

有关洛克菲勒基金会以及后来成立专门负责中国医学事务的中华医学基金会(China Medical Board,也译为“罗氏驻华医社”)对中国近代医学的影响,尤其是与北京协和医学院的关系已有大量的学术论文与专著出版。然而,对洛克菲勒基金会如何确定它的中国项目的研究却涉及不多,尤其是对洛克菲勒基金会所组织的3次来华考察中国的医疗卫生与医学教育的状况,大多只是提及结果,而对整体情况尚缺乏详细论述。从1908年到1915年,洛克菲勒基金会分别派出3个委员会到中国进行调查,经过近10年的精心准备,最终做出了它在海外的最大慈善捐资计划。通过研读洛克菲勒基金会档案馆的有关文献资料,发现洛克菲勒基金会所组织的3次来华考察,不仅是论证其中国医学项目可行性的事务性工作,也是美国医学界对中国医学的状况进行深入、全面了解的调研活动;更为重要的是,这一系列的考察活动对中国近代医学发展的布局有意无意间起到了至关重要的作用。

19世纪末20世纪初,随着财富的迅速积累,美国人拯救异教徒的宗教热情空前高涨,呈现出一种"上帝的选民"的历史使命感。自1835年美国传教士医生伯驾(Peter Parker)在广州建立第一所教会医院以来,至1914年,传教士医生在华开设医院达59所,占当时中国医院总数的三分之二,其中大部分由美国传教士医生所开。许多教会将中国视为开展传教工作的理想场所,他们真诚地相信自己是新文明的代表。他们认为基督教精神是一种道德力量,而理性与科学则是社会变革的原动力,二者结合起来可以化腐朽为神奇,可以将贫穷落后而又古老辽阔的中国改造成充满生机与希望的国度。

1912年孙中山推翻满清王朝创建中华民国后,中国再次吸引了美国精英的目光。传教士回国鼓吹和宣讲中国的魅力和中国人令人钦佩的特性——勤劳、正直、注重友谊,并介绍中国的科学、教育和医疗卫生亟待改进的境况。此外,美国政府关注日本政治与军事的迅速崛起,希望支持中国保持远东地区的势力平衡。所有这些都是构成美国社会高度关注中国的重要原因。

19 世纪末，老洛克菲勒(John D. Rockefeller)从所经营的标准石油公司和其他投资中获得巨大的收益后，遵循宗教缴纳捐税的教义，将自己收入的 10%捐献给教会和做其他善举。然而，老洛克菲勒发现自己很难亲自处理慈善捐款事宜，并感到自己不仅有责任给予，而且还要做得聪明，因为“给钱很容易造成伤害”。1892 年，他聘请浸礼会牧师盖茨(F. T. Gates)为他制订一个周全、系统的捐赠方式。[①]

1897 年夏天，作为假期的消遣，盖茨阅读了著名医学家、被誉为美国四大名医之一的奥斯勒(William Osler)的《医学的原理与实践》(*The Principles and Practice of Medicine*)[②]。该书不仅使他对医学产生了极大的兴趣，而且也在洛克菲勒基金会重点支持医学事业方面起到了关键作用。他回忆道：“当我带着奥斯勒的著作回到百老汇大街 26 号的办公室后，我向洛克菲勒先生递交了一份备忘录。我列举了传染病并指出已发现的细菌还很少，未来发现的空间还很大，特效药还十分少，不能治疗的病痛是如何令人震惊。”[③]19 世纪末 20 世纪初是美国医学教育和医疗卫生事业的改革和快速发展时期。1893 年，约翰・霍普金斯医学院的建立和 1901 年洛克菲勒捐资建立的纽约洛克菲勒医学研究所，成为美国医学划时代的标志。盖茨预见到在 20 世纪里，医学不仅会有迅速发展，而且也将给人类带来更大福祉。支持医学、促进健康成为慈善基金彰显最大作用的舞台。

洛克菲勒基金会是一个具有全球眼光的慈善组织，其宗旨为“在世

---

① 戴维・洛克菲勒：《洛克菲勒回忆录》，中信出版社，2004 年。

② 该书也译作《临床内科原理》，由美国著名医学家奥斯勒编著，是 20 世纪初期最好的医学教科书之一，多次再版，并被译为德、法、俄、日、中等多国文字。中文译本书名为《欧氏内科学》，高士兰(P. B. Cousland)口述，杜天一笔录，1910 年博医会出版。

③ Gates F T. The Memoirs of Frederick T. Gates. *American Heritage*, 1955,6:73.

界造福人类”。基金会早期的重点是支持医学、公共卫生和教育事业的发展。在推动医学事业方面，确立了三大策略：建立医学科学研究机构、改革医学教育与协助改善公共卫生。基金会在资助控制钩虫病、黄热病、疟疾、肺结核以及其他传染病方面开展了富有成效的活动。

洛克菲勒和他的慈善委员会多年来一直对在中国开展广泛有益的工作抱有兴趣。小洛克菲勒(John D. Rockefeller, Jr.)在少年时代就对中国产生了兴趣。早在1890年代，他10多岁在纽约市的主日中文学校学习时，常去参观纽约商人、收藏家阿特曼(Benjamin Altman)收藏的中国瓷器。作为手工艺的爱好者，小洛克菲勒对清代早期的花瓶制作尤为感兴趣，他认为中国瓷器制造技艺在康熙时期达到了顶峰，而经历了数百年传统的制造工艺达到了出神入化的水平，这是现代艺术中的“自我表现主义”所缺乏的。[①]

盖茨对中国的兴趣受到了美国来华传教士的极大影响。时任美国公理会会长的史密斯(Arthur Smith)被称为“在中国的美国政治元老”，他认为“中国的问题在一定程度上就是世界问题”。盖茨是史密斯著作的热心读者，在给史密斯的信中，他写道：“我和家人最近以极大的兴趣读了你的《中国特征》和《中国乡村生活》，犹如炎热的夏季饮上一杯清凉的甘泉，爽快极了。”[②]1905年，盖茨在写给老洛克菲勒的信中指出，应当将眼光转向世界，尤其是远东，他从经济、宗教、人道等方面分析了开展慈善活动与生意一样广泛的理由。

---

① Fosdick R. *John D. Rockefeller, Jr., A Portrait*. New York: Harper and Brothers, 1956:335.

② Ma Q. The Peking Union Medical College and the Rockefeller Foundation's Medical Programs in China. Schneider W H. (eds). *Rockefeller Philanthropy and Modern Biomedicine*. Indiana: Indiana University Press, 2002:161.

传教士关于促进中国医学教育的观点与洛克菲勒基金会在美国国内所开展的工作一致。盖茨本人也与美国医学界关系密切。在盖茨的心目中医学被看作为现代神学,是对现代社会的科学治疗。他认为医学研究将发现和传播"新道德规律和社会规律——定义什么是人们相互关系中的对与错"。因此,医学处于提升文化和社会荣耀的科学进步的最前列。他认为医学的价值是这个地球上最普遍的价值,是生活在这个世界上每一个人的最重要的价值。盖茨的医学科学及其社会功能的观点反映了20世纪初现代医学迅速发展带给人们科学改变世界的理性主义的影响。

从1907年,盖茨开始与史密斯及其他传教士接触,告诉他们洛克菲勒基金会对"发现为中国人谋福利的最好方法"有兴趣,希望得到传教士的帮助。博医会代表写信给盖茨说,中国非常需要西方教育,尤其是医学科学的教育。不过,博医会对洛克菲勒基金会的意图既高兴又担心,传教士医生希望能获得洛克菲勒基金会的经济支持,但又担心洛克菲勒基金会另起炉灶,忽视或损害了教会的医学努力。而基金会方面虽然与在华传教士进行广泛交流的过程中,获取了有关中国的大量信息,但是他们认为要实施中国项目,还必须多方面了解,掌握第一手资料。洛克菲勒基金会董事、时任芝加哥大学校长的裘德逊(Henry P. Judson)建议盖茨"广泛研究中国情况,不仅要听取传教士的意见,而且也要听取经济学家、教育家和政府官员的意见。"①

1909年,洛克菲勒基金会在本国成功地资助了一系列的研究计划之后,洛克菲勒的顾问盖茨提出了资助中国教育事业的设想。他计划花

① Judson H P. *Judson to Gates, Jan. 31, 1907. Rockefeller Family Archive*, 1907, *Record Group*: 2, New York: Rockefeller Foundation Archive. 1.

大约1千万美元，“我们或许可以自己在中国建立一所如同西方大学那样的名副其实的大学，其本身可为中国政府提供一个模式，并且可为中国的新教育培养师资。”[①]他建议洛克菲勒成立一个东方教育委员会去研究远东地区的教育问题。同年，东方教育委员会派芝加哥大学的神学教授伯尔顿（Ernest D. Burton）和地理学教授钱伯林（Thomas T. Chamberlin）对日本、印度和中国进行了6个月的考察。这次考察主要目标是中国。在提交给洛克菲勒基金会的5册考察报告中，伯尔顿全面地描述了中国的情况，尤其是论述了在中国发展高等教育的可能性与困难。

他提到，在医学教育方面中国人办的医学院校只有3所，其中2所是军医学校。在广州、杭州、上海等地有教会办的医学校，但印象最深的是北京的协和医学院。伯尔顿的报告指出，对于一个拥有4亿人口，且广泛地遭受流行病、地方病和营养缺乏性疾病侵袭的国家，医疗保健还是主要依靠古代的医疗技术，而正在学习西方医学的学生尚不足400名。因此，他提出发展医学教育的迫切性。报告还提到了中国模仿日本教育的问题，指出在1902年至1909年间有1.3万青年学生到日本留学，数百位日本教师来中国任教。伯尔顿认为，政府显然不信任传教士，时任学部右侍郎的严修[②]在与委员会谈话中，对教会学校的教育计划不屑一顾。伯顿和钱伯林期待这种态度不久将会出现松动。目前的问题是加强教会学校的联合。

盖茨原希望委员会的报告将为他要求洛克菲勒基金会资助中国建

---

① Ferguson M E. *China Medical Board and Peking Union Medical College*. N. Y.: China Medical Board of New York, Inc. 1970:14.

② 严修，字范孙，1860年生于天津。曾任清末翰林院编修、贵州学政、学部右侍郎，为近代著名教育家。1929年3月因病逝世，享年70岁。被尊为南开学校校父。

立一所一流大学的计划提供有力的依据，但在看过远东教育委员会考察中国提出的报告后，盖茨感到实施计划的时机尚不成熟。

1909年，洛克菲勒基金会发起一项根除美国南部钩虫病的运动。洛克菲勒基金会卫生委员会在美国南部11个州采取行动，投入100万美元，开展防治钩虫病的工作，激发了公众对提高卫生水平的广泛关注，治疗了大约70万钩虫感染者。此后不久，洛克菲勒基金会以此经验为模式，发起了一项世界范围控制钩虫病运动。钩虫病控制的成功激发了盖茨对医疗卫生问题的兴趣。他考虑如果在中国还不适宜办大学教育，是否可以在医学上有所作为呢？这个想法获得了洛克菲勒基金会秘书、董事格林(Jerome D. Greene)的支持。在1913年10月22日举行的洛克菲勒基金会董事会上，格林提出如果打算在中国的医学事业方面花钱，必须对所涉及的问题进行全面的研究。董事会对格林的建议表示同意，并决定举行一次专门的会议。1914年1月19日，关于中国的医学与教育工作会议在洛克菲勒基金会总部召开。除了基金会的成员之外，一些教育和医学界的著名人物应邀出席了这次会议，如：芝加哥大学校长裘德逊，哈佛大学校长埃利奥特(Charles W. Eliot)，约翰·霍普金斯医学院院长威尔奇(William Welch)，洛克菲勒医学研究所所长西蒙·弗莱克斯勒(Simon Flexner)，教育家、著名的《美国医学教育报告》作者阿·弗莱克斯勒(Abraham Flexner)，哥伦比亚大学教授、汉学家孟禄(Paul Monroe)，1909年曾代表东方教育委员会赴中国考察的芝加哥大学教授伯尔顿和钱伯林，大众教育委员会主任巴特利克(Wallace Buttrick)，国际基督教青年会代表莫特(John Mott)，国际卫生委员会主任罗斯(Wickliffe Rose)，等等。

洛克菲勒在开幕词上清楚地解释了这次会议的目的："本机构对中国的问题感兴趣已有几年了……我们已经感到在中国正在发生巨大的

变化,这个变化提供了千载难逢的机会,或许基金会应当考虑。"[1]格林提出两个议题:教育与医学教育,公共卫生。在2天富有成果的讨论后,一项议案送交给洛克菲勒基金会的董事们。在1914年1月21日举行的董事会上,作出了基金会在中国开展医学方面的工作的决定,并强调这些工作应由现有的机构来承担,无论是传教士还是政府举办的机构。

促使洛克菲勒基金会在中国开展医学教育方面起到重要作用的另一位人物是哈佛大学名誉校长埃利奥特。1912年,埃利奥特曾代表卡内基国际和平基金会(Carnegie Endowment for International Peace)访问中国,他在报告中指出,中国应优先引进西方医学,这不仅是因为中国缺医少药、卫生状况不良,而且医学可作为引入归纳推理方法的媒介。他注意到东西方之间的差异:

> 因为东方人不擅长抽象思维,未曾应用归纳哲学,而西方人在过去400年里这一领域已取得了显著的进步——探索真理的归纳方法。对比东方人凭直觉和冥想行事,接受哲学和宗教主要来自权威。[2]

在报告中,他认为中国医生的诊断治疗手段非常落后,对西方医学的进展一无所知,因此,在中国传播西医是体现西方文明优势的最佳途径:"他们不了解科学医学的方法,不了解现代外科的发展。中国医生使用各种草药和奇怪物质混合的药物,求助魔法和符咒,认为具有神奇效

---

① Rockefeller J D. Introduction of Plan, 1915. *Rockefeller Foundation Archive*, *Record Group*: *4*, *Box 3*, *Folder 23*. New York: Rockefeller Foundation Archive:1 - 6.

② Eliot C W. *Some Roads towards Peace*: *A Report to the Trustees of the Endowment*. Washington D. C.: Carnegie Endowment for International Peace Publication, 1914:1.

力，常针刺身体各部位似乎是让体液从针孔中流出来[①]。中国医生对科学的诊断方法、外科、麻醉和消毒一无所知，也没有化学和细菌学诊断知识。大多数中国人的疾病治疗是愚昧的、迷信的、几乎是无效的……我们发现将西方医学和外科赠给东方人是西方文明能为东方所做的最好的事情。在传授普遍的归纳方法上没有比医学更好的学科了。”

此外，埃利奥特是当时美国少数认识到医学教育重要性的大学校长之一，他在将哈佛医学院从一所普通学院提升为世界著名的医学学术机构方面发挥了至关重要的作用，以至于他在1909年从哈佛大学校长的职位上退休时提到，“我在哈佛服务40年的最好成果中，重组和充分资助医学院是首要的成果。”[②]

1914年1月29日，洛克菲勒基金会开会讨论盖茨提交的报告，标题是“在中国逐渐和有序地发展广泛有效的医学体系”。在这份报告中，他指出在中国最适当的工作是支持科学医学的发展，并建议为此目的未来的行动可分为4步：

(1) 派专家去中国调查当前的医学和教育现状；

(2) 选择最好的医学机构提供我们的资料基础的资助；

(3) 制订海外访问教授计划并培训中国医生和护士；

(4) 随着计划证明是可行和有效的，扩展这个体系到其他类似的中心。

这次会议投票通过了成立一个专门研究中国公共卫生和医学状况的委员会，并要求委员会应提供一份详细的调查报告供基金会最终决策

---

① 作者在此仅凭印象得出结论，并可能联想到西方古代医学的体液理论，认为疾病是体液平衡紊乱所致，可通过排放腐败变质或过多体液的方法来治疗疾病。没有中国医生告诉他针灸不是在身体上钻孔引流。

② James H. *Charles W. Eliot, President of Harvard University, 1869～1909*. Boston: Houghton Mifflin, 1930:170.

所用。会议决定由芝加哥大学校长、洛克菲勒基金会董事及总教育委员会成员裘德逊任委员会主席，哈佛医学院教授毕巴礼（Francis W. Peabody）和熟悉中国事务、时任美国驻汉口的总领事顾临（Roger S. Greene，Jerome D. Greene 之弟）[①]为成员，麦基斌（George Baldwin McKibbin）任秘书，组成中国医学考察团前往中国进行医学考察。

三、医学考察

1. 第一届中国医学考察团（First China Medical Commission，1914年4月18日～8月17日）

虽然洛克菲勒基金会的中国医学考察团开展的是一次非官方的访问考察，但也受到了美国政府的高度重视。国务卿布瑞安（William J. Bryan）为考察团写了引荐信，带给美国驻华公使芮恩施（Paul S. Reinsch）、驻日大使古特列（George W. Guthrie）和地方的领事，要求给予考察团大力协助。考察团在离美之前，在华盛顿受到了美国总统的接见并得到了前国务卿福斯特（John W. Foster）的盛情招待。中国驻美国公使馆的容揆也为考察团写了几封给北京的政府官员的引荐信。

1914年3月21日，裘德逊和毕巴礼夫妇及秘书麦基斌一行5人乘坐当时世界上最大、最豪华的邮轮“皇帝号”（Imperator，图3）离开纽约，经法国的瑟堡抵达莫斯科，稍作停留后于4月8日乘火车从莫斯科出

① 本文裘德逊、毕巴礼和顾临等人名采用考察团印制的名片上的中文名字，不是现通用的人名词典译法。

发，经西伯利亚于18日抵达北京。4月19日，考察团的另一名成员顾临也从汉口来到北京（图4）。4月20日，考察团举行第一次正式会议，提出了医学调查的总体计划纲要。调查包括2部分，一部分是由委员会准备的调查表分发到各个医学院和医院，以便了解中国医疗保健的一般状况，另一部分是访问医学院和医院。

图3 “皇帝号”邮轮

图4 第一届中国医学考察团

中国方面也非常重视洛克菲勒基金会中国医学考察团的来访。北京学界举行欢迎会欢迎考察团的到来，认为“我国学校苟能得其资助，教育当日起有功。”[①]在北京停留期间，考察团受到了北洋政府总统袁世凯的接见和副总统黎元洪的晚宴款待。考察团还会见多位政府要员。所有的政府官员都表示欢迎考察团的访问并承诺提供所需要的任何支持。时任教育总长的汤化龙在致裘德逊的信中表示将全力支持洛氏基金会的工作，因为“你们的工作是慈善的和真正有价值的，体现了人道主义的原则。”[②]委员会还会见了许多社会贤达，如著名学者、时任北洋政府币

① “学界将开欢迎会”。《大公报》，1914年4月21日，第2版。

② Tang H L. Tang Hun-Lung to Judson, Jun. 19, 1914. *Rockefeller Foundation Archive*, *Record Group*: *4*, *Series 1*, *Sub-series 1*, *Box 3*, *Folder 27*. New York: Rockefeller Foundation Archive. 1.

制改革署负责人的梁启超。梁启超对委员会的工作十分感兴趣，并告诉委员会他进行的社会改革将包括医学教育和公共卫生服务。在 1914 年 5 月 17 日致洛克菲勒的信中，裘德逊强调梁启超的学会作为一个合作机构是很有价值的，完全离开政府和政治，且不是建立在宗教和地方差异上。① 洛克菲勒对委员会在中国的工作非常满意，尤其是得知中国官方愿意与基金会合作后表示，这将有利于基金会在中国发挥更大的影响②。

除了社会活动之外，裘德逊和麦基斌在北京考察了协和医学院、北京医学专门学校和几所教会医院，毕巴礼和顾临在天津考察了北洋医学堂和几家医院。在一周的工作后，考察团相信中国人已接受西方医学，中国政府将给予合作。因此，按照洛克菲勒基金会原来考虑的计划，能够开展大量的工作。考察团在仔细地研究了中国的现状、法律和经济等情况后，认为北京协和医学院将是获得基金会支持的首选机构。③

为了提高调查效率，考察团决定分成两组。裘德逊与秘书为一组，前往山东济南，再经芝罘（今山东烟台）和青岛，抵上海、南京，然后乘船经九江赴汉口。毕巴礼和顾临从北京直下汉口、再赴长沙及周边地区进行医学院和医院调查。考察团成员在汉口会合，开会讨论已了解的情况并安排下一步的计划。会后裘德逊访问长沙，然后前往北京参加教育部

---

① Judson H P. Judson to Rockefeller, May 17,1914. *Rockefeller Foundation Archive*, *Record Group*: 4, *Series 1*, *Sub-series 1*, *Box 3*, *Folder 27*. New York: Rockefeller Foundation Archive. 1.

② Rockefeller J D. Rockefeller to Judson, Jun. 10, 1914. *Rockefeller Foundation Archive*, *Record Group*: 4, *Series 1*, *Sub-series 1*, *Box 3*, *Folder 27*. New York: Rockefeller Foundation Archive. 1.

③ Judson H P. Judson to Rockefeller, Apr. 25,1914. *Rockefeller Foundation Archive*, *Record Group*: 4, *Series 1*, *Sub-series 1*, *Box 3*, *Folder 26*. New York: Rockefeller Foundation Archive. 1.

会议。毕巴礼和顾临先后访问了香港、广州、汕头、厦门、福州、上海等地的医学院和医院。8月,考察团成员在日本京都会合再次开会,讨论所收集的资料并起草考察报告。

考察团的成员共访问了中国11个省的17所医学院、88家医院(图5),包括教会和政府开办的大学和医院,与许多医学院教师和医生进行了交流。因时间关系,考察团的调研主要在华北、华中和东南沿海地区,没有前往东北和华西地区。考察团成员还与博医会、基督教青年会、中央政府、各省的官员以及各界名流举行了一系列会议。考察团的调查得到了中央政府和地方官员的支持,为调查提供了所需要的信息。考察团访问

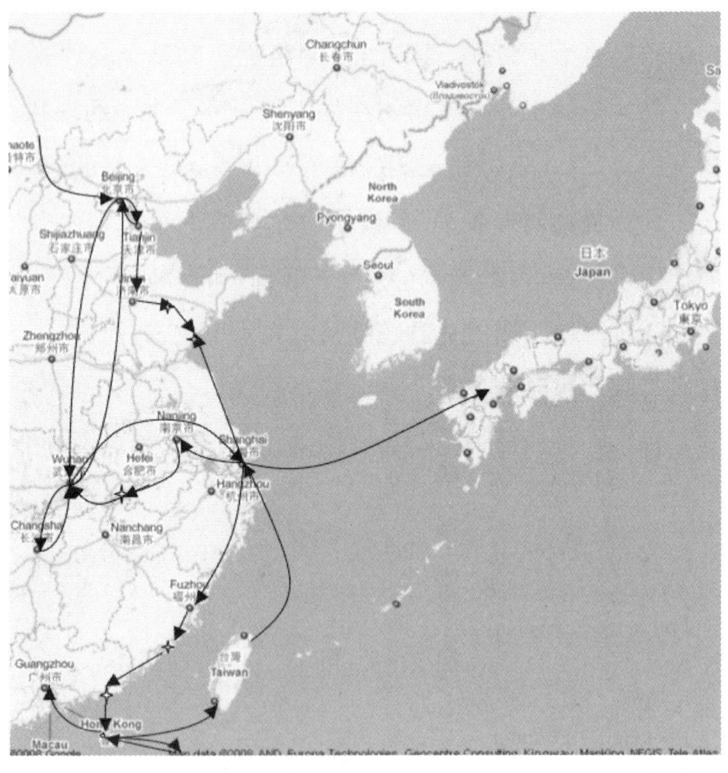

图5 第一届中国医学考察团考察路线图

了全国几乎所有重要的医学院和医院，并获得了未访问的主要机构的相关资料。[①] 新闻媒体也对考察团的工作给予了关注，《申报》、《大公报》、《民国日报》等报纸都报道了考察团的行程与多项活动。如1914年5月31日的《湖南公报》上刊登的消息说：

> 美国最大富翁柔氏世所称为火油大王者，近捐金七千万元（每一美金合华银二元）作世界医术善举。此款大半将为造就中国医术人才及兴办医院之助，故特派数人来华调查，所派者皆彼邦名士。现任美国驻汉总领事顾临亦在其列。前月抵京谒见袁大总统极为欢迎并致谢辞。华人同行者为国务院编辑员何君拯华。何君少年精于英文兼通各省语言，该调查员特聘为译员，前星期由河南至汉口，十四晚复由汉来长沙考察中外医院，将于下星期二回汉，再赴九江、安庆、无宁苏沪等处且将由沪赴浙闽两广等省。云该调查员住雅礼医院医生家，其译员何君住鱼塘街天乐居云。[②]

2. 考察报告的出版及其反响

1914年底，中国医学委员会出版了调查报告《中国的医学》（*Medicine in China*）。报告的内容包括导言、中国的卫生状况、中国本土的医学与外科、西方医学在中国、教会主办医学教育的标准、解剖与尸体解剖、中国人对待现代医学的态度、建议和附录9个方面。首先，报告介绍了考察团在华考察的路线图和基本概况，描述了中国的卫生状况，指出由于

---

① *China Medical Commission of the Rockefeller Foundation. Medicine in China.* Chicago: The University of Chicago Press, 1914:8 - 80.

② "美国医术考察员来湘记"。《湖南公报》，1914年5月31日，第1版。

缺乏可靠的统计资料要作出准确的判断很困难，只能通过经验观察得出大致的印象，如死亡率很高、传染病广泛流行、不卫生的习惯等；也有令人鼓舞的势头，如政府积极筹划现代医疗和公共卫生、开始兴办现代医学教育、颁布了解剖法令等。报告对中国传统医学评价不高，如医生行医不需要行医执照、外科治疗与西医差距很大等。报告的重点是描述所考察医学院和医院的情况。报告把医学院分为政府举办、私立、教会和非教会外国人开办 4 大类，分别对医学院的入学标准、学费、师资、课程设置等作了介绍。总体看法是“目前中国尚无合格的医学院，但有些医学院已在考虑提高师资水准和改善教学环境。”医院方面，报告对考察过的 88 家也做了分类，59 家为教会医院，10 家为中央和地方政府举办，15 家为私人开办，此外还有 4 家中式医院，其中 3 家为既有中医也有西医。报告对医院的院舍、病房、实验室、手术室、药房、盥洗室、厨房等设施进行了评估。许多教会医院的医生是教会派出的医学传教士。他们大多受过医学训练但非职业医生，因此水平不高，主要应付日常应诊。教会医院主要为慈善事业，经费所限，也很难聘用经验丰富的医生。在教会医院工作的中国医生少量有英美留学的背景，也有部分教会医学校或教会医院培养的学生作为医生助手。国人开设的医院，医生大多为留日医专毕业，报告对他们的评价不高。报告特别指出中国医院缺乏护士，实际上，在医院里，护士比医生的工作更为重要。换言之，护士是医院正常运行的基本保证。报告提到江西、福建等省已建立了护士学校，中国护士学会也已成立，这些工作为中国护理事业的发展奠定了基础。

《中国的医学》认为无论是中央政府还是地方当局都支持现代医学的引入，并愿意为医学院和医院的创办和发展提供必要的援助。报告也注意到民众中依然存在对西医的偏见，但这种偏见正在逐渐减少。最后，报告提出建议：基金会在中国开展医务工作很有必要，与其他工作相比医学工作是最重要的，此项工作可与教会医学院和医院合作；可通过医院来推进接种和疾病预防等公共卫生；基金会考虑在北京建立一所医学院，第二所可选在上海，同时资助湘雅医学院；设立研究金和奖学金，资助研究生和学者赴海外学习深造；基金会应资助高水准的医务工作，资助医院改善医疗条件，如医生和护士的薪金、设备、图书等；邀请专家来华演讲，设立驻华管理机构，建立一个顾问委员会。

《中国的医学》调查报告发布后，洛克菲勒基金会将资助中国医学事业的消息迅速传播，并引起了广泛回应，许多人写信索要报告。当时正游访美国的黄兴致信洛克菲勒对基金会的计划表示了钦佩与赞赏①。黄兴的幕僚 S. K. Tong 也致信洛克菲勒对基金会在中国的工作提出建议，并希望拜会洛克菲勒。洛克菲勒派顾临与 Tong 见面，交谈中顾临发现 Tong 氏对现代医学不甚了解，提出的建议也不现实，于是告诉洛克菲勒不必会见 Tong 氏②。此外，一些读过报告的人也写信给基金会告诉报告中没有提到的内容，并提出各种建议，如耶鲁大学教授 F. W. Williams 对基金会将耶鲁在中国的工作列入资助范围表示欢迎，并建议设立护士奖学金，提出医学图书文献也是有积累价值的工作，应列入资助。大多数信件是来自在华教会医院的资金援助申请信，如俄亥俄州克里夫兰福音会在湖南、贵州的医院资金困难，希望获得资助；W. H.

① Huang H. Huang Hsin to Rockefeller, Dec. 23, 1914. *Rockefeller Foundation Archive*, *Record Group*: *4*, *Series 1*, *Sub-series 1*, *Box 1*, *Folder 1*. New York: Rockefeller Foundation Archive. 1.

② Greene R S. Greene to Rockefeller, Feb. 15, 1915. *Rockefeller Foundation Archive*, *Record Group*: *4*, *Series 1*, *Sub-series 1*, *Box 1*, *Folder 1*. New York: Rockefeller Foundation Archive. 1.

Gutelins 写信要求基金会支持在中国的牙科工作等①。不过，洛克菲勒基金会回信中说，目前尚未准备与在华的各教会医院建立联系，但在即将开展的第二次考察时，将会注意到来信中提到的医院和相关问题②。此外，还有来自印度教会医院的资助申请信，由于印度的工作不在基金会的范围内，故不予以考虑。基金会意识到中国医疗工作的需要实在太多了，有限的资金应集中在北京、上海等少数地区，集中在发展医学精英教育方面。

20 世纪初，美国有 3 所大学在中国开办医学教育：宾夕法尼亚大学在广州和上海，哈佛在上海，耶鲁在湖南长沙。其中颇有成效的是雅礼协会（Yale-in-China）在长沙开办的医学教育。1902 年，耶鲁国外传教会成立后不久收到了来自湖南传教士的信函，希望耶鲁来湖南创办高等教育，包括人文学科、自然科学和医学。1905 年，胡美（Edward H. Hume，1897 年耶鲁毕业，1901 年约翰·霍普金斯医学院毕业）在长沙创办医学院。

湘雅医学院非常希望获得资助，院长胡美和颜福庆与洛克菲勒基金会密切书信联系，告知湘雅医学院在中国现代医学教育的重要影响，获得了中央政府和地方的支持，同时也希望得到基金会的资助，如资助美国教师和医生来医学院任教和医院工作。洛克菲勒基金会对湘雅医学院的情况颇为满意，同意将之纳入资助的考虑范围。

---

① Gutelins W H. Gutelins to Rockefeller, Mar. 10, 1915. *Rockefeller Foundation Archive*, *Record Group*: *4*, *Series 1*, *Sub-series 1*, *Box 1*, *Folder 1*. New York: Rockefeller Foundation Archive. 1.

② Hume to Greene, Jan. 12, 1915. /Yan to Greene, Mar. 28, 1915. /Greene to Yan, Apr. 20, 1915. /Greene to Yan, Apr. 28, 1915. *Rockefeller Foundation Archive*, *Record Group*: *4*, *Series 1*, *Sub-series 1*, *Box 1*, *Folder 250* . New York: Rockefeller Foundation Archive. 1.

1911 年 5 月，几位哈佛毕业的传教士医生在上海建立了中国的哈佛医学院。学院的董事会由哈佛大学名誉校长埃利奥特出任主席，成员包括当时哈佛最著名的 3 位医学家：医学院院长克里斯蒂安（Henry A. Christian）、著名生理学家坎农（Walter B. Cannon）和病理学家康寿曼（William T. Councilman）。不过，上海的哈佛医学院与哈佛大学并没有正式关系，也不归属教会管辖①。在上海开设医学院除了因为它是最重要的通商口岸之外，还有一个重要因素是可依托已有的 2 个美国人建立的医学机构：圣约翰大学医学系和圣路克医院。上海哈佛医学院的资金主要来自哈佛校友会、中国人的捐赠和私人慈善捐助。由于资金来源不稳定，埃利奥特希望洛克菲勒基金会接管学校，洛克菲勒基金会也曾考虑这一建议，但后来第一次世界大战等原因而未能实现，上海的哈佛医学院也因经济等原因于 1917 年关闭。

第三所在中国开办医学院的是 1907 年宾夕法尼亚大学的麦克拉肯（Josiah C. McCracken）在广州岭南大学建立的医学系。1914 年，麦克拉肯前往上海圣约翰大学，同时广州的宾夕法尼亚医学院也与之合并，更名为圣约翰大学宾夕法尼亚医学院，1928 年改组后更名为圣约翰大学医学院。该校也得到过洛克菲勒基金会的部分资助。

1914 年 11 月 5 日，洛克菲勒基金会举行会议通过了考察报告并接受了考察团关于资助中国医疗卫生事业的提议。11 月 30 日，基金会董事会投票通过成立洛克菲勒基金会中国医学部（China Medical Board of the Rockefeller Foundation，简称 CMB），由小洛克菲勒出任首届主席，巴特利克任执行主任，顾临任驻华主任，委员都是美国教育界和医学界

---

① Bowers J Z. *Western Medicine in a Chinese Palace*. The Josiah Macy Jr. Foundation, 1972. 23.

的著名人物。① 会议决定重新建立北京协和医学院并资助部分中国医学院和医院的建设与发展。CMB的成立引起了美国社会的广泛关注,《纽约时报》和《华盛顿邮报》分别以“洛克菲勒向中国的疾病宣战”②和“对中国的医学援助”③为题,报道了洛克菲勒基金会将在中国建立医学院和现代化医院的消息。《芝加哥论坛报》说“洛克菲勒将治愈中国的疾病创伤”④。《中华医学杂志》也刊登了资助报告的主要内容⑤。

CMB执行主任巴特利克上任后感到承担中国项目的巨大压力,他也清醒地意识到项目实施要取得成功,必须选派最好的医学专家深入、全面地了解中国的情况,制定出合理、可行的实施方案。威尔奇和西蒙·弗莱克斯勒自然成为了他的最佳人选。两人分别为约翰·霍普金斯大学医学院院长和洛克菲勒医学研究所所长,是美国医学界的顶级人

① China Medical Board of the Rockefeller Foundation,又译为罗氏驻华医社。委员会成员是:小洛克菲勒、巴特利克、顾临、裘德逊、西蒙·弗莱克斯勒、盖茨、毕巴礼、威尔奇、罗斯(Wickliffe Rose)、穆德(John R. Mott,时任基督教青年会总干事)、古德诺(Frank T. Goodnow,时任袁世凯总统府首席政治顾问)、默菲(Starr J. Murphy)。1915年,第二届中国医学考察团访京期间与时任天津北洋西学学堂总教习的美国公理会传教士丁家立(Tenney Charles Daniel)讨论过CMB中文译名问题。丁氏认为不必将“China Medical Board of the Rockefeller Foundation”全部照译,名字太长既不合中文习惯,也不好记,一般最好用两三个中国字表示。顾临建议叫“中美医学会”,弗莱克斯勒认为不准确,巴特利克提出中文名字中应表明我们的动机,有“爱”的含义,中国人能接受。丁家立说可将Rockefeller音译为一个字,顾临说中国朋友(方石珊)建议译为“传医会”。因意见不统一,考察团最后未能就CMB中文译名明确下来。在中国早期曾将之译为“柔氏提倡中国医学部”(《中华医学杂志》,1915年,第1卷第1期,第34页)。1947年洛克菲勒基金会决定China Medical Board独自运作,中文译为“中华医学基金会”。

② Rockefeller wars Diseases in China. *The New York Times*, 1915-03-08.

③ Medical Aid for China. *The Washington Post*, 1915-03-08.

④ Rockefeller to cut out disease canker in China. *Chicago Daily Tribune*, 1915-03-08.

⑤ 中华医学杂志编辑部:“资助中国医务进行之报告”。《中华医学杂志》,1915年第1期,第31～34页。

物，也是巴特利克的好友。巴特利克决定进行第二次中国医学考察并亲自担任考察团团长，考察团的秘书由老洛克菲勒的顾问、盖茨的儿子小盖茨(Frederick L. Gates)担任。

3. 第二届中国医学考察团(1915年8月7日～12月27日)

1915年8月～12月，洛克菲勒基金会中国医学考察团对中国进行第二次考察访问。考察团一行8月7日乘日本邮轮天洋丸(Tenyo Maru，图6)从旧金山出发，经夏威夷于8月23日抵达日本横滨，在日本短暂停留，会见了日本医学界，参观了北里研究所，9月13日抵达韩国汉城，访问了韩国第一所教会医学院——世富兰思(Severance)医学院和医院(现延世大学医学院和Severance医院)。

图6 "天洋丸"邮轮

图7 第二届中国医学考察团

来华的船上，考察团(图7)举行会议，巴特利克向考察团介绍收购和接管北京协和医学院的概况。弗莱克斯勒提出，中华医学基金会(CMB)不是单纯资助现有的医学教育和医疗工作，而是要创办一所中国的约翰·霍普金斯医学院，在中国甚至在远东都是最高水平的医学机构，它不是一个地方性的机构，而应成为一个有广泛影响的医学教育和医疗机构。威尔奇认为这个机构应在北京，而巴特利克建议设在上海，弗莱克斯勒和盖茨都赞同设在北京。考察团还研究了齐鲁大学医学系与医院、岭南大学医学院、湘雅医学院的材料，以及收集的中国人对待西医的态度的报告等。

考察团9月16日抵达沈阳，在沈阳考察了南满医学院和医院、奉天医学院和医院。21日到达北京，拜会了北洋政府外务部长、美国驻华公使芮恩施。考察了协和医学院、协和女子医学院、循道会女子医院、循道会男子医院。27～29日在天津，考察了北洋军医学院、伦敦会医院、北洋医学院、循道会女子医院。30日在济南考察了齐鲁大学医学系、齐鲁医院并与教师进行了座谈。10月2日，考察团回到北京，在京期间，访问了北京大学、清华学校、北京医学院、通州医院、北京传染病医院。

考察团在北京受到了中国政府官员和医学界的热烈欢迎。9月22日，外交部长陆征祥会见了考察团一行，高度赞扬了基金会提高中国医疗工作水平的努力，并表示尽力提供帮助。陆征祥指出，中国需要高水平的医学院，但最好是中国自己的。威尔奇代表考察团感谢中国政府的热忱欢迎和积极协助，并表示CMB在中国医学发展中的作用是临时的，一旦时机成熟就会交给中国人管理，目前首先需要解决的问题是希望中国政府承认协和医学院的文凭。威尔奇还介绍了CMB计划在上海、广州和长沙开展的医学工作。陆征祥表示赞同，并希望计划能圆满完成。10月4日，中国医学界在北京中央公园举行欢迎晚餐会，出席晚餐会的中方人士有：北洋军医学院院长全绍清、北洋医学院院长（天津）经亨咸、国立北京医学专门学校校长汤尔和、陆军马医学堂校长姜文熙、陆军部军医处主任方石珊、海军部军医处主任Tang Wen-yuan、北京隔离医院院长陈祀邦以及袁世凯的私人医生屈永秋等人，伍连德因故未出席。汤尔和代表中方发表了热情洋溢的演讲。汤在演讲中说：美国医学考察团的来访标志着现代医学在中国将进入一个新开端，虽然传教士医生做了许多工作，但毕竟不是他们的主要关注点，而考察团是世界医学的专家，将使中国人民认识到现代医学。当前在中国认识西医重要性的人数还不多，大多数人还持怀疑态度，你们这次的访问将消除这些怀疑。希望加强合作，推进现代医学在中国的发展。

10 月 9 日，袁世凯总统接见了考察团一行，随后，应汤尔和的邀请，威尔奇和顾临访问了北京医学专门学校，汤尔和向来访者介绍了学校概况：学校开办 3 年，有 16 位教授任教，目前尚无毕业生，医院还在建设中，目前有一诊所。学校主要受到日德式医学教育的影响。汤氏本人为留学日本，毕业于金泽医专，后又游学德国，获柏林大学医学博士学位。10 月 11 日，威尔奇和盖茨在伍连德的陪同下访问了新创办的北京传染病医院。这是中国第一所传染病专科医院，1915 年 10 月 1 日正式开院，因此威尔奇等参观时医院尚无病人。医院建设花费了 23 900 元，设有 40 张病床，有化验室。该院将接诊白喉、伤寒、麻疹、猩红热等患者，而鼠疫和霍乱病人将在市郊的专门医院收住。伍连德还介绍说城内还有一小型的专门收治天花的医院，由一位陈姓医生负责。陈医生毕业于剑桥大学，英文流利，原为伍连德的助手。

11 日下午，威尔奇在协和医学院为学生发表演讲。他说，作为医学院的教师，能在此给学生演讲更感亲切。他告诉学生，现代医学发展迅速，对传染病的认识日渐丰富，也有了有效的控制手段。医学技术、医疗仪器的发展也非常快，医学知识进步加速。他说，我们这次来中国访问就是为了了解这里需要什么。他还告知学生，你们从医学院带走的知识和实践经验是很少的，只是最基本的，是今后的基础。威尔奇的演讲对协和医学院的学生无疑是一次极大的鼓舞，不过，此时协和医学院学生面临的是将被安置到其他医学院学习的命运，因为洛克菲勒基金会接管老协和后立即着手的是按约翰·霍普金斯医学院的标准重建医学院。这也是此次考察团的一项重要任务。

10月12日，考察团离京赴汉口、长沙考察，访问了武昌文华大学、湘雅医学院、长沙红十字会医院。湘雅医学院对洛克菲勒基金会在中国的医学活动高度关注，胡美和颜福庆与顾临保持密切的通信联系，不仅介绍湘雅医学院和医院的情况，还向基金会介绍中国现代医学的发展、通报中华医学会的成立等。① 考察团10月17日抵达长沙，参观了湘雅医学院、雅礼女子医院、红十字会医院，威尔奇还在湘雅医学院发表了演讲。考察团与胡美和颜福庆就基金会资助湘雅医学院的事宜进行了广泛的讨论，胡美和颜福庆希望能在化学、物理、生物实验室建设、医院建设方面获得资助，也希望补助教师的部分薪水，但提出教师的选任应由校方负责。

10月20日，考察团返回汉口短暂休息后，23日乘船经九江前往南京、上海、杭州等地继续考察。考察团访问了南京大学、南京鼓楼医院、上海圣路克医院、圣伊丽莎白医院、上海哈佛医学院、红十字会医院、同济医院、杭州麻风病院、浙江医学专门学校等机构。在上海，巴特利克一行参观了圣路克医院、圣伊丽莎白医院、红十字会医院、圣约翰大学和哈佛医学院、同济医学院和医院等机构。10月30日，华东教育会在上海举办了星期六俱乐部午餐会，欢迎洛克菲勒基金会中国医学考察团的来访。会议由上海市卫生局的医务官斯坦利(Arthur Stanley)主持，斯坦利在介绍时说:科学无国界，不分种族，科学医学引入中国不仅有益于中国，也有利于世界各国;中国有许多流行病，是医学研究的重要问题;今

① Johnson G. Johnson's letter to the Rockefeller Foundation, Mar. 10, 1915. *Rockefeller Foundation Archive*, *Record Group*: 4, *Series 1*, *Box 1*, *Folder 1*. New York: Rockefeller Foundation Archive. 1.

天我们欢迎美国医学界的权威专家威尔奇先生发表演讲。威尔奇的演讲题目为“现代医学的若干进展”。威尔奇在简要介绍了医学科学的最新进展后,指出中国已落后于西方。他认为,通过引进西方医学不仅可以改善病人的医疗保健,而且可以提升整个现代科学在中国的影响。他还指出,我们来中国不仅给你们带来新的知识,也将带走更多的信息。他表示很高兴会见这么多的医学界人士,希望有更多的合作。他回顾了现代医学的发展历程,从文艺复兴讲到外科消毒防腐技术、抗毒素血清治疗、应用卫生学知识解决传染病预防问题、实验方法的重要性。他指出全世界都认识到医学科学有能力为人类谋福利,而中国医学还停留在亚里士多德和盖仑的时代,因此中国应当努力学习现代科学。他说在中国两个多月的考察,对提出解决中国医学发展的方法充满兴趣,考察团将落实洛克菲勒基金会在中国发展现代医学教育的目标。他接着介绍了洛克菲勒基金会在中国开展医学教育是慈善性质的,目的是训练中国的医务人员。他还强调了洛克菲勒基金会成立了国际卫生委员会、洛克菲勒医学研究所等医学机构,旨在推动全球的医学事业;在中国洛克菲勒基金会的主要任务不是一般性质的医疗服务,而是集中支持几个医学中心,开展现代医学教育,提升整个社会的文明水平。最后,他赞扬了教会的医学工作,肯定了传教士医生的功劳,但同时又指出,传教士医生只是满足了一时的需要,要发展中国的现代医学应加入新的力量。①

11 月 10 日,考察团从上海乘赴香港、广州考察,参观了香港维多利亚大学和广州的 Kerr 医院、光华医学院、岭南大学等机构。11 月 17 日

① Notes on Dr. Welch's Address to the Members of the Saturday Club. Shanghai, Oct. 30,1915. *Rockefeller Foundation Archive*, *Record Group*: *4*, *Series 1*, *Box 1*. New York: Rockefeller Foundation Archive: 212 - 220.

离开香港在上海短暂停留后于12月2日抵达日本京都。在日本停留期间,拜会了在横滨负责出版中国《博医会报》的传教士医生高似兰(P. B. Cousland)[①],参观了京都帝国大学病理研究所、东京大学医学院等。12月11日,考察团乘"天洋丸"号回国。在返美途中,考察团举行会议就考察报告的撰写和任务分工做出了安排,决定由各成员分别草拟考察报告的一部分,最后汇总,经集体讨论、修改、定稿。考察报告的分工为:威尔奇:华北部分,包括北京、天津、沈阳和济南;弗莱克斯勒:长江下游(上海及周边地区)和华南、香港、广州;盖茨:长沙、汉口、武昌、汉阳;巴特利克:委员会考察工作和目标的一般性陈述以及委员会对中国的整体印象。12月27日,考察团回到旧金山,此次访问历时4个月20天,考察大学、医学院35所,医院、诊所37家(图8)。

与第一次考察相比,这次考察在美国引起的反响更大。1915年6月15日,洛克菲勒基金会正式公开宣布它的"中国医学计划"后,《纽约时报》[②]、《华盛顿邮报》[③]和《洛杉矶时报》[④]等都立即报道了美国将派遣3位名医考察中国医学和在中国建立现代化医院的消息。考察结束后《纽约时报》发表了以"美国将为中国培养医学人才"为题的长篇报道,较详细地介绍了考察团在中国开展了6个月的实地考察情况以及CMB将在中国开展的资助项目,并特别强调了将建立2所现代化医学院的计划[⑤]。中国医学界也对CMB的工作高度关注,新创刊的《中华医学杂志》对洛

① 高似兰,苏格兰长老会传教士医生,1883年来华,长期从事西医书籍翻译和医学名词翻译工作,1910年当选中国博医会会长。后因《博医会报》和医学教科书的印刷出版工作在日本进行,故常住日本横滨。

② Rockefeller Fund Tells China Plans. *The New York Times*, 1915-06-16.

③ Buy College in China. *The Washington Post*, 1915-06-16.

④ Chinese Hospital Chain to be run by American. *Los Angeles Times*, 1915-06-16.

⑤ American Medical Training to be given China. *The New York Times*, 1916-01-16.

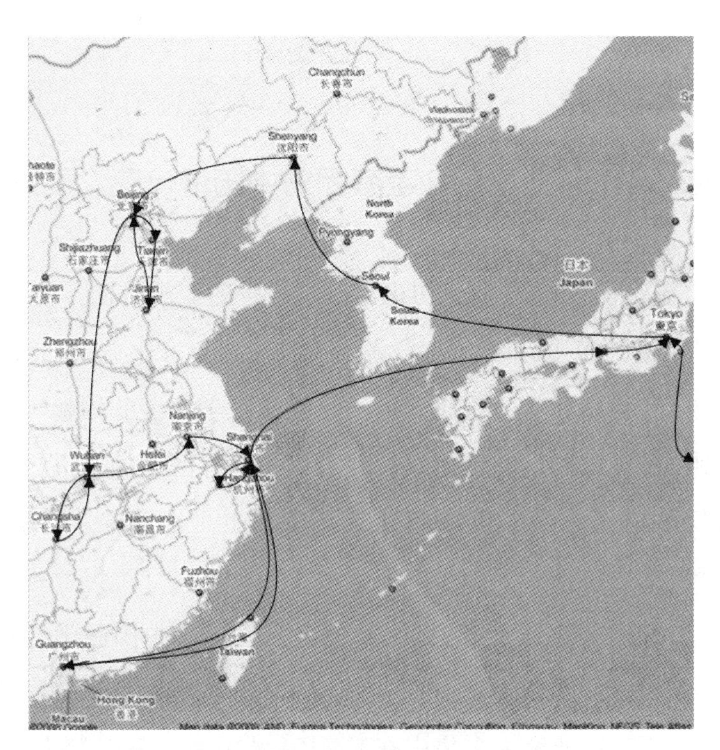

图 8　第二届中国医学考察团考察路线图

克菲勒基金会在中国的医学活动给予了积极评价：

柔氏提倡医学部之代表人，为美国约翰霍波金大学卫尔区博士，著作等身，为近世医学界之泰斗。纽约病原研究所所长弗勒斯纳博士，美国教育部秘书长柏梯克博士，青年会总干事穆德博士。名贤硕学，荟萃一堂。柔氏医学部提倡之力，于中国医界前途，放一异彩，可操左券…… 近今中外人士合办医学卫生事业者，已极著成效。柔氏医学部甚望能助中国人医士及富于公德心之公民，尽力于卫生及医学各事业。①

① 中华医学杂志编辑部："柔氏提倡中国医学部着手进行之状况"。《中华医学杂志》，1915 年，第 1 期，第 34～37 页。

四、洛克菲勒基金会考察团对中国近代医学发展的影响

19 世纪末 20 世纪初正值医学教育的变革时期。美国的医学教育在借鉴、吸收英国和德国医学教育体制的同时，建立了在大学本科的基础上 2 年科学和实验室研究加 2 年临床医学训练的约翰·霍普金斯模式，推动了美国医学的迅速发展并迈入了世界医学的先进行列，而领导洛克菲勒基金会中国医学项目主要任务的也是推动这一时期美国医学重大变革的医学精英。

经过 3 次考察，洛克菲勒基金会确定了中国医学计划的主要内容、发展目标和实施方案并决定成立 CMB 作为执行该计划的驻华管理机构。以往的研究大多集中在 CMB 和北京协和医学院方面，实际上，从洛克菲勒基金会考察团的考察到 CMB 成立后在中国开展的活动，都不是仅仅限于北京协和医学院的。洛克菲勒基金会的目标是在中国建立现代医学体制，除北京协和医学院之外，还拟在上海建立一个医学中心。1916 年 4 月 6 日，洛克菲勒基金会决定成立"洛克菲勒基金会上海医学院"(Shanghai Medical School of the Rockefeller Foundation)，4 月 11 日成立董事会，洛克菲勒基金会会长文森特(George E. Vincent)任主席，胡恒德(Henry S. Houghton)被指派为执行院长[①②]。CMB 计划将圣约翰大学医学院、中国哈佛医学院和南京大学医学院合并组建上海医学

---

① Rockefeller Foundation. Rockefeller Foundation Annals Report. *Rockefeller Foundation Archive, 1916*. New York: Rockefeller Foundation Archive: 295.

② Rockefeller Foundation. Rockefeller Foundation Annals Report. *Rockefeller Foundation Archive, 1917*. New York: Rockefeller Foundation Archive: 233.

院，并在法租界购买了20英亩的土地建立校舍，然而，因受第一次世界大战和经济不景气的影响，这项计划在拖延几年后最终被取消。

虽然上海医学院的创办受到挫折，但CMB的其他项目均按计划实施。主要包括：①在协和设立医预科学校、护士学校；资助齐鲁大学医学院、湘雅医学院、华西协合医科大学、福州协和医学院、奉天医学院、华北女子医学院、广东公益医学院和夏葛女子医学院等医学院和圣约翰大学、金陵学院、福建基督教大学等开办的医预科学校。②资助北京、天津、上海、沈阳、保定、德州、烟台、太原、苏州、南京、南通、扬州、宁波、芜湖、安庆、九江、常德、宜昌、厦门、广州等地的教会医院，这些资助大多用来购买X线机、实验室和手术设备等。③设立奖学金和研究金，资助中国医生与护士去美国进行专门研究和培训。如从1915至1919年，已有25位医生赴美国医学院或医院进行1～3年的专题研究，14人回国后分别在协和医学院、湘雅医学院、齐鲁医学院和湘雅医院任职。此外，还有大量奖学金和研究金提供给愿意到中国服务一段时期的美国传教士医生和护士。④支持中国的医学学术活动，如CMB与中国博医会(China Medical Missionary Association)合作。医学教科书翻译和医学名词的统一是西医传播和医学教育中的核心问题。CMB资助出版了博医会出版委员会编译的《欧氏内科学》、《克氏外科学》等主要医学教材以及护士协会出版的护理教科书。CMB也对新成立的“中华医学会”给予了慷慨的资助。至1919年，CMB通过规划与经济资助，建构了一个中国现代医学教育和医疗体系。虽然CMB并没有完全掌控中国的医学体系，但其总体上的布局与重点支持已能充分左右中国现代医学的走向(图9)。

旧命维新

图 9　1914～1919 年 CMB 全额和部分资助的医学院、医预科和教会医院

五、慈善基金会、医学与国家

近些年来，学界对洛克菲勒基金会以及其他慈善组织在 20 世纪早期推动现代医学和公共卫生事业方面的作用颇为关注。斯奈德(William H. Schneider)认为，这一时期美国新兴的慈善基金会之所以对现代医学的发展产生了重要影响，首先是因为此时西方各国投入医学领域的资源有限，尤其是一战之后因经济不景气，医学费用锐减，成为基

金会发挥影响力的前提；其次，由于基金会的决策只有少数人参与，从而能迅速地确定其努力目标和优先顺序；再次，基金会强大的财力和坚定的目标，使得他们相信通过他们的努力就能改变一个国家甚至世界的医学状况，如洛克菲勒基金会在控制钩虫病方面的成功；最后，基金会的工作也得到了国际组织，如国际联盟卫生组织、国际红十字会的大力协作，后者也希望借此确立医学和公共卫生的国际标准和疾病控制目标等①。虽然从总体上看，慈善基金会的作用尚不足以影响一个国家的医学发展和卫生政策，但在具体的、一些关键性的领域，基金会的影响力是不容忽视的，如洛克菲勒基金会提供的大量资助，为美国研究型大学的发展注入了活力。洛克菲勒基金会资助项目的选择，改变了慈善活动的方向：即从医治社会问题的“病症”——救济，转向理解并消除其背后的“病根”——发展科学、教育与医疗卫生。慈善基金会向科学与医学领域的转向也使得他们更多地遵循科学的方法，支持专家们的工作。如1901年洛克菲勒基金会按照欧洲最著名的医学研究机构巴斯德医学研究所和科赫细菌学研究所的模式，建立了洛克菲勒医学研究所，该所聘请一流科学家和管理人才，并给予他们充分的权力，确保独立科学研究的政策得到严格的遵守。

不过，评价慈善基金会在中国和不发达国家的作用要比评价它们在本国或者在西方世界的作用要更为复杂。关于洛克菲勒基金会及其CMB在华工作的研究已有多部专著和相当数量的论文。西方学者无一不对洛克菲勒基金会及其CMB在华工作给予高度评价：“没有哪个机构对（中国的）医学教育作出了如此巨大的贡献，对（中国）现代医学产生了

① Schneider W H (eds). *Rockefeller Philanthropy and Modern Biomedicine*. Indiana: Indiana University Press, 2002:2.

如此深远的影响。”[①]“北京协和医学院的创建使我们显得比我们实际上做的更聪明。现代医学的观念从这里源源不断地进入中国，这里没有理念上的冲突，因为健康是所有人渴求之事，并不受限是何者提供健康的保障。现代医学是无须考虑观念差异和界限能将人类联系在一起的纽带，是构建社会和谐的基石。”[②]

在中国，对慈善基金会的行为有“动机论”、“目的论”、“后果论”甚至“阴谋论”的种种解读，但这类简单性的论断并不能真正揭示慈善基金会的目的、作用与影响。前已述及，民国时期，政府和医界对洛克菲勒基金会在华的医务事业基本持欢迎和支持的态度。新中国成立后，尤其是朝鲜战争的爆发，随着中美关系转变为敌对状态，洛克菲勒基金会等美国在华事业均被视为帝国主义的侵略行径。1950 年 12 月，中央人民政府政务院发布命令，管制和清查美国政府和企业在华的一切财产及处理接受美国津贴的文化教育救济机关及宗教团体。次年 2 月，华北五省二市接受美国津贴的医院举行会议，宣布摆脱美国在政治上、经济上、文化上、思想上的侵略，并致函毛主席表示今后将竭尽全力为和平建设新中国和人民的卫生事业而奋斗。[③] 因此，直至改革开放以前，慈善基金会常被看作西方文化渗入或帝国主义文化侵略的一部分，协和医学院曾被当作“美帝国主义文化侵略的堡垒”受到长期、严厉的批判[④]。耐人寻味

---

① Balme H. *China and Modern Medicine: A study in medical missionary development*. London: United Council for Missionary Education, 1921:118.

② Ferguson M E. *China Medical Board and Peking Union Medical College*. New York: China Medical Board of New York, Inc, 1970:5.

③ 中华新医学报编辑部：“华北区处理接受美国津贴医院会议全体代表致毛主席函”。《中华新医学报》，1951 年，第 2 期，第 179 页。

④ 邓家栋：“协和医学院的创办经过”。政协北京市委员会文史资料委员会编：《话说老协和》，中国文史出版社，1987 年，第 16 页。

的是，冷战时期慈善基金会在美国也受到“非美和颠覆性活动，或违背美国利益与传统的目的”的调查。洛克菲勒基金会被指责“32年来在中国花了几千万美元，绝大部分是资助了中国的高等教育，培养了大批人才，而革命一来，这些人纷纷倒向共产党，所以是洛氏基金会的钱培养了中国共产党的骨干力量。”[①]在特定的政治环境下，慈善基金会与国家政治利益之间的矛盾，显然影响到对其价值的评判。

洛克菲勒基金会拟实施中国医学项目的同时，洛克菲勒财团下的美孚石油公司也在大举进军中国，尽管商业资本与慈善资金完全是两套运作人马，两者之间并没有直接的因果关系，但从洛克菲勒基金会购买的新协和医学院校址豫王府被称为“油王府”这一点上，人们依然会感受到两者的潜在联系。然而，我们不能凭此否定洛克菲勒基金会及其CMB对中国现代医学的积极影响和贡献。此外，洛克菲勒基金会的中国计划与当时美国的对华政策是一致的，但我们不能因此把它与美国政府的政策完全等同起来。洛克菲勒基金会和CMB并不直接支持或反对任何派别，在政治上与政府保持既合作又有一定距离的策略，它所关注的是其从事的事业。洛克菲勒基金会和CMB有其自己的价值观念和行为准则，它所推行的是“放之四海而皆准”的科学和理性，因此，他们认为他们的事业符合中国人民的利益。实际上，当时提倡和推行科学和理性，不仅是中国知识分子的追求，也是中国政治变革和社会革命的动力。

虽然当时美国知识精英们以“上帝的选民”的历史使命感、以拥有极大物质财富的自豪感和传播先进科学技术的责任感，相信自己就是新文明的代表，相信自己有能力并且应该去教化和改造贫穷、落后的东方国家，这种西方中心论的观点已植根于他们的思维范式里，但洛克菲勒基

① 资中筠：“洛克菲勒基金会与中国”。《美国研究》，1996年，第1期，第58～86页。

金会及其CMB来华之初,还是非常注意消弭或有意回避之的。CMB的首任主任巴特利克对美国新闻界的一些报道不满。他在给顾临的信中说,不喜欢新闻记者对中国的负面描述以及引用我们报告中提到的问题,认为它可能引起中国政府和人民的反感。顾临在回信中说,他也反对用新闻口气来宣布CMB的计划,希望报道按他草拟的文稿,或做些缩减,应防止提及一些敏感的问题引起中国人的反感,如文章中突出中国不卫生状况的问题。他还特别指出,在上海开办哈佛医学院时,一些言论引起了有地位的中国人的反对。他认为,对试图找到更多的资金的人来说这些描述当然是需要的,但CMB没有这方面的问题。顾临认为,CMB的首要任务是吸引优秀人才加入我们的工作,向其他机构解释我们工作的精神和目的,告诉公众,作为一个半公共机构的我们的责任和义务。他还认为,现在的目的不是引起新闻界的关注,而是希望引起重要的医学院和教会的关注;现在还不是宣传的时候,我们的工作才刚刚开始,还没有吹牛的机会。①②

基金会的建立是"为了人类的利益,以永久慈善事业的法人团体的形式将巨大财富作最后处置。"其宗旨为"在全世界造福人类"。医学和公共卫生事业能直接解救疾病给人民造成的巨大苦难,而20世纪初正值生物医学研究迅速发展和重大传染病控制始见成效之时,洛氏基金会以医学和公共卫生为优先并非仅是个人之偏好,实乃深谋、明智之举。因此,有学者认为私人创办的基金会,不仅是政府的补充而且也是稳定社会的因素,同时,它还体现了人类的一种理想,因此,不能简单地从实

---

① Buttrick to Greene, Feb. 17,1915. *Rockefeller Foundation Archive*, *Record Group*: *4*, *Series 1*, *Box 3*, *Folder 22*. New York: Rockefeller Foundation Archive. 1.

② Greene to Buttrick, Feb. 18,1915. *Rockefeller Foundation Archive*, *Record Group*: *4*, *Series 1*, *Box 3*, *Folder 22*. New York: Rockefeller Foundation Archive. 1.

用主义的观点来评判之。当下，中国经济的发展和财富的积累颇类似于一百年前的美国。然而，遗憾的是，在中国尚未出现类似于洛克菲勒基金会、卡内基基金会这类有影响的关注科学、教育与医学的民间慈善组织。

1965年，美国公共卫生协会将誉为“美国诺贝尔奖”的拉斯克奖(Lasker Award)颁给了曾担任过洛克菲勒基金会主席的格里格(Alan Gregg)。《纽约时报》对他的赞誉是：

> 一位在35年里从未治疗过一例病人的医生，一位从未上过一堂课的医学教育家，一位从未做过任何研究的医学研究者。然而，他完成的医学研究、医学教育和医疗工作远非是任何一位在这三个领域里的杰出人物所能完成的任务。

其实，若去掉上面的时间限定，将这一赞誉赠送给洛克菲勒基金会和CMB也是恰如其分的。

（毛　丹）

吴 燕

紫金山天文台与中国天文学近代化

作为中国人自己建立与运作的最早的近代意义上的天文研究机构，国立中央研究院天文研究所创建于 1928 年。而天文所建于南京紫金山的观测圆顶也就是人们熟知的"紫金山天文台"，尽管并非中国本土第一座冠以"天文台"之名的机构，但在公众视野中，它的声名显然超过了在建造年份上早于它的中山大学天文台①。

无论从何种角度而言，当说到"紫金山天文台"时，都无法将它与作为创建者的天文研究所剥离开来，事实上，紫金山天文台是作为天文研究所进行天文观测的场所而存在的。因此，本文在讨论作为中国天文学近代化个案之一的紫金山天文台时，也会将它重新放回到其原有的情境中，追溯从天文研究所的创建到在紫金山择址建台、因抗战内迁昆明乃至重新迁回南京的历程以及该台在科学日益全球化的背景下试图融入国际天文学界的实践。

一、天文研究所：从背景到初创

国立中央研究院天文研究所的建立以及紫金山天文台的建造，发生在近代西方天文学的研究框架已渐趋完善的背景之下，除经典天体力学之外，天体物理学、宇宙学等研究分支已经崛起并取得大量成果；而早在 19 世纪下半叶，耶稣会士已在中国上海建立了中国境内最早的近代意义上的观象台（1905 年又在佘山建造了圆顶），并开展了包括地理经纬度测量在内的一系列与天文学有关的观测。

与西方天文学的蓬勃发展形成鲜明对比的是当时中国社会在思想

---

① 由留法博士张云主持创建于 1931 年。

观念上的陈旧，尽管早前已有西方科学著作被翻译介绍到中国并对知识层产生了一定影响，但从更大的范围来说效果并不明显。例如在徐家汇观象台所在的上海，自1926年春季开始先后遭遇干旱乃至其后的酷热天气，作为缓解旱情之法，当局在此期间曾设坛祈雨[①]，并在肉市禁屠；直到8月15日台风带来的一场暴雨使得酷热干旱得到缓解之后，次日，肉市开屠[②]。事实上，在1926年的干旱期间，祈雨禁屠者不独上海一地，因此在1926年的一篇文章中，气象学家竺可桢曾写道：

> 各省当局，先后祈雨禁屠，宛若祈雨禁屠，为救济旱灾之惟一方法。此等愚民政策，若行诸欧美文明各国，必且被诋为妖妄迷信，为舆论所不容。而在我国，则司空见惯，反若有司所应尽之天职，恬不为怪。夫历史上之习惯，是否应予以盲从，愚夫愚妇之迷信，是否应予以保存，在今日科学昌明之世界，外足以资列强之笑柄，内足以起国人之疑窦，实有讨论之必要也。[③]

国立中央研究院天文研究所正是在这一背景之下建立的。从大的社会背景来说，它是中国知识分子将西方科学移植到近代中国的成功尝试之一，也是这一“移植”过程中最具有代表性的实践；而就个人际遇而言，它的建立乃至后来的发展都与其创建者高鲁以及最初的几位台长余青松、张钰哲有着密切的关系。

高鲁(1877～1947，字曙青)，福建长乐人。1905年留学比利时，获工

① “龙王庙昨日继续设坛祈雨”。《申报》，1926年8月6日，第13版。
② “本市昨已得透雨，今日起南北市开屠”。《申报》，1926年8月16日，第13版。
③ 竺可桢：“论祈雨禁屠与旱灾”。《竺可桢全集》(1)，上海科技教育出版社，2004年，第539页。此文原载于《东方杂志》23卷13号(1926年7月10日)，第5～18页，1934年中央研究院气象研究所发行了单行本。

科博士学位。回国后曾任南京临时政府秘书、北京中央观象台台长。曾与高鲁共事的同行陈遵妫先生则有评价云，高鲁“原非习天文，惟我国天文界之能发展至今日状况，莫不认为系其提倡之力。天文研究所之创立，中国天文学会之发起，中国日食观测委员会之组成，皆高氏之功。后因从事政治工作不能兼顾而去。实际国人咸认为高氏乃我国天文界中为一具有推进天文事业之一人”①。

1912 年起，高鲁受教育部委托主持民国政府的历法改革。同年，教育部接管了清政府的编历机构钦天监，并将泡子河观象台（观测天象和管理漏刻的地方）拨给刚刚成立的中央观象台作为台址。高鲁随之成为中央观象台的第一任台长。上任之初，高鲁首先完成了对中央观象台的机构调整，一改天文机构只为授时编历服务的功能，参照近代科学机构的建制规模，在中央观象台内分别设置了历法、天文、气象、地磁等各科。不过，由于当时在人才、设备和经费方面都不充足，而且当时的一个主要任务就是编制历书，因此暂时先只成立了历数科。

1913 年 5 月，日本中央气象台召集远东气象台台长会议，中国境内受邀者包括耶稣会士主持的上海徐家汇天文台、英国人主持的香港皇家天文台、德国人主持的青岛观象台，但中央观象台并未受到邀请。高鲁在得知中国受邀、但一直都未得到通知、会期已近的情况下便自筹经费赴东京，“由驻日公使汪伯唐先生之介绍，得以入会旁听；又得徐家汇台长劳神父为请于主席，遂以旁听资格而能出席发言”②。此事令高鲁深

---

① 陈遵妫：“三十年来之中国天文工作”。《科学》，第 29 卷。

② 高鲁：“中国气象学会成立以前之感想”。《中国气象学会会刊》，1925 年，第 1 期，第 3 页。另外，蒋丙然在“四十五年来我参加之中国观象事业”（原载《庆祝蒋右沧先生七十晋五诞辰纪念特刊》，1957 年；此处转引自杜元载主编：《革命人物志》（11），中央文物供应社（台北），1973 年，第 279～280 页。一文中也曾述及此事。

以为憾，后曾与气象学家蒋丙然商议此事，经多方奔走终在中央观象台成立了气象科。也正是从此时起，高鲁开始萌生了一个想法：建立一座中国人自己的近代意义上的天文台。

高鲁曾经设想在北京西山建立天文台，并于1915年与常福元一起在西山踏勘选址，但因当时形势所限，高鲁的计划无法得到官方经费支持。因此高鲁在当时采用了一种迂回的方式来实现其在中国建立近代天文台的设想，这种迂回的方式至少包括2方面的工作，而它们在后来都对天文学及其所体现西方科学方法与思想在中国的引入产生了较大的影响。

首先，高鲁于1915年将两年前创刊的《气象月刊》扩充为《观象丛报》，其意有二：其一，高鲁想在国内发起组织一个“中国天文学会”，但以当时国内的情况来看，条件并不成熟，尤其是会员无处寻觅，因此高鲁希望这份刊物能吸引来更多的同道中人，因此在创办时也是以中国天文学会的名义而出版的，尽管在当时天文学会还未成立；其二，当时的中央观象台只有历数、气象两科，而按照组织条例，还应该继续增设天文、磁力两科，高鲁渴望从国外已有的经验中获取更多有用的东西，并储备必要的书刊资料，因此便以此刊寄赠各国天文、气象、地磁、地震机构，进行出版物交换。

为了办好这个刊物，高鲁在中央观象台成立了专门的编辑室，并聘请了一批专职的撰稿人。《观象丛报》每期的前半册刊登文章，后半册刊登气象记录。文章虽然天文、气象、地磁、地震几方面都有，但以天文为主。高鲁本人还亲自撰文，宣传天文、气象知识。非常值得一提的是这份刊物的排版方式，它采取从左至右的横排格式，在当时的中国，除了中小学数理化教科书以外，所有的出版物均为自右向左直排，而《观象丛报》的作法可以说是开风气之先，当然这也可能是出于与国际接轨的考虑,毕竟创办《观象丛报》原意就是与国外进行刊物交换。

按陈展云日后回忆,《观象丛报》的确收到了一些效果。清代有一些私人攻读《历象考成后编》,这些人中有的同编辑室通信讨论历象问题,有的还主动申请加入学会。在当时,加入学会的有两位,一位是湖北的陈鸿翼,一位是福建的林奉若。此外,像河南开封的王兆埙、云南昆明的陈秉仁、南洋华侨张启明等人也都属热心人之列。其中,王兆埙的经历甚为难得,他的出生年代早,因此从未接受过新式教育,而他的天文知识几乎全部来自《观象丛报》。后来,王兆埙在去世的时候留下遗嘱,将他收藏的从《观象丛报》直到后来的《宇宙》以及中央观象台出版的各种天文书籍单行本一律捐献给了天文学会。南京大学天文系教授赵却民的故事更可称为近代中国天文史迹中的佳话。赵却民的父亲是《观象丛报》的一位读者,除了《观象丛报》之外,所有中央观象台出版的其他天文书籍单行本,他也搜集得非常完整。父亲对于天文的这种热情可能在一定程度上影响了赵却民,因此在从长沙某高等学校毕业后,赵却民曾跟随齐鲁大学王锡恩教授学习天文学,后来又赴英留学,专攻天文。而高鲁在日后选中接替其在中国建立近代天文台的事业的继任者余青松,其实也是以《观象丛报》以及《中国天文学会会报》为媒而结成神交的。①

从国际方面来说,《观象丛报》也产生了一定效果。中央观象台气象科有每天 24 次气象观测记录,各海关测候站有每日气象观测记录,这些资料刊登在《观象丛报》的后半册,对于这些内容,国外尤其欢迎,因此在寄出后不久,中央观象台便陆续收到近百种天文、气象、地磁、地震刊物作为交换,寄赠的单位遍布五大洲。甚至在《观象丛报》停刊后,各国刊

① 陈展云:《中国近代天文事迹》,第 28 页。

物仍然在继续寄往中央观象台。①

其次就是中国天文学会在1922年的成立,它与《观象丛报》的编辑出版不可截然分开。如前所述,《观象丛报》的出版正是高鲁为成立天文学会所做的重要准备工作。该学会以"求专门天文学之进步及通俗天文学之普及"为宗旨,团结国内天文工作者开展了编辑天文书刊、编订天文学名词、开展学术讲演、奖励天文学著作以及联络研究等多种学术活动。为了充实壮大天文学会,高鲁把当时著名科学家李四光、竺可桢等以及社会知名人士蔡元培、汪精卫、陈嘉庚等均劝入天文学会。为了奖励会员的天文著作,高鲁还用母亲的资产设立了"霁云楼老人基金"。

1927年,由于北洋军阀政府内阁频繁改组,教育总长也随之频繁更换,这种状况于教育的稳定性极为不利。在教育行政委员李煜瀛建议下,蔡元培在得到新改组的国民政府批准后,首先在设有国立大学的广东、湖北、浙江、江苏四省试行改革:废除了这4个省的教育厅,把4省的大学改名为第一、第二、第三、第四中山大学;在中央设立大学院,大学院内部组织分为3个部门,分别是中央研究院、教育行政处和秘书处;同时,撤销教育行政委员会,把这个机构原有人员调来南京,分配在教育行政处和秘书处。

经过这次改革之后,蔡元培亲自兼任中央研究院院长,教育行政处主任杨杏佛兼任研究院总干事,除此之外,研究院不再另设办事人员,一切行政事务由大学院秘书处人员办理。也正是在这次改革中,观象台筹备组成立了,这是中央研究院最先设立的业务机构。而在同一年为编制历书而成立的时政委员会(隶属教育行政委员会)在撤销后被编入筹委会中的天文组。

① 陈展云:《中国近代天文事迹》,第28页。

成立之初的观象台筹备委员会只有 3 个人:高鲁、竺可桢、余青松。此时,余青松尚在厦门大学教书,因此在筹委会只是挂名,而真正每天到鼓楼办公地点照应大小事务的只有竺可桢和高鲁 2 人。

按照高鲁最初的设想,观象台应分设天文、气象、地磁、地震、时政等多个不同的组,不过出于种种考虑,院方主张先设立天文、气象 2 个组。高鲁和竺可桢相应地成为这 2 个组的分管负责人。借此机会,高鲁决定将原来准备在北京西山建近代天文台的计划转移到南京,随后开始了选址工作。

高鲁计划将天文台建在南京东郊的紫金山第一峰,即北高峰,但是这个台址是否合适,高鲁还需要亲自去勘察一番。这一天,高鲁带领他在中央观象台的 2 位旧部陈遵妫和陈展云一起来到了海拔 450 米的北高峰。他们乘汽车来到陵园公路紫霞洞路口。紫霞洞在当年也是一个游览区,直到抗战前夕由于军队驻守,这条路才被封闭。三人之一的陈展云日后回忆了这次踏勘的情景:

> 我们走到紫霞洞道观,休息一下。高鲁对我们说:“这里有泉水,建台后吃水用水都可以从这里汲取。”离开紫霞洞再向上攀登,已经没有现成的人行道,只得看准方向在乱草丛中举步。高鲁当年年龄约五十,体力还算矫健;我和陈遵妫那时候都是年轻小伙子,当然更不在乎,很快地从乱草丛中攀登到第一峰。举目向四面瞭望,高鲁觉得形势确实好,决心选址在这里。①

在此次踏勘结束之前,高鲁让陈遵妫和陈展云 2 人再沿着山脊到第

---

① 陈展云:《中国近代天文事迹》,第 38 页。

三峰视查一下，以供日后参考，他自己则只身沿原路返回城里与竺可桢商量。但竺可桢对高鲁的想法并不以为然。竺可桢认为气象部门应设在北极阁，因为这里山不算太高，位置大抵在南京城内南北居中的地方，因此观测所得的气象纪录可以代表南京气候，而紫金山第一峰距离南京城又远又高，此处的气候与南京城里的气候差别太大。对于竺可桢提出的意见，高鲁在重新考虑之后稍做了一些调整。他主张包括气象部门在内的观象台总部还是应该设在紫金山，但同时在城里增设一个气象测候所，他所选定的地址就在鼓楼公园，因为鼓楼位于南京市中心，地势只比全城平地稍稍高了一些，在这里测得的气象记录要比在北极阁测得的记录更能代表南京的气候。而且鼓楼公园有现成的草坪，只要稍加整理就是很好的气象观测场。

当时，高鲁同时兼任大学院秘书，会计、庶务两科由他直接领导，这为他的工作带来了方便。他先请院方致信南京政府，将鼓楼公园接收过来，然后让会计科拨款，请庶务科招商承修鼓楼楼上房屋。楼上这一层原本是打通的大厅，高鲁指示木工在左右两侧隔成 4 小间。在中央这一间的前半间添加 1 层 3 楼，然后掀掉 3 楼前面的部分椽瓦，修成一座小平台。依高鲁的设想，将来可以在这个小平台上放置风向针、风力表之类的仪器。在鼓楼大平台的显著位置，十分醒目地写上了“鼓楼测候所”5 个大字。此时，气象组已开始在大学院西花园草地上设置百叶箱，开始观测气象。高鲁打算等鼓楼修缮完工就把气象组的人全搬过来。但他并不知道，对于气象组的办公地点，竺可桢有自己的打算并已在付诸行动。竺可桢一方面接收北极阁，一方面则在另觅地点，终于找到第四中山大学校内一个叫做“梅庵”的小庭院。在与校方接洽借到梅庵之后，竺可桢带领气象组的员工们迁了进去。此时，高鲁择定的鼓楼办公地点也已修缮完毕，为了不让它闲置，高鲁只好将天文组搬了进去，而原来

"鼓楼测候所"几个字当然也没必要留着,于是,高鲁找了两条孙中山语录贴了上去。一条是:"凡真知特识必从科学得来。"一条是:"宇宙之范围皆知之范围。"

1927 年 11 月 20 日,"筹备国立中央研究院大会"举行。由于高鲁在会前多方奔走,做了很多工作,因此在这次会上,高鲁提出的"建国立第一天文台在紫金山第一峰"的提案获得了通过。在经费十分紧张的条件下,高鲁一方面紧缩其他各项开支,一方面也向"英法美庚子赔款委员会"申请款项,得到了 8 万两银元。拿到资金支持的高鲁立即向瑞士、德国的 2 个厂家订购了子午仪和赤道仪,并委托厂家代制 2 座望远镜的观测室圆顶。

鼓楼选址一事使院方看出高鲁与竺可桢 2 人之间似难以合作,便做出决定,撤销观象台筹备委员会,将其改组为天文、气象 2 个研究所,聘高鲁、竺可桢 2 人分任 2 个研究所的所长。为了扩充这支刚刚成立的队伍,除了中央观象台的陈遵妫、陈展云之外,高鲁还亲自跑到上海,将早已选中的高平子请到了南京。

1928 年 4 月,国立中央研究院天文研究所成立。聘书不久便送达高鲁的案头:聘任高鲁为天文研究所秘书代所长职权,聘任高平子、陈遵妫为天文研究所专任研究员,任陈展云、李峰为助理员,叶青为推算员,殷葆贞为书记。聘书于 1928 年 9 月签发。此时,高鲁心中那个建立近代天文台的理想也离他越来越近了。

二、紫金山天文台

从 1927 年秋到 1928 年底,1 年多的时间里,高鲁和他的同事们东奔西走，踏勘、测量、筹措资金，终于完成了天文台的设计工作。这时，高鲁在《中央日报》和上海的《申报》上刊出施工招标广告。但是就在天文台的筹建工作渐渐进入正轨时，高鲁被委派为中国驻法国公使，不日到任。对于此次委任，高鲁在最初的时候并不准备赴任，但一再推拒而毫无效果，最后只得从命。高鲁曾非常惋惜地说："我真希望终身为祖国天文界效劳，把我国古代天文学在国际上的荣誉发扬光大，无奈因李石曾先生敦促，不得不暂时离开。"①

动身去法国之前，高鲁向蔡元培推荐了其时正在厦门大学任天文系主任的余青松（1897～1978）来接替他担任天文研究所所长之职。余青松早年留学美国，于 1927 年回国。他与高鲁的相识缘自当时很有名的报纸《观象丛报》和《中国天文学会会报》，二人相互通信神交已久。

1929 年 1 月 26 日，高鲁乘法国邮轮达德亚号赴法②。国立中央研究院的公函与聘书于 2 月发出，敦请余青松于当年 3 月到所赴任，接替高鲁之职。余青松此前曾参观过天文研究所，当时高鲁已有意将其留在天文所任职，但是因有急事在身，余青松须返回厦大，故与天文研究所擦肩而过。而此次收到中央研究院的聘书之前不久，余青松刚刚接受了厦门大学的聘任，不能违约。于是余青松当即提笔致信中央研究院蔡元培、杨杏佛，说明自己当下的情况，并承诺，俟本学期终了即来京赴任③。

1929 年暑假，余青松来到了天文研究所，交接工作在这一年的 7 月间全部办妥，随后便为建台事而上山考察。尽管已经有高鲁的踏勘图

---

① 马星垣："高鲁"。《科学家传记大辞典》编辑组编辑：《中国现代科学家传记》，科学出版社，1994 年 10 月第 1 版，第 272 页。

② "高鲁公使今晨放洋"。《申报》，1929 年 1 月 26 日，第 13 版；"驻法公使高鲁昨晨放洋"。《申报》，1929 年 1 月 27 日，第 13 版。

③ 中国科学院紫金山天文台档案，第 6 卷。

纸,但余青松经过考察认为,原来选定的台址其自然条件并不适合建造天文台。因此在踏勘之后最终决定将天文台建在第三峰,也就是天堡峰之下。天堡峰离城市很近,因此备受军事家重视。但是对于天文学家来说,恰恰是这一点,使得它不太适合天文观测,因为离市区太近,也就难免受到市区灯光的影响,而且海拔又低,观测条件不如第一峰。但是余青松也从这些劣势中看出了一些潜在的优势。天堡峰西北方向山势较为平坦,开筑通达此峰顶的盘山路可以沿此方向选线;天堡峰顶面积较宽,又靠近南京城,和北高峰相比,其高度既低,将来筑路费用也自然可以节省许多。另外,此峰海拔虽只有 267 米,但是多年的气象资料表明,南京以东风居多,而天堡峰恰好在上风向,因此可以免去烟尘的干扰。

施工于 1929 年底开始。由于经费有限,全台的建筑无法一次完成。因为高鲁在任时已向瑞士的一家工厂订制了子午仪,签了合同并已交付了定金,余青松就任所长时,这架子午仪已大部分完成,所以,子午仪室成为第一座需要完成的建筑。随后,大台(总办公室包括大赤道仪室)、小赤道仪室(包括太阳分光仪室)、变星仪室等观测室相继在紫金山上落成。其中,小赤道仪室圆顶由上海礼和洋行在德国制造,制成运来后由中国工人自己安装;变星仪室圆顶则由天文所金氏和宏记木工模仿小赤道仪室圆顶自己制造。另外,还有蓄水池、气象塔、宿舍、大门、传达室、警卫室、配电房等建筑。除了子午仪室之外,山上的这些建筑都是余青松自己亲手设计的,其中只有大台曾经研究员李铭忠略加修改,因为他主张在楼下设置金工室,把面积放宽一些。

在陆续建成的几座观测室中,分别安放了 600 毫米反射大赤道仪、200 毫米折射赤道仪和海尔单色光观测镜、135 毫米超人差自动子午仪、100 毫米罗氏变星摄影机等现代天文仪器。其中,最值得一提的是大赤道仪。

紫金山天文台的这台大赤道仪是 1934 年向德国蔡司公司订购的，附有一个石英制双层棱镜分光摄影器和观测升降机，价值 12.2 万元国币。这座望远镜反光镜焦距为 3 米，加上卡塞格林副镜，焦距可达 10 米。除了大反光镜之外，还有一个口径 200 毫米、焦距 3 米的折射镜，用作摄影时指导星位的工具，称为导远镜。大赤道仪观测圆顶直径为 8 米，设有可升降的观察平台，全部实现电动操作，可对天空任一位置进行观测。紫金山天文台的这台大赤道仪是当时远东最大的望远镜。

建台初期，台上的其他仪器还有(价值均以战前国币计)①：

小赤道仪：蔡司公司制造，由 200 毫米的目视远镜和 150 毫米的摄影镜组成。附属有太阳放大摄影器、日珥观测器、测微器、物镜、棱镜等等。此仪用重力旋转，可用电力校正速度。观测用梯椅只用人力移动。此仪价值约 4.4 万元。

135 毫米子午仪：此仪为瑞士日内瓦制造，价值约 3 万 4 千元。这是一种精确观测天体在天球上位置的仪器。其远镜仪能在子午圈内上下回转，以之观测天体的地平纬度和通过子午圈的时刻。由此可以决定准确的时刻，完成天文台的报时任务。因为天文钟与子午仪的关系最为密切，因此在子午仪室下层还安放有电气主钟 2 具。为此，此室下层以木屑填实四周，温度可长年不变。

100 毫米罗氏变星摄影镜：变星仪是用摄影方研究变星的仪器。此仪系美国制造。价值约 6 500 元。

海尔式太阳分光仪：美国制造，此仪约 3 600 元。早在 1891 年，美国人海尔即制成了太阳单色光照相仪，次年即拍摄到耀斑的单色光照片。

① 余青松："国立中央研究院天文研究所紫金山天文台"。《宇宙》，第六卷，第一号，1935 年 7 月，第1～10页。

不过由于这些现象出现的时间非常短暂,而当时的仪器还无法及时捕捉到更多的记录。到 1925 年,海尔完成了一种新仪器——太阳分光镜,用于太阳单色相的目视观测。1929 年尚未改进定型之时,向世界各地试销,天文研究所闻讯后即购得 1 架。初时安装在鼓楼平台上观测,余青松嘱高平子主管。紫金山上小赤道仪室落成后,便改装在小赤道仪室楼下的暗室里。太阳分光仪是用来拍摄和观察太阳表面活动的仪器。

蓄得式主仆电气时钟 2 副,英国制造。每副约 4 000 余元。

厘勿赖电气时钟 1 具,德国制造。约 4 000 余元。

菩理忒计时仪 1 具,法国制造。

打字计时仪 1 具,瑞士制造。

那廷时计 4 具,瑞士制造。

无线电收报器 2 具。

4 英寸至 5 英寸对径远镜折光者 3 具,返光者 1 具。

等高仪 1 具,六分仪 1 具,磁力仪 1 副。

自记气象仪器 1 副。

工具机械 1 副。

数字常常很枯燥,但在大多数时候最能说明问题的还是数字。因此当我们谈到天文台建台初期的规模时,数字的介绍依然是必不可少的。以图书为例:天文研究所成立时以前中央观象台的图书为本,以后陆续承国内外各天文台和各机关的赠与和历次的购进,到 1935 年的时候约计有 6 000 册。其中有不少星图星表和旧天文杂志,都非常珍贵。全部的图书资料分类大概为中文书 3 300 余册,西文书 3 000 余册,其中有 620 册是已经装订的杂志,336 册是各天文台刊物,此外有草订书约 1 000 册,星图约 3 000 张。每年订阅的杂志大约在 30 种,同时还和世界各天文台及研究机关有交换。[①]

今天,当人们来到紫金山天文台,从那些主要建筑的碑文中会发现,这些额匾以及碑文大多出自当时社会名流之手。比如天文台本部匾额上的“天文台”3 个字当年就是由国民政府主席林森所题写的,而变星仪室的奠基碑文原由国民党元老于右任所题,但遗憾的是,这个碑文在 1966 年的时候被毁,现在人们看到的则是由严济慈于 1984 年紫金山天文台 50 年台庆时重新书写的。再看紫金山天文台的第一个建筑——子午仪室的奠基碑文则是由时任国立中央研究院院长的蔡元培题写。

不过,更有天文台特色之处倒不是这些。当留心查看这一座座古老建筑的奠基碑文时会发现这样一件有趣的事:所有天文台的主要建筑,其奠基时间都择定于某个节气:子午仪室于民国二十一年(1932)6 月 21 日夏至那天奠基,赤道仪室奠基于民国二十二年(1933)9 月 23 日秋分,而天文台本部奠基于民国二十二年(1933)12 月 22 日冬至,变星仪室则于民国二十三年(1934)3 月 21 日春分奠基。节气是中国的特产,它来自中国古代天文学的成就,许多人因此将它视为农历或者阴历,但实际上,节气的日期根据地球绕太阳运行的规律来定的,所以属于太阳历的范围。以这种方式为中国人自己的第一座近代意义上的天文台奠基,似乎也正暗合了其“集新旧天文大观”之意。

1934 年的夏天,紫金山天文台的主要建筑已基本完工。此时,天文研究所人员告别了位于鼓楼的临时所址,迁到了山上办公。揭幕典礼在这一年的 9 月 1 日举行。

---

① 余青松:“国立中央研究院天文研究所紫金山天文台”。《宇宙》,第六卷,第一号,1935 年 7 月,第1～10 页。

三、早期观测活动:西方天文学的移植

1945年,中国现代科学事业的倡导者任鸿隽在一篇题为“五十年来的科学”的文章中总结了自1894年甲午战争之后50年间“近代西方用归纳法所建立的实验科学”在中国的发展历程,言及天文学时,对其在短期内即取得重要的成绩不仅褒扬有加,而且注意到正是从紫金山天文台开始,“我们的天文学,已经超过所谓‘授时’推算日月食等初步的工作,而是要参加世界天文学上发见天空星象的未知现象与性质了”①。这种转变早在天文所最初制订其研究计划时便已经开始了。

作为一种直观的比较,这里将天文研究所与耶稣会士在中国建立并运作的佘山天文台的研究工作分列如次,并稍做分析。

天文研究所在建立之后拟定的研究计划可以分为专业性科学研究与面向公众的科普活动,其中科学研究包括日常研究与国际合作研究。天文研究所的日常研究工作包括如下几项:

> 甲　研究太阳
>
> 计划如下:1 观测太阳斑点与腾焰,2 分析太阳光带,3 直接摄影,4 以光带中之一光线摄取太阳景像。
>
> 乙　研究行星
>
> 计划研究之问题为行星、卫星、彗星流陨及黄道光等之行动及其物质概况

① 任鸿隽:“五十年来的科学”。原载于《五十年来的中国》(潘公展编,胜利出版社,重庆,1945年),此处援引自《科学救国之梦》(任鸿隽著、樊洪业、张久春选编,上海科学技术出版社,上海科技教育出版社,2002年8月版),第586～587页。

丙　研究恒星

计划如下:1 摄影,2 光度测量,3 光带摄影,4 光电推测,5 分光强度法。除观察寻常单星,以及复星、星团、变星诸恒星外,又可观星云。

丁　测量经纬度

本所曾经测定首都经纬度暂用数,业如前述。将来子午仪到后当更作精密之测量。如人力财力均属可能时,当更图携带轻便仪器分赴国内各大城市测量。盖测量经纬度不但为本所研究上所必需,且可帮助参谋部完成二中全会议决之全国地图测量计划焉。

戊　改进首都授时实施全国授时

己　考古与属于理论上之研究

A　研究中国旧天算学并整理古书所载天象材料

B　算学组工作之扩张①

诞生于 19 世纪下半叶的天体物理学,到了 20 世纪的时候已经一跃而成为天文学研究的主流。正是在这种国际天文学界的大背景之下,余青松在 1929 年担任天文研究所所长之后,将天体物理学作为天文研究所的主要研究方向;而在所有的研究项目中,第一项便是对于恒星的分光光度研究。这种研究方向上的选择事实上也可以视为本人研究兴趣的一种延伸,或者说是其已有研究的延续。还在美国读书时,余青松已在这一领域取得了非常重要的进展。余青松曾在加州大学的立克天文台对 91 颗恒星进行了光谱分光光度观测,他在 1926 年创立的恒星光谱分类法被国际天文协会正式命名为"余青松法"。按照余青松的设想,

① 《国立中央研究院天文研究所十七年度报告》。《国立中央研究院十七年度总报告》,国立中央研究院,1929 年,第 200～201 页。

“拟继续前功，希望在此种研究中能得到一些星体热度的较进步的知识，和恒星蒙气中氢原子状态的较明了的了解。现在拟先从 B 型和 A 型星着手以后再推广到其他各型的星体”。①

这项研究具体是由余青松和助理员李鉴澄来担任的。利用大赤道仪所附的石英制双层棱镜分光摄影器，他们首先将恒星的光谱拍摄下来，然后再从中研究光谱中光度分配的情况。

授时与历书的编制是天文研究所成立以来的一项常规性工作。自国民政府成立以来，其所颁布的国民历一直都是由天文研究所推算的。天文年历一种曾经出过 3 年，后来因为人的需要和工作印费不很相称，所以停止。首都正午放音开始于高鲁主持天文研究所时期，在天文研究所迁往紫金山上后，因管理不便，遂将此事交由首都民众教育馆接办，但在放音前数分钟民教馆仍会先与天文所对钟一次。

天文名词的统一工作数年前曾由研究员高平子开始。后来由教育部召集天文数学物理名词讨论会，收集各方草案，讨论决定。天文所曾派出 2 名代表出席。现在天文名词表已由国立编译馆出版，共计 1 000 余项，有英法德日四国文字对照。这项工作的开展使得日后的天文书籍编译工作方便了不少。

在参加国际合作研究项目方面，主要内容包括变星研究、流星研究以及国际经度联测。尤其值得注意的是国际经度联测，第一次国际经度联测于 1926 年进行，彼时，天文研究所尚未成立，而属于中国的科学机构只有胶澳商埠观象台参加。这在当时和后来都被中国天文学界引为大憾事，而在天文研究所十七年度工作报告中也写道：“本所既为中央观

① 余青松：“国立中央研究院天文研究所　紫金山天文台”。《宇宙》，第六卷，第一号，1935 年 7 月，第 7 页。

象台，则以后遇有此种机会时，自应当仁不让，全力参与，以尽职责。”①1932年5月，世界天文协会发函邀请天文研究所参加1933年国际经度联测。但是此时的天文研究所正在陆续施工，其间一直面临经费紧张的问题，而在国际经度联测方面未能及时准备好所需的仪器，所以最终仍未能与其中。

尽管与国际经度联测失之交臂，但天文研究所自成立以后仍尽力参与国际合作，并取得了一批成果。

1932年，国际天文学界成立了一个使用太阳分光镜观测的国际组织，意在捕捉变化极快的太阳活动。这项研究具体说来是将观测时间平均分配，由平均分配在地球各经度上的12座天文台共同进行观测，从而使观测不会出现间断。紫金山天文台就是这12座天文台中的一座。早在1932年天文台尚未完全落成的时候，天文研究所已开始利用海尔式太阳分光仪在紫金山上开展了太阳观测。观测内容包括黑子、光斑、氢中的谱斑，特别是日面爆发现象和太阳四周的日珥。太阳观测由研究员高平子及助理员李鉴澄、李光荫担任。按照计划，每天观测4次，每次三十分钟。观测的结果汇寄巴黎墨屯天文台发表。

与太阳分光研究一样，有关造父变星的研究也是国际合作问题之一，总汇地点是美国哈佛大学天文台。这项研究是由研究员陈遵妫担任的。变星是一种亮度变化着的恒星。仙王座中的第四亮星仙王座δ星就是一颗著名的变星，它的光变周期为5.37天。变化的模式也是恒定的：急剧增亮，慢慢变暗。以后就把变化模式与仙王座δ星相似的变星统称为“造父变星”。所以这样命名，是因为在中国古星名中仙王座δ星

① 《国立中央研究院天文研究所十七年度报告》。《国立中央研究院十七年度总报告》，国立中央研究院，1929年，第202页。

叫“造父一”,它是最早被发现的此类变星。此类变星可以在变星仪上摄影,然后作光度的研究。对于造父变星的光变周期的研究使得天文学家们可以通过天体的光度来确定它的距离,而沙普利有关银河系的中心的研究也正是在这项研究的基础上作出的。在紫金山时期,天文台研究人员利用变星仪拍摄了 286 张造父变星的底片;与此同时,目视观测则由国立中山大学天文台及中国天文学会变星观测委员会来完成的。

事实上,中国有关造父变星的观测工作正是创始于中山大学天文台。当时,数天系刚一成立,便组织了一个“变星观测委员会”。这个委员会仿照法国的做法,号召会内外的天文爱好者都来观测造父变星,并随时将观测记录寄来,刊登在当时的《中山大学天文台两月刊》上。不过,尽管组织者一腔热情,但是响应者似乎并不那么多,原因也很简单,在当时的中国,不要说业余天文爱好者,就是专业的天文研究人员中,对造父变星感兴趣的人也并不多。除了中山大学天文台的人员之外,业余参加观测的只有开封会员王兆埙一人,也就是那位在辞世前将自己收藏的天文书籍捐赠天文学会的热心人。

当时,中山大学天文台观测造父变星的方法是用变星邻近亮度大于和小于它的星目视比较,一般业余观测者都用这种方法,但作为一座 20 世纪的天文台,使用这种方法作经常性正式工作却似乎显得有些过时了。尽管如此,在中山大学天文台,有关造父变星的观测工作一直没有断过,也因此为中国的天文学研究留下了一份珍贵的记录。按照记载,从 1930 年开始到 1937 年 12 月,共测 3 449 次,发表于国立中山大学天文台两月刊及宇宙月刊。具体观测次数如下:

153 次　结果发表于天文台(指国立中山大学天文台,下同)两月刊第一卷第三～六期

375 次　结果发表于天文台两月刊第二卷

188次　结果发表于天文台两月刊第三卷

481次　结果发表于天文台两月刊第四卷

669次　结果发表于天文台两月刊第五卷

499次　结果发表于天文台两月刊第六卷

706次　结果发表于天文台两月刊第七卷

378次　结果发表于天文台两月刊第八卷第一～十期[①]

同时，国立中山大学天文台从1932年1月30日到1936年1月21日，用口径150毫米远镜观测造父变星044242SV Persei共81次，结果发表于中山大学天文台两月刊第七卷第一期。

天文研究所用变星仪对造父变星进行摄影观测，条件要比中山大学天文台优越很多。但是仅从论文数量上来看，这一阶段的天文研究所在变星观测上并无太大影响。除了一篇陈遵妫所作"变星研究漫谈"发表于1934年至1935年的《宇宙》杂志之外，其他有关变星的研究论文则多为中山大学天文台和青岛观象台所完成的。当时，从法国学成回国的李珩正在青岛观象台任研究员，早在1932年，他的论文"造父变星之统计的研究"便发表在法国杂志上；在1934年和1935年，李珩所作"造父变星之周期与绝对光变之关系及此关系零点的断定法"和"造父变星RT Auriguo之平均光曲线"相继发表于《中山大学天文台两月刊》上。

除了这些国际合作研究项目之外，1935年，国际天文学联合会在巴黎举行第五届大会，天文研究所研究员高平子代表中国天文学会出席。在这次大会上，中国正式加入了国际天文学联合会。

对比佘山天文台的天文工作（参见《徐家汇观象台：欧洲天文台在中国》）可以看到，紫台与佘山的天文研究非常一致。但是仅仅依据研究方

① 援引自陈遵妫："三十年来之中国天文工作"。《科学》，第廿九卷，第八期，第231页。

向与具体内容的一致并不足以推定两家独立的机构之间的相互作用。其实更合理的解释是，中研院天文所与佘山天文台处于相同的国际研究背景之下，天文所的第二任所长余青松是一位曾留学海外的天文学家，作为世界一流天文学研究机构曾经的一员，他能够像蔡尚质等人一样对世界天文学界的研究方向有所把握。

四、抗战内迁与凤凰山天文台的建立

1937 年，抗战全面展开。7 月 9 日，有关“卢沟桥事变”的报道见诸报端，正在青岛参加中国天文学会第 15 届年会的余青松闻讯后随即赶回南京。

当战争与屠杀成为近在眼前的现实，受到影响的并不仅仅是生活在这片土地上的普通百姓。然而即使是在最危险的时刻，紫金山上的观测也几乎没有停顿过。在“八一三”之前，天文研究所即拍摄新星、彗星、银河星云、太阳和变星照片 316 张。

战争随时可能发生，但是余青松本着“多测一日，即多留一份纪录”的信念，将一部分拆卸起来比较容易的仪器，比如太阳分光仪、变星仪等留下来继续进行观测。不久，淞沪告急。于是余青松决定将大部分的仪器装箱，让职员先撤进城里，而自己则带领一名工役留在山上观测。8 月 11 日夜，余青松用变星仪拍摄到了十分清楚的芬斯勒彗星照片。

2 天后，战火烧过了长江。

1937 年 8 月 13 日，淞沪会战爆发了。在“八一三”之后，紫金山被划入要塞区域，上山的交通开始受到限制。不久，天文研究所接到院方紧急指示:①疏散一部分人员;②仪器图书立刻装箱,准备内迁。院方已租妥长沙圣经书院房屋作为全院各所迁出后的初步落脚处。天文研究所即刻行动。大小赤道仪和变星仪底座以及大赤道仪镜筒因为太笨重,当时决定暂时放弃。变星仪底座以上部分和太阳分光仪比较轻便,于是便将它们连同几个时计装箱,派出陈遵妫、李鉴澄二人为先遣队,押运已经装箱的西文图书和仪器搭乘长江轮船去武汉,再转赴长沙。余青松、李铭忠、杨惠公、殷葆贞以及工友柯国训、司机任有发等 6 人则迁移到赤壁路余青松的寓所办公。紫金山天文台的所有房屋及几架无法搬运的古代天文仪器委托给陵园管理委员会警卫处的 4 名警士看守。

按照陈展云的回忆,上海抗战刚开始的时候,由于形势尚好,因此余青松和李铭忠都主张暂且观望一段时间,不必着急将余下的那部分仪器也搬来搬去。但是不久形势急转直下,很快苏州失守。余青松决定将余下的仪器也运往大后方。但是在此时,交通却成了问题:刚刚修成的苏嘉铁路已不能使用,只有长江水路可以运输仪器。但此时,所有的轮船都被各单位包下,根本不出售零星客票,更不输零担货运。几近走投无路之际,余青松听说私立金陵大学包租下一只轮船,便走访了金大理学院院长魏学仁,与之商量将这些宝贵的仪器代为运走。魏学仁先是拒绝,但余青松再三恳求终于起了作用,魏学仁于是说:“只有把仪器捐给我校,算作本校财产,我才便于向领导讲话。”形势所迫,余青松接受了魏学仁近乎苛刻的条件,并说:“仪器算你们的也好,算我们的也好,只要落在中国人手里,不落在日本人手里便行了。”余青松随即将大赤道仪、小赤道仪、比较仪、测光光度计,测量光谱光度计等亲自送到下关码头,并小心地将它们搬运上船。金陵大学早年曾有意迁址成都,因此包租的这只轮船终点也正是重庆港。金大在私立求精中学内设有驻渝办事处,所以在仪器运抵重庆以后,便被运到这所学校存放。但遗憾的是,子午仪此次并未一起托运，及至日本投降以后，紫金山上遭窃，当人们在山脚下发现它的残骸时无不为之可惜。

1937 年 12 月，余青松带领余下的职员并携带一些仪器，分别乘坐一辆小汽车和一辆卡车离开南京，开始了艰辛的后撤旅程。研究员高平子因为老父亲生病，未能随同内迁，他避居上海租界，专心研究中国古代天文文献。

1938 年 1 月，在余青松带领下，天文研究所众职员撤到长沙郊区。此时的长沙也在疏散人口，无法进入，就连南岳的形势也已十分紧张。因此，余青松等人在南岳一座寺院稍作停留之后，便又继续行进来到了湖南南岳。

随着人员的疏散，此时天文研究所的人已所剩不多。根据一份天文研究所于 1938 年 2 月上报给国立中央研究院驻桂林办事处的现留人员名单，这时的天文所不过 5 个人，即：所长余青松，研究员李铭忠、陈遵妫，助理员李鉴澄，事务员殷葆贞。

在桂林住了一段时间之后，根据院部指示，余青松决定再度西迁。1938 年春天，天文研究所经越南转入云南。人已在昆明，但余青松对一直挂念着紫金山。12 月间，他委托一位德国朋友上山看望。此人不久便给余青松回信说："房屋大体如旧，里面则狼藉不堪，古代仪器仍在。"

天文研究所抵达昆明之后租到了小东城脚 20 号一所民房作为临时所址。战争将是一件长期的事情，要想继续观测，以维持天文观测的连续性，另觅新址重新建造一座新的天文台在此时已成大势。还在辗转迁昆的途中，余青松已在一路寻觅着合适建台的地点，到了昆明以后，余青松一边带领全所职员整理以往的观测记录，一边继续寻找着合适的台址。昆明素有"春城"美誉，此地地高气薄，很适宜进行天文观测。余青松于是决定在昆明建立一座“永久性”的天文台，在战时作为临时所址，等抗战结束后将其作为紫金山天文台的第一个分台。按照龚树模日后的回忆，有熟悉内情者说，当时特别提出“永久性”天文台的用意是怕中央研究院素来对天文研究所抱有成见的个别当权者，以撙节经费为名撤消天文所。①

正当此时，原从上海撤退到桂林的中央研究院物理研究所也准备同天文研究所一样继续撤退到昆明，由所长丁西林同该所两名职员来昆明查勘筹备建所事宜。物理研究所原来有一个分支机构地磁台原设在南京紫金山麓，与天文研究所是邻居，到了昆明，丁西林设想仍然与天文研究所做邻居，便向余青松建议两所共同选址，余青松也正有此意，因此在随后的一段时间，2 位所长再加上天文研究所职员陈遵妫 3 个人开始在昆明近郊忙碌起来。在先后踏勘过 5 处地点并测量了其中黑龙潭、太华山、凤凰山等 3 个地点之后，他们最后终于选定了距离昆明市 6.7 千米的东郊大羊坊旺村凤凰山。

根据地质工作者的勘查，凤凰山一带没有铁矿，这是地磁台选址的必要条件；而对于天文研究所来说，选址昆明东郊也有优势。昆明南郊面临滇池，地势低洼；西郊、北郊虽有小土山若干，但是抗战以来，这里已经建筑或准备兴建不少工厂，如果建台于此，那么白天烟囱林立，而入夜则灯火通明，观测自然会受到影响；惟独东郊这个地方没有工厂，甚至也没有电路，夜晚漆黑一片，非常适合观测摄影。所址选好以后，余青松带着陈展云以及一名工友一同在凤凰山上测量地形并绘制地图，标出两所共用地界线，然后由余青松和丁西林两位所长与大羊坊旺村管事农民签订了租地合同。

① 龚树模:“凤凰山的今昔”。

当一切准备就绪，两所建筑便同时开工了。天文研究所的房屋建筑在山顶，同建筑紫金山天文台时的情形一样，依然是由余青松亲自设计图纸。由于托金陵大学代运的大量仪器能否收回在此时还是一个未知数，因此，只能根据已掌握在手里的 2 架仪器来设计观测室、图书室了。天文研究所共有 3 座：第一座是办公室，附变星仪圆顶室、太阳分光仪观测暗室、图书室等；第二座为职员宿舍；第三座为工友宿舍和厨房。承接这项工程的是从上海迁到云南的陆根记营造厂。变星仪圆顶由余青松自己设计，由天文所技工周锡金制造金属部件，由临时工木工制造完成的。这一建筑也是余青松本人最为满意的一座。依余青松本人的话来说，“关于建筑，值得特别提出报告的，便是变星仪的圆顶，不抄袭历来成法，另得设计一种轻巧式样。诸位从前有到紫金山天文台参观过的，再来参观凤凰山天文台，两下一比较，便可看出优劣”。① 物理研究所的房屋建在山腰，同样是 3 座：第一座是地磁台，当地村民俗称其为石洞；第二座是宿舍，俗称为白房子；第三座是办公室，俗称草房。物理所的建筑由丁西林亲自设计，没有招商包建，只雇用个体木工、泥工建筑，采用点工制。

1938 年秋，两处同时开建；1939 年春天，两所同时落成。天文台有研究室 3 室，办公室 1 室，图书室 1 室，会客室 1 室，变星赤道仪室 1 室，太阳分光仪室 1 室，摄影暗室 1 室，盥洗室 1 室，共 10 室。造价约国币 2 万 1 千元。职员宿舍共有 9 室，造价国币 6 500 元。下房共有 6 室，造价约国币 2 500 元。② 同年底，余青松又用“撙节物力”之所得和向各方所募款项，在凤凰山上修建了第四座建筑中星仪室。天文所职员此时部

① 余青松：“国内天文界工作概况”。《宇宙》，第十卷，第 9～10 号，1940 年 3～4 月，第 127 页。

② 余青松：“国内天文界工作概况”。《宇宙》，第十卷，第 9～10 号，1940 年 3～4 月，第 127 页。

分迁移到了山上，小东城脚房屋并未弃之不用，而是作为城内办事处，留下少量职工驻守于此，接收往来信件，其余房屋则供山上职员进城时住。物理所的建筑完工后，只有丁西林等4人居住，而驻桂林的物理所人员却迟迟不肯迁来此地，不久，丁西林也离开了昆明。直到1941年夏天，物理所改变了内迁计划，而从广西迁到了四川，在昆明凤凰山所建的3座房屋因此全部弃置不用，转让给了天文所。

与紫金山天文台相比，凤凰山天文台的规模很小，而且这里没有电，没有水，因此照明要用油灯，而用水则同工人从山下池塘挑上来。尽管条件十分艰苦，但是在当时建筑凤凰山天文台还是正当其时，因那时虽说已出现了通货膨胀的苗头，涨幅毕竟有限，只几成而已。2年后的1940年，物价上涨已达约10倍，这时的天文研究所再也无力添筑观测室了。

即使是在内迁途中，天文研究所也没有停止其研究工作。不过，由于在此前的2年中一直在颠沛流离中艰难度日，观测工作因此停滞，相应地，也就没有最新的观测材料，好在以前在南京用太阳分光仪和变星仪观测的各种资料完全运出，所以有一段时间，天文研究所的研究工作以整理以前在南京观测的资料为主。

在凤凰山天文台相继落成之后，由南京运出来的太阳分光仪和变星仪也进入了重新安装调试。余青松知道金陵大学没有天文系，天文仪器存放在学校里并无用处，于是便写信给魏学仁，要求把代运仪器发还。魏学仁回信说："除一架测量光谱的光度计金大物理系需要使用外，其余可以全部归还。"1940年春，天文研究所派陈展云赴重庆，从魏学仁处将这批仪器收回，并运回了昆明。

随着天文台的重建基本完成，相应的观测也在慢慢恢复。这些观测工作主要包括：

（1）围绕日食观测所延伸的研究项目

① 陈遵妫之“民国三十年九月二十一日日食之研究”

这项工作从1941年日全食发生前即开始，贯穿于日全食观测的全过程，主要内容包括：推算日全食带之经过地带（与李珩合作）；测定临洮经纬度（与李珩、龚树模合作）；摄取日食视象之变化结果得一串十八张太阳照片；日冕之形状之目测结果，知呈扁圆形，短之部分长约与太阳直径相埒，右上角长为太阳直径一倍半，右下角较此略短；左下角长为太阳直径二倍余，左上角约为一倍半。左下角有一大日珥，右上角亦有一小日珥。并证明日冕形状确与黑子周期及日珥所在有关系。在此项研究的基础上，陈遵妫编成“民国三十年九月二十一日日全食”一文，载天文所集刊第二号、《宇宙》第12卷等。

② 张钰哲与李国鼎合作的“民国卅年日食时之日冕亮度”，并完成论文在该所集刊第二号出版。另完成一英文论文，送登美国《天体物理学学报》（*Astrophysical Journal*）。

③ 关于1948年5月9日日食推算工作

陈遵妫与张钰哲合作的“民国三十七年我国日食之推算”，这是为1948年日全食观测而做的各项准备工作中的一项。此研究首先推算白塞尔根数表，以备推算各地日食之用，然后研究此次日食之为全食或环食，以及我国各地见食情形。

（2）太阳研究

内迁昆明之后，在凤凰山上专门为太阳分光仪建筑了一座太阳分光仪观测暗室。南京时期参加太阳分光仪观测的4人中，高平子、李光荫已于内迁之前离所，因此此时这项工作由李鉴澄主管，观测人员除了已有的陈展云之外，又增加了龚树模。1939年，在法留学的潘璞完成学业回国，在余青松的邀请下来到天文研究所。潘璞在法时曾专门研究日珥，赴昆之后，他便动手对这架太阳分光仪进行改进，希望采取摄影方法消除位置、大小、浓淡的人差，但不久便发现这个试制品太粗劣，例如转仪钟只是用一个普通闹钟代用。潘璞曾因此开玩笑说："这是余青松买来哄小娃娃的玩具。"1941年底，技正李国鼎进入天文研究所后也曾尝试将其改为摄影仪器，但是他在所只有几个月便辞职了，改制工作没有完成。

在这一期间，李鉴澄进行了对"日面爆发之分布"这一题目的研究。由于历年观测所得日面爆发仅限太阳表面纬度约±40°以内，与 H_α 黑谱斑及日珥之分布截然不同。采用 Quarterly Bulletin On Solar Activity 所刊布的爆发记录，借以研究其分布状态，并依据日斑分布之 Sporer's Law 检讨日斑与爆发两者分布之相互关系。

(3) 恒星研究

① "对流平衡与色温度"。戴文赛于1941年春在英国剑桥时即已开始研究，假设星球外部有对流平衡，求所得色温度与普通假设辐射平衡而得之色温度相差如何，此项研究的目的在于解释同一光谱型恒星观测所得色温度之差异。回国后，戴文赛于1941年底在天文所继续计算工作，已将一初步报告寄往在英国留学时的研究导师核阅。到1942年时，戴文赛已获得的主要结果：计算所得之色温度差异与观测所得之差异数量级相等。

② 特殊恒星光谱研究。战时的条件限制了这项研究工作的开展，由于天文所的大赤道仪和分光仪等在当时无法装配使用，因此无法进行恒星光谱的观测工作，戴文赛于是利用已经获得的一些观测资料进行分析研究。到1942年底已作成一篇论文并寄报美国《天体物理学学报》(*Astrophysical Journal*)。

③ 戴文赛与龚树模合作的"新星之统计研究"。这项研究是用统计

方法综合新星之物理性质，而试求新星爆发之原因，检验当时关于新星的各种学说。

（4）彗星研究

1941年偶然看到一颗肉眼可见的彗星，以变星仪连续几天拍下若干底片，张钰哲与李鉴澄共同研究，合作项目“计算1941C星之决定轨道”。这项研究在1941年已获得部分结果，在1942年间又收集了有关此彗星的观测记录百余个，因此计划再对从前算得的轨道重加修正，以期得到更为精确的轨道。

（5）测量经纬度

龚树模与陈展云合作完成的凤凰山天文台之经纬度。用45度等高测星5夜，共20 067颗。以图解法经4次之近似值求得最后结果为：东经105°47′19.″3±0.3″，北纬25°1′32″.0±0″.3.

（6）其他

① 龚树模之地平镜装置及日像方位之探讨（与李珩合作）。

② 龚树模之校正赤道仪之一法。1941年内对此问题所得之研究结果：以图解说明此法之原理；由微分球面三角公式证明此法之数学根据；略述校正方法，并应用第2项结果中所得之式推求此法可到精确度为：如远镜之放大率为10倍，观测时间为20分钟，则极轴偏差可到弧度1.7分，高低差1.5分。如放大率增大，观测时间增长，则精确度成比例增加。这一研究成果后来刊于《科学》杂志第二十五卷第九、十期，论文提交中国天文学会第十七届年会。

③ 出版天文历书。那时的历书就是把外国的天文年历改头换面，但即使如此也是困难重重，在战火纷飞的年代里，国外图书寄不进来，只好托飞虎队通过他们的邮递寄来，才使历书得以继续出版。

今天，当人们谈论起当年天文研究所所进行的观测工作时，也许颇不以为然，但是能在艰苦的环境下依然维持着天文观测与研究的延续性，这本身就已经是天文研究所的最值得称道的成果了。

除了观测研究工作之外，天文所的其他各项工作也在慢慢地恢复之中。这些工作包括：国民历的编制工作自从天文研究所成立以来一直是由该所负责的。即使是在抗战爆发之后，这项工作也始终没有中断。在凤凰山天文台建台前后，余青松还主持完成了 1939 年和 1940 年的国民历；1940 年 3 月，内政部召开标准时间会议，而制订标准时区图及各地标准时差表的工作也是由天文研究所完成的；为昆明当地提供报时服务，工作有 2 项：一是由该所捐助云南省街钟 4 具，放置于重要的路口，每天由天文所派人校对；二是由天文所捐助时钟 1 具，放在小南城上放午炮的地方，每天 11 时由该所派人前往校准，以便据此放午炮。

五、日食观测：为天文界保存珍贵记录

1936 年和 1941 年的 2 次日食观测是天文研究所最重要的工作之一。其中，1936 年 6 月 19 日的日全食观测是中国科学观测队第一次前往国外工作，也是中国天文学界的一件大事；而到 1941 年日全食时，由于正值世界大战期间，许多原定赴中国西北进行观测的外国天文学家均未能成行，以天文研究所为主体的中国日食观测队成为唯一一个全程进行观测的研究团队，从而为世界天文学界留存了一份珍贵的记录。

1934 年，紫金山天文台刚刚建成不久即作出预报称，1941 年中国境内将发生日全食。11 月，高鲁发起组织了中国日食观测委员会，这个委员会由中国天文学会、国立中央研究院天文研究所、金陵大学、清华大学等组成，筹备观测的有关事项，并选举蔡元培先生为会长，高鲁任秘书

长，委员会就设在天文研究所内。

由于2年后将发生一次日全食，因此，日食观测委员会成立后做的第一件事就是有关这次日全食的观测筹备工作。1935年9月，中国日食观测委员会举行秘书处会议，确定了此次日食观测的问题如次：

(1) 天文观测。包括：摄取日冕日珥影像；精密测定初亏食甚复圆之时刻；月影界线之观测；摄取由初亏至复圆过程的电影。

(2) 光学观测。包括：摄取太阳光谱；辐射热之测量。

(3) 地磁观测。包括：观测日食时对于地磁要素的影响；观测日时大气电之变化；Radio Eclipse之研究。

(4) 气象观测。主要是观测日食时高空及地面气象之变化。①

1936年日食，中国日食观测委员会组织了2支观测队分赴日本和苏联进行观测。

赴苏联伯力观测队成员只有张钰哲和李珩2个人。由于筹备的时间十分仓促，而且观测人员又很缺乏，因此在所研究问题的选择上也大受限制。只好就手边现有的仪器来决定他们的研究题目。最后决定的问题有3个：一是摄取日冕影像，所用的仪器为青岛市观象台直径32厘米的镜头，其焦距为358厘米，用它来拍摄日月，其影像直径可达3厘米。第二个问题是日食时刻的测定，所用的仪器是从天文研究所借来的经纬仪和计时表。第三个问题是测定全食时天空暗黑程度与薄暮天色的比较。方法是以普通的摄影机，将其透镜拿掉，在食甚时对北极作10秒钟露光。等到黄昏时分，天色暗黑而与日全食相仿之时，另取一底片对北极作10秒露光，每隔10分钟作一次。第二天再将这批底片在同一条件之下冲洗出来，测验各片的浓度即可算出日食时与黄昏某刻的天色

① “中国日食观测委员会消息”。《宇宙》，第6卷，第4号，1935年，第79页。

相等了。

就 1936 年西伯利亚全食带而言，伯力并不是气候最佳的地点。西伯利亚气候以西部 Orenberg 一隅最为晴朗，每月晴空无云的天气平均可达 13 天左右。与之相比，东部的气候则十分恶劣，只有伯力一地较为晴爽，平均每月能有 6 天的时间是晴好天气。而此次日食观测队没有选择去西部而在伯力，主要是受经费和时间所限。原是寄望"晴朗之区，固难免不测之风云；多雨之地，亦偶观穹苍之霁色"，但最终天意弄人。日食发生当天，先是多云天气，至晚六时更是暴雨倾盆，直至八时方才雨霁云散。①

北海道观测队由余青松带队，队员除天文研究所研究员陈遵妫外，还有国立广州中山大学校天文台邹仪新、南京金陵大学理学院院长魏学仁、上海自然科学研究所研究员沈璿、北平大学工学院教授冯简，共计 6 人。

北海道观测队的任务有三：其一，摄取日冕，最初所定之计划为普通 3 枚，紫外线 1 枚，红内线 1 枚，共 5 枚；其二，摄取电影，"以增进民众智识"，其意大致相当于我们今天所说的科教片；其三，为筹备 1941 年日食观测一些可供参考的经验。

北海道观测队所用的仪器，是天文研究所配置的 1 架德国蔡司公司特制能通过紫外线之 160 毫米天文摄影镜，焦距 1.5 米，日像直径 14 毫米。

拍摄太阳影片的机器是借用的上海礼和洋行的 1 架 35 毫米电影机，原来打算将它连接到 1 架 127 毫米的小远镜上，以增大日像，但是后来试了试发现并不那么合用，于是决定还是用电影机直接摄取日食电影。

① 李珩、张钰哲：《伯力队观测日食报告》。《民国二十五年六月十九日日食观测报告》，中国日食观测委员会编纂组印，中国民国二十五年九月(1936)。

除了这些仪器之外，观测队还携带有计时表以及1套从全国陆地测量总局借来的帐篷，另外还有底片、洗相用具、观测用参考书以及各种零星机件，满满当当地装了10余箱。其准备不可谓不充分。

为了保证不会有人为因素影响日食观测，日本学术研究会议、昭和十一年日食准备委员会很早即会发通知，请北海道有关各支厅长市长与警方共同协助维持观测时的人群秩序。综合考虑了日食观测所需要的条件，这项通告的内容十分细致。据余青松、陈遵妫在其报告中的记述，这项通告的大致内容是这样的：

> 今年6月19日日食，内外学者及其他多数人民，远来本道，从事观测，不独因此日食在学术上为极重要之事业，且非于不及二分钟之短期间内，行之不可，故地方人民及其他参集于各地之人，均应竭力注意下列各项，务使各观测者能完成此重大之观测事业。一、全食地点约二分间黑暗如满月之夜，绝对不可点户外灯火（如电灯、煤油灯、粒烛、灯笼等）；摄影所用之镁光、汽车之灯光，亦不可亮。二、观测仪器装置地点及其附近，绝对不可作妨碍观测之行为；尤以日食当日，不许走入观测地点160米范围以内。三、日食当日，观测所附近约一公里范围以内，不许焚火，以免天空浮有烟雾。四、日食当日，尤以日食中，于观测所附近不许发妨碍无线电授音之高声。五、务必注意观测者之通知，以免妨碍观测。①

6月19日，中午12点整，观测队员们已就餐完毕，准时出发。此次

① 援引自余青松、陈遵妫：《北海道日食观测报告》，见《民国二十五年六月十九日日全食观测报告》（中国日食观测委员会编纂组印，民国二十五年九月，1936年），第9～10页。

观测地点在枝幸寻常小学校内。此时,学校周围已用粗绳围了起来,不许闲人入内。到了下午时更有警察在附近巡视,因此环境十分安静。根据观测队的推算,日食时各象之时刻为:

初亏　13 时　08 分　36.6 秒

食既　14 时　20 分　07.7 秒

生光　14 时　22 分　01.0 秒

复圆　15 时　26 分　44.0 秒

在日食开始的时候,多云天气也同样笼罩着北海道的天空,这使余青松和队员们十分担心。但是就在食甚即将来临之时,太阳竟从云缝中露了出来。

根据观测报告,此次北海道观测队共摄取日冕影像 4 枚,普通 3 枚,露光时间为 1 秒、5 秒、10 秒;紫外线片 1 枚,露光时间为 30 秒。其中,普通片以露光 5 秒者为最佳,1 秒者有云,而日冕不完全,10 秒者因留声机转动不灵,不甚明朗;紫外线片因阴云失败。阴云使得日冕片拍得并不理想,原本打算据此测量日冕光度,这下只得作罢,但是可以了解的是,日冕呈五角形状。原来打算拍摄 1 枚红内线片,但是因为观测小屋里光线实在太暗了,所以上下换片的时候只能在黑暗中摸索着来做,结果用时太长,以致没有时间再拍这枚红内线片了。不过,这也给观测队提供了一点经验:以后再进行观测的时候,可以用小灯或小蜡烛来作照明。

从观测结果来看,实际观测与推算相差均约慢 3 秒:

初亏　13 时　08 分　39.6 秒

食既　14 时　20 分　07.1 秒

生光　14 时　22 分　04.4 秒

复圆　15 时　26 分　47.9 秒

共摄电影 3 组:分别为 35 毫米,16 毫米,以及在当时最新的颜色片(亦系 16 毫米)。第一组用最大镜头,焦距 75 毫米,日像 0.7 毫米;从日食之前 10 秒开始,以一定速度开始摇动,至食既减为原有速度之半,至生光又恢复原有速度至其后 10 秒为止。此组之镜比第二组小而视野大,太阳小,且所用之底片感光速度快,因此露光时间反而更长一些,而日冕之像大,且金星也被摄在片内,十分珍贵。第二组自初亏以至复圆之现象,均能毕见无遗;至于颜色片,则不止是当时我国惟一的日食片,而且在世界上也是当时前所未有的。有意思的是,阴云天气虽然于研究上并无价值,但是在拍摄成电影之后,却给影片增加了不少美感。

1936 年的日全食观测虽然成败兼有,但是依然从中获得了不少宝贵的经验。例如仪器的装置方式、各国观测队所用的仪器、观测目的、日本政府的筹备情形以及观测时的注意事项等等,都为我国筹备 1941 年日食观察提供了参考。

在以往的研究中,人们以为日冕形状仅与黑子周期有关系,但是通过此次日食观测却发现它与日珥关系更为密切一些。例如此次日冕成五角形,有四角之下部在太阳边缘部分,均有日珥;其中一角虽未见日珥,或恰在太阳北面,亦未可知。同时,在两个日珥重复之处,该角日冕光射特长,这也为证明日珥与日冕形状的关系提供了证据。

此次日食,我国除派队出国观测外,在国内亦有观测。如紫金山天文台摄取偏食影像及行太阳分光仪之观测,国立中央研究院物理研究所在上海观测日偏食时天空电离层之游离强度,青岛市观象台则为地磁之观测。结果刊于《宇宙》第七卷。

成败得失之间,1936 年的日食观测工作结束了。经验固然取得了一些,但此次观测工作中让余青松和他的同事们感触最深之处则在于,1941 年日全食的观测“非努力进行不可”。除了在观测仪器、地点等观测工作本身方面的建议之外，在人才的网罗、机构的管理等方面，余青松、陈遵妫也提出了很具体的建议：

> 筹备之步骤，第一宜先精确推算全食带所经过之地点。第二选择适当地点，派员调查其交通以及住宿问题，并设立简单测候所，观测气象，同时集合全国大学及学术机关商定观测题目及所需要之仪器，作一有系统的准备。第三将一切情形编纂成册，分送各国，并招待其来华观测。
>
> 关于中国日食观测委员会本身问题，余等甚觉其责任重大，以现在之能力言这，似嫌薄弱。不独经济方面毫无着落即人才方面亦嫌不足；应集合全国大学校、学术机关，举凡天文学家、物理学家、气象学家均须网罗无遗。至望国立中央研究院或教育部能与以经济之补助，或就院部职责言，作为院部之附属，亦无不可。①

1941 年 9 月 21 日的日全食观测是天文研究所在凤凰山期间最重要的一次观测工作。1941 年 9 月 21 日的日全食带从新疆进入我国，经甘肃、陕西、湖北、江西，从福建北部入海。天文研究所组织了西北观测队，带领西北观测队成功观测日全食的则是天文研究所的新一任所长张钰哲。

由于 1941 年的日全食意义重大，日食观测委员会在最初的时候曾制定了一份非常庞大的设备观测计划，但由于时局动荡，该会不得不削减了很大一部分计划。1939 年春天，日食观测委员会向美国 Fecker 公司订制了口径 16 毫米，焦距 6 米的大型地平镜 1 具，并委托物理研究所，以所订购之日食仪器为模型，另行自制一两套，以便多组几支观测队

① 余青松、陈遵妫：《北海道日食观测报告》，见《民国二十五年六月十九日日全食观测报告》（中国日食观测委员会编纂组印，民国二十五年九月，1936 年），第 19～20 页。

进行观测。

尽管有1936年日全食观测的经验在前，但是这次观测的重要性使得所有的人对它都不能有丝毫的疏忽。1939年7月10日晚6时，中国日食观测委员会在昆明金碧餐馆进行了第二次临时会议，与会者五人：高鲁、丁西林、严济慈、余青松、陈遵妫。从后来发表于《宇宙》上的会议记录来看，经费紧张是困扰着此次会议的一个大问题。

(1) 向美国Fecker公司定购160 mm地平镜一具，已于四月廿九日将本会所存美金七百三十元，由昆明上□银行汇出，尚有美金九百六十□元未付

(2) 向英国Parsons公司定购40 mm定天镜一具，合同已于四月十七日签竣，因外汇关系，尚未付款。

(3) 本会曾托中央研究院及教育部代为申请外汇，均未批准。

(4) 本会现存经费如下：(六月三十日止)

甲、经常费　国币658.08元

乙、中华教育文化基金董事会补助费

美金6.35元

国币2 002.72元

国币5 000.00元(未领)

丙、管理中英庚款董事会补助费

国币15 339.07元

国币10 000.00元(未领)

(5) 按目前市价购买外汇，以会中存款购买地平镜，不敷国币2 000元，定天镜约不敷国币15 000元。①

① "中国日食观测委员会消息　第二次临时会议纪事"。《宇宙》。

仪器对于观测者们来说是第一位的，因此这次会议讨论后决定：①中华教育文化基金董事会补助费不敷购买地平镜时，再请该会补助差额。若不允，则请天文研究所补助。②请天文研究所设法向国外天文台借用定天镜1具。③管理中英庚款董事会补助费不敷购置定天镜时，移作自制定天镜或另购简易仪器之用，详细办法由余青松委员设计。④派测量队赴西北日全食带测量经纬度并调查交通民情等情形；人选及费用由天文研究所及物理研究所担任。

由于外汇暴涨，购买定天镜的计划终成泡影，而物理研究所又因为战事而将工厂拆卸迁到后方。定天镜的购买与制造因此搁置。由于地平镜要与定天镜一起使用方可发挥作用，没有定天之镜，地平镜再好也没有施展的机会。万般无奈之下，日食观测委员会决定向 Fecker 公司要来简单的图纸，由余青松的监督，委托昆明云南五金工石开始打样翻砂，自行制造。

与此同时，关于此次日食的各种调查计算工作，也在分头进行：全食带各城市的气象情况，由国立气象研究所负责调查；军令部所属的陆地测量总局负责提供各地经纬度并代为绘制日全食带所有地区的精图；交通及地方情况由教育部和中央研究院分别函请各省县代为调查。各地食象时分方位，则委托给华西大学数理系、中山大学天文台及天文研究所三方分别承担。三方计算得出的结果经余青松摘要编入其所著的《1941年9月21日日全食》(*The Total Solar Eclipse of September 21. 1941*)之英文报告一书。李珩、陈遵妫另编了一册中文报告，名为民国卅年九月二十一日日全食。十分遗憾的是，由于战时交通不便，这两本书直到1941年春天才出版，而且由于是在香港印刷，所以当时人们得到的不过是经航邮寄过来的几册而已。

按照日食观测委员会的计划，此次日食观测分东南和西北两处。东南一支赴福建崇安，成员包括中山大学天文台、物理研究所、中国天文学会。据张钰哲的报告，中国日食观测委员会所补助观测旅运费用，中山大学天文台为4 000元，中国天文学会3 000元，而物理研究所则是1 000元。而西北队的成员主要来自天文研究所、金陵大学和中国天文学会。其中，金陵大学从日食观测委员会得到的各项补助费用合计国币5 000元和美金80余元；而天文研究所得到的补助旅运费用为6 000元。①

各方面的准备都在有条不紊地进行着，但是在最关键的时候却还是出了意外。1941年3月，中国日食观测委员会致电美国Fecker公司，请其尽速将地平镜启运来华。考虑到战时的交通，此仪器能否如期运达还是个未知数。于是张钰哲将天文研究所撤离南京时带出来的一个6英寸口径摄影望远镜镜头取出，配以木架，外面包上黑布以代替镜筒，另以24英寸反光望远镜底片匣附于其后，以作摄取日冕景象之用。但是这架自制的望远镜焦距仅有1米半，因此拍摄出的图像也只有向美国订购的仪器的四分之一。不过，假如美国制造的望远镜不能及时运达，它也能派上大用场；而如果美国望远镜及时运抵，再加上自制的这架地平镜，观测工作就可以兵分2处，分头进行，这样一来，遇上好天气的几率也就增加了一倍。此举看似多虑，实为战时形势所迫，但是事后想来却让人不得不为这种先见之明而倍感庆幸，因为就在不久之后，那架美国制造的望远镜真的出了问题。

接到中国日食观测委员会的第一份电报之后，美国公司把地平镜的镜筒运至香港；第二通电报发过去，美国方面才将镜头运出，7月底方从海路运抵香港。当时的中央研究院院长朱家骅主张由飞机运至重庆，此

① 张钰哲："临洮观测日食之经过"。《民国三十年九月二十一日日全食观测报告》，第6～7页。

事虽经批准，但是由于时间太紧，即使航空运输，要赶上西北日食观测也已成问题，于是只好作罢。原本计划将来再设法经仰光运进国内，以便节省一些费用。但是此时的香港已成为日机空袭之地，而地平镜也未能幸免于难。就在观测队抵达昆明之时，这架日食观测委员会经多方筹款而购得的唯一一架用于日食观测的国外仪器在香港码头被日机炸毁了。

与地平镜拼凑的情形相似，定天镜也是人们在很短的时间内用各种仪器的部件拼装完成的。“铁制之架，业已翻砂，稍具规模。然此镜头须按□日一周之速率而旋转，故尚须制一精确之大齿轮安置其上。所用为原动力之钟机，暂从变星仪拆用。但最主要之玻璃平面返射镜，势将安出？幸二十四吋反光远镜上之牛顿平面镜曾自京带昆，直径九英寸，大小恰宜，自制定天镜赖以完成”①。自行制作仪器的同时，观测队还向中央大学物理系借得 Adam Hilger 制造的摄谱仪及蔡司公司制造的 3 英寸口径远镜各 1 具，又向陆地测量总局借来了等高仪。观测所用的小定天镜、露光计、无线电收音机、摄影机、电流计、经纬仪、摄影干片、镀银药品等由天文研究所自备。另外，金陵大学理学院为此次观测而添购了用于拍摄日食电影的摄影镜头和彩色胶片，另有一部分摄影器材来自该校教育电影部。

在最初的计划中，西北队原本打算在甘肃天水、安康两地分头观测，但是由于地平镜意外损毁，临时拼凑的仪器只够一地观测之用，于是，该会放弃了安康的观测计划，决定只在天水设观测点。当时，选择天水主要是考虑到此处离公路近，可以节省许多运费，但是后来各方纷纷来函，对此地冬季的天气情况提出质疑。张钰哲认真研究了气象报告之后，发

---

① 张钰哲：“临洮观测日食之经过”。《民国三十年九月二十一日日全食观测报告》，第 6 页。

现临洮秋季晴朗的天数要比天水多,而且此处与兰州不过相距百公里,很方便。更重要的是,渝兰公路间的运输,由于军令部的关系有免费优待的可能。于是,在张钰哲的建议下,日食观测委员会决定将西北队的观测地点改在临洮。

1941 年 6 月 30 日,中国日食观测队携带仪器设备从昆明出发,成员包括天文研究所派出的李珩、陈遵妫、李国鼎、龚树模,金陵大学理学院派出的潘澄侯、胡玉章、区永祥,而高鲁、陈秉仁二人则代表中国天文学会,张钰哲担任队长。此外,因为打算向中央大学方面借用精细仪器,特请该校物理系派研究生高叔哿负责护运,并协助观测工作等。这将是中国人第一次有组织的现代日食观测。

张钰哲后来在他的观测报告中将观测队从昆明赶赴临洮的这一段行程称为“长征”,其实应该不只是指的它 3 200 公里的路程,更重要的是这一路的险情不断,当观测队员们一路风尘奔赴他们的观测地点时,其实也是在穿越着一道道死亡线。那一路上,“北上公路沿途的地名有所谓七十二拐弯,吊死岩等,够吓人的。驾驶员为省汽油,每下坡便关起油门,任汽车滑行。公路两旁,所见到翻车滚下坡,无人理睬的,比比皆是,令人触目惊心。每过关卡,管理人员对卡车通行多方留难,必须饷以香烟,并答应替他们带黄鱼(即免票乘客),交涉才算办通。我们车上堆满仪器和行李铺盖,工作人员便坐在行李上面。那是很不舒适,也不安全的,但无可奈何,只得冒险前进”。①

6 月下旬的昆明,阴雨连绵,直到 30 日的清晨才终于放晴。晴朗的天气给人们的心情平添了几分喜悦,众人皆“以为是或观食逢晴之预兆”。但也正是因为天气晴好,所以空袭警报也不时传来。观测队先乘

① 张钰哲:“回忆昔日昆明凤凰山天文台的往事”。

火车沿叙昆路赴曲靖，由于警报频频，火车只好在中途停车，这一停就是3个小时。后来又因为铁路发生故障，当天晚上人们只好在车厢内席地而卧了。第二天早晨，观测队抵达曲靖后，改乘中国运输公司的客车前行，午后到了盘江边。

当时，盘江大桥已被日本飞机炸断，改用浮桥以让行人通过，为了防止浮桥也被炸毁，人们便采用了暮搭晨拆的方式，而观测队赶到这里时刚到午后，因此只好在此等待半日，直到暮色降临，浮桥搭起，才顺利通过。抵达贵阳之后，观测队还要再次与中国运输公司接洽赴重庆的车辆，因此耽搁了4天才重新踏上行程。不过，在等待汽车的日子里，队员们也没闲着，他们应中国工程师学会贵阳分会的邀请，在西南公路管理处作了题为“太阳为动力之泉源”的演讲。此间，听众们对日食问题更是表现出了浓厚的兴趣，于是便相约等观测队完成任务回程时，再来作报告。

当汽车行至盘县贵阳市区时，队员们还没来得及喘上一口气，空袭警报又一次响起，人们只好向郊外狂奔以避开轰炸。7月7日中午，队员们在经过重庆海棠溪路段时，又遭遇了一次没有预发警报的空袭。危险就在眼前，但人们想到的却仍然是那些宝贵的观测仪器。当时人们将汽车停在路旁，便全部躲到桥下，“二十七架之机，嗡嗡然掠顶而过，继以轰然一声震耳欲聋，颇为车中之仪器担心。俟机声渐微，返路旁视察，只见车上多蒙一层灰尘之掩蔽，幸无其他之损害”①。

一路劳顿再加上夏季各种疫病流行，高鲁与李珩在抵达成都之后便病倒了。张钰哲将二人安置在当地养病，俟身体恢复之后再来兰州汇

① 张钰哲：“临洮观测日食之经过”。《民国三十年九月二十一日日全食观测报告》，第9页。

合，而张钰哲本人则抓紧时间与中央研究院朱家骅院长及总干事傅斯年联系，详细报告了筹备情况和观测计划。同时，还向中央大学物理系借了几件日食观测需要用到的仪器。为了防止再次遭到日机袭击，张钰哲决定将从昆明带来的仪器设备全部送至重庆郊区的歌乐山中存放。

过天水，到兰州，离临洮也就不远了。而沿途各个单位的热心相助以及人们对于日食观测的热情更是令人感动，也许正是因着这种种原因，即使在刚刚经历过那么多的险情之后，队员们的心情也像天气一样慢慢地由阴转晴了。而中央研究院朱家骅院长则飞抵兰州带来了一个好消息。对于这一段的经历，张钰哲在日后回忆道：

> 过天水后，沿途树木愈衡，并草棘亦几绝迹。弥望原湿丘陵，皆为黄土。惟天色晴朗，蔚蓝无际，不觉长吟“绝塞但惊天似水”之句。七日近午，遥眺天际，丛林一簇，皋兰是也。在兰观测队同仁，下榻于管理中央庚款董事会所创办之甘肃科学教育馆。馆长袁君翰青特设宴洗尘。凡关于观测队应与各方接洽之事，靡不挺身自任，热诚襄助；观测队员同深戴德。翌日赴省政府拜晤谷主席及各厅长。承民政厅郑厅长震宇以电话通知临洮县府，与观测队以各种便利。教育厅郑厅长通和建设厅张厅长心一均代修函介绍临洮之学校机关，以便观测队前途接洽旅居及观测之处所。复承敦嘱于全食期前，返兰演讲展览，冀可以日食常识于事先灌输于民众。在励志社晤朱院长，谈悉近方致电财部请港汇，裨将日食观测用之地平镜，由港航空运渝。①

① 张钰哲：“临洮观测日食之经过”。《民国三十年九月二十一日日全食观测报告》，第10～11页。

就在观测队抵达兰州的第二天，高鲁、李珩也乘飞机到达。人马重新汇合，观测队于8月10日仍搭油矿局的车直奔临洮而去。8月13日，观测队在历经种种磨难与敌机轰炸的生死考验之后，终于到达目的地临洮。

观测队抵达临洮之时，共有3处地方可供选择：临洮县长在城内包下了旅社，以供队员们日常起居食宿；临洮师范操场可供装设观测仪器；另外，教育厅还开具了专函介绍观测队与城东门外1公里左右的乡村师范及12公里之外的农业职业学校接洽。3处人士均热情相邀，要做一取舍也的确不容易。综合考虑了各种因素，最后选定了乡村师范学校。这里不似城内人口稠密，但与农业职业学校相比，它又因距县城较近，生活上比较方便。

乡村师范学校原本设在兰州，抗战爆发后疏散到了乡间。在临洮城东的岳麓山上有一座椒山祠，这是明末杨继盛讲学的超然书院故址。而乡村师范则将这里的大部分殿修葺后改为教室，只留下正殿和戏台。张钰哲向校方借得正殿作队员宿舍，而戏台则成了队员们吃饭的地方。

在临洮期间，日机空袭达5次。8月底的一次尤其严重，敌机两架盘旋在关顶，投弹10余枚。每闻警报，队员们都跑向后山暂时躲避，此处距离泰山庙“约三百米之遥，而戏台仍然在望、无虞鼠窃之光临”。不过，此时的张钰哲更担心的倒是临洮的天气。在观测队到达临洮之后的这些天里，临洮竟有大多数时日是在阴雨中度过的，甚至有连续七八天不见天日的情况。访问当地人士，人们都说去年的秋天阴雨连绵达81天之久。于是张钰哲与高鲁商量后电请甘肃省主席谷正伦，请示政府加派专机，以期届时协助凌空观测。高鲁则专程赶赴兰州联系飞机一事。兰州驻军司令长官朱绍良将此事电告蒋介石之后得到蒋特批，兰州空军的教练机和轻型轰炸机各1架于9月20日飞至临洮。日食当天如遇阴雨天气，队员将乘此机携摄影机飞到云层之上，对日食作凌空观测和摄影。

经过一路颠簸、日晒雨淋，观测队所带的行李箱都有一些破损，值得庆幸的是观测仪器虽有受损但并不影响使用。不过，那架组装的定天镜却几乎让观测队员们跑遍了临洮城。定天镜上的玻璃要加镀银才能强烈反光，但出发前由于担心银面在路上受损或者因为受潮而变质，所以便将药品材料带齐，计划等到了临洮再镀银也不迟。但是第一次镀银时，因为银层太薄并不合用，而随行带来的蒸馏水已所剩不多。人们在临洮城里四处寻找，也没有找到出售蒸馏水的店铺。当时正值阴雨连绵，于是便想到了用雨水来代替，但试过之后发现效果很差。正在此时，人们在城里找到了一家西药店，这里有蒸馏工具，经与协商将工具借到，但因为太小，以致人们用了 2 天时间才制取了 3 000 立方厘米。甚至在蒸馏过程中，空袭的警报也曾拉响，制取工作因此不得不暂时中断。

就是在这样的环境下，观测队的准备工作也在陆续展开。除了调整仪器、测定一些必要的参数之外，为了配合此次日食观测，9 月 20 日晚间时分，陆军的一个炮兵团开赴临洮，而空军的 20 余架战斗机则集结于兰州机场待命，准备随时拦截第二天可能会空袭临洮的日本轰炸机。“七年筹备，万里奔波，成败利钝，系于一旦”。21 日黎明时分，大雾笼罩在岳麓山上空，久久不散。直到 21 日上午 8 时 40 分，雾气散去，观测队的人们终于松了一口气。而此时，准备作凌空拍摄的那架轰炸机已做好起飞的准备了。

根据事前拟定的计划，这次日食观测工作共有 6 项内容：

(1) 实测初亏、食既、生光与复圆，这项工作由张钰哲负责观测，黄丰禄看表记录。预计和实测结果对比如下(所用时刻为东经 105 度之标准时)：

	实测			预计			O－CS
	h	m	s	h	m	s	s
初亏	9	29	42.1	9	29	32.3	＋9.
食既	10	50	36.6	10	50	38.0	－1.4
生光	10	53	38.8	10	53	37.6	＋1.2
复圆	12	18	36.0	12	18	41.0	－5.0

（2）日冕的拍照，这项工作由李珩、龚树模进行，所用仪器为直径22厘米的定天镜及蔡司15厘米焦距150厘米之UV摄影地平镜。共摄三片：

号数	滤光板	露光时间	开始时刻
1	无	1秒	3秒
2	黄色	5秒	68秒
3	红	30秒	140秒

（3）日冕亮度的测定。由张钰哲负责露光计开启和关闭，以及对准目标，李国鼎从经纬仪之远镜读电流计所转动刻度数。陕甘测量队的张琬川作记录。从天空云雾散后便开始观测太阳，每隔5分钟做1次观测。

（4）摄取日冕及太阳色球的光谱。由高叔哿在暗室内完成，其程序包括：全食前摄太阳光谱，以资比较；待食既之像将临，则摄色球之闪光谱；全食期间摄取日冕光谱；生光后再摄一太阳光谱，以作比较之用。

（5）拍摄日食现象发生过程中的逐步变化，仪器用 Eastman View Camera F：45 f＝21 cm。对准日食期间太阳经天的部位，自初亏至复圆，每隔10分钟曝光1次，露光时间为百分之一秒，焦距光孔比为4.5。只有全食之像为露光1秒。拍摄出来的图像即为一串18个太阳，从初亏开始，经全食后逐步复原。不过由于第三次摄影时正好浮云飘过，因此这一张图像在底片上异常黯淡，而云影则清晰可见。这项工作由陈遵妫负责。

(6) 拍摄日食电影，由金陵大学理学院教育电影部潘澄侯、胡玉祥和区永祥3人共同完成。摄影机3具，有2具安设在观测场所内，一个用五彩之Kodakrome片，一用普通影片。第三具则由区永祥携带着坐上从空军借到的轻型轰炸机内，凌空拍摄。原来打算是天阴的时候飞上云层去拍摄日食电影，但后来天放晴，于是便改为摄取"月影奔越地面情状及翘首仰天之观众"。这些影片的冲洗有些特殊，由于国内没有条件冲洗，因此计划送到马尼拉，但因战事爆发，后来便只好改寄到印度孟买冲洗了。

由于任务多而人手不足，因此便请步兵分校教务处长石朴允主持全食期间的报时工作；约请陕甘测量队黄丰禄、张琬川二人协同观测记录。

日全食还吸引来了不少对天文感兴趣的人，冯简就是其中一位。此人是中央广播电台台长，曾经参加过1936年日食观测。他对于天文的兴趣十分浓厚，自己有1架4英寸口径望远镜。这一年春天，当张钰哲经过重庆之时，曾拜访过冯简，详细谈到此次日食的广播办法，但在当时并没有最终决定。9月19日，就在日食发生前2天，午后时分，临洮城内电报局忽然派人通知说，有兰州打来的长途电话。张钰哲急忙赶进城里，这才知道，冯简已然到了兰州，准备赴临洮任日食广播工作。闻听此言，张钰哲心中大喜。21日一早，冯台长就带领技术人员来到岳麓山上架设电线电话。广播分3次，初亏时的广播从上午九时半至九时四十分，全食时之广播从十时四十分至十一时，复圆时之广播则从十二时十分至十二时二十分。在报告日食现象及观测工作情形时，除冯简本人之外，还有观测队员李珩以及中央社记者沈宗琳参加广播。广播的方法是用有线电话通到兰州，再经无线电转到重庆，经由中央无线电台播出。

就在岳麓山上下一片热烈气氛的同时，在距离兰州20余公里处的七道岭，于右任等人也观看了日全食的发生，而为飞机一事专赴兰州的高鲁因为日食的第二天还有监考任务，因此此次也没有赶回临洮，而是随同于右任等人来到了七道岭，观看日食之余也进行了一些磁力观测。

这天的午后时分，张钰哲特将泰岳庙开放，欢迎各界人士入内参观各种观测仪器和设备，并指定了专门人员讲解。而他自己则赶到城里发电报，向各方报告了日食观测成功的好消息。

当张钰哲发过电报赶回岳麓山的时候，已经是下午四点多了，但是前来参观的人群仍然是络绎不绝。人们对于日全食的兴趣固然令人欣喜，而以当时的情况来说，此次观测对于启发民智的意义似乎更为重要。在中国传统的观念中，日食的罪过素来要归到天狗身上，但是就在1941年的这一次日食发生时，在临洮这个边陲小城竟听不到一声讨伐天狗的鸣金声，这一点，甚至在像重庆、成都这样的当时的大城市里也做不到：

> 城中民众，震于吾人观测日食时刻之准确，每以天文王之尊号见称。濒行时，县长朱门复以丰盛之酒肉，在县府内为日食观测队饯别。酒数行，慨然曰："年来奔走四言，携眷同行。拙荆颇以为苦，每出怨言。今则觉悟非经过从前跋涉之苦，便不得见此番全食现象之美观。怨望之念全消，欣慰之情，溢于眉宇。甚矣日食之感人也"。临洮师范王校长在座，亦谓彼尝与戚友解释日食原理，众不尽信，或仍坚持天狗及金虾蟆吞日之说，逮见吾人预知日食时刻，竟分秒不差，乃一变往日将信将疑态度，而全盘接受矣。食时伐鼓鸣金救日之举，重庆成都，均且不免，而临洮以边陲僻县，是日竟未闻一滴之锤声；观测队所到处，民众感受之优良影响有如是者。①

① 张钰哲："临洮观测日食之经过"。《民国三十年九月二十一日日全食观测报告》，第25～26页。

就在日食观测大获成功后的第三天，张钰哲接到母亲病故的消息。其实早在从昆明出发后没几天，张钰哲就已得知母亲病危。他自幼与母亲相依为命，感情极深，但是思虑再三，他还是留在观测队里一直坚持到观测成功。母亲病故的消息传来，张钰哲强忍悲痛，给家中寄去一笔钱和一篇长长的祭文之后，毅然选择与曾经一道经历生死考验的队员们共同返回昆明。

在回程途中，张钰哲、高鲁等人还应沿途各单位之邀举行了有关日食的报告，在一些穷乡僻壤则更是耐心讲解日食以及各种天文知识。很多人由此第一次听到了"天文"这个词。

当张钰哲和众队员们风尘仆仆赶回凤凰山的时候，昔日的苍松翠柏已不见了踪影。由于国民党军队日夜上山砍树木，以致山上的屋宇全都暴露在外。据张钰哲日后回忆，"我们出去拦阻，说这是公家的树木，不得随便乱砍。他们认为树木既是公家的，当然也是军队的，我们就要砍。真叫做秀才遇着兵，有理说不清"①。

就在临洮观测 2 个多月后，珍珠港事件爆发了。时局的变幻让这些渴望在天空有所作为的科学家们对研究工作的前景充满担忧。面对一个谁都无法把握的未来，这群天文学家们所能做的便是埋头于已经获得的观测资料了。正如张钰哲所说，"瞻望前途，诚恐天文研究工作，不免将愈臻困难矣。无已姑把握现在从事整理观测结果，并草拟中英文之报告论文。将来转变如何，好比作全食呈现期间之阴晴，付诸苍苍可也；是或观天者固有之态度欤"。②

① 张钰哲："回忆昔日昆明凤凰山天文台的往事"。

② 张钰哲："临洮观测日食之经过"。《民国三十一年九月二十一日日全食观测报告》，第 28 页。

六、重返紫金山

1946年是战后第一个年头。9月，政府派出一批学者、教授赴美考察进修，张钰哲也在其中。此时距离张钰哲赴美留学归国已经过去了17年，美国的天文学此时也有了新的进展。再度赴美的张钰哲来到叶凯士天文台与昔日的老师樊比博教授一起工作。利用一台2米口径的反射望远镜，张钰哲进行了分光双星的光谱观测，并且不久就取得了成果。在这一年的年底，张钰哲应邀出席美国天文学会年会，并在会上宣读了他的论文“一颗新的食变星的速度曲线”。此文后来与他的另一篇论文“大熊座交食双星的光谱观测”后来均发表于美国的《天文物理学》杂志上。这一期间，张钰哲还发现了一颗新的变星。

在张钰哲赴美研究考察期间，天文研究所由陈遵妫代理所长之职。早在这一年的5月，天文研究所已迁回南京紫金山，但是在昆明凤凰山天文台如何处理的问题上，又出了一些小风波。有人主张将全部家当、人员迁回南京，而将凤凰山天文台撤消。但是早在紫金山天文台筹备时已经来到天文研究所工作的陈遵妫极力反对。对于此事的态度，陈遵妫有一段挂羊头卖狗肉的比喻颇为生动：

> 因昆明天气之宜于天文观测，甲于全国，且我国西陲尚无天文台之设，故天文所于民国27年迁昆之时，即决设立永久性质之天文台。今若因一时之困难而予以取消，诚为可惜，论者则以该台工作仅系观测太阳黑子，似有“挂羊头卖狗肉”之讥。余意挂羊头卖狗肉，诚非吾人所宜为，惟羊头既已挂上，应视羊肉之多寡而出售之，不能以其出

售羊肉之少，而称其为狗肉。于人理应先有充分之羊肉而后再将羊头挂上；惟羊头既已挂上，若中途无羊，至多只可暂停买卖，以谋将来重行开张，切不可贸然将羊头取下。盖凡一事业，立基础最难；基础既立，应徐谋发展；切不可不顾事实之困难，而以唱高调之态度，批评他人之事业。①

为了保住凤凰山这处永久天文台，陈遵妫先后访问了住在昆明的两个熟人，希望他们接管，但都被婉言拒绝。最后终于得到云南大学熊庆来校长的帮助。1946 年秋，由国立中央研究院天文研究所与国立云南大学共同领导的新机构“凤凰山天文台”成立了。天文研究所和云南大学合聘云大数学系教授王士魁为凤凰山天文台主任。另外，2 家单位分别派出职员、工友各一人，合计 4 人共同管理山上事务。协议商定以后，天文所将早已安装多年的变星仪和太阳分光仪留在这里，天文、物理两所共六座房屋和两所的全部家具也留在这里，其余仪器、全部图书、公文档案、财务账表都运回南京。

在将天文台做出妥善安置后，陈遵妫和他的同事们也终于可以放心地走了。1946 年末，陈遵妫一人乘飞机先走，所有公物由龚树模等人押运，先乘汽车赴重庆，在重庆和各所人员会合，挤在一艘轮船的拖船中回到南京。

1948 年 3 月，张钰哲完成了其在美考察和研究工作的预定计划准备回国。但是此时的国民党政府已近崩溃的边缘，于是找了个借口赖掉了张钰哲回国的路费。张钰哲的夫人虽在国内四处奔走，但毫无结果。正在张钰哲为回国的路费而焦急万分之时，根据预报，1948 年 5 月 9 日，将

① 陈遵妫：“三十年来之中国天文工作”。《科学》，第 29 卷，第 236 页。

有一次日食发生，自太平洋的阿留申群岛经日本的千岛群岛、中国的浙江到中南半岛的越南，这一线都可见到。美国国家地理学会为此计划派出一支观测队到中国浙江省的武康地区进行观测。得到这个消息后，正在为张钰哲回国一事想办法的樊比博与美国国家地理学会商量，让张钰哲参加这个观测队，结果得到同意。就这样，张钰哲于1948年3月12日返国抵京，并在参加过日食观测后于5月15日回到了天文所正式销假。至此，一场回国风波终于有了一个还算圆满的结果。

有关1948年的日食，天文研究所研究员陈遵妫与李珩曾于1947年5月发表“民国三十七年五月九日日环食”，对日食带做出推算。根据推算：

> 民国三十七年五月九日之日食，我国粤赣浙苏四省，恰在太阴影锥径路之上，可见环食。环食带自广东遂溪县西南入国境，经江西、浙江、江苏海门而入黄海，横越朝鲜南部，入日本海，经北海道极西北端而终于北太平洋……我国除上述地方之一部分得见环食现象外，全部地方得见偏食，东南部分食分均达日面十分之九以上。食分之值，愈向西北，逐渐减少，但虽至新疆蒙古边境，仍得见到三分以上之偏食。国人得见日偏食之良机，仅亚于民国三十年九月二十一日所见者。①

天文研究所对此次日食早已加以注意。因为按照奥泊尔子日月食典(Oppolzer's Canon der Finsternisse)所载，此次日食为全环食，由于其载为全环食应有一部分地方得见全食，于是天文所在1943年即对此加以推算。结果与上述预示不同：所见者只有环食，而无全食。后来据

① 陈遵妫、李珩：“民国三十七年五月九日日环食”。国立中央研究院天文研究所编：《中华民国三十六年五月日全食观测报告》，第1页。

1948年美国航海通书所载得知,此次日食的确如天文所所推算的一样。

不过,在1948年5月9日这一天,由于正赶上阴雨天气,日食观测工作终以失败告终。

重返紫金山的天文研究所面临的不仅是经费拮据,还有人员的变动。一批研究人员陆续离开,但与此同时,也有一批年轻人进入天文研究所开始其学术生涯。这一串名单记录了在1945年至1949年天文研究所人员的变动:

1945年,戴文赛被聘为燕京大学教授,离开天文研究所。

1946年10月,张怀璞自请辞职离所。

1947年,余青松离开重庆,再度出国。他先在加拿大多伦多大学任天文学教授,1年后受聘于美国博尔登高山天文台,从事仪器设计工作。后在哈佛大学天文台从事研究。1955年,余青松来到美国马里兰州胡得学院担任天文学教授,并在那里一直工作到退休。

1947年底,高叔哿自费留学,来到了美国叶凯士天文台。

1947年,曾在凤凰山天文台工作过3个月的李珩再度来所,但几个月后,再次离开。

1948年2月,龚树模考取经济部公费留美。先后在加利福尼亚大学天文系、密西根大学天文系、麦霍天文台进修和从事天文研究工作。

1947年5月,毕业于唐山交通大学的陈樵仲来到了天文研究所。

1947年6月,陈彪经李珩介绍来到天文研究所任助理员,陈彪毕业于金陵大学,曾任台湾、金陵大学助教。

1947年10月,李杭来到天文研究所。李杭"国立第二中学校毕业,有志研究天文,在学校期间曾与本所研究员张钰哲、陈遵妫、戴文赛等通讯多年,并曾自绘星图3幅,因身体欠健,故今年未报考大学",被天文所聘为图书管理员,后改聘为绘图员,1948年9月又被聘为观测员。

1948年9月，两位刚刚毕业的大学生来到了天文研究所任助理员，沈晓青毕业于国立浙江大学物理系、罗定江毕业于金陵大学数学系。这一年两个人都是22岁，正是将近30年前余青松、陈遵妫、张钰哲们的年纪，在那个年轻的理想疯长着的年代，他们远赴国外学习西方科学，而回国以后相继担起了建立中国人自己的第一座近代天文台的使命，这份责任是如此厚重，使得他们即使是身处逆境也决不言败。光阴流转之间，当年的青年早已成为社会的中坚，而又一群疯长着的年轻人将眼光投向了苍茫宇宙。

1949年4月23日，星期六，南京解放了。3个月前，天文研究所接到国民政府令之后，一行9人并携带图书仪器75箱迁往上海，直到9月14日，迁沪人员才返回了南京。因此，在南京解放之时，台上只留有陈彪等6人。看到国民党军队向紫金山一带纷纷撤退，陈彪等人担心山上的仪器会因此受到破坏，于是便打电话与城内的解放军取得了联系。4月24日也即南京解放的第二天，中国人民解放军进驻紫台，并将其作为重要目标保护。5月7日，南京市军管会派军代表赵卓接管中央研究院。10月7日，南京市军管会高等教育处决定成立中央研究院院务委员会。天文所所长张钰哲被任命为委员(共14人)。11月1日，中国科学院成立，天文所归属中国科学院的编制。

1950年5月20日，中央政务院任命原天文研究所所长张钰哲为中国科学院紫金山天文台台长。至此，天文研究所的名称取消。

作为中国人自己建立的最早的天文研究机构之一，天文研究所及其所建造的紫金山天文台正处在中国传统天文学向现代天文学转型的重要时期。从接收钦天监办公旧址到中央观象台的建立，从紫金山天文台的建造到战火纷飞中的天文观测，天文研究所的发展历程本身正是这种转型的直接体现。但同时值得注意的是，当时的研究人员的个人经历其实也是中国的天文学(乃至科学)的现代化进程的生动写照。

对于像高鲁、余青松以及张云等海外留学归来的知识分子来说,将西方科学引进中国,在研究方向上与国际科学界保持一致,这正是以科学救国图存的具体表现。一方面,由于环境条件所限,中国近代天文学起步较晚,在资金、设备等外部条件上均与国际天文学界存在差距,但是通过研究方向上的一致、研究水平上的提升,却可以为中国天文学界赢得与国际同行平等交流的机会,诸如建立中国人自己的近代天文台、创建天文学团体、加入国际天文学团体等举动正是出于这样的动因。另一方面,这些作法的意义还在于以西方科学开启民智。天文研究所在其拟定的工作计划中称,天文研究所"虽为专门研究机关,但对于民众天文常识之宣传,亦当酌尽绵力。盖因天文学发生最早而与人类又最有关系。迺我国民众天文常识竟极幼稚,中小学课程中之列入天文学者可谓绝无仅有。在此情形之下,本所不能不酌分一部分力量用之于教育事业,以灌输平民天文常识而祛其迷信思想"①。

无论是"余青松"们的将科学引进中国、以科学救国图存,还是传教士们在中国建立近代天文台开展观测活动,二者其实是以 2 种不同的方式完成一件共同的事,即以西方科学的研究方法在中国进行观测,而这一过程正是近代天文学在远东实现地域扩张的典型模式之一。从这种意义上来说,中国天文学的现代化与近代西方天文学的地域扩张其实正是同一个过程的两个侧面。

(毛　丹)

---

①《国立中央研究院天文研究所十七年度报告》。《国立中央研究院十七年度总报告》,国立中央研究院,1928 年,第 202 页。

熊卫民

结晶牛胰岛素的人工全合成

结晶牛胰岛素的人工全合成

1965年9月17日，在历经6年9个月的艰辛之后，中国科学院上海生物化学研究所、上海有机化学研究所和北京大学化学系的科学家成功获得人工合成的牛胰岛素结晶。这是一项伟大的胜利，不仅开创了人工合成蛋白质的新纪元，对中国随后的人工合成酵母丙氨酸转移核糖核酸等生物大分子研究起了积极的推动作用，还证明中国可在尖端科研领域与西方发达国家一决高下，极大地增强了民族自豪感。

一、一个“革命的”基础研究课题

这项课题是在“大跃进”运动中提出的。1958年5月，中国共产党八届二中全会提出“鼓足干劲，力争上游，多快好省地建设社会主义”的总路线，“大跃进”运动全面铺开。它不仅冲击了农业和工业生产，还对科研工作产生了巨大影响。科技人员也开始大放“科学卫星”，并把课题的完成时间一再提前。1958年5月14日、16日，在中国科学院地学部、生物学部联合召开的京区各所跃进大会上，通过相互挑战和打擂台等方式，地球物理所、植物所等机构的科技人员提出了诸如“人造小太阳”；“融化高山的冰雪灌溉荒漠”；“控制高山冰雪，防止沙漠南移，改善河西气候，扩大绿洲面积”；“变荒漠为绿洲，使草原遍地是牛羊；变寒漠为花园，使辽阔的祖国，处处是美丽的乐园”；“修好引洮工程，把黄土高原变成绿洲”；“在三年内消灭稻虫”；“在一年至三年内解决小麦锈病、稻瘟病等十多种农作物严重病害”之类气魄宏伟的畅想。①

① 《生物学部、地学部京区各所跃进大会报告》。中国科学院办公厅档案处档案，1958-16-3卷，生物学部、地学部。

为了促使上海的科技人员也提出振奋人心的课题，中国科学院上海办事处的领导人一方面在各所“召开全所人员大会，传达北京各单位大跃进的规划与事例”，尤其是发动青年科技人员大破大立，考虑科学院该如何按照“大跃进”的要求来发展科学技术，借以掀起各所跃进的高潮；另一方面“组织科学家分赴江苏、浙江两省，参观工农业大跃进形势，借以得到启发和鼓舞”①。

回上海之后，各所党支部马上组织这些科学家召开会议，让他们和中级、初级研究人员一起，分组讨论自己该抱个什么样的“大西瓜”。那些年轻人没有出去参观，一直留在家中学习“鄙视、蔑视、藐视”“资产阶级教授”的最新精神，思想早已变得比自己的老师们“解放”得多。他们对实验室以往的工作方式进行了猛烈的批判，宣称过去的研究工作是从论文中来，到论文中去，完全没有实际意义；“有些工作是低水平的重复；有些工作是学院式的，严重脱离实际”；而“我们要接受国民经济、国防建设中的重大任务，要从事前沿科技研究，要改变或调整原有的研究方向和任务”，等等②。虽然不少“老”科学家觉得这群青年人实际上是在否定一切，但在周围豪言满天、大轰大嗡的大跃进气氛的感染下，也有一部分人认为他们的意见是对的。不管怎样，形势在逼科学家们变。于是，在上海的中国科学院各研究所也出现了一些新的宏大的“理论联系实际”的课题。如实验生物所决心集中力量攻克肿瘤，重点是肝癌；有机所表示要研究活性染料、氟化学；生理所提出要搞针灸、经络和生物上天；植物生理所提出要搞“稻草变油”；而药物所则喊出了“让高血压低头、肿瘤让路、血吸虫断子绝孙”的响亮口号。上海冶陶所的声势尤其巨大，他

① 中国科学院上海分院：《中国科学院上海分院大事记（待版）》，“1958 年 6 月”部分。
② 巴延年等：“政治风浪中的中国科学院上海分院”。《社会科学论坛》，2006 年，第 4 期：第 84～99 页。

们提出了一个具有极大实用价值的课题:用土法炼铝,也即从煤炭燃烧后的煤灰中提炼氢氧化铝。经中国科学院院部批准之后,马上予以全国推广,先后有200多家单位前往学习,然后回去纷纷办厂,土法炼铝就此遍及全国。可惜的是,那个方法根本就行不通,西方学者早在50多年前就已从科学上证明了这一点。相关专家知道那个常识,冶陶所的邹元爔研究员还私下向相关管理者说明过情况,可他们的意见没人理睬。[①]

在各兄弟单位竞先放出了多个"科学卫星"之后,中国科学院生物化学研究所该提出什么样的语惊四座的课题呢?这是摆在该所每一位专家面前的问题。1958年6月,在一个有王应睐、邹承鲁、曹天钦、沈昭文、钮经义、王德宝、周光宇、张友端、徐京华等9人参加的高研组讨论会上,他们争先恐后地提出了一个一个的课题,然后那些题目往往又因为气魄不够宏大、不够"跃进"等原因而一个一个被否定掉。突然,不知是谁[②]喊出了这么一句话:"合成一个蛋白质!"七嘴八舌的声音一下子停了下来。这可是一个前所未有的国际前沿课题啊!究竟现有的科学技术是不是已经有可能做到这一点?中国有没有这个条件?根据现有条件是不是有成功的可能?都不知道。因为在座的人里面没有谁研究过类似的问题,没有一个人有相关的基础知识。但这个课题确实够响亮。伟大革命导师恩格斯曾经说过:"生命是蛋白体的存在方式"[③];"如果某一时候化学能够人工地制造蛋白体,那么这蛋白体也必然会呈现出生命的现象,即使是最微弱的生命现象"[④]。如果能够完成这个伟大设想,让人工

---

① 中国科学院上海分院:《中国科学院上海分院大事记(待版)》,"1958年6月"部分。
② 张友尚认为最早的提出者很可能是沈昭文。见:张友尚:"第一个在体外合成的蛋白质——结晶胰岛素全合成的个人追忆"。《中国科学(生命科学)》,2010年,第1期,第8~10页。
③ 恩格斯:《反杜林论》。人民出版社,1974年,第85页。
④ 同上,第87页。

合成的第一个有生命活力的东西在中国诞生，那将是何等巨大的辉煌啊！就这样，他们把这颗“卫星”保留了下来。

毕竟因为没把握，而且知道当时其他的“卫星”大都只是信口开河，他们也并没有把这个用于交差的设想看得太认真。在那次会议上，他们只是简单地提了提要用化学方法合成一个蛋白质，至于完成的时间则被设定为20年之内。然后，它被摆到群众讨论会上。其他的年轻人也一下子就被它吸引住了。他们更加“敢想敢干”，而且“人多热气高干劲大”，在“一天等于二十年”的激动人心的年代，怎么能容忍一个题目要做20年？完成时间立即被缩减为5年。①

会后，大家还马上查起了文献。资料表明，这个设想是有一定科学基础的：其一，1953年时，维格纳奥德(V. du Vigneaud)完成了世界上首例有生物活性的多肽——催产素的合成，给人们提供了一套可行的多肽合成方法。运用这套办法，1958年时，人们成功合成了具有促黑激素活力的一段十三肽。② 其二，1955年时，桑格(F. Sanger)完成了第一种蛋白质——胰岛素——的一级结构(氨基酸排列顺序)测定工作，使它成了一种可能的合成对象。不过，面临的困难也非常大。毕竟蛋白质比多肽要高级，即使根据正确的一级结构合成了胰岛素的正确多肽链，能否将它们“折叠”到正确的三维结构，从而让它们变成有生物活性的蛋白质，还不得而知。而且，生化所，乃至全中国都还没有人从事过多肽合成工作，这方面的工作具体有多难，谁也不知道——当然，工作具有很大的难度是清楚的，如果不是这样，恐怕就不会因为活性多肽的合成而授予维

① 《“‘601’工作历年大会发言稿”卷》，中国科学院生物化学研究所档案：第24～28页。
② 《“‘601’工作向领导汇报稿”卷》，中国科学院生物化学研究所档案，第9～18页；中国科学院生物化学研究所等：“结晶胰岛素的全合成”。《科学通报》，1966年，第6卷，第241～271页。

格纳奥德以1955年的诺贝尔化学奖了。甚至，中国连与合成蛋白质相关的原料也基本没有。蛋白质由氨基酸构成，可当时国内只能生产纯度不高的甘、精、谷3种氨基酸，合成胰岛素需要的另外十几种氨基酸都得从香港转口进来，不但价格昂贵，而且远水解不了近渴。[①]

虽然课题尚未完全定下来，但作为大跃进“成果”，它还是必须放到“上海市科学技术展览会”上去参加展览。负责展览工作的是一个叫徐罗马的老先生。他不是研究人员，也不大懂相关知识。要展览合成蛋白质，他理解成了合成生命，就夸张地画了一个站在三角瓶里的小娃娃。更有戏剧性的是，1958年7月中旬，这幅漫画还吸引了前来参观的周恩来总理的注意。他惊讶地“哎吆”了一声，在这幅画前停了下来，还问生化所的讲解人员这项工作啥时能完成。又惊喜又惶恐的讲解人员赶紧回答，生化所打算用5年的时间。“5年是不是太长了?”周恩来总理将了生化所一军。看到周恩来这个态度，同行的李富春、柯庆施也表示要鼓励、支持这项工作。而生化所则“经过热烈的讨论”，赶紧把完成的时间“减为4年”。[②]

这个事情看上去很偶然，其实也不尽然。众所周知，1957年苏联卫星上天以后，东西方冷战以高技术领域竞争为主要形式，所有大国的科学与技术无不服从于“弘扬国威”的最高政治需求。中国当时正秘密研制原子弹和导弹，如果在基础研究中拿出重要研究成果，也正与国家战略目标相一致。而周恩来总理是比较重视基础研究的。在他的关心下，1956年制订的《一九五六～一九六七年科学技术发展远景规划》中特意增设了一类“科学研究重点”:“自然科学中若干基本理论问题”。其中，

---

① 陈远聪:“筹建东风生化试剂厂的回顾”。《院史资料与研究》，2000年，第5卷，第35～39页。

② 《“‘601’工作有关协作问题”卷》，中国科学院生物化学研究所档案，第13～44页。

就包括“蛋白质的结构、功能和合成的研究”。①

不管怎么样，得到中央领导人关注之后，“合成一个蛋白质”就不再只是一个不经意的科学畅想或口号了，它很快就被列入全国1959年科研计划（草案）②，成为国家意志的一种体现。而国家下达的战略性研究计划，必须由科研人员落到实处。1958年9月，蛋白质专家钮经义受命率领黄维德、陈常庆、许根俊、王尔文等人，以合成催产素的方式练兵，体验一下多肽合成、分析、鉴定等工作的实践和难度。③ 幸运的是，10月份他们就获得了具有生物活性的催产素粗制品。不久，北京大学生物系也开展了这方面的工作，并于当年12月17日获得成功。④

初步掌握多肽合成的技术后，合成蛋白质工作进一步提上了日程。究竟合成什么蛋白质呢？当时已经确定了一级结构的蛋白质只有胰岛素一种，没有别的选择。通过生化所全所人员的查资料、大讨论，并通过邀集国内多家科研机构的知名专家一道进行胰岛素文献报告学习会，1958年12月21日，生化所最终确定了人工合成胰岛素的课题。不但如此，完成的时间“指标也一再提前，由最初的五年改为四年、三年、二年，最后大家鼓足干劲，决定把这项工作作为59年国庆十周年的献礼”⑤。相关人员还规定了第一、二、三、四、五次“战役”的重点以及“三八”、“五一”、“七一”、“十一”等节日的献礼内容。顺便指出，这项工作后来（1959

---

① 《一九五六～一九六七年科学技术发展远景规划纲要》（修正草案）。网址：http://gh.most.gov.cn/zcq/kjgh_default.jsp

② 《“‘601’工作有关协作问题”卷》，中国科学院生物化学研究所档案，第13～42页。

③ 王芷涯：“中国科学院上海生物化学研究所胰岛素全合成工作情况”。《院史资料与研究》，2000年，第5卷，第62～77页。

④ 王学珍等：《北京大学纪事（一八九八～一九九七）》，北京大学出版社，1998年，第540页。

⑤ 《“‘601’工作向领导汇报稿”卷》，中国科学院生物化学研究所档案，第27～34页。

年 6 月）还获得了国家级机密研究计划所特有的标志：它的代号为“601”。①

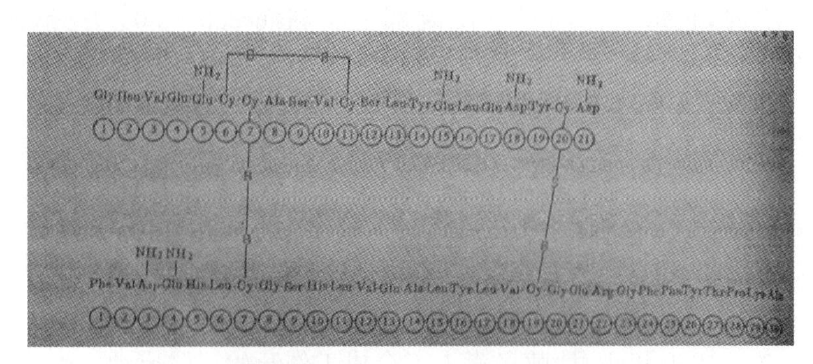

图 1　牛胰岛素的一级结构图

图 2　牛胰岛素的空间构造图

为了提供合成的原材料，生化所于 1958 年下半年组织了技术小组，从无到有，制作出了十几种氨基酸。并在这个技术小组的基础上，于

① “601”的本意是“1960 年第一项重点研究项目”。与此类似，人造地球卫星研究的代号是“581”，意为 1958 年的第一项重点任务。

1958年底组建了东风生化试剂厂。东风厂后来由小到大，共可生产700余种生化试剂、药物、培养基和分离分析材料，供全国科研之需。文革前夕时，它每年可向科学院院部上交利润200～300万元，效益一度非常好。

二、积极探索和初步成果

1959年1月，胰岛素人工合成工作开始正式启动。生化所建立了以副所长曹天钦为组长，“由曹天钦、王芷涯、张友尚、陈常庆、杜雨苍组成，老中青三结合，党组织代表和科学家一起参加领导”的五人领导小组来领导胰岛素合成工作。为了达到符合大跃进要求的速度，他们决定采用“五路进军”、“智取胰岛”的方案，即：“(1)有机合成——钮经义负责；(2)天然胰岛素拆合——邹承鲁负责；(3)肽库——曹天钦负责；(4)酶激活——沈昭文负责；(5)转肽——沈昭文负责”[①]。

经过钮经义等人在合成催产素上的摸索——虽然只是遵照比较完善的文献重复维格纳奥德的工作，他们也已花了几个月的时间[②]——甚至在此之前，大家就已经清楚，胰岛素的人工合成会是一个工作量极大的科研工作，而且工作量的一个非常大的部分将是对肽链的有机合成或

① 王芷涯：“中国科学院上海生物化学研究所胰岛素全合成工作情况”。《院史资料与研究》，2000年，第5期，第62～77页。

② 虽然他们在1958年10月即获得了具有生物活性的初产品，但一直要到1959年国庆献礼前后，才真正完成合成工作。做出来后，生化所很快把技术转让给了上海生物化学制药厂，1960年代初该厂开始生产催产素，并很快出口创汇，一个季度可得外汇24万元。这是国内第一个投入实际应用的多肽。据熊卫民：“回顾胰岛素的合成——杜雨苍研究员访谈录”。《中国科技史料》，2002年，第4期，第323～334页。

酶促合成。生化所既缺乏有机合成方面的经验，人手又不够，于是生化所的领导想找别的研究有机化学的单位合作。

他们找了中国科学院有机化学研究所和北京大学。有机所的负责人汪猷不愿意参加这项工作，但北京大学校党委给予了积极的回应，他们安排化学系有机化学教研室、生物系生物化学教研室和生化所合作，并委派自然科学处处长、生物系教授张龙翔主管此事。1958 年 12 月，北京大学有机及生化教研室派人赴上海参加了“(第一次)胰岛素文献报告学习讨论会”，与生化所草拟了一个分工方案。为了进一步明确分工，1959 年 3 月 9 日至 12 日，邹承鲁和曹天钦、王芷涯、钮经义、鲁子贤等五人到了北大。在做了几场与胰岛素相关的学术报告之后，他们代表生化所和北京大学拟订了正式的合作协议。决定由北大有机教研室负责胰岛素 A 链的合成；生化所负责胰岛素 B 链合成以及 A、B 链的拆合；北大生化教研室参与生化所负责的部分工作；等等。北大有机教研室的相关工作由张滂教授负责——他任研究组组长，教研室主任邢其毅教授和系主任文重教授也管此事。

1959 年 4 月 6 日之后，邢其毅、张滂两人各带了一批研究生和青年教师开始全面展开工作。在他们的指挥下，研究生季爱雪、周淑贤、单书香、陆得漳，青年教师徐端秋、伍少兰、陆德培及一位进修教师分成 4 个小组，带领有机专业的一些应届毕业生以毕业论文的方式开展合成研究。

刚刚于 1958 年由生化所协助建立的复旦大学生化教研室也想参加胰岛素合成工作。大概由于该教研室缺乏化学专家，生化所不太愿意，在 1958 年 12 月拟订的初步分工上，只同意让它参与做一点天然胰岛素制备工作；在 1959 年 3 月拟订的正式协议上，则没有把复旦大学列为协作单位。

虽然生化所没能在计划的时间完成第一次协作会议时所预定的任何一个目标，但酶学专家邹承鲁所领导的拆合小组——成员有杜雨苍、张友尚、许根俊、鲁子贤等——还是很快即发现了一个重要"苗头"：1959年3月19日，发现拆开后的胰岛素A、B链混合物在重新氧化后能表现出天然胰岛素0.7%～1%的活力。

工作一开始就困难重重，曾经用过7种方法都没能完全拆开胰岛素的3个二硫键，最后他们根据当时文献上新出现的拆开二硫键的方法，将天然胰岛素与亚硫酸钠及四硫硫酸钠共同保温，终于将胰岛素完全拆开成了A链及B链，并且所得到的S-磺酸型A链及B链非常稳定，经得起反复纯化。这是一项有意义的成果，但因为有保密要求，邹承鲁、杜雨苍等人没有立即把它发表出来。

二硫键拆开之后，A、B两链能否重新组合成为胰岛素？据已有的知识看，如果说不是绝非可能，那么也是万分困难的。因为，正确的接法不仅要求一个A链和一个B链接，还要求A链的第7位和B链的第7位接，A链的20位和B链的19位接，A链的6位和A链的11位接。而实际上，可能的接法是很多的，既可以根本接不上，也可以一个接一个，还可以很多个接到一起。即使只考虑由一条A链和一条B链组成AB这类最简单的情况，接正确的几率也很低——它们可以因生成的硫-硫键位置的不同而形成12种异构物。① 如果链与链之间的连接确实是完全随机的，那么，由于可以生成含有多条肽链的产物，从数学上算，接正确的几率为无穷大分之一。以前的实践得到的也正是这种结果。在已经过去的大约30年中，不少人曾多次进行过重新组合实验，每次得到的都

① 杜雨苍等："从胰岛素A及B链重合成胰岛素"。《生物化学和生物物理学报》，1961年，第1期，第13～25页。

是否定的结果。于是胰岛素的研究者普遍认为，一旦胰岛素的二硫键被拆开，就不可能让其重新恢复生物活性。

面对文献所给出的这种结论，邹承鲁“顾虑”多多，1958 年刚从北大毕业分配到生化所工作的杜雨苍也心怀“恐惧”。但在大跃进形势的激励下，他们并不死心。邹承鲁认为，过去的失败在于采用强氧化剂迅速氧化，太急于求成了。他们就采用较温和的做法。历经艰辛，经过多次试验，他们在 1959 年 3 月 19 日初步得到了一个肯定的结果——接合产物居然表现出了 0.7%～1%的生物活性！

北京大学有机教研室的邢其毅、张滂也很快就知道了这个结果。但他们这些有机化学家深信文献报道，很难接受这个结果，在几个月之后还仍然坚持认为拆合的路是走不通的。①

邹承鲁和杜雨苍继续摸索更好的条件，以进一步巩固成果。又经过多次失败，在克服了许多技术障碍以后，终于在 1959 年国庆献礼前摸索出了不使用氧化剂，而使氧化反应在较温和的低温、较强碱性(最适 pH 值为 10.6)的水溶液中由空气缓慢完成的方法，使天然胰岛素拆开后再重合的活力稳定地恢复到原活力的 5%～10%。

这是一个重大成果，不仅指导和解决了胰岛素合成的路线问题——在这之前，大家一直在想，究竟是先合成 2 个各通过一个胱氨酸残基结合的“工”字形肽，然后再延长、连接它们，还是先分别合成胰岛素的 A、B 2 条链，然后再结合二硫键呢——还在一定意义上提前试验了胰岛素合成的最后一步工作。为了吸取拆开工作未及时发表的教训，生化所于 1959 年 11 月 16 日向中国科学院党组上书，要求尽快发表重合成成果：

---

① 熊卫民：“北京大学的胰岛素合成工作——施溥涛研究员访谈录”。《中国科技史料》，2003 年，第 3 期，第 264～278 页。

“目前在胰岛素再合成问题上，我们已经抢先。若等待 A、B 链完全合成后，胰岛素全合成成功时，再一并发表，则很可能在再合成的发表上落后于国外。”[①]然而，基于保密考虑，为了避免“帝国主义”的同行——那个时候，他们已经知道美国和联邦德国各有一个实验室也在进行胰岛素的人工合成工作——利用该发现而首先完成胰岛素的合成，科学院领导没有批复“同意”。1 年之后，加拿大科学家迪克松(G. H. Dixon)和沃德洛(A. C. Wardlaw)在 *Nature* 杂志上发表了类似的结果。[②] 虽然他们只恢复了 1%～2%的活力，成绩远没有邹承鲁等人的好，但在发表时间上却抢到了我国科学家的前面。当然，国内同行还是比较早就知道了生化所的这项成果，因为杜雨苍、邹承鲁于 1960 年 1 月在“第一次全国生化学术会议”上对此成果作了报告。而且，后来国际同行也还是欣赏这项成果的，生化所拆合小组所摸索出来的这套重组方法曾被国际蛋白质技术界称为杜-邹法。由于产率较高(经过多次努力，他们最终把产率提高到 30%以上)，在最早用基因工程方法生产胰岛素，连接分别生产的 A 和 B 链时，所用的也是杜-邹法。

1959 年夏天，生化所还把正在漕河泾农场下放劳动的张友尚召了回来，让他分离纯化重合成胰岛素——“反右派”运动后，科学家必须经常下放劳动，以接受改造，时间 1 到 3 个月不等。生化所采取的方式是轮流下乡。通过反复实践，张友尚等找到了一个合适的提纯方法：先利用分子量的不同，通过柱层析和超速离心法将接了好几条链、分子量较大的产物和仅含一个 A 链接一个 B 链的产物分开；然后用酸性正丁醇溶剂将重组合胰岛素从后者中抽提出来；再对抽提出来的纯度相当高的

---

① 《“‘601’工作向领导汇报稿”卷》，中国科学院生物化学研究所档案，第 24～25 页。

② G. H. Dixon, A. C. Wardlaw. Regeneration of Insulin Activity from the Separated and Inactive A and B Chains. *Nature*. 188:721 - 724.

重组合胰岛素进行结晶。1959年底，他们得到了和天然胰岛素晶型一致的重合成胰岛素的结晶。

由两条变性的链可以得到较高产率的、有生物活力的重合成胰岛素的结晶，这就从实践上进一步证明："天然胰岛素结构是A、B多肽链所能形成的所有异构体中最稳定的"[①]；推广一点说，也即蛋白质的空间结构信息包含在其一级结构之中。这个结果解决了令人望而生畏的"折叠"问题——根本就不需要另加人力去做，A、B两链能够按天然结构自动折叠成胰岛素——具有非常重大的理论意义。但又是基于上述保密要求，邹承鲁、张友尚等人没能及时发表此成果。1961年5月，美国科学家安芬森(C. B. Anfinsen)在*Journal of Biological Chemistry*(《生物化学杂志》)上发表了一项类似的、相对而言较为简单的工作——拆开单链的核糖核酸酶的4个二硫键，发现它们可以重新连接并以很高的水平恢复酶活性。安芬森由此断言："蛋白质的一级结构决定高级结构。"[②]虽然邹承鲁等人的论文比安芬森的发表得略晚一点——于1961年8月用中文正式发表在新创刊的《生物化学与生物物理学报》上(学报于1961年2月9日收到此稿)，并于同年10月用英文发表在刚刚复刊的国内唯一的西文科学期刊*Scientia Sinina*(《中国科学》)上——可由于《中国科学》在国际上的知名度远不如国外刊物，加以他们当时主要关心合成问题，没有对结论作进一步的推广，他们的工作的价值没有得到充分地承认，只被当成了安芬森原创性工作的一个佐证。1972年的诺贝尔化学奖只授予了安芬森，而没有让邹承鲁等人分享。

---

① 杜雨苍等："从胰岛素A及B链重合成胰岛素"。《生物化学与生物物理学报》，1961年，第1期，第13～25页。

② CB Anfinsen, E Haber. Studies on the reduction and re-formation of protein disulfide bonds. *J Biol Chem*, 236:1361-1363.

对于未能及时发表这些成果，40 多年后，邹承鲁等仍心存遗憾。邹承鲁曾于 2003 年向笔者表示，虽然他另外 2 项工作在国际上的被引用次数更多并都被载入有关教科书，但他最看重的仍然是胰岛素的重组合，因为同时的类似工作得到了诺贝尔奖：

> 假如我们得到结果马上就拿到《自然》杂志上发表，那么就会比他[指安芬森]早。在《自然》杂志上发表比较快，需要等的时间只有几个月。也就是说，如果我们将这个成果及时投了出去，其发表时间就不但比加拿大人的要早——他们 1960 年发表，活性只有 1%～2%——而且会比美国安芬森获得诺贝尔奖的工作的发表时间(1961)也要早。①

与拆合工作的快速前进相比，合成方面的工作进展要慢得多。经过几个月的探索，尤其是拆合工作有“苗头”之后，大家决定放弃“五路进军”中的后三路，把力量集中在拆合与有机合成上。虽然已经有比较经典的方法，而且经过合成催产素的洗礼，相关科学家已经初步掌握了这些方法，有机合成仍然非常困难。没选择好合适的溶剂、保护基、缩合剂，没选择好合适的肽段大小，没选择好接头，等等，都可能使合成工作功亏一篑。这些方案都需要摸索；而且，一般说来，每接一个氨基酸都需要三四步反应，都需要极为繁复的分离纯化、分析检定工作，不但工作量大，而且一环紧扣一环，只要一步不合要求，就有可能前功尽弃。虽然困难很大，1959 年底时，钮经义所领导的合成小组还是取得了不少成就：不但掌握了多肽合成各种技术，还将 B 链的所有 30 个氨基酸都联成了

① 熊卫民：“最自豪的工作——访谈邹承鲁”。熊卫民、邹承鲁等：《从合成蛋白质到合成核酸》，湖南教育出版社，2009 年，第 36～59 页。

小肽(其中只个别二肽有文献记载),最长的已达到了八肽。北京大学化学系因为起步较迟,同时不大相信拆合组的探索结果,还沿最初设想的路线走——最初邢其毅等人认为,为了避免连接为错误的二硫键,胰岛素中的 6 个半胱氨酸的巯基可能需要用不同的东西去保护,所以他们一直在摸索各种保护基,而没把主要精力用于合成上,而拆合工作表明,只用一种保护基是可行的——加以教学及其他任务繁重,进展慢多了。到 1959 年底时,主要只做了氨基酸的分离、特殊试剂的合成、分析分离方法的建立等工作,另外也合成了一些二肽。

生化所对北大的进展有所不满,在向领导报告、要求放宽时间指标时,曾数次提到过这点。但总的说来,双方的协作关系还是不错的。除了经常派人互访外,大概每两周总结工作一次,写成简报,分送各协作单位。在准备和探索阶段,各协作单位的工作人员比较稳定,分布情况大致是:生化所 23 人;北京大学生化教研室 26 人;北京大学有机教研室 25

图 3　1959 年生化所胰岛素工作参加者合影

(前排左五:王芷涯
中排左四:钮经义　左五:邹承鲁　左六:曹天钦　左七:沈昭文
后排左四:杜雨苍　左八:龚岳亭　左九:戚正武　右一:许根俊　右二:张友尚)

人;复旦大学生化教研室2人。

虽然存在一些明显的弊端——譬如指标、计划定得过细、过于明确,给参加工作的科学家增添了许多不必要的限制和压力,使他们精神过于紧张,难以保持平常心态,难以发挥出最佳的创造力;保密方面要求过于严厉,只追求最终结果的完成,而忽视了更重要的中间成就的发表,结果背离了科学研究的基本精神,严重阻碍了国际同行对我国科学家所取得的成就的承认,并从而不可避免地挫伤了我国科学家的工作积极性——但在1959年间,各相关单位总的工作气氛还算是比较好的,所取得的成就也是比较重大的。

三、"大兵团作战"

就在这个时候,"反右倾"运动迎面扑了过来。就像"大跃进"运动导致了胰岛素人工合成课题的提出一样,1959年7～8月的庐山会议以及它所带来的反右倾、鼓干劲运动也影响了胰岛素工作的研究方式。它作为直接的导火索,给胰岛素工作带来了一种富有中国特点的科研方式——"大兵团作战"。

很多年以来,北京大学一直处于时代的漩涡中心。这一次,在几个相关单位中又是她率先响应了党的号召,最早开展了轰轰烈烈的群众运动。1959年底,在北大校党委常委、新调来的系党总支书记王孝庭的领导下,化学系的学生对自己的老师展开了猛烈的批判,批判他们信心不足、故步自封、按部就班、持"洋奴哲学"、有名利思想、走白专道路、奉行"爬行主义"、小团体主义和本位主义、在科学研究方面搞神秘论、把科研工作进行得“沉沉闷闷”、“冷冷清清”，等等。①

批判的结果之一是胰岛素合成工作的领导班子被彻底改组：原来的几个负责人，化学系主任文重教授被打成右倾机会主义分子，胰岛素研究组组长张滂教授被开除出胰岛素的合成队伍，唯一留了下来的有机教研室主任邢其毅教授也因为“对合成胰岛素不积极”而不再对这项工作具备发言权。② 新班子中，总负责人是党总支书记王孝庭，业务负责人起先只有机化学教研室副主任、1958 年毕业留校的青年科技工作者施溥涛，1960 年 4 月后又增添了叶蕴华、花文廷等人——他们本该于 1960 年 7 月毕业，就是为了加快胰岛素合成工作的速度，才在北大党委的安排下，提前 3 个月毕业，作为“新鲜的血液”和“革命的动力”而充当胰岛素合成工作的领导。③ 在施溥涛、叶蕴华、花文廷等人之下则是由大学生、青年教师等充当的大组长、组长、小组长等。

在这些缺乏科研经验的新班子的领导下，北大化学系及少量生物系“革命师生”共约三百人“参加了这场科研大战”，一大批“连氨基酸符号还不认识的”青年教员和三、四、五年级学生成了胰岛素研究的“尖兵”，成了“科研的主力军”。他们“从无到有，从不会到会”，“不懂就学，遇到困难就学毛主席著作”，并把群众智慧集中起来。④ 相关领导人曾经总结说：

---

① “参加人工合成牛胰岛素和测定胰岛素晶体结构科研项目的几点体会”，北京大学科技档案，ky0106501 号。

② 熊卫民：《叶蕴华教授访谈录》。收藏于中科院自然科学史所的中国近现代科学技术史资料中心。

③ 熊卫民：《叶蕴华教授访谈录》。收藏于中科院自然科学史所的中国近现代科学技术史资料中心。

④ “人工合成结晶牛胰岛素工作汇报”篇以及“北京大学人工合成胰岛素工作情况”，北京大学科技档案，ky0106501 号。

只有大搞群众运动才可能使群众的智慧得到充分的发挥。我们工作中大到合成路线小到各肽片段的关键问题都是经过群众的大鸣大放大辩论、经常召开诸葛亮会、有时我们成立共青团员突击队等各种不同的方式解决的。我们深深体会到无产阶级的科学工作路线必须是群众路线。离开群众将会一事无成。[①]

在这些群众看来,合成多肽是一件非常简单的事:"把两段多肽倒到一起,就叫合成了一个新的多肽——也没问是否发生了反应,具体产物是什么东西。"[②]邢其毅等"老"科学家和一些比较"右"的青年教师当然不太认同那些做法,但他们不敢说——说了也没用,这类举动早已受到过批判[③]——只能根据组长、小组长等人的指示执行属于自己的那份操作。于是,北京大学的进展奇快,"仅用两个星期就完成了 4、7、5、5 四个肽段"[④];再花 2 个星期,到 1960 年 2 月 17 日时,就"用两种方法同时合

① 《"'601'工作有关协作问题"卷》,中国科学院生物化学研究所档案,第 51～92 页。

② 熊卫民:《陆德培研究员采访录》。收藏于中科院自然科学史所的中国近现代科学技术史资料中心。

③ 由下面这段于 1959 年 12 月出版的话语可以想见当时各级领导人对批评意见的态度和异议人士可能遭遇的批判:"大跃进以来的成绩,是客观存在的事实,谁也抹杀不了。可是,对这一场群众运动的伟大成就,由于人们立场观点不同,还有不同的看法。我们在 1958 年改变了少数人冷冷清清搞研究的局面,创造了许多新的方法和经验,科学技术特大丰收,这是绝大多数人的看法。可是,在科学技术界也有一些有浓厚资产阶级思想的人,却的旁边评头论足,说这也不成,那也不成。他们看不惯轰轰烈烈的群众运动,认为这样就把科学工作的常规打乱了,他们认为青年人、工农革新家做不了什么科学技术研究工作;他们说:'还是过去的老路好。'他们夸大胜利带来的某些缺点,说我们的科学技术工作'数量上虽然有发展,质量上没有提高',说'为生产服务的工作是进展了,但是,理论上却没有收获'。坚持这些错误观点的人,虽然不多;但是,还有一些人在这个或那个问题上,有一些糊涂观念。因此,对于这些错误观点,有加以驳斥的必要……"引自聂荣臻:"十年来我国科学技术事业的发展"。《辉煌的十年》,人民日报出版社,1959 年,第 452 页。

④ 《"'601'工作有关协作问题"卷》,中国科学院生物化学研究所档案,第 75～83 页。

成了胰岛素A链上的十二肽”[1];随后,于“三月底拿到了十七肽”[2];于“四月廿二日合成了A链”[3]。

受北大化学系群众运动的激发,再加上那个时代没有任何单位能免受政治运动的冲击,1960年1月下旬,“在整风反右倾的基础上”,生化所开始大量抽调工作人员支援原有的两个研究小组。[4] 参与胰岛素工作的人一下子增加了一倍左右,变成了50人。人数增多后,速度也加快了许多,2月中旬,达到了一次工作高潮,“巩固了八肽和九肽”。三八妇女节前又达到了一次工作高潮,“苦战十昼夜,拿到了十八肽”[5]。当他们刚刚松一口气,想“站住脚”,巩固一下成果时,生化所接到了北京大学的简报,发现“北大的工作进展极快,他们的速度远超过了我们。消息传来以后,全组同志大为震惊”[6],于是进一步增加人手——在“学部大会前又增达80人”[7]——又开始通宵达旦的工作。再一次“日夜苦战十昼夜”后,终于在4月20日前“合成了B链30肽,并把人工合成的B链和天然的A链连接成具有活力的胰岛素。”[8]

正当北大化学系和生化所的科研“竞赛”进行得如火如荼的时候,复旦大学生物系横空杀了进来。1960年1月30日,在上海市委、上海市科委和复旦大学党委的支持下,复旦大学生物系党支部委员李致勋组织了

---

① “胰岛素中十二肽的合成”,北京大学科技档案,ky0106501号。

② 《“‘601’工作有关协作问题”卷》,中国科学院生物化学研究所档案,第75～83页。

③ 《“‘601’工作简报”卷》,中国科学院生物化学研究所档案,第34页。

④ 《“‘601’工作历年来大会发言稿”卷》,中国科学院生物化学研究所档案,第24～28页。

⑤ 同上。

⑥ 《“‘601’工作向领导汇报稿”卷》,中国科学院生物化学研究所档案,第48～52页。

⑦ “生化所胰岛素合成研究专题调查材料”,中国科学院办公厅档案处档案,66～16～10卷。

⑧ 《“‘601’工作向领导汇报稿”卷》,中国科学院生物化学研究所档案,第99～100页。

六、七十位师生(其中三分之二的人是一至三年级的学生)"从事准备工作和进行干部培训",开始单独筹划胰岛素人工合成工作。[①] "最初开始这项工作的时候以合成B链中某一个肽段为目的……后来……'行情'愈来愈高,从要求合成八肽、二十肽、B链到整个胰岛素"。[②] 3月25日,"为了迎接市工业会议的召开",他们"进一步大搞群众运动",组织了120名师生——据当时的二年级学生夏其昌介绍,复旦大学生物系生化专业四个年级的同学都参加了这项工作。他们大约有80人,其中一、二年级各约30人,三、四年级各约10人。另外,许多非生化专业的学生也参与了进来——"边干边学",热火朝天、不分昼夜地进行胰岛素合成。[③] 其方法和北京大学化学系的学生所做的类似,都不对中间产物作分离和鉴定,只是拼命往更大的肽段赶。当时的生物系生化教研室主任沈仁权副教授比较内行,但她被搁到了一边,对这项工作没有发言权。于是,复旦大学所报出来的进度也非常快,"在4月22日完成了B链30肽"[④]。

1960年4月19～26日,以稳定基础研究工作为重要主题的中国科学院第三次学部会议在上海举行。在这个会议上,由中国科学院生化所、北京大学化学系、复旦大学生物系3个单位所主演的胰岛素合成戏剧达到了高潮:它们3个单位先后向学部大会献礼,分别宣布自己初步合成了人工胰岛素B链,A链以及B、A两条链!叶蕴华还乘飞机把北京大学化学系合成的A链带了过来。听到这些振奋人心的消息,聂荣臻、郭沫若等领导兴奋异常,他们不但发表了热情洋溢的讲话,还于当天

① 《"'601'工作有关协作问题"卷》,中国科学院生物化学研究所档案,第65～74页。

② 《"'601'工作向领导汇报稿"卷》,中国科学院生物化学研究所档案,第58～73页。

③ 熊卫民:"尴尬的献礼——访谈夏其昌"。熊卫民、邹承鲁等:《从合成蛋白质到合成核酸》,湖南教育出版社,2009年,第121～126页。

④ 《"'601'工作有关协作问题"卷》,中国科学院生物化学研究所档案,第65～74页。

晚上在中苏友好大厦为全体相关人员举行了盛大的庆功宴，只留了杜雨苍和张友尚在实验室里进行最后的人工胰岛素A链和人工胰岛素B链的全合成工作。聂荣臻和大家一道都在那儿等着，要求他们一出成果，马上敲锣打鼓过去报喜。新华社也已经写好了报道稿——标题为“揭开生命现象的神秘面纱，我国对人工合成蛋白质已建功勋”[①]。一切都只等他们的好消息。但直到那顿在大饥荒时期极其难得的宴会结束，垂涎欲滴的杜雨苍和张友尚也没有离开实验室。

4天之后，生化所仍没能证明合成了人工胰岛素。可这个时候，复旦大学又爆出喜讯：他们“首次得到了具有生物活性的人工胰岛素”！上海市长随即在人民广场宣布了这件大喜事。[②] 这个消息刺激了北京市委，他们给北大发指示，说：咱们搞北京牌的胰岛素[③]；中国那么大，搞两个胰岛素也不算多；可以互相验证[④]。要求北大也进行B链合成，也单独合成胰岛素。于是，北京大学只好于1960年5月1日“又开辟了第二个战场”，成立了新的B链组，大搞B链的合成。[⑤]

上海市委和北京市委的竞争也给中国科学院党组带来了很大压力。为了在竞赛中胜过高等教育部，在院党组正、副书记张劲夫、杜润生的亲自督促下，1960年5月4日，中国科学院上海分院党委书记王仲良决定亲自挂帅任总指挥，组织了由有机所党总支书记边伯明任副总指挥，生

① 《“‘601’工作简报”卷》，中国科学院生物化学研究所档案，第33～34页。

② Wai-ling Vivian Tsui. *Revisiting the insulin project in China*（学位论文，收藏于普林斯顿大学分子生物学系），第42页。

③ 熊卫民：“学生的感受——访谈汤卡罗”。熊卫民、邹承鲁等：《从合成蛋白质到合成核酸》，湖南教育出版社，2009年，第82～90页。

④ “参加人工合成牛胰岛素和测定胰岛素晶体结构科研项目的几点体会”，北京大学科技档案，ky0106501号。

⑤ “人工合成结晶牛胰岛素工作汇报”，北京大学科技档案，ky0106501号。

化所所长王应睐、有机所代所长汪猷、生化所副所长曹天钦任正副参谋长，生化所青年科技工作者李载平任具体指挥，生化所党支部书记王芷涯负责后勤保障工作的指挥部[①]，指挥生物化学所、有机化学所、药物所、实验生物所、生理所等5个研究所进行“大兵团作战”。在当晚举行的“第一次司令部会议”上，生化所党支部提出，“要以20天时间完成人工全合成”。王仲良要求抢时间，在“半个月内完成全合成”。汪猷接着表态：“既然分院党委决定，我们立即上马……半个月太长，要在一个星期内完成。”[②]

就这样，在有关领导“这是一个重大的政治任务”、“拿不下来就摘牌子”的严厉要求下，科学院上海分院开始了风风火火的“特大兵团作战”。汪猷及其所领导的有机所原本是不想参战的，在形势的逼迫下，不但参加了进来，还喊出了最高的调子——“一个星期内完成”[③]。

5月5日，相关研究所共派出344人(后来还增加过新人，譬如5月8日时，化学研究所的杨承淑增加了进来；5月10日时，为加强人力，又增加了中专校实习学生17人)参加这项工作。他们打破了原有的所、室、组的正常建制，组成了混合编队，下属多个“战斗组”，统一安排。战斗组的组长一律由青年人担任，原来担任组长的研究员们改当组员；生化所一个肽组的组长甚至是一位连多肽都未见过、新近从中国科学院山西分院过去的进修生。他们“采取了一日二班制的办法”，建立了工作流水线。虽然有很多人并不愿意放下自己手头原有的研究转到这项工作中

① 王芷涯：“中国科学院上海生物化学研究所胰岛素全合成工作情况”。《院史资料与研究》，2000年，第5期，第62～77页。
② 《“‘601’工作简报”卷》，中国科学院生物化学研究所档案，第51～52页。
③ 熊卫民：《陆德培研究员采访录》。收藏于中科院自然科学史所的中国近现代科学技术史资料中心。

来，但既然党的领导干部在亲自指挥这项工作，他们也普遍表现得很积极。很多人“每天除了几小时的睡眠，其他的时间都在试验台旁度过”①；“有人甚至把铺盖搬进实验室”②，根本不怕有毒的药品，根本不顾及自己的身体健康。还有些工作骨干“甚至两天不睡”，以至于领导下命令：“必须……安排骨干分子的休息睡眠”③。

王芷涯描述过当时普通科研人员的工作情形：

> 大兵团作战啊，疲劳得要命，紧张啊！紧张！我们有个工序是摇瓶，把东西加进去，不是用机器，而是用手摇瓶。有个见习员，是个女的，姓叶，她就在三楼，把手伸出窗外摇瓶(以避免接触有毒气体，引者注)。就这么摇呀摇，实在疲劳了，打瞌睡了，烧瓶就掉下去了，全部摔破了，破了就没有了。这个烧瓶里面装的是一个八肽，所以大家就传：“八肽跳楼自杀了”。都惋惜得不得了，就批评这个小姑娘：“你怎么能睡着呢？你怎么好打瞌睡呢？”我把这件事情汇报给王仲良，王仲良说：这个可不能批评，我看这个小姑娘性格可能有些激动。他怕她跳楼自杀。当初是作为一个笑话在传，但这不是笑话，它说明大家很疲劳，白天夜里，白天夜里，不断地工作。④

相关负责人每天午夜过后都举行会议，以报告进度、数据、结果等，连老学部委员们也如此：王应睐在凌晨1点前很少离开实验室，汪猷则

---

① 张申碚：“忆人工合成胰岛素工作”。《院史资料与研究》，2000年，第5期，第40～46页。

② 黄祥云：“牛胰岛素事件及其科学社会学研究”。《自然辩证法通讯》，1992年，第1期，第26～34页。

③ 《“‘601’工作简报”卷》，中国科学院生物化学研究所档案，第59页。

④ 熊卫民：“王芷涯访谈录”。《院史资料与研究》，2003年，第5期，第1～20页。

经常通宵不回家。党的领导当然也很辛苦，王芷涯对此回忆说：

> 不管是白天还是夜里，反正什么时候需要我就什么时候去。我住得离单位很近，每天都是很晚才回去。我记得我的儿子当时大概三岁——他是1956年生的——患了肺炎，住在小儿科医院；我晚上九点多钟出来——大概是这个时候——再去看他，看他一个人睡在那里。那个时候怕跌下来，床边的栅杆都要竖起来。就他一个人躺在那里。我爱人是解放日报坐夜班的，所以他也没时间去照看。我们住得很近，吃饭也在食堂吃，没工夫管他。哎，哎……①

可胰岛素人工合成毕竟是基础科学研究，和军事斗争、工农业生产还是有区别的。在这里，"一个人卅天的工作等于卅个人一天的工作"的假想并不成立。② 这么多人忙了7天、15天、20天、1个月，依然没有实现最初的目标。50天后，人工合成的A、B链终于"正式进行会师"，可非常令人遗憾，"总的情况是人(指人工合成，引者注)A人B全合成没有出现活力"。不但如此，在随后的20天内，"合成A链进行三次人A天(指天然，引者注)B测定，结果均无活力"③。

1960年6月28日至7月1日，为了"充分交流经验以及商谈今后协作"④，"上海市科委召集了北京大学(化学系有机教研组)、复旦大学(生物系)及科学院(有机所、生化所)等3个单位的有关研究人员、教师和学

① 熊卫民："王芷涯访谈录"。《院史资料与研究》，2003年，第5期，第1～20页。
② 《"'601'工作历年来大会发言稿"卷》，中国科学院生物化学研究所档案，第91～122页。
③ 《"'601'工作简报"卷》，中国科学院生物化学研究所档案，第77～79页。
④ 同上，第78页。

生 66 人讨论了人工合成胰岛素的工作。"①在这次会议上,复旦大学生物系的代表终于说出了他们的鉴定依据——他们基本不对中间产物作鉴定,主要根据对最后产物的 2 项生物测试——小白鼠惊厥实验和兔血糖实验——来确定自己是否合成了人工胰岛素。从会上获得这个消息之后,邹承鲁、杜雨苍、张友尚 3 人马上动手,经过整整一通宵的时间,"完全按复旦大学的方法与条件做了几个实验,接着……又做了一些必要的对照实验",结果发现,复旦的 2 类测试法都非常不规范,或者说根本就是错误的。② 邹承鲁对此回忆说:

> [在会议上,]他们说了,大概怎么做他们说了。主要的内容是每一步都不经过分离鉴定,就稀里糊涂一步一步往下做。这样能不能拿到东西?再有一点,他们的测活的方法可靠不可靠?我记得有一个关键是,他们最后的产物是用冰醋酸溶解直接注射到小老鼠的腹腔里的,而胰岛素的要点是要用水溶液注射。用冰醋酸溶液代替水溶液会出现什么现象?我们当天晚上连夜赶着做这个实验。发现单纯注射冰醋酸就可以得到一些与注射胰岛素类似但又不相同的现象,那种现象不是胰岛素引起的,而是冰醋酸引起的。③

省去了必需的、数以千项计的对中间产物的分离纯化和鉴定,只对最后产物进行两项生物测试,而这 2 项测试操作均违背了《中华人民共和国药典》所提出的要求,这就是复旦大学生物系"成功"合成胰岛素的

---

① 《"'601'工作有关协作问题"卷》,中国科学院生物化学研究所档案,第 84～92 页。

② 《"胰蛋白拆合原始材料一部分"卷》,中国科学院生物化学研究所档案,第 32～34 页。

③ 熊卫民:"最自豪的工作——访谈邹承鲁"。邹承鲁、熊卫民等:《从合成蛋白质到合成核酸》,湖南教育出版社,2009 年,第 36～59 页。

要诀！实际上他们从来都没有完成过A链、B链和整个胰岛素的合成！

所以备受竞争压力的科学院是虚惊一场！

王应睐一直心怀整个国家的生化事业，面对这种实际上是费钱、费力而不见实效的研究方式，急在心上，早就想将其停下来。现在事实证明，复旦大学从来没有成功过，于是理由就更充分了。1960年7月底，他作为中国科学院代表团的成员之一赴英国参加英国皇家学会成立300周年纪念活动。途经北京时，他鼓起勇气向中国科学院党组的领导反映了自己的想法，强调人太多没有好处，专业不对口的在里面起不到什么作用，还是应该减少一些人，让队伍精干一点，只留下熟悉业务的，这样进展会更快。张劲夫和杜润生与科学工作者是比较贴心的，发动大兵团作战一段时间后，见效果不明显，就认真考虑并最后同意了王应睐的建议。

于是，“1960年7月，杜润生同志指示说，大兵团作战，搞长了不行，应精干队伍。”[①]随后，“经过三天大会，总结辩论，生理、实生、药物三个所下马，留下生化、有机两个所”[②]。“研究所之间，由协作组协调。科学院指定王应睐为协作组组长，汪猷为副组长。”两所的参与人数也逐渐减少，10月份时总人数下降到了“80人左右”。年底时，生化所只剩了“精干队伍近20人”[③]，“有机所……只剩下7人。”[④]

---

① 于晨：“王应睐所长谈牛胰岛素的人工合成”。《中国科技史料》，1985年，第1期，第30～34页。

② 王芷涯：“中国科学院上海生物化学研究所胰岛素全合成工作情况”。《院史资料与研究》，2000年，第5期，第62～77页。

③ 同上。

④ 于晨：“王应睐所长谈牛胰岛素的人工合成”。《中国科技史料》，1985年，第1期，第30～34页。

在交了上百万元的昂贵学费后①,科学院的大兵团作战就这样偃旗息鼓。

1960年,北京大学化学系、生物系参加胰岛素工作的学生没有正常的暑假,直到10月份他们还在继续工作。② 终于又合成了3批人工合成A链,自己测试又有活力,于是把它们送到生化所。但到那儿之后,它们又没有活性了!10月下旬,生化所决定派杜雨苍和张友尚过去“学习”。③ 果然不出所料,北京大学所用的鉴定方法又是不规范的!谁也不知道他们“合成”的究竟是什么,唯一可以肯定的是那不是胰岛素A链!60万元的巨额经费已经用尽④,结果又如此不如人意,而且人员伤病还相当严重⑤,工作当然无法进行下去了。连总结都没做,北京大学化学系的大兵团作战就这样灰溜溜地鸣金收了兵。

复旦大学生物系的大兵团作战也持续了很长的时间。1960年7月12日、13日、19日、26日,复旦大学生物系还派了张曾生、郭杰炎等人到生化所,和生化所交流甘氨酸、DL-苏氨酸的生产经验,并向生化所介绍了复旦大学的工作组织情况:“分离分析组刚刚成立,也有氨基酸、多肽层析、旋光等组,只有消旋[组]尚未成立。”⑥据黄祥云的研究,他们的“大

---

① 熊卫民:“上海分院的大兵团作战——访谈王芷涯”。熊卫民、邹承鲁等:《从合成蛋白质到合成核酸》,湖南教育出版社,2009年,第60～73页。

② 黄祥云:“牛胰岛素事件及其科学社会学研究”。《自然辩证法通讯》,1992年,第1期,第26～34页。

③《“‘601’工作简报”卷》,中国科学院生物化学研究所档案,第97～98页。

④ 熊卫民:“学生的感受——访谈汤卡罗”。熊卫民、邹承鲁等:《从合成蛋白质到合成核酸》,湖南教育出版社,2009年,第82～90页。

⑤ 其中,有几个学生被严重烧伤。并且,因为“加班加点,不注意劳逸结合,导致不少同学生病”,仅1957年入学的学生中就有60多人得了肺结核。出处同上。

⑥《“‘601’工作有关协作问题”卷》,中国科学院生物化学研究所档案,第95～98页。

兵团作战”也是因为经费等问题而于1960年下半年停止。[①]

“大兵团作战”阶段所获得的产物，除了有机所还留了一点用于继续提纯和分析，后来还陆续整理出了几篇论文之外，其他单位的事实上都被当成垃圾倒掉了。也就是说，七八百位科技工作者和学生轰轰烈烈、辛辛苦苦忙了好几个月，所收获的几乎完全是一场空。

北京大学、复旦大学、中国科学院上海分院3单位竞先发动“大兵团作战”，这当然不是出于某些领导人一时的心血来潮。事实上，早在1958年的时候，这条强调群众运动，以边缘化专家为特征的科研道路就已经为党和国家的领导人所设定。1958年9月，聂荣臻在《红旗》杂志上发表了“我国科学技术工作发展的道路”一文，提出了“我们的道路”的4个方面：“(一)解放思想，破除迷信；(二)从社会主义建设任务出发；(三)全面规划；(四)群众路线。”[②]

人工合成胰岛素课题的提出，本身就是“解放思想，破除迷信”的结果。北京大学、复旦大学、中国科学院上海分院能相继创造“大兵团作战”的科研方式，更是因为解放了“思想”，破除了“迷信”。没有这种“海阔天空的想”，就设想不出“大兵团作战”这种“势如破竹的干”。

初看起来，纯理论的人工合成胰岛素研究似乎并没有“从社会主义建设任务出发”，而且这一点一直为此研究项目的反对者所诟病。但聂荣臻等支持者站得高，看得远，看出了这项研究的重要意义——一旦成功，就意味着中国的科学“能在国际讲坛上占有一席之地”[③]，这将鼓舞

① 黄祥云：“牛胰岛素事件及其科学社会学研究”。《自然辩证法通讯》，1992年，第1期，第26～34页。

② 聂荣臻：“我国科学技术工作发展的道路”。《红旗》，1958年，第9期，第4～15页。

③ 龚岳亭：“关于人工合成结晶牛胰岛素研究的回忆”。《院史资料与研究》，2000年，第5期，第3～20页。

全国民众的士气，增强人们的自信心，也就从全局上有利于社会主义建设事业的进行。而且，他们还希望这项研究任务能带动我国蛋白质化学学科的发展。

上海分院集合几个研究所的研究人员，要求各所上报试剂、药品，将人力、物力均交由“601 指挥部办公室”统一调度，并多次制订工作指标，这些行为均反映了聂荣臻所强调的“全面规划”性。北京大学、复旦大学的各个年级的学生、教师以及相关物资也由“会战组党支部”等领导机关协调安排，也体现了“全面规划”性。

“大兵团作战”发动了那么多的“群众”，而且是在批判专家路线的过程中建立起来的，走的显然不是专家路线。事实上，让“保守”的专家靠边站或者充当科研流水线、科研大兵团中缺乏决策甚至建议权力的普通一兵，由领导干部运动群众，直接领导群众“向科学技术进军”，这正是“我们的道路”最重要的特点。

作为一种为毛泽东时代的中国所独有的科研方式，“大兵团作战”本身是很值得关注的。轻视原本就非常少的专家，而由不懂行的群众来充当主角，用搞运动和人海战术的方式来做研究，这是中国人在科研方式上的独特创造，也确实实践了当时一些领导干部所设想的“无产阶级的科学道路”。但遗憾的是，在胰岛素工作中，这种研究方式、这条研究道路彻底失败了。

四、复旧、完成及鉴定

“大兵团夹击胰岛”遭遇惨败之后，国家也已进入调整时期。在“调整、巩固、充实、提高”八字方针的指导下，变得开始允许科研人员和教师做自己感兴趣的工作。于是，有机所的一些研究人员表示要再次“敲锣打鼓”把这个课题“送还生化所”，而生化所的绝大部分参与者也心灰意懒，希望下马这个课题。北京大学化学系的情况也类似。

但聂荣臻坚决不同意这样做。1961年春天，他到生化所视察，明确表示：人工合成胰岛素100年我们也要搞下去。他说：我们这么大的国家，几亿人口，就那么几个人，就那么一点钱，为什么就不行？你们做，再大的责任我们承担，不打你们的屁股。[①] 聂荣臻表态之后，王仲良、张龙翔、王应睐、汪猷等多级领导人也分别表示支持。在他们的要求和命令下，人工合成胰岛素工作最终持续了下来，不过也做了一些调整。

中国科学院上海分院方面，生化所将工作安排得大体回复到了1959年下半年时的状态。也即只留下了：①钮经义所领导的B链组：主要由最初就参与了这项工作的钮经义、龚岳亭、陈常庆、黄惟德、葛麟俊、汪克臻、张申碚等人构成，快完成时还补充进了胡世全等新的力量。②邹承鲁所领导的拆、合组：只剩下了邹承鲁、杜雨苍这两位旧人和蒋荣庆这位新人还在为继续提高重组活性而努力（活性最后达到90%以上）。有机所由汪猷领导着徐杰诚、张伟君等人打扫战场，“对过去合成的小肽进行分离、鉴定”[②]。

北大化学系方面，应张龙翔的要求安排了六位教师做相关工作。后来因为调动工作、病休、生孩子等原因，实际只有李崇熙和陆德培参与，而陆德培“1/3的时间得花在行政工作上，另外还得花一些时间用于教学”[③]，

---

① 熊卫民：“回顾胰岛素的合成——杜雨苍研究员访谈录”。《中国科技史料》，2002年，第4期，第323～334页。

② 徐杰诚：“关于‘结晶牛胰岛素合成’研究工作的几点体会”。《院史资料与研究》，2000年，第5期，第29～34页。

③ 熊卫民：《陆德培研究员采访录》。收藏于中科院自然科学史所的中国近现代科学技术史资料中心。

所以后来北大总结说:最困难的时候只有“一个半人”坚持了下来。①

与北京大学化学系、中科院上海分院不一样,大兵团作战之后,虽然上海市的某些领导、复旦大学生物系党总支书记和此工作的具体负责人李致勋均无心让胰岛素工作下马,而且他们完全有能力压制住校内的反对声音,但终于未能像科学院上海分院和北京大学一样把此工作坚持下去。为什么会这样?有可能是科学院对复旦大学施加了压力,不让她继续进行下去了。生化所的档案显示,1963年下半年,复旦大学一度还想卷土重来,结果激起了生化所的强烈反对,最后未能坚持下去。②

1961年7月19日,中央批准了《关于自然科学研究机构当前工作的十四条意见(草案)》(简称《科学十四条》)和聂荣臻的《关于自然科学工作中若干政策问题的请示报告》;9月15日,中央又批准试行《高教六十条》。这几份文件在总结过去工作弊端的基础之上,提出了一些切实可行的工作策略,进一步落实了“调整、巩固、充实、提高”的方针,给科学研究提供了一个较为安定的环境。

随后的这几年,在较为安定的环境里,生化所、有机所、北京大学化学系这3个单位剩下的这二三十名精干力量以坚韧的意志缓慢而又踏实地工作,默默而又奋勇地耕耘,做出了一系列成果,在《中国科学》、《生物化学与生物物理学报》等期刊上分别发表了一些论文。

“大兵团作战”中的恶性竞争使北京、上海——同时还是高校、科学院——的胰岛素工作组心存芥蒂,他们不再通信。同时,饥饿的时代很难出行——在本单位还能分到一点粮食吃,到了外地,又能从谁手中拿到救命粮?所以,北大的胰岛素工作组和上海同行之间有几年时间都没

---

① “人工合成结晶牛胰岛素工作汇报”,北京大学科技档案,ky0106501号。

② 《“‘601’工作向领导汇报稿”卷》,中国科学院生物化学研究所档案,第58~73页。

相互联系，均不了解对方具体在做什么工作。1963年8月，全国经济形势好转一些后，中科院在青岛举行了一次全国性的天然有机化学学术会议。在这个会议上，北大化学系的代表和上海有机所、生化所的代表各自汇报了自己在胰岛素合成方面的研究成果，惊奇地发现对方还在继续工作，同时还发现北京大学和科学院的奋斗目标不尽相同——科学院一直在合成牛胰岛素，而北京大学则一直在合成羊胰岛素。国家科委九局的赵石英等人也参加了会议，听到这些情况后，认为既然大家都还在干，就应该协作起来，一道研究胰岛素的人工合成。他们还向北大代表邢其毅、张滂、施溥涛传达了聂荣臻在胰岛素工作方面的坚定决心。

此时北大的研究人员和科学院的研究人员也想到了协作，陆德培回忆说：

> 北大化学系这边知道：人工合成胰岛素工作量非常大，光凭李崇熙和我不可能完成那么多工作量。有机所只剩了两个研究人员在干，也有同样的问题。①

于是，在国家科委的撮合下，北大的代表和科学院的代表初谈了一下合作协议。1963年10月，有机所所长汪猷去北京参加人大会议，邢其毅请他到北大做学术报告，进一步商谈了协作事宜，决定由北大合成A链的前9肽；有机所合成A链的后12肽；生化所仍合成B链，并负责连接A链和B链。与此同时，他们还吸取以前的教训，约法三章：

---

① 熊卫民：《陆德培研究员采访录》。收藏于中科院自然科学史所的中国近现代科学技术史资料中心。

不搞"上海"的胰岛素,不搞"北京"的胰岛素,不搞这个单位的胰岛素,不搞那个单位的胰岛素,不搞"你的"胰岛素,不搞"我的"胰岛素,联合起来,一心一意搞出"中国的"胰岛素。①

为了更有利于工作的开展,北大化学系提出把研究人员集中到一处工作。有机所说他们不能来北京,于是北大化学系表示可以派五名教师去有机所。这样做是要克服不少生活,尤其是家庭方面的困难的,但是,为了早日完成胰岛素合成工作给祖国争光,北大化学系的相关老师愿意做出这样的牺牲。

1964年初,在学术带头人邢其毅和系领导文重的带领下,北大化学系的陆德培、李崇熙、施溥涛、季爱雪和叶蕴华等5位教师开赴有机所,和有机所的研究小组一道工作。1964年夏天,邢其毅又把自己的研究生汤卡罗派到了有机所。1964年后,有机所的主要相关工作人员有:领导人汪猷;研究人员徐杰诚、张伟君、陈玲玲、钱瑞卿;实验辅助人员刘永复、王思清、姚月珍、李鸿绪。②

北大的这些研究人员并没有全都一直坚持下来。汤卡罗只在有机所工作了1年,1965年8月,在合成尚未最后完成的时候,她服从北大的安排,离开上海,参加了工作队搞"四清"去了。③ 叶蕴华走得更早,1965年初就搞"四清"去了。由于邢其毅教学任务繁重,半年左右才能过去一次,所以他没有担任北大研究小组的组长——组长是施溥涛。与此同时,叶蕴华也是小组的领导——小组虽然很小,依然有党和业务两套领

① 《"'601'工作简报"卷》,中国科学院生物化学研究所档案,第129~153页。

② "有机所人工合成胰岛素情况",北京大学科技档案,ky0106501号。

③ 熊卫民:"学生的感受——访谈汤卡罗"。熊卫民、邹承鲁等:《从合成蛋白质到合成核酸》,湖南教育出版社,2009年,第82~90页。

导班子。当然,施溥涛、叶蕴华的资历是没法和有机所所长、学部委员汪猷相比的,所以整个A链合成组主要由汪猷负责。汪猷则在工作上非常严谨,每天都要查看有机所研究小组及北大研究小组的实验数据。

生化所方面,钮经义、龚岳亭所领导有机合成小组在继续进行B链的合成——钮经义是组长,龚岳亭负责具体工作;后者"在肽段合成方案的制订和调整、人力的组织和安排方面,起了主导的作用"①。除他两外,这个小组的参与者还有陈常庆、黄惟德、葛麟俊、汪克臻、张申碚、胡世全等人。邹承鲁、杜雨苍领导的拆、合小组还在为继续提高重组活性而努力。此时邹承鲁已经把主要精力投向了酶学研究,拆、合工作主要是杜雨苍负责,有困难时才向邹承鲁咨询。和杜雨苍一道进行拆、合工作的还有蒋荣庆。

生化所、有机所、北大这3个单位还组织了一个协作组,正、副组长分别为王应睐、汪猷。在协作组的领导下,3个单位的4个研究小组分工不分家,紧密协作。这时的研究人员的总数大约为30人。

当然,领导这项工作的还有各单位党组织的负责人——北大党组织方面的负责人是化学系党总支副书记文重,生化所是党支部书记王芷涯,有机所是党委书记丁公量。他们一般不插手具体业务,但对如何工作拥有拍板权。这也就是所谓的"党委领导下的专家负责制"。②

大家工作非常努力,北京大学去的研究人员更是把几乎所有能利用的时间都投到了工作上。叶蕴华回忆说:

那时候工作是非常努力的。季老师她们在上海还有亲戚,所以

---

① "生化所人工合成胰岛素工作情况",北京大学科技档案,ky0106501号。

② 熊卫民:"学生的感受——访谈汤卡罗"。熊卫民、邹承鲁等:《从合成蛋白质到合成核酸》,湖南教育出版社,2009年,第82~90页。

还偶尔会出去一趟,我和李老师在那里举目无亲,都是一天到晚泡在实验室里。大家相处得也很好,没有人争名争利,都不争什么主角、配角,都甘愿给别人打下手。举个例子,当时季老师负责合成一个四肽,我负责合成一个五肽,我们俩负责合成的中间产物又交给李老师合成九肽,李老师又把他所负责的九肽交给陆老师,供他合成二十一肽,大家都常常给别的人制备原料,都没想过什么名利方面的问题。发表文章时那个排名也是领导定的,大家没争过。也出过一点事:有一次,氨气喷入了我的眼睛里,我只好在上海做了切开冲洗的手术。①

吸取了大兵团作战时的教训,这些精干力量对数据的要求是非常严格的,在有机所工作的 2 个小组尤其如此,徐杰诚后来回忆说:

为了检定每步缩合产物的纯度,每一个中间体都要通过分析、层析、电泳、旋光测定、酶解及氨基酸组成分析,其中任何一项分析指标达不到,都要进一步提纯后再进行分析,力求全部通过。当时我们戏称这叫"过五关、斩六将"。②

汤卡罗也有类似的回忆:

汪先生在工作上则非常严谨,每天都要查看我们的实验数据;他要求我们把工作做得非常全面,每得出一个产品,都要求看电泳、纸

① 熊卫民:《叶蕴华教授访谈录》。收藏于中科院自然科学史所的中国近现代科学技术史资料中心。

② 徐杰诚:"关于'结晶牛胰岛素合成'研究工作的几点体会"。《院史资料与研究》,2000 年,第 5 期,第 29～34 页。

层析等八方面的数据。这种严格要求也令我获益匪浅。①

在这种严格要求下,胰岛素工作"一步一个脚印",稳定地向前推进。1964年3月,B链小组合成了一个八肽和一个二十二肽。剩下的工作是把它们连接起来。但这一步很不好做,试了很多次,仍没能成功。怎么办?经过长时间的实验、讨论,龚岳亭、葛麟俊等人主张,应改变保护B链的最后一个氨基酸的常规方式。受他们的启发,钮经义决定不保护B链的最后一个氨基酸,让其"赤脚"!方法确定后,问题迎刃而解。②1964年8月,在钮经义走上"北京科学讨论会"报告台的前夕,他终于接到从生化所打来的电话:B链和有明显活性的人B天A胰岛素(人工B链与天然A链接合成的半合成胰岛素)合成了!在随后的多次实验中,人A天B胰岛素的最高活力达到了天然胰岛素的20%,并拿到了结晶。1965年,钮经义、龚岳亭等人在《中国科学》上正式发表了这项成果。

经过几年的努力,胰岛素拆、合工作也有了较大的进展。天然胰岛素氧化后恢复活力百分比1960年仅为5%~10%,1963~1964年时达到了30%~50%。杜雨苍、蒋荣庆、邹承鲁3人1963、1964年在《生物化学与生物物理学报》,1965年在《中国科学》上发表了较新的相关成果。

A链的合成也已经取得了阶段性的成果。到有机所才半年,北京大学化学系的研究小组就成功合成了A链的前9肽。此时有机所也已累计了一定量的后12肽——在1960年大兵团作战时,有机所就已初步合成了一些后12肽,随后几年,徐杰诚等人一直在对它们进行分

① 熊卫民:"学生的感受——访谈汤卡罗"。熊卫民、邹承鲁等:《从合成蛋白质到合成核酸》,湖南教育出版社,2009年,第82~90页。

② 徐迟:《结晶》,上海文艺出版社,1984年,第1~27页。

析、提纯[1],并重新合成。但遗憾的是,这两段肽链很难合成 A 链,所得产物中 A 链的含量相当低。试了很多次都如此。怎么办? 北京大学的李崇熙等人认为主要原因是后 12 肽的保护基不恰当,提出变换后 12 肽的保护基——合成 A 链共约有 65 步反应(合成 B 链约有 110 步反应),其中与后 12 肽相关的有 30 余步,要改变它可不是一件简单的事,“等于重新设计,从头合成一个 A 链后十二肽”[2]! A 链的负责人汪猷不同意这样做,他想以数量求质量,走提纯路线,认为只要把工作做得更细致些,就可能使 A 链获得较高的纯度。

时间一天天过去,提纯之路一直没有明显进展。而 1963 年底,美国匹兹堡大学医学院生物化学系的卡佐亚尼斯(P. G. Katsoyannis)副教授和联邦德国羊毛研究所的查恩(H. Zahn)教授先后发布消息,说自己已得到了具有胰岛素活力的产物。想到国外的竞争对手随时可能拿到胰岛素的结晶、完成最后的胰岛素合成工作,国内 B 链也一直在等 A 链,李崇熙、施溥涛等人非常着急。但汪猷仍不肯改变合成路线。于是施溥涛就去找有机所的党委书记丁公量。丁公量是从部队转业过来的干部,对科学研究基本是外行,但有民主作风。他认真听取了李崇熙、施溥涛等人的意见,并就此事咨询了生化所的龚岳亭、葛麟俊——他们在 B 链合成的最后一步中也遇到过类似的困难。龚岳亭、葛麟俊也认为要改变后 12 肽的合成路线。在获得这些信息后,丁公量决定开会解决这个问题。1965 年 3 月,在汪猷因事出国前夕,丁公量召开了一个会议,“坚持双百方针,围绕着特别是提高合成 A 链质量问题展开了讨论,生化所代表及北大邢其毅教授和文重同志亦来沪参加讨论……最后在丁公

① 熊卫民:《陆德培研究员采访录》。收藏于中科院自然科学史所的中国近现代科学技术史资料中心。

② “北京大学人工合成胰岛素工作情况”,北京大学科技档案,ky0106501 号。

量同志同意下……决定[提纯、重新合成]两种方案同时付诸实践。改变设计方案后的合成工作由有机所陈玲玲同志和北大李崇熙同志负责执行。”[①]2个月后，李崇熙等人完成了新A链的合成，它与天然胰岛素B链组合后，所得产物生物活力大幅度提高——“过去人工合成A链和天然胰岛素B链重组合(以下简称人A天B)，最高活力为天然胰岛素活力的1%～2%，而到5月底止，人工合成A链纯度提高，与天然B链重组合，活力最高可达天然胰岛素活力的8%～10%。”[②]6月初，人A天B半合成胰岛素的结晶也已拿到，其活性达到了天然胰岛素活性的80%以上。

A链积累到100多毫克(此时B链已积累到了5克)后，杜雨苍、张伟君、施溥涛开始用人A、人B做全合成试验——他们3人分别代表生化所、有机所、北大化学系3单位，主要操作者为杜雨苍。[③] 第一次实验时，汪猷只给了他们20毫克A链。令人失望的是，这次实验基本没成功——将产物注射到小白鼠身上，小白鼠没跳。

由于A链在合成过程中要求极为严格，所以，汪猷断言，A链是肯定没问题的。那么，很可能B链有问题，或者杜雨苍的接合方法不够好。由于A链量太少，所以汪猷要求，生化所必须先把B链做好，同时杜雨苍必须改进接合方法，否则他不再供应A链。杜雨苍和B链合成小组的人员均不服气，理由很明显：人工B链和天然A链的接合是很成功的，这证明B链没问题；从1959年起，杜雨苍不知进行过多少次成功的接合，接合方法也是肯定可行的。一次失败说明不了什么问题。他们坚

① “北京大学人工合成胰岛素工作情况”，北京大学科技档案，ky0106501号。
② 《“‘601’工作简报”卷》，中国科学院生物化学研究所档案，第108～111页。
③ 熊卫民：《陆德培研究员采访录》。收藏于中科院自然科学史所的中国近现代科学技术史资料中心。

决要求重试，但汪猷就是不肯！争论逐渐升级，大家都拍桌子，丢电话，连电话机也给摔碎了。

一怒之下，生化所想自己搞A链合成：我们自己搞，不受你歧视了。可这又显然不是短期能完成的，而国外的竞争对手随时可能拿出胰岛素结晶出来！

在所有相关人员中，杜雨苍受到的压力是最大的。他回忆当时的情形道：

> 在胰岛素全合成冲刺时期，指挥部指定我负责带一小组攻关，主要是探索将人工合成的A链与B链总装配接合、合成产物的反复抽提、微量纯化及毛细管内结晶和鉴定等关键步骤，那时心理压力巨大。那就好比登山接力，前面三棒顺利交接，山峰就在我面前，我出现问题，整个过程就失去了意义。①

他不可能不怀疑自己：是不是最后阶段所涉及的这一系列的方法确实需要改进呢？他竭尽全力去探索更好的办法。经过多次模拟实验，他创造了2次抽提、2次冻干法。经多次天A人B半合成实验，用这种方法能使最后抽提物的活性达到天然胰岛素的80%。6月17日，他用此法抽提上次得到的活力仅相当于天然胰岛素活力0.7%的人A人B全合成胰岛素使产物活力达到了天然胰岛素活力的10.7%。于是汪猷又给了他60毫克A链。7月3日，全合成成功。9月3日，杜雨苍等人又一次做了人工A链与人工B链的全合成试验，并把产物放在冰箱里冷冻了14天。

---

① 杜雨苍、杜娟："我们曾与诺贝尔奖擦肩而过"。《辽宁日报》，2001年11月15日。

1965 年 9 月 17 日清晨，生化所、有机所、北京大学化学系 3 家单位的相关研究人员会聚到了生化所。放有冰箱的那个实验室很小，只允许与这个实验直接有关的人员进去，别的人都在另一个房间。这次会不会成功呢？大家都焦急地等待着。

杜雨苍终于走了出来，从他举着的细管中，人们逆光细看，看到了结晶的闪光！把它拿到显微镜下，出现的果然是和天然牛胰岛素一模一样、立方体形、闪闪发光、晶莹透明的全合成牛胰岛素结晶。

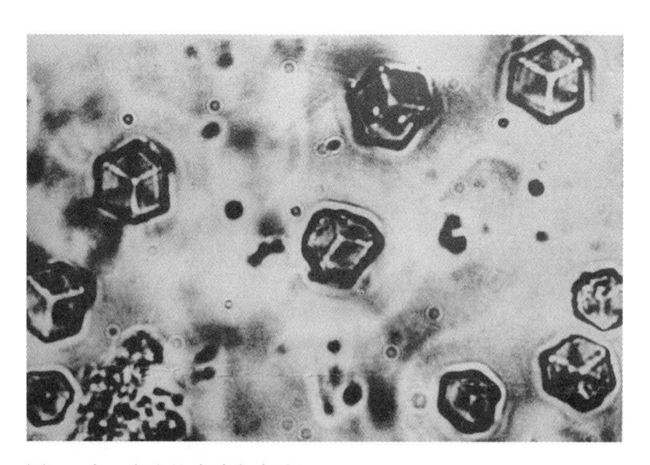

图 4　人工合成的牛胰岛素结晶

大家都欢呼起来！

马上进行生物测试：把天然胰岛素和人工合成的胰岛素分大、中、微 3 种剂量分别注射入 6 组各 24 只小白鼠身上，做对比的活力测试。20 分钟后，全部的小白鼠都抽搐、惊跃了起来。

“跳了！跳了！”又是一片欢腾！[①]

“那实在是一个无法用语言形容的激动人心的时刻。”30 多年后，邹

① 丁公量：“我在胰岛素全合成工作的前后”。《院史资料与研究》，2000 年，第 5 期，第 47～61 页。

承鲁先生还如此饱含激情地回忆道。①

惊厥实验表明，人工胰岛素的生物活性达到了天然胰岛素活性的80％。在漫长的国际竞争中，中国科学家终于第一个取得了人工胰岛素结晶！

图5　人工合成牛胰岛素动物试验获得成功的场面
(右1为徐杰诚，右2为杜雨苍，右3为龚岳亭，右4为施溥涛)

1965年11月，在中科院副院长吴有训的主持下，国家科委为人工合成结晶牛胰岛素举行了严格的鉴定会。尽管大家都知道国外的竞争对手可能很快会拿到结晶，非常想抢先发表全合成论文，但以汪猷为首的一些有机化学家认为证据还不够充分，所以最后结论只是说“可以认为已经通过人工全合成获得了结晶牛胰岛素”，会后也只是发表了一份简报。

杜雨苍、钮经义、汪猷等人接着又争分夺秒地合成了多批人工合成产物，并用电泳、层析、酶解图谱和免疫性等方法对其物理、化学、生物性

---

① 邹承鲁：“对人工合成结晶牛胰岛素的回忆”。《光明日报》，1998年1月30日。

质做了尽可能详尽的检测，所有的结果都表明人工物与天然物相同。

在一切能获得的检测数据都齐备后，1966 年 4 月 15～21 日，人工合成牛胰岛素鉴定委员会在北京举行了扩大的第二次会议，肯定"上述结果充分证明了人工全合成的结晶产物就是牛胰岛素。"他们还强调："只有拿到高纯度的结晶，才能进行充分可靠的分析鉴定，才能证明胰岛素的人工合成真正成功。"很显然，说这句话是为了明确中国在胰岛素合成竞赛中的领先地位——此前，卡佐亚尼斯和查恩虽都宣称自己合成了具有微弱活力的人工胰岛素，但他们都未能拿出人工合成胰岛素晶体出来。

1966 年 3 月和 4 月份，钮经义等分别用中、英文在《科学通报》和《中国科学》上发表了详细的结果。当时，在《中国科学》发表论文一般要等近 2 年的时间，但此文的发表速度非常快，1966 年 2 月 26 日收稿，1966 年 4 月即发表。

五、诺贝尔奖提名

1966 年 4 月上旬，邹承鲁和王应睐因为另外一项研究工作被邀请参加在华沙召开的欧洲生化学会联合会议第三次会议。他们把在胰岛素合成中担当重任的龚岳亭也带了过去，希望在这个国际会议上介绍关于胰岛素人工合成的情况，并准备公布自己的实验结果。可惜的是，尽管他们早就递交了摘要，他们的演讲时间仍被严格限制在 10 分钟之内。在邹承鲁报告完他们另一项成果后，留给龚岳亭的只剩了很短一点时间。尽管如此，龚岳亭的简要报告仍然引起了轰动，他回忆当时的情形说：

> Sanger 教授亲临会场，听罢我们的报告后，热烈祝贺我们所取得的成绩……会议期间，包括美、英、法、意、荷、比、挪威、瑞典、芬兰、奥地利等国的著名科学家都祝贺我们取得的伟大成果。比如：英国的 Sanger 指出，这一工作的完成是一项重大的事情，亦释放了他思想上的负担，因有人报道牛胰岛素的化学结构在某一顺序上与他的方案不符，我们的成果是最有力的证据。（后来他慕名到生化所参观访问，表示对我们工作的赞赏。）国际生化协会会长 Ochoa 教授（美国科学家，诺贝尔奖得主），曾不止一次地向我们表示祝贺，认为这是非常重要的贡献……曾任肯尼迪总统科学顾问的匹兹堡大学生物物理所所长，美国 Chance 教授，说这是最令人兴奋的新闻。印尼学者说，这是中国的胜利，他作为东方人也感到骄傲……加纳学者对这样重大的科研成果由中国做出来感到特别高兴……当时苏联与东欧诸国与我国关系紧张，但像苏联院士 Engelhardt（苏联科学院分子生物学研究所所长）和匈牙利院士 Straub 都向我们表示祝贺，他们在不同场合多次道贺，说胰岛素全合成是一项非常突出的工作。①

会议结束后，一些国际知名的科学家访问了中国。譬如，1966 年 4 月 26 日，法国巴黎科学院院士特里亚教授访问了上海生物化学研究所。他说："这是很好的合作例子，可以得诺贝尔奖。"同年 4 月 30 日，瑞典皇家科学院诺贝尔奖评审委员会化学组的主席、乌普萨拉大学生化所所长、诺贝尔奖得主蒂斯利尤斯（A. Tiselius）也访问了上海生化所。他说："你们第一次人工合成胰岛素十分令人振奋，向你们祝贺。美国、瑞士等

① 龚岳亭："关于人工合成结晶牛胰岛素研究的回忆"。《院史资料与研究》，2000 年，第 5 期，第 3～20 页。

在多肽合成方面有经验的科学家未能合成它，但你们在没有这方面专长人员和没有丰富经验的情况下第一次合成了它，使我很惊讶。”他在回国途中适逢中国爆炸第三颗原子弹，在被询问对此事的看法时，他说：“人们可以从书本中学到制造原子弹。但是人们不能从书本中学到制造胰岛素。”[①]“文革”爆发不久，诺贝尔奖得主、英国剑桥大学的肯德鲁(J. C. Kendrew)爵士也来中国访问。他告诉大家，中国人工合成胰岛素的消息被英国电视台安排在晚上的“黄金时间”播出，至少有几百万人观看了这条新闻。毫无疑问，这是最为英国人所知的中国科学成就。

这些著名科学家的来访和言论很自然地让人们把人工合成胰岛素工作和诺贝尔奖联系了起来。但中国科学家确切地获得诺贝尔奖提名却是后来的事。1973 年 11 月 16 日，杨振宁致函中国科学院郭沫若院长，称自己准备提名生化所、有机所、北京大学代表各 1 人合得 1974 年诺贝尔化学奖，请郭提供具体的人选。该信被迅速传达给有关部门。经过一段时间的考虑，中国科学院和外交部的有关领导提出：虽然如果我国科研人员获得了诺贝尔奖，对提高我国的国际威望会起某些积极作用，但考虑到该奖金系由资本主义国家颁发，且我国胰岛素研究成果是科研人员在党的领导下集体努力的结果，难以提出有突出代表性的人选，故我们倾向于婉言谢绝杨振宁的好意。经毛泽东、王洪文、周恩来、叶剑英、李德生、张春桥、江青、姚文元、李先念等人圈阅，报国务院批准之后，中国驻美联络处依此出面回复杨振宁。[②]

“文革”终于过去。1978 年 9 月，杨振宁再次向中国领导人——这一

---

① “瑞典科学家蒂斯利尤斯访华后说：中国正迅速走上科学大国的道路”。《参考消息》，1966 年 5 月 27 日。

② “杨振宁来华及提名我化学工作者为诺贝尔奖候选人”，中国科学院办公厅档案处档案，1973－4－76 号。

次是对邓小平说的——表示，自己愿意为胰岛素合成工作提名诺贝尔奖。10月，他又向周培源提及此事。周培源回来后，向聂荣臻副总理汇报了此事，请他加以关怀。稍后，瑞典皇家科学院诺贝尔化学奖委员会写信给生化所所长王应睐，请他推荐诺贝尔化学奖金候选人名单。与此同时，另一位十分著名的美籍华裔逻辑学家王浩教授也主动提出要为我们的胰岛素工作提名诺贝尔奖。

这一次，对于从不同地方涌来的相同建议，新的中央领导人非常重视。这种态度的改变是不难理解的：十年“文化大革命”刚过去不久，中国经济依然处于崩溃边缘，一切都还百废待兴。如果能在社会生产力有决定性意义的科学领域获得一项世界大奖，对于激励士气、鼓舞人心、改良中国的国际形象必然有重大价值。

在他们的指示下，从1978年12月11日开始，中国科学院在北京友谊宾馆召开了一个为期近10天的、盛大的“胰岛素人工全合成总结评选会议”。会议由中国科学院副院长钱三强主持，生化所、有机所、北大化学系共有60多名相关科学家、科研组织者参会，其主要目的是为了确定诺贝尔奖候选人。

会议的第一天是大会报告，由生化所、有机所、北大化学系3个单位分别报告了各自的胰岛素工作情况。从第二天起开始分小组讨论——从工作的角度看，拆合工作、B链合成工作各一个小组，A链合成工作则分为北大化学系、有机所2个小组；从单位的角度看，有机所、北大化学系各1个小组，生化所则分为拆合、B链2个小组。

胰岛素工作的参与者人数那么多，单骨干就有10余位，究竟哪些人的功劳更大呢？经过长时间的小组讨论和多方面的考虑，各单位的领导把人选确定了下来。每个小组2人：生化所拆合组，邹承鲁、杜雨苍；生化所B链组，钮经义、龚岳亭；有机所A链组，汪猷、徐杰诚；北大化学系

A链组，季爱雪、邢其毅。

施溥涛回忆过当时的情形：

当时为了推荐诺贝尔奖金候选人，也是争得很厉害。当时文重已经出来了，北大化学系的相关工作由他负责。在北京友谊宾馆讨论，关了一个多礼拜。虽然当时我已经属于生化所了，但参加讨论时我还在北大这组。说老实话，我当时想提李崇熙，觉得他还是可以的，但大家都不吭声。文重嘛，他要提陆德培，不想提邢先生。我说，人家都有一个老的——组长嘛；不管是荣誉的还是实际的，不管起了多大的作用。我提了邢先生。底下的人我没提，不知怎么的成了季爱雪。①

一直在北京大学工作的叶蕴华清楚其中的原因：

其实提没提名、提名时次序如何并不能完全反映贡献的大小，那时候考虑了许多与贡献无关的因素。譬如说提季爱雪老师时就至少考虑过这样一些情况：别的几个人都是男性，而参与了胰岛素工作的有不少女性，是不是应该提一个女性？胰岛素是老中青科学家的合作成果，提项目完成人时是不是也应该考虑一下年龄段？若只是单论贡献的大小，我觉得李崇熙老师和陆德培老师的贡献应该也不在季老师之下。②

① 熊卫民："北京大学的胰岛素合成工作——施溥涛研究员访谈录"。《中国科技史料》，2003年，第3期，第264～278页。

② 熊卫民："叶蕴华教授访谈录"。收藏于中科院自然科学史所的中国近现代科学技术史资料中心。

但8个人太多了,因为诺贝尔奖评选有个规定,每个单项的获奖人数不多于3人。必须减少人数。于是各单位比较核心的人又集中起来开会。经过斟酌来斟酌去、协调来协调去,最后每个小组只留了1名代表:钮经义、邹承鲁、季爱雪、汪猷①。

可4还是比3大,怎么办?又是进一步的磋商。虽然有人提出要让诺贝尔奖委员会迁就我们而不是我们去迁就它,并且"宁要大协作,也不要诺贝尔奖"②,但考虑到"联邦德国、美国在胰岛素人工合成方面也取得较好成绩,有可能此奖将由两国或三国科学家共同获得"③,有关领导人最后决定:"推荐钮经义同志代表我国参加人工全合成研究工作的全体人员申请诺贝尔奖"④。

此决定并未向大家宣布。王芷涯在回忆确定人选的最后过程时说:

> 我只记得搞来搞去只好四个人:因为A链要两个,两个单位嘛;B链一个;那么还有拆合呢?所以再少也要四个。而候选人最多只能三个,于是就摆不平了。后面的情况,是在写这个东西(指《院史资料与研究》2000年第5期,引者注)的时候,龚岳亭告诉我的:四个不行,当然一个是可以,所以干脆给了钮经义。⑤

---

① "我国向诺贝尔奖委员会推荐人工合成牛胰岛素研究成果"。《院史资料与研究》,2000年,第5期,第107~109页。

② "北京大学人工合成胰岛素工作情况",北京大学科技档案,ky0106501号。

③ 薛攀皋:"关于向诺贝尔奖委员会推荐我国人工合成牛胰岛素成果的历史真相"。《科学时报》,2005年9月16日。

④ "我国向诺贝尔奖委员会推荐人工合成牛胰岛素研究成果"。《院史资料与研究》,2000年,第5期,第107~109页。

⑤ 熊卫民:"上海分院的大兵团作战——访谈王芷涯"。熊卫民、邹承鲁等:《从合成蛋白质到合成核酸》,湖南教育出版社,2009年,第60~73页。

图 6　胰岛素全合成总评会议
(前排(左起):杨钟健、黄家驷、周培源、华罗庚、杨石先、贝时璋、钱三强、汪猷、冯德培、王应睐、柳大纲;
二排:右 3,张龙翔;
三排:左 2,钮经义;
四排:左 1,杜雨苍;左 4,曹天钦;
五排:左 1,徐杰诚;左 5,张友尚;左 6,邹承鲁;左 8,邢其毅。)

只剩 1 个候选人之后,杨振宁、王浩、王应睐分别向诺贝尔化学奖委员会推荐了人工合成胰岛素工作。但出乎国内人意料的是,这项工作没能获奖!

对于未获奖的事实,国人是难以接受的。从 1979 年起,社会上开始流行多种版本的未能获奖原因分析。

其一是歧视说。诺贝尔奖评选委员会的委员都是西方人,因为意识形态的关系,他们对于中国人存在偏见,根本不愿意将这个奖项授予我们。而且他们的歧视还有感情上的理由,因为我们曾经有过不接受他们的奖金的说法。他们之所以还要做出考虑给胰岛素工作以诺贝尔奖的姿态，为的就是羞辱我们一下，以报复我们对他们的羞辱。

其二是时间过得太久说。如果胰岛素工作早点申报了诺贝尔奖，它是应当能拿到奖的。可我们的工作是十几年过去后才被推荐，而十几年后相关领域的氛围已经大不相同了，曾经轰动世界的工作早已不再新鲜。

其三是候选人太多说，这种说法流传最广，目前依然相当流行。譬如，美国 Lomalinda 大学的周勇教授就在 2001 年 1 月 8 日的《北京青年报》中谈道：

> 由于人工合成胰岛素是“集体”研究成果，参加的主要科学家有 10 余人，最后平衡的结果，国内方面推荐了 4 位获奖候选人，而诺贝尔科学奖评选规则上明确规定，每项奖一次最多只能推荐 3 人。诺贝尔科学奖再次与中国科学家擦肩而过。①

上述原因中，候选人过多说显然是错误的。前面已经说过，有关部门最后只选定了钮经义一个候选人，即便安排他和查恩、卡佐亚尼斯共享一个奖项，人数也并不为多。时间过得太久说也经不起推敲：获诺贝尔奖的都是能经得起时间考验的工作，而且通常是获奖距离成果的完成有 12 年左右的时间。从 1966 年完成论文到 1979 年评奖，也只是 13 年的时间，这个时间间隔对诺贝尔奖评选而言是很正常的。而且即便间隔时间过长确为原因之一，那么这恰好意味着这项曾经轰动一时的工作是经不起时间考验的，它并没有最初以为的那么重要。关于瑞典的那些教授是不是对我们有歧视心理，这无从检验，因为他们并没有在任何文件

① 周勇等：“新世纪里中国科学家离诺贝尔奖有多远”。《北京青年报》，2001 年 1 月 8 日。

上阐述自己有这种心理。而且，对于一个享誉世界百年，未曾出现明显歧视现象的大奖，最好还是不要以己之心度他人之腹。

恐怕真正起决定性影响的不是上述原因，而是人们不愿意承认的理由：人工合成胰岛素工作未必达到了获诺贝尔奖的程度。

可以先考察几项与胰岛素合成比较接近的获得了诺奖的工作。这样的工作至少有5项：

1923年，班丁(F. G. Banting)和麦克劳德(J. J. R. Macleod)因为发现胰岛素和使用胰岛素治疗糖尿病而荣获了医学或生理学诺贝尔奖；

1955年，维格纳奥德(V. du Vigneaud)因为合成多肽激素催产素而获得诺贝尔化学奖；

1958年桑格(F. Sanger)因为分离和确定胰岛素的氨基酸组分的构成而获得诺贝尔化学奖；

1972年，安芬森(C. B. Anfinsen)等人因为发现氧化被还原的核糖核酸酶肽链能得到活力恢复而获得诺贝尔化学奖；

1984年，梅里菲尔德(R. B. Merrifleld)因为发明固相合成方法而获得诺贝尔化学奖。

班丁和麦克劳德的研究导致了糖尿病治疗上的革命性进步，使这种昔日的不治之症一下子变得有药可医。它的实用价值是如此之大，以至于在完成(1922年完成)后只经过1年就荣获了诺贝尔奖。

显然，在经济和社会价值上我们的胰岛素合成工作研究无法与班丁、麦克劳德的工作相提并论：用化学方法合成胰岛素工序极为繁复，价格十分昂贵，从经济上考虑，远不如从天然产物中提取合算。我们的成本太贵，在当时根本不具实用性，只是到了20世纪70年代基因工程发展起来后，人们在连接用细菌合成的胰岛素时曾经在某个时间段用过我们发展出来的连接方法。但这很快又为别的方法所取代了。如果我们发明的是廉价的方法，那就真能造福亿万人，应该很快获得诺贝尔奖，但可惜的是我们没做到那点。

维格纳奥德不但在多肽合成方法上有较大的改进，还毫无争议地合成了世界上第一个有生物活性的多肽。而且他的工作有相当大的经济效益，并直接引发了大量后继的多肽合成工作——我们的胰岛素合成应当算其中之一。从多个方面讲，他的工作都是划时代的，所以，他也是工作完成仅 2 年就拿到了诺贝尔奖。

而我们的第一是存在一定的争议的——在胰岛素合成上，我们和美国、德国的实验室存在一定的优先权之争。从最后的全合成论文的发表来看，确实是我们第一个发表，但胰岛素工作并不等于一篇论文，它还有大量的中间工作要做——在发表最后的合成论文之前，我们共发表了 24 篇中间成果。这些中间成果也是很重要的，其重要性并不一定逊色于最后的成果，完成它们之后，最后的结果就基本上是水到渠成的了。而在中间成果发表方面，美国、德国的实验室并不总是比我们晚——实际上，他们在 B 链合成等重要项目上论文比我们发表得还早。而且，他们还比我们更早宣称得到具有胰岛素活性的物质。所以并不能说他们完全没有一点优先权。多年以来，卡佐亚尼斯、查恩均宣称自己才是最早的。

另一方面，胰岛素的确切身份也存在一定的异议。它是蛋白质和多肽的分界物，有时候被称为蛋白质，有时候又被称为多肽激素。其实蛋白质和多肽之间并没有绝对的区别，它们之间最早的界限完全是人为的——我们把分子量超过 5 000 道尔顿的多肽称为蛋白质(胰岛素的分子量为 5 733 道尔顿)。后来的理由更高级一点：有高级结构是才是蛋白质，无高级结构的则为多肽。但更后面一些时候却又发现一些多肽也是有高级结构的，只不过蛋白质的高级结构更为完整。因此有人说，并没有一个令大家都信服的理由将胰岛素和催产素等多肽截然分开。催产素的合成是被授予了诺贝尔奖的，胰岛素主要只是比催产素长，比催产素分子量大，它的合成在某种程度上只是一个与催产素的合成类似的工作，这类工作似乎并没有重要到值得再次获诺贝尔奖的程度。

桑格的蛋白质测序方法是整个蛋白质结构研究的基础（他后来又发明了一种DNA测序方法，该方法又被广泛利用，他因此于1980年几乎空前地再次获得诺贝尔化学奖），想知道蛋白质的结构，就必须用上它。他的工作价值也是如此之大，以至于刚提出3年就使他去了斯德哥尔摩。而我们的多肽合成方法和先前的方法比并没有什么新的创建，对类似的合成工作启发不大，更不用说做它们的基础了。

现在，在多肽合成方面，最常使用的方法是固相合成方法，它是美国的梅里菲尔德在1963年首创的，被誉为化学合成史上的一个里程碑。用这个方法，再加上后来的一些改进，研究者在合成仪中加进所需的氨基酸和其他试剂，按下按钮，几天之后就能收到所要的肽段。我们在多肽合成方法方面的创建当然没法和他比。

对于安芬森的工作，我们倒似乎有超过之处。安芬森的贡献主要在于发现还原被氧化的核糖核酸酶可能使其恢复活力，并从中得出了“蛋白质的一级结构决定高级结构”的结论，而我们通过对胰岛素的拆、合，也已从实践上提出了类似的结论，同时我们的工作比安芬森的要困难得多。但可惜的是我们太重视最后成果，太轻视中间成果，太注重保密，没能将这个实验结果及时发表出来。

所以，与上述获得了诺贝尔奖的工作相比，我们的胰岛素工作确有很多不及之处。它既没有在学术思想方面提出重大创新，又没有带来工具、方法的革命性进展，既没能引发一系列的后继研究（譬如掀起合成蛋白质的热潮），又没能产生任何的经济效益。它确曾领先于世界，但并没有领导世界的潮流。这样的工作未能获诺贝尔奖确有令人惋惜之处，却也并不值得愤愤不平、怨天尤人。

虽然未能如愿获得诺贝尔奖，但人工合成胰岛素工作还是获得了其他多个重要奖项：

1982年7月，国家自然科学奖在断评20多年后再度开评，人工合成胰岛素工作获“国家自然科学一等奖”。奖金为10 000元人民币。证书上把钮经义、龚岳亭、邹承鲁、杜雨苍、季爱雪、邢其毅、汪猷、徐杰诚等8人列为主要完成人。

1997年9月，香港求是基金会给人工合成胰岛素工作颁发了“杰出科技成就集体奖”。除上述8人外，陆德培也作为主要完成人被增补了进来。他们各被奖励了20 000美元(已去世了的由其家人代领)。

除集体奖外，相关研究、组织人员也部分因为胰岛素工作而获得过一些重要奖项。譬如：

1988年，在美国迈阿密生物技术冬季讨论会上，王应睐被授予“特殊成就奖”。

1994年，邹承鲁获香港何梁何利基金科学与技术进步奖(当时称何梁何利基金奖)。奖金为10万港币。

1996年，王应睐获香港何梁何利基金科学与技术成就奖。奖金为100万港币。

除此之外，政府还以中国特有的方式对胰岛素合成工作和相关科学家进行了表彰。譬如：

1966年12月24日，也即在毛泽东生日之前两天，《人民日报》在头版头条刊登“我国在世界上第一次人工合成结晶胰岛素”一文，并发表社论“用毛泽东思想打开‘生命之谜’的大门”，高度赞扬了人工合成胰岛素工作。

1969年4月，作为自然科学工作者的代表，未被打倒的相关人员中唯一的青年党员胡世全被指定进入中国共产党第九届全国代表大会主席团。

（孙萌萌）

黄庆桥

两弹一星

一、研制“两弹一星”的背景

“两弹一星”工程是新中国科学技术史上的经典之作。从1955年1月正式启动“两弹”之一的原子弹工程，到1970年4月人造地球卫星发射成功，历时16年，中国人接连创造了令世界惊叹不已的伟大奇迹。回顾这段历史，我们发现，“两弹一星”的启动及其成功有着深刻的时代背景，是国际国内多种因素和历史机缘共同作用的结果。

其一，抗美援朝战争的启示与建设现代化国防的现实需要。中国人民解放军及其前身用相对落后的武器抗击了日本侵略者、打败了国民党用美式武器装备的军队，曾经被视为一种骄傲。然而，抗美援朝战争却改变了新中国领导层对这种骄傲的看法。尽管我们自认为取得了抗美援朝战争的胜利，但这一胜利来之不易，中国人民志愿军付出了人员伤亡惨重的巨大代价。在战后的冷静分析中，从军方到中共高层，逐渐认识到武器落后是我们付出惨痛代价的根本原因。现代军事技术变革已经到来，站起来的中国人要想少流血、不挨打，真正做到保家卫国，就必须紧紧跟上世界军事技术发展的步伐，拥有先进的军事装备。当时世界各国竞相研发的刚刚兴起的以原子弹、导弹为代表的军事技术，无疑就成为具有远见卓识的新中国领导人的首选目标。

其二，打破大国的核威胁和核垄断。从抗美援朝战争开始，美国针对中国的核威胁就已经开始，据学者们研究，根据解密档案，朝鲜战争期间，美国高层和军方为了尽快而体面地结束战争，多次打算对中国实施核打击。抗美援朝战争结束后，中美关系降至冰点，美国针对中国的核讹诈更是反复上演，尤其是1954年金门事件后，美国国务卿杜勒斯竟公开叫嚣对中国实施核打击，他说：“我找不出任何理由不使用核武器，就像你在打仗时找不到任何理由不使用子弹一样。”[①]处于美国核威胁下的新中国，日子是异常难过的。反击美国的核威胁、核讹诈，就成为新中国领导人的战略选择。

其三，国民经济的恢复发展。尖端军事技术的研发是一项庞大的系统工程，不仅需要科学家在实验室的辛劳，更需要浩大的工程技术建设和强大的工业生产能力的配合。说到底，没有一定的经济基础，没有钱，是不可能搞尖端军事技术的。或许是中国人被列强欺辱、民不聊生的日子太久了，新中国成立后，在中共的强力领导下，经过农村的土地改革、城市的工商业改造、“一五”计划的实施，短短几年时间里，整个中国已是一派欣欣向荣的景象，国民经济得到恢复和发展，工业体系开始建立。这就为适时开展“两弹”工程打下了重要的国力基础。

其四，高端人才的回归与建国初的科研储备。搞“两弹一星”，最重要的是人才；没有高端科技人才，一切都无从谈起。在清末民初通过各种途径远赴重洋去国外求学的中国人中，在抗日战争胜利形势的鼓舞下，有一大批爱国科学家回到祖国。到新中国成立前夕，除一小部分在蒋介石的胁迫下去了台湾之外，大部分都还留在了大陆，比如钱三强就没有去台湾。新中国成立后，海外华人更是扬眉吐气，在1950年代出现了一股回国潮，一批科学家纷纷回国，这其中就有钱学森、李四光、郭永怀等国际知名科学家。这些科学家都得到了人民政府的妥善安置。另外，新中国成立后，尽管国家困难，但中共高层仍非常重视科学研究工作，接收了国民政府留下的科研机构，成立了中国科学院，提出了“科学为人民服务”的口号和学术研究上的“双百”方针，科学家们根据国家计划和战略，发挥特长，钻研科学。他们中的大部分在中国科学院，还有一

---

① 陶纯：《国家命运》，上海文艺出版社，2011年，第8页。

部分在各大学、工业部门的科研机构等从事研究。可以说，建国初期中共有效的人才政策、人才储备与科学事业的建制化发展，为“两弹一星”工程打下了坚实的基础。

其五，苏联的援助。讲“两弹一星”，不能不谈苏联给予中国的帮助——尽管这种帮助是非常有限的。新中国在政治上别无选择地“一边倒”，成为社会主义阵营的重要一员。苏联出于自身国家利益，起初给予中国以经济上的援助；赫鲁晓夫上台后，为了得到中国更多的支持，也为了遏制其对手美国，开始在高端技术上给予中国一定的帮助，1957 年签署的中苏“国防新技术协定”被视为苏联对华援助的高峰。原子弹、导弹技术就是这个“国防新技术协定”的重要内容——尽管苏联提供的都是当时已过时的技术，甚至很多也没有兑现。苏联有限的技术援助，在新中国“两弹”工程研制初期，起到了重要的引路作用。

二、原子弹与氢弹的研制

中国人的原子弹梦想，可以追溯到国民政府时期。美国在日本广岛和长崎投下 2 颗原子弹之后，原子弹的威力震惊全世界！当时的国民政府也为之心动，并于 1946 年派出人员赴美作专门考察和学习，朱光亚即是其中之一。但此后的国民政府已处于风雨飘摇之中，加上美国的反对与遏制，国民政府的原子弹梦想无疾而终。

从目前可见的材料来看，中国共产党对原子能事业的关注始于 1949 年春。1949 年 3 月，钱三强被通知准备前往巴黎参加世界和平拥护者大会，他提出可否借巴黎参会之机，带些外汇托约里奥居里（钱三强的老师）买些原子能方面的仪器设备和书籍，以备后用。后来，经周恩来总理批准，真的拨给钱三强5万美金专款供他使用。这件事促使钱三强联想到回国后截然不同的2种遭遇，感慨颇多，为此他曾写专文详细回顾了此事。[①]

在新中国成立初的5年里，由于客观条件的限制（人、财短缺），尽管有着朝鲜战争悲壮胜利的隐痛，研制原子弹并没有进入中共决策（层）的视野。但这并不意味着中共高层就没有在这方面做准备，恰恰相反，新中国从一开始就在做准备。这种准备是从2个方面着手的，一是成立有关原子能的科学研究机构，二是开展地质工作，找铀矿，为原子能事业提供原料。我们不妨从这2个方面来考察。

首先看科研机构的组建。新中国成立后的1个月，也就是1949年11月，便成立了中国科学院，在中国科学院下属的研究机构中，就有近代物理研究所，后改名为物理研究所、原子能研究所，主要从事原子能科学技术研究，说白了，就是为有朝一日研制原子弹打下人才与技术基础。该所经过筹备，于1950年5月正式成立，先由吴有训任所长，钱三强为副所长，1年后钱三强任所长。该所成立之初，钱三强在周恩来的支持下，广纳原子能科技人才，他先后请来彭桓武和王淦昌作自己的副手，并亲自向海外留学人员写公开信，现身说法，诚邀广大留学生回国效力。据《中国原子能科学院简史》和《钱三强年谱长编》，在建所初的短短几年时间里，从国外回国到所工作的科学家有金星南、郭挺章、肖健、邓稼先、朱洪元、胡宁、杨澄中、陈奕爱、戴传曾、杨承宗、张文裕等；从国内其他单位调入的科学家有金建中、忻贤杰、黄祖洽、肖振喜、王树芬、陆祖荫、李德平、叶铭汉、于敏等。在广纳贤才的同时，钱三强还根据日后发展需要，极有远见地部署了近代物理所初期的研究方向，1950年便确定了以

① 钱三强："中国原子核科学发展的片段回忆"。《紫荆》，1990年，第1期。

"实验原子核物理、放射化学、宇宙线、理论物理"为主攻方向,这一思想在1952年又得到进一步的充实和发展。[①] 总的来说,作为中国原子能科学技术研究的大本营,近代物理所在新中国原子弹的研制中发挥"老母鸡"的特殊作用,原子弹研制工程中的骨干力量大部分都是从该所抽调而来的。而作为这个研究所的创建者,钱三强功不可没。

再看铀矿的查找。铀是实现核裂变反应的主要物质,有没有铀,直接决定着能不能制造出真正的原子弹。建国后,在国务院所属部门里,专门设立了地质部,著名地质学家李四光被任命为这个部的部长。地质部的工作内容很多,其中一项重要工作就是寻找、开采铀矿。起初的工作是艰难的,随着1954年找矿工作的重大突破,尤其是1955年1月中苏签订两国合营在中国勘探放射性元素的议定书之后,铀矿的探测与开采取得了重大进展。

中国正式启动原子弹研制工程是在1955年初。1955年1月15日,毛泽东在中南海主持召开中共中央书记处扩大会议,会议听取了李四光、刘杰、钱三强的汇报。毛泽东在此次会上做出了研制原子弹的决定,并说"现在苏联对我们援助,我们一定要搞好!我们自己干,也一定能干好!我们只要有人,又有资源,什么奇迹都可以创造出来!"[②]毛泽东在这里提到了启动原子弹研制工程的一个重要原因,即苏联愿意在这方面援助我们。这一时期,苏联出于与美国争霸以及维护其在社会主义阵营中老大地位的需要,愿意在原子能上给予其他社会主义国家以帮助,1954年10月,赫鲁晓夫等苏联领导人前来参加新中国成立5周年庆典时,毛泽东和中共中央已经得到了苏联方面的口头承诺了。1955年1月

---

① 葛能全:《钱三强年谱长编》,科学出版社,2013年,第175、197页。
② 李觉:《当代中国的核工业》,中国社会科学出版社,1987年,第14页。

17日，苏联部长会议发表“关于苏联在促进原子能和平用途的研究方面，给予其他国家以科学、技术和工业上帮助的声明”。中国政府对此声明迅速反应，1月31日，周恩来主持第四次国务院会议，通过《关于苏联建议帮助中国研究和平利用原子能问题的决议》。[①] 4月，钱三强与刘杰、赵忠尧等人组成政府代表团赴苏，就苏联帮助中国原子能和平利用进行谈判。4月27日，两国签署协定，明确由苏联帮助中国建造1座功率为7 000千瓦的研究性重水实验反应堆和1台磁极直径为1.2米的回旋加速器。原子反应堆和回旋加速器（简称“一堆一器”）是发展核科学和核工业的必备实验研究设备，反应堆更是被誉为“可控的不爆炸的原子弹”。

为了更好地加强对核工业的领导，推进原子弹的研制，周恩来于1956年7月28日向毛泽东和中共中央报告，建议成立原子能事业部。同年11月16日，第一届全国人大常务委员会第51次会议通过决议，设立中华人民共和国第三机械工业部（后改称为第二机械工业部，简称“二机部”），负责具体组织领导原子弹的研制工作。上将宋任穷被任命为该部部长，钱三强为5名副部长之一。[②] 紧接着，将钱三强任所长的中科院原子能所划给二机部，名义上原子能所由中科院和二机部共同管理，对外仍用中科院原子能研究所的名义，但实际上是归二机部管理和使用的。1957年夏，二机部又秘密成立了核武器研究院（又称九局），少将李觉被任命为院长。这样，新中国原子弹的研制工作，进入到实质性的操作阶段了。

1957年对于新中国的原子弹工程而言是个特殊的年份，专门搞原

---

① 中央文献研究室：《周恩来年谱(1949～1976)》，中央文献出版社，1998年，第445页。

② 李觉：《当代中国的核工业》，中国社会科学出版社，1987年，第16页。

子弹研制的二机部正式成立并运转了，其下属的核武器研究院也成立了，更重要的是，苏联在这一年答应在研制原子弹上给予中国以帮助。当时，赫鲁晓夫因为全盘否定斯大林，在国内遭到了极大的反对，社会主义阵营也多有不满，国际上苏联与西方的矛盾也十分尖锐，在内外交困的情况下，为了换取中国的支持，在赫鲁晓夫的授意下，苏联表示愿意在国防尖端技术上援助中国。1957 年 10 月 15 日，聂荣臻代表中国政府在莫斯科与苏方签署了史上有名的"国防新技术协定"。协定明确，苏联政府承诺，在建立综合性的原子能工业、生产与研究原子武器、火箭武器、作战飞机、雷达无线电设备，以及试验火箭武器、原子武器的靶场方面对中国政府进行技术援助，并向中国提供原子弹的教学模型及图纸资料。[①] 也就是说，根据这个协定，中国的原子弹本应该是苏联人帮助制造的，尽管中共高层当时也强调"自力更生"的思想，但在操作层面却还是想主要地依靠苏联的指导和技术，由苏联提供原子弹样品，并在苏方专家的指导下，完成对苏联原子弹的仿制；并在苏方的帮助下，建设试验靶场，进而完成原子弹试验任务。总之，根据这个"国防新技术协定"，一切都是美好的，中国将很快拥有原子弹。

然而，苏联除了援助他们自己已经淘汰的技术之外，一些核心技术和产品却迟迟不肯给我们，比如原子弹样品没有给，这样中国的科学家就不知道原子弹是个什么样子和结构；又比如苏联援建铀浓缩气体扩散厂，却不给扩散机上的分离膜，也不给铀 235，反正只要是核心技术，都拖着不给。随着中苏两党分歧的加大，尤其是中国在国家主权问题上的坚定立场——反对苏联在中国领土上建长波电台和由苏方控制的联合舰队，依靠苏联帮助搞原子弹的希望越发渺茫了。1959 年 6 月苏共中央致

① 李觉：《当代中国的核工业》，中国社会科学出版社，1987 年，第 21 页。

中共中央的信，宣告了中苏蜜月的结束，依靠苏联研制原子弹的希望也随之破灭。也就是从这时起，中共中央下定决心“我们自己动手，从头摸起，准备用八年时间，搞出原子弹”。①

1959年对于新中国的原子弹工程而言又是一个特殊的年份。如果说在此之前，新中国是想依靠苏联的帮助搞原子弹的话，那么，从1959年年中开始，就真正是彻底丢掉幻想，转变思路，依靠自己的力量独立自主地来搞原子弹了。在此之前，因为有依赖思想，实事求是地讲，我们是有失误的，主要就是没有重视原子弹的科学研究工作和关键技术的攻关。因此，到1959年，尽管前期准备工作已经得到了极大的推进，但有关原子弹的核心技术仍然没有得到任何突破。原子弹的研制是一项庞大的系统工程，非常复杂，笔者将其总结为4大块。一是理论设计，也就是要把原子弹设计出来，原子弹的样子、内部结构等等，都要在科学论证的基础上想出来。只有将原子弹设计出来了，才会有后面的原子弹生产。二是爆轰试验，目的是摸清原子弹内爆规律，配合理论设计，验证理论设计正确与否，用现场试验来解决理论计算无法解决的问题。三是制造，也就是根据上述正确的理论设计，生产制造出原子弹产品，这里的关键是要有合格的浓缩铀。四是核试验现场观测，主要是为了取得大量真实的核爆炸数据，如果拿不到核试验数据，核试验就不能叫真正成功。

要想完成上述4个大方面的工作，主要依靠二机部核武器研究院、原子能所和兰州铀浓缩厂。不过，在当时的情况下，这些机构的科研力量和物质条件都不具备完成任务的条件，必须要取得国家的支持，动员全国的力量。那么，在这个最需要支持的关键时候，中央高层对研制原子弹是个什么态度呢？这里就不得不说到有关“两弹”上马还是下马的

---

① 李觉：《当代中国的核工业》，中国社会科学出版社，1987年，第36页。

争论了。当时的中国真可谓“祸不单行”，苏联单方撕毁协定不说，还逼迫中国还债；更要命的是，从1959年起，连续三年自然灾害，使本来就捉襟见肘的中国经济雪上加霜。天灾人祸齐来，使“费钱”的“两弹”面临着考验。在中央高层出现了一种声音，认为“两弹”要放慢速度，甚至应该暂停，等国民经济好转之后再说。不能因为“两弹”而影响到国民经济的全局，“饭都吃不饱，还搞什么两弹”是不少领导者的心里话。[①] 对于“两弹”上马与下马的争论，毛泽东的表态起着决定性的作用。1960年7月18日，毛泽东在北戴河听取李富春的汇报时指出：“要下决心搞尖端技术。赫鲁晓夫不给我们尖端技术，极好。如果给了，这个账是很难还的。”[②]1961年7月，聂荣臻指示国防科委起草了一个“两弹”要继续上马的报告报给毛泽东和中共中央，毛泽东等认可了这个报告。这样，在毛泽东和中共中央的支持下，“两弹”不仅没有下马，还得到了特殊的关照，相关特殊政策和措施迅速跟上，最精锐的力量迅速向原子弹工程聚集。

在中央的强力支持下，二机部迅速调整原子弹研制的战略和思路，深入分析了原子弹工程最薄弱的方面——技术难关，进而迅速调集力量，集中攻克原子弹技术难关。从1960年初开始，在中央的支持下，从中科院和全国各地区各部门选调了郭永怀、程开甲、陈能宽、龙文光等105名中高级科研人员加入攻克原子弹技术难关的队伍。同时，又将原子能所的王淦昌、彭桓武等一批高级研究人员调到核武器研究院。这些科研人员与先期参加原子弹研制工作的朱光亚、邓稼先等人，构成了中国原子弹研制工作的骨干力量。[③] 那个时候，正值国家最困难的时候，全国人民勒紧裤腰带支持原子弹、导弹的研制工作，广大科技工作者是

① 陶纯：《国家命运》，上海文艺出版社，2011年，第177页。
② 李觉：《当代中国的核工业》，中国社会科学出版社，1987年，第36页。
③ 同上，第40页。

深知这一点的。也正是这个原因，激发了广大科技工作者发愤图强的意志和决心，他们忘我工作，不舍昼夜。中国能在短时间内突破原子弹关键技术，是与广大科技工作者的这种精神分不开的。

1962年对于中国的原子弹工程又是一个特殊的年份。一方面，经过调整原子弹研制战略，在中共中央给予的人、财、物等方面的大力支持下，经过3年的艰苦攻关，原子弹研制工程的各个子系统都有很大的进展。具体表现在，到1962年底，在理论上通过大量的计算和分析，对浓缩铀作为内爆型原子弹核装料的动作规律与性能有了比较系统的了解；在实验方面，基本掌握了获得内爆的重要手段及其主要规律和实验技术；兰州铀浓缩厂方面，铀235生产线各个环节的技术难关，大都被突破和掌握。总的来说，整个原子弹的研制工作已经由量变开始发生局部质变，让人看到了胜利的希望。另一方面，中央领导人的关心进一步促进了全国的大协作，支持原子弹的研制。1962年8月，中央工作会议在北戴河召开，毛泽东等中央领导人分析了中苏分裂后的严峻国际形势，认为在这种严峻形势下，原子弹的研制要加快进行。根据中央的这一态度，会后，二机部领导经过讨论，正式向中央写了报告，提出争取在1964年，最迟在1965年上半年爆炸我国第一颗原子弹的“两年规划”。毛泽东于11月3日批示：“很好，照办。要大力协同做好这件事。”[①]随后，刘少奇主持召开政治局会议，批准了二机部的“两年规划”，并为加强领导、组织实施，决定在中共中央直接领导下，成立以周恩来总理为主任、副总理和相关部门负责人为委员的中央15人专门委员会。[②] 作为一个权力机构，中央专委从成立到我国第一颗原子弹爆炸成功之前的这段时间

---

① 李觉：《当代中国的核工业》，中国社会科学出版社，1987年，第47页。

② 同上。

内，共召开了13次会议，讨论解决了100多个重大问题。第一颗原子弹爆炸成功后，中央专委职能扩大，整个“两弹一星”工程都是在中央专委的领导下进行的。应当说，中央专委在推动我国“两弹一星”工程走向成功的过程中发挥了关键作用。

在毛泽东“大力协同做好这件事”的总动员令下，在中央专委的有力领导下，中国的原子弹工程在1963年至1964年上半年迎来了丰收。这一年，在彭桓武、朱光亚、邓稼先等的努力下，理论研究取得突破，原子弹设计完成，原子弹可以生产了；这中间，王淦昌、郭永怀、程开甲等领导的试验工作发挥了关键作用；原子弹的关键部件、点火装置——点火中子源也在原子能所王方定的带领下制备出来了；兰州铀浓缩厂气体扩散机上的核心部件、被苏联视为绝密技术并被奉为“社会主义安全心脏”的扩散分离膜，也在中科院上海冶金研究所吴自良的带领下攻克了；有了扩散分离膜和原子能所黄昌庆制备的六氟化铀，兰州铀浓缩厂成功提炼出了铀235；在此基础上，酒泉原子能联合企业成功地加工出了原子弹实弹需要的铀部件；原子弹试验靶场的核试验测试准备工作，也在程开甲的领导下快速推进。总之，整个原子弹的生产工作顺利进行，胜利在望。这里，不能不特别提到一个人，那就是钱三强。他在原子弹工程中发挥了独特的作用，他是决策系统里的战略科学家，是关键时刻知人善用的组织科学家，是攻克技术难关的领军科学家。仅就“两弹一星”元勋而言，有11位与原子弹氢弹的研制有关，除钱三强本人外，其他10位科学家走上原子弹研制的关键岗位几乎都得益于钱三强的推荐。宋任穷认为，钱三强在原子弹研制中“起到了别人起不到的作用”①。

在原子弹研制取得突破性进展的同时，青海金银滩核武器研制基地

① 宋任穷：《宋任穷回忆录》，中国人民解放军出版社，2007年，第303页。

和新疆罗布泊核武器实验靶场，也在各部门和军方的大力支持下，到1964年春基本建好。从1963年3月开始，原子弹研制大军开始移师金银滩，在那里制备第一个原子弹并进行原子弹原理实验。因苏联拒绝提供原子弹教学模型和图纸资料的时间是1959年6月，遂决定将“596”作为第一颗原子弹的代号，借以激励全体参与人员，克服一切困难，制成原子弹。1963年11月20日，在金银滩基地进行了缩小比例的聚合爆轰试验，使理论设计和一系列实验的结果获得了综合验证。1964年6月6日，进行了全尺寸爆轰模拟试验，除了没有装铀部件之外，其他都是核爆炸试验时要用的实物，试验结果实现了预先的设想。

到1964年上半年，第一颗原子弹成功在望。4月11日，周恩来主持召开了第八次中央专委会议，决定第一颗原子弹爆炸试验采取塔爆方式，要求在9月10日前做好试验前的一切准备，做到“保响、保测、保安全，一次成功”。随后，根据罗布泊的气象情况，经请示毛泽东和中央常委会，原子弹试验起爆时间(技术上称为零时)定在1964年10月16日。公元1964年10月16日15时，中国在本国新疆罗布泊地区成功爆炸了第一颗原子弹！试验结果表明，我国第一颗原子弹的设计水平和制造的先进程度，超过了美、苏、英、法四国第一颗原子弹的水平。当晚10点，中央人民广播电台授权播发了中国政府的《新闻公报》和《中华人民共和国政府声明》，人民日报为此刊印了号外。《声明》指出：“中国政府郑重宣布，中国在任何时候、任何情况下，都不会首先使用核武器。”①这一庄严承诺，是对保卫世界和平事业的一个巨大贡献。

1967年6月17日，中国成功爆炸了第一颗氢弹。从第一颗原子弹到第一颗氢弹，中国只用了2年零8个月，远快于当时其他4个有核国

① 李觉:《当代中国的核工业》，中国社会科学出版社，1987年，第56页。

家,这个问题曾令人十分不解。后来,人们发现,中国的氢弹奇迹其实就蕴含在钱三强后来总结的“预为谋”之中。

早在1958年,毛泽东就提出:“搞一点原子弹、氢弹、洲际导弹,我看十年功夫完全可以。”①这等于是给中国的核武器研制工作定了调。到了1960年底,原子弹已有眉目,毛泽东又已有指示,二机部部长刘杰想到了氢弹,而此时副部长钱三强也想到了氢弹,二人经过商量,决定氢弹的理论探索工作可由原子能所先行一步,原子能所即成立了“中子物理领导小组”,由所长钱三强主持。一方面成立以黄祖洽、于敏为首的轻核理论组,开展氢弹反应原理研究;另一方面成立以蔡敦九(后改为丁大钊)为首的轻核实验组,配合和支持轻核理论工作的开展。这一“先行一步”的安排是非常重要的。几年时间内,轻核理论组共写出研究报告和论文69篇,还有一些没有写成文章的研究心得,这使得对完全陌生的氢弹理论及许多关键性概念,有了较深入的认识。②

第一颗原子弹爆炸成功后,毛泽东明确指出,原子弹要有,氢弹也要快;周恩来也指示二机部要就核武器发展问题作出全面规划。1964年10月,在完成了原子弹的研制工作后,核武器研究所抽出三分之一的理论研究人员,全面开展氢弹的理论研究。1965年1月,二机部把原子能所先期进行氢弹研究的黄祖洽、于敏等31人全部调到核武器研究所,集中力量从原理、结构、材料等多方面广泛开展研究。③ 在理论攻关中,最初形成了2种思路,一是邓稼先率领的理论部提出的原子弹“加强型”的氢弹,即在原子弹的基础上,将其威力加大到氢弹的标准,二是黄祖洽、于敏在预研时提出的设想,当时是这2条思路一起攻关。1965年夏,于

① 李觉:《当代中国的核工业》,中国社会科学出版社,1987年,第64页。
② 葛能全:“钱三强与中国原子弹”。《中国科学院院刊》,2005年,第1期,第64页。
③ 李觉:《当代中国的核工业》,中国社会科学出版社,1987年,第61～62页。

敏提出了新的方案,9 月底,借助中科院上海华东计算机研究所当时最先进的运算速度每秒 5 万次的计算机,于敏带领部分理论人员,经过 2 个多月的艰苦计算、分析摸索,终于找到了解决自持热核反应所需条件的关键,探索出了一种新的制造氢弹的理论方案。这是氢弹研制中的最关键突破。后来证明,这一新的理论方案大大缩短了中国氢弹的研制进程。根据新的理论方案,1965 年底,核试验基地召开了规划会议,提出了氢弹科研、生产的两年规划,确定了"突破氢弹、两手准备,以新的理论方案为主"的方针,中央专委随即批准了这个规划。①

进入 1966 年,国内政治气候日紧,5 月,"文化大革命"爆发。因为氢弹的特殊性——毛泽东亲自关心,还因为氢弹研制工作已由国防科委——军方接管,周恩来又亲自抓管,所以氢弹的研制受到的冲击较少。经过紧张的准备,1966 年 12 月 28 日,氢弹原理试验取得成功,结果表明,新的理论方案切实可行,先进简便。12 月 30、31 日,聂荣臻在罗布泊试验基地马兰招待所主持座谈会,讨论下一步全当量氢弹试验问题。会议经过讨论,形成了在 1967 年 10 月 1 日前采用空投的方式进行一次百万吨级全威力的氢弹空爆试验的建议,不久,中央专委批准了这一建议。就在这时,科研人员从西方媒体得知,法国很有可能在 1967 年爆响氢弹,有可能赶在中国的前面。为此,在科学家们的建议下,中央专委批准在 7 月 1 日前,进行氢弹试验,争取响在法国前面。② 因氢弹试验采取空投方式,这对飞机和降落伞的要求非常高,当时确定了由我国最先进的轰-6 甲型飞机承担空投任务,并在核试验场区进行了数十次投弹模拟试验。

1967 年 6 月 17 日 8 时 20 分,由轰- 6 甲型飞机空投的我国第一颗

① 李觉:《当代中国的核工业》,中国社会科学出版社,1987 年,第 63 页。
② 陶纯:《国家命运》,上海文艺出版社,2011 年,第 379～380 页。

氢弹爆炸成功，实现了毛泽东在1958年6月关于"搞一点原子弹、氢弹，我看十年功夫完全可以"的预言——只是洲际导弹还未实现。从第一颗原子弹试验到第一颗氢弹试验，美国用了8年零6个月，苏联用了4年，英国用了4年零7个月，法国用了8年零6个月，而我国只用了2年零8个月，发展速度是最快的，因而在世界上引起了巨大的反响，公认中国的核技术已经进入世界先进行列。

三、导弹的研制

用于现代战争的导弹是火箭这一远程运载工具的延伸。自从二战后期德国人首先研制出可用于实战的导弹之后，这一新兴军事技术立即得到西方发达国家的高度重视。二战后，尤其是进入20世纪50年代，伴随着火箭技术的飞速发展，世界主要发达国家，尤其是美国和苏联已研制出各式各样用于实战的导弹，从火箭弹到反坦克导弹、反飞机导弹、反舰导弹以及攻击地面固定目标的各类战术导弹和战略导弹，均已得到相当程度的发展。导弹已成为世界主要大国不可缺少的武器装备。

新中国成立后，在抗美援朝战争的刺激下，开展现代军事技术研究、发展现代军事工业、建立现代国防体系，成为当时中共高层的一种共识。1952年，正在参加抗美援朝战争的大将陈赓被毛泽东点名回国，筹办中国人民解放军军事工程学院(简称"哈军工")。在这所当时的最高军事工程与技术学府里，就有著名的火箭专家任新民、梁守槃、庄逢甘等，他们分别在空军工程系、炮兵工程系从事着相关的研究和教学工作。[①] 然

① 叶永烈:《钱学森》，上海交通大学出版社，2010年，第199～204页。

而，火箭和导弹技术都是各国的保密技术，接触到这些技术的中国人毕竟是少数，“哈军工”里的专家也并不多，有限的专家也没有研制导弹的经历。因此，1950年代中期以前，尽管中共高层和军方都迫不及待地想搞导弹，但苦于人才与技术的匮乏，新中国的导弹事业凭借“哈军工”的有限力量，仍处于培养人才、开展相关理论研究的打基础阶段。不过，钱学森的回国很快打破了这一局面。

钱学森是中国航空航天事业的开拓者和奠基人。可以说，他是新中国火箭、导弹事业发展中最重要的人物。人们常说，没有钱学森中国也会开展导弹研究，但绝不会那么快；可以说，是钱学森极大地缩短了中国导弹的研制进程。钱学森1936年从上海交通大学毕业后，赴美国留学，先后在麻省理工学院和加州理工学院深造和从事研究；专业领域涉及航空机械工程、航空动力学、空气动力学、工程控制论等，显著的科学成就与贡献使其年纪轻轻便很快升任美国的终身教授。更重要的是，在其恩师冯·卡门的赏识和推荐下，钱学森涉足美国军方机密事宜，成为美国军方重要的科学顾问和研究人员。他是加州理工学院火箭俱乐部的成员之一，并担任喷气实验室主任，这两个机构虽不是军方机构，却是为军方服务的。1945年，钱学森以空军上校身份参加美国国防部科学咨询团，赴德国考察，考察结束后递交给美国国防部的总结报告总共9章，钱学森一个人就写了5章，足见钱学森当时涉足美国军方事宜有多深。后来，钱学森的回国请求受到美国当局的百般阻挠，与他的这一经历密切相关。总的来说，回国之前的钱学森已是国际知名的火箭专家——尽管回国之前的5年多时间里他已被迫离开了实验室的专业研究。

1955年10月，历经艰辛的钱学森回到祖国，受到了热烈的欢迎。此前，哈军工的任新民等几位科学家向军方报告，建议重视并开展导弹技术研究，但囿于主客观条件限制，当时军方高层并不知此事该如何下手。回国后的钱学森很快成为军方高层的咨询对象，他甚至还专门为军方高级将领讲解火箭和导弹技术的应用情况和发展前景。1956年2月初，钱学森遵照周恩来的指示，起草了递交国务院的《建立我国国防航空工业的意见书》，①所谓的"国防航空工业"，其实就是指火箭、导弹，当时出于保密需要才叫"国防航空工业"。该建议书就发展中国的导弹事业，从领导、科研、设计、生产等方面提出了建议。很快，周恩来就审阅了这个意见书，并印发中央军委各委员。3月14日，周恩来主持召开中央军委扩大会议，决定根据钱学森的建议，建立导弹科学研究的领导机构——航空工业委员会(简称"航委")。这一决定随后得到了中央政治局的批准，中国的导弹事业正式上马。

1956年4月13日，国防部航空工业委员会正式成立，聂荣臻任主任。5月10日，聂荣臻向中央军委提出了《关于建立我国导弹研究工作的初步意见》的报告，5月26日周恩来主持召开中央军委会议，专题研究这个报告。会上，周恩来指出"导弹研究工作应当采取突破一点的办法，不能等待一切条件都具备了才开始研究和生产。要动员更多的人来帮助和支持导弹的研制工作。"②根据这次会议精神，从全国各地抽调相关专业科研人员，组建导弹研究机构国防部第五研究院(简称"五院")。10月8日，我国火箭和导弹研究事业的大本营国防部第五研究院正式成立，下设导弹总设计师、空气动力、发动机、结构强度、推进剂、控制系统、控制元件、无线电、计算机、技术物理等10个研究室。1957年11月，国防部五院成立了2个分院。一分院负责地地导弹总体设计和弹体、发

① 叶永烈:《钱学森》,上海交通大学出版社,2010年,第214页。
② 中央文献研究室:《周恩来年谱(1949～1976)》,中央文献出版社,1998年,第581页。

动机研制，二分院负责导弹控制系统和设计工作。1961年成立了三分院，承担空气动力试验、液体发动机和冲压发动机研究试验及全弹试车等任务。1964年成立了四分院，从事固体火箭发动机研制。到1960年，国防部五院从最初的200多人猛增至上万人。

国防部第五研究院正式成立后，中国的导弹研究就进入了实质性的操作阶段。而此时，正是苏联愿意对华提供技术援助的时候，1957年9月由聂荣臻率领赴苏谈判的中国政府工业代表团里就有钱学森，两国签订的“国防新技术协定”里，明确了苏联给予中国导弹技术方面的援助。中国第一颗导弹的研制就是从仿制苏联P－2导弹开始的。P－2导弹是德国V－2导弹的仿制品，是苏联第一代导弹产品，当时已从苏军装备中退役。P－2导弹起飞重量20.5吨，射程600公里。全弹由头部、稳定裙、酒精贮箱、液氧贮箱、中段壳体、仪器舱、尾段和发动机等组成。推进剂为液氧和酒精，弹头为常规炸药。根据协定，1957年底，2枚P－2导弹运抵我国，一枚供五院“解剖”研究仿制之用，另一枚供中国人民解放军炮兵教导大队教学之用。为教会中方使用和维护，苏方派苏军火箭营102人随同前来中国执行教学任务。

根据聂荣臻和钱学森关于中国导弹研制“先仿制，后改进，再自行设计”的思路，中国导弹之路的第一步是仿制。1958年9月，中国开始了仿制苏联P－2导弹的工作，仿制型号命名为“1059”，意思是1959年10月1日建国10周年之际完成仿制。仿制苏联P－2导弹的工作是一项庞大的工程。据统计，当时全国直接和间接参加仿制的单位有1 400多个，涉及航空、电子、兵器、冶金、建材、轻工等诸多领域，其中主要承制厂就有60多个。[①] 然而，随着中苏关系的日趋紧张，苏方在提供导弹样品和部

① 叶永烈：《钱学森》，上海交通大学出版社，2010年，第276页。

分常规资料之后，在关键技术资料的提供上就很不积极了，比如发动机试车及试车台的资料苏方就拖着不给，而试车台是决定导弹能不能出厂、达没达到发射要求的关键性设备。随着中苏关系的破裂，苏联专家陆续撤离中国，按照协定应由苏联供应中国的100吨不锈钢钢材用于仿制导弹一事，也遭到苏联拒绝。这样，原定在1959年10月1日之前完成仿制的“1059”导弹，不得不延期了。

1960年6月，在苏联撕毁协定、撤走专家、终止援助的情况下，聂荣臻主持航委和国防部五院，根据现实条件和已有基础，迅速调整了导弹研制战略。聂荣臻在钱学森的意见基础上，形成了我国导弹研制三步走的规划：即在仿制的基础上，分3步走，分别发展近程700千米、中程1 200千米、中远程2 400千米导弹。同时，对这3种导弹制定型号，分别定为“东风-1号”、“东风-2号”、“东风-3号”。[①] 7月，中共中央工作会议在北戴河召开，聂荣臻在会议期间汇报了导弹研制工作三步走的规划，得到了会议的肯定。这样，面对严峻的形势，在中共中央的大力支持下，国防部五院依靠中国自己的科学家，走上了独立自主、自力更生的导弹发展之路。研制并发射第一颗导弹的工作，不仅没有因为苏联专家的撤走而推迟，反而加紧了前进的步伐。

在仿制工作顺利推进、位于内蒙古额济纳的酒泉导弹发射基地准备就绪的情况下，1960年9月，中央军委决定，用国产推进剂发射第一颗导弹，时间定在11月5日，为此成立了首次导弹试验委员会，张爱萍为主任，钱学森、王诤为副主任。9月，第一枚导弹总装完成；10月17日，采用国产推进剂进行的发动机90秒点火试车获得成功；10月27日，导弹安全运抵发射场。在加注推进剂后，导弹弹体往里瘪进去一块，发射基

① 叶永烈：《钱学森》，上海交通大学出版社，2010年，第279页。

地领导不同意发射，而钱学森通过分析认为，点火之后，弹体会因压力升高而恢复原状。后经聂荣臻的支持，导弹按时发射。1960年11月5日，是中国导弹发展史上一个值得纪念的日子，第一枚国产导弹发射成功。12月，在酒泉基地又发射了2枚导弹，都获得了成功。1964年春，“1059”导弹更名为“东风1号”导弹。

在苏联专家撤走、“东风1号”尚未发射的时候，钱学森就向中央军委递交了研制“东风2号”导弹的计划，这是我国导弹研制工作的第二步和第三步，即在仿制的基础上进行改进和自行设计，其难度远高于仿制。经过中央军委的批准，国防部五院完成了“东风2号”导弹的总体设计方案。在“东风1号”导弹发射成功的鼓舞下，“东风2号”加紧了研制进度。根据设计，“东风2号”是中近程地对地战略导弹，全长20.9米，弹径1.65米，起飞重量29.8吨，采用一级液体燃料火箭发动机，以过氧化氢、酒精为推进剂，最大射程1 300千米，可携带1 500千克高爆弹头。1962年春节前夕，“东风2号”导弹发动机试车成功，春节后“东风2号”导弹就被运往酒泉发射基地了。3月21日，一切就绪，准备发射。然而，这次发射的导弹只飞行了几十秒钟就起火坠落，发射失败。第一次发射自己设计的导弹就失败了，这在科技人员乃至决策层引起了震动，使人们更加清醒地意识到导弹研制工作的复杂性和艰巨性。根据聂荣臻的指示，钱学森主持技术骨干进行了半个月的专题总结，寻找导弹发射失败的原因。

经过认真的分析总结，“东风2号”导弹发射失败的原因主要有两个：一是导弹的总体设计按照苏联导弹照猫画虎，技术上没有吃透，为了增加导弹的射程，仅仅在苏联导弹的基础上加长了2米，虽然增加了推力，但箭体结构抗震强度却没有相应提高，导致导弹飞行失控；二是火箭发动机改进设计时提高了推力，但强度不够，导致飞行过程中局部破坏而起火。[1] 总的来说，失败的原因在于急于求成，导弹在上天之前，没有在地面上进行充分的试验，正所谓“欲速则不达”。

在总结失败教训的基础上，国防部五院形成了改进“东风2号”的意见，就是不再搞冒进，全面审查设计，不是小修小改，而是从发动机到各个分系统，都重新设计。在聂荣臻的支持下，钱学森率领国防部五院的科研人员对“东风2号”进行了全面的改进。由钱学森主持制订总体设计方案、担任总设计师，任新民担任副总设计师兼发动机总设计师，梁守槃、屠守锷、黄纬禄、庄逢甘等科学家负责各分系统。首先设立总体设计部，以加强对于导弹总体设计规律的认识，负责对各个分系统的技术难题进行技术协调，统筹规划，用钱学森的话说，就是“不求单项技术的先进性，只求总体设计的合理性”。[2] 其次是建立导弹型号设计师制度，使导弹设计走上正轨、有序的道路。再次就是下决心建造导弹全弹试车台和一批地面测试设备，要让导弹各分系统和全弹在地面模拟试验过关。钱学森还特意提出了导弹研制工作的一条重要原则：“把一切事故消灭在地面上，导弹不能带着疑点上天！”[3]这一原则后来成为中国火箭、导弹研制工作不可动摇的原则，一直沿用至今。

“东风2号”导弹从1962年春发射失败到1964年夏发射成功的这两年多时间里，广大科研人员做了大量艰苦而有成效的工作，这期间也伴随着很多失败，比如发动机试车老是不成功，以至于在一次事故中还损坏了一台发动机，任新民也在一次事故中受伤。钱学森也曾说过，最难的时候，可能就是“东风2号”发射失败，重新设计的导弹老是出问题，怎么也不过关，上上下下都非常着急。“往往最困难的时候，也就快成功

① 叶永烈：《钱学森》，上海交通大学出版社，2010年，第295～297页。
② 同上，第296页。
③ 同上，第295页。

了”，这是聂荣臻在这个困难时刻给予科学家们的鼓励。

事如人愿，1964 年春，改进型的“东风 2 号”在全新的全弹试车台上进行试车，经过 2 次全弹试车，完全合格。6 月下旬，新的“东风 2 号”导弹在酒泉实验基地竖起，等待试射。然而，在给导弹加注液氧和酒精时，由于天气太热，温度太高，燃料膨胀，导致导弹燃料贮箱加不进所需要的燃料，还溢出了一些。这是事先没有预料到的。在众人苦思冥想之际，王永志关于卸掉一部分原料，改变氧化剂和燃烧剂的混合比，通过减少燃料，使氧化剂相对增加来产生同等推力的想法得到了钱学森的支持。事实证明，王永志的推理和计算是完全正确的。1964 年 6 月 29 日，“东风 2 号”导弹在飞行十几分钟之后，准确击中 1 200 千米外的目标，导弹发射成功。钱学森在发射现场讲话时说：“如果说，两年前我们还是小学生的话，现在至少是中学生了。”聂荣臻在第一时间获知发射成功的消息时，在电话里祝贺道：“现在看得清楚了，上一次的失败，的确不是坏事。这个插曲很有意义。”①紧接着，7 月 9 日和 11 日，又成功地发射了两枚“东风 2 号”导弹。三发三中，标志着火箭和导弹技术取得了关键性的突破。从 1966 年起，“东风 2 号”导弹开始装备部队，成为第一种投入实战的中国自己设计、自己制造的中程地对地导弹。

原子弹有了，导弹有了，下一步就是原子弹与导弹的结合了，简称“两弹结合”。为什么要搞“两弹结合”呢？原因在于，原子弹正如当时西方嘲笑的那样，只是一种“无枪的子弹”，也就是说，原子弹只有能飞出去才会发挥它应有的威慑力，飞不出去的原子弹是没用的。要想让原子弹飞出去，有两种办法，一种办法就是用飞机携带空投，发展空投核航弹，比如美国在日本投掷的 2 颗原子弹就用的是这个办法。然而，那时中国

---

① 叶永烈：《钱学森》，上海交通大学出版社，2010 年，第 298 页。

的战斗机非常落后，很难飞出国境，因此这一路径不适合中国的实际情况。另外一种办法就是原子弹与导弹结合，发展核导弹，这也是当时的世界潮流。核导弹比起用轰炸机投掷原子弹，更具有威慑力，因为核导弹射程远，命中率高，还难以阻挡。

在第一颗原子弹爆炸成功之前，钱学森就提出了“两弹”结合的构想。1964 年 9 月 1 日，中央专委召开会议，决定由二机部和国防部五院共同组织“两弹结合”方案的论证小组，着手进行核导弹的研究设计，钱学森担任总负责人。[①] 研制核导弹有 2 个关键：一是原子弹必须小型化，以便安装在火箭上；二是要加大火箭的推力，加强安全可靠性，尤其是要求制导系统要提高命中率。对于领导人而言，最关心的还是安全问题，如果真要进行全当量的核导弹试验，是需要勇气和魄力的，毕竟中国是要在自己的国土上试射核导弹，如果失败了，就等于给自己放了一颗原子弹，那就是灾难性的后果。因此，周恩来和聂荣臻非常重视安全，要求“两弹结合”要确保万无一失，以至于在 1966 年 3 月的中央专委会议上，钱学森保证导弹不掉下来；李觉保证核弹头就是掉下来了，也不在地面爆炸。为此，科研人员想尽办法确保安全。就火箭本体而言，增程后的“东风 2 号甲”导弹安装了自毁装置，如果在导弹飞行的主动段发生故障，不能正常飞行，可由地面发出信号将弹体炸毁。就核弹头而言，安装了保险开关，如在主动段掉下来，因保险开关打不开，只能发生弹体自毁爆炸或落地撞击，不会引发核弹头爆炸。为了确保安全和成功，核导弹在进行一系列地面测试之后，在装上核弹头之前，还要进行没有核弹头的发射，也即“冷试验”。1966 年 10 月初，在正式发射核导弹之前，连续进行了 3 次冷试验，都取得了成功。1966 年 10 月 27 日上午 9 时，在酒

① 叶永烈:《钱学森》，上海交通大学出版社，2010 年，第 308 页。

泉导弹发射基地，发射了我国第一颗全当量核导弹，9 分钟之后，核弹头在新疆罗布泊 569 米的高空实现核爆炸。首次核导弹试验取得圆满成功。从第一次核爆炸到发射核弹头，美国用了 13 年(1945～1958)，苏联用了 6 年(1949～1955)，中国只用了 2 年！“两弹结合”的成功，标志着中国有了可以用于实战的战略核导弹。就在这一年，中国的战略导弹部队——第二炮兵部队诞生。

需要特别指出的是，中国在引进苏制 P－2 导弹的同时，还引进了苏制“萨姆－2”型导弹。前者是“地对地”导弹；后者是“地对空”导弹，用于防空。1958 年，苏联向中国提供了 4 套“萨姆－2”型导弹设备、62 发导弹。这些导弹在当时的防空中发挥了重要作用，曾击落过美国以及中国台湾地区国民党的战机。根据防空形势的需要，中央军委决定由国防部五院对“萨姆－2”型导弹进行了仿制，仿制导弹命名为“红旗－1 号”。1963 年 4 月完成了模型弹仿制，6 月进行模型弹飞行试验。到 1964 年 10 月，“红旗－1 号”导弹成功击落高空仿真目标，12 月“红旗－1 号”导弹定型。与此同时，从 1964 年初开始，在“萨姆－2”型导弹的基础上改进设计，研制“红旗－2 号”地对空导弹。“红旗－2 号”增加了导弹的射高和作战斜距，增强了制导站的抗干扰能力。1965 年 4 月，通过了“红旗－2 号”总体设计方案，到 1966 年底，“红旗－2 号”经过多次飞行试验，获得成功，1967 年 6 月，“红旗－2 号”地对空导弹设计定型，投入批量生产，开始装备部队，为确保我国领空安全做出了贡献。

四、人造地球卫星的研制

飞天梦想一直是中华文明史上的重要组成部分，从神话中的女娲补天、嫦娥奔月到文人墨客的诗词歌赋，中国人对宇宙的想象与憧憬从来就没有中断过。不过，人类真正走向太空的第一步却是在充满火药味儿的1950年代——美苏争霸时代。当时，美、苏两个超级大国出于争霸需要，在各自都拥有核武器的情况下，都把太空锁定为自己的下一个目标。1957年10月4日，也就是聂荣臻在莫斯科谈判签署中苏"国防新技术协定"期间，苏联率先发射了世界上第一颗人造地球卫星"伴侣一号"，开创了人类走向太空的新纪元，这令争霸的另一方美国大为震惊。美国加紧研制，并于1958年2月1日成功发射"探险者一号"人造地球卫星——尽管这颗卫星只有8.2千克，被毛泽东讥讽为"鸡蛋那样大"。

苏联和美国发射人造地球卫星成功之后，在"大跃进"气氛的感染下，有关我国也要发射卫星的呼声渐浓，钱学森、赵九章等科学家经过商议，准备向中央建议，中国应当研制并发射人造地球卫星。钱学森还多次发表谈话，提出中国应当早日搞出自己的人造地球卫星。这种意见被带到了于1958年5月5日至23日召开的中共八届二中全会上。在5月17日的会议上，毛泽东说："看样子，人造卫星把我们都搅得不得安生呀！苏联抛上去了，美国抛上去了，我们怎么办呀？我们也要搞人造卫星！当然啦，我们应该从小的搞起，但是像美国鸡蛋那样大的，我们不放。要放就放他个两万公斤的。"①这样，中国要搞人造地球卫星的调子就这么定下来了。

有了毛泽东的指示，八届二中全会结束后，聂荣臻就于5月29日召集会议，听取钱学森关于中国科学院和国防部五院协作分工研制人造卫星的建议。会议决定由国防部五院负责研制探空火箭，中国科学院负责

① 陶纯：《国家命运》，上海文艺出版社，2011年，第75页。

卫星本体的研制。8月,在上报中央的《关于12年科学规划执行情况的检查报告》里,正式提出了研制人造卫星的意见。10月,国务院召开专门会议,研究中国卫星如何起步问题。会后,钱学森、赵九章、郭永怀等科学家制订了中国人造卫星发展规划设想的草案,提出研制中国人造卫星分三步走的规划:第一步,实现卫星上天;第二步,研制回收型卫星;第三步,发射同步通信卫星。其中第一步"实现卫星上天"又细分为三步:第一步,发射探空火箭;第二步,发射一二百公斤的小卫星;第三步,发射几千公斤的大卫星。方案通过后,被中国科学院列为1958年第一位的任务,代号"581",成立了以钱学森为组长,赵九章、卫一清为副组长的领导小组。① "581"组还制订了具体时间表,最初的方案是在1959年国庆10周年发射第一颗人造地球卫星,后来改为在1960年发射。11月,中央政治局研究决定,拨款2亿人民币专款用于研制人造卫星。这样,在毛泽东作出"我们也要搞人造卫星"的指示后,研制人造地球卫星的机构、规划、人员、资金等全部到位。"581"组紧锣密鼓,朝着1960年发射中国第一颗人造地球卫星的目标前进。

在非正常年份的非正常思维下启动的人造地球卫星计划注定是不可能实现的。在1958年秋中央正式决定研制人造卫星之后,为了学习苏联的成功经验,加快我国的研制步伐,10月16日,赵九章等前往苏联参观考察人造卫星。在没有"大跃进"气氛的情况下,经过两个多月的考察,考察团看到了中国在这方面的巨大差距,他们开始冷静起来。在赵九章所写的考察团总结报告里,尖锐地指出了鉴于目前我国科学技术和工业基础的薄弱状况,发射人造卫星的条件尚不成熟,建议先从探空火箭搞起。1959年1月,邓小平等听取了中科院党组书记、副院长张劲夫

---

① 陶纯:《国家命运》,上海文艺出版社,2011年,第76页。

的汇报后做出指示:“卫星明年不放,与国力不相称”①。在“大跃进”导致国力空虚、三年自然灾害就在眼前的情况下,中央主要领导的头脑开始冷静下来;主管经济的副总理陈云、主管科技的聂荣臻也都认为1960年放卫星不现实,建议收缩科研战线。这样,原定1960年发射第一颗卫星的计划就取消了。不过,钱学森和赵九章一致建议的“先发射探空火箭”,并没有被取消。在“581”方案通过时,中国科学院曾筹建3个研究院,分别从事人造卫星和运载火箭的总体、控制系统、空间物理和卫星探测仪器的研究、设计与试制。因为“581”工程很快就被叫停,成立3个研究院的设想也没能完全实现。不过,因为中央接受了先研究探空火箭的建议,同时也为了充分利用上海的科研力量,遂将计划成立的卫星运载火箭及总体设计院迁至上海,改名为上海机电设计院,上海交通大学教师王希季任总工程师②。1960年代初,在人造地球卫星工程下马的情况下,上海机电设计院在钱学森、王希季的领导下,在探空火箭研制上取得了重要突破,为接下来的人造地球卫星计划的重新上马,积累了重要的经验和技术基础。

人造地球卫星事业的转折点在1965年。1964年,“东风二号”导弹和原子弹相继成功,极大地振奋了人心,也增加了国家领导人发展尖端技术的信心。在国民经济逐渐走出三年自然灾害阴影的情况下,已经偃旗息鼓好几年的人造卫星计划,不仅成为钱学森、赵九章等科学家热议的话题,而且也重新成为中央高层关注的对象。1965年1月,赵九章向周恩来递交了一份尽快规划中国人造卫星的建议书,引起周恩来关注。几乎同时,钱学森向国防科委和国防工办提交了关于制订人造卫

① 张劲夫:“请历史记住他们——中国科学院与‘两弹一星’”。《人民日报》,1999年5月5日。

② 陶纯:《国家命运》,上海文艺出版社,2011年,第111页。

星研制计划的建议。聂荣臻读了这个报告，批示“只要力量有可能，就要积极去搞”。[①] 3月，张爱萍主持召开了我国人造卫星的可行性座谈会，并形成国防科委向中央专委的报告《关于研制发射人造卫星的方案报告》，提出拟于1970～1971年发射中国第一颗人造地球卫星。5月初，中央专委批准了国防科委的报告，将研制卫星列入国家计划。8月2日，中央专委第12次会议，就中国人造卫星做出了全面部署。首先，确定了中国发展人造卫星的方针：由简到繁，由易到难，从低级到高级，循序渐进，逐步发展。其次，提出了中国第一颗人造卫星必须考虑政治影响的要求，我国第一颗人造卫星要比苏联和美国的第一颗卫星先进，表现在比他们重量重，发射功率大，工作寿命长，技术新，看得见，听得见。最后，对卫星研制进行了明确分工：整个卫星工程由国防科委组织协调；卫星本体和地面测控系统由中国科学院负责；运载火箭由七机部(原国防部五院)负责；卫星发射场由酒泉导弹发射基地负责建设。这样，中国的第一颗人造地球卫星就进入工程研制阶段，代号“651”。

研制卫星，主要有三大系统：一是卫星本体的研制，二是运载火箭的研制，三是测控系统的研制。根据分工，卫星本体和测控系统的研制由中国科学院负责，运载火箭由第七机械工业部负责。

先看科学院方面的两大任务。1965年8月，中科院决定成立人造卫星工程领导小组，由副院长裴丽生任组长，谷羽负责具体领导工作。10月，中国科学院受国防科委委托，组织召开了第一颗人造卫星总体方案论证会，会议确定这颗卫星为科学探索性质的试验卫星。11月底，第一颗人造卫星的总体方案初步确定，各分系统开始了技术设计、试制和试验工作。次年1月，经请示聂荣臻，中国科学院成立卫星设计院，代号

① 叶永烈：《钱学森》，上海交通大学出版社，2010年，第323页。

"651设计院"，公开名称为"科学仪器设计院"，赵九章被任命为院长。[①] 卫星本体的研制就这样紧锣密鼓地开展起来了。卫星总体组何正华提出的第一颗卫星叫"东方红一号"的提议，得到一致认可。

如果说中科院在卫星本体的研制上还有些基础的话，测控系统则基本上还是一片空白。火箭托举卫星进入预定轨道之后，它的正常运行和按计划完成使命，要靠地面观测控制系统对它实施跟踪、测量、计算、预报和控制。说白了，要想让卫星在太空中按人的意志运行，就离不开测控系统。当时中科院在这方面的专家是陈芳允。陈芳允曾于1957年苏联卫星上天时，配合苏联做过观测。鉴于测控系统的重要性，国防科委批准了由中国科学院负责卫星地面观测系统的规划、设计和管理。中科院为此成立了人造卫星地面观测系统管理局，代号为中国科学院"701"工程处，由陈芳允担任"701"的技术负责人，负责地面观测系统的设计、台站的选址与建设等工作。[②]

再看第七机械工业部方面的工作。1964年底，为统一管理导弹工业的科研、试制、生产和基本建设，加速导弹工业发展，经中央批准，国务院决定撤销导弹研究院，成立第七机械工业部（七机部），王秉璋任部长，钱学森任副部长。因为七机部已积累了火箭方面的基础和力量，承担人造卫星运载火箭研制的任务就落在了七机部头上。钱学森为运载火箭的研制提出了重要建议，他提出，在当时研制成功的"东风-4号"导弹的基础上，加上探空火箭的经验，设计制造用于发射人造地球卫星的运载火箭，不必另起炉灶。[③] 关键问题是抓住运载火箭第三级——固体燃料火箭的研制，解决火箭在高空时的点火、分离。后来的实践证明，钱学森

① 叶永烈：《钱学森》，上海交通大学出版社，2010年，第324页。
② 陶纯：《国家命运》，上海文艺出版社，2011年，第329页。
③ 叶永烈：《钱学森》，上海交通大学出版社，2010年，第326页。

的这一建议大大节省了时间和人力、物力。发射中国第一颗人造地球卫星的运载火箭“长征一号”，就是在“东风-4号”的基础上加了一个固体燃料推进的第三级火箭所组成的。

历经磨难的卫星事业一经上马，便顺利推进。然而，“文革”的到来，打乱了原有的计划，使重新起步的卫星事业又面临着严峻的考验。承担卫星研制主要任务的中国科学院乱套了，“651”设计院院长赵九章、副院长钱骥被打倒，被迫离开了卫星研制工作。赵九章因是国民党元老戴季陶的外甥，受尽折磨，于1968年自杀。在国民党军队服过役的陈芳允也被打倒了，“701”工程处的工作也已经无法正常运转。在这种形势下，为保证研制人造卫星的工作在“文革”中不受干扰，1966年12月，中央专委决定，人造地球卫星的研制任务由国防科委全面负责。1967年初，聂荣臻向中央报告，建议组建“空间技术研究院”，全面负责人造卫星的研制工作。8月，空间技术研究院筹备处成立，钱学森任筹备处负责人。11月，国防科委批准了由钱学森代表空间技术研究院筹备处提出的编制方案，确定了研究院的任务和各组成单位的方向、任务、分工等。1968年2月20日，经毛泽东批准，国防科委空间技术研究院正式成立，中科院从事人造卫星研制的部门划归空间技术研究院，钱学森任院长，全面负责人造地球卫星的研制工作。① 在聂荣臻的建议下，中科院“701”工程处也由酒泉导弹发射基地接管，这样，测控系统的工作又能开展起来。

在赵九章、钱骥等被打倒的情况下，1967年秋，钱学森任命当时只有38岁的孙家栋负责第一颗人造卫星的总体设计工作。根据中央的指示，在前期工作的基础上，孙家栋带领科技人员主要是在这颗“政治卫

---

① 叶永烈:《钱学森》，上海交通大学出版社，2010年，第325页。

星”的“上得去、抓得住、看得见、听得到”上下功夫。[①]

所谓“上得去”是指发射成功，所谓“抓得住”是指准确入轨。这是发射人造卫星最起码的要求。“看得见”和“听得到”则难度很大。

所谓“看得见”是指在地球上用肉眼能看见，但当时设计的卫星直径只有1米，表面也不够亮，在地球上不可能看得到。孙家栋带领科技人员想出妙计，他们在火箭第三级上设置直径达3米“观测球”，该球用反光材料制成，进入太空卫星被弹出后，观测球被打开紧贴卫星后面飞行，在地面望去，犹如一颗明亮的大星。这样，“看得见”的问题解决了。

所谓“听得到”是指从卫星上发射的讯号，在地球上可以用收音机听到。当时考虑，如果仅仅听到滴滴答答的工程信号，老百姓并不明白是什么，有人建议播放《东方红》乐曲，得到了中央的批准。科技人员经过多次试验，最后采用电子线路产生的复合音模拟铝板琴演奏乐曲，以高稳定度音源振荡器代替音键，用程序控制线路产生的节拍来控制音源振荡器发音，效果很好，解决了“听得到”的问题。

运载火箭方面，在任新民的领导下，攻克了多级火箭组合、二级高空点火和级间分离等技术，再加上新研制的第三级固体火箭，组成了三级运载火箭——“长征-1号”。1969年11月16日，“长征-1号”试射失败。1970年1月30日，“长征-1号”试射成功。

测控体系建设方面，最初陈芳允和其他专家建议在全国建设9个测控站，后来在钱学森的建议下，经多方权衡，并报国防科委批准，最终决定建设喀什、湘西、南宁、昆明、海南、胶东6个地面观测站。1970年初，6个地面测控站建成，陈芳允等对美国探索者22号、27号、29号卫星进行

---

① 叶永烈：《钱学森》，上海交通大学出版社，2010年，第336页。

跟踪观测，取得了实测资料，证明了中国当时所建测控网络性能优良。[1]

1970 年 3 月 21 日，“东方红一号”完成总装任务。4 月 1 日，“东方红一号”卫星和“长征-1 号”运载火箭运抵酒泉发射中心。在接下来向中央的汇报中，卫星是否安装自毁系统引起了讨论。有的主张安装，担心卫星一旦出故障，唱着《东方红》坠毁，政治影响不好。有的主张不装，怕误炸了卫星。任新民主张不装，理由是火箭上已经安装了可靠的自毁系统，如果发射失败，卫星自毁也于事无补，如果装上，就怕炸了好星。假如卫星在空中遇到信号干扰，自毁系统又很敏感，自行启动误炸，那就太可惜了。这一意见经周恩来请示毛泽东，得到了认可，卫星不装自毁系统。[2]

1970 年 4 月 24 日 21 时 35 分，“东方红一号”卫星发射成功，《东方红》乐曲传遍世界，中国成为继苏联、美国、法国、日本之后，第 5 个成功发射卫星的国家，中国的航天时代由此真正开启。

五、结语

“两弹一星”的成功，确立了中国在世界上的大国地位：1971 年，联合国恢复了中华人民共和国常任理事国的合法席位；1972 年，美国总统尼克松访华，掀开了中美关系新的一页。

“两弹一星”的成功，既不是窃取西方的绝密科学情报的结果——尽管美国人的《考克斯报告》一厢情愿地这样认为。“两弹一星”的成功，也

① 陶纯：《国家命运》，上海文艺出版社，2011 年，第 419 页。
② 同上，第 421～422 页。

不是苏联人的馈赠——尽管苏联在“两弹一星”发展初期给予了我们很大的帮助。“两弹一星”的成功，是特定历史条件下，奋发图强的中国人独立自主、自力更生的产物。

对于“两弹一星”，邓小平在1988年说：“如果六十年代以来中国没有原子弹、氢弹，没有发射卫星，中国就不能叫有重要影响的大国，就没有现在这样的国际地位。这些方面反映一个民族的能力，也是一个民族一个国家兴旺发达的标志”。[①] 1992年，在南方谈话中，邓小平再一次动情地说：“大家要记住那个年代，钱学森、李四光、钱三强那一批老科学家，在那么困难的条件下，把‘两弹一星’和好多高科技搞起来。”[②]这是亲历了“两弹一星”研制过程的国家最高领导人对于“两弹一星”及其深远影响的最高褒奖。

1999年9月18日，中共中央、国务院、中央军委在人民大会堂表彰为研制“两弹一星”作出突出贡献的科技专家，他们中的23位科学家被授予“两弹一星”功勋奖章。授奖大会上，江泽民深情讲道：“我们要永远记住那火热的战斗岁月，永远记住那光荣的历史足印：一九六四年十月十六日，我国第一颗原子弹爆炸成功；一九六六年十月二十七日，我国第一颗装有核弹头的地地导弹飞行爆炸成功；一九六七年六月十七日，我国第一颗氢弹空爆试验成功；一九七〇年四月二十四日，我国第一颗人造卫星发射成功。这是中国人民在攀登现代科技高峰的征途中创造的非凡的人间奇迹。”[③]

的确，“两弹一星”是个奇迹。诚如江泽民所言，“两弹一星”极大地

① 中共中央文献编辑委员会：《邓小平文选(第三卷)》，人民出版社，1993年，第279页。
② 同上。
③ 江泽民：“在表彰为研制‘两弹一星’作出突出贡献的科技专家大会上的讲话”。《人民日报》，1999年9月19日。

鼓舞了中国人民的志气，振奋了中华民族的精神，为增强我国的科技实力特别是国防实力、奠定我国在国际舞台上的重要地位，作出了不可磨灭的巨大贡献。

（毛　丹）

刘 兵

“李约瑟问题”与中国科技史

一、引言

二、李约瑟的中国科学史研究的立场、倾向与“李约瑟问题”

三、“李约瑟问题”中的关键之一：对“科学”的理解

四、李约瑟的历史观与“李约瑟问题”

五、李约瑟之后的一些反思

六、超越“李约瑟问题”的研究实例两则

七、结语

一、引言

在科学史的研究中，除了最常见的科学史实证研究之外，亦有一些理论性的研究非常重要。关于科学史的理论研究，也可称为科学编史学（historiography of science）研究。其中，对一些重要的相关理论与问题的争议，可以带给人们许多重要的思考，也可以为具体的科学史实证研究带来重要的影响。像科学史的辉格解释问题，像所谓的"默顿命题"等，就属此列。针对中国科学史的研究，产生于20世纪上半叶的"李约瑟问题"（有时亦被称为"李约瑟难题"、"李约瑟之谜"），也是这类带来诸多争议的问题之一，对于"李约瑟命题"的思考和争论，不仅让科学史家对中国科学史的研究有更明确的立场和取向，其意义也可以扩展到中国科学史之外，甚至超出东亚科学史研究的范围，与更为一般的"元编史学"、科学哲学，乃至于像后殖民主义等当代的文化思潮密切相关[①]，从一个特定的视角和切入点，让人们对于何为科学、何为科学革命、何为科学史等一些更基本的问题进行深入的反思。

按李约瑟本人的说法："大约在1938年，我开始酝酿写一部系统的、客观的、权威性的专著，以论述中国文化区的科学史、科学思想史、技术史及医学史。当时我注意到的重要问题是：为什么现代科学只在欧洲文明中发展，而未在中国（或印度）文明中成长？"[②]"李约瑟问题"可以说是

① 富勒："世界科学史绪言"。刘钝、王扬宗编：《中国科学与科学革命：李约瑟难题及其相关问题》，辽宁教育出版社，2002年，第721～758页。

② 李约瑟："东西方的科学与社会"。刘钝、王扬宗编：《中国科学与科学革命：李约瑟难题及其相关问题》，辽宁教育出版社，2002年，第83～101页。

李约瑟进行中国科学史研究的一个重要的出发点。实际上，在不同的时候，李约瑟曾以略有不同的方式表述过我们后来所称的“李约瑟问题”，但在这里，我们还是选择他后来在《大滴定》一书中，对于“李约瑟问题”经典的表述作为代表，这就是：

> ……为什么现代科学只在欧洲而没有在中国文明(或印度文明)中发展起来？……为什么在公元前1世纪至公元15世纪之间，中国文明在应用人类关于自然的知识于人类的实际需求方面比西方文明要有效得多?①

从中我们可以看到，李约瑟命题是由两部分构成，而这两部分又相互联系。核心点，在于将中国的科学(包括技术，“人类关于自然的知识”)与西方的科学，以及产生中国科学的中国文明与产生西方科学的西方文明相对比。而且，虽然是作为一位西方的学者，而且正像后面我们所要分析指出的，他的科学观其实在深层上也是西方立场的，但在提出“李约瑟问题”的倾向上，他对于中国和中国科学的关心和偏爱却是无可置疑的。

“李约瑟问题”提出后，几乎可以说在关心非西方科学的发展的科学史研究者当中引发了世界范围的热烈讨论。不过在涉及后来的反响、争论与发展之前，为了更好地理解“李约瑟问题”的提出，我们还是先来看看李约瑟的工作以及他提出这一命题的一些重要背景。

---

① Needham, Joseph. *The Grand Titration: Science and Society in East ans West*, London: George Allen & Unwin, 1969:190.

二、李约瑟的中国科学史研究的立场、倾向与“李约瑟问题”

李约瑟(Joseph Needham，1900～1995)生于伦敦一个有教养的苏格兰中产阶级家庭，早年在剑桥大学受教育，1925年获得博士学位。随后在剑桥大学冈维尔与凯斯学院从事研究工作。由于受其实验室的中国留学生影响，他对中国科学和文化产生了兴趣。1942～1946年间，受英国皇家学会的委任，李约瑟来到中国，在重庆任中英科学合作馆馆长，有机会了解许多中国科学家和学者，也有机会收集到大量的中国科学技术史文献，并游历了中国其他一些地方。1946年，他赴巴黎任联合国教科文组织(UNESCO)自然科学部主任一职，2年后，又离任重返剑桥，并开始了系统研究中国科学史、撰写多卷本《中国科学技术史》系列巨著的工作。1954年，李约瑟《中国科学技术史》第一卷正式出版，旋即引起轰动。

图1　李约瑟半身铜像(现立于剑桥李约瑟研究所门前)

李约瑟早年在科学领域主要从事生物化学、胚胎学研究，并取得重要成就，出版了《化学胚胎学》及《生物化学与形态发生》等著作，并成为英国皇家学会会员，但从大约20世纪30年代末，他就已经开始对中国科学史产生了浓厚的兴趣，开始学习汉语，并撰写了最初的相关论文，到后来，则彻底地实现了从科学研究向中国科学史研究的巨大转向，并将其后半生精力都致力于中国科学史的研究。

旧命维新

一般地讲，科学史这门学科在西方，大约在18世纪开始形成了一些专业学科的学科史，到19世纪，综合性科学史开始成形。到了20世纪，有关的研究更加深入，特别是20世纪60年代左右美国科学史领域的职业化发展，使得科学史的建制化和学术化走向成熟。但是，在这些过程中，西方科学史家们主要的研究领域，仍是“主流”的西方科学史，对古代科学史的研究，也大多是在与西方近代科学发展相联系的视角下进行的。因而，其他“非主流”的、被认为与西方近代科学发展无关的其他国家和地区的科学史，长期处于被忽视的状态。中国科学史也基本属于此列。

在此阶段，西方当然也有少量关于中国科学史的著作，以及一些汉学家们的工作，但汉学家们的主要兴趣并不在科学方面。中国科学史研究在西方发展的一个重要转折点，还是李约瑟的出现。

如果略去再早些的准备阶段，从20世纪50年代起，李约瑟的《中国科学技术史》（按其英文标题应为《中国的科学与文明》，而英文标题与其内容更为吻合）开始出版。这部后来在规模上又有了极大的扩展，而且至今仍未出完的多卷巨著，极大地改变了西方中国科学史研究的局面。从技术性的内容来说，它一方面极为丰富地占有了东方与西方的各种参考文献，另一方面，而且更为重要的是，它的出现，首次向西方的学者们展示了中国科学史的丰富内容，使中国的科学在西方受到尊重，使中国历史上科学的成就在国际历史学界得到承认，使西方人意识到中国有其自身重要的科学与技术的传统。

李约瑟在中国科学史研究中的成就，使之在世界科学史界甚至科学史界之外都成为一位功不可没的传奇人物。正如美国研究中国科学史的权威学者席文（N. Sivin）所评论的，李约瑟对中国科学、技术与医学居高临下的考察，首次使西欧和美国受过教育的人意识到过去时代中国的成就。

李约瑟本人在其后半生中,从职业科学家转向中国科学史的研究,当然可以从各种背景中去研究其动力。但至少在他后来多次的表述中,可以看到,提出如今经常被我们称为"李约瑟问题"者,以及穷其后半生之努力来尝试找到对这一问题的回答,是其中国科学史研究的最重要的动力之一。法国研究中国科学史的学者詹嘉玲(Catherine Jami)就曾指出,李约瑟的贡献不仅是提出了李约瑟问题,而且是把它变成撰写一部比较科学史的动力。[①] 或者,即使更弱化一点地讲,回答这一问题之努力,始终作为一种明显的背景存在于李约瑟本人大量的研究之中。这一点,李约瑟在其 1954 年出版的《中国科学技术史》第一卷的序言中也有明确的表达:

> 在不同的历史时期,即在古代和中古代,中国人对于科学、科学思想和技术的发展,究竟作出了什么贡献?虽然从耶稣会士 17 世纪初来到北京以后,中国的科学就已经逐步融合在近代科学的整体之中,但是,人们仍然可以问:中国人在这以后的各个时期有些什么贡献?广义地说,中国的科学为什么持续停留在经验阶段?并且只有原始型的或中古型的理论?如果事情确实是这样,那么在科学技术发明的许多重要方面,中国人又怎样成功地走在那些创造出"希腊奇迹"的传奇式人物的前面,和拥有古代西方世界全部文化财富的阿拉伯人并驾齐驱,并在 3 到 13 世纪之间保持一个西方所望尘莫及的科学知识水平?中国在理论和几何学方法体系方面所存在的弱点,为

① Jami, Catherine. Joseph Needham and the Historiography of Chinese Mathematics. *Situating the History of Science: Dialogues with Joseph Needham*, eds. By S. Irfan Habib and Dhruv Raina, Oxford University Press, 1999:261 - 278.

什么并没有妨碍各种科学发现和技术发明的涌现？中国的这些发明和发现往往远远超过同时代的欧洲，特别是在15世纪之前更是如此(关于这一点可以毫不费力地加以证明)。欧洲在16世纪以后就诞生了近代科学，这种科学已被证明是形成近代世界秩序的基本因素之一，而中国文明却未能在亚洲产生与此相似的近代科学，其阻碍因素是什么？另一方面，又是什么因素使得科学在中国早期社会中比在欧洲中古社会中更容易得到应用？最后，为什么中国在科学理论方面虽然比较落后，但却能产生出有机的自然观？这种自然观虽然在不同的学派那里有不同形式的解释，但它和近代科学经过机械唯物论统治的三个世纪之后被迫采纳的自然观非常相似。这些问题是本书想要讨论的问题的一部分。[1]

然而，如果站在今天的立场上来审视的话，我们会发现李约瑟的著作是建筑在一些最初的假定之上。1988年，席文曾总结了其中最重要8条假定[2]，它们分别是：

(1) 人类是一个大家庭，科学的世界观明显地超越于所有不同的种族、肤色和宗教文化之上。

(2) 科学和技术是不可分离的，跨文化的综合应把这两者都包括在内。

(3) 只有通过对科学之外的因素的关注(其范围包括从经济到宗教的广泛领域)，才能理解科学变革的原动力。

(4) 在公元前1世纪到公元15世纪之间，中国文明与西方相比，在

① 李约瑟:《中国科学技术史》(第一卷)。科学出版社、上海古籍出版社，1990年，第1～2页。

② Sivin, Nathan. Science and Medicine in Imperial China—The State of the Field. *The Journal of Asian Studie.*, 1988,47(1):41－90.

应用人类关于自然的知识于人类实践需求方面，要更为有效，这种优势反映了更为高度发展的科学与技术。

(5) 为什么尽管有这种优势，但近代科学却没有在中国文明（或印度文明）中发展起来，而只是在欧洲发展起来，这成为一个核心的编史学问题（“科学革命问题”）。

(6) 虽然非世袭的儒家国家的“官僚封建主义”非常有利于前文艺复兴水平的自然科学的成长，但它最终阻碍了向近代类型科学的转变。

(7) 可以在早期道家著作中发现的态度，鼓励了对自然的无功利的经验观察，所以在各个历史阶段，“道家”在很大程度上对科学和技术的发展起作用。这种情况延续下来，即使社会经济体制“抑制了自然科学的萌芽”，把道家原始的科学实验转变为算命和乡村巫术。

(8) 在权衡对科学革命问题有影响的众多因素时，外部因素占更大权重，对中国与西欧之间社会和经济模式之差别的分析，将最终说明——就任何可能带来的新见解而言——中国科学在早期的突出地位，以及后来近代科学仅在欧洲的兴起。

席文对李约瑟的工作假定的总结已经很全面了。如果要详细地理解李约瑟的工作，则有必要对其中的一些假定和概念进一步做些分析。而雷斯蒂沃（Sal Restivo）则对其中的假说与要点做了更为全面的梳理。包括理论基础和积极因素假说、消极因素假说、社会文化总假说（及有选择的子假说）、世界观等，其中值得注意的是，他指出了在李约瑟的研究中的某些混乱，如“近代科学“和”科学革命“这两个概念在使用上的含混。[1]

---

① Restivo, S. Joseph Needham and the Comparative Sociology of Chinese and Modern Science. *Research in Sociology of Knowledge, Science and Art*, 1979. **2**:25－51. 中译文见：刘钝、王扬宗编：《中国科学与科学革命：李约瑟难题及其相关问题》，辽宁教育出版社，2002年，第179～213页。

三、"李约瑟问题"中的关键之一:对"科学"的理解

自"李约瑟问题"提出后,引起了人们很多的关注,尽管不同的人关注的方式颇为不同。尤其是中国科学史家热心于解答"李约瑟问题",带来了诸多研究工作,并给出了形形色色的"答案",如涉及政治体制的原因、涉及经济发展模式的原因、涉及文化结构的原因(包括科举制)、涉及语言的原因(如中文是否适合于表述科学问题)、涉及逻辑传统的原因,等等等等,这里不拟一一详细列举和介绍。但是,正如中国科学史家刘钝所说的:"与国内热衷于回答'李约瑟难题'不同,国外学者很少以解题为宗旨展开自己的探讨。"①典型地,美国科学史家席文甚至于比较极端地得出了2个"结论":"首先,历史学研究并不能回答科学革命为什么没有在中国发生这个问题,而是要探讨导致人们提出这个问题的种种谬误。其次,按照科学史家的标准,18世纪的中国曾有过一场科学革命,然而,它没有取得我们认为科学革命所应该取得的社会效果。这就是说,现有的关于这个问题的各种各样的假设都是错误的。"②关于后一个结论,其实在学术界也仍有许多争论,而且涉及关于何为科学革命以及如何界定科学革命问题的科学编史学研究,这里暂不予讨论。至于第一个结论,虽然也有争议,但却还是颇有新意的,是从历史

① 刘钝:"前言"。刘钝、王扬宗编:《中国科学与科学革命:李约瑟难题及其相关问题》,辽宁教育出版社,2002年,第1~10页。

② 席文:"为什么科学革命没有在中国发生——是否没有发生?"刘钝、王扬宗编:《中国科学与科学革命:李约瑟难题及其相关问题》,辽宁教育出版社,2002年,第499~515页。

学的本性上，认为像“为什么没有发生”这样的问题并非是历史学所应研究的。

类似地，香港学者陈方正也认为：“‘李约瑟问题’其实不是问题，不是寻求解答的疑问(question)，而是一个论题(thesis)，一套观点！所以我们并不需要为这所谓问题寻求答案，而是应该考究‘李约瑟问题’的内涵和根据！”①

但不可否认的事实是，“李约瑟问题”的提出毕竟带来了某种学术的繁荣。但也正是由于上述原因，我们不打算一一述评对“李约瑟问题”的各种解答及其得失，而是转向研究其“内涵和根据”。其一，就是这个命题背后所依据的“科学”概念。因为在李约瑟理解中的科学概念，不仅与他提出“李约瑟问题”相关，甚至更与以他的方式所从事的中国科学史研究的“合法性”有着密切的关系。

李约瑟的巨著，不论是按现在的译法译为《中国科学技术史》，还是按其英文原名译成《中国的科学与文明》，其中，核心的概念依然首先是“科学”。事实上，对于任何科学史的研究，虽然对科学概念的定义可能不会像科学哲学中要求的那么严格，但毕竟每个科学史家对之都有自己的理解，并将这种理解贯穿在其历史研究中。

如果说，在研究和撰写伽利略时代之前的西方古代与中世纪科学史时，虽然所研究的时代还没有近代科学的出现，但在一种与后来近代科学的出现有联系，或者说，至少是有假定的逻辑联系的意义上，科学史家可以把他们所研究的“科学”(或按其原来的名称作为“自然哲学”)视为近代科学的前身，从而使“科学”史的研究合法化，那么，对于那些在西方

① 陈方正：“一个传统，两次革命：论现代科学的渊源与李约瑟问题”。《科学文化评论》(第6卷)，2009年，第2期，第5～25页。

近代科学主流发展脉络之外的非西方古代科学的研究，所涉及的对“科学”概念的理解，则要更加微妙，也更需要论证。在国内的学术界也曾有多轮关于中国古代是否有科学的争论。但在晚近的争论中，如果不谈那些不管其与近代科学之联系和差异或现有的科学哲学对科学概念的研究背景而片面强调中国古代就是有科学的观点的话，值得注意的主要的代表性观点，一是以作为西方科学革命的产物的近代科学的概念来理解科学，在这种意义上，中国古代当然不会有科学。而与这种观点相对立的代表性的看法，则是在扩充了对科学的概念规定的前提下，认为中国古代有科学存在，尽管按照科学哲学的标准，其科学的定义还极为模糊。但无论如何，这场新的争论却也部分地表明了在中国科学史这种非西方古代科学史的研究领域中，科学的定义对其研究之意义与合法性的迫切需要。

但对于李约瑟本人说，其对科学的定义和理解倒是比较清楚的。虽然在其 1954 年问世的《中国科学技术史》第一卷导言中，他还就与中国古代科学相区分的意义上用了西方近代科学一词，几年后，他又在《中国科学技术史》的第三卷中明确地指出：

> 在今天至关重要的，是世界应该承认 17 世纪的欧洲并没有产生在本质上是‘欧洲的’或者“近代的”科学，而是产生了普适有效的世界科学，也就是说，相对于古代和中世纪科学的“近代”科学。①

---

① Needham, Joseph. *Science and Civilisation in China*. Cambridge: Cambridge University Press, 1959, Vol. 3:448.

但在大约10年后，李约瑟在他的另一本重要著作《大滴定》[①]中，对科学的概念又提出了更为明确的扩展的说法。他认为在通常的科学史研究中，“所隐含的对科学的定义过于狭窄了。确实，力学是近代科学中的先驱者，所有其他的科学都寻求仿效“机械论”的范式，对于作为其基础的希腊演绎几何学的强调也是有道理的。但这并不等同于说几何式的运动学就是科学的一切。近代科学本身并非总是维持在笛卡尔式的限度之内，因为物理学中的场论和生物学中的有机概念已经深刻地修改了更早些时候的力学的世界图景。”[②]

图2 《大滴定》一书封面

基于其“普适的”科学的概念，用席文的说法，李约瑟又使用了“水利学的隐喻”：虽然他并不否认希腊人的贡献是近代科学基础的一个本质性的部分，但他想要说的是，“近代精密的自然科学要比欧几里得几何学和托勒密的天文学要广大宽泛得多；不只是这两条河流，还有更多的河

---

① 《大滴定》一书的书名是李约瑟的一个重要隐喻，此隐喻与其作为生物化学家的出身有关。在化学反应中，把已知其含量的试剂从可计量的滴管中滴出到要测试的溶液中，直至产生中和反应，使溶液变色。因试剂的滴出量为已知，所以就可知被测溶液中某种成分的未知量。李约瑟用此隐喻，指对他对科学史的研究，就像对东方与西方文明的滴定，以确定某人最先做出某事或理解某事的时刻。但因此过程是对人类历史和文明的“滴定”，故称为“大滴定”。

② Needham, Joseph. *The Grand Titration*: *Science and Society in East ans West*. London: George Allen & Unwin, 1969:45、19.

流汇入其海洋之中。”[1]对于这种普适的科学在中国科学史中的应用，李约瑟写作《中国科学技术史》的合作者之一白馥兰（Francesca Bray）就曾说过，就其意义而言，《中国的科学与文明》使中国科学在西方受到尊重。但是，李约瑟是按照那个时期所熟悉的常规科学史来制订其计划的，也就是说，是根据走向普适真理的进步来制订的。而其新颖之处，也正在于其前提，即中国对科学中“普适的”进步有重要的贡献。[2]

具体到中国古代的科学来说，李约瑟认为：

> 因此，关于中国的“遗产”，我们必须考虑到三种不同的价值。一种是直接有助于对伽利略式的突破产生影响的价值，一种是后来汇合到近代科学之中的价值，最后一种但绝非不重要的价值，是没有可追溯的影响，但却使得中国的科学和技术与欧洲的科学和技术相比同样值得研究和赞美的价值。一切都取决于对遗产继承者的规定——仅仅是欧洲，或者是近代普适的科学，或是全人类。我所极力主张的是，事实上没有道理要求每一种科学和技术的活动都应对欧洲文化领域的进步有所贡献。甚至也不需要表明每一种科学和技术活动都构成了近代普适的科学的建筑材料。科学史不应仅仅是依据一种把相关的影响串起来的线索而写成。难道就没有一种世界性的关于人类对自然的思考与认识的历史，在其中所有的努力都有其一席之地，而不管它是接受了还是产生了影响？这难道不就是所有人类努力的唯一真正继承者—普适的科学的历史和哲学吗？[3]

---

① Needham, Joseph. *The Grand Titration: Science and Society in East ans West*. London: George Allen & Unwin, 1969:45、50.

② Bray, F. An Appreciation of Joseph Needham. *Chinese Science*, 1995.12:164 - 165.

③ Needham, Joseph. *The Grand Titration: Science and Society in East ans West*. London: George Allen & Unwin, 1969:61.

由此我们可以看到，李约瑟首先将“近代科学”的概念独立出来，并与古代、中世纪以及像中国这样的非西方传统的复数名词的“科学”相区分，但又相信科学终将发展成为一种超越于“近代科学”之上的“普适的科学”。如果说在上述引文所谈到的第一种价值对于中国科学的遗产来说并不存在的话，那么，无论是在第二种还是在第三种价值的意义上，都可以找到研究中国古代科学史的内在合法性，从而这种对于科学概念的理解也构成了他提出“李约瑟问题”的前提。就像他在《大滴定》一书中所说的，诞生于伽利略时代的是世界性的智慧女神，是对不分种族、肤色、信仰或祖国的全人类有益的启蒙运动，在这里，所有的人都有资格，都能参与。尽管，他依然没有像当代科学哲学家们那样对这种更为含义宽泛的复数的科学概念给出明确的划界定义。

四、李约瑟的历史观与“李约瑟问题”

且不说“李约瑟问题”自身的意义，以及由之引出的热烈的学术争论。因为任何从事如此规模研究的学者都自然会面对来自许多方面的攻击，“从第一卷问世起，李约瑟就因他的方法论、他的马克思主义前提、他对中国文化的理解，以及他对科学与技术之等同的坚持而受到批判。”[①]仅就李约瑟本人的中国科学史研究，以及这种研究背后的潜在假定来说，从“李约瑟问题”中也可以看出一点值得注意之处，即在“李约瑟问题”的第二个，或者说第二部分的表述中，首先，潜在地预设了欧洲或

① Finlay, Bobert. China, the West, and World History in Joseph Needham's Science and Civilisation in China. *Journal of World History*, 2000. **11**:265 - 303.

者说西方作为一个参照物，其次，在这种预设的参照物的对比下，更加关心发现的优先权问题。

对此，一些国外的学者也有值得注意的论述。例如，日本科学史家中山茂就将研究者当中的“现代化主义者”(modernizer)定义为：这些人在评价他们的课题时，是以这些课题如何近似地接近西方的科学实践与建制为标准的。与之有所不同的，是“现代研究者”(modernist)，这只指那些研究近现代的人，而现代化主义者则指把这种意识形态立场用于历史的人。如果我们注意到“客观的和价值中立的学术在科学史中比在任何其他领域中都更不可能”的话，我们就会看到，“直到60年代，对于现代化主义者们用来衡量非西方科学的成就的判据是否有效，几乎没有任何疑问提出。在这类研究中，关键的问题是：是否亚洲的科学家比其欧洲对手更早达到了现代知识的某些部分。可以确信，李约瑟扭转了早先利用优先权来论证亚洲文化之低下的倾向。他依靠对中国文献的广泛掌握，来说服西方读者：在近代以前，东方的技术比西方人的技术更为创新。但问题仍然是优先权问题。李约瑟用近代欧洲的标准来评价古代中国科学的策略，自相矛盾地鼓励了世界各地的他的大多数追随者，包括那些在中国的追随者，来无批判地接受现代化的观点。这损害了他自己对比较研究之热情的典范的价值。”①澳大利亚的科学史家洛(Morris F. Low)在为其主编的以“超越李约瑟：东亚与东南亚的科学、技术与医学”为主题的《俄赛里斯》(Osiris)专号所写的导言中，也谈道：

---

① Shigeru, Nakayama. History of East Asian Science: Needs and Opportunites. *Osiris*, 1995. **10**:80 - 94.

> 李约瑟并未将现代科学等同于西方科学。相反,他认为它是一种世界性的科学,地域性的传统科学,特别是中国的科学,汇入其中。李约瑟想要通过做出机器和装置从欧洲引入到中国以及相反过程的资产负债表,向我们揭示西方文明极大地受惠于中国。他的历史植根于一种偏离当前的世界观。这些历史深究过去,并展示了一种西方人也发现很难忽视的遗产……在李约瑟的著作之前,科学史家经常把“科学”解释为“西方科学”。而其他知识的生产者的贡献,尤其是在亚洲的贡献,则倾向于被边缘化。李约瑟开辟了研究非西方科学的道路……为什么我们要高度评价亚洲科学技术与医学史的价值呢?在过去,一种理由是:亚洲科学类似于西方科学,并以某种方式对之作出了贡献。显然,科学技术可以超越文化的差别,为已有知识的共享储水池加料,但社会语境(context)对如何接纳各种观点有所影响……如果我们确实想要超越李约瑟和单一的科学,我们还需要打破由现代化研究所强加的框架。近来的经验表明,进步可以不是线性的。……在撰写全球科学及其进步的线性的历史的倾向背后,是对于西方科学取代了传统的、更地域性的知识形式的信仰。……以这种方式写亚洲科学史,我们就是假定了在西方科学中的某种连续性和在亚洲科学中的不连续性。在李约瑟的方案中,地方土生土长的知识的重要性,是倾向于以其在多大程度上对现在我们所称的科学的形成有贡献来衡量的。①

这也就是说,李约瑟即使是在其比较科学史的研究中,其比较的参照标准,在某种程度上,也还是基于辉格式历史观的。事实上,在某些分

---

① Low, Morris F. Beyound Joseph Needham: Science, Technology, and Medicine in East and Southeast Asia. *Osiris*, 1998. **13**:1 - 8.

析中，人们有时是把过去西方中心论的科学编史学观念视为带有某种种族主义色彩的，因而有人论证说，“李约瑟因为未能把他自己与西方科学及其方法的优越与不可或缺性的概念分离开，所以他没有成功地带来对欧洲种族主义的明确突破。”①

与这种参照标准相关的，是科学史研究中对优先权问题的关注程度与关注方式。李约瑟本人的工作，包括了对中国众多科学技术之优先权的发现，一方面，我们应该充分承认这些发现极大地改变了中国科学技术史在世界上的形象，另一方面，我们也可以说，当中国科学技术史的研究深入到某种程度，发展到某个阶段之后，优先权的发现固然重要，但却已经不是唯一重要的内容了。这个问题对于中国学者的中国科学史研究也是需要注意的重要问题。正如1980年代末席文在谈及中国天文学史研究时所说过的，中国天文学史家们当时主要关心的，是对中国优先权的确立，发现目前的天文学知识的先驱者，尽管随着新的方法论、新的像考古学之类的学科通过通信或个人的接触而被引进，这种强调已经开始有变化。当然，从世界范围科学史的发展来看，自1950年代起，随着科学内部史的兴趣，科学史经常成为对今天的常规智慧的先驱者的寻猎。但随着这样的工作的继续，或迟或早，总会产生先驱者的先驱者问题。②

值得注意的一个可以比较的例子是，对于同是东亚科学史的研究工

① Bajaj, Jatinder K. Francis Bacon. The First Philosopher of Modern Science: A Non Vestern View. Ashis Nandy (ed) *Science, Hegemony and Violence: A Requiem for Modernity*, Oxford University Press, 1990:56－60,转引自: Chacraverti, Santanu. The Modern Western Historiography of Science and Joseph Needham. *The Life and Works of Joseph Needham*, eds. By Sushil Kumar Mukherjee and Amitabha Ghosh, *The Asiatic Society*, 1997:56－66.

② Sivin, Nathan. Science and Medicine in Imperial China—The State of the Field. *The Journal of Asian Studie.*, 1988,**47**(1):41－90.

作，韩国科学史家金永植在总结韩国的科学史研究时，曾这样讲过：

> 关于韩国科学史的较早期工作的最突出的特征，就是其对韩国科学成就的创造性和原创性的强调。突出了韩国科学的这些特征的论题被研究，而其他的论题则被忽略。这种强调，是对日本殖民时期的殖民主义编史学的自然反应。……这种倾向在科学史中持久……它过分强调技术与人造物，而不是观念与建制，因为前者倾向于表明韩国成就的创造性的独创性，以及它们比其他国家的优先和优越。①

当然，早期韩国科学史家对韩国科学史的研究有其特殊的背景，其编史学问题也并不完全等同于目前中国科学史研究中存在的编史学问题。不过，类似这样的反思，却是很值得中国科学史研究者借鉴的。至少，在研究的价值取向上，其间还是存在某种类似之处的。

总之，我们可以看出，就"李约瑟问题"的提出来说，作为其基础的历史观，仍然是一种辉格式的历史观，因为，将西方的科学和技术的式样作为参考的标准，这是其重要的前提之一。

五、李约瑟之后的一些反思

李约瑟研究中国科学史的成就与功绩，是无需质疑的。然而，像其他的学科一样，科学史一直处在发展中，中国科学史的研究也是一样。当人们回过头来重新审视李约瑟及其中国科学史研究时，自然也会提出

---

① Kim, Yung Sik. Problems and Possibilities in the Study of the History of Korean Science. *Osiris*, 1998.13:48-79.

新的、对未来的发展有意义的见解。当然，也有人会从李约瑟的著作中找出一些细节上的技术性错误。但如果说技术性的、细节的错误，这几乎是在任何科学史研究者的工作中都会存在的，更不用说像李约瑟这样一位外国研究者，再加上其成果超乎寻常的丰富，其功绩甚至在相当的程度上可以与那些错误相抵。这更属于枝节性的问题。我们需要关注的更重要的问题，则是在李约瑟去世之后，国际上一些研究中国科学史的权威人士所表现出来的在科学观和研究方法、研究进路上的变化。

首先，依然可以从科学的概念谈起。李约瑟所信奉的那种将走向统一的、普适的科学观念，以及与之相关的中国古代科学对之的汇入，以及像对自然界的有机论的态度等，从一开始，直到如今，几乎一直不是科学史研究中的主流。美国一篇将李约瑟著作中的宗教与伦理作为研究内容的博士论文的作者，甚至从其所关心的问题以及处理这些问题的方法出发，将李约瑟归入19世纪浪漫主义学者的行列。[①] 也正如白馥兰在李约瑟逝世时所写的短文中所指出的：

> 现在，李约瑟的计划处于一种悖论的境地。后现代对西方至上的元叙述的批判，从对思想的内史论研究到向社会和文化的解释的转向，以及对实践的强调，这一切，都(至少在理论上)给非西方世界在主流科学史中带来了合法的空间。然而，这种修正主义的硬币的另一面，是对作为普适的知识形式的“科学”这一概念提出异议。[②]

但是，这种对李约瑟的科学概念的质疑，其实并未给中国科学史研

① Buettner, Lanny Steven. *Science, Religin, and Ethics in the Writing of Joseph Needham*. A Dissertation of University of Southern California, 1987.

② Bray, F. An Appreciation of Joseph Needham. *Chinese Science*, 1995. **12**:164－165.

究的合法性问题带来实践上的困难。虽然科学哲学界对科学概念的规定仍然充满争议,但在科学史和科学社会学等领域的实践中,发展中的科学概念依然可以应付实用的目的。就对于科学概念的理解上的变化来说,另一个可以参照的例子是,剑桥大学的科学史家谢弗(Simon Schaffer)在其一篇面向公众讲述20世纪有多种不同说法的科学定义的文章中,曾这样介绍科学的概念:

> 用纲要性的术语来说,科学可以看作统一的或形形色色的,可以看作是在人类的能力中共同具有的世俗的方面,或是罕见的、与众不同的活动,可以看作是非个人的现代化的力量,或是人类劳动和社会群体的技能形式。在这些看法中,一种突出的看法断言说,各种科学都具有关于日常生活实践的常识。关于科学态度,也没有什么特殊之处;科学提出的问题,是那些向所有的人表现出来的问题。人们争辩说,在使其成功的过程中,科学家只不过是以一种与其同伴相类似的方式来观察、计算和提出理论,只不过偶尔地更加细心。①

席文则说得更明确:“如果科学的概念宽泛到能包容欧洲从早期到目前对自然的思考的演化,那么这个概念就必定可以用于多种多样的中国的经历。”②从而,中国科学史研究的合法性自然继续存在。当然,这是在将宽泛的科学概念与更狭义的西方近代科学概念有明确区分的前提之下。就像有学者在论述科学教育时所言:

---

① Shaffer, Simon. What Is Science. *Science in the Twentieth Century*, eds. By J. Krige et al., Amsterdam: Harwood Academic publishers, 1997. 27 - 42.

② Sivin, Nathan. Science and Medicine in Imperial China —The State of the Field. *The Journal of Asian Studie.*, 1988,47(1):41 - 90.

> 长久以来,教育者把科学或是看作凭其自身的资格而成为的一种文化,或者是超越文化的。更近一段时间以来,许多教育者都开始把科学看作是文化的若干方面中的一个。在这种观点中,谈论西方科学是合适的,因为西方是近代科学的历史家园,讲近代是在一种假说—演绎的、实验的研究科学的方法的意义上。……如果"科学"指通过简单的观察来对自然的因果研究,那么,当然所有时代的所有文化都有其科学。然而,有恰当的理由将这种对科学的看法与近代科学区分开来。①

相应于这种多元化意义上的科学概念,对任何社会中科学史的研究来说可以采用的基本原则就成为:"正是关于实力与弱点、关注与忽视的模式,以及关于各种科学学科及其与社会—经济史和文化史的关联,可以给出在一特定社会中的科学史一种具有其自身特色的特征。"李约瑟强调的是普适的科学的概念,但目前尽管存在有地域性的研究科学的途径,如何能够把这样的地域性的途径与本质上普适的特征相协调呢?有人相信,"答案是简单的:普适性的问题只有当人们充分广泛地看到了分化的历史时才会提出。当只有单一的乐器时,人们不能谈论和谐。此时,更重要的是获得更多的乐器。"②

李约瑟去世后,在有关中国科学史的研究中,除了科学的概念之外,在研究的参照系、标准以及与之相关的目的与方法上,也同样出现了新

① Cobern, William W. Science and a Socail Constructivist View of Science Education. *Socil-Cultrual Perspectives on Science Education*, William W. Cobern ed., Dordrecht: Kluwer Academic Publishers, 1998:7-23.

② Chattarji, Dipankar. Joseph Needham and the Historiography of Science in Non-Western Societies. *The Life and Works of Joseph Needham*, eds. By Sushil Kumar Mukherjee and Amitabha Ghosh, The Asiatic Society, 1997.

的思考方式。英国著名科学史家、研究科学革命的重要权威霍尔(A. R. Hall)就曾在大力赞扬了李约瑟的成就的同时,也指出了其中的一些倾向问题。例如,他曾举出几个《中国的科学与文明》一书中的具体的例子,说明其将中国的发明与西方的发明之联系以及比较的不恰当等。尤其是:

> 从一开始,正如我们所见的,李约瑟的目的的主要部分,是展示中国科学与技术的丰富多产;与西方的比较对于西方的读者来说是有启发性的(其实对其自身也是回报),但却没有中国材料固有的魅力那么重要。①

在与李约瑟的研究,以及与“李约瑟问题”相关的参照标准上,还可以看到有其他一些重要的论述出现。白馥兰在充分地肯定了李约瑟的工作是由一位科学家对非西方科学与技术的最初严肃的历史研究之后,认为它在对非西方社会的非历史的表述的挑战中,绝对是基础性的。但与此同时,白馥兰却也指出它所构成的,是第一步,而不是一场批判性的革命。在李约瑟的策略中,中国的知识被区分为近代西方纯粹与应用的各学科分支,其中技术是应用科学,如天文学被分类为应用数学,工程被分类为应用物理学,炼丹术被分类为应用化学,农业被分类为应用植物学等。但重要的是,

> 李约瑟的计划中的目的论带来了两个严重的问题。首先,接受一种知识谱系的革命模式,其各分支对应于近代科学的各学科,这可

---

① Hall, A. R. A Window on the East. *Note and Records of the Royal Society of London*, 1990, **44**:101 - 110.

以让李约瑟辨识出近代科学与技术的中国祖先或者说先驱,但代价却是使其脱离了它们的文化和历史语境。……这种对“发现”和“创新”的强调,是以一种很可能会歪曲对这个时期的技能和知识的更广泛语境的理解的方式。它把注意力从其他一些现在看来似乎是没有出路的、非理性的、不那么有效的或在智力上不那么激动人心的要素中引开,而这些东西在当时却可能是更为重要、传播更广或有影响力的。

其次,在把科学革命和工业革命作为人类进步的一种自然结果的情况下,使得我们在判断所有技能与知识的历史系统时,使用了从这种特殊的欧洲经验中导出的判据。资本主义的兴起、近代科学的诞生,以及工业革命,在我们的思想中是如此紧密地缠绕在一起,我们发现很难把技术与科学分开,很难想象在工程的复杂精致、规模经济或增加产出之外强调其他判据的技术发展轨迹。于是,从这条窄路的任何偏离都必须用失败、用受制停滞的历史来解释。那些无可否认地产生了精致复杂的技术贮备但却没有沿着达到同样结论的欧洲道路发展的社会,例如中世纪的伊斯兰、印加帝国或中华帝国,便会遇到所谓的李约瑟问题以及与之相关的问题:为什么它们没有继续产生本土的现代性形式?出了什么问题?缺失了什么?这种文化的智力的或特性上的缺点是什么?①

在这种分析中,联系到对李约瑟采用的参照框架,也即科学技术在欧洲发展道路的分析,实际上在某种意义上消解了作为李约瑟之研究出发点的“李约瑟问题”。或者说,当我们采取了新的、不将欧洲的近代科

① Bray, Francesca. *Technology and Gender: Fabrics of Power in Late Imperial China*. Berkeley: University of California Press, 1997. 9 - 10.

学作为参照标准，而是以一种非辉格式的立场，更关注非西方科学的本土语境及其意义时，"李约瑟问题"也就不再成为一个必然的研究出发点，不再是采取这种立场的科学史家首要关心的核心问题了。这正如埃岑加(Aant Elzinga)在其对"李约瑟问题"的重新估价与分析中所说的那样：

> 更新近的科学编史学中产生了文化倾向，以及科学的跨文化研究计划与对现代性更激进的批判之间的联系(这种批判主要集中在基本范畴的表示方式和文化同一性政策)。在这种强调知识的本土性质、鼓吹基于文化的陈述与同一性的交叉的论述中，"李约瑟难题"核心问题的基础变得荒唐可笑。一个人不会问：为什么，又何以在某些文化背景中的科学知识更成功，而在另一些背景中的科学知识却不那么成功。因此，"李约瑟难题"以及它所依赖的进化论和剩余唯科学论的基础已是昭然若揭。①

关于这些与李约瑟的传统观点不同的、认识上和研究理念上的新变化，法国的中国科学史研究者詹嘉玲更明确地指出，现在"许多研究传统中国科学的西方科学史家批评了李约瑟陈述他的核心问题的方式。他们选择了不同的研究进路，关心对于思维模式的更深入的理解胜于关心补充中国对当今科学知识之贡献的清单的补充。在这一领域中，目前被认为是最为创新的研究，集中于关注在中国的科学传统中发现了什么，而不是缺失了什么。"虽然关注缺失的传统仍然还有影响，但也是在努力摆脱它的过程中。科学史家们近来的研究力求正面的描述，努力对原来那些由"崇拜西方"的同事们提出的问题找出替代者。替代的问题经常

---

① 埃岑加："重估'李约瑟问题'？"刘钝、王扬宗编：《中国科学与科学革命：李约瑟难题及其相关问题》，辽宁教育出版社，2002年，第562～563页。

被表述为:“中国科学是否做出了……?”或“中国人怎样对待……?”等等。不过,“寻找这种替代的问题,并不意味着文化的相对主义:对普适有效模型的研究并不能避免对我们的研究工具提出质疑。”①

从另一个方面讲,白馥兰甚至提出这样的出发点所带来的另一种后果:“自相矛盾的是,科学技术史家们能够继续忽视在其他社会中发生的事情,恰恰是因为像李约瑟这样的学者们的先驱性的工作,因为他们就中国,或印度,或伊斯兰而提出的那些要予以回答的问题,是用主导叙事(master narrative)所确立的术语来框定的……在技术史学科内,在欧洲与中国或其他非西方社会之间的差别,不是被当作一种恢复带有不同目标和价值的知识与力量的其他文化的挑战,而只是作为对西方才真正是能动的并因而值得研究的观点的证明。”②美国科学史家罗杰(Roger Hart)站在更加后现代立场上的分析,也指出了类似的看法:“尤其是在过去20年中,批判研究中的探索,已经对科学与文明的这些宏大叙事提出了质疑。”他还进一步突出了李约瑟的范式与对西方科学的参照之间的关系,发现那些对李约瑟的批评者“看到李约瑟过分夸大地试图为中国科学恢复名誉,却忽视了他最终把近代科学视为西方特有的看法的再度确认”。③

从上述并不完备的引述中,我们足以看出,这些科学史家们在李约瑟之后对李约瑟的观点、立场、研究方法以及“李约瑟问题”本身进行了

---

① Jami, Catherine. Joseph Needham and the Historiography of Chinese Mathematics. *Situating the History of Science: Dialogues with Joseph Needham*, eds. By S. Irfan Habib and Dhruv Raina, Oxford University Press, 1999:261 - 278.

② Bray, Francesca. *Technology and Gender: Fabrics of Power in Late Imperial China*. Berkeley: University of California Press, 1997:9 - 10.

③ Hart, Roger. Beyond Science and Sivilization: A Post-Needham Critique. *East Asian Science, Technology, and Medicine*, 1999, **16:88 - 114.**

深刻的反思，提出了不同于李约瑟的问题。其中，对于传统的（也是李约瑟所持有的那种）科学概念的放弃和对新的、更多元的科学概念的接受，对于更加反辉格式的历史观的接受，以及与后现代立场相对更一致的那种强调语境、强调地方性知识、强调对中国科学史中更有中国特点的问题的研究，而不是把中国古代的科学与近代西方的科学强行拉在一起进行比较，所有这一切，都表明了某种对于“李约瑟问题”的解构，或者说是放弃也不为过。当放弃了这种更传统、更古旧的观点、立场和研究方法之后，新的研究进路也就随之出现，也为中国科学史的研究带来了更有新意的成果。

图 3　英国剑桥李约瑟研究所门前花园中的李约瑟骨灰安葬地

六、超越“李约瑟问题”的研究实例两则

这里主要讲 2 个研究实例，意在说明，当科学史家的立场超越了“李约瑟问题”的约束，会带来什么样与传统不同的中国科学史研究的新成果。

1. 席文编辑的《中国科学技术史》第6卷第6分册

与那些更有后现代意味的分析相比，在一种稍缓和些的意义上就对于李约瑟的研究范式的超越来说，由席文负责编辑整理的《中国科学技术史》第6卷“生物学与生物技术”第6分册“医学”在李约瑟去世后于2000年的出版，可以说是一个很有象征意义的事件。此卷此分册与《中国科学技术史》其他已经出版了的各卷各分册有明显的不同。席文将此书编成仅由李约瑟几篇早期作品的文集，对于席文编辑处理李约瑟文稿的方式，学界当然有不同的看法。不过，席文的做法确也明显地表现出他与李约瑟在研究观念等方面的不同。他在为此书所写的长篇序言中，系统地总结了李约瑟对中国科学技术史与医学史的研究成果与问题，并对目前这一领域的研究做了全面的综述，提出了诸多见解新颖的观点。按照席文的判断，实证主义渗透在李约瑟对于什么才是恰当的科学与医学史的判断之中。但是，今天的历史学家则比李约瑟和他的同代人更可能以对他们所研究的时期和地点的技术现象的整体理解为目标，并随其目标的要求而规定他们的判据。这一转向极大地限制了李约瑟的方法论对于年轻学者的影响。而席文本人的科学与科学史观则是像大多数今天研究科学史的西方学者一样，不认为知识(不论在什么地方)是会聚于一个预先确定的国家，不是将今天的知识看作一个终点，他在导论中谈到了他自己的认识：

我在研究中的经历，使我把科学看作是某种人们一点一点发明和再发明的东西，永远不会受到已经存在了的东西的彻底制约，永远不为某种不可改变的目标所牵制，经常犯错误，而且总是处在被废弃

> 的边缘。这种观点使它的历史不是作为一连串预定的成功，而是作为一种曲折的旅程，它的方向经常改变，没有终点，而是在给定的时间在某处产生出来。尽管科学有惊人的严格和力量，在这种开放性的演化的意义上，它就像人类所经历的所有其他事情的历史一样。像其他的人文学家一样，我认为错误的步骤和失败就像成功一样吸引人和具有教益。问题不是 A 或 B 怎样出现在现代的 Z 之前，而是人们如何从 A 走到 B，以及我们可以从这种历史变化的进程中学到什么。①

席文的这篇导论是值得我们注意的。它表现出与李约瑟有所不同的另外一种更新的编史学立场，席文考察了李约瑟的研究中从一般性基础、假定、到具体的观念框架与方法中存在的问题，总结了中国科学技术史研究，特别是中国医学史研究的历史与现状，乃至展望了未来研究的发展和未来研究的课题。在这里虽然不太可能对之一一详细总结转述，但其中，至少可以提到 2 个值得关注的问题。

其一，是在中国科学史研究中已经有许多人注意到的"考证"方法的意义与局限的问题。席文指出：

> 仍然还有大量类似的工作需要专家去做文本研究(考证)。问题是，对于世界其他地方(甚至非洲)的医学的研究，不再依赖于这种狭隘的方法论基础。随着从历史学、社会学、人类学、民俗学研究和其他学科采用的新的分析方法得到的结果，其范围在迅速地改变着。对这种更广泛的视野的无知，使东亚的历史孤立起来，并使得它对医

---

① Sivin, Nathan. Editor's Introduction. *Science and Civilisation in China*: Vol. 6, Biology and Biological Technology, Part VI: Medicine, by Joseph Needham, with the collibration of Lu Gwei-Djen, and edited and with an introduction by Nathan Sivin, Cambridge University Press, 2000:1 - 37.

旧命维新

学史的影响比它应该有的影响要小得多。

少数有进取心的研究东亚医学的年轻学者已经开始了对技能与研究问题的必要扩充。他们开始自由地汲取新的洞察力的源泉，其中包括知识社会学、符号人类学、文化史和文学解构等。我将不在更特殊的研究，像民族志方法论、话语分析和其他他们正在学习的研究方法的力量与弱点方面停留。我只是呼吁关注已经提到了的中国的问题，对此这样的方法可以带来新见解。①

SCIENCE &
CIVILISATION
IN CHINA
JOSEPH NEEDHAM
VOLUME VI:6
EDITED BY
NATHAN SIVIN

图4 李约瑟主编的多卷《中国科学技术史》巨著中由席文所编的第6卷《生物学与生物技术》第6分册(《医学》)封面

另一个这里想点到为止的问题，是在这篇序言中，席文还专门提到了中国医学史研究与性别的问题，而且认为在医学史中，一般来说，性别的问题已不再只是一个女性主义的主题。它们与保健的最基本的特征有关。妇女特有的疾病不仅是生理学的概念，它们还是社会控制的工具等等，并指出关于性别的洞见将对医学的所有方面，对于男人以及女人都带来新见解。

① Sivin, Nathan. Editor's Introduction. *Science and Civilisation in China*: Vol. 6, Biology and Biological Technology, Part VI: Medicine, by Joseph Needham, with the collibration of Lu Gwei-Djen, and edited and with an introduction by Nathan Sivin, Cambridge University Press, 2000:1-37.

关于中国科学技术与医学史及性别研究的问题，由于稍有偏离主题，这里也不拟展开讨论。但在这里可以看到，这样一个主题出现在最新出版的《中国科学技术史》中，确实是有着鲜明的象征意义的。

2. 科学人类学与白馥兰的研究

在李约瑟之后，像整个国际科学史学科的发展一样，虽然在国际范围内中国科学史的研究还远远没有成为主流，但其研究的内容、视角、方法和指导思想也已经发生了巨大的变化，形成了对李约瑟的某种超越，这种超越又是多方面的，包括可以从人类学、后现代、地方性知识和多元的科学观的立场来看待中国科学技术史的研究。正如小怀特(Lynn White, Jr.)在80年代中期就已经指出的那样：

> 我怀疑，极少有(至少是更年轻的)科学史家在今天还具有李约瑟的那种对于在巴洛克时期在欧洲出现的科学风格的全部的信心。其原因，不仅仅是一种偶然性的意识对于我们大部分思考的渗透，或是对如此令人兴奋的库恩的"范式"的争论，或近来对"迷信"——这个最令人误解的词——在17世纪科学的滋养中的作用的公正承认。主要的原因是一种对于科学的生态的深刻兴趣的出现，也就是说，对于在任何阶段和地区的理论科学怎样形成了其总体的语境，以及客观存在怎样由其环境、文化和其他因素所相互形成的兴趣。近代科学的历史不是对利用伽利略的方法而得到的一个无限系列的对绝对真理的发现之记录的成功过程，它与所有其他的历史成为整体，在类

型上决非与所有其他种类的人类经验有所差别。①

而席文也在他那篇为他编辑的《中国科学技术史》第 6 卷“生物学与生物技术”第 6 分册“医学”所写的重要的导论中也指出：

> 由于对相互关系之注重的革新，内部史和外部史渐渐隐退。在 80 年代，最有影响的科学史家，以及那些与他们接近的医学史家，承认在思想和社会关系之间的二分法使得人们不可能把任何历史的境遇作为一个整体来看待。在这种努力中，他们极大地得到了从人类学和社会学借用来的工具和洞察力的帮助。举最明显的例子来说，文化的观念就提供了一种对概念、价值和社会相互作用的整体的看法。②

其实，早在将近 20 多年前，席文就已经谈到了在中国科学史的研究方法与观念上“跨越边界”的问题。他认为，对科学史研究已经在三个边界的探索中被实践着。其中第一个边界是科学史与科学实践的边界，第二个边界是科学史与历史和哲学的边界，而第三个边界，则是科学史与社会科学，主要是人类学和社会学的边界。跨越这三个边界的研究领域分别出现于不同的时期。尤其是第三个边界，它是与人类学和社会学共有的，直到 1960 年代末 1970 年代初才从迷雾中出现。而它的出现，也部分地是由于历史学家受到法国年鉴学派的启发。它也逐渐进一步地

---

① White, Lynn jr. Review Symposia. *Isis*, 1984. 75:171 - 179.

② Sivin, Nathan. Editor's Introduction. *Science and Civilisation in China*: Vol. 6, Biology and Biological Technology, Part VI: Medicine, by Joseph Needham, with the collibration of Lu Gwei-Djen, and edited and with an introduction by Nathan Sivin, Cambridge University Press, 2000:1 - 37.

由结构人类学家和符号人类学家(他们用非常新的方式来解释人类动机和行为的模式)所描绘出轮廓。而事实上,新的人类学是如此地有力量,在十来年的时间里,它已经彻底削弱了人类学和社会学之间的壁垒。虽然在过去的观点中,通常认为人类学家研究他们所称的原始人,而社会学家研究"我们"当代人,但随着人类学和社会学的合流,同样的方法、见解和理论体系的拓展,几乎可以应用于所有的人。可以注意到的是,在席文倡导将人类学方法用于科学史研究的看法中,带有比较鲜明的社会建构论的背景。席文本人也明确地认为,"也许,历史学家从社会科学那里得来的最有影响的见解,必须涉及所谓的'对实在的社会建构'。"作为科学史研究的对象的那些人,是用他们从周围的人那里继承来的素材而使其经验有意义的。"我们所见的他们的世界观或宇宙观或科学,只是人们随着其长大而建构的单一实在的一个组成部分。作为更大的结构的一部分,宇宙观不是外来的。他们在他们与其他人的关系中观察到的秩序的概念使宇宙观形成。他们采纳的社会秩序,是他们知道会使社会之外杂乱的现象有意义一否则就会没有意义。"①

确实,无论就一般科学史还是就中国科学史研究目前的发展来说,与人类学的结合是诸多发展方向中非常突出地值得重视的方向之一。白馥兰的一个近来的研究实例,也恰恰说明人类学方法在中国科学史研究的具体表现。

就是那位作为李约瑟写作《中国科学技术史》的合作者之一的白馥兰,在《俄赛里斯》题为"超越李约瑟:东亚与南亚的科学、技术与医学"专

---

① Sivin, Nathan. Over the Borders: Technical History, Philosophy, and the Social Sciences. *Chinese Science*, 1991. **10**:69 - 80.

号中，发表了一篇有关中国技术文化史的论文。① 这篇论文的出发点，就是将中国技术史的研究与人类学方法结合起来。白馥兰认为，在公元1000～1800年这段被称为“中华晚期帝国”(Late Imperial China)的社会语境下，可将家居建筑视为一种技术，其重要性可与19世纪美国的机床设计相比。在以住人们研究包括中国技术史在内的技术史时，都是关注那些与现代世界相联系的前现代技术，如工程、计时、能量的转化，以及像金属、食品和丝织等日用品的生产，换言之，也就是关注那些在我们看来似乎最重要的领域，因为它们构成了工业化的资本主义世界。从而，认为西方所走的道路仍然是最“自然的”，与之相反，在所有非西方的社会中(包括中国)，技术进步的自然能力以某种方式被阻止了走上这条自然的道路。所用的隐喻则是障碍、刹车(制动、闸)，或是陷阱。非西方的经验于是被表述为一种未能建立成就的失败，这种失败需要解释，于是通常受到责备的，就是在认识论或建制形式上的文化。她指出，李约瑟批判了利用科学来支撑西方至上的做法，但像他那一代的其他科学家一样，他也充分地具有“辉格立场”的目的论。《中国科学技术史》中把技术分类为应用科学，而李约瑟对技术进步的道路的绘制，仍然是按照标准观点的判据，就在技术史中，这种标准观点把工业化的资本主义的范畴强加在非西方的社会上，然后，它就通过辨认其未能走西方道路的原因来不恰当地表述它们。在对比中，我们可以联想到，在一篇从社会学角度评论“李约瑟问题”的经常被人们引用的文章中，就有人总结说，在“李约瑟问题”背后的社会文化总假说，即主要是想在同西方从封建主义到

① Bray, Francesca. Technics and Civilization in Late Imperial China: An Essay in the Cultural History of Technology. *Osiris*, 1998. **13**:11 - 33.

资本主义发展的对比中,用社会与经济的因素来进行说明。[①]

在这种指导思想下,当辨别重要的技术时,关于那些对社会的本性的形成最有贡献的技术,中国技术史家通常沿袭西方历史学家的样子,关注带来工业世界的日常用品的技术—冶金、农业、丝织。然而,白馥兰看到,晚期帝国的中国不是资本主义,它特征性的社会秩序的组织,并不是按现代主义的目标和价值构成的。在建制中最本质地形成了晚期帝国的社会与文化的是等级联系。因此,她认为,人们完全可以把建筑设计作为一种"生活的机器"(machines for living)来看待,它反映了特定的生活方式和价值。人类学和文化批评研究者表明,建筑不是中性的。房子是一种文化的寺院,生活在其中的人,被培养着基本的知识、技能以及这个社会特定的价值。因此她选择家居建筑中的宗祠作为中国技术史研究的对象,这一对象把所有阶级的家庭联系到历史和更广泛的政策中,它将特殊的意识形态与社会秩序结晶化,规范化了晚期帝国的社会。在对中国家居建筑的具体研究中,她主要是根据朱熹的著作以及《鲁班经》等文献进行分析,也包括风水等内容,她发现,家祠是一种家族联系与价值的物质符号,从宋朝开始,中国的知识与政治精英们利用以宗祠为中心的仪式与礼节,将人口中范围广泛的圈子合并到正统的信仰群体中,并提出,作为一种物质的人造物,宗祠包含了不明确的意义,对应于道德的流变,帮助其成功地传播,并使它成为一种在面对潜在的破坏力量时使社会秩序重新产生的有力工具。总之,抛开具体的结论,关键点在于,白馥兰所关注的,是那些在传统中被认为是"非生产性"技术起改

① Restivo, S. Joseph Needham and the Comparative Sociology of Chinese and Modern Science. *Research in Sociology of Knowledge*, *Science and Art*, 1979. **2**:25 - 51. 中译文见:刘钝、王扬宗编:《中国科学与科学革命:李约瑟难题及其相关问题》,辽宁教育出版社,2002 年,第 179～213 页。

变作用的影响,以便提出一种更为有机的、人类学的研究技术及其表现的方法。应用了这样的新观念、新方法和新视角来重新思考非西方的技术史,就带来了一系列全新的理解过去的可能性,以及新的与其他历史和文化研究的分支对话的可能性。

然而,像这样的研究兴趣,所要解决的问题,就不再是像“李约瑟问题”之类的预设了。在这种新的视野中,无论科学观还是历史观,都已经是全新的了。

七、结语

对于“李约瑟问题”的考察,可以让我们对李约瑟本人的研究、他的科学观与历史观、他的研究方法论等有所认识,这实际上是一种科学编史学的考察。而对李约瑟及中国科学技术史的研究进行必要的编史学思考,既是一种有意义的反思和总结,也可以反过来对过去与现状获得某种理解,并在此基础上对未来有所展望。

基于有关西方学者对中国科学史研究的编史学研究,特别是对李约瑟的中国科学史研究中的概念、假定和指导思想中的问题的研究,以及在李约瑟之后一些学者的反思的考察,在此可以简要地做如下总结:

(1) 李约瑟对中国科学史研究的重大贡献与意义,主要在于他通过对中国科学史多方面多学科的系统考察,最先使西方人在某种程度上改变了对中国科学史的态度,为中国科学史的研究在科学史界奠定了基础,也为到他完成其著作时为止的相关文献做了系统的整理与总结,构建了他的中国古代科技史的架构。这也是他提出的“李约瑟问题”能引起广泛反响的前提。

（2）李约瑟的中国科学史研究，是以解决其提出的“李约瑟问题”为主要动力与目标的。其基础性的科学概念，是一种与“西方近代科学”有别的、有机的、普适的世界性科学，他认为中国古代科学的发展将汇流到这种科学之中。这种普适的科学的概念以及中国古代的成就与其之间的关系，使得中国古代科学史的研究得到了合法化的地位。

（3）在李约瑟的研究中，以及作为“李约瑟问题”提出的前提，相当程度上仍是以西方近代科学的成就作为潜在的参照标准，在这方面，依然有某种辉格式历史的倾向。

（4）基于李约瑟的前提概念与假定，在其工作中，展示中国古代科学发现的优先权问题是一项重要的内容。与之相关，或者间接相关地，早期其他西方学者以及更多中国学者对中国古代科学史的研究，或更一般地讲，在许多非西方科学史的研究的早期，都有类似的对优先权之发现的极度关注，连带地，考证的方法突出地得到重视。

（5）随着国际科学史学科的发展，以及当代科学哲学与科学社会学研究的发展，李约瑟的科学概念、科学史观中的参照标准以及对中国发现之优先权的注意和强调，已经是一些可以讨论的问题，对这些问题的讨论，将为中国科学史的研究带来变化。以科学的概念为例，在西方的学者中，现在持李约瑟的那种普适的科学的概念的科学史家为数不多。在与西方近代科学相明确区分的前提下，在更关注观念、建制、文化等关联时，对非西方科学（甚至于对某些西方科学）的历史研究中，在对不同地域和文化的具体历史研究中，科学的概念的泛化或多元化已是一种现实，并为众多科学史家所接受。

（6）中国科学史家对“李约瑟问题”的特别关注，尤其是对“解答”“李约瑟问题”的热情，在特定的历史背景中是可以理解的，毕竟对于自己的民族和国家的发展的关心是也可以是科学史研究的一种维度。但显然不应把这种理解方式作为看待和研究“李约瑟问题”的唯一方式，这种理解只是对于中国古代科技史的认识中的一种而已，其他的认识方式当然也是可以成立的。

（7）虽然“李约瑟问题”对中国科学史研究的发展起到过重要的、无可否认的促进作用，带来了研究话题的增生和学术的繁荣，但基于新的对李约瑟的前提假定的看法与立场的变化，“李约瑟问题”的重要性已不像以前那样，而是在相当的程度上被“解构”，至少不再是一部分西方研究中国科学史的学者所首要关注的核心问题。

（8）随着对中国科学编史学的研究的发展，在国际科学史学科发展的大背景和总趋势下，除了基本观念和指导思想之外，相应地在研究方法上，一些西方学者对中国科学史的研究中也表现出变化。在诸多的变化中，与社会建构论有某种相关性的将人类学方法引入科学史，是值得注意的发展之一，与之相关的一些具体研究成果是非常有新意义和有启发性的。这也与西方学者们离开，或者说“超越”“李约瑟问题”是有关系的。而这些重要的进展，对中国科学史家们对中国科学技术史的研究，是有着重要的借鉴参考意义的。

（毛　丹）

《中国科学技术通史》总目录

Ⅰ-源远流长

Ⅱ-经天纬地

Ⅲ-正午时分

Ⅳ-技进于道

Ⅴ-旧命维新

《中国科学技术通史》总目录

后记

五卷本《中国科学技术通史》，是集合了国内一流学者在各自研究领域代表之作的重大文化工程，缘自中央领导同志的垂询与提议，由上海市新闻出版局立项，委托上海交通大学科学史与科学文化研究院与上海交通大学出版社，联合实施本项工程。

时任上海市新闻出版局局长的焦扬同志，在项目规划启动之初，即付出了大量心血。她的后任方世忠、徐炯等历任领导，都给予《中国科学技术通史》持续的关心。

依托上海交通大学科学史与科学文化研究院，组织全国各科技史研究单位的学术力量，以上海交通大学科学史与科学文化研究院院长江晓原教授为总主编，中国科学院自然科学史研究所两位前任所长：国际科学史与科学哲学联合会现任主席刘钝教授、中国科技史学会前理事长廖育群教授，以及傅熹年院士、剑桥李约瑟研究所现任所长梅建军教授、清华大学刘兵教授、北京大学张大庆教授、中国科技大学石云里教授等，包括上海交通大学科学史与科学文化研究院的多位著名教授，总共 40 多位来自国内科技史各领域的一流学者，欣然加入本书作者团队。

为保障《中国科学技术通史》(五卷本)编辑出版工作，社长韩建民博士亲自挂帅项目组，刘佩英、张善涛任项目统筹，同时吸纳多位有科技史专业背景的编辑人员，使得编辑团队既有出版经验，又有专业背景。特别是毕业于东京大学的科学史博士宝锁的加入，极大地提高了编辑队伍的学术水准。

在向上述各方深表谢忱的同时，还要感谢吴慧博士、毛丹博士、孙萌萌博士在审稿及大事年表、名词简释写作过程中的辛勤付出，感谢李广良副社长、耿爽小姐、唐宗先小姐在项目组织及实施过程中的卓越贡献。

上海交通大学出版社

2015 年 11 月